국가직무능력표준(NCS) 학습 모듈 기반 능력단위 교육 훈련서

전산응용기계제도기능사
실기 출제도면집

메카피아

머리말

(주)메카피아는 공인아카데믹파트너(AAP: Authorized Academic Partner)로 오토데스크에서 검증된 공인 강사를 통해 전문적이고 표준화된 교육 서비스를 제공하며 기계제조 분야의 현업경험을 토대로 실무적용에 맞춘 제품교육을 진행하고 있습니다.

전산응용기계제도기능사(Craftsman Computer Aided Mechanical Drawing)의 수행직무는 'CAD 시스템을 이용하여 도면을 작성하거나 수정, 출도를 하며 부품도를 도면의 형식에 맞게 배열하고 단면 형상의 표시 및 치수 노트를 작성, 또한 컴퓨터 그래픽을 이용하여 부품의 전개도, 조립도, 재단도, 유압회로, 전기회로, 배관회로 등을 제도하는 업무를 수행'하는 것으로 정의되어 있습니다.

2D & 3D CAD 시스템을 이용하여 산업체에서 제품개발, 설계, 생산 기술 부문의 기술자들이 기술 정보를 표현하고 저장하기 위한 도면, 그래픽 모델 및 파일 등을 산업표준규격에 준하여 제도하는 업무 등의 직무수행을 하는 기능인으로서 출발하기 위해서는 기계재료, 기계요소, 기계가공법, 기계제도(CAD) 등의 과목을 충실히 학습하고 부단한 실습을 통해 실력을 쌓아야 합니다.

현재 제조 산업계에서는 현장에 바로 투입할 수 있는 실무 능력을 겸비한 기술자를 요구하고 있으며, 일선 교육기관에서도 현장 맞춤형 기술 교육을 통한 인재 양성을 목표로 부단히 노력하고 있지만 아직까지 산업 현장에서 요구하는 기술 인력의 배출과 취업으로 연계되기에는 아직 아쉬운 사항이 있습니다.

따라서 이 책에는 제도자가 갖추어야 필수 지식을 중점적으로 표현한 2D & 3D 도면을 다양하게 수록하여 효과적인 학습이 될 수 있도록 구성하였습니다. 가령, KS규격에 의한 기계제도법을 준수하여 도면을 작성하는 능력과, 올바른 치수기입, 공차 및 끼워맞춤의 적용, 표면거칠기, 기하공차, 기계재료 및 열처리 등에 대한 기초 지식을 도면 작성을 통해 습득하여 제도의 개념을 정립할 수 있도록 하였습니다. 특히 도면해독 및 3차원 CAD를 활용한 모델링 능력은 제도, 설계자뿐만 아니라 가공, 제작, 조립, 측정 등 관련 부서에서도 필수적으로 습득해야 하는 부분으로, 현장에서 그 중요도가 더욱 높아지고 있는 만큼, 온라인 무료 동영상 강의를 제공하여 이해를 돕고 있습니다.

본서가 출간되기까지 많은 노력과 지원을 아끼지 않은 출판 관계자 및 교육계 종사자 분들께 깊은 감사의 인사를 드리며, 앞으로도 교강사님들과 독자 여러분의 조언과 건의를 경청하여 더욱 훌륭한 교재가 될 수 있도록 노력하겠습니다.

아울러 어려운 전문서적 출판계의 현실에 굴하지 않고 **엔지니어가 최고의 대우를 받는 그날까지** 메카피아는 전문 출판사로서의 역할과 그 책임을 다할 수 있도록 더욱 정진해나갈 것을 약속드립니다.

2024년 6월 메카피아 드림

대표 전화 : 1544-1605 | 이메일 : mechapia@mechapia.com

국가직무능력표준(NCS)과 본서의 학습모듈 및 능력단위 적용 범위 안내

국가직무능력표준(NCS, National Competency Standards)이란 산업현장에서 직무를 수행하기 위해 요구되는 지식, 기술, 소양 등의 내용을 국가가 산업부문별, 수준별로 체계화한 것으로 산업현장의 직무를 성공적으로 수행하기 위해 필요한 능력(지식, 기술, 태도)을 국가적 차원에서 표준화한 것을 의미합니다.

국가직무능력표준은 교육훈련기관의 교육훈련과정, 직업능력개발 훈련기준 및 교재 개발 등에 활용되어 산업 수요 맞춤형 인력양성에 기여합니다. 또한, 근로자를 대상으로 경력개발경로 개발, 직무기술서, 채용, 배치, 승진 체크리스트, 자가진단도구로 활용 가능합니다.

NCS의 분류체계는 직무의 유형(Type)을 중심으로 국가직무능력표준의 단계적 구성을 나타내는 것으로, 국가직무능력표준 개발의 전체적인 로드맵을 제시합니다.

한국고용직업분류(KECO: Korean Employment Classification of Occupations)를 중심으로, 한국표준직업분류, 한국표준 산업분류 등을 참고하여 분류하였으며 '대분류(24) → 중분류(80) → 소분류(238) → 세분류 (887개)'의 순으로 구성되어 있습니다. 이 중에서 기계 분야는 중분류(11) → 소분류(33) → 세분류(132)로 개발되어 있습니다.

국가직무능력표준(NCS, National Competency Standards)이 현장의 '직무 요구서'라고 한다면, NCS 학습모듈은 NCS의 능력단위를 교육훈련에서 학습할 수 있도록 구성한 '교수 · 학습 자료'입니다.

NCS 학습모듈은 구체적 직무를 학습할 수 있도록 이론 및 실습과 관련된 내용을 상세하게 제시하고 있습니다.
- NCS 학습모듈은 산업계에서 요구하는 직무능력을 교육훈련 현장에 활용할 수 있도록 성취목표와 학습의 방향을 명확히 제시하는 가이드라인의 역할을 합니다.
- NCS 학습모듈은 특성화고, 마이스터고, 전문대학, 4년제 대학교의 교육기관 및 훈련기관, 직장교육기관 등에서 표준교재로 활용할 수 있으며 교육과정 개편 시에도 유용하게 참고할 수 있습니다.

NCS 학습모듈은 NCS 능력단위 1개당 1개의 학습모듈 개발을 원칙으로 합니다. 그러나 필요에 따라 고용단위 및 교과단위를 고려하여 능력단위 몇 개를 묶어서 1개의 학습모듈로 개발할 수 있으며, 또 NCS 능력단위 1개를 여러 개의 학습모듈로 나누어 개발할 수도 있습니다.

〈본서의 NCS 능력단위별 활용 범위〉

대분류 : 15 (기계)　　중분류 : 01 (기계설계)　　소분류 : 02 (기계설계)　　세분류 : 01 (기계요소설계)
능력단위 : 요소공차검토, 요소부품재질선정, 2D도면작업, 3D형상모델링작업, 3D형상모델링검토, 도면분석

이 책의 구성과 특징

무료 동영상 강의 제공

출제 빈도가 높고 반드시 도면 작업을 해 봐야 하는 필수 기계요소 부품이 적용된 과제 도면을 엄선하여 동영상 강의를 제작해서 무료로 지원하고 있습니다. 수험생들이 값비싼 온라인 동영상 강의를 유료 구매하지 않고도 본 교재만으로 학습할 수 있도록 구성하였습니다.

[메카피아] [#메카피아]

핵심 과제도면 인벤터 2019 무료 동영상 강의 지원

Lesson 01. 동력전달장치-2
Lesson 02. 기어박스-2
Lesson 03. 편심왕복장치
Lesson 04. 드릴지그-1
Lesson 05. 드릴지그-2

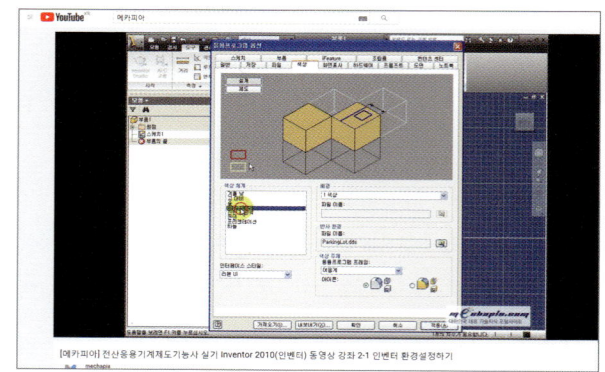

추가적으로 인벤터 2010을 기반으로 한 전산응용기계제도기능사 실기 동영상 강의도 전부 무료로 공개하고 있으니 학습에 마음껏 활용하시기 바랍니다.

메카피아 – 전산응용기계설계제도(CAD) 2D 도면작업 및 3D 형상 모델링 작업 실기 동영상 제공 (유튜브 무료 공개)

01 인벤터 소개 : ① 강의를 시작하며 ② 인벤터 인터페이스 소개

02 인벤터 기초강좌 : ① 인벤터 환경 설정하기 ② 프로젝트 ③ 스케치 ④ 파트 모델링 ⑤ 어셈블리 ⑥ 도면 ⑦ 프리젠테이션

03 부품 작성하기 : ① 부품 작성하는 방법 ② 축 그리기(1) ③ 축 그리기(2) ④ 축 그리기(3) ⑤ 기어 축 ⑥ 본체(1) ⑦ 본체(2) ⑧ 하우징(1) ⑨ 하우징(2) ⑩ 스핀들 ⑪ 플랜지 ⑫ 클램프(1) ⑬ 클램프(2) ⑭ 슬리브(1) ⑮ 슬리브(2) ⑯ 커버(1) ⑰ 커버(2) ⑱ 손잡이(1) ⑲ 손잡이(2) ⑳ 링크(1) ㉑ 링크(2) ㉒ 암 ㉓ 벨트 풀리(1) ㉔ 벨트 풀리(2) ㉕ 스퍼 기어(1) ㉖ 스퍼 기어(2) ㉗ 래크 기어 ㉘ 체인 스프로킷

04 표준 규격품 모델링 하기 : ① 키 그리기 ② 멈춤링 그리기 ③ 볼베어링 그리기 ④ 베어링 너트 그리기 ⑤ 베어링 너트용 와셔 그리기 ⑥ 육각 구멍붙이 볼트 그리기 ⑦ 육각머리 볼트 그리기 ⑧ 육각 너트 그리기 ⑨ 핀 그리기 ⑩ 오일실 그리기 ⑪ 스프링 그리기

05 실기 시험 예제 작업하기 : ① 클램프 ② V-벨트 전동장치 ③ 동력변환장치 ④ 펀칭머신 ⑤ 소형 레버 에어척

06 도면작업 및 제출하기 : ① 템플릿 만들기 ② 부품 투상도 작성하기 ③ 섹션도 및 분해도 작성하기 ④ 부품도 작성하기

1. **전산응용기계제도기능사 실기 시험 채점 기준 예시** : 2D 부품도와 3D 모델링 작성시 주요 채점 기준과 세부 채점 항목별 채점 기준과 배점을 예시로 수록하였습니다.
2. **출제빈도가 높은 작업형 실기 과제도면 수록** : 국가기술자격증 중에 CAD를 이용한 작업형 실기 시험에 자주 출제되는 과제 도면을 엄선하여 수록하였으며, 최신 출제기준과 표준 KS 규격에 의한 모범적인 2D & 3D 답안을 예시로 구성하였습니다.
3. **2D & 3D 작업** : 본서의 2D & 3D 도면작업은 오토데스크 인벤터(Inventor)를 이용하여 작업하였으며 일부 과제도면 중 조립도와 부품도에 색상을 넣어 도면해독이 용이하도록 하였습니다.
4. **2D 도면 작업에 필요한 필수 KS 규격, 기계요소 제도법 및 요목표 수록** : 실기 시험에 자주 나오는 필수 기계요소의 제도법과 요목표 작성법을 수록하여 학습 효과를 더욱 높였으며, 시험에 필요한 최신 KS 규격을 부록으로 수록하였습니다.
5. **기하공차 및 치수공차의 적용** : 기하공차 기호는 치수공차, 끼워맞춤공차 기호 및 표면거칠기 기호의 값과도 밀접한 관계가 있으며, 일반적으로 구멍은 IT7급, 축은 IT6급을 사용하였으며, 기하공차의 값은 IT5급에 해당하는 값을 치수의 크기에 따라 적용해도 되지만 본서에서는 기하공차의 값을 얼마로 했느냐가 중요한 것이 아니라 올바른 기하공차의 적용 훈련에 집중하였으며 편의상 일률적으로 0.011로 지정하였으니 참고바랍니다.

출제빈도가 높은 과제 도면 활용하기

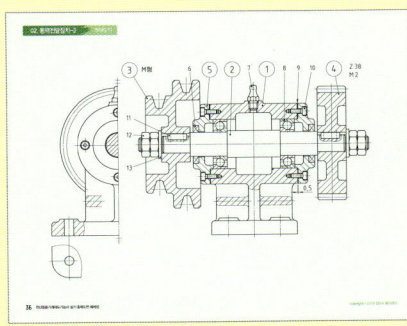

◀ **2D 과제 도면**

시험에 자주 출제되는 유형별 과제 도면 수록, 반드시 작도해 보아야 하는 핵심 2D 조립 도면 구성, 도면해독 능력 향상을 위해 부품별 채색은 지양

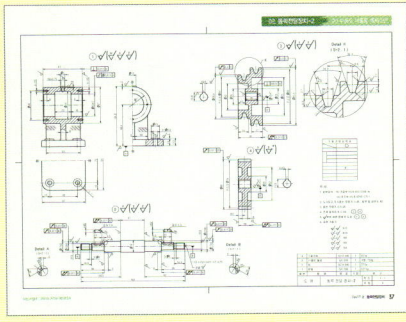

◀ **2D 부품도 풀이 도면**

KS 규격에 의한 다양한 투상 기법과 올바른 치수기입, 끼워맞춤, 표면거칠기, 기하공차 적용 등에 대해 모범 예시 답안을 수록

◀ **3D 렌더링 등각 투상도 예제 도면**

기능사<산업기사<기사 작업형 실기 요구 사항에 맞추어 작업

파라메트릭 솔리드 모델링, 등각축 선정, 부품의 형상 표현 음영, 렌더링 처리 및 부품 비중 기입 예시

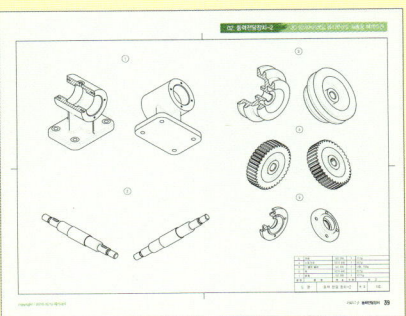

◀ **3D 모델링 예제 도면**

기능사<산업기사<기사 작업형 실기 요구 사항에 맞추어 작업

파라메트릭 솔리드 모델링, 등각축 선정, 부품의 형상 표현 음영, 렌더링 처리 및 부품 비중 기입 예시

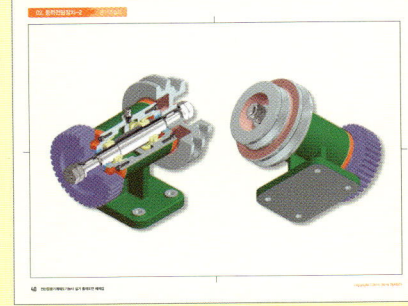

◀ **등각 조립도 예제 도면**

과제 도면의 전체 형상을 3D 등각 조립도로 표현하여 주어진 조립도의 구조를 이해하기 쉽도록 표현

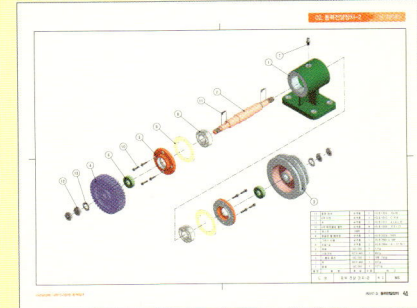

◀ **등각 분해도 예제 도면**

각 부품별로 조립되는 방향과 위치를 체계적으로 표현하여 각 부품들과 표준품들 간의 조립 관계를 이해하기 쉽도록 표현

차례

PART 01 과제분석과 실기시험 출제 기준

01. 기능사 실기 과제 분석 및 작업 방법 — 010
02. 전산응용기계제도기능사 실기 출제 기준 — 012
03. 개인 PC 사용 CAD 프로그램 활용 관련 안내 — 013
04. 전산응용기계제도기능사 실기 시험 요구 사항 — 014
05. 기능사 작업형 실기 시험 채점 기준 예시 — 016

PART 02 동력전달장치

01. 동력전달장치-1 — 026
02. 동력전달장치-2 — 034
03. 동력전달장치-3 — 042
04. 동력전달장치-4 — 048
05. 동력전달장치-5 — 054
06. 동력전달장치-6 — 060
07. 동력전달장치-7 — 066
08. 동력전달장치-8 — 072
09. 동력전달장치-9 — 078
10. 동력전달장치-10 — 084
11. 동력전달장치-11 — 090
12. 동력전달장치-12 — 096
13. 동력전달장치-13 — 102

PART 03 편심구동장치

01. 편심구동장치-1 — 110
02. 편심구동장치-2 — 118
03. 편심구동장치-3 — 124
04. 편심구동장치-4 — 130
05. 편심구동장치-5 — 136
06. 편심구동장치-6 — 142
07. 동력변환장치 — 148

PART 04 기어박스

01. 기어박스-1 — 156
02. 기어박스-2 — 164

PART 05 치공구 (지그와 고정구)

01. 드릴지그-1 — 172
02. 드릴지그-2 — 180
03. 드릴지그-3 — 186
04. 드릴지그-4 — 192
05. 드릴지그-5 — 198
06. 드릴지그-6 — 204

PART 05 치공구 (지그와 고정구)

- 07. 드릴지그-7 … 210
- 08. 드릴지그-8 … 216
- 09. 드릴지그-9 … 222
- 10. 드릴지그-10 … 228
- 11. 드릴지그-11 … 234
- 12. 드릴지그-12 … 240
- 13. 리밍지그-1 … 246
- 14. 리밍지그-2 … 254
- 15. 리밍지그-3 … 260
- 16. 리밍지그-4 … 266
- 17. 밀링지그 … 272
- 18. 바이스 클램프-1 … 278
- 19. 바이스 클램프-2 … 284

PART 06 체인전동장치

- 01. 스프로킷 전동장치 … 292
- 02. 아이들 스프로킷 … 300

PART 07 공압장치

- 01. 컴팩트 실린더 … 308
- 02. 핑거 실린더 … 316

PART 08 여러 가지 기계요소의 형상과 적용 예

- 01. 볼트 및 자리파기의 3D 형상과 적용 예 … 324
- 02. 너트의 3D 형상과 적용 예 … 326
- 03. 와셔의 3D 형상과 적용 예 … 328
- 04. 멈춤링의 3D 형상과 적용 예 … 330
- 05. 오링 및 오일실의 3D 형상과 적용 예 … 332
- 06. 키홈 및 키의 3D 형상과 적용 예 … 334
- 07. 기어의 3D 형상과 적용 예 … 336
- 08. 더브테일 및 T-홈의 3D 형상과 적용 예 … 338
- 09. 치공구 요소의 3D 형상과 적용 예 … 340
- 10. 스프로킷의 3D 형상과 적용 예 … 342
- 11. 스프링의 3D 형상과 적용 예 … 344
- 12. 핀의 3D 형상과 적용 예 … 346
- 13. 베어링의 3D 형상과 적용 예 … 348
- 14. 풀리의 3D 형상과 적용 예 … 350
- 15. 사다리꼴 나사의 3D 형상과 적용 예 … 352
- 16. 재질 및 열처리 선정법 … 354

부록

- 필수 KS규격 기계요소 제도 및 요목표 작성법 … 360
- 인벤터 실기무료 동영상 강의 지원 안내 … 372

전산응용기계제도기능사 실기 출제도면집

PART
01

과제분석과
실기시험 출제 기준

01 기능사 실기 과제 분석 및 작업 방법   02 전산응용기계제도기능사 실기 출제 기준
03 개인 PC 사용 CAD 프로그램 활용 관련 안내   04 전산응용기계제도기능사 실기 시험 요구 사항

SECTION 01 기능사 실기 과제 분석 및 작업 방법

01 도면 분석 및 이해

1. 작동 이해
요구사항 및 조립 도면을 보고 작동을 이해한다.(이때는 작업하지 않는 부품도 모두 이해한다)

2. 투상 이해
각 부품의 투상(형상)을 이해한다.(정면도, 우/좌측면도, 평면도 및 저면도 등을 비교하며…)

3. 주요 치수 및 공차
도면에 표기 되어 있는 치수를 포함하여 작동, 조립에 관한 치수 및 공차를 이해한다.

4. 규격품 정리
베어링, 오일실, 오링, 키, 핀 등의 기계요소 부품들을 과제도면 기준으로 KS기계제도 규격(PDF)에서 찾아 정리한다.

5. 재질 및 표면처리
조립도의 작동 및 각 부품에 맞는 재질과 표면처리(열처리, 도장) 방법을 정리한다.

6. 주요 형상기하 공차
조립도의 작동 및 특징에 맞도록 형상기하 공차를 정리한다.

7. 부품의 투상 방법
각 부품의 정투상도(6면도 기준)를 결정하고, 각 부품의 단면도, 확대도, 부분 투상도 등을 정리한다.

8. 시간 관리
위와 같이 도면을 이해하였다면 시간의 안배를 결정하고, 조정/관리할 수 있도록 체크한다.

02 3D 모델링 작업

① 형상을 파악한 각 부품을 한 부분씩 나누어 3D 모델링을 한다.
② 모델링이 완료되었으면 형상을 확인하여 모따기와 필렛을 작업한다.
③ 형상의 누락 및 오작업이 없는지 확인/검토한다.
④ 각 부품마다 하나씩 위와 같이 작업한다.

03 등각 투상도(3D) 작업 (3차원 모델링도)

① 부품의 형상 및 특징을 가장 잘 표현해 주는 Angle에서의 등각 투상도를 결정한다.
② 기능사의 경우 등각 투상도를 렌더링 처리하여 나타내고 산업기사의 경우 등각 투상도를 모서리선 또는 렌더링 처리하여 나타낸다.
③ 산업기사의 경우 제품의 특징이 잘 나타나도록 단면하여 나타낸다.
④ 부품의 크기와 유사하게 1:1 크기 또는 도면 크기에 알맞게 배치하여 나타낸다.

04 부품도(2D) 작업

① 도면의 분석에서 정리한 것과 같이 각 부품의 투상도(6면도 및 단면도, 확대도, 부분 투상도 등)를 작업 및 배열한다.
② 각 부품 별로 치수의 기준면을 결정하고 부품의 특징과 목적 및 가공 공정에 맞도록 치수를 기입한다.
③ 부품조립 및 가공 공정에 맞도록 주요공차 및 표면거칠기를 기입한다.
④ 가공과 기능에 알맞는 주요 형상기하 공차를 기입한다.
⑤ 도면의 크기에 맞추어 부품별로 확실하게 구분이 되도록 도면을 배치 및 정리한다.
⑥ 표면처리(열처리, 도장), 부품의 명칭, 재질 및 수량 등을 표제란에 기입한다.

05 자체 도면 검도

도면 검도 요령 의거 또는 상기 내용을 기준으로 도면을 검도한다.

전산응용기계제도기능사 실기 출제 기준

직무분야	기계	중직무분야	기계제작	자격종목	전산응용기계제도기능사	자격기간	2022.1.1. ~ 2024.12.31.

○ 직무내용 : 산업체에서 제품개발, 설계, 생산기술 부문의 기술자들이 기술정보를 목적에 따라 산업표준 규격에 준하여 도면으로 표현하는 업무를 수행하는 직무이다.
○ 수행준거 : 1. CAD 프로그램을 활용하여 제도 규칙에 따른 2D 도면을 작성하고, 확인하여 가공 및 제작에 필요한 2D도면 정보를 도출할 수 있다.   2. 기계설계 규정에 따라 치수 및 공차를 표현하고, 도면 데이터를 관리 할 수 있다.
3. CAD 프로그램을 사용자 작업 환경에 맞도록 설정하고, 모델링할 수 있다.   4. 형상 설계 오류를 사전에 검증하고 수정하여, 가공 및 제작에 필요한 형상에 관한 정보를 도출할 수 있다.
5. 기계가공 전후의 결과를 기본측정기를 이용하여 정량적으로 나타낼 수 있다.   6. 기계장치의 정확한 설치 조립을 위하여, 조립도와 부품도를 파악할 수 있다.

실기검정방법	작업형		시험시간	5시간 정도
실기과목명	주요항목	세부항목		세세항목
기계설계제도실무	1. 2D도면작업	1. 작업환경 설정하기		1. 보조 명령어를 이용하여 CAD 프로그램을 사용자 환경에 맞게 설정할 수 있다. 2. 도면작도에 필요한 부가 명령을 설정할 수 있다. 3. 도면영역의 크기를 설정하고 작도를 제한할 수 있다. 4. 선의 종류와 용도에 따라 도면층을 설정할 수 있다. 5. 작업 환경에 적합한 템플릿을 제작하여 도면의 형식을 균일화 시킬 수 있다.
		2. 도면작성하기		1. 정확한 치수로 작도하기 위하여 좌표계를 활용할 수 있다. 2. 도면요소를 선택하여 작도, 지우기, 복구를 수행할 수 있다. 3. 도형작도 명령을 이용하여 여러 가지 도면요소들을 작도 및 수정할 수 있다. 4. 도면요소를 복사, 이동, 스케일, 다중 배열 등 편집하고 변환할 수 있다. 5. 선분을 분할하고 도면요소를 조회하여 활용할 수 있다. 6. 자주 사용되는 도면요소를 블록화하여 사용할 수 있다. 7. 관련 산업표준을 준수하여 도면을 작도할 수 있다. 8. 요구되는 형상에 대하여 파악하고, 이를 2D CAD 프로그램의 기능을 이용하여 작도할 수 있다. 9. 요구되는 형상과 비교·검토하여 오류를 확인하고, 발견되는 오류를 즉시 수정할 수 있다.
	2. 2D도면관리	1. 치수 및 공차 관리하기		1. KS 및 ISO 규격 또는 사내 규정에 맞는 도면 유형을 설정하여 도면요소의 투상 및 치수 등 련정보를 생성할 수 있다. 2. 생성된 관련 정보를 수정하고 편집할 수 있다. 3. 대상물의 치수에 관련된 가공상에 적합한 공차를 표현할 수 있다. 4. 대상물의 모양, 자세, 위치 및 흔들림에 관한 기하공차를 표현할 수 있다. 5. 대상물의 표면거칠기를 고려하여 다듬질공차 기호를 표현할 수 있다.
		2. 도면출력 및 데이터 관리하기		1. 요구되는 데이터 형식에 맞도록 저장하거나 출력할 수 있다. 2. 프린터, 플로터 등 인쇄 장치의 설치와 출력 도면 영역설정으로 실척 및 축(배)척으로 출력 할 수 있다. 3. CAD 데이터 형식에 대하여 각각의 용도 및 특성을 파악하고 이를 변환할 수 있다. 4. 작업된 도면의 용도 및 활용성을 파악하고 분류하여 저장할 수 있다.
	3. 3D형상모델링 작업	1. 3D형상모델링 작업 준비하기		1. 명령어를 이용하여 3D CAD 프로그램을 사용자 환경에 맞도록 설정할 수 있다. 2. 3D형상모델링에 필요한 부가 명령을 설정할 수 있다. 3. 작업 환경에 적합한 템플릿을 제작하여 도면의 형식을 균일화 시킬 수 있다.
		2. 3D형상모델링 작업하기		1. KS 및 ISO 관련 규격을 준수하여 형상을 모델링할 수 있다. 2. 스케치 도구를 이용하여 디자인을 형상화할 수 있다. 3. 디자인에 치수를 기입하여 치수에 맞게 형상을 수정할 수 있다. 4. 기하학적 형상을 구속하여 원하는 형상을 유지시키거나 선택되는 요소에 다양한 구속 조건을 설정할 수 있다. 5. 특징형상 설계를 이용하여 요구되어지는 3D형상모델링을 완성할 수 있다. 6. 연관복사 기능을 이용하여 원하는 형상으로 편집하고 변환할 수 있다. 7. 요구되어지는 형상과 비교, 검토하여 오류를 확인하고 발견되는 오류를 즉시 수정할 수 있다.

실기과목명	주요항목	세부항목	세세항목
기계설계제도실무	4. 3D형상모델링 검토	1. 3D형상모델링 검토하기	1. 3D형상모델링의 관련 정보를 도출하고 수정할 수 있다. 2. 각각의 단품으로 조립형상 제작 시 적절한 조립 구속조건을 사용하여 조립품을 생성 할 수 있다. 3. 조립품의 간섭 및 조립여부를 점검하고 수정할 수 있다. 4. 편집기능을 활용하여 모델링을 하고 수정할 수 있다.
		2. 3D형상모델링 출력 및 데이터 관리하기	1. KS 및 ISO 국내외 규격 또는 사내 규정에 맞는 2D 도면 유형을 설정하여 투상 및 치수 등 관련정보를 생성할 수 있다. 2. 도면에 대상물의 치수에 관련된 공차를 표현할 수 있다. 3. 대상물의 모양, 자세, 위치 및 흔들림에 관한 기하공차를 도면에 표현할 수 있다. 4. 대상물의 표면거칠기를 고려하여 다듬질공차 기호를 표현할 수 있다. 5. 요구되는 데이터 형식에 맞도록 저장하거나 출력할 수 있다. 6. 프린터, 플로터 등 인쇄 장치를 설치하고 출력 도면 영역을 설정하여 실척 및 축(배)척으로 출력할 수 있다. 7. 3D CAD 데이터 형식에 대한 각각의 용도 및 특성을 파악하고 이를 변환할 수 있다. 8. 작업된 도면의 용도 및 활용성을 파악하고 분류하여 저장할 수 있다.
	5. 기본측정기 사용	1. 작업계획 파악하기	1. 작업지시서와 도면으로부터 측정하고자 하는 부분을 파악할 수 있다. 2. 작업지시서와 도면으로부터 측정방법을 파악할 수 있다.
		2. 측정기 선정하기	1. 제품의 형상과 측정 범위, 허용공차, 치수정도에 알맞은 측정기를 선정할 수 있다. 2. 측정에 필요한 보조기구를 선정할 수 있다.
		3. 기본측정기 사용하기	1. 측정에 적합하도록 측정물을 설치할 수 있다. 2. 측정기의 0점 세팅을 수행할 수 있다. 3. 측정오차요인이 측정기나 공작물에 영향을 주지 않도록 조치할 수 있다. 4. 작업표준 또는 측정기의 사용법에 따라 측정을 수행할 수 있다. 5. 측정기 지시값을 읽을 수 있다. 6. 측정된 결과가 도면의 요구사항에 부합하는지 판단할 수 있다.
	6. 조립도면해독	1. 부품도 파악하기	1. 수요자의 요구사항에 따라 기계 조립 도면을 해독할 수 있다. 2. 기계 조립 도면에 따라 유공압 장치조립, 전기장치조립 도면을 구분하여 해독할 수 있다. 3. 기계 조립의 수정 보완을 위하여 조립 도면의 설계 변경 내용과 개정 내용을 확인할 수 있다.
		2. 조립도 파악하기	1. 기계 부품 도면을 파악하기 위하여 조립도 내의 부품리스트를 작업 계획에 반영할 수 있다. 2. 기계 부품 도면에 따라 각 기계 부품의 치수 공차를 해석할 수 있다. 3. 기계 부품 도면에 따라 표면 거칠기와 열처리 유무를 확인할 수 있다.

SECTION 03 개인 PC 사용 CAD 프로그램 활용 관련 안내

개인 PC를 사용한 CAD 프로그램 활용 실기시험 응시와 관련, 공정한 국가기술자격시험을 위하여 아래와 같이 사전 안내를 드리오니 수험자께서는 양지하시어 협조해 주시기 바랍니다.

① 시험장에 사용하려는 CAD 소프트웨어가 없을 경우 본인이 지참(정품 CAD 소프트웨어 또는 개인 PC)하여 사용할 수 있으나, 호환성 및 설치, 출력 등으로 인해 발생되는 모든 관련사항은 수험자의 책임입니다.
  - 본인 지참 시 시험 시작 전에 시험장 PC에 S/W 설치를 하거나 감독위원에게 개인 PC 검수를 받으셔야 시험에 응시할 수 있습니다.
  - 개인 PC 지참시 PC 내용에는 CAD 파일 등 부정행위와 관련된 어떤 파일도 있어서는 안되며, 시험 전에 포맷 후 CAD 소프트웨어와 PDF Viewer 만을 설치하여 시험장에 오시기 바라며, 검수결과 포맷이 이루어지지 않았을 시 시험장의 PC를 사용하여야 합니다.

- 특히 시험장 출력용 PC에 사용을 원하는 CAD 소프트웨어가 없을 경우 PDF 파일 형태로 출력한 후 종이로 출력해야 하오니 이점 양지하시어 시험 준비하시기 바랍니다.
- 이 때 폰트 깨짐 등의 문제가 발생할 수 있기 때문에 CAD 사용환경 등을 충분히 숙지하시기 바랍니다.

② 제도 작업에 필요한 KS 관련 데이터는 시험장에서 파일 형태로 제공되므로 기타 데이터와 관련된 노트 또는 서적을 열람하면 부정행위자로 처리됩니다.

③ 미리 작성된 Part program(도면, 단축 키 셋업 등) 또는 LISP/Block(도면양식, 표제란, 부품란, 요목표, 주서 및 표면 거칠기 비교표 등)을 사용할 경우 부정행위자로 처리됩니다.

※ **시험위원은 부정행위가 의심되는 경우 시험 중 수험자 PC를 검사할 수 있으며**, 부정행위 적발 시 해당 수험자는 3년간 국가기술자격시험의 응시가 제한됩니다.

④ 수험자가 원할 경우 수험자 개인이 사용하는 마우스, 키보드는 지참하여 사용하실 수 있습니다.
- 다만, 설치나 호환성 관련 문제가 있을 경우 전적으로 수험자 책임이오니 양지하시기 바랍니다.

SECTION 04 전산응용기계제도기능사 실기 시험 요구 사항

자격종목	전산응용기계제도기능사	과제명	도면참조

※ 문제지는 시험종료 후 반드시 반납하시기 바랍니다.

비번호		시험일시		시험장명	

※시험시간 : 5시간

01 요구사항

※ 지급된 재료 및 시설을 이용하여 가. 부품도(2D) 제도 및 나. 렌더링 등각 투상도(3D) 제도를 순서에 관계없이, 다음의 요구사항들에 따라 제도하시오.

1. 부품도(2D) 제도

① 주어진 문제의 조립도면에 표시된 부품번호 (○, ○, ○, ○, ○)의 부품도를 CAD 프로그램을 이용하여 A2용지에 척도는 1:1로 투상법은 제3각법으로 제도하시오.

② 각 부품들의 형상이 잘 나타나도록 투상도와 단면도 등을 빠짐없이 제도하고, 설계 목적에 맞는 기능 및 작동을 할 수 있도록 치수 및 치수공차, 끼워 맞춤 공차와 기하 공차 기호, 표면거칠기 기호, 표면처리, 열처리, 주서 등 부품 제작에 필요한 모든 사항을 기입하시오.

③ 제도 완료 후 지급된 A3(420x297) 크기의 용지(트레이싱지)에 수험자가 직접 흑백으로 출력하여 확인하고 제출하시오.

2. 렌더링 등각 투상도(3D) 제도

① 주어진 문제의 조립도면에 표시된 부품번호(○, ○, ○, ○, ○)의 부품을 파라메트릭 솔리드 모델링을 하고 모양과 윤곽을 알아보기 쉽도록 뚜렷한 음영, 렌더링 처리를 하여 A2용지에 제도하시오.

② 음영과 렌더링 처리는 예시 그림과 같이 형상이 잘 나타나도록 등각 축 2개를 정해 척도는 NS로 실물의 크기를 고려하여 제도하시오.(단, 형상은 단면하여 표시하지 않습니다.)

③ 부품란 "비고"에는 모델링한 부품 중 (○, ○, ○) 부품의 **질량을 g 단위로 소수점 첫째 자리에서 반올림하여 기입**하시오.
 - 질량은 **렌더링 등각 투상도(3D) 부품란의 비고에 기입**하며, 반드시 **재질과 상관없이 비중을 7.85**로 하여 계산하시기 바랍니다.

④ 제도 완료 후, 지급된 A3(420x297) 크기의 용지(트레이싱지)에 수험자가 직접 흑백으로 출력하여 확인하고 제출하시오.

3. 부품도 제도, 렌더링 등각 투상도 제도–공통

① 도면 작성 양식과 3D 모델링도는 아래 그림을 참고하여 나타내고, 좌측상단 A부에 수험번호, 성명을 먼저 작성하고, 오른쪽 하단에 B부에는 표제란과 부품란을 작성한 후 제도작업을 합니다. (A부와 B부는 부품도(2D)와 렌더링 등각 투상도(3D)에 모두 작성해야 합니다.)

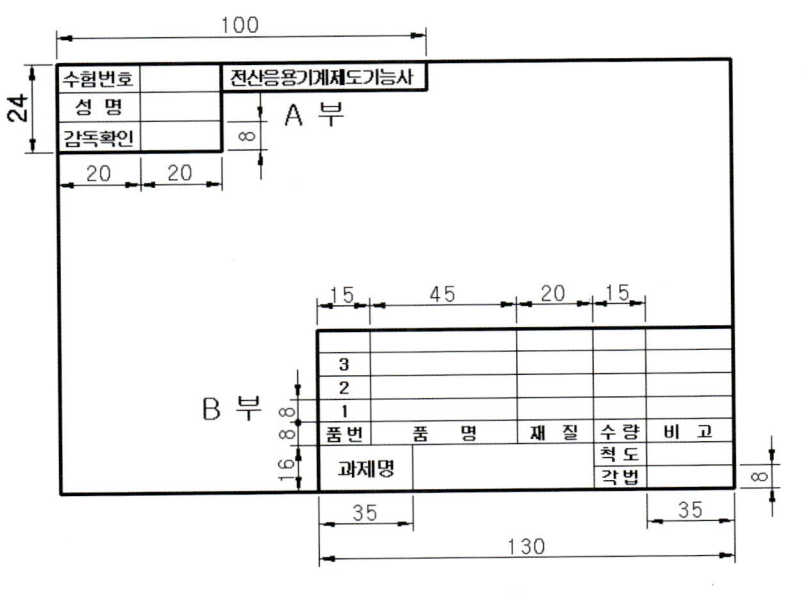

[도면 작성 양식 (2D 및 3D)]

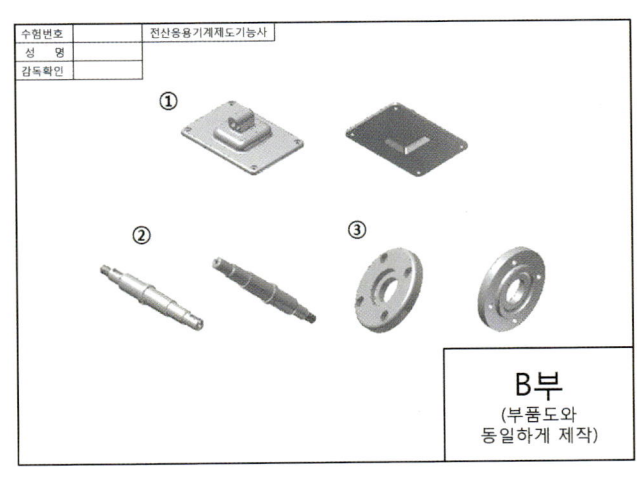

[3D 모델링도 예시]

② 도면의 크기 및 한계설정(Limits), 윤곽선 및 중심마크 크기는 다음과 같이 설정하고, a와 b의 도면의 한계선(도면의 가장자리 선)이 출력되지 않도록 하시오.

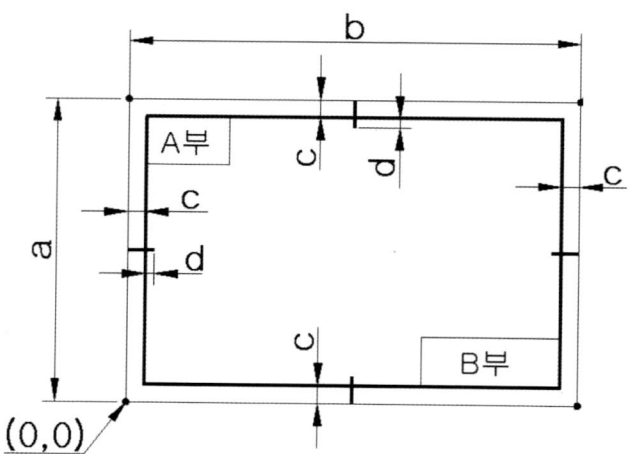

[도면의 크기 및 한계설정, 윤곽선 및 중심마크]

구분\기호\도면크기	도면의 한계		중심마크	
	a	b	c	d
A2(부품도)	420	594	10	5

③ 문자, 숫자, 기호의 크기, 선 굵기는 다음 표에서 지정한 용도별 크기를 구분하는 색상을 지정하여 제도하시오.

문자, 숫자, 기호의 높이	선 굵기	지정 색상(color)	용도
7.0mm	0.70mm	청(파란)색(Blue)	윤곽선, 표제란과 부품란의 윤곽선 등
5.0mm	0.50mm	초록(Green),갈색(Brown)	외형선, 부품번호, 개별주서, 중심마크 등
3.5mm	0.35mm	황((노란)색(Yellow)	숨은선, 치수와 기호, 일반주서 등
2.5mm	0.25mm	흰색(White), 빨강(Red)	해치선, 치수선, 치수보조선, 중심선, 가상선 등

※ 위 표는 Autocad 프로그램 상에서 출력을 용이하게 위한 설정이므로 다른 프로그램을 사용할 경우 위 항목에 맞도록 문자, 숫자, 기호의 크기, 선 굵기를 지정하시기 바랍니다.

※ 출력도면에서 문자, 숫자, 기호의 크기 및 선 굵기 등이 옳지 않을 경우 감점이나 혹은 채점대상 제외가 될 수 있으니 이점 참고하시기 바랍니다.

④ 아라비아 숫자, 로마자는 컴퓨터에 탑재된 ISO 표준을 사용하고, 한글은 굴림 또는 굴림체를 사용하시오.

지급 재료	트레이싱지 (A3) 2장	※ 트레이싱지(A3)로 출력되지 않으면 오작처리

02 수험자 유의사항

※ 다음 유의사항을 고려하여 요구사항을 완성하시오.

① 제공한 KS 데이터에 수록되지 않은 제도규격이나 데이터는 과제로 제시된 도면을 기준으로 하여 제도하거나 ISO규격과 관례에 따르시오.

② 문제의 조립도면에서 표시되지 않은 제도규격은 지급한 KS규격 데이터에서 선정하여 제도하시오.

③ 문제의 조립도면에서 치수와 규격이 일치하지 않을 때는 해당규격으로 제도하시오.(단, 과제도면에 치수가 명시되어 있을 때는 명시된 치수로 작성해야 합니다.)

④ 마련한 양식의 A부 내용을 기입하고 감독위원의 확인 서명을 받아야 하며, B부는 수험자가 작성하시오.

⑤ 수험자에게 주어진 문제는 비번호, 시험일시, 시험장명을 기재하여 반드시 제출하시오.

⑥ 시작 전 감독위원이 지정한 곳에 본인 비번호로 폴더를 생성한 후 이 폴더에서 비번호를 파일명으로 작업 내용을 저장하고, 작업이 끝나면 비번호 폴더 전체를 감독위원에게 제출하시오. (파일제출 후에는 도면(파일) 수정 불가) 그리고 시험 종료 후 하드디스크의 작업내용은 삭제하시오. 7) 정전 또는 기계고장으로 인한 자료손실을 방지하기 위하여 수시로 저장하시오.

– 이러한 문제 발생 시 "작업정지시간 + 5분"의 추가시간을 부여합니다.

⑦ 수험자는 제공된 장비의 안전한 사용과 작업 과정에서 안전수칙을 준수하시오.

⑧ 다음 사항에 대해서는 채점 대상에서 제외하니 특히 유의하시기 바랍니다.

　가) 기권
　　(1) 수험자 본인이 수험 도중 기권 의사를 표시한 경우

　나) 실격
　　(1) 시험 시작 전 program 설정 조정하거나 미리 작성된 Part program(도면, 단축 키 셋업 등) 또는 LISP과 같은 Block(도면양식, 표제란, 부품란, 요목표, 주서 및 표면 거칠기 등)을 사용한 경우
　　(2) 채점 시 도면 내용이 다른 수험자와 일부 또는 전부가 동일한 경우
　　(3) 파일로 제공한 KS 데이터에 의하지 않고 지참한 노트나 서적을 열람한 경우
　　(4) 수험자의 장비조작 미숙으로 파손 및 고장을 일으킨 경우

　다) 미완성
　　(1) 시험시간 내에 부품도(1장), 렌더링 등각투상도(1장)를 하나라도 제출하지 아니한 경우
　　(2) 수험자의 직접 출력시간이 10분을 초과한 경우 (다만, 출력시간은 시험시간에서 제외하며, 출력된 도면의 크기 또는 색상 등이 채점하기 어렵다고 판단될 경우에는

감독위원의 판단에 의해 1회에 한하여 재출력이 허용됩니다.)
- 단, 재출력 시 출력 설정만 변경해야 하며 도면 내용을 수정할 수는 없습니다.
(3) 요구한 부품도, 렌더링 등각 투상도 중에서 1개라도 투상도가 제도되지 않은 경우 (지시한 부품번호에 대하여 모두 작성해야 하며 하나라도 누락되면 미완성 처리)

라) 기 타
(1) 요구한 도면 크기에 제도되지 않아 제시한 출력용지와 크기가 맞지 않는 작품
(2) 각법이나 척도가 요구사항과 전혀 맞지 않은 도면
(3) 전반적으로 KS 제도규격에 의해 제도되지 않았다고 판단된 도면
(4) 지급된 용지(트레이싱지)에 출력되지 않은 도면
(5) 끼워 맞춤공차 기호를 부품도에 기입하지 않았거나 아무 위치에 지시하여 제도한 도면
(6) 끼워 맞춤 공차의 구멍 기호(대문자)와 축 기호(소문자)를 구분하지 않고 지시한 도면
(7) 기하공차 기호를 부품도에 기입하지 않았거나 아무 위치에 지시하여 제도한 도면
(8) 표면거칠기 기호를 부품도에 기입하지 않았거나 아무 위치에 지시하여 제도한 도면
(9) 조립상태(조립도 혹은 분해조립도)로 제도하여 기본지식이 없다고 판단되는 도면

※ 출력은 수험자 판단에 따라 CAD 프로그램 상에서 출력하거나 PDF 파일 또는 출력 가능한 호환성 있는 파일로 변환하여 출력하여도 무방합니다.
- 이 경우 폰트 깨짐 등의 현상이 발생될 수 있으니 이점 유의하여 CAD 사용 환경을 적절히 설정하여 주시기 바랍니다.

출처 : 자격의 모든 것 Q-Net (www.q-net.or.kr) 한국산업인력공단

| 자격종목 | 전산응용기계제도기능사과 | 과제명 | ○○○○○○ | 척도 | 1:1 |

03 도면

도면 생략

※ 동력전달장치, 치공구장치, 그 외 기계조립도면이 문제로 제시되며,
이 부분은 공개 시 변별력 저하가 우려되기 때문에 공개될 수 없음을 알려드립니다.

SECTION 05  기능사 작업형 실기 시험 채점 기준 예시

01 기능사, 산업기사, 기사 작업형 실기 시험 채점 기준 예시(2D 부품도)

순번	주요 항목	세부 채점 항목	항목 별 채점 기준 예	배점	종합 배점
1	투상도 선택과 배열	올바른 투상법과 투상도 수의 선택	① 제3각법에 의한 정투상 및 합리적인 투상도 수의 선택 ② 투상이 되어야 할 투상도(보조, 회전,부분, 국부 투상도 상세/확대도 등) 도시 ③ 합리적인 투상도의 배치 및 방향 감점 포인트 : 누락 및 불량 1개소당 3점 감점	15	30
		올바른 단면도법 선택과 단면도시	① 올바른 단면도법의 선정 ② 부품 형상에 따른 전단면, 부분단면, 회전, 조합단면 등의 단면 도시 감점 포인트 : 누락 및 불량 1개소당 2점 감점	8	
		상관선 도시 및 투상선의 누락	① 상관선 불량 도시 ② 투상선 누락 및 오류 도시 감점 포인트 : 누락 및 오류시 1개소당 1점 감점	7	
2	치수 기입	중요 치수	① 조립 및 기능과 관련된 중요치수 감점 포인트 : 틀리거나 누락 2개소당 1점 감점	5	15
		일반 치수	① 전체치수, 참고치수 ② 조립도와 상이한 치수 감점 포인트 : 틀리거나 누락 2개소당 1점 감점	5	
		치수 누락	① 제작시 계산이 어려운 치수 누락 감점 포인트 : 누락 2개소당 1점 감점	5	
3	치수공차 및 끼워맞춤 공차 기호	치수공차	① 조립과 기능에 필요한 치수공차 누락 ② 조립과 기능에 불필요한 치수공차 남발 감점 포인트 : 틀리거나 누락 2개소당 1점 감점	4	10
		끼워맞춤 공차기호	① 구멍과 축의 끼워맞춤 관계 치수 ② 끼워맞춤별 공차 기호 감점 포인트 : 틀리거나 누락 2개소당 1점 감점	4	

순번	주요 항목	세부 채점 항목	항목 별 채점 기준 예	배점	종합 배점
3	치수공차 및 끼워맞춤 공차 기호	치수공차, 끼워맞춤 공차 기호의 누락	① 상호 끼워맞춤 및 치수 공차가 필요한 부위 ② 축과 구멍의 끼워맞춤공차 기호 ③ 조립과 연관된 중요 치수공차 **감점 포인트** : 누락 2개소당 1점 감점	2	
4	기하공차기호	올바른 데이텀 선정	① 가공과 측정 기준 고려한 데이텀 선정 ② 올바른 데이텀 기호 도시 및 방향 **감점 포인트** : 틀리거나 누락 2개소당 1점 감점	4	10
		기하공차 기호적용의 적절성	① 부품의 형상과 기능에 알맞은 기하공차 선정 **감점 포인트** : 틀리거나 누락 2개소당 1점 감점	4	
		기하공차 기호 누락	① 가공 부위에 따른 기하공차 적용 **감점 포인트** : 누락 2개소당 1점 감점	2	
5	표면거칠기 기호	기하공차 기호 적용 부위	① 데이텀 선정면 기하공차 적용 ② 축과 베어링 등의 중요 기계요소 결합부 ③ 지그 부시 등의 결합부 등 주요 부위 **감점 포인트** : 틀리거나 누락 2개소당 1점 감점	4	10
		중요 작동 및 기능부	① 정밀한 작동을 요구하는 기능부 ② 가공법에 따른 올바른 기호 기입 **감점 포인트** : 틀리거나 누락 2개소당 1점 감점	4	
		표면거칠기 기호의 누락	① 품번 옆에 표면거칠기 기호 표시 ② 부품도에 필요한 표면거칠기 기호의 누락 **감점 포인트** : 표면거칠기 기호 누락 3개소당 1점 감점	2	
6	재료선택과 열처리	기능과 가공에 부합한 재료 선정	① 주물품과 기계 가공품의 구분 ② KS규격에 준한 재료의 선정 **감점 포인트** : 틀리거나 누락 1개소당 1점 감점	4	7
		재료에 따른 올바른 표면처리(열처리)적용	① 해당 표면처리가 가능한 재료의 선정 ② 해당 열처리가 가능한 재료의 선정 ③ 기능상 불필요한 열처리 선정 상 : 3점 감점 중 : 2점 감점 하 : 1점 감점	3	

순번	주요 항목	세부 채점 항목	항목 별 채점 기준 예	배점	종합 배점
7	주서, 표제란 및 부품란	확대도(상세도)의 척도 지시	① KS규격에서 규정한 척도로 도시 **감점 포인트** : 틀리거나 누락 1개당 1점 감점	2	8
		조립도와 맞는 부품 수량 기입	① 조립도와 알맞은 부품 수량 **감점 포인트** : 틀리거나 누락 1개당 1점 감점	3	
		올바른 주서 기입 내용	① 조립도 및 부품도에 준한 주서 작성 상 : 3점 감점 중 : 2점 감점 하 : 1점 감점	3	
8	도면 배치와 외관	각 부품의 균형있는 배치	상 : 5점 감점 중 : 3점 감점 하 : 1점 감점	5	10
		선의 용도에 맞는 선굵기 적용	상 : 3점 감점 중 : 2점 감점 하 : 1점 감점	3	
		용도에 맞는 문자 크기 및 굵기	상 : 2점 감점 하 : 1점 감점	2	

상 : 전부 맞은 경우, 중 : 틀린 곳이 2개 이내인 경우, 하 : 틀린 곳이 2개 이내인 경우

02 작업형 실기 시험 채점 기준 예시(3D 렌더링 등각 투상도)

순번	주요 항목	항목 별 채점 기준 예	배점	종합 배점
1	3차원 형상 투상	(　)번 부품은 올바른 투상으로 솔리드 모델링 하였는가?	1	3
		(　)번 부품은 올바른 투상으로 솔리드 모델링 하였는가?	1	
2	부품 질량	(　)번 주어진 비중에 따른 부품의 질량은 정확한가?	1	3
		(　)번 주어진 비중에 따른 부품의 질량은 정확한가?	1	
		(　)번 주어진 비중에 따른 부품의 질량은 정확한가?	1	
3	형상 편집	(　)번 부품의 모따기 형상은 올바르게 모델링 하였는가?	1	2
		(　)번 부품의 라운드 형상은 올바르게 모델링 하였는가?	1	
4	3차원 배치	각 부품의 형상이 잘 나타나도록 배치하였는가?	2	3
		음영과 렌더링 처리는 주어진 요구사항을 준수하였는가?	1	
5	표제란 및 부품란	표제란 및 부품란은 올바르게 작성하였는가?	1	2
		질량은 렌더링 등각 투상도 부품란의 비고에 반올림하여 기입하였는가?	1	
	도면 배치와 외관	투상선은 용도에 맞는 굵기를 선택하여 출력하였는가?	1	2
		지급된 용지 크기에 맞게 출력하였는가?	1	

[주] 위 채점기준은 예시이며, 해당 국가기술자격검정의 채점 기준에 따라 차이가 있을 수 있다.

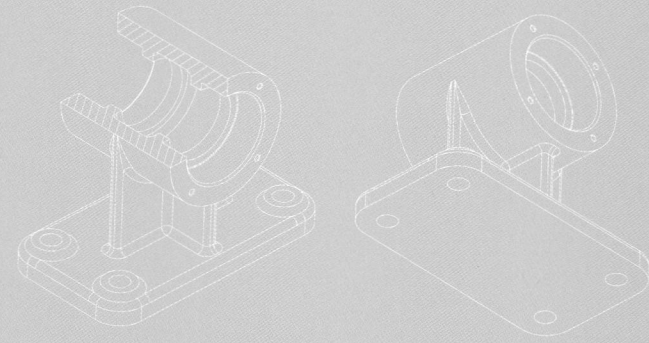

전산응용기계제도기능사 실기 출제도면집

PART 02

동력전달장치

01 동력전달장치-1　02 동력전달장치-2　03 동력전달장치-3　04 동력전달장치-4　05 동력전달장치-5
06 동력전달장치-6　07 동력전달장치-7　08 동력전달장치-8　09 동력전달장치-9　10 동력전달장치-10
11 동력전달장치-11　12 동력전달장치-12　13 동력전달장치-13

01. 동력전달장치-1 문제도

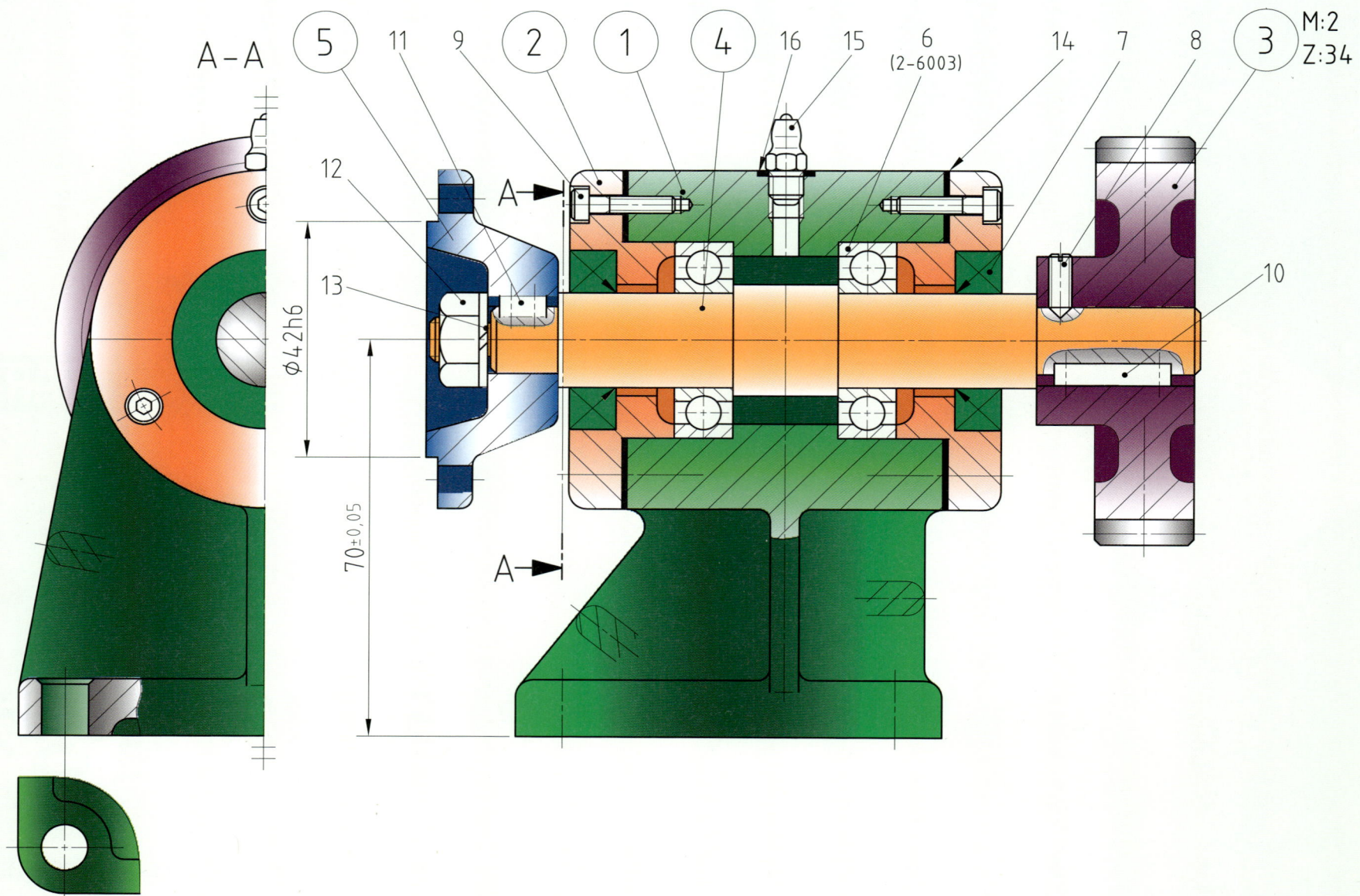

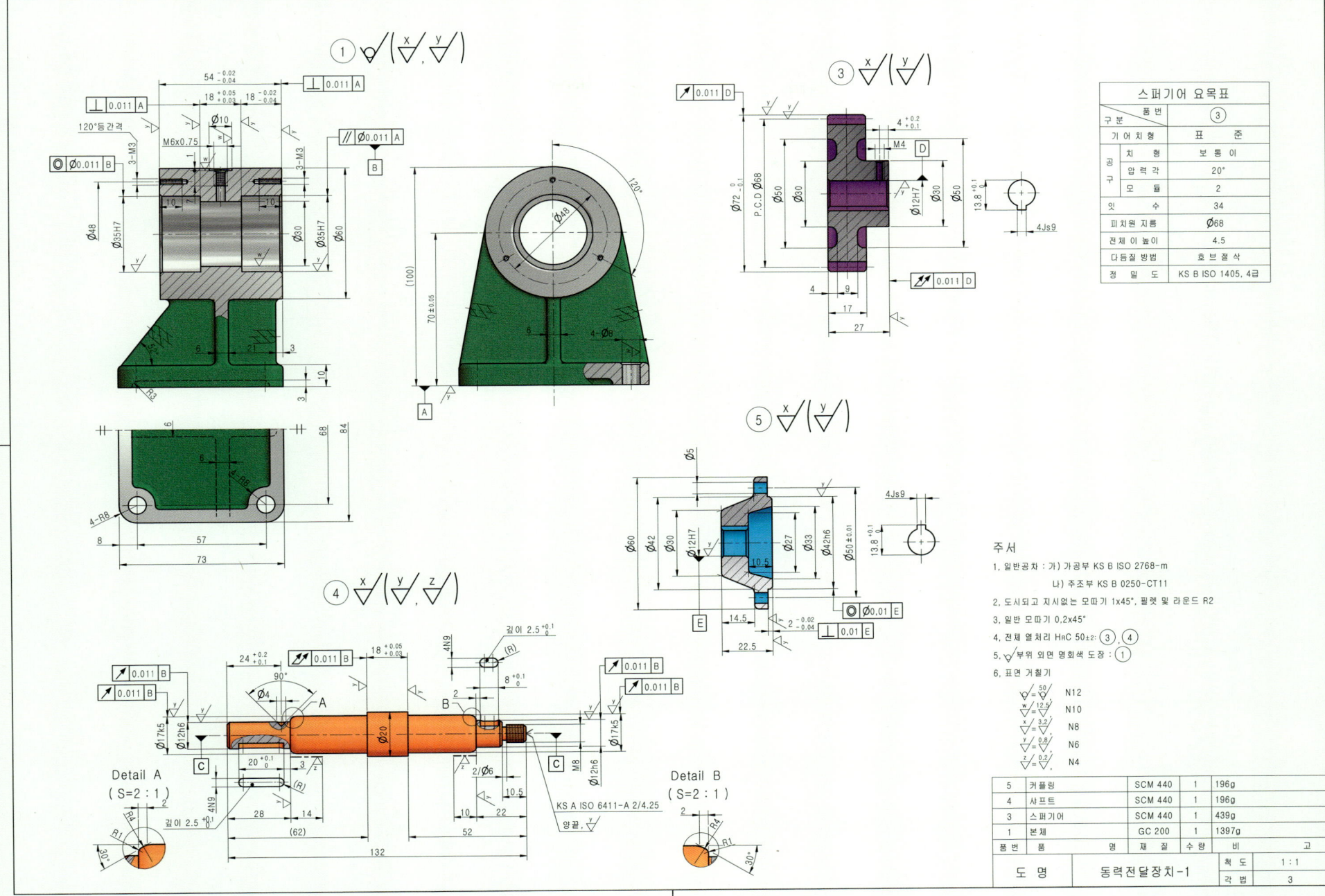

01. 동력전달장치-1 과제도면

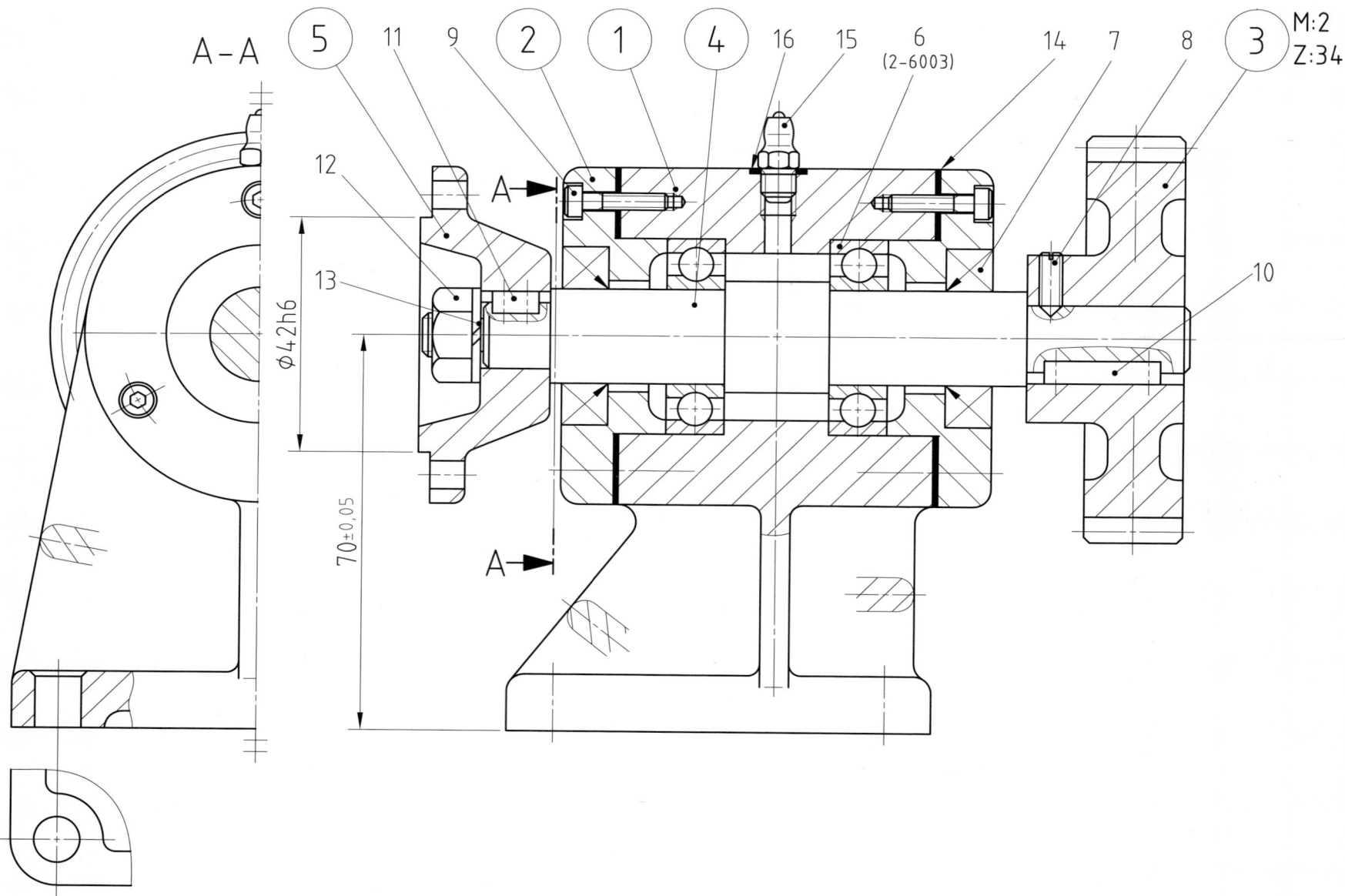

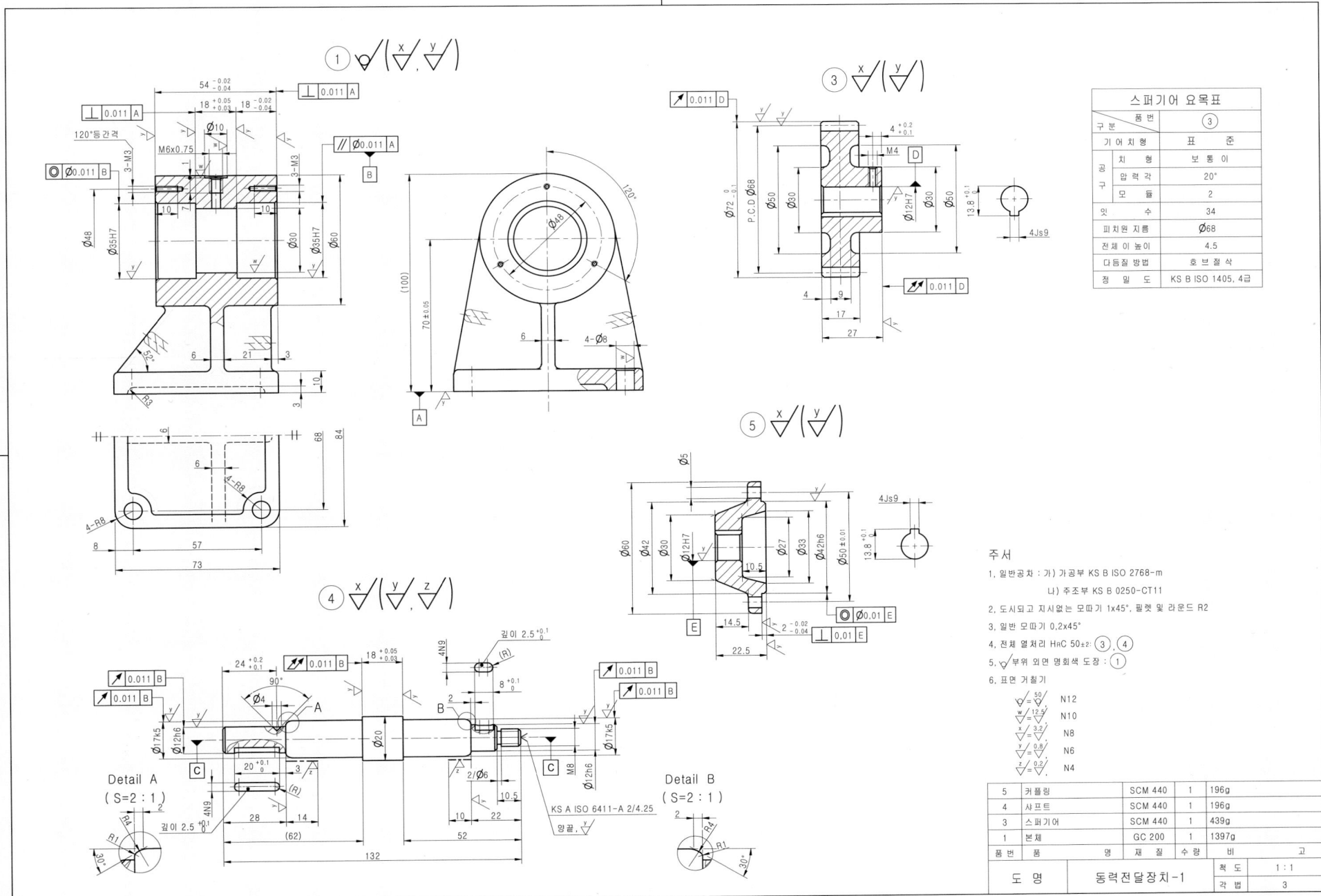

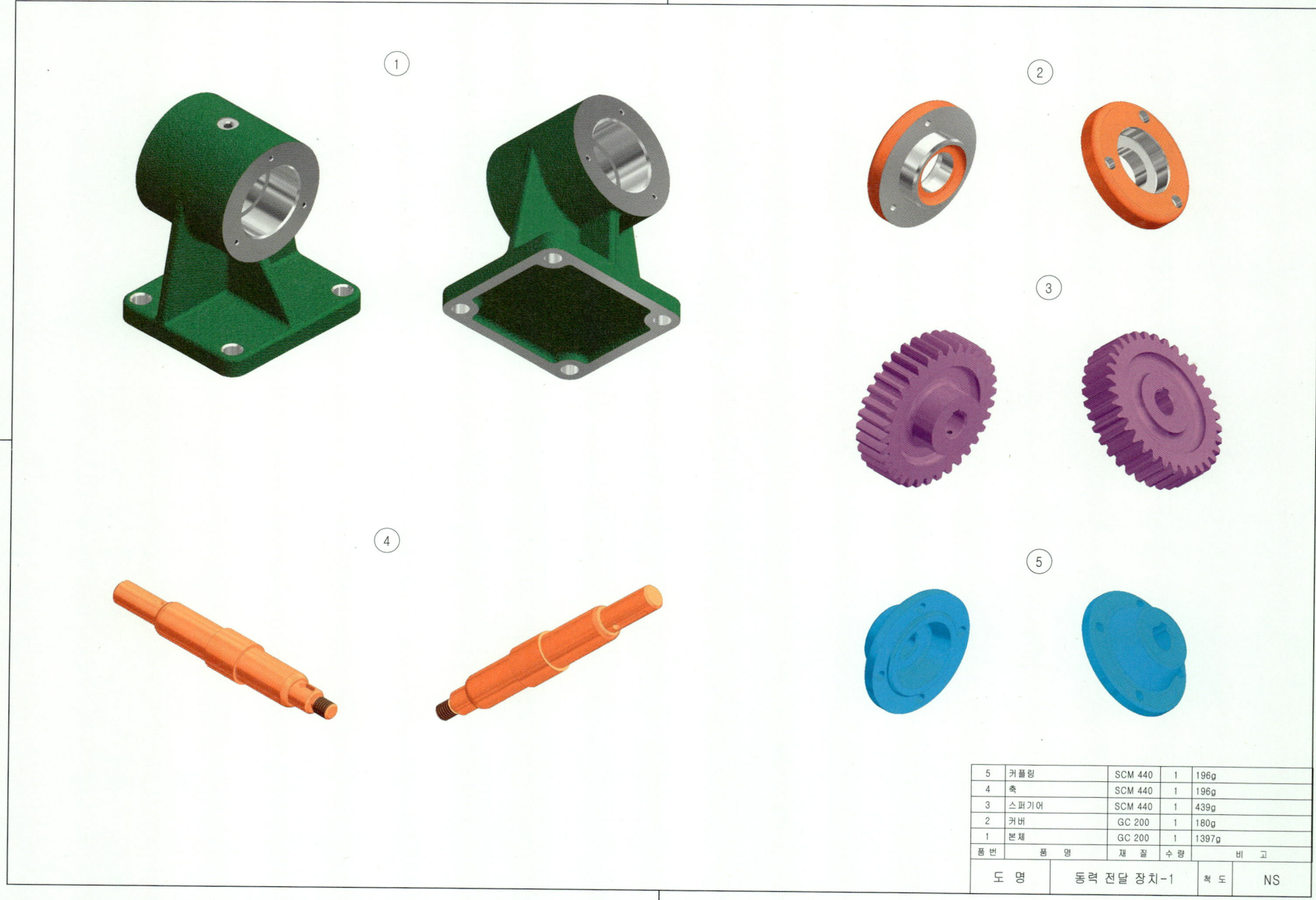

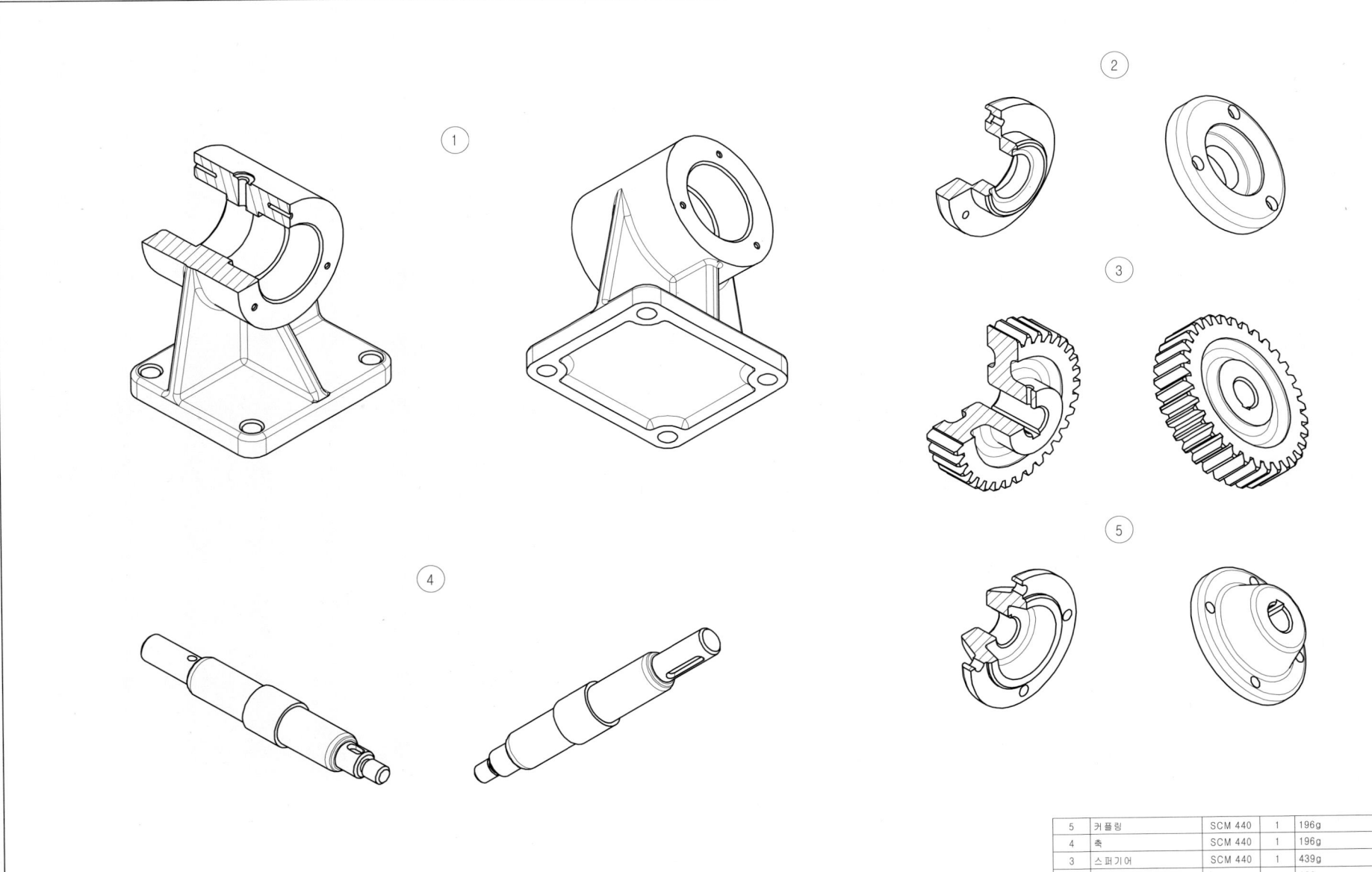

01. 동력전달장치-1   등각조립도

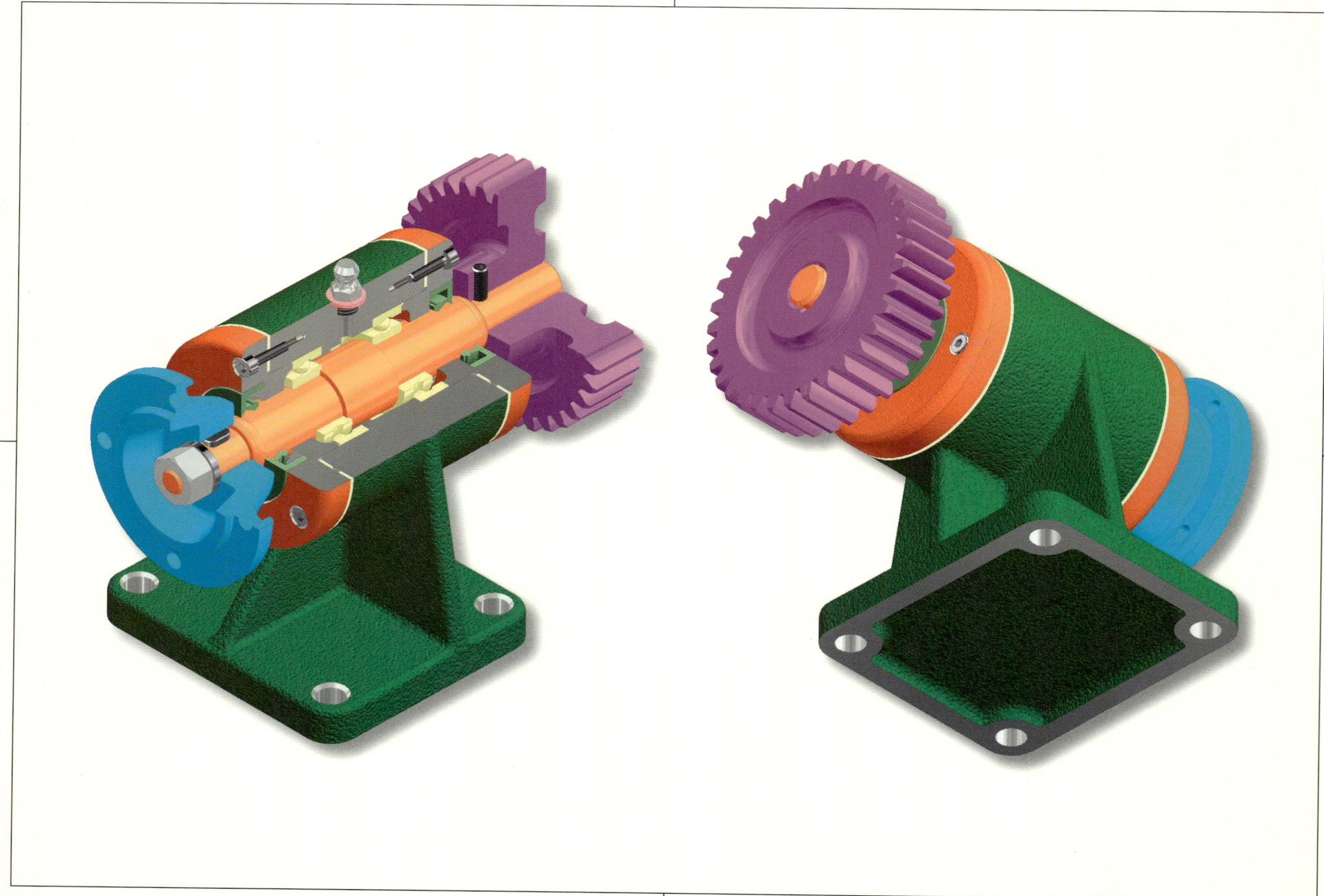

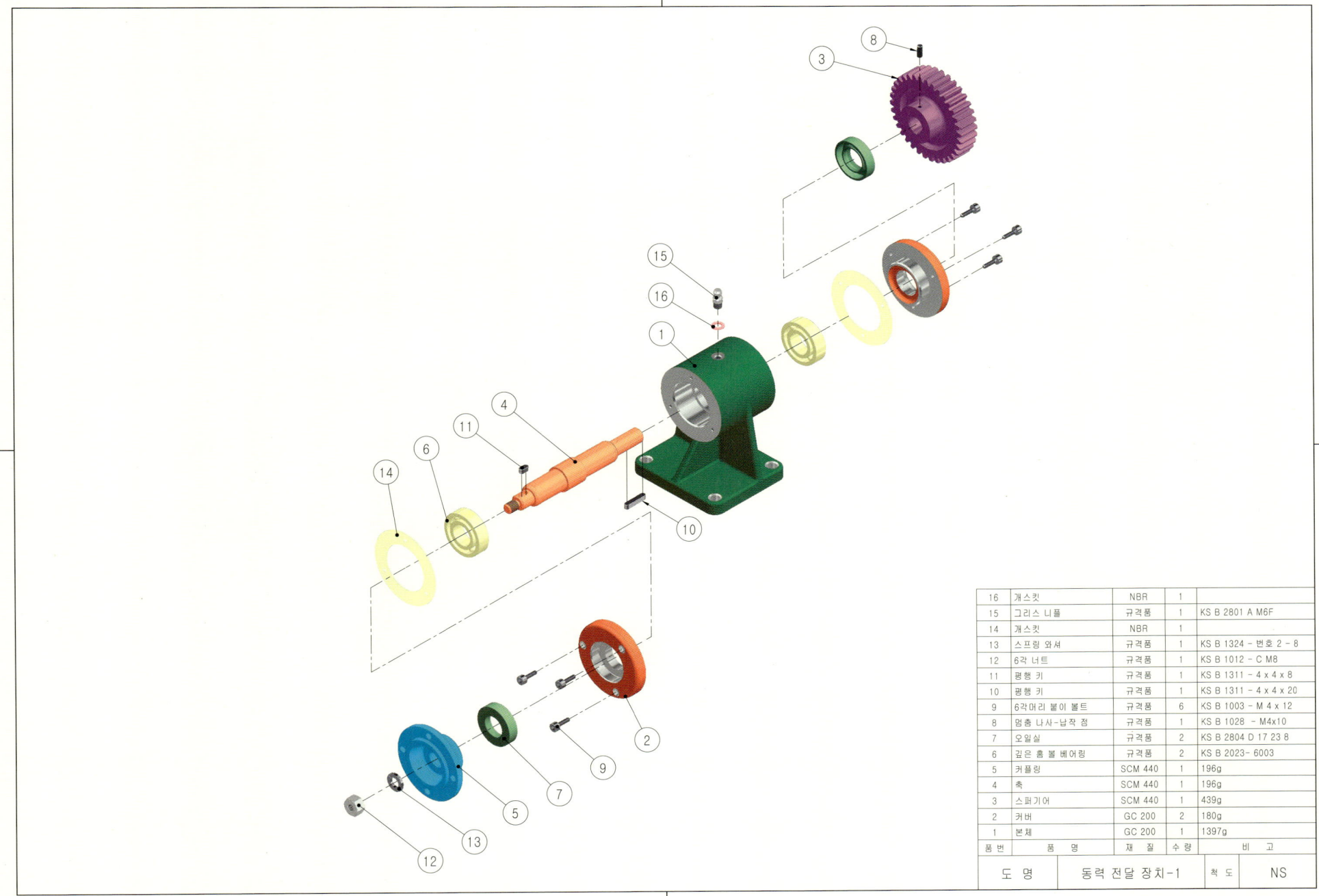

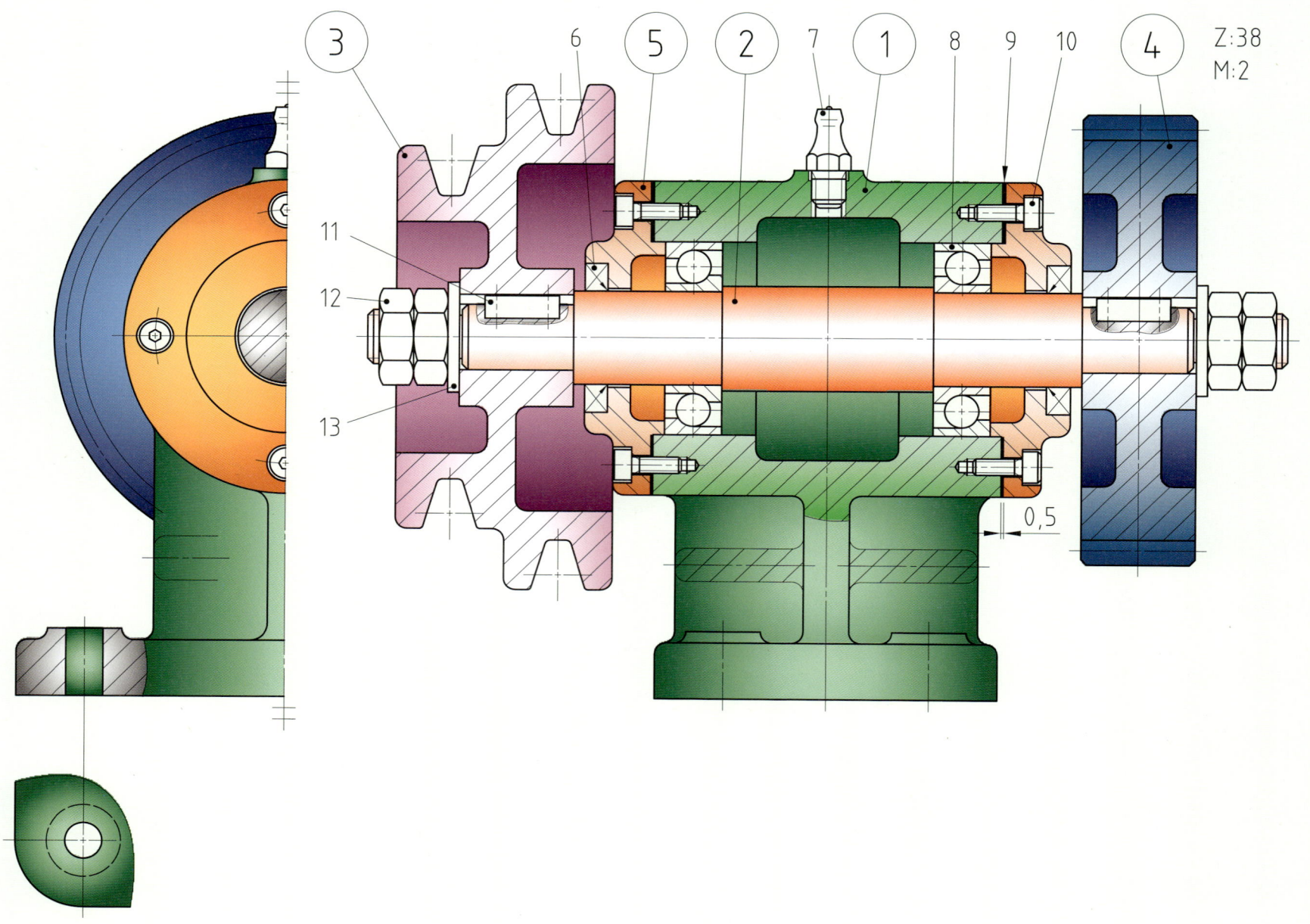

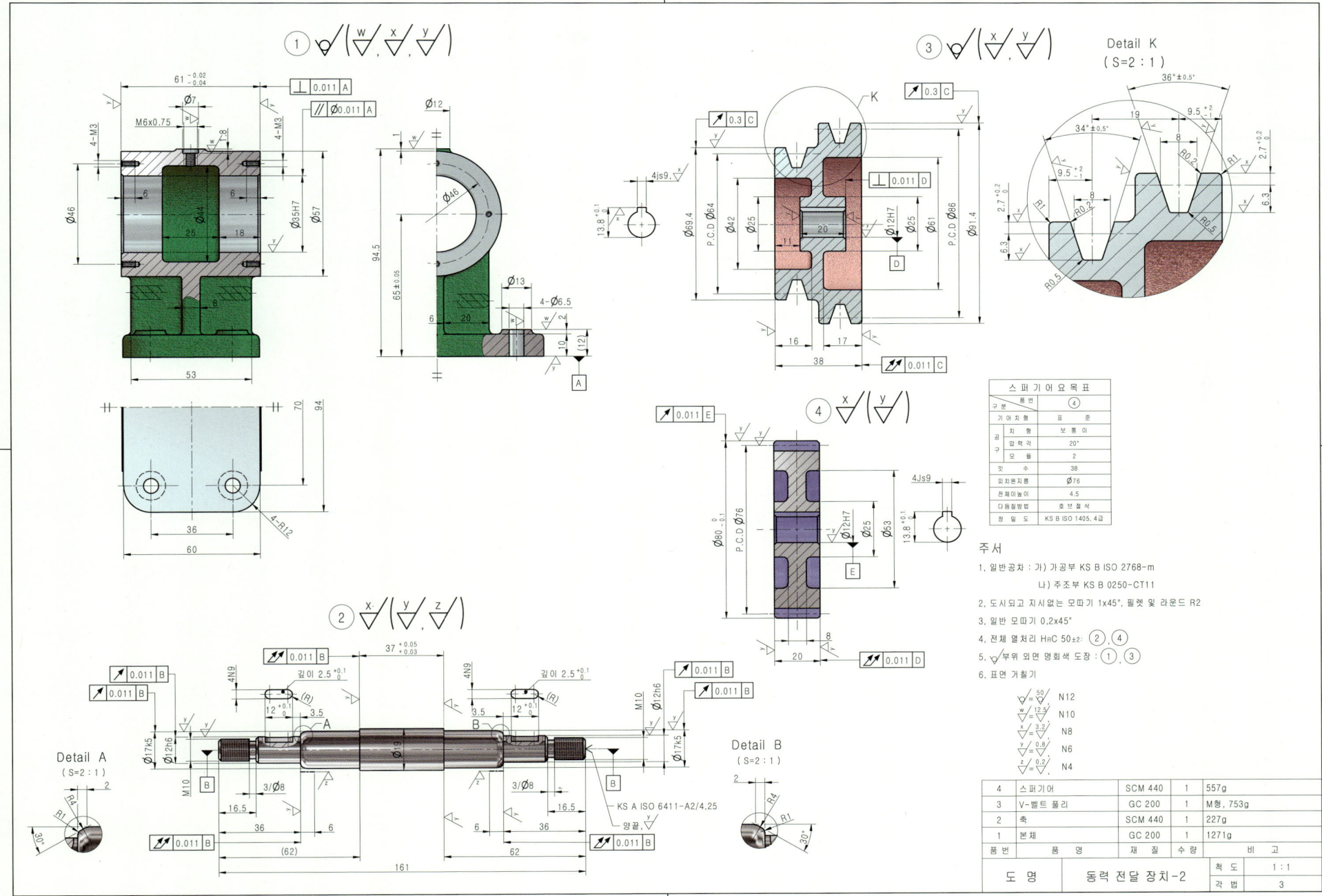

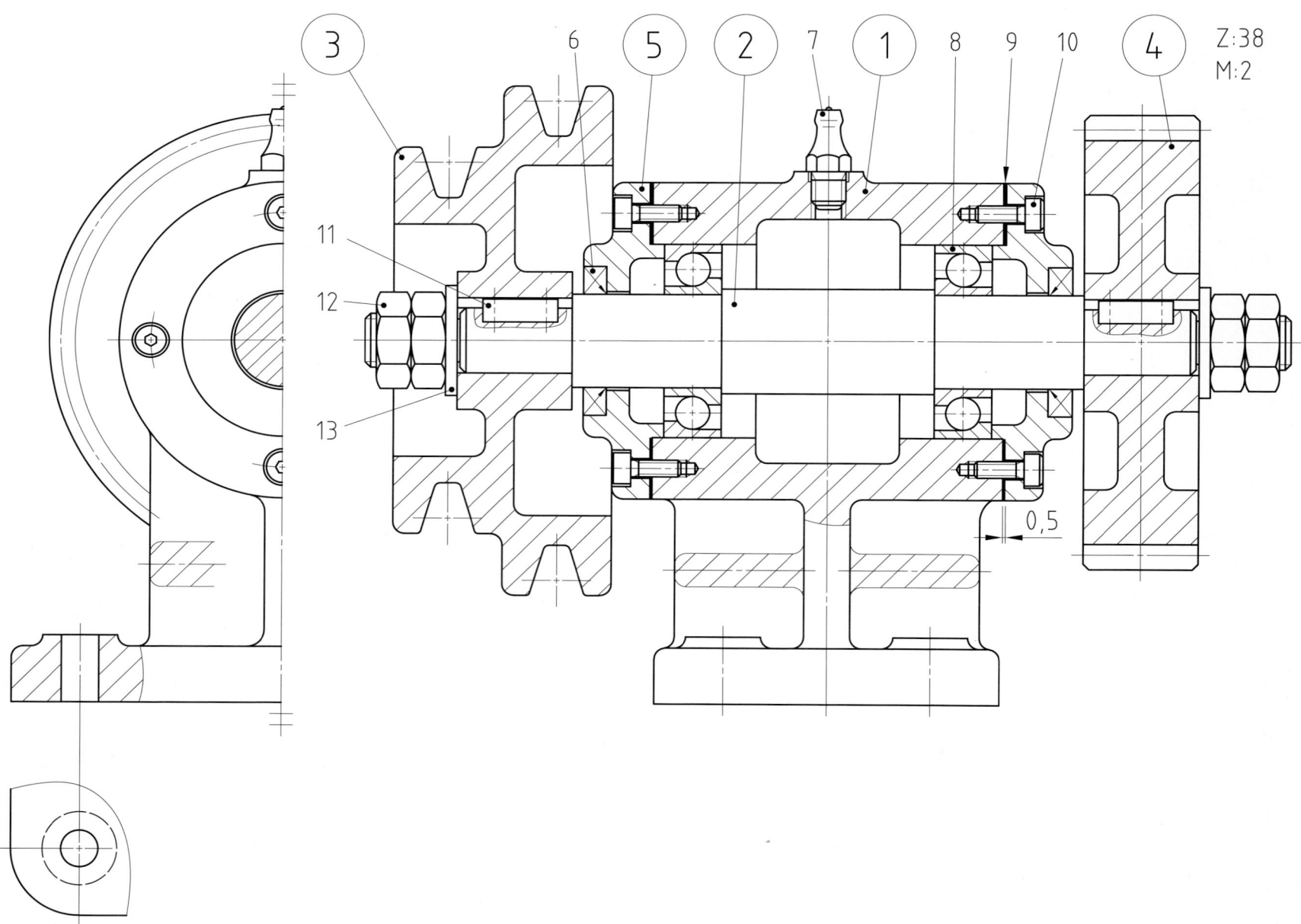

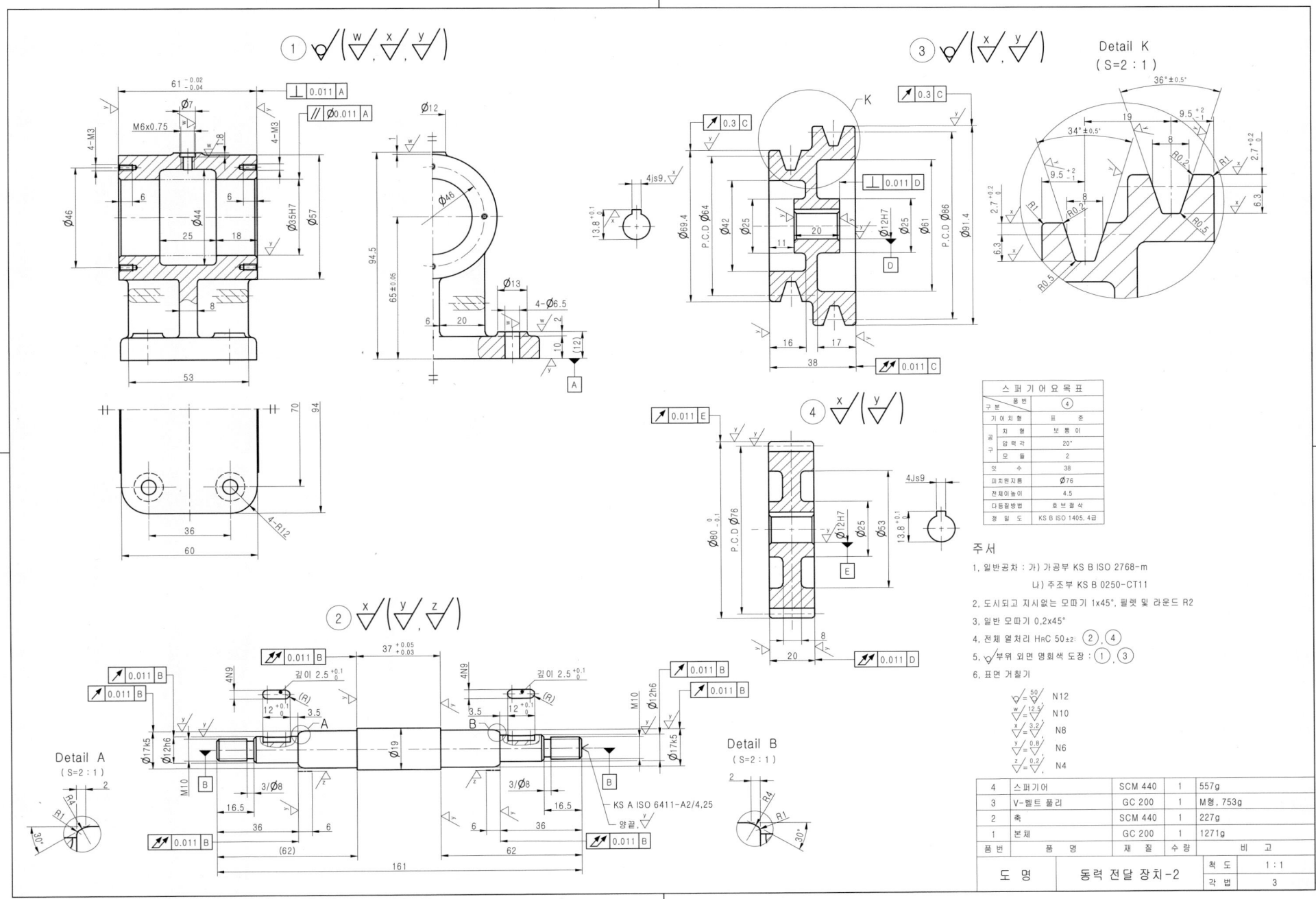

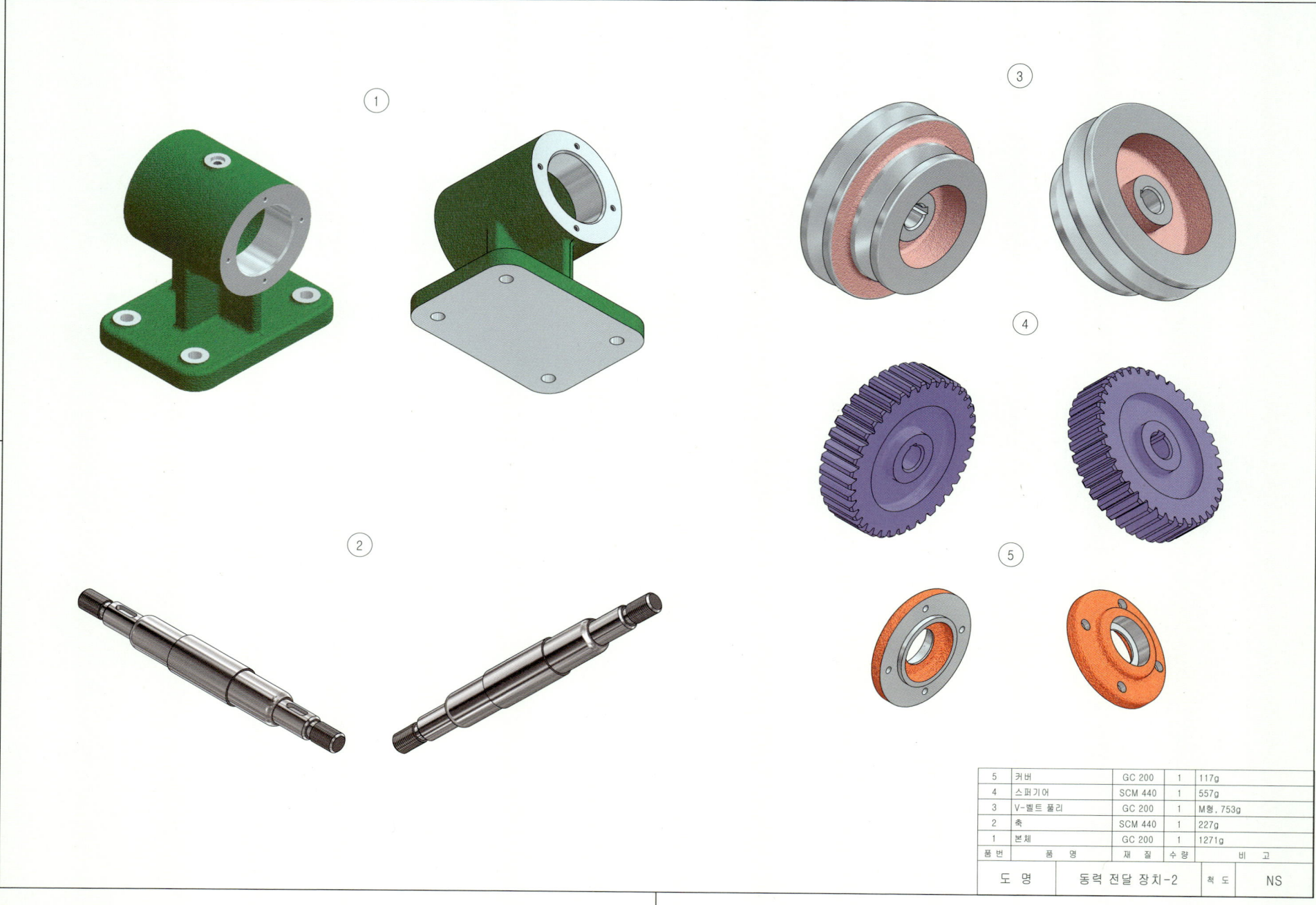

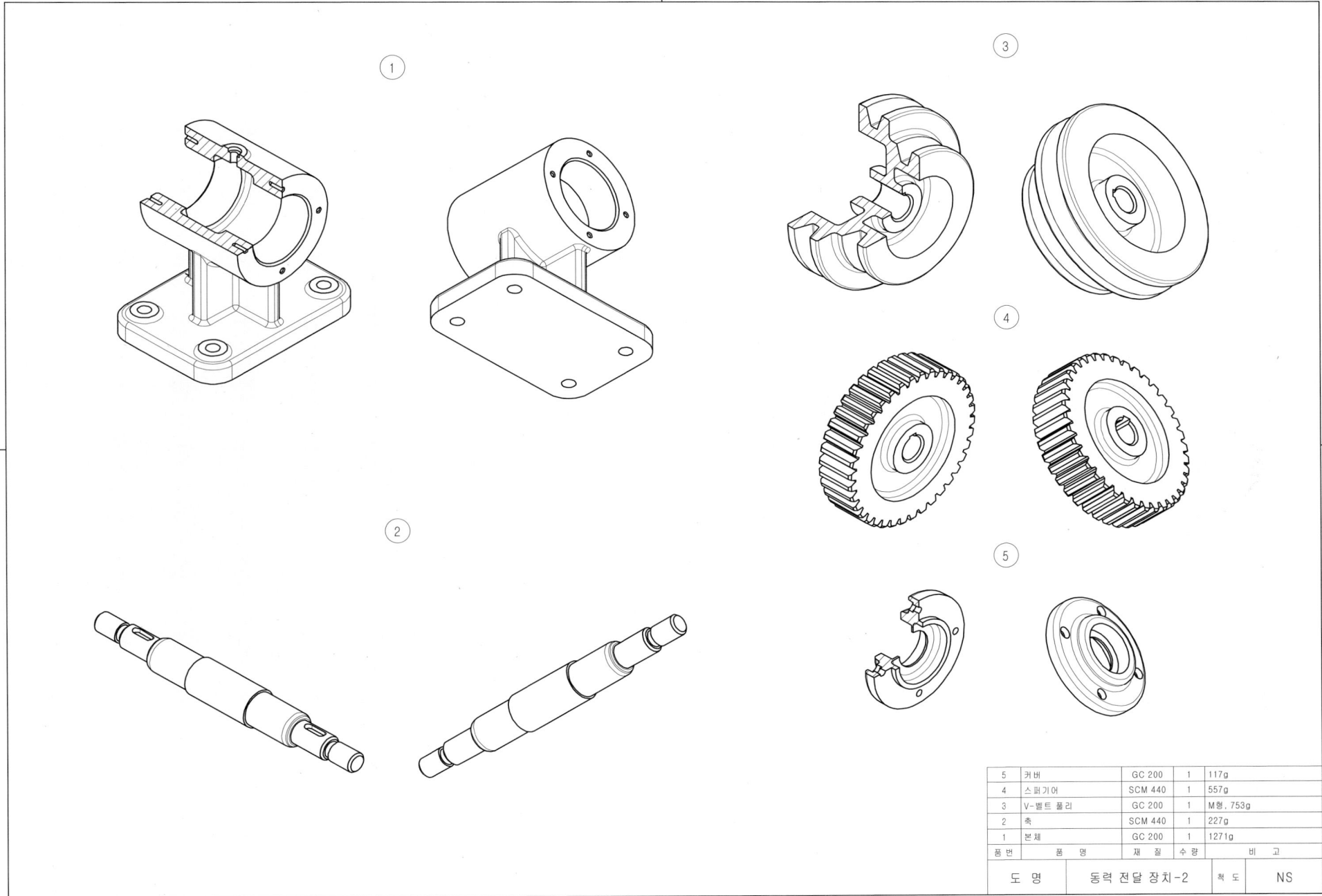

02. 동력전달장치-2   등각조립도

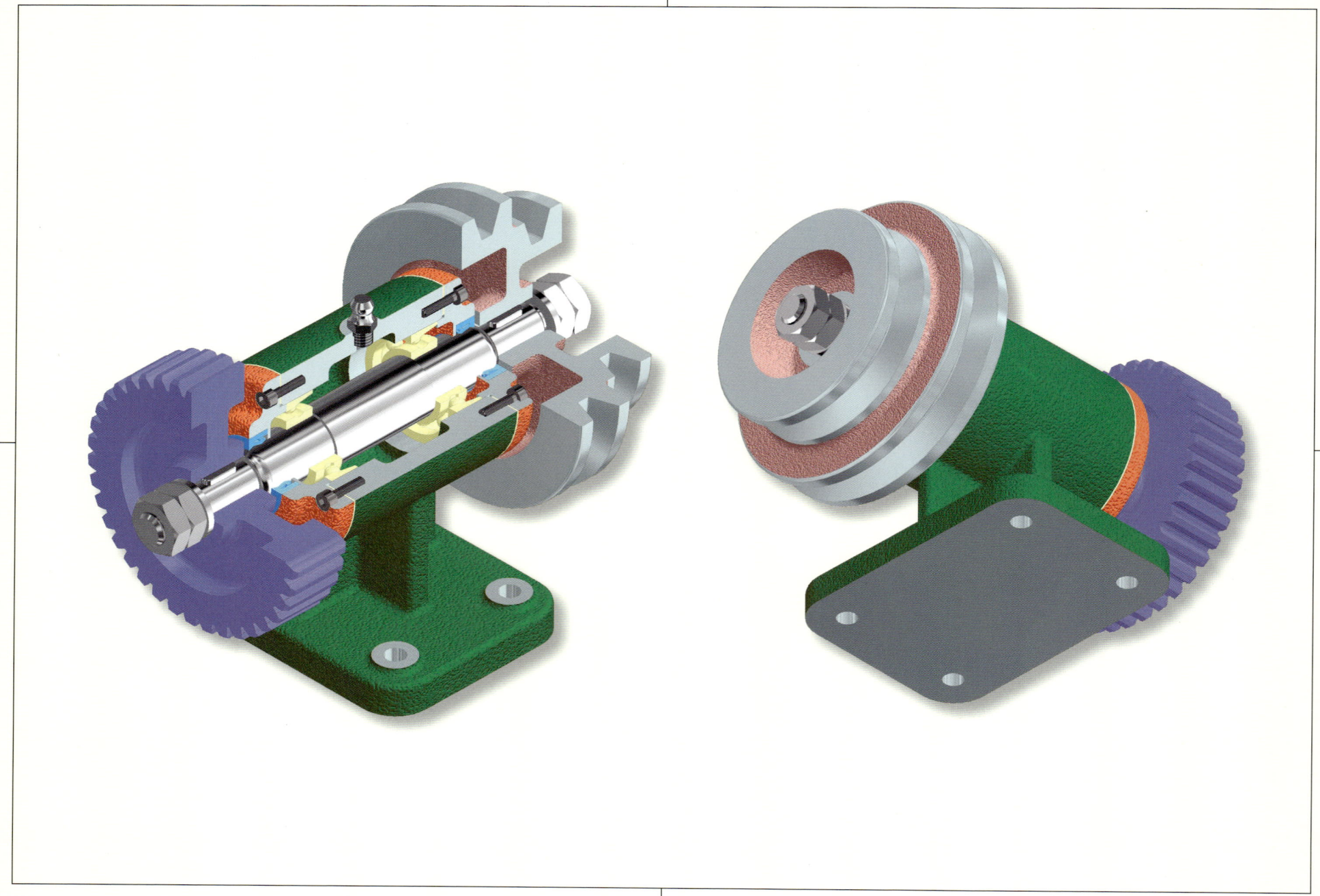

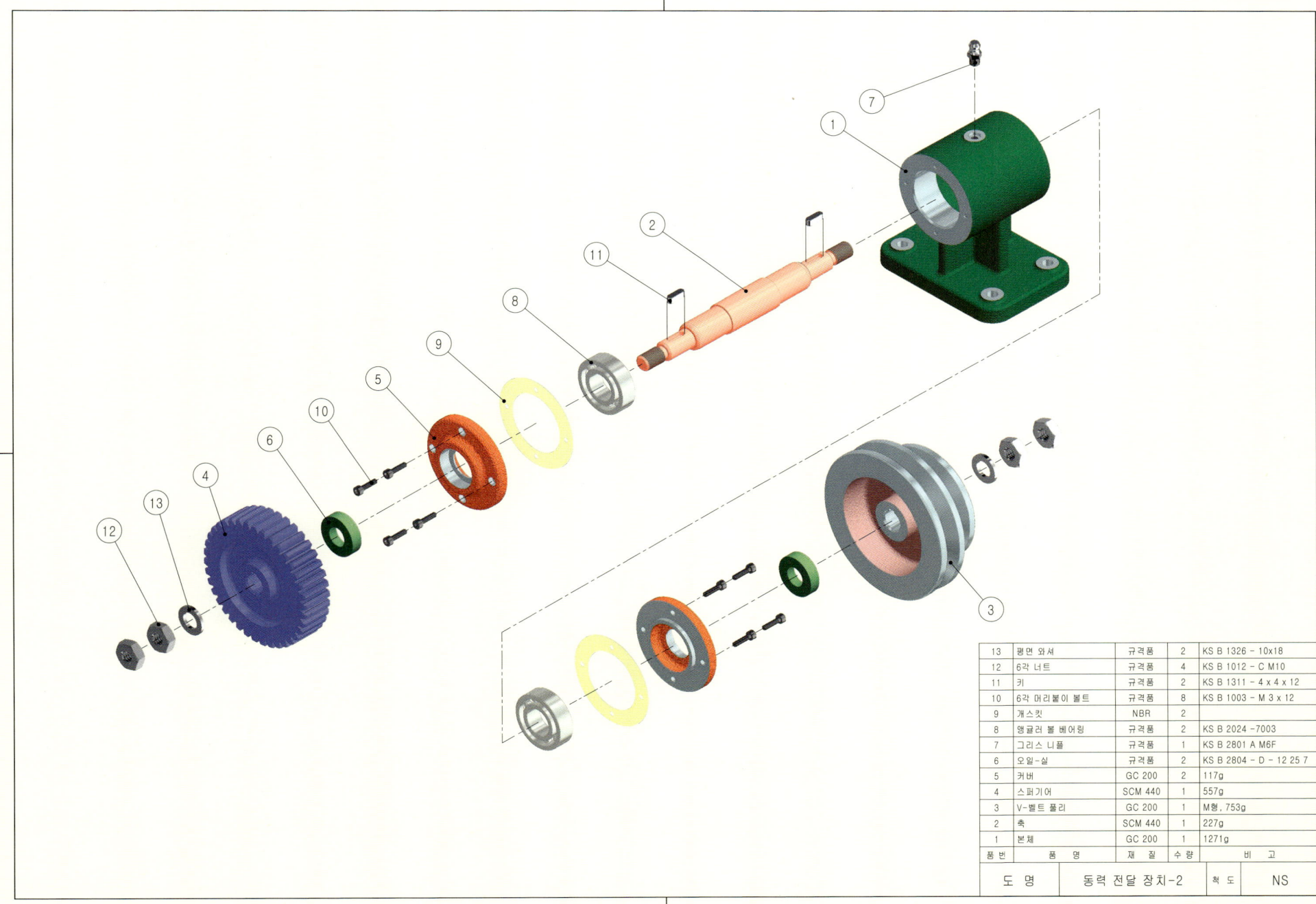

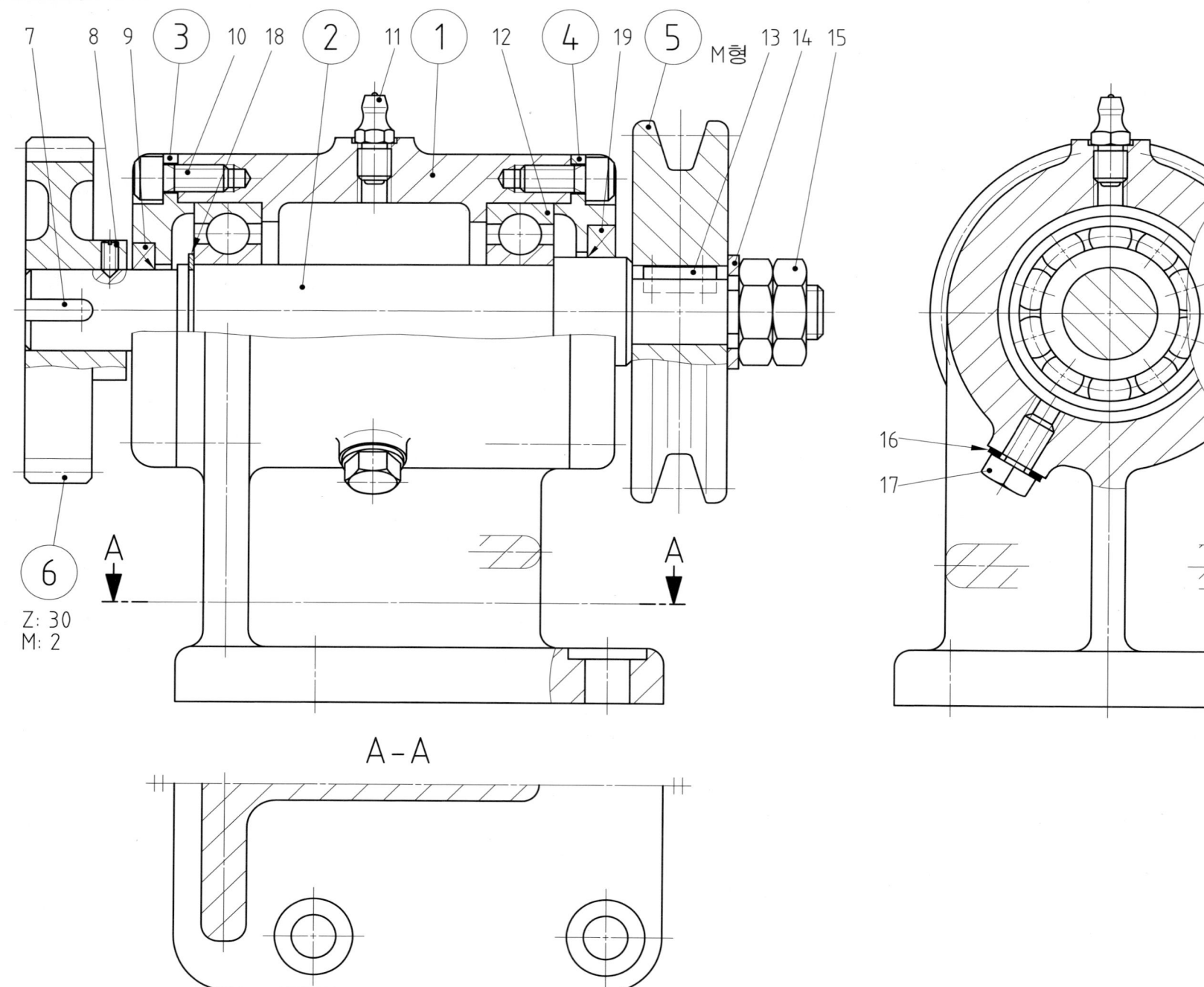

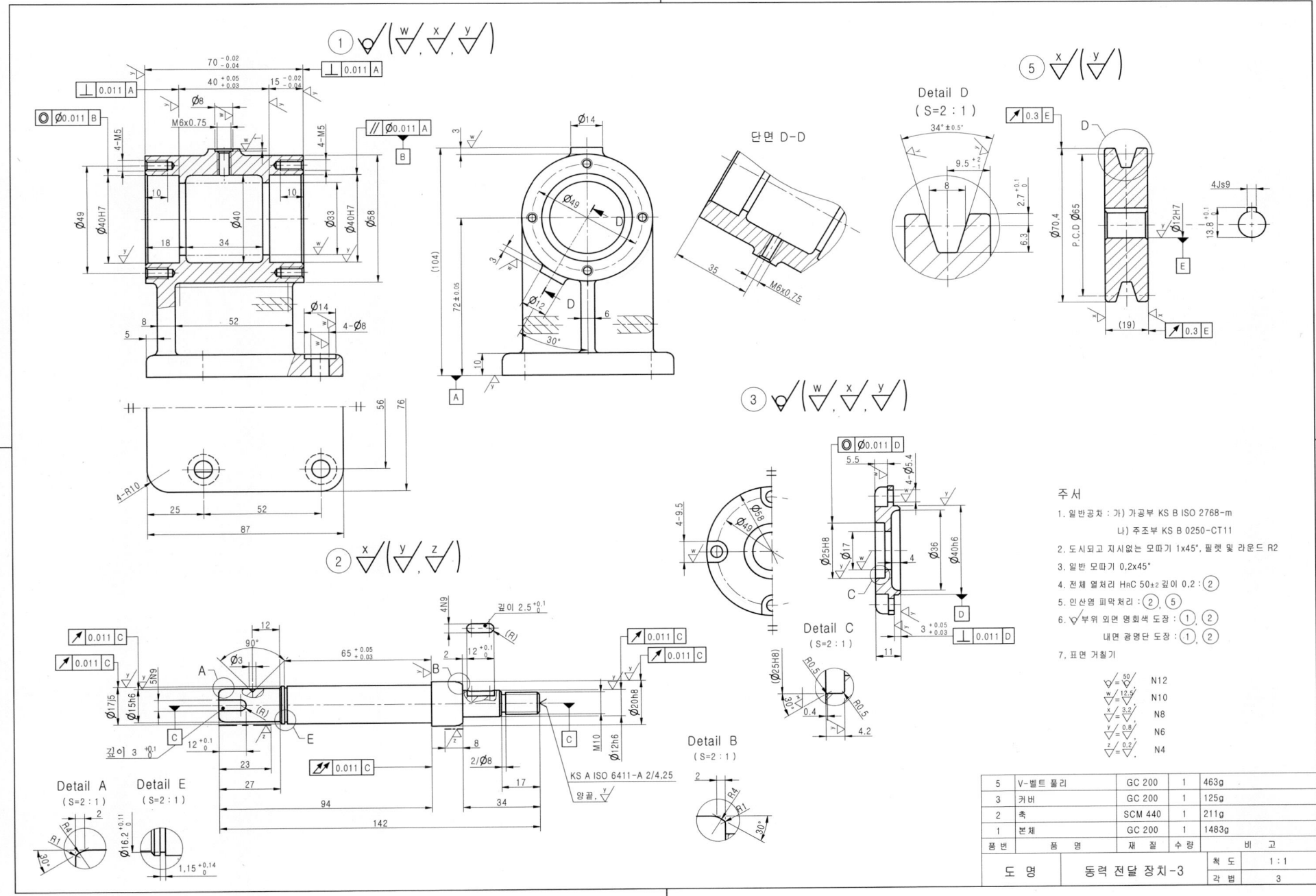

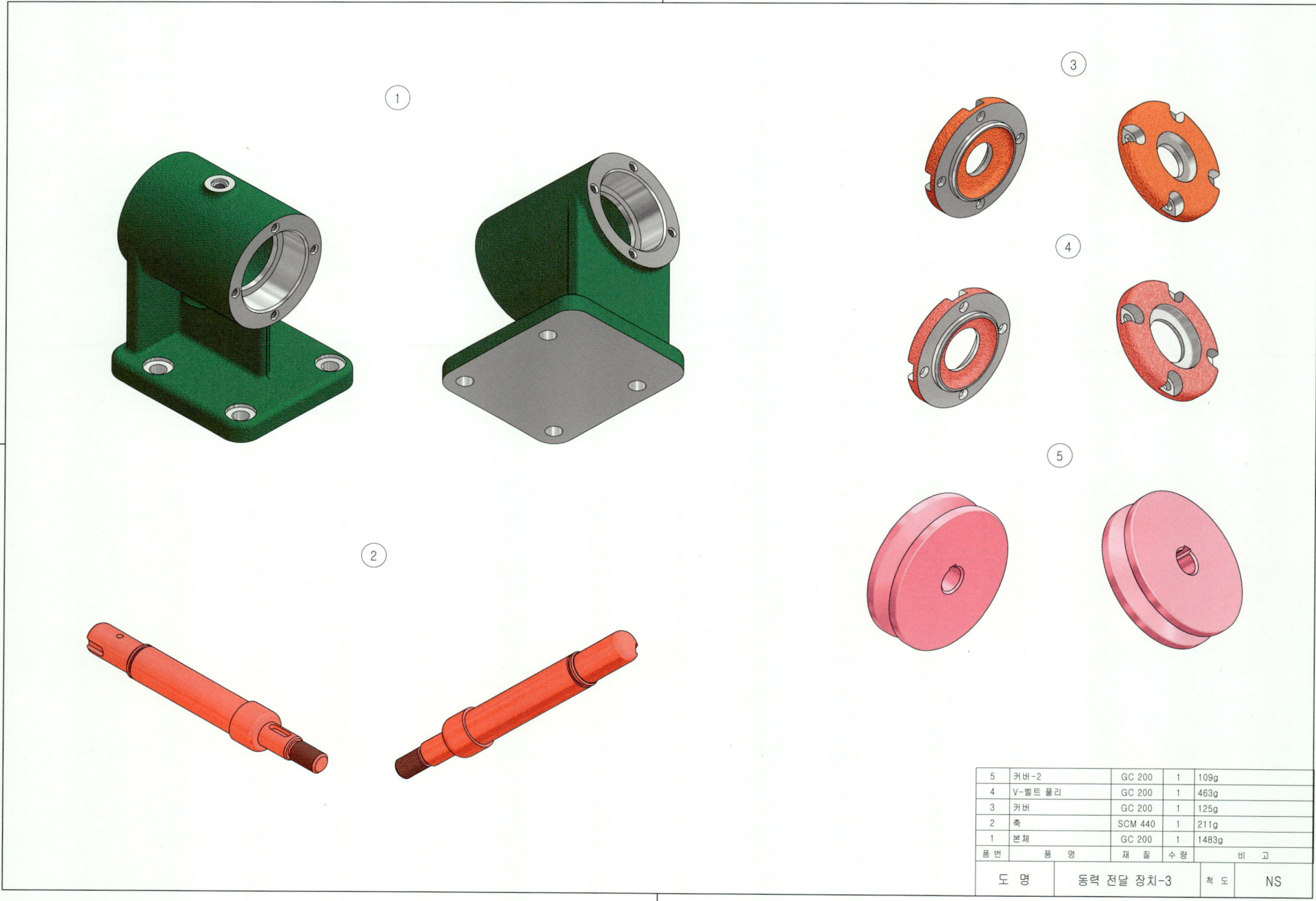

03. 동력전달장치-3

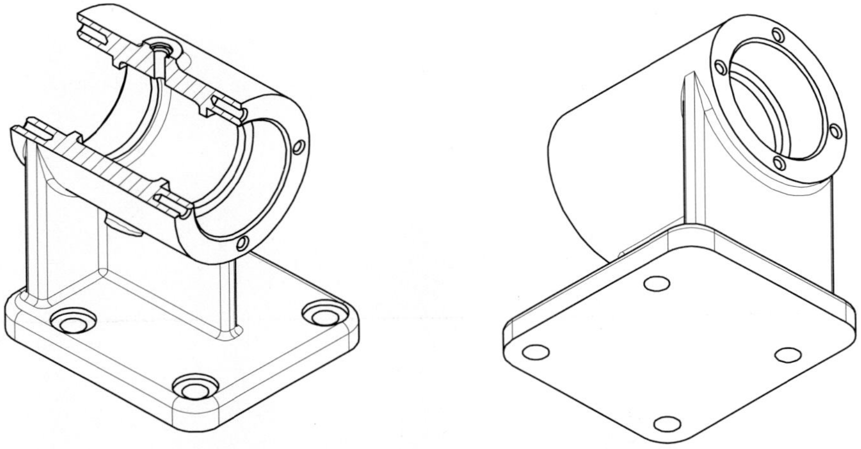

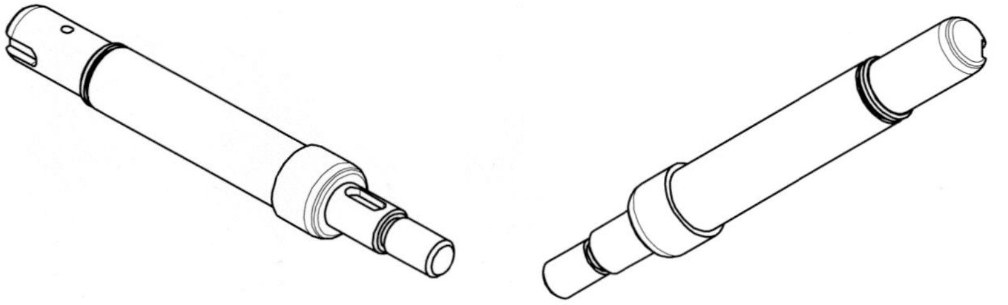

3D 와이어프레임 등각투상도 제출용 예제도면

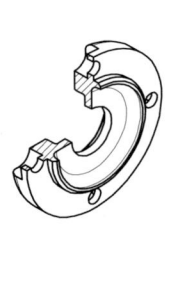
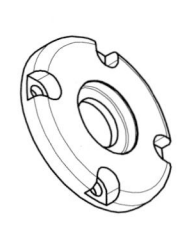
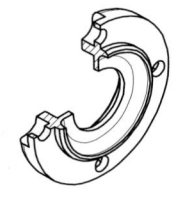
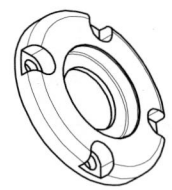
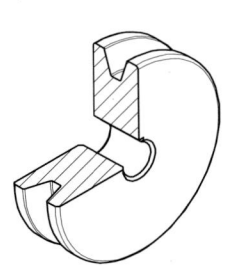
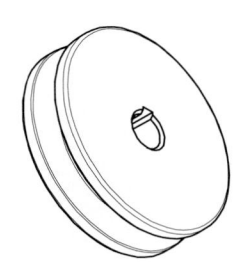

품번	품 명	재 질	수량	비 고
5	커버-2	GC 200	1	109g
4	V-벨트 풀리	GC 200	1	463g
3	커버	GC 200	1	125g
2	축	SCM 440	1	211g
1	본체	GC 200	1	1483g

도 명	동력 전달 장치-3	척 도	NS

03. 동력전달장치-3 등각조립도

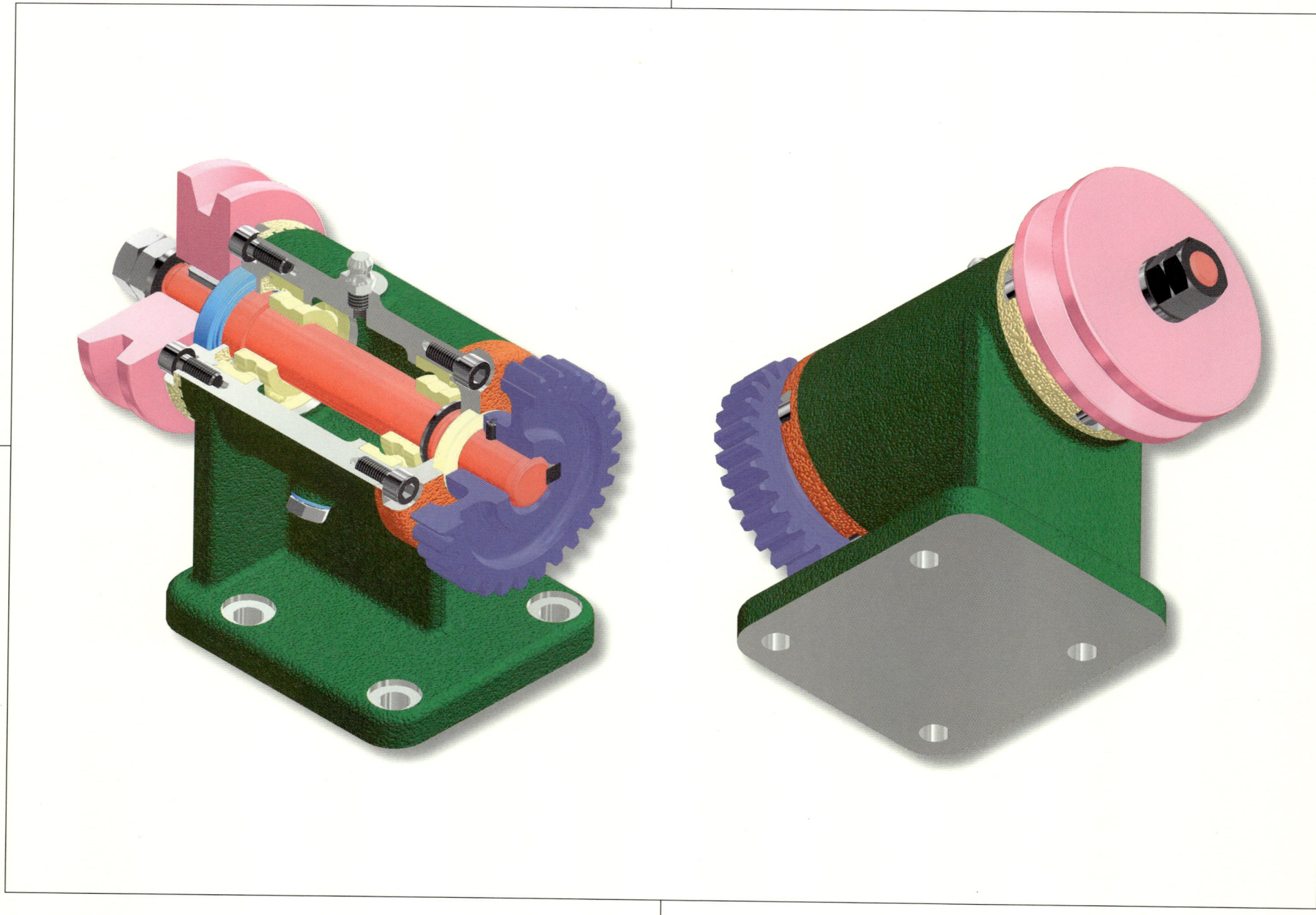

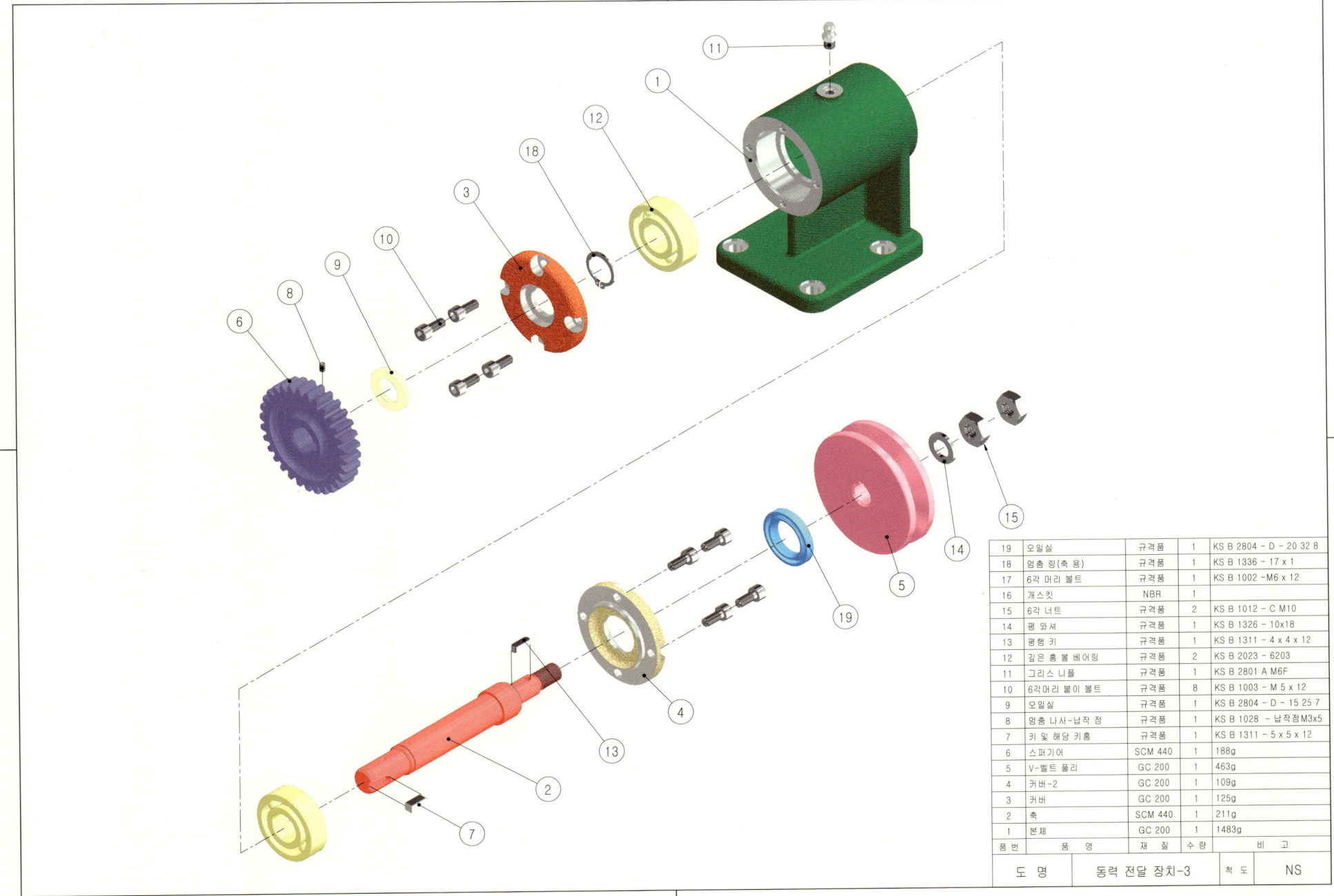

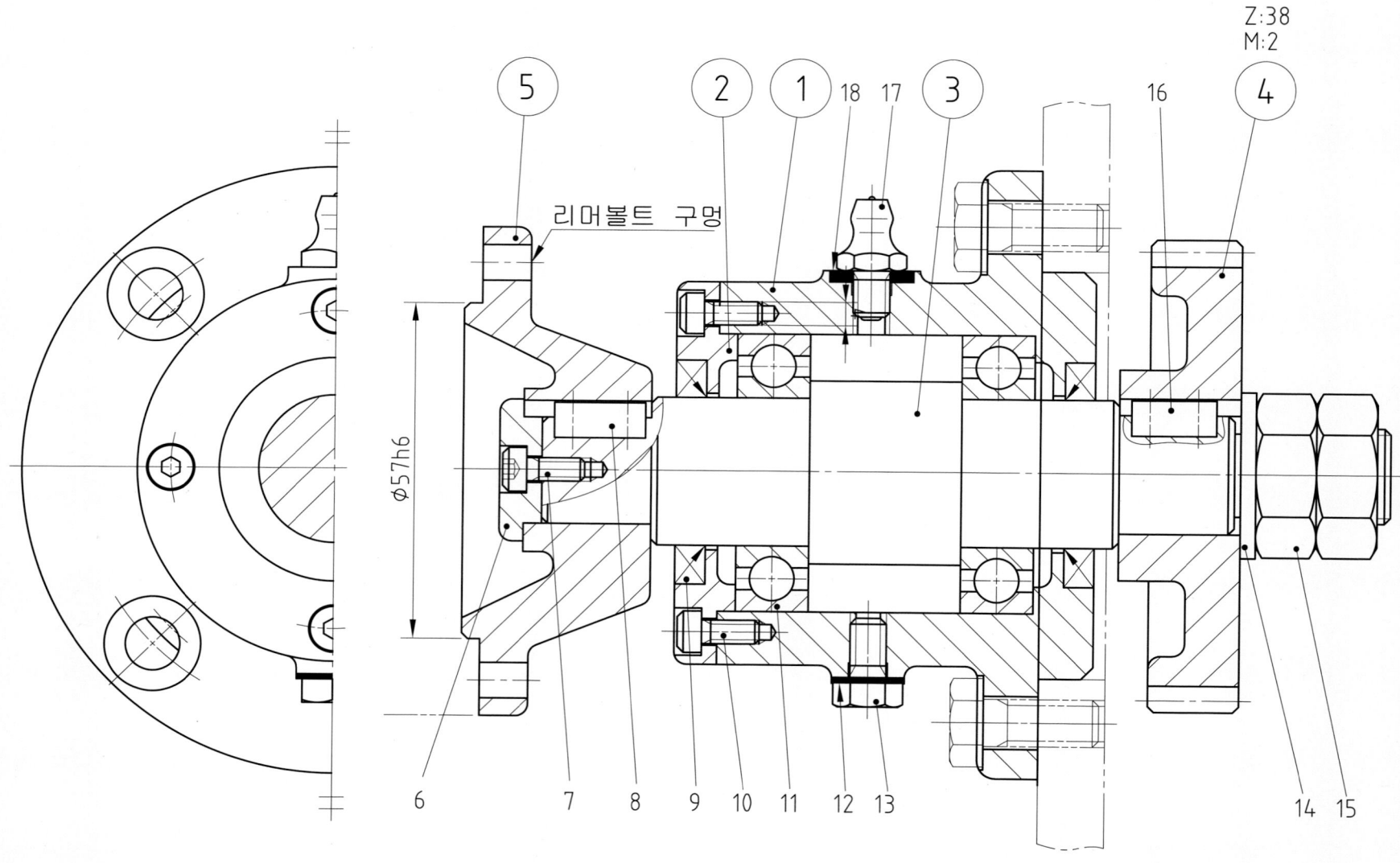

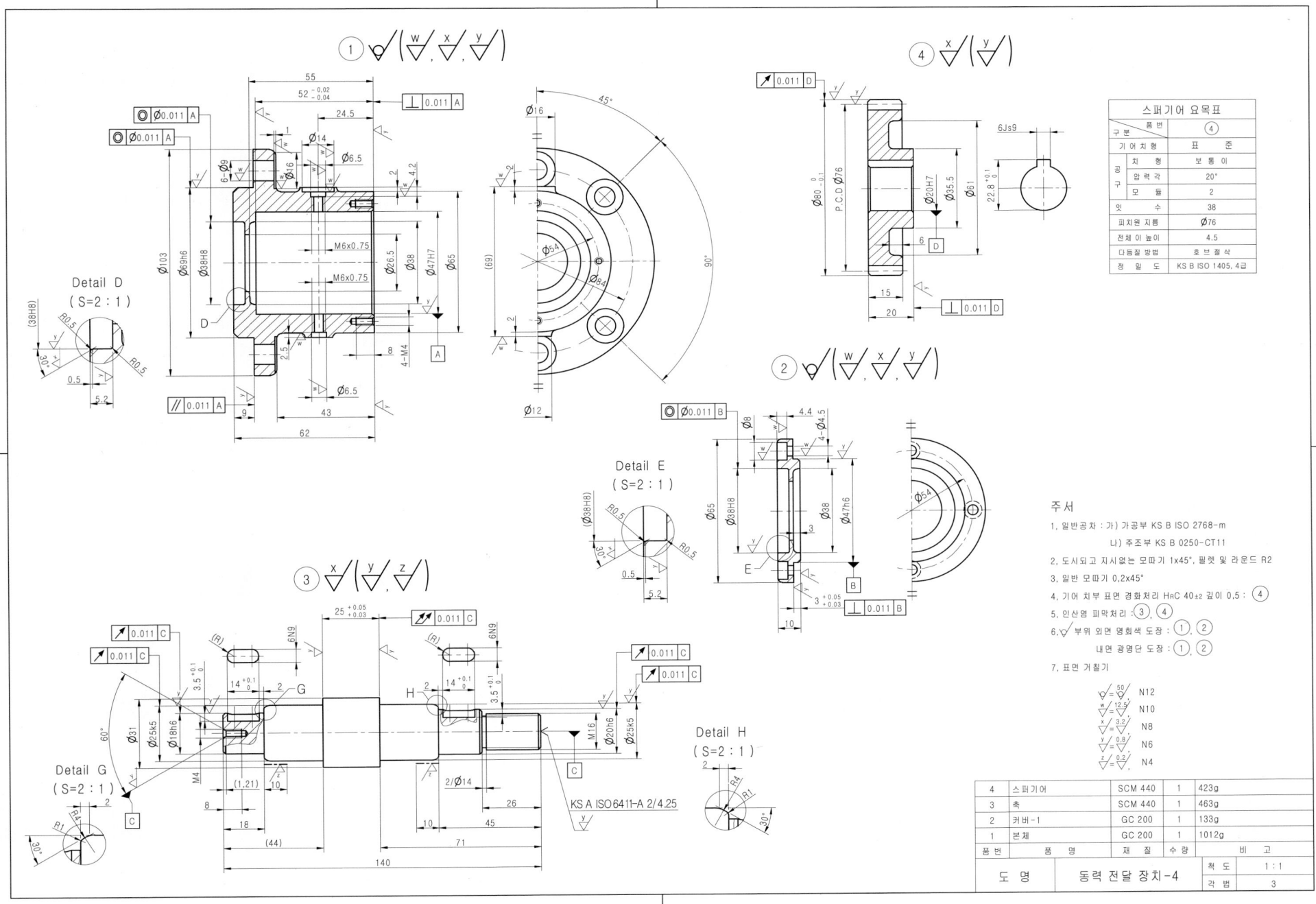

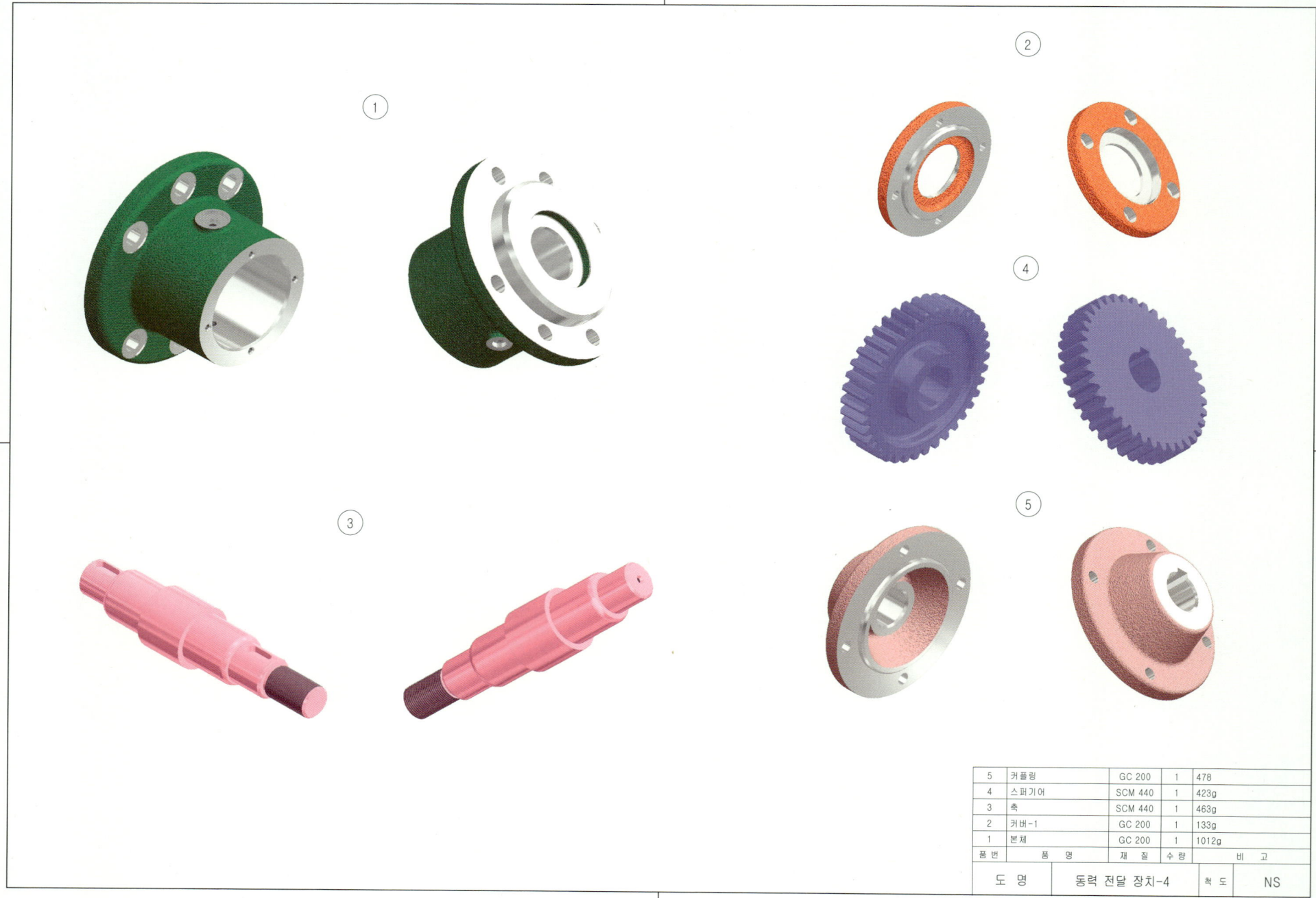

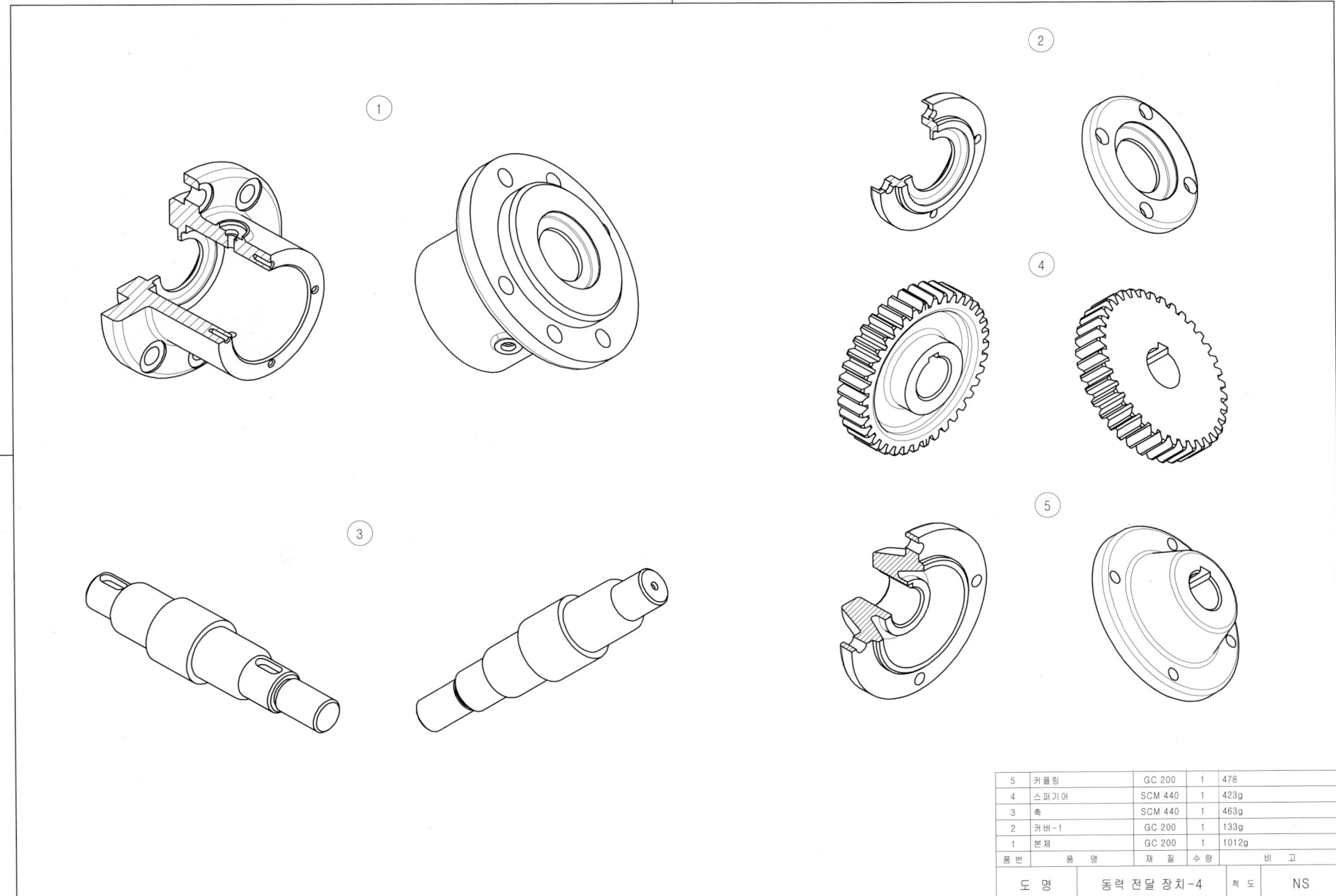

04. 동력전달장치-4   등각조립도

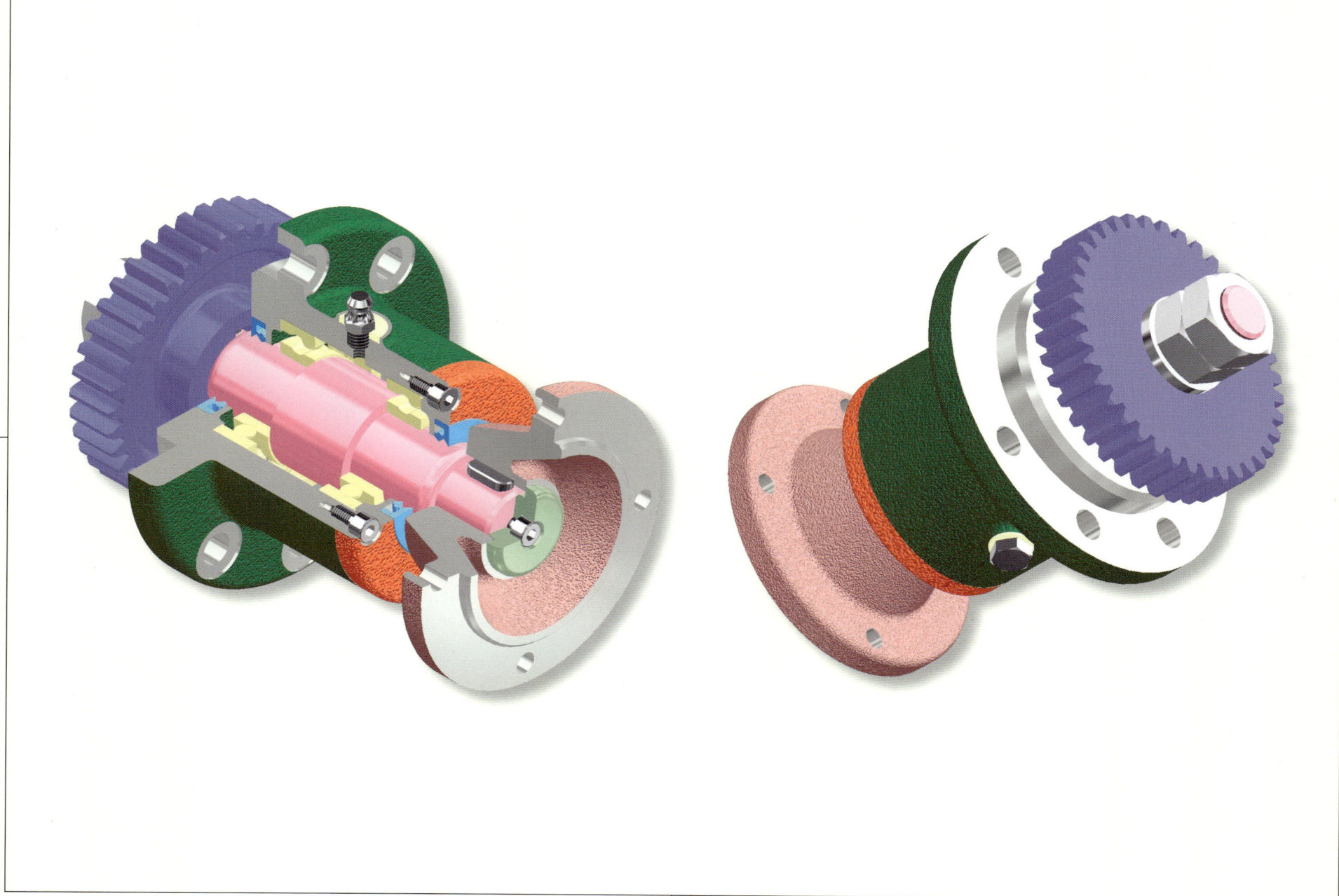

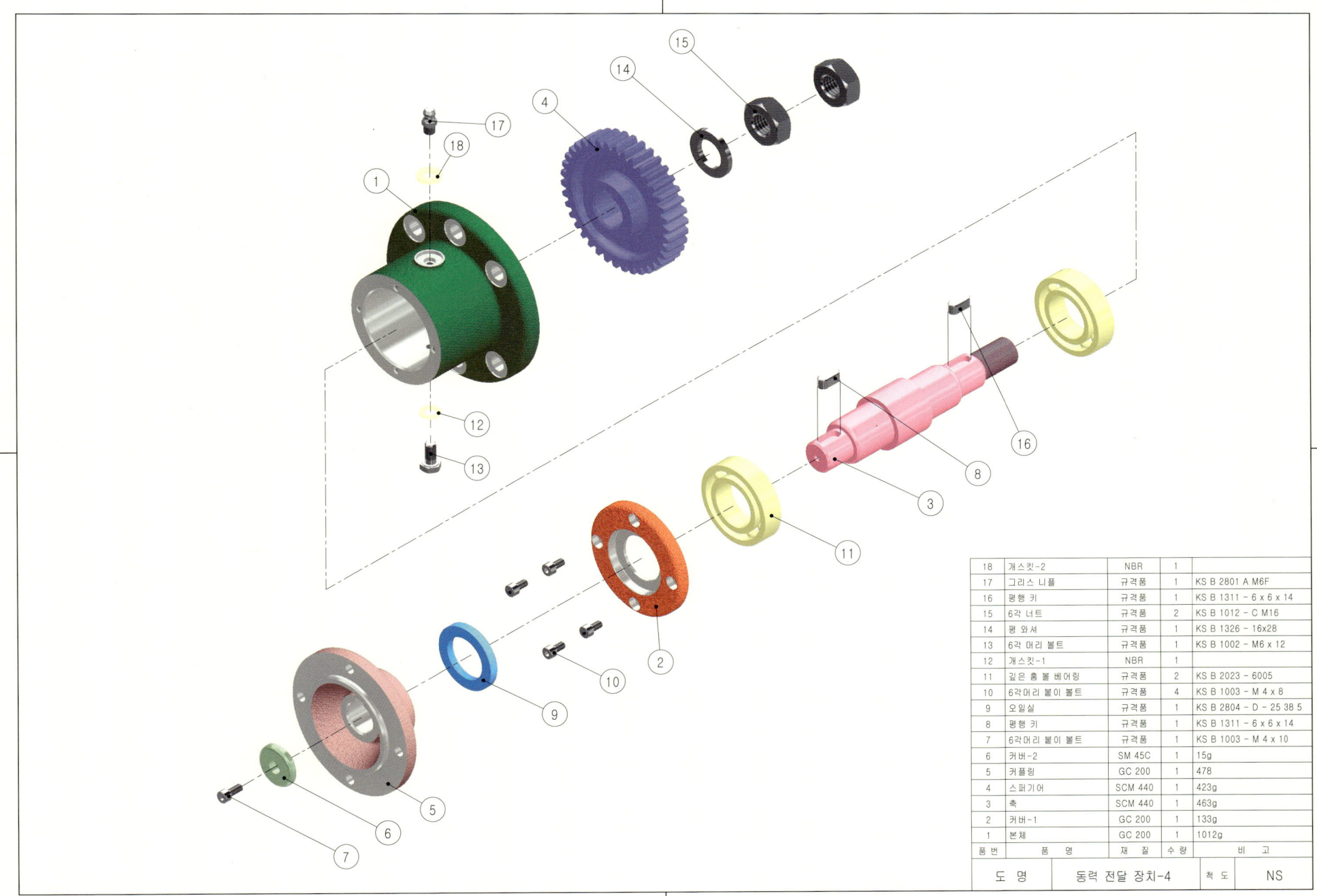

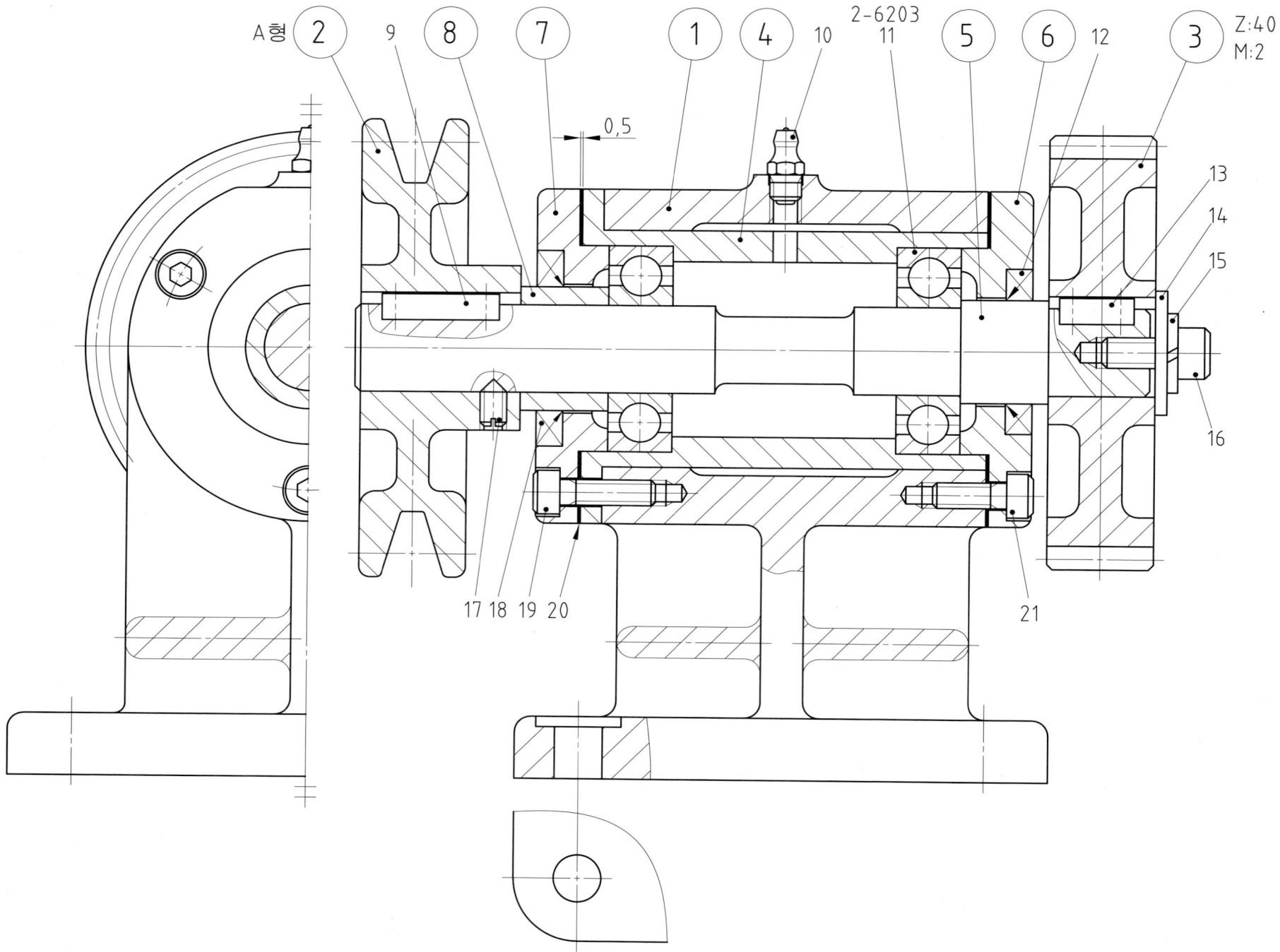

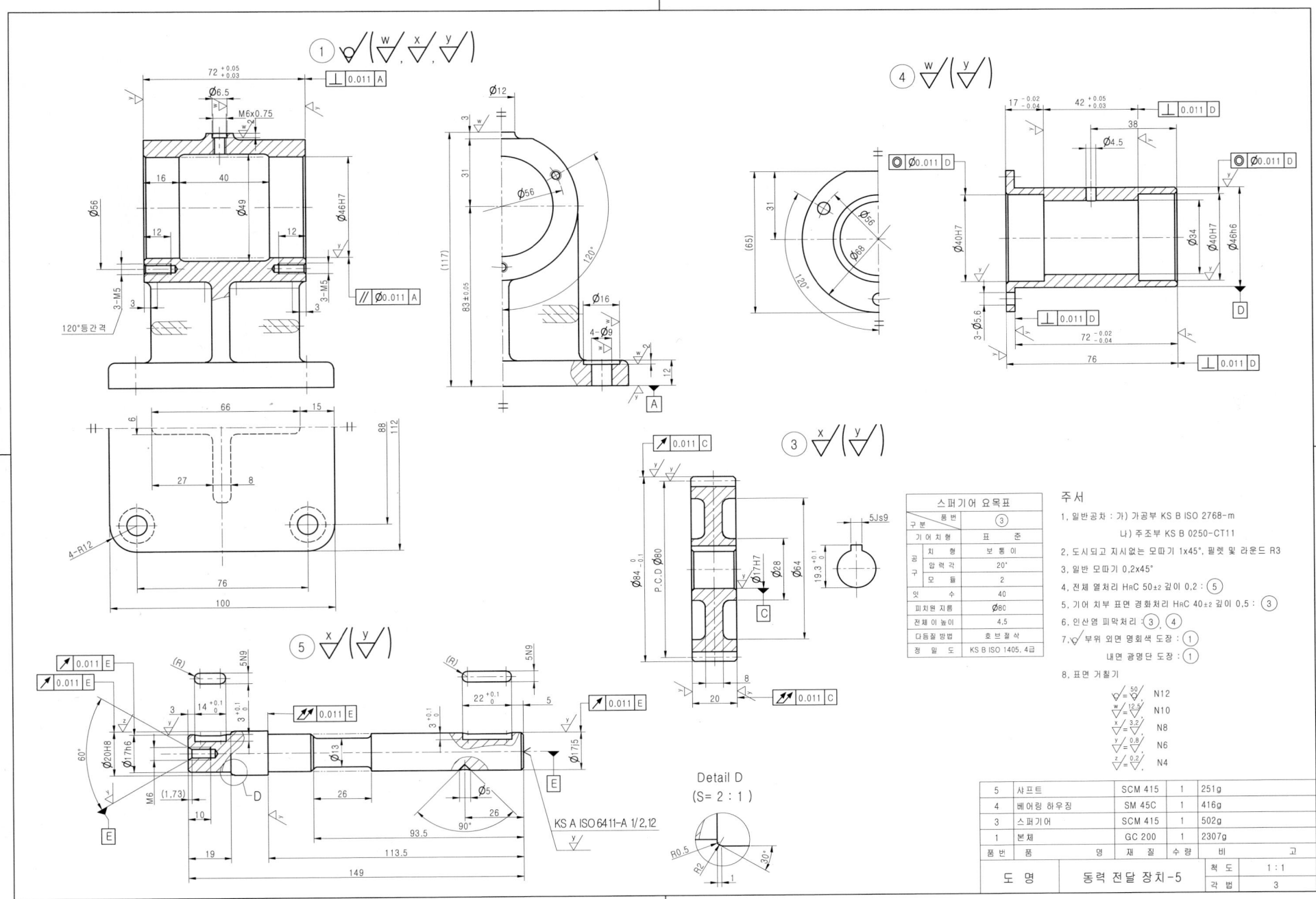

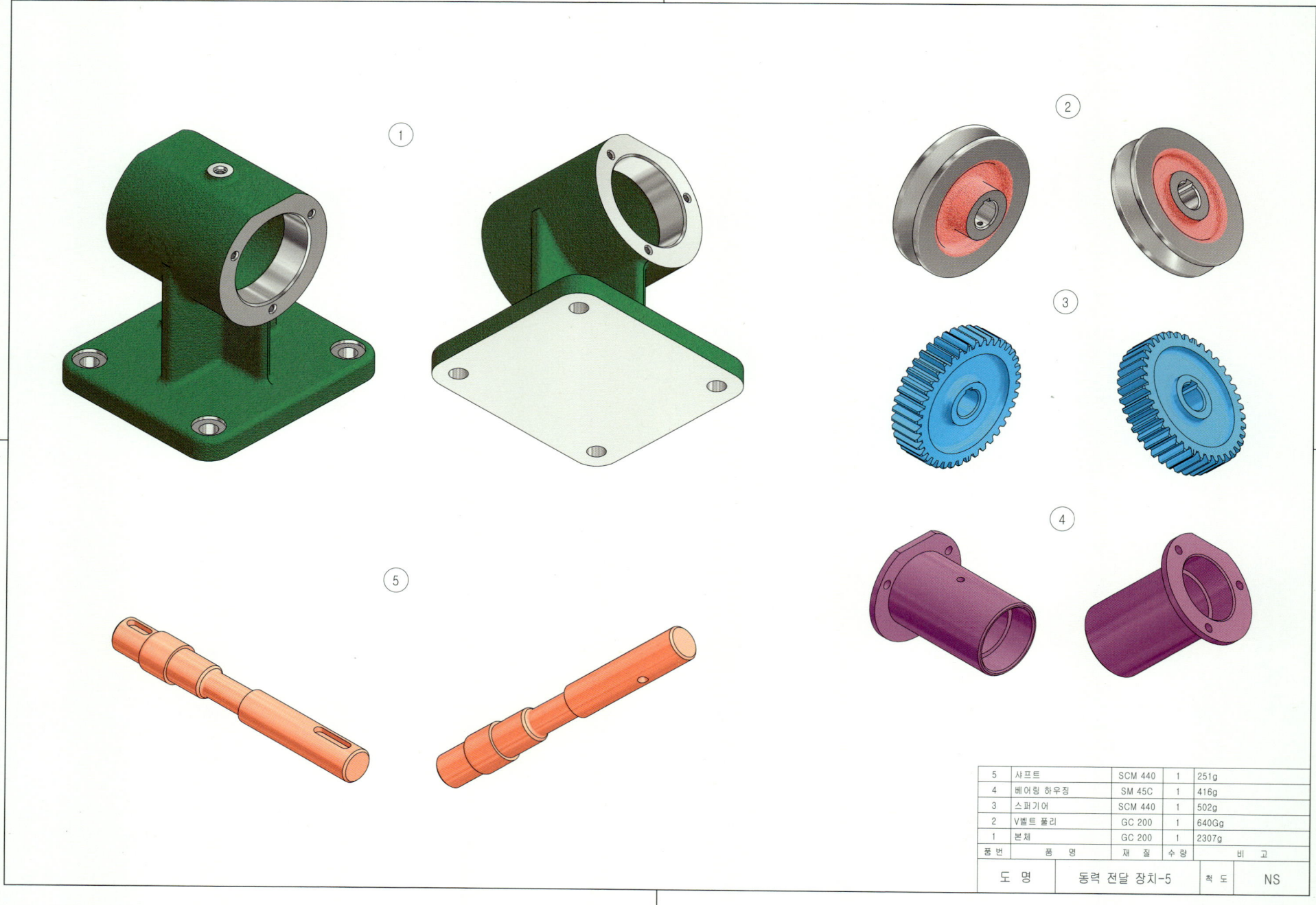

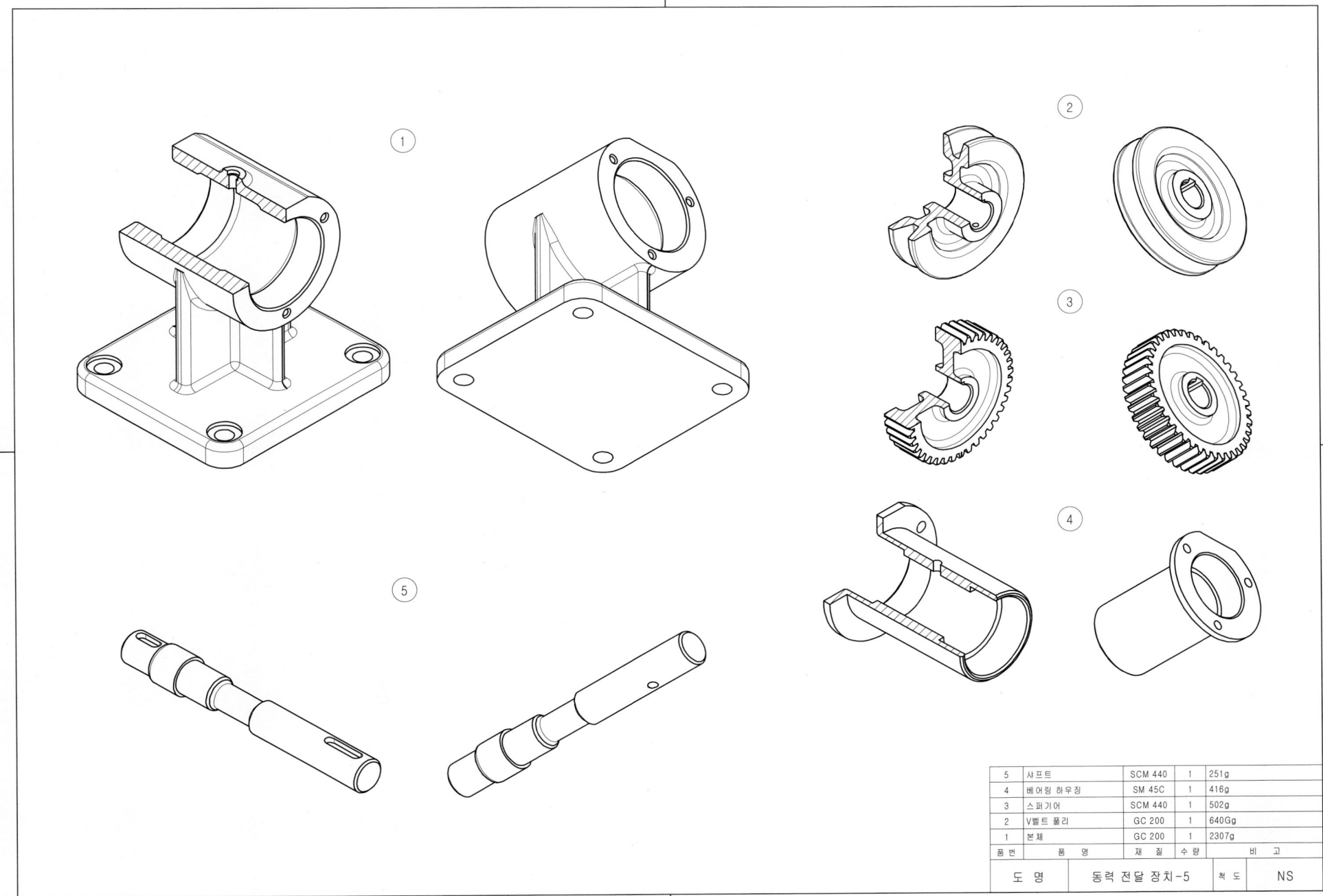

05. 동력전달장치-5 등각조립도

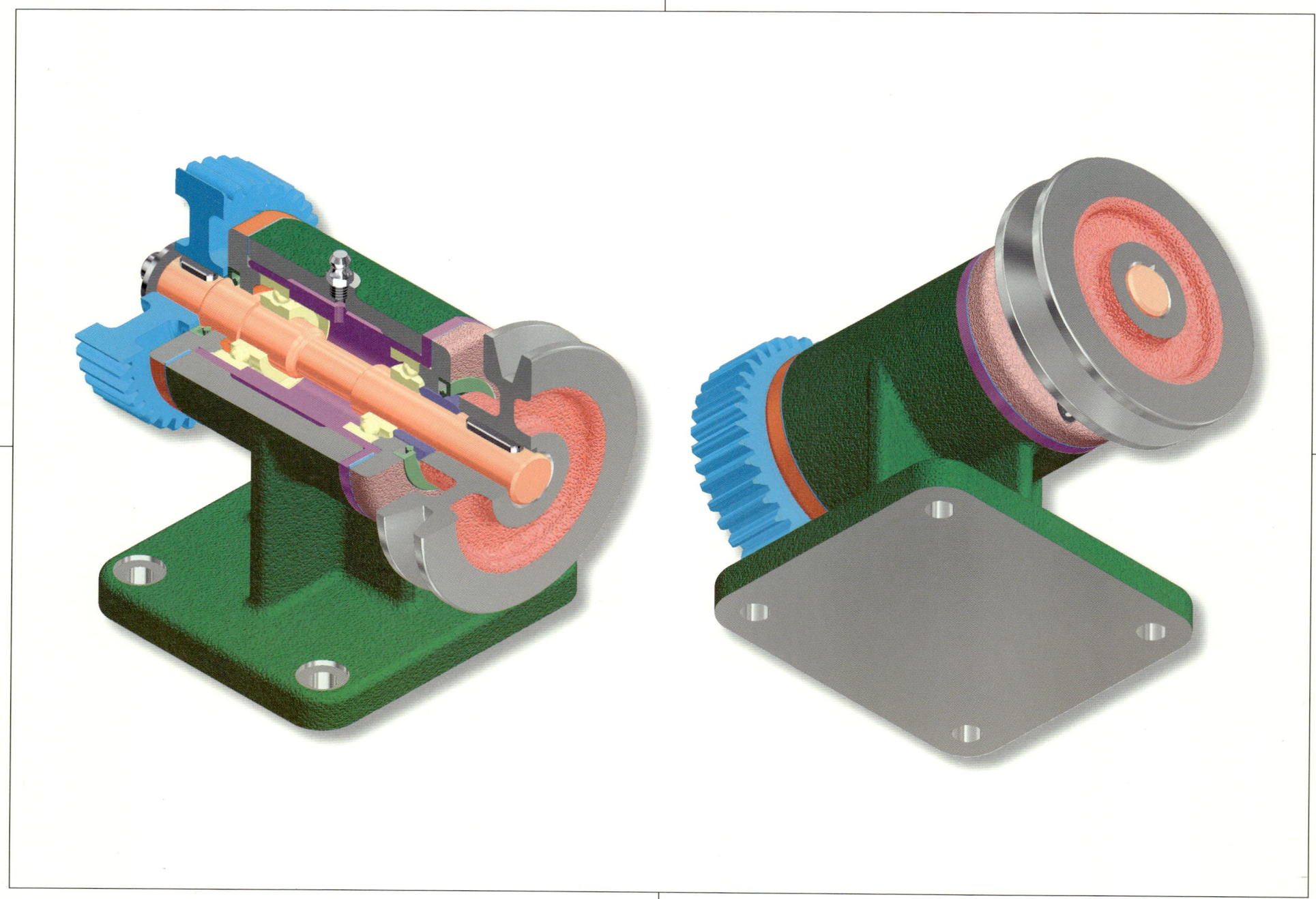

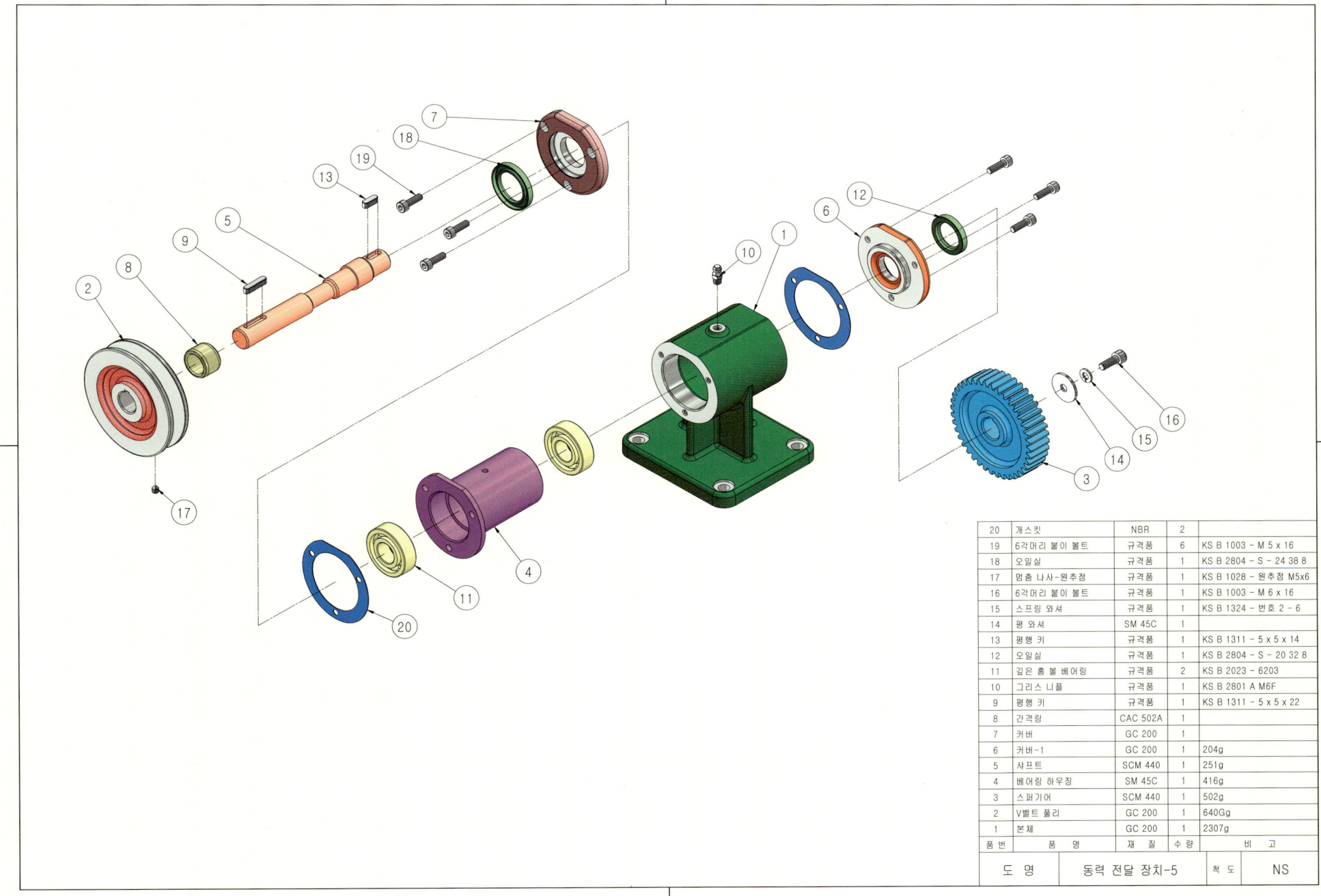

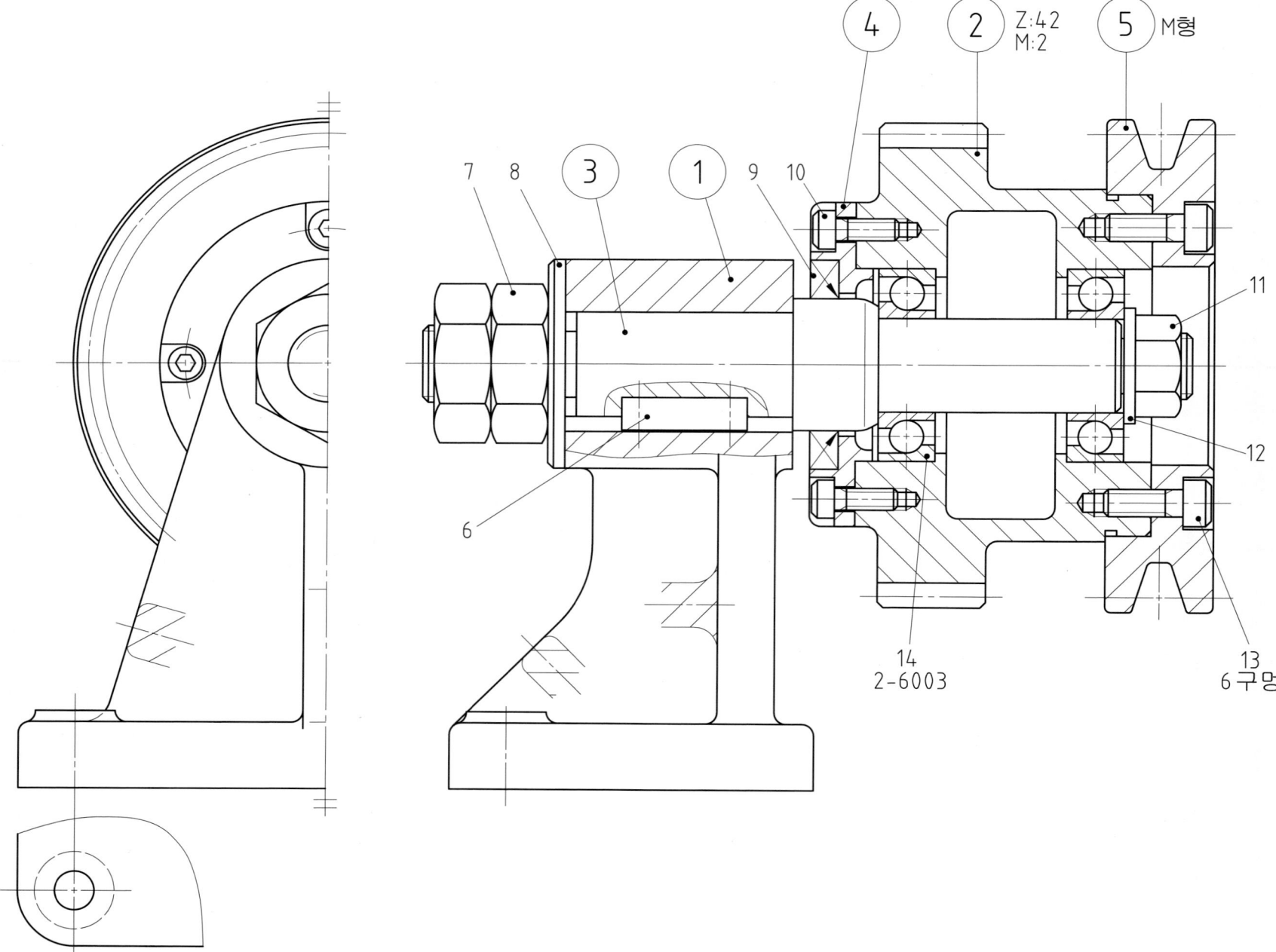

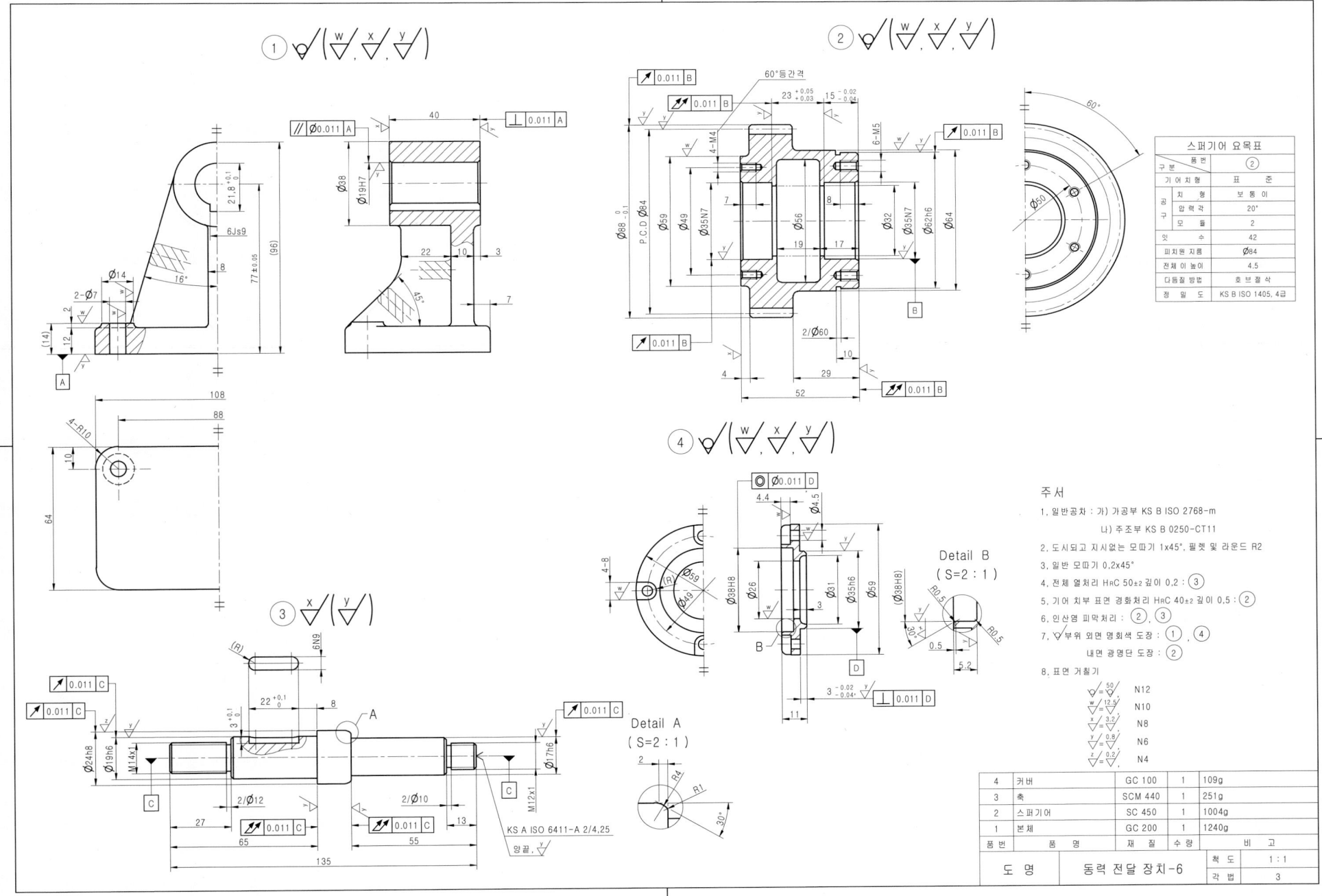

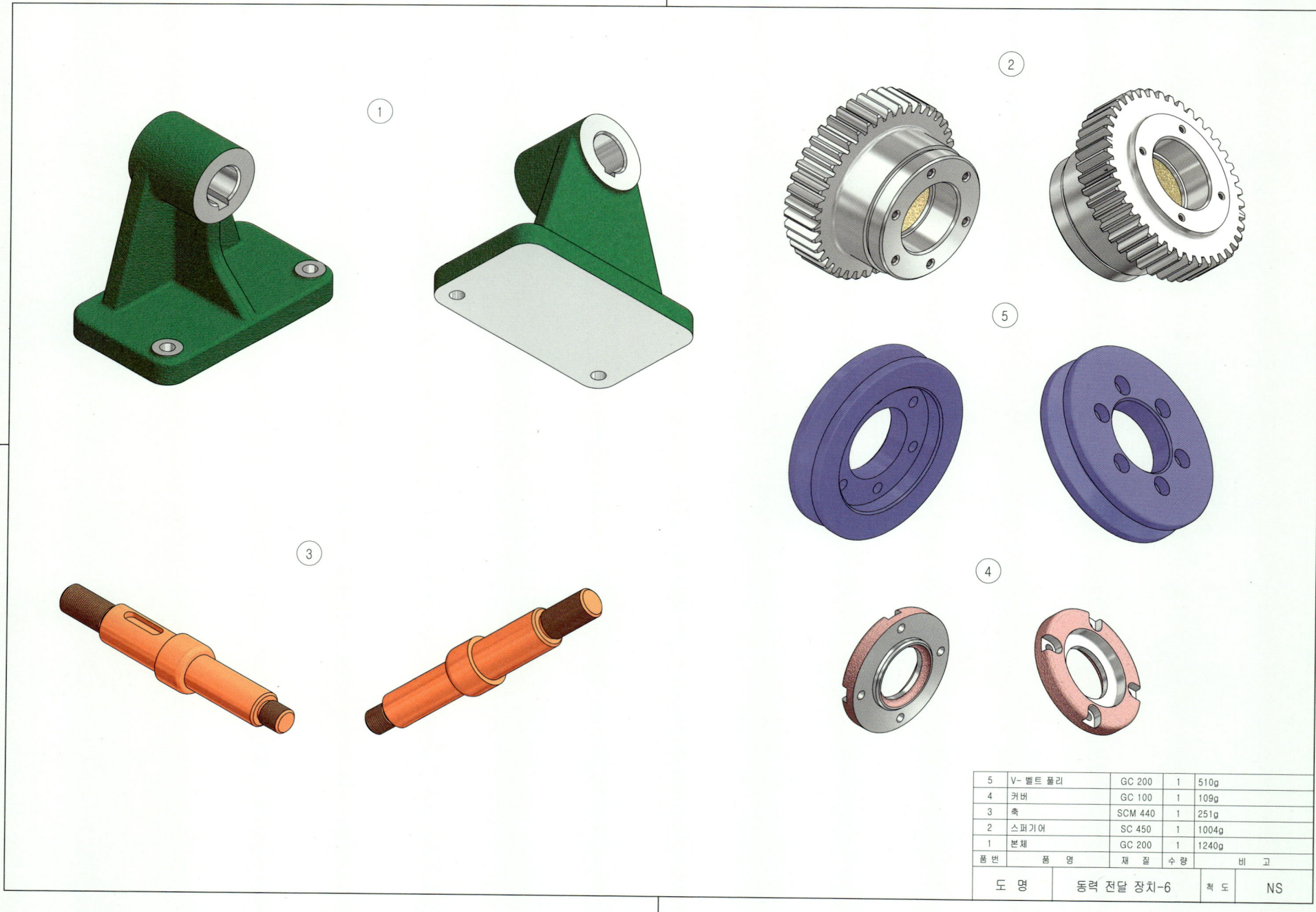

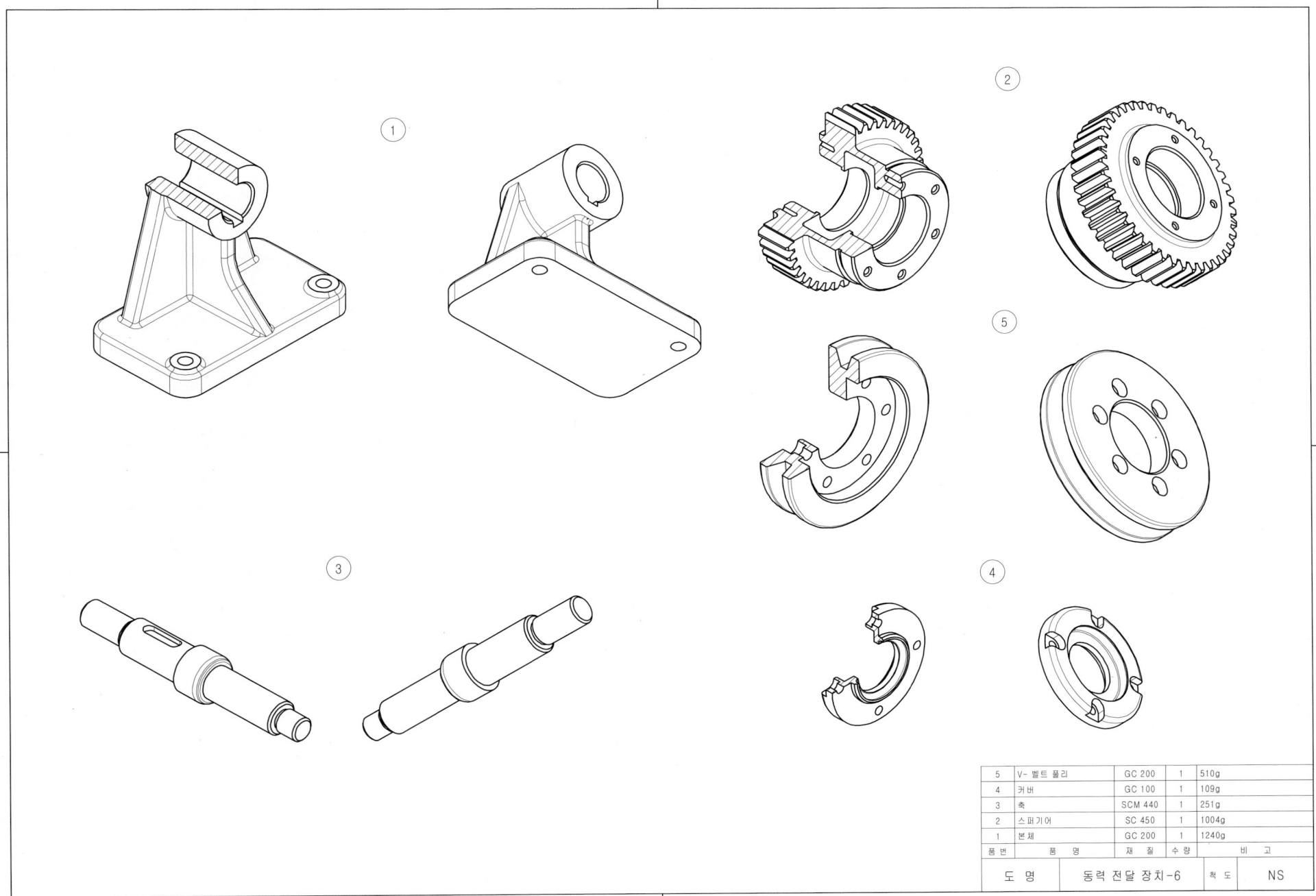

06. 동력전달장치-6 등각조립도

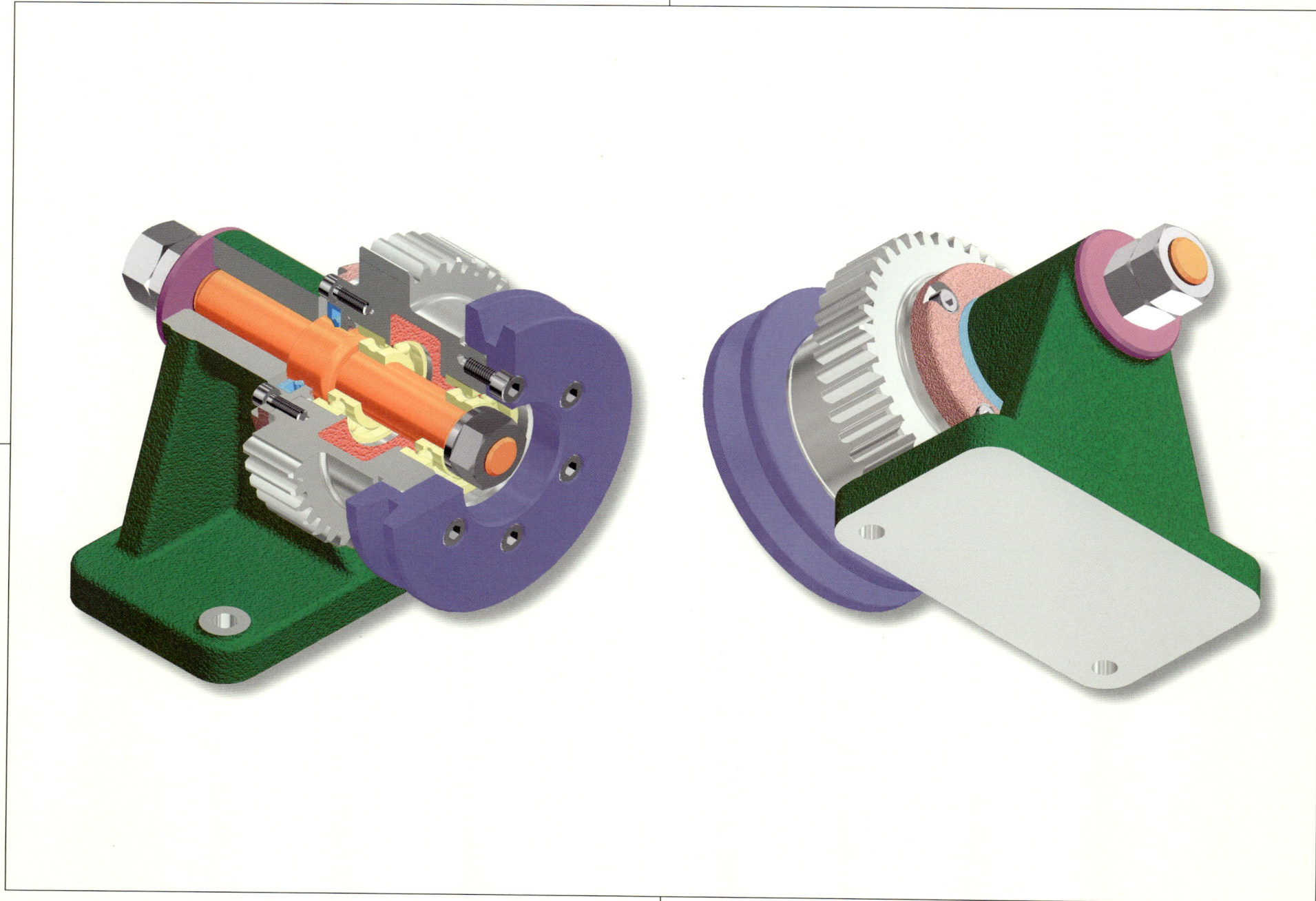

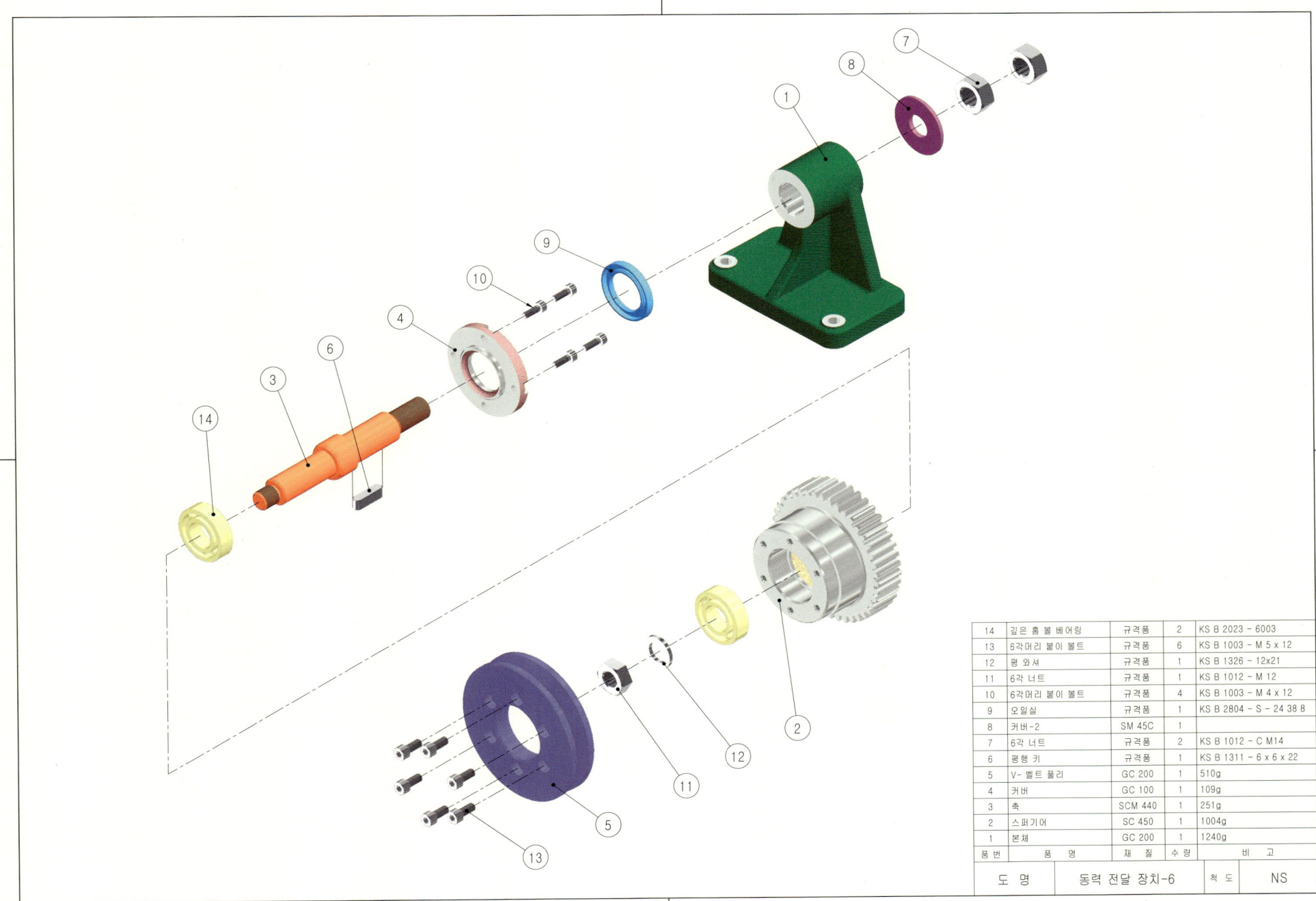

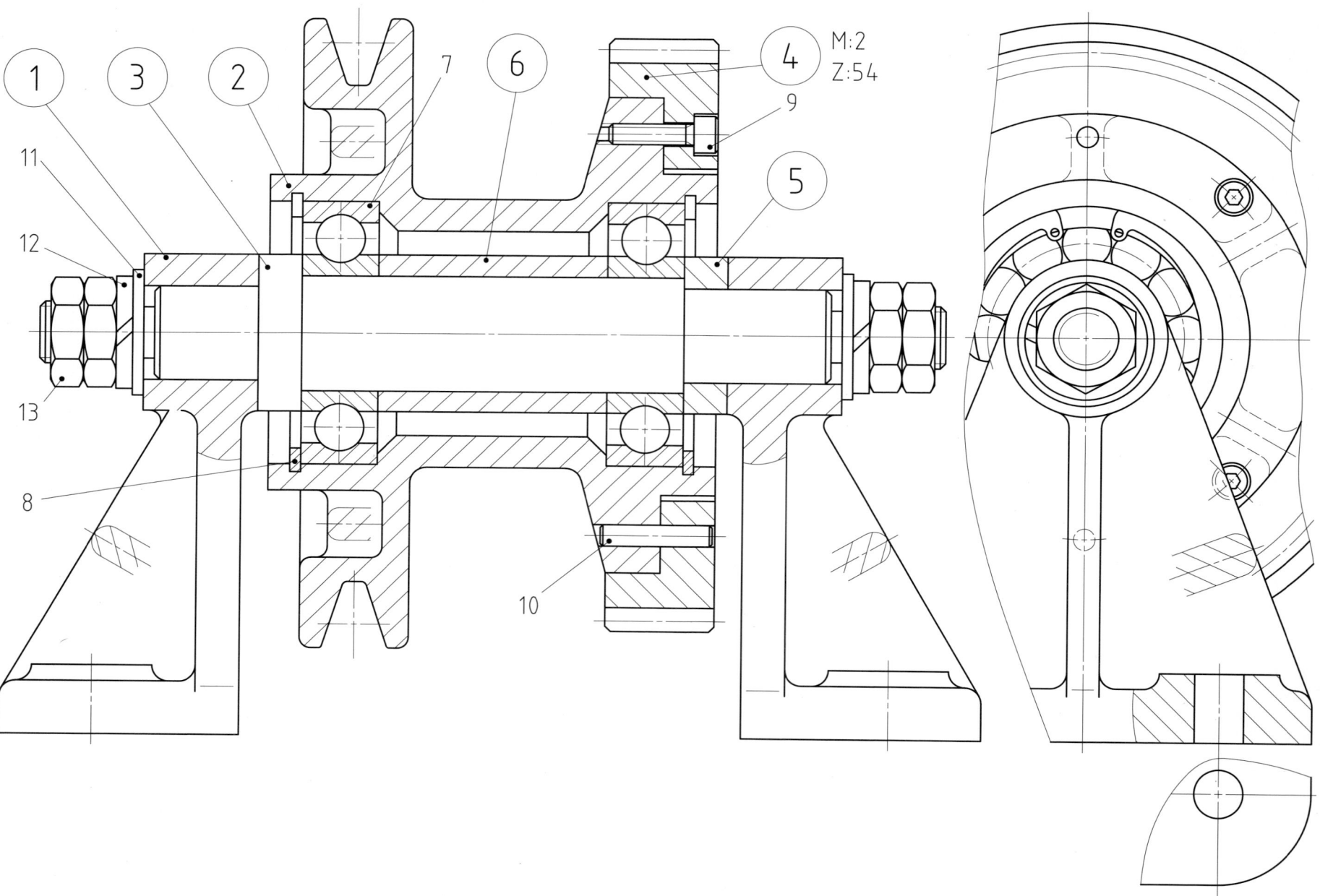

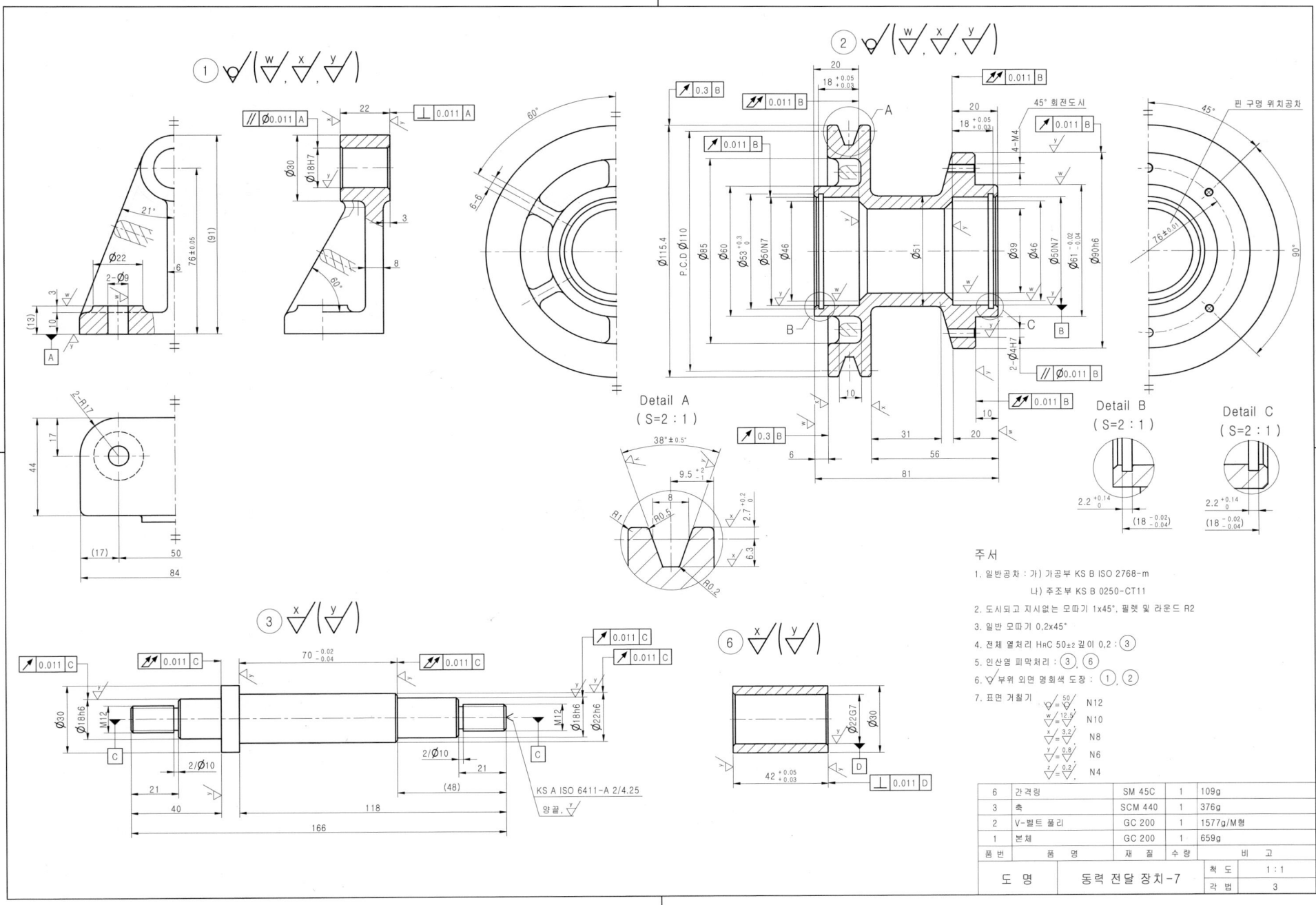

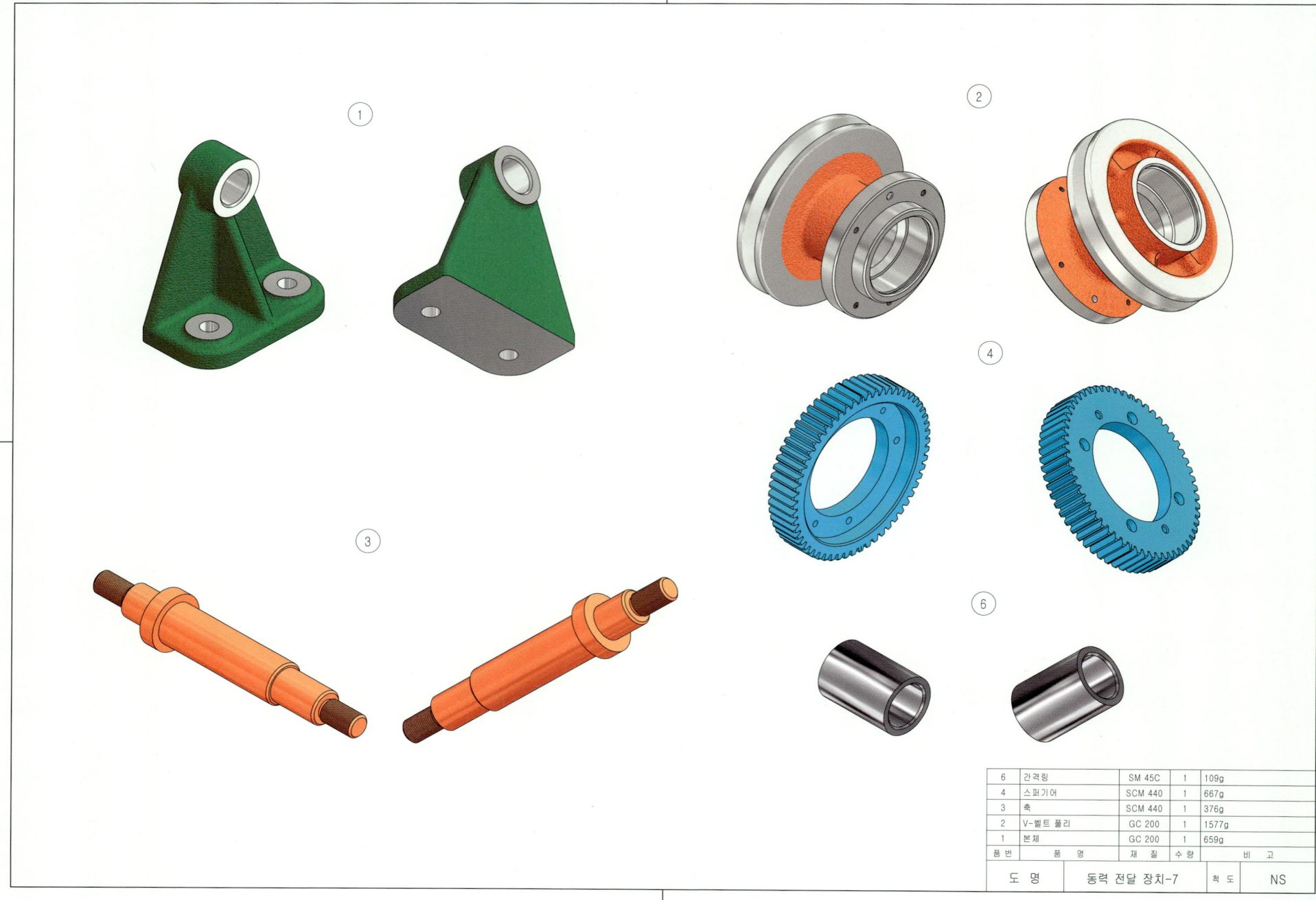

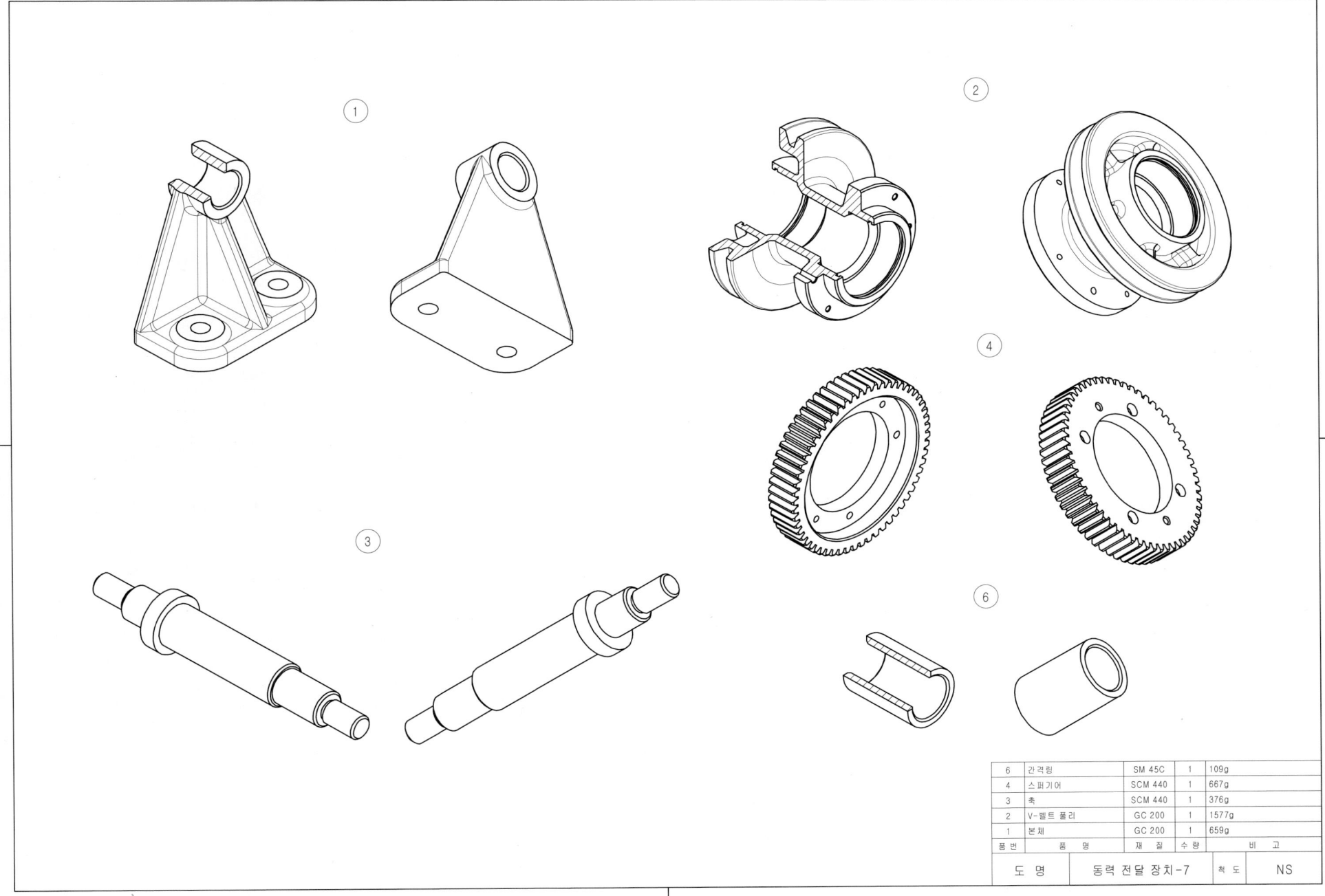

07. 동력전달장치-7 등각조립도

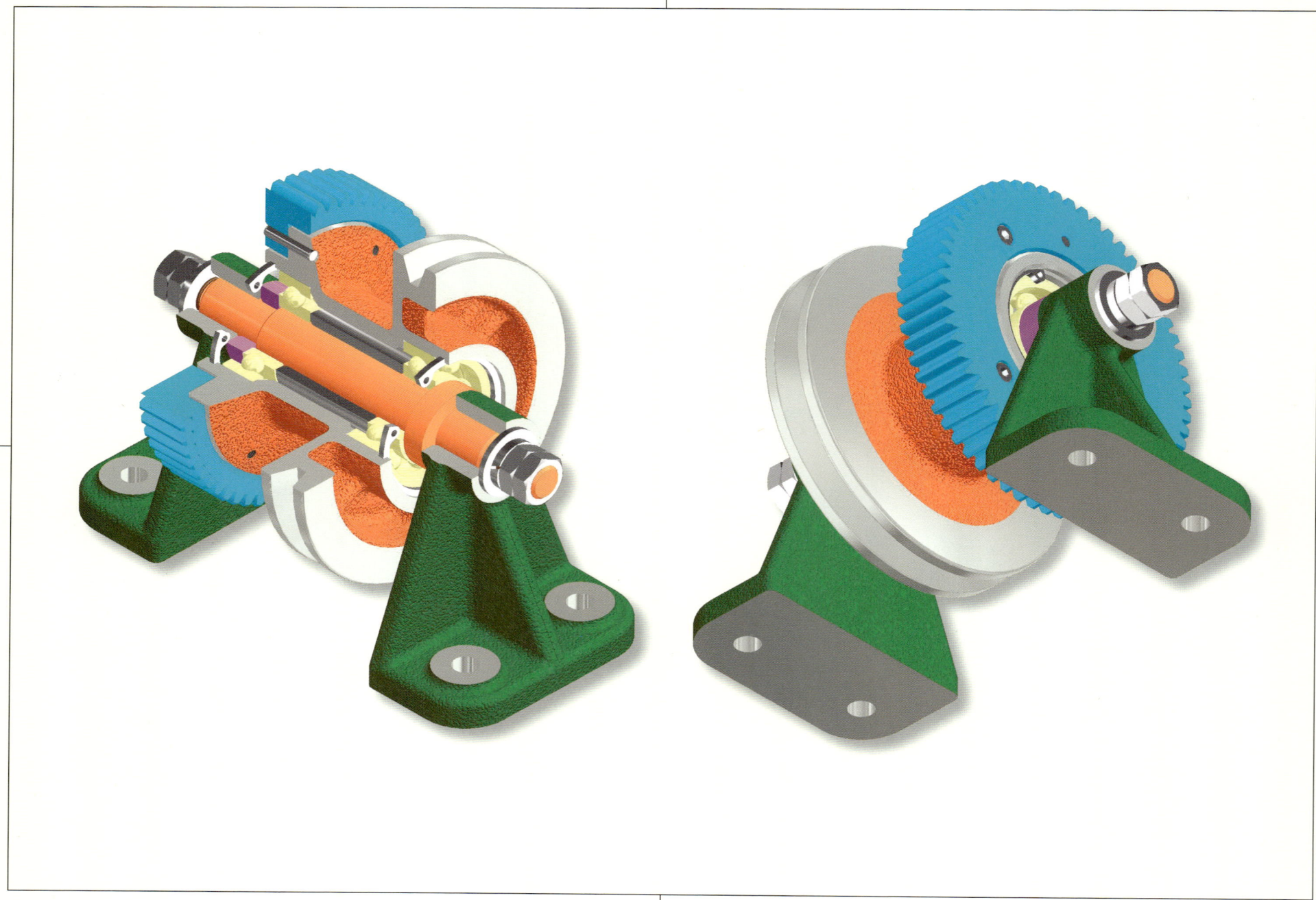

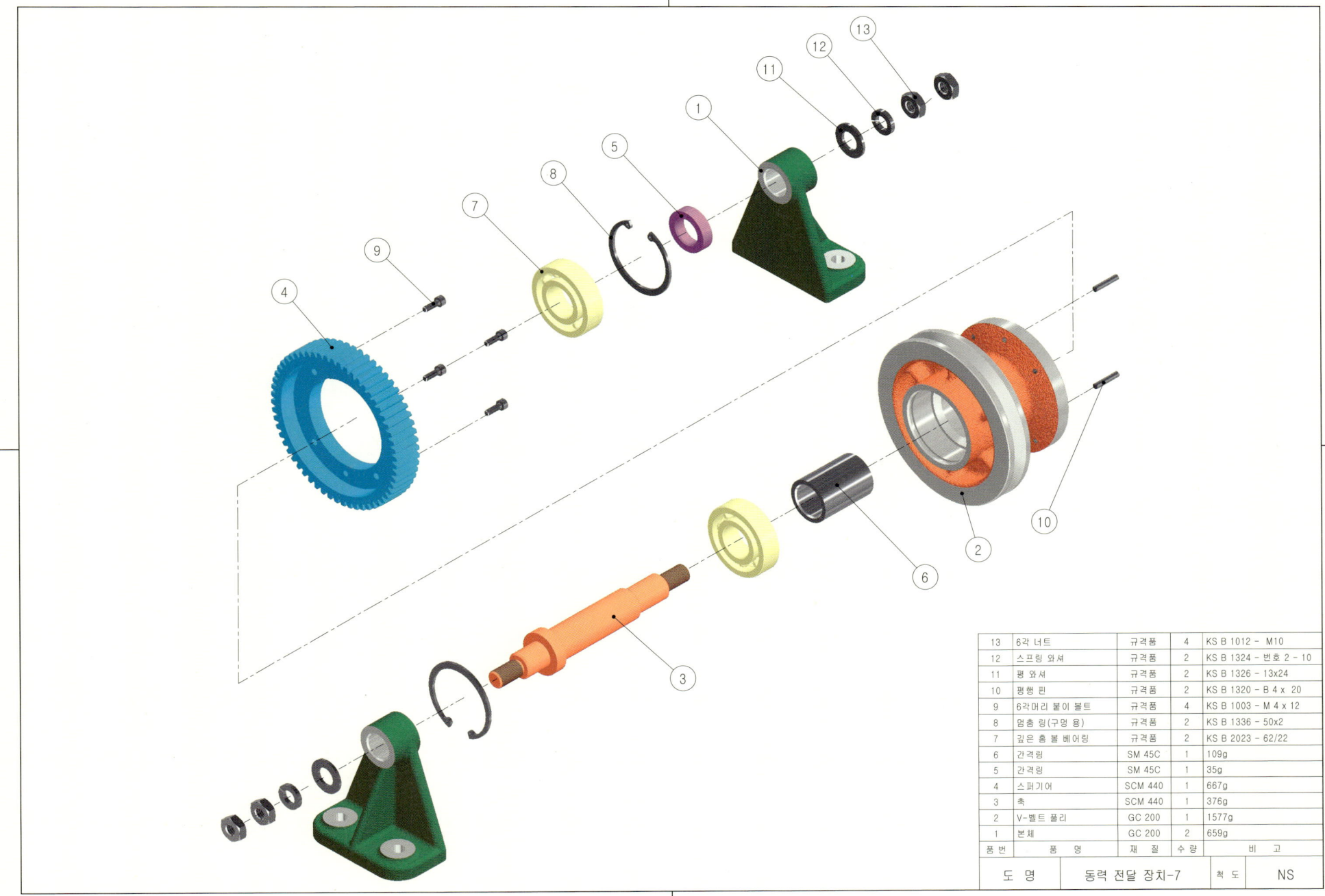

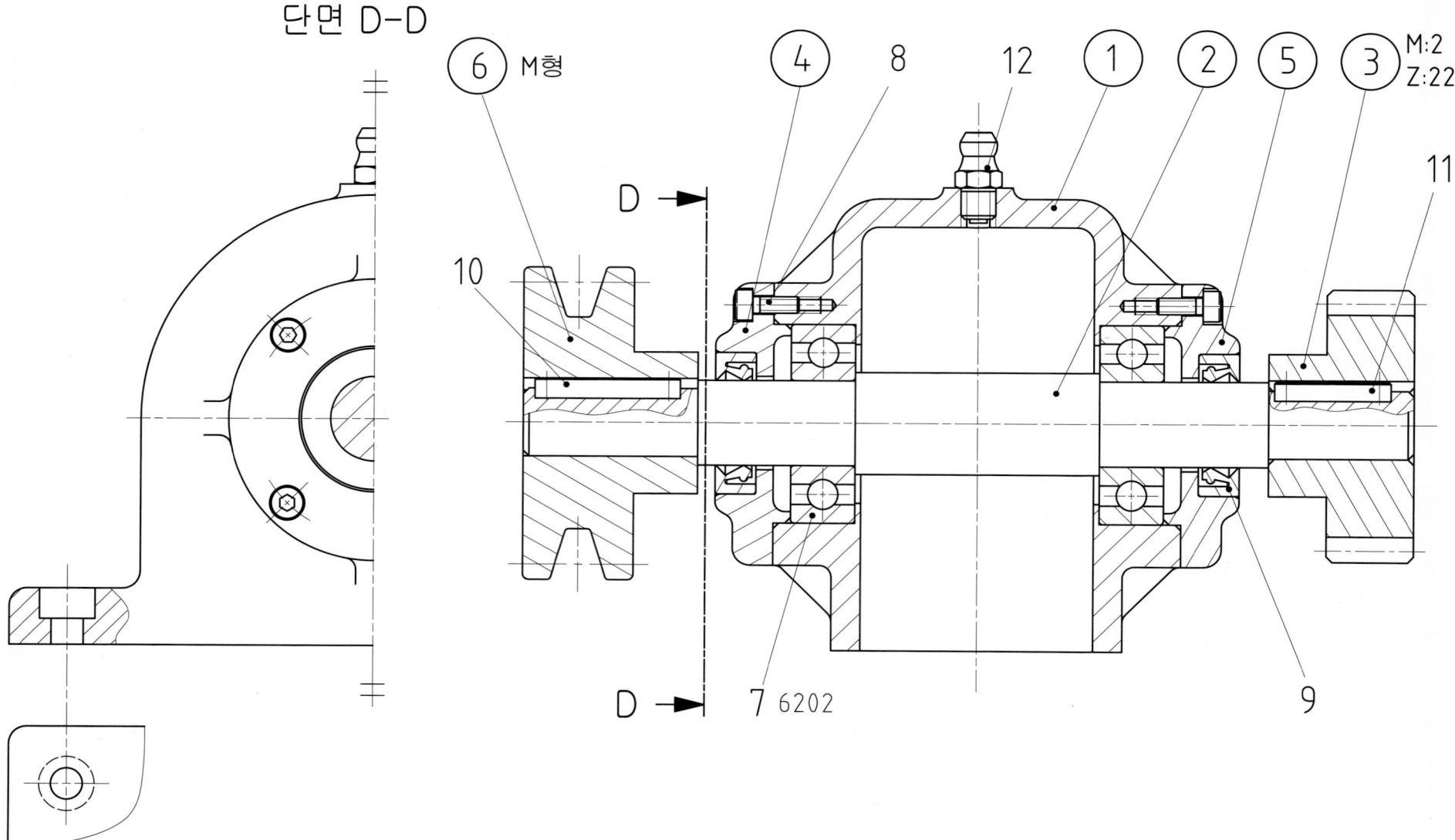

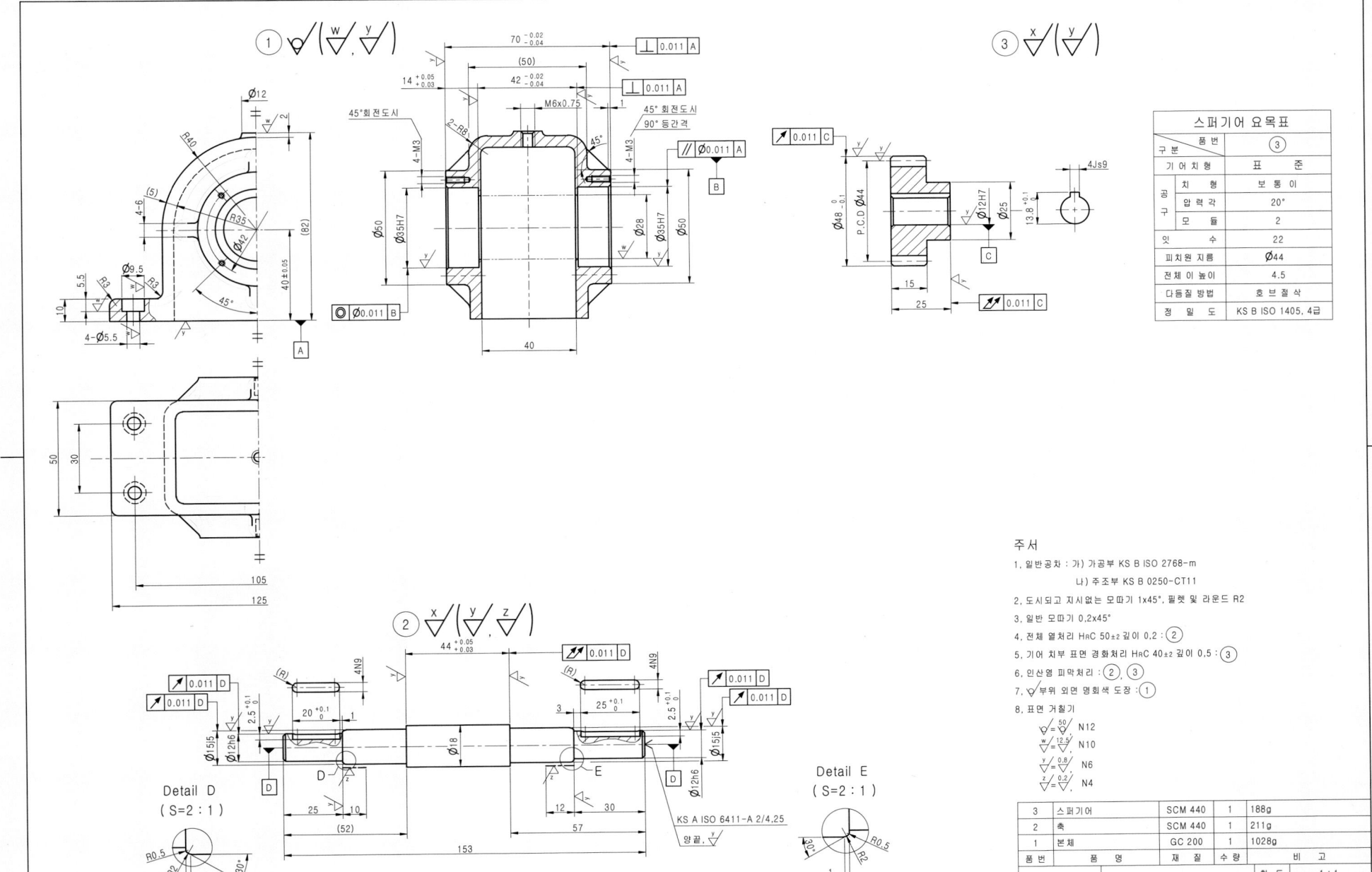

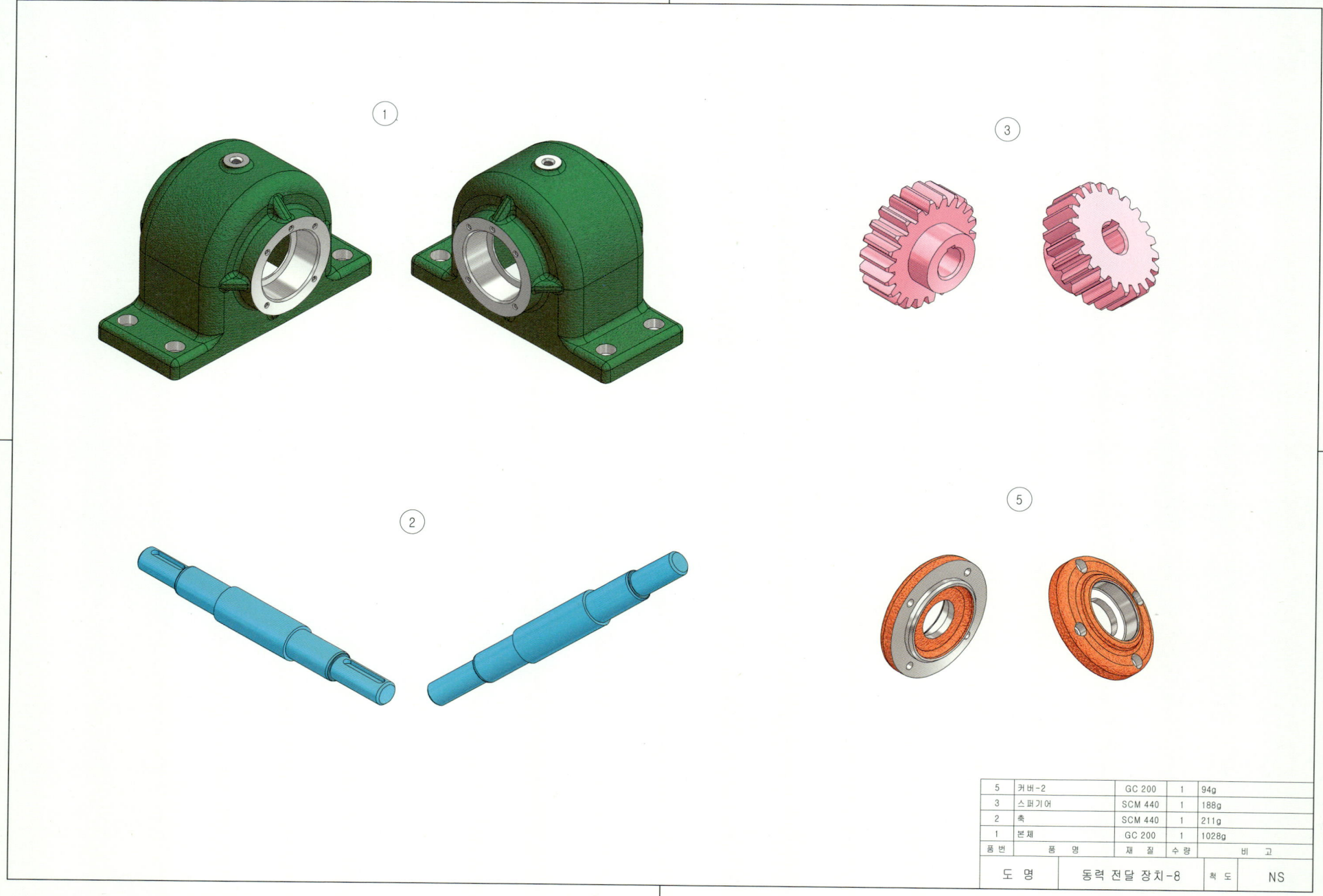

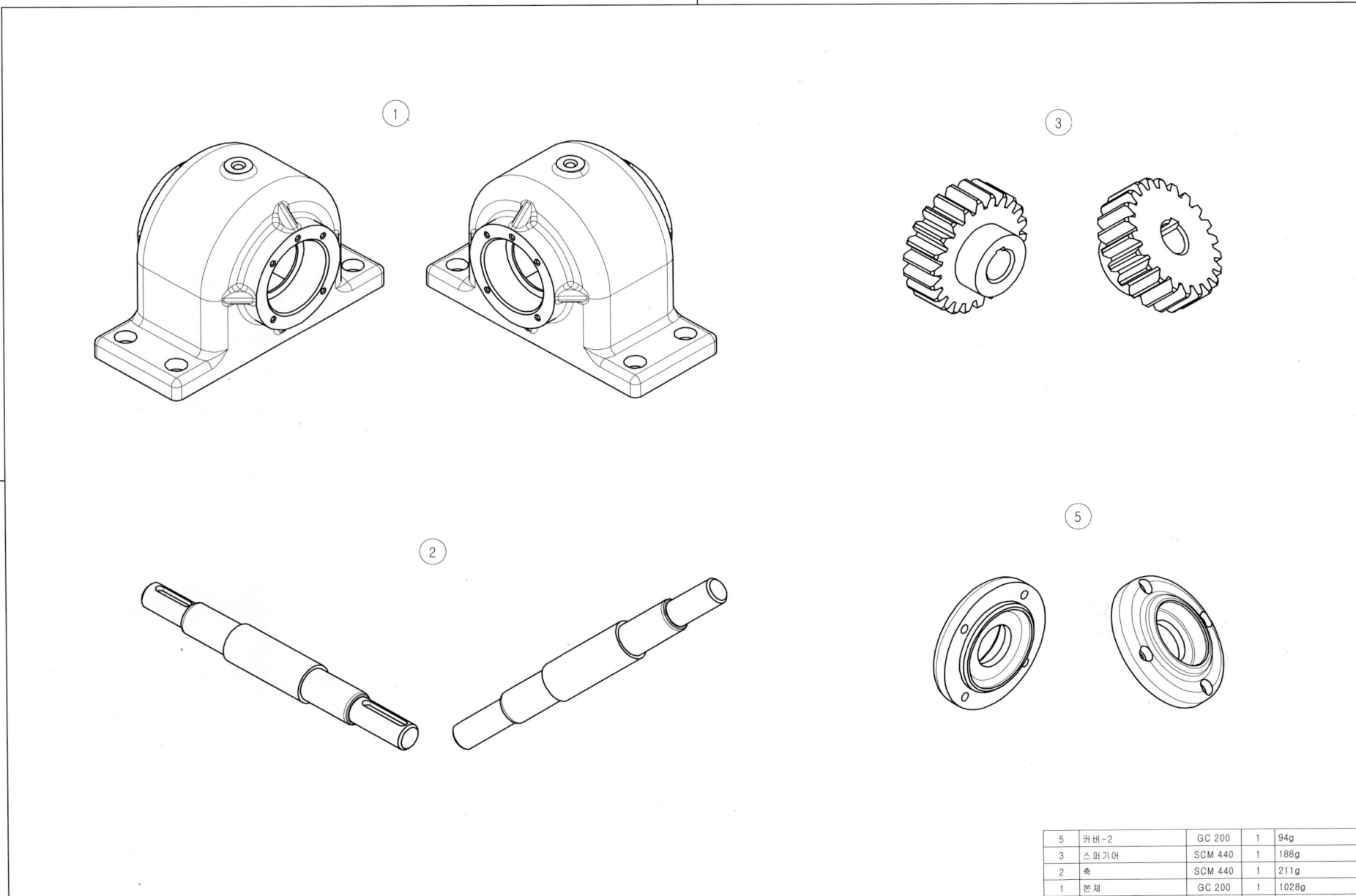

08. 동력전달장치-8   등각조립도

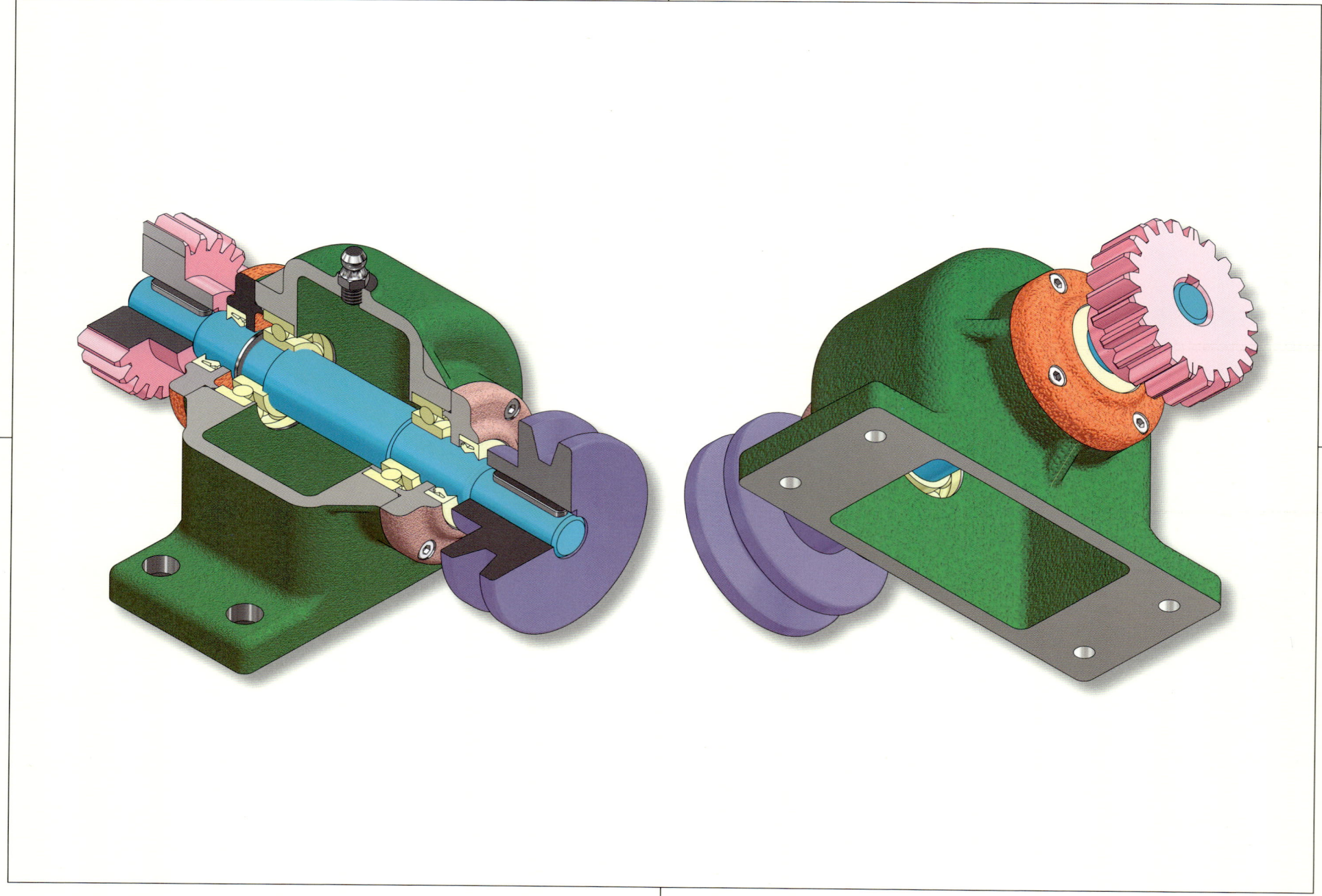

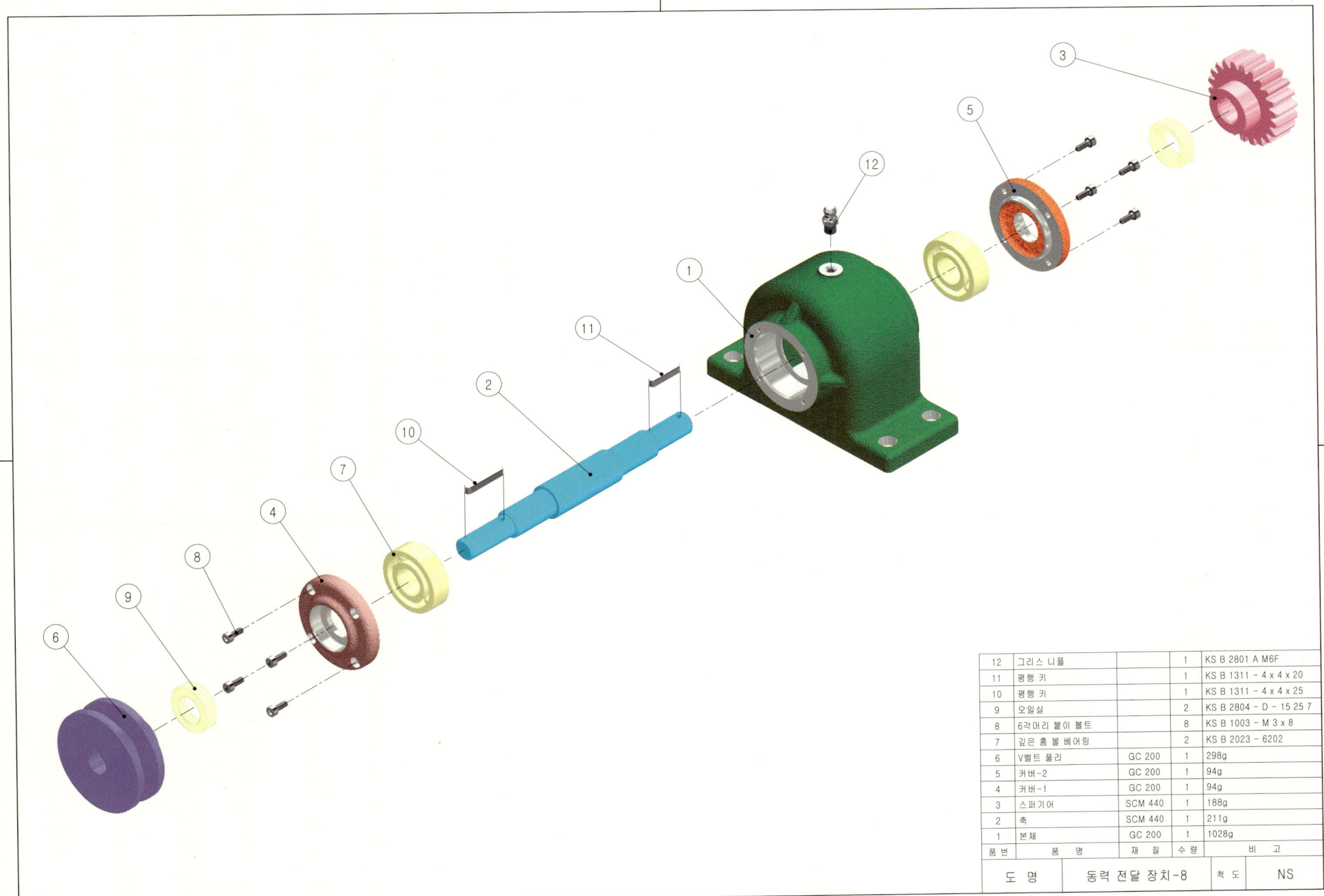

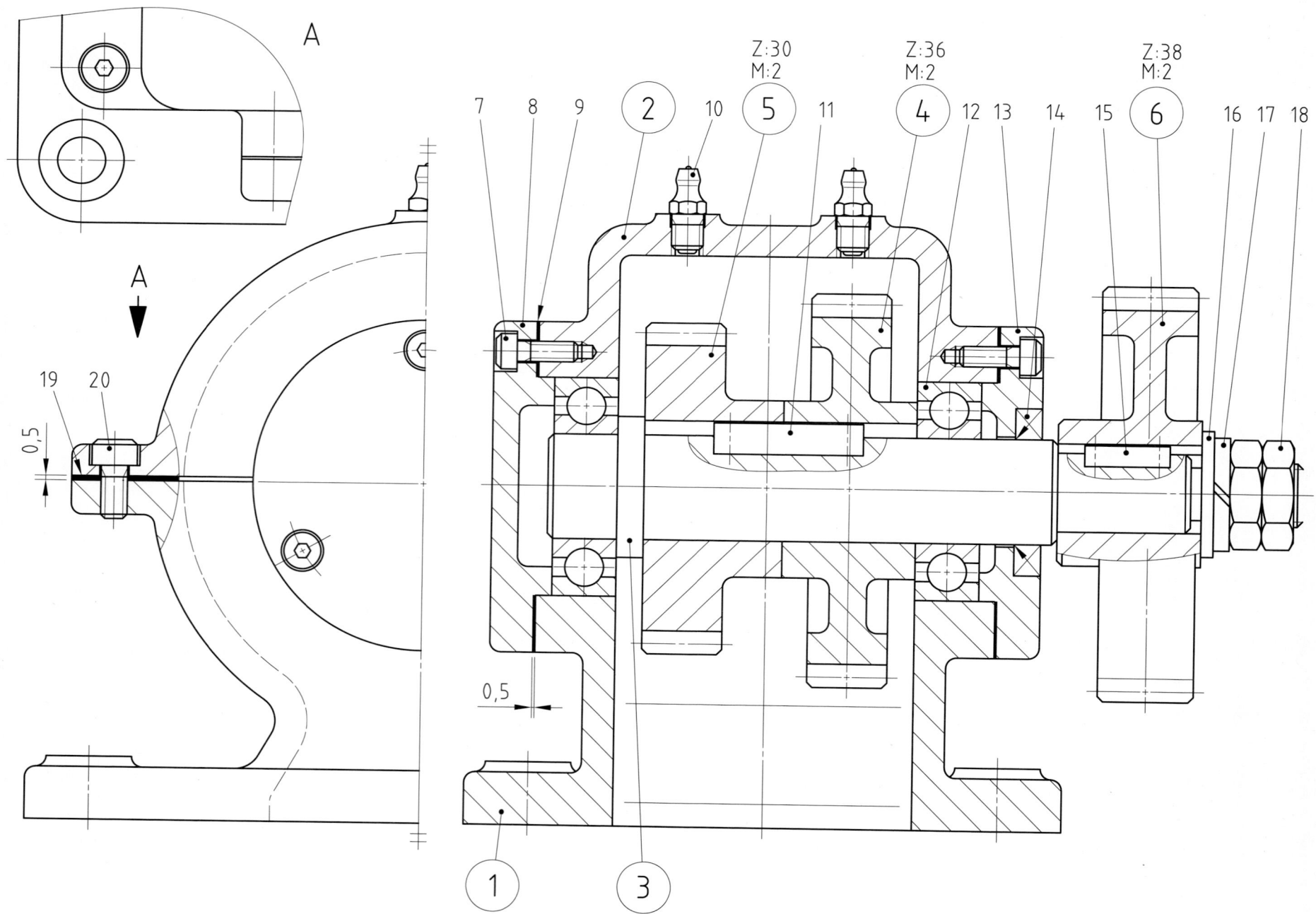

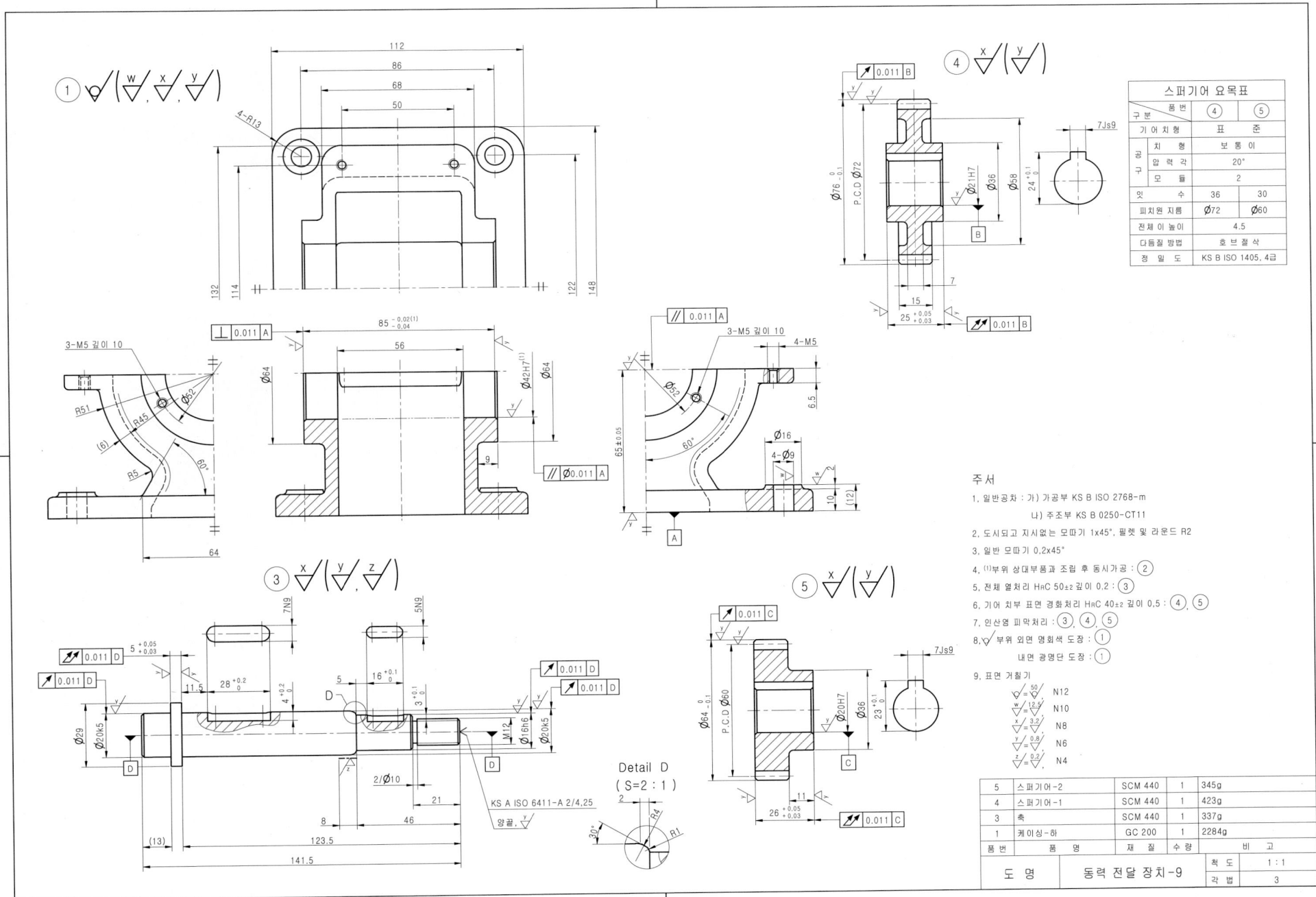

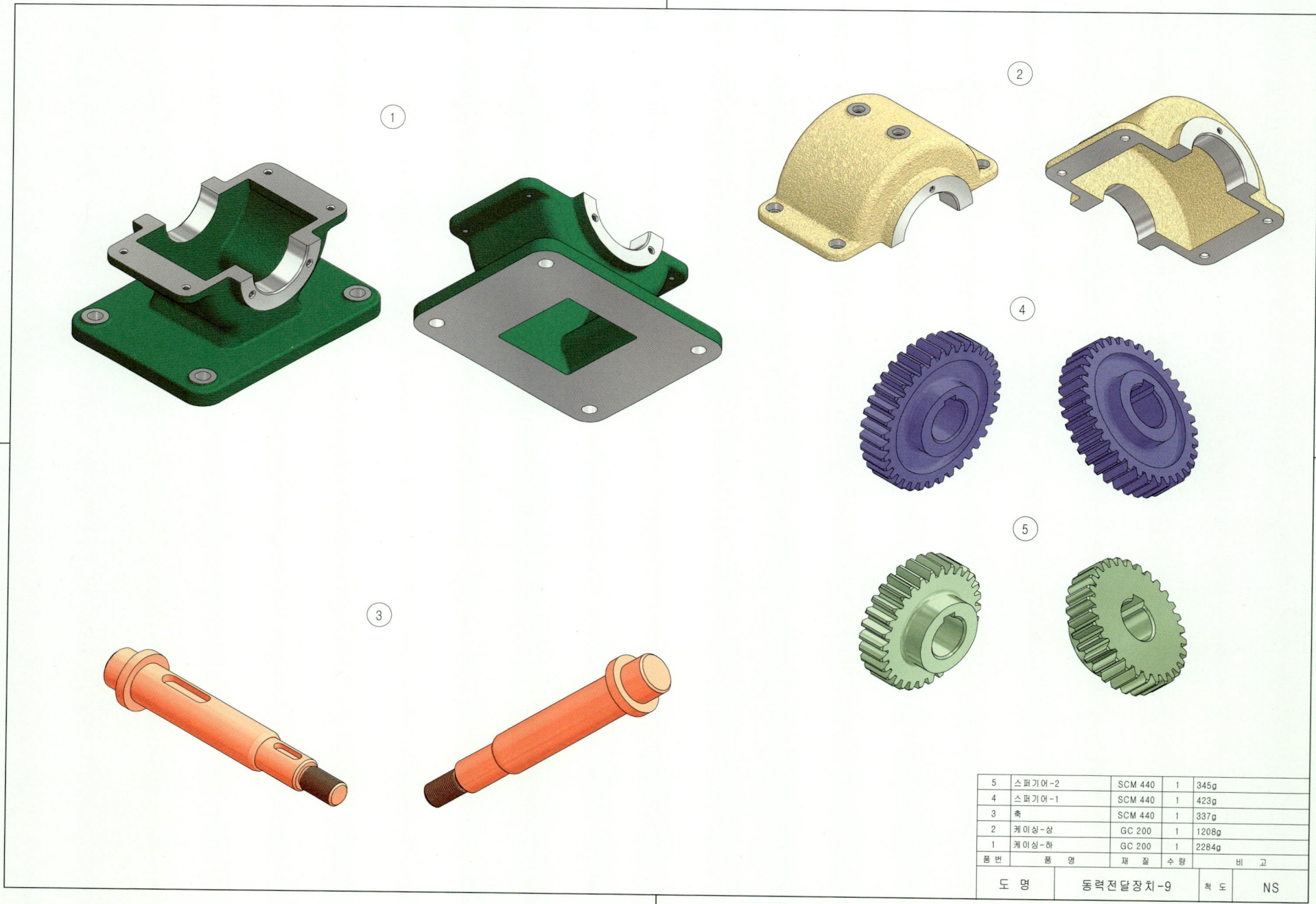

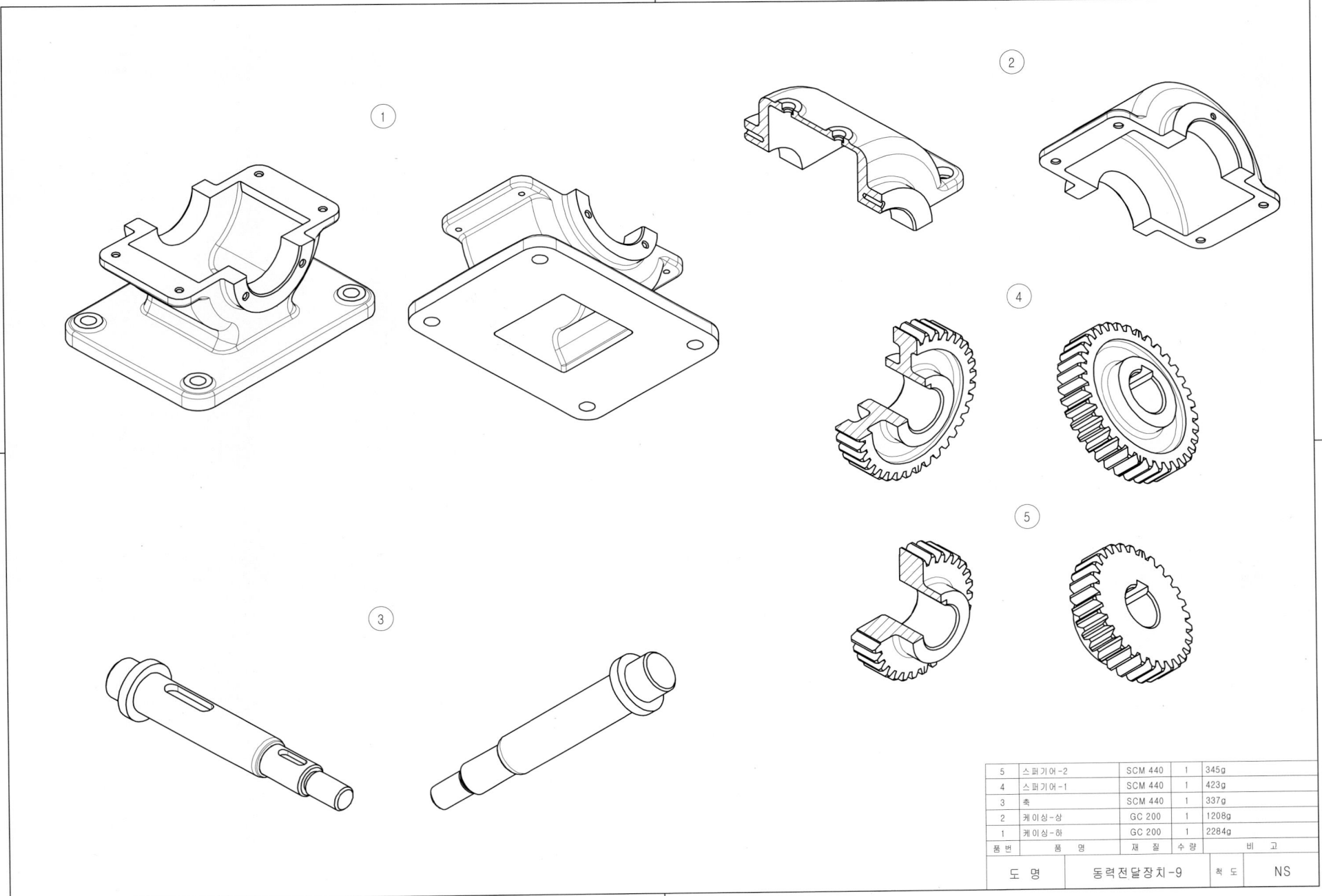

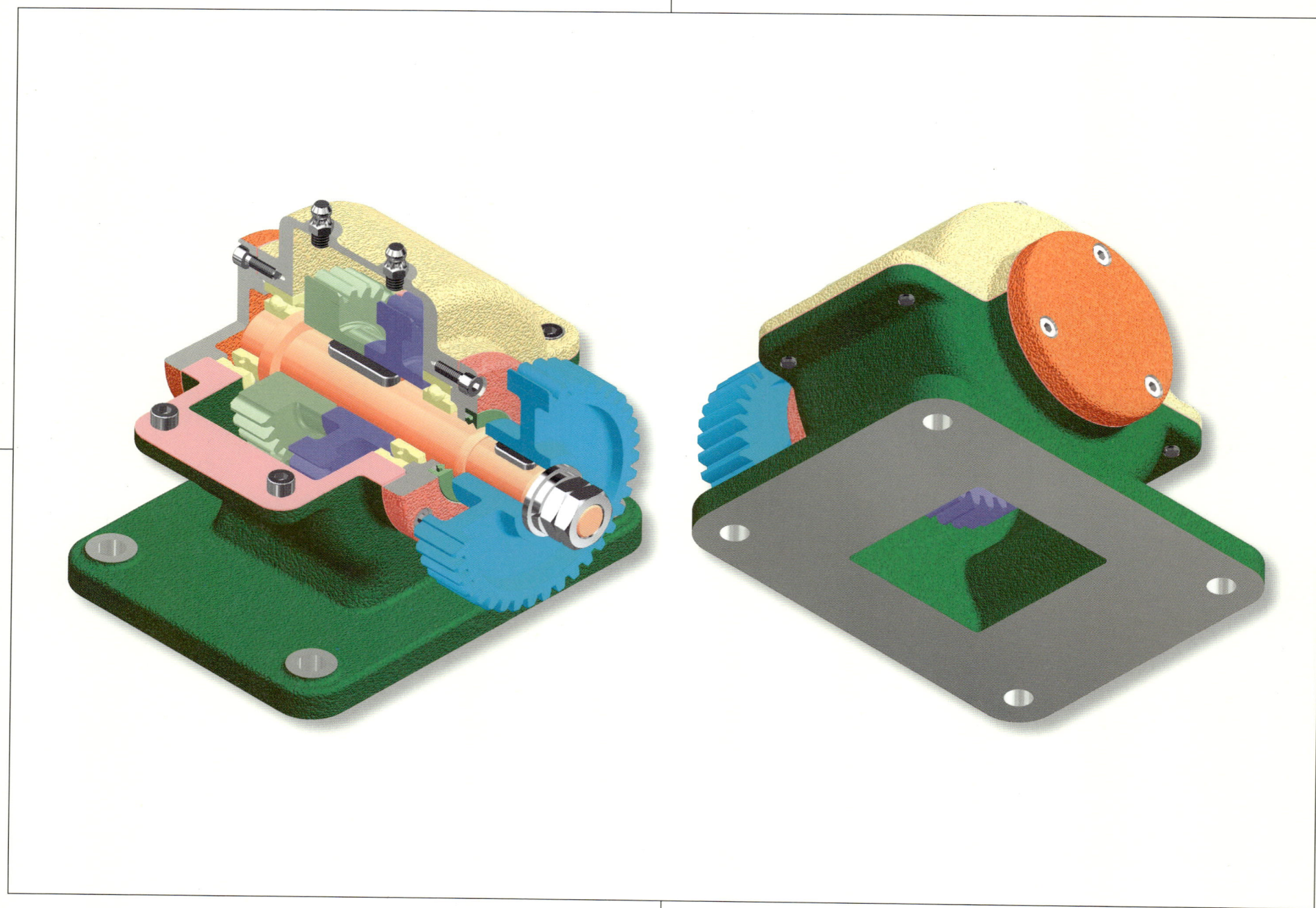

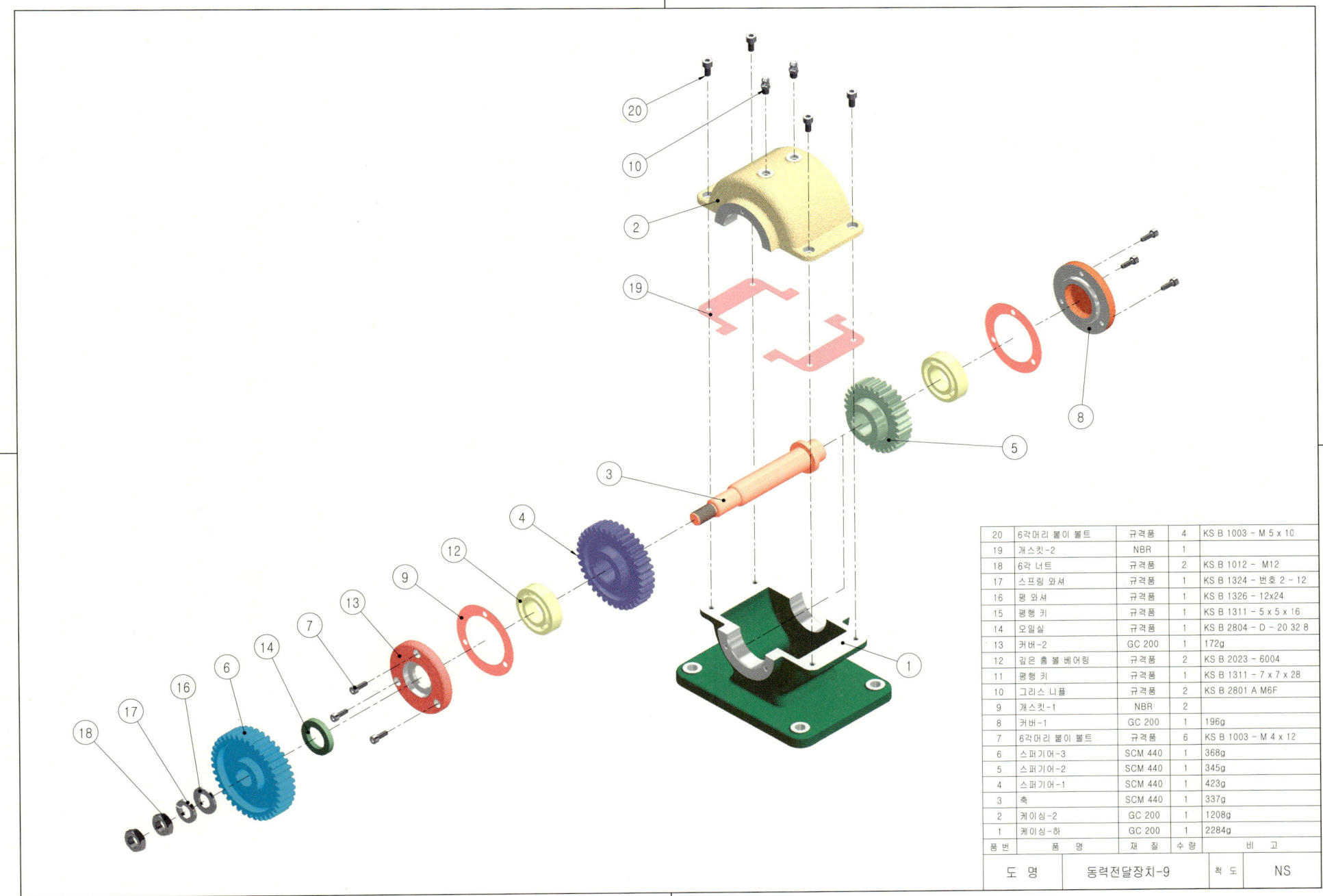

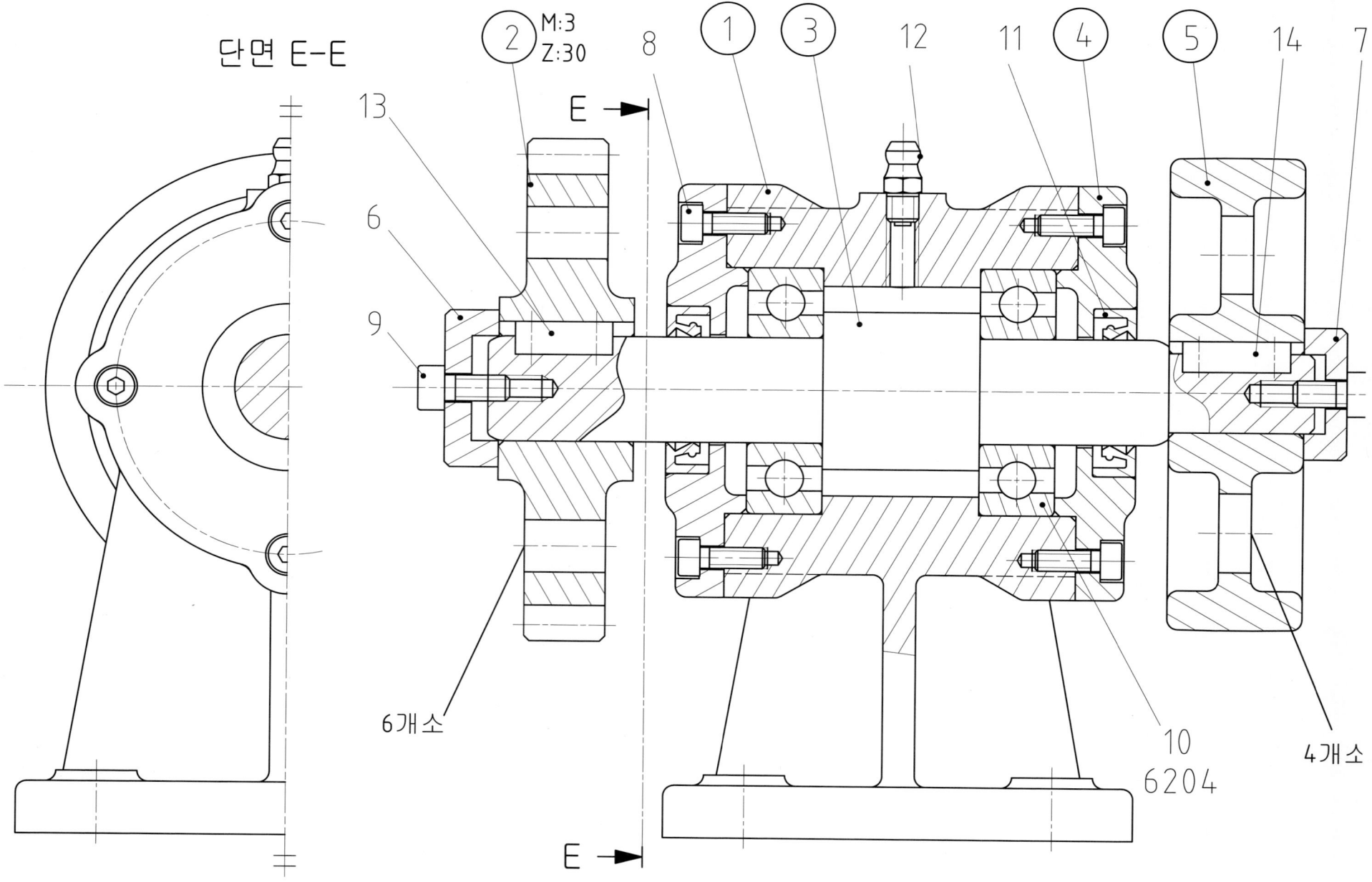

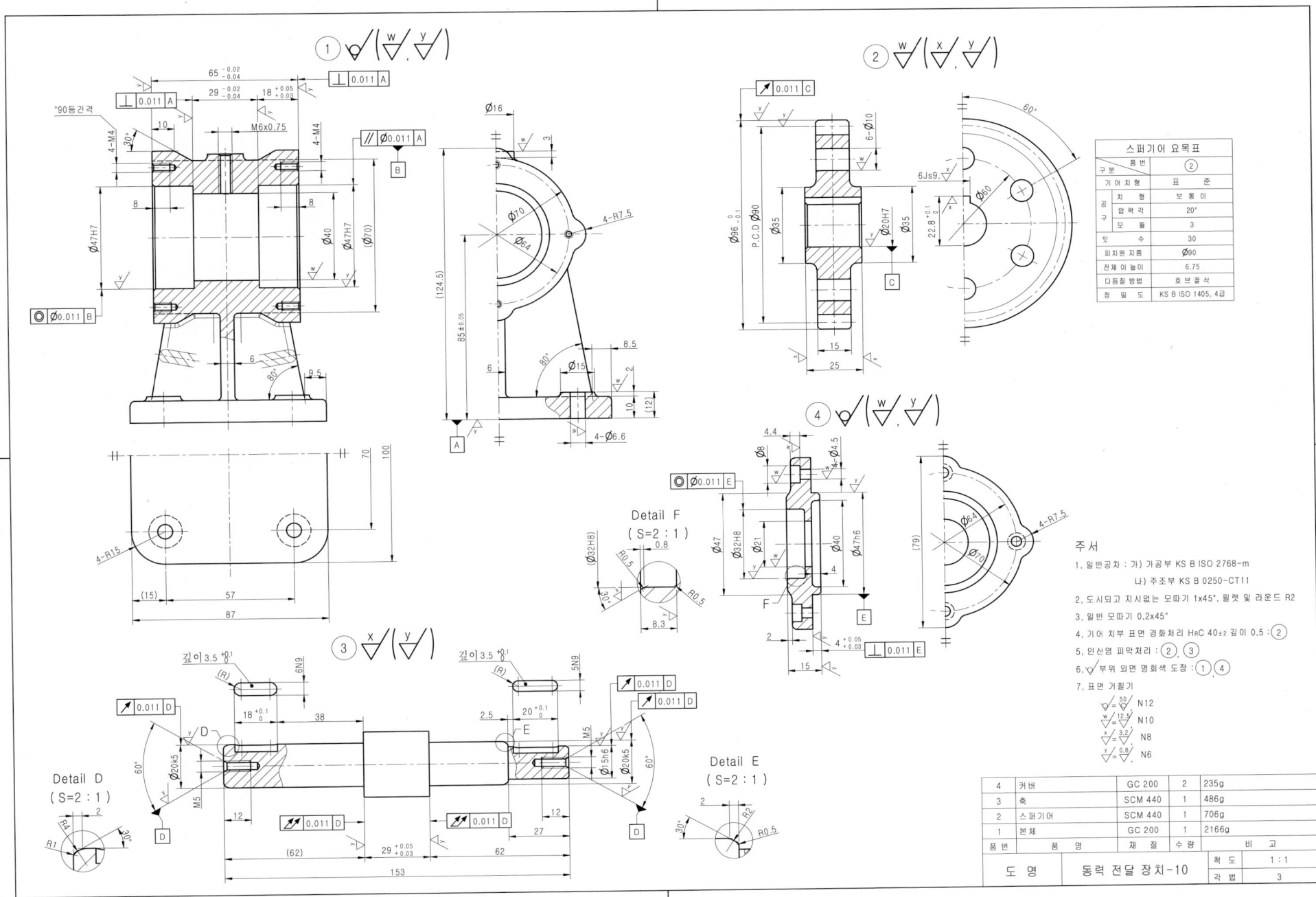

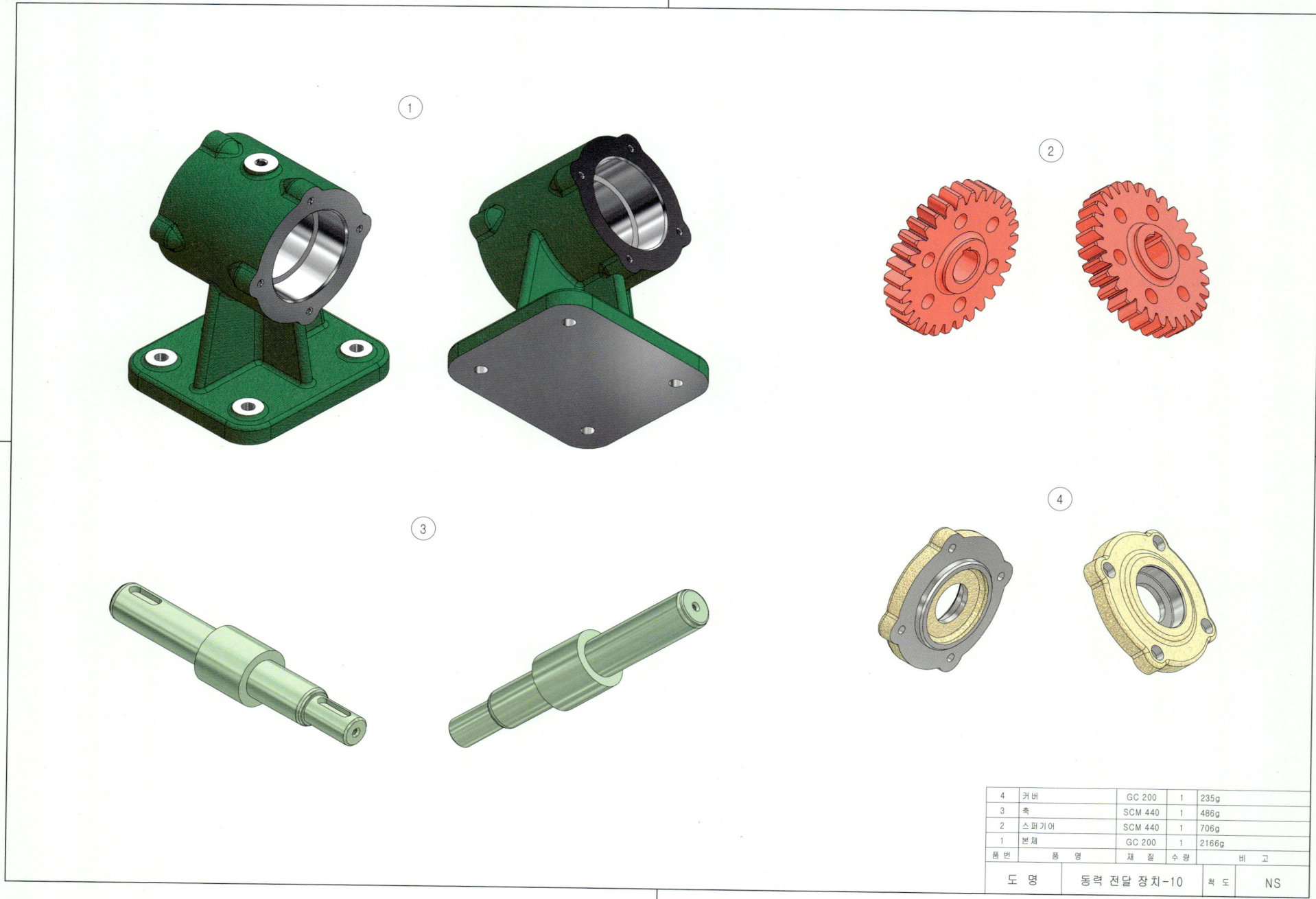

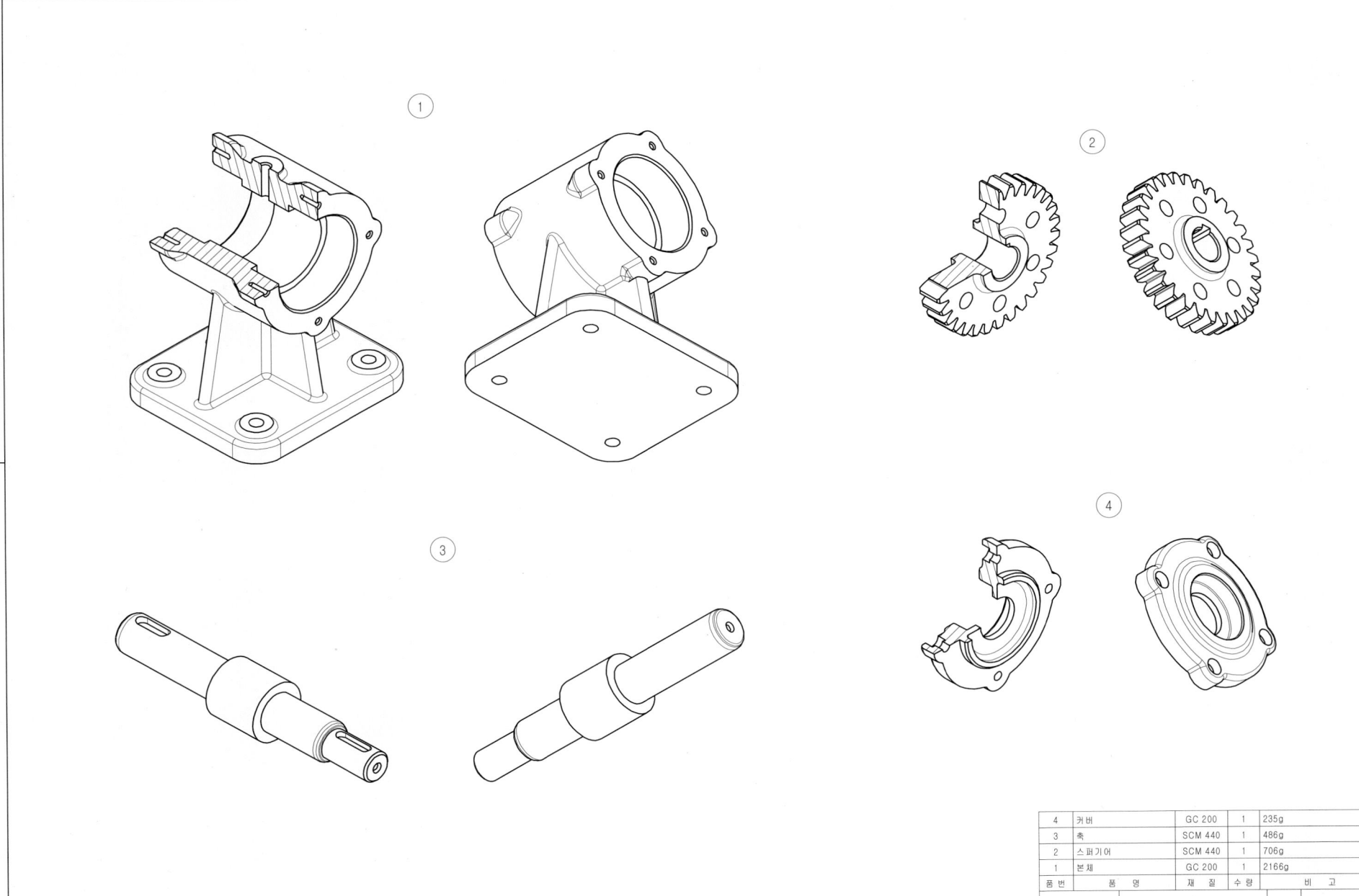

10. 동력전달장치-10 등각조립도

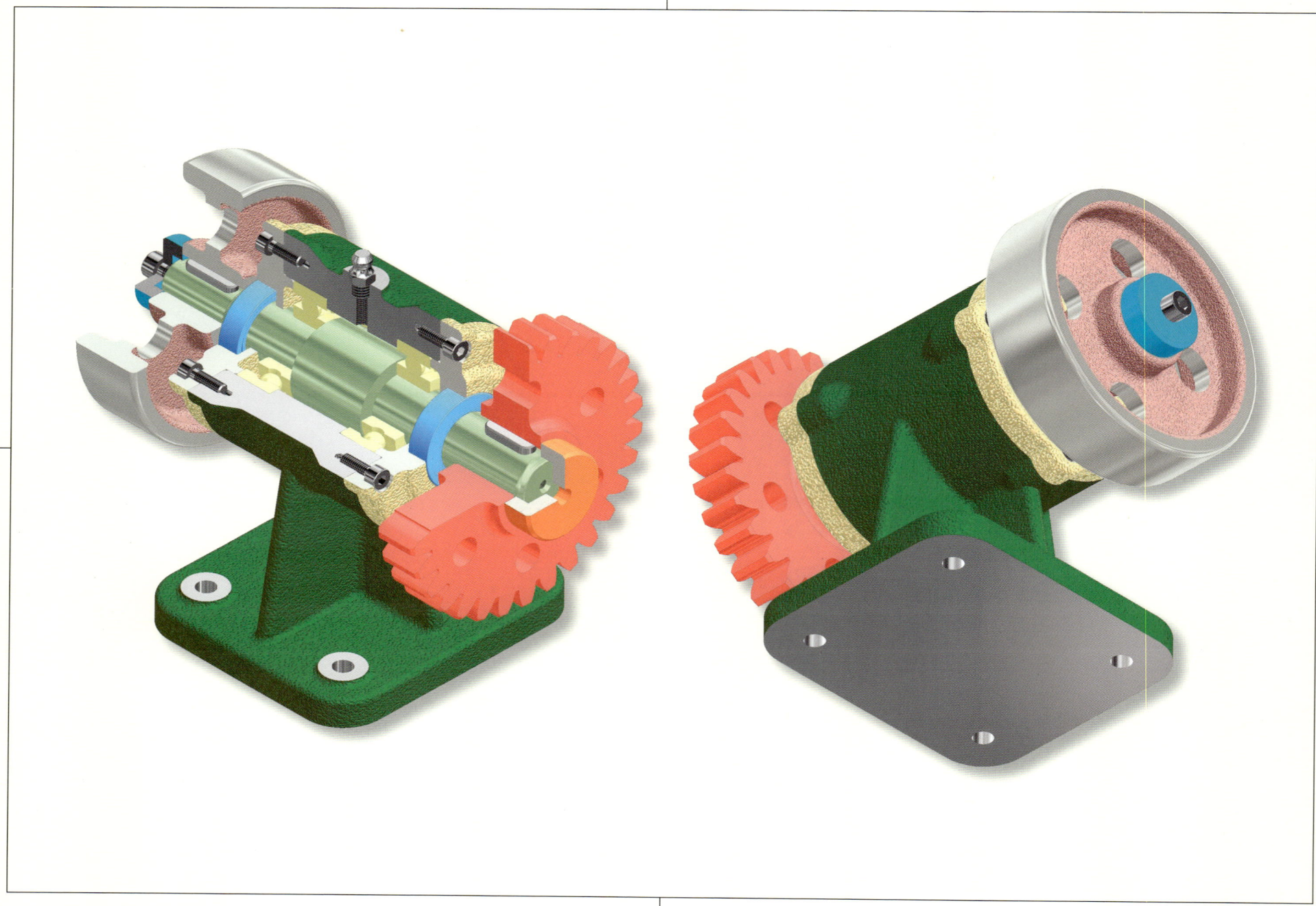

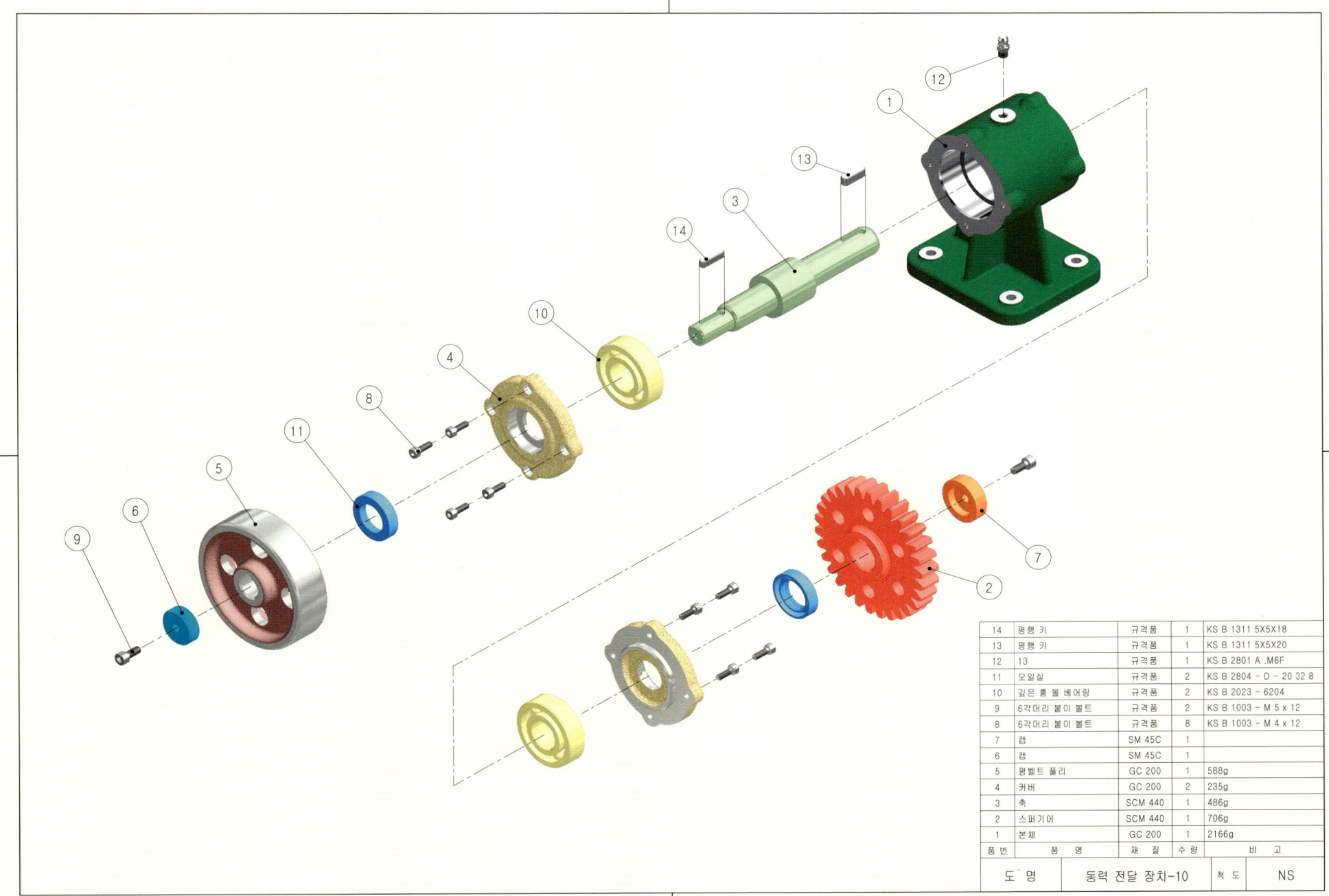

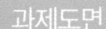

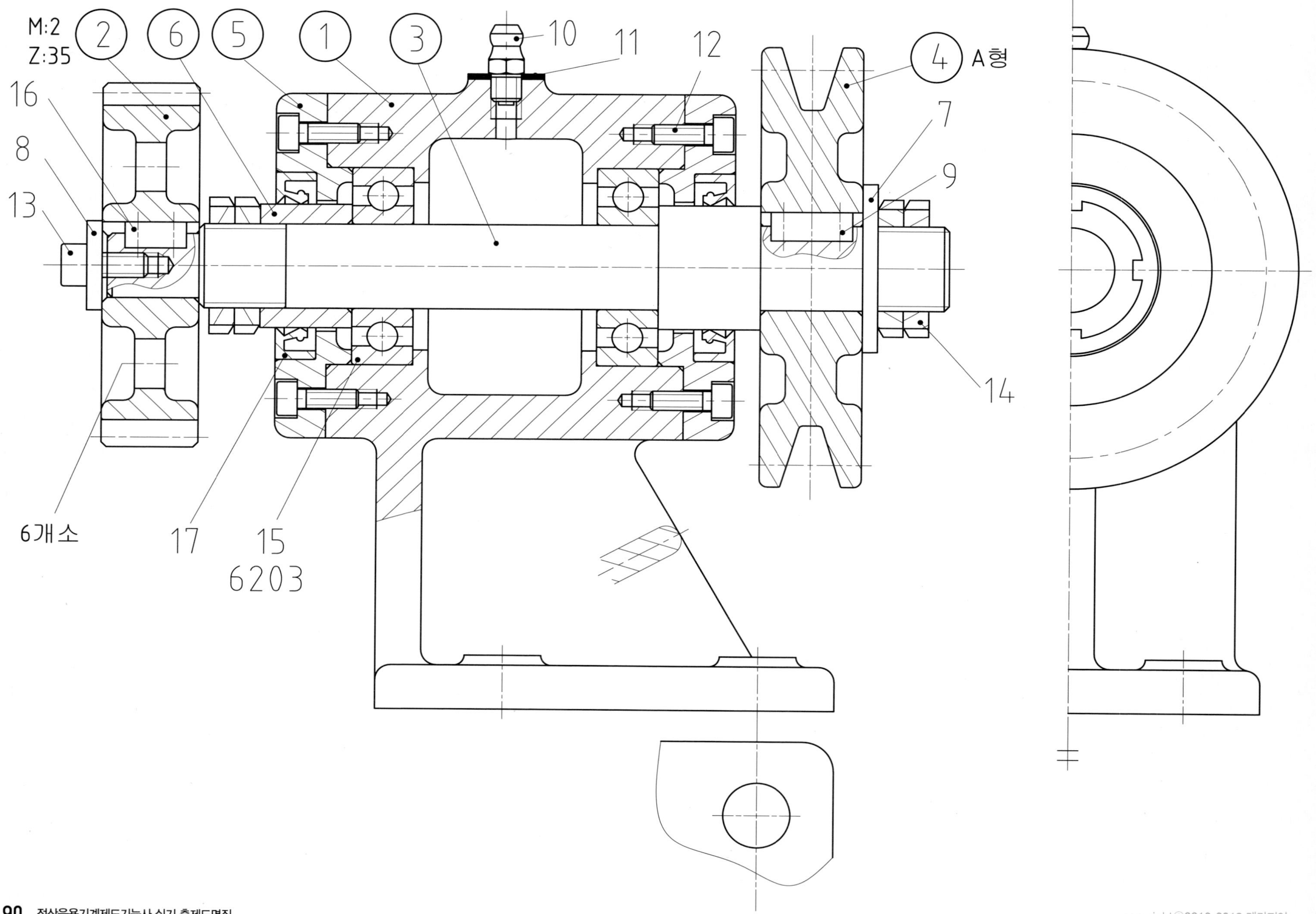
M:2
Z:35
2
6
5
1
3
10
11
12
4
A형
16
8
13
7
9
14
6개소
17
15
6203

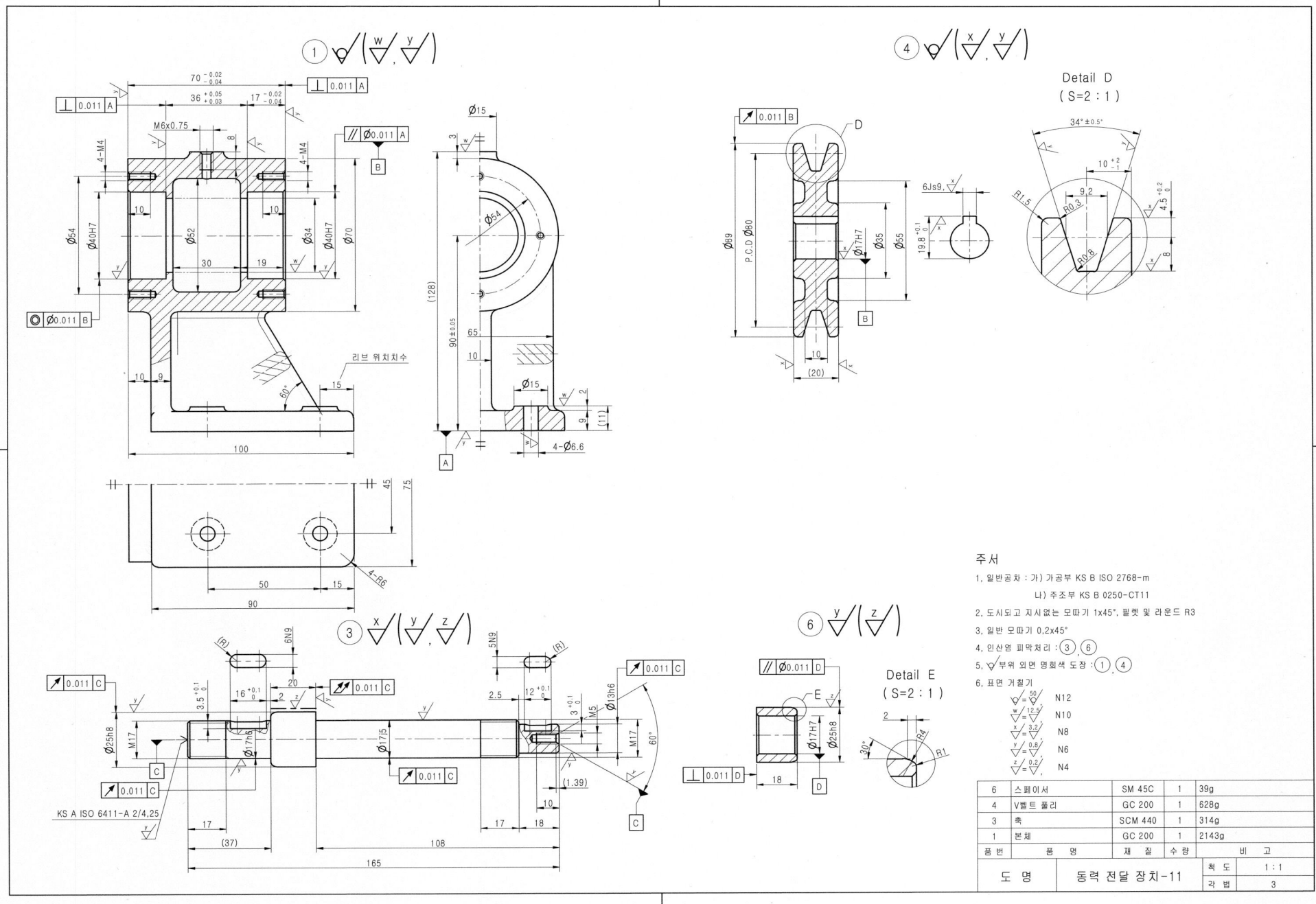

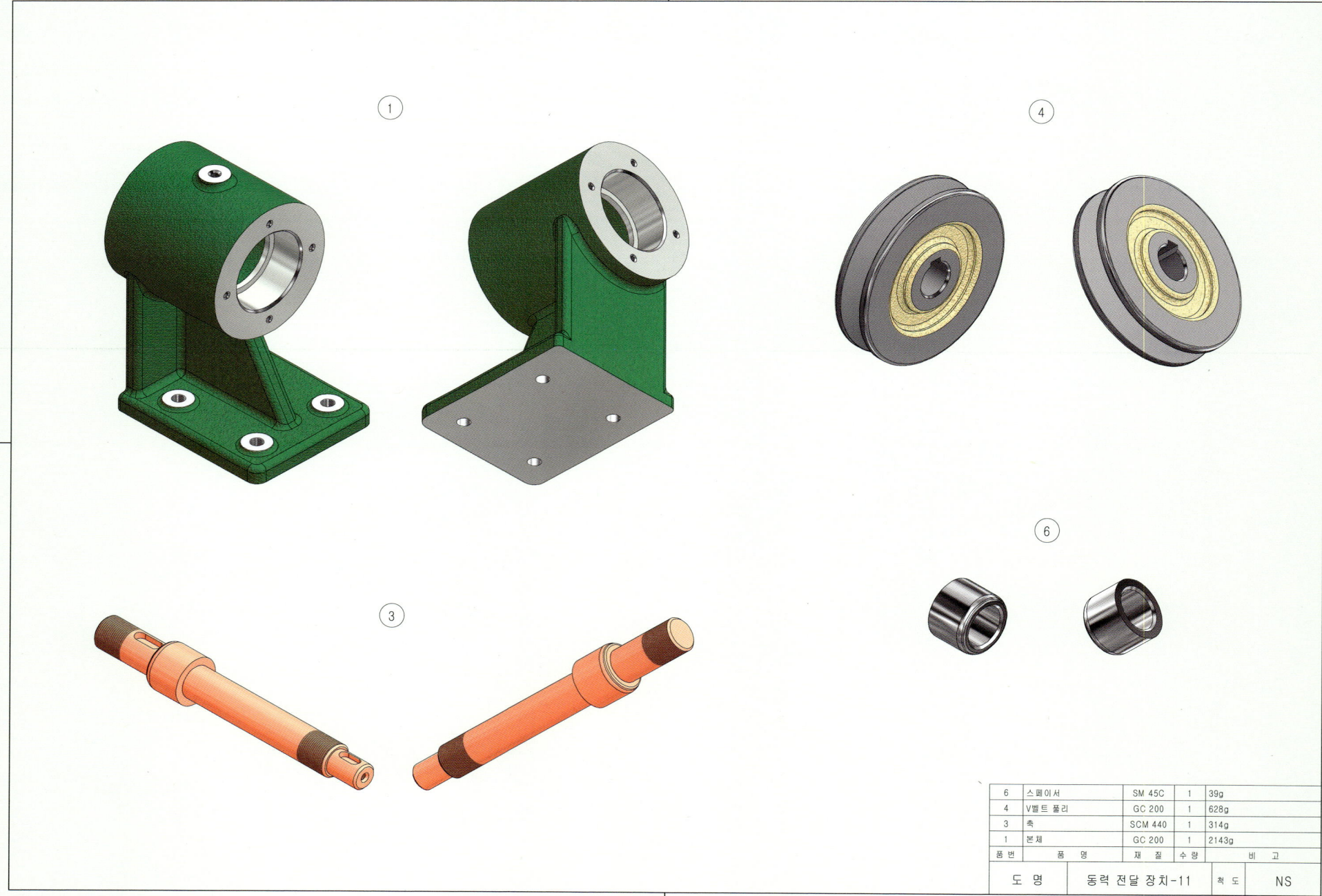

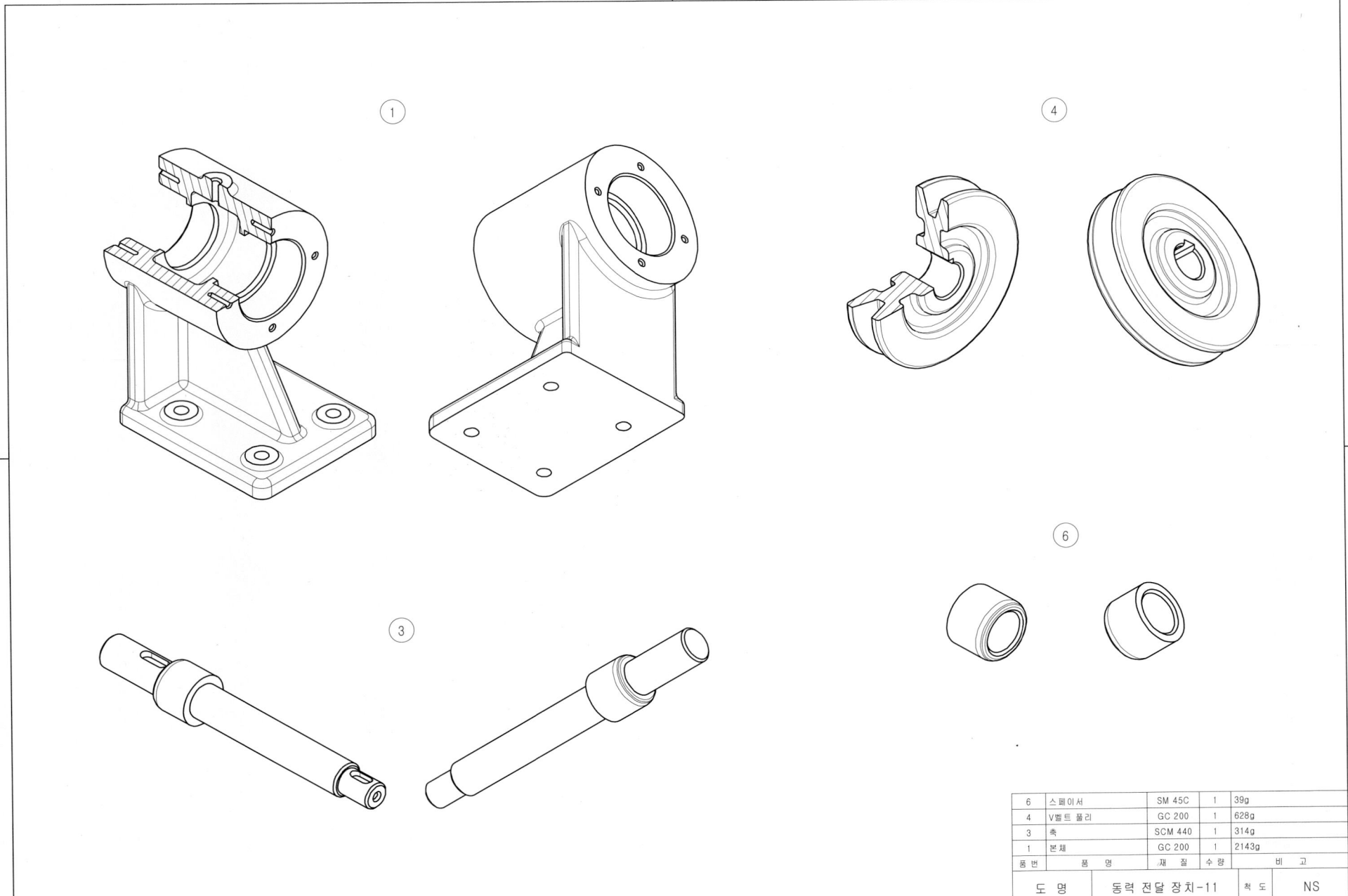

11. 동력전달장치-11   등각조립도

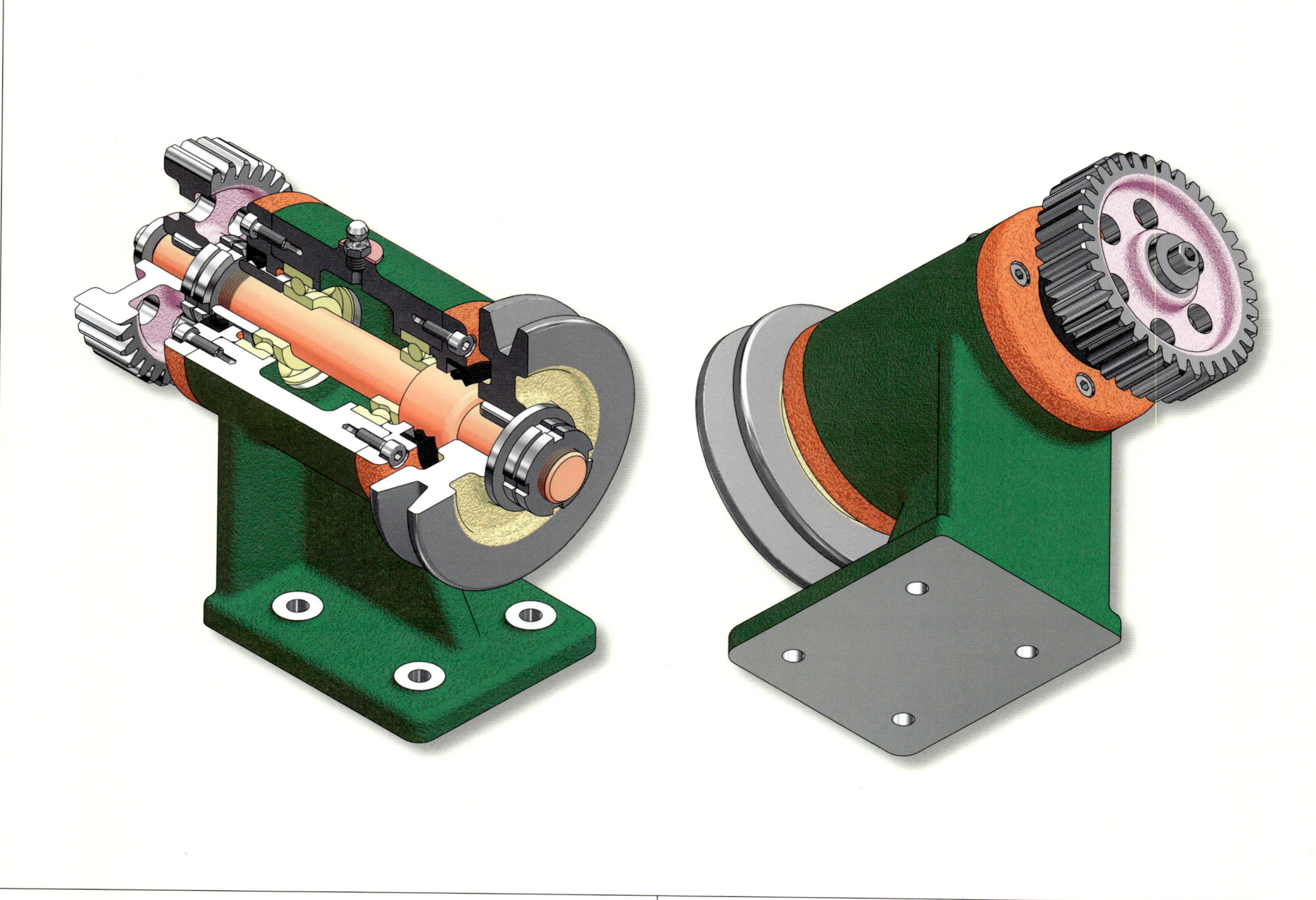

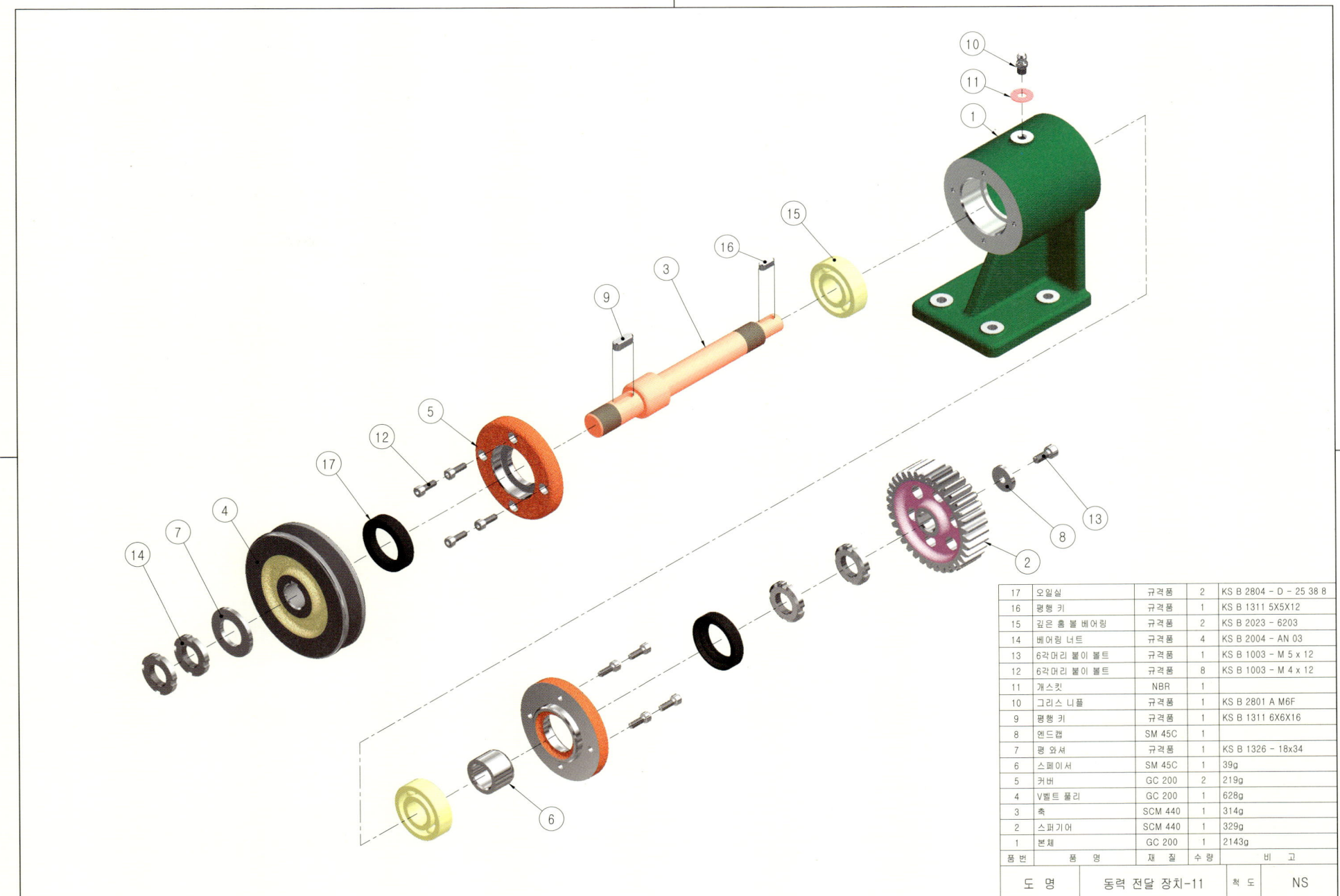

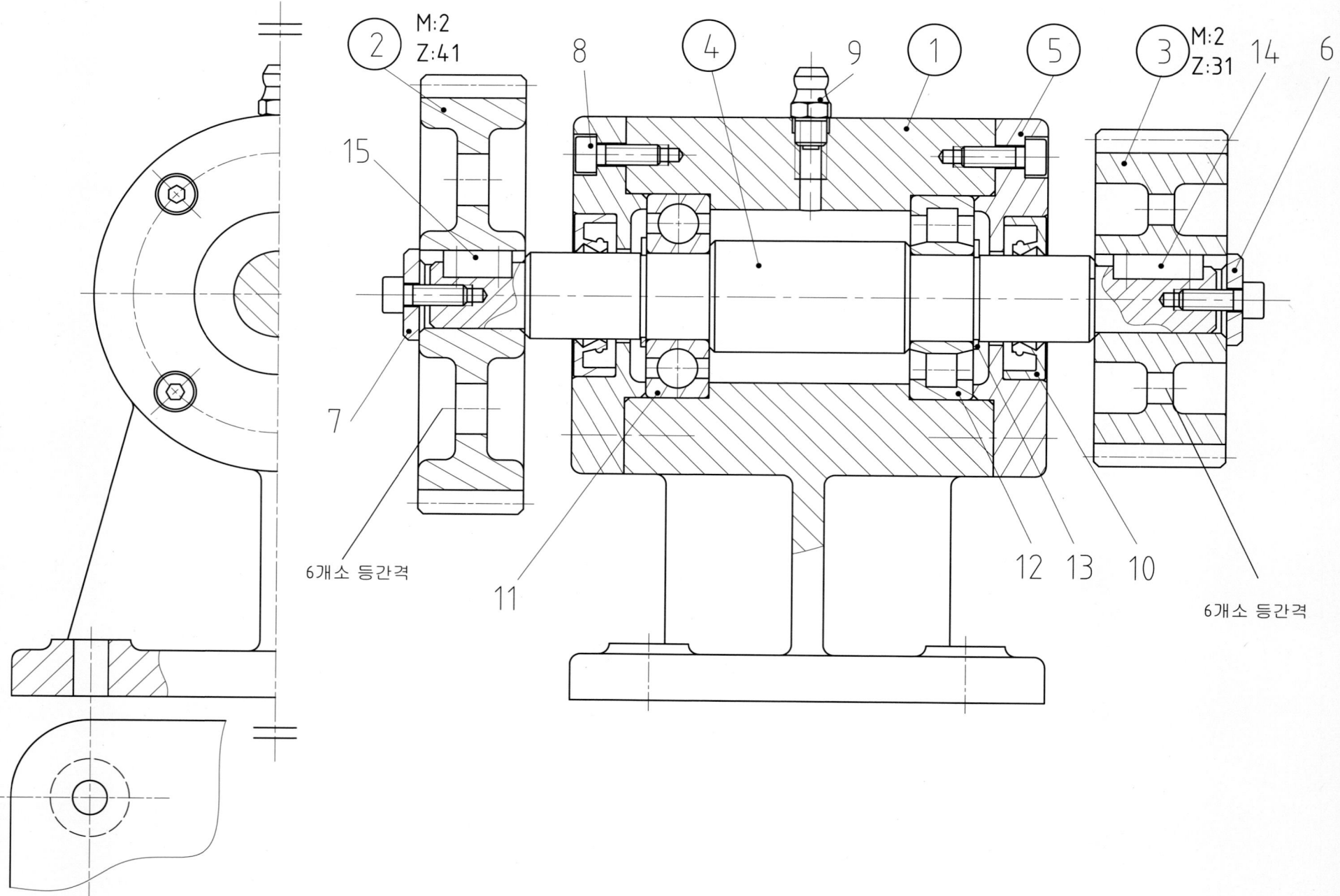

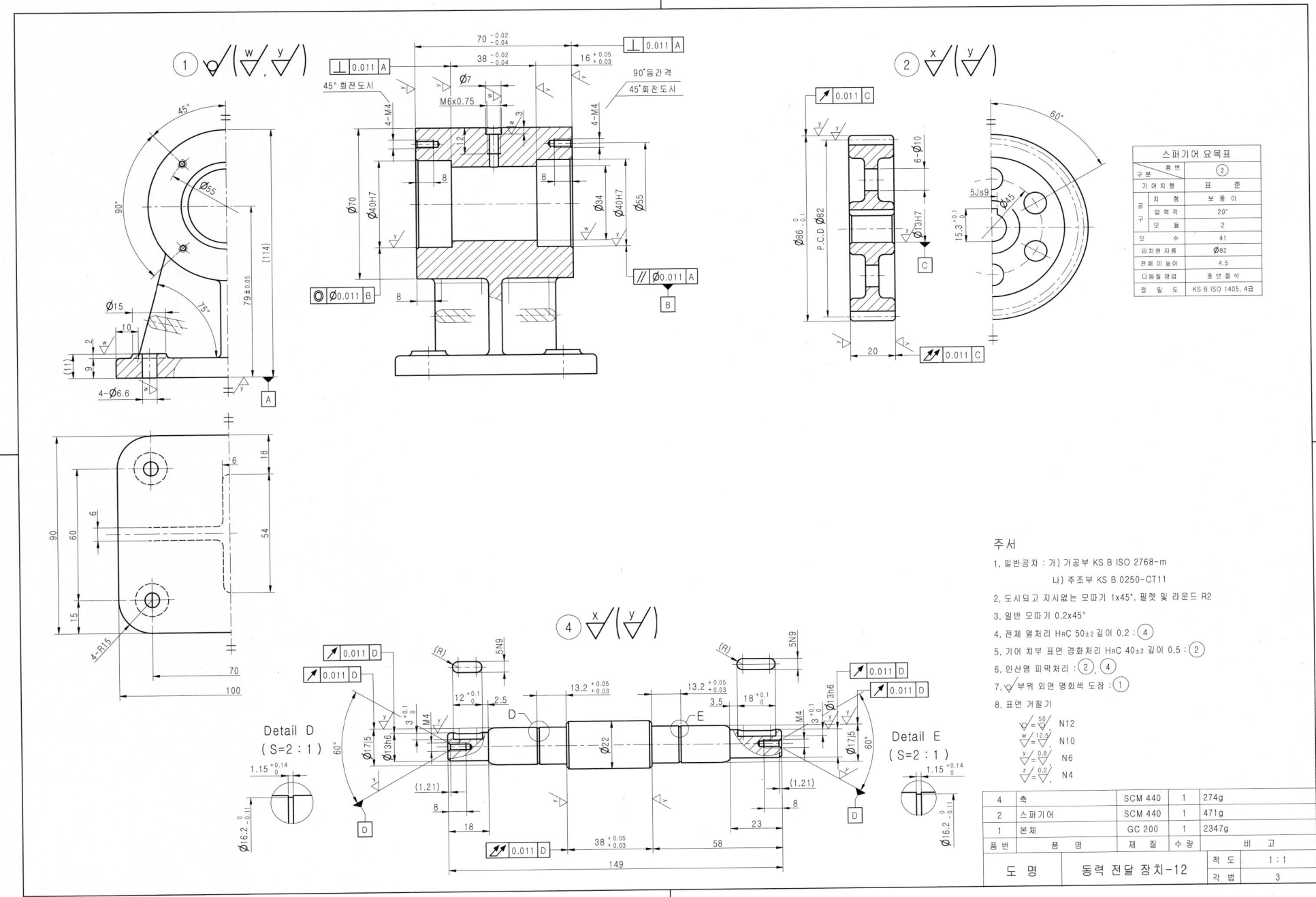

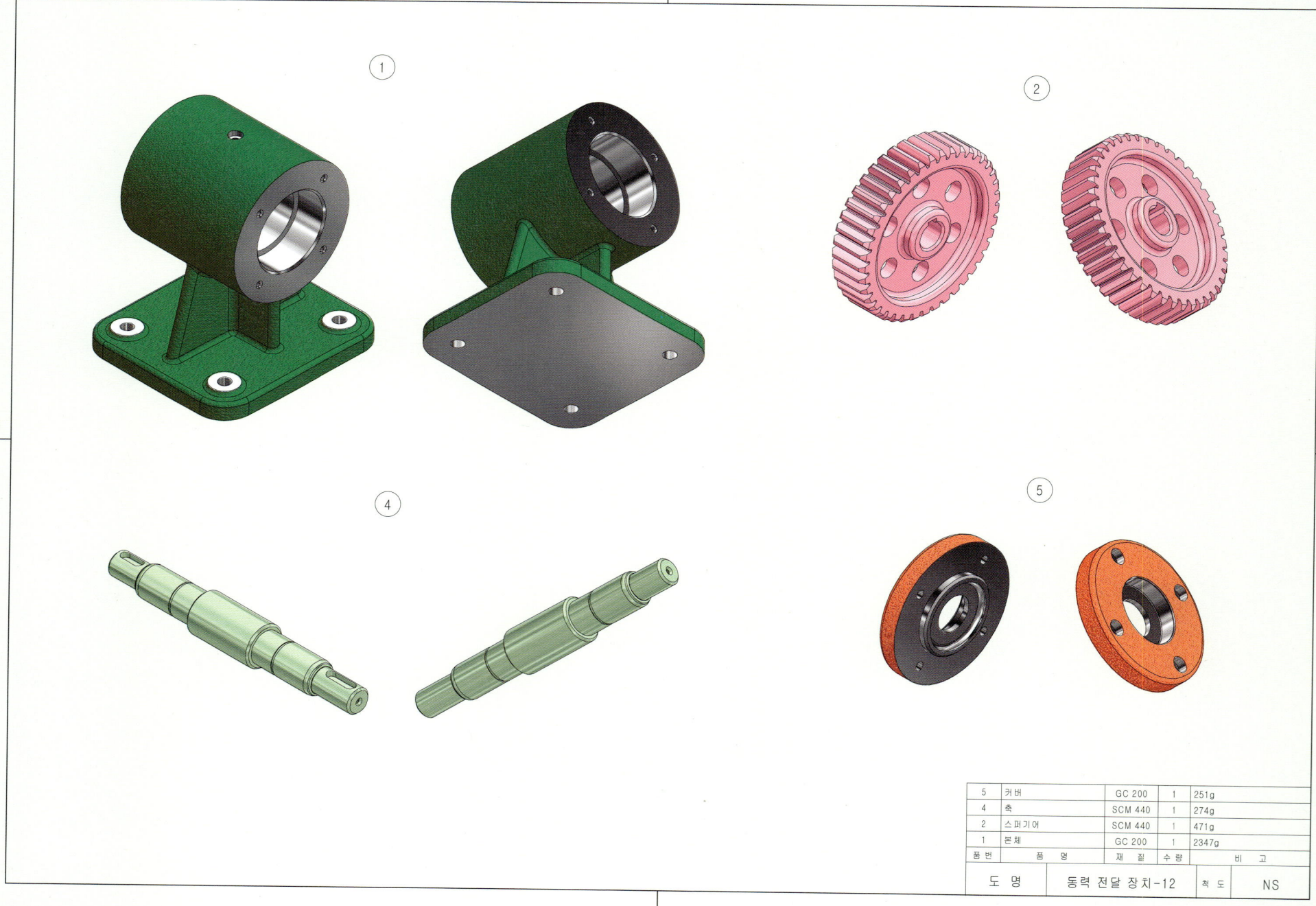

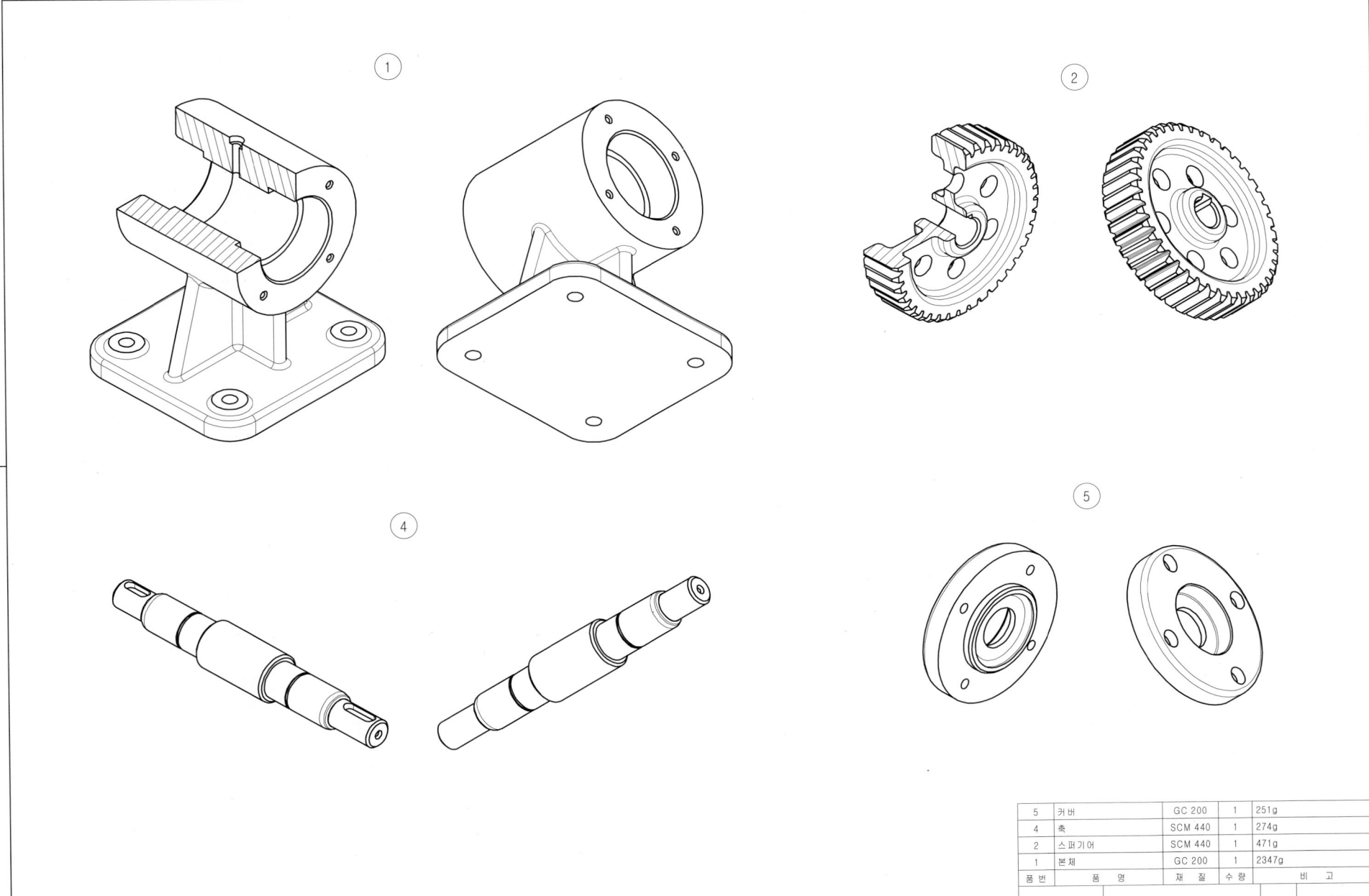

12. 동력전달장치-12 등각조립도

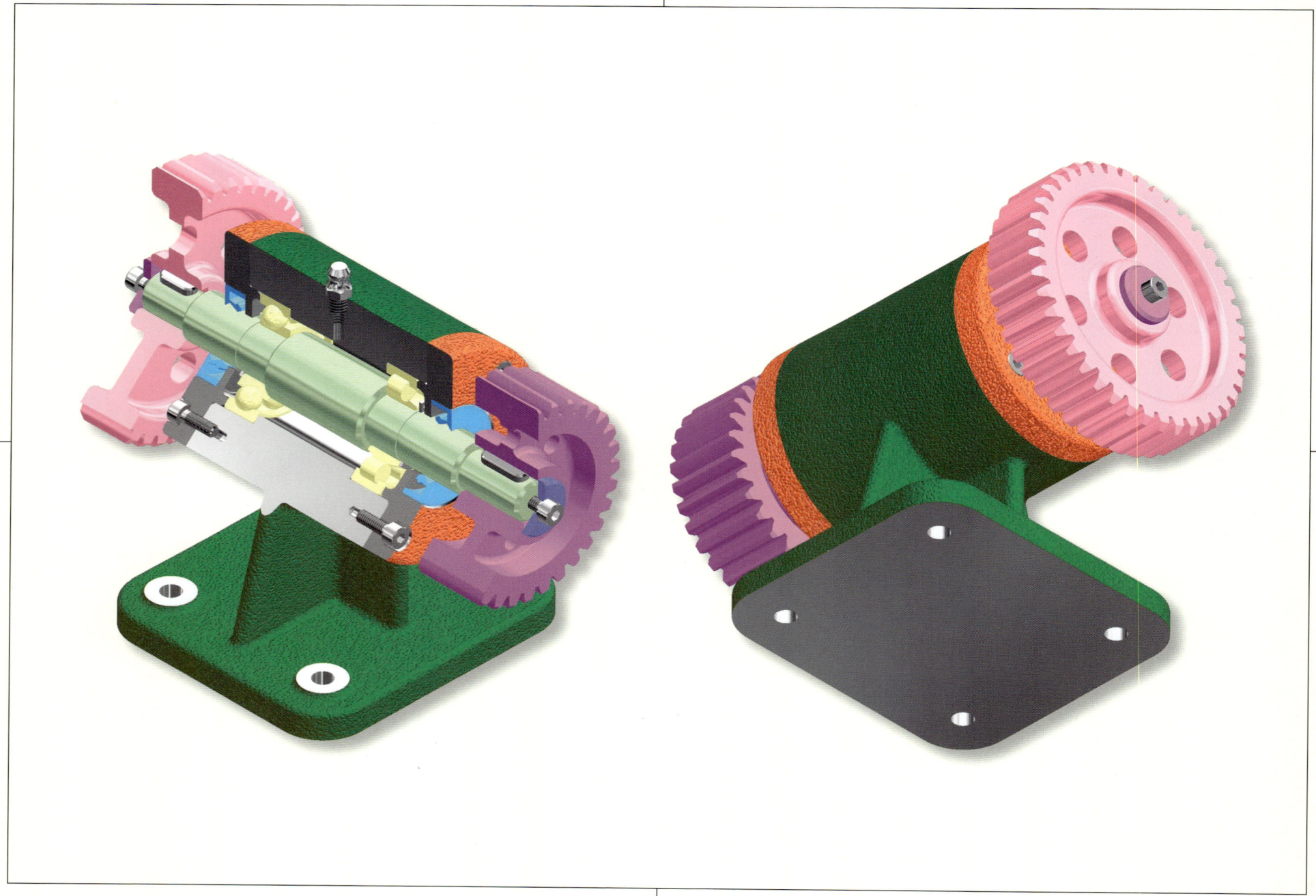

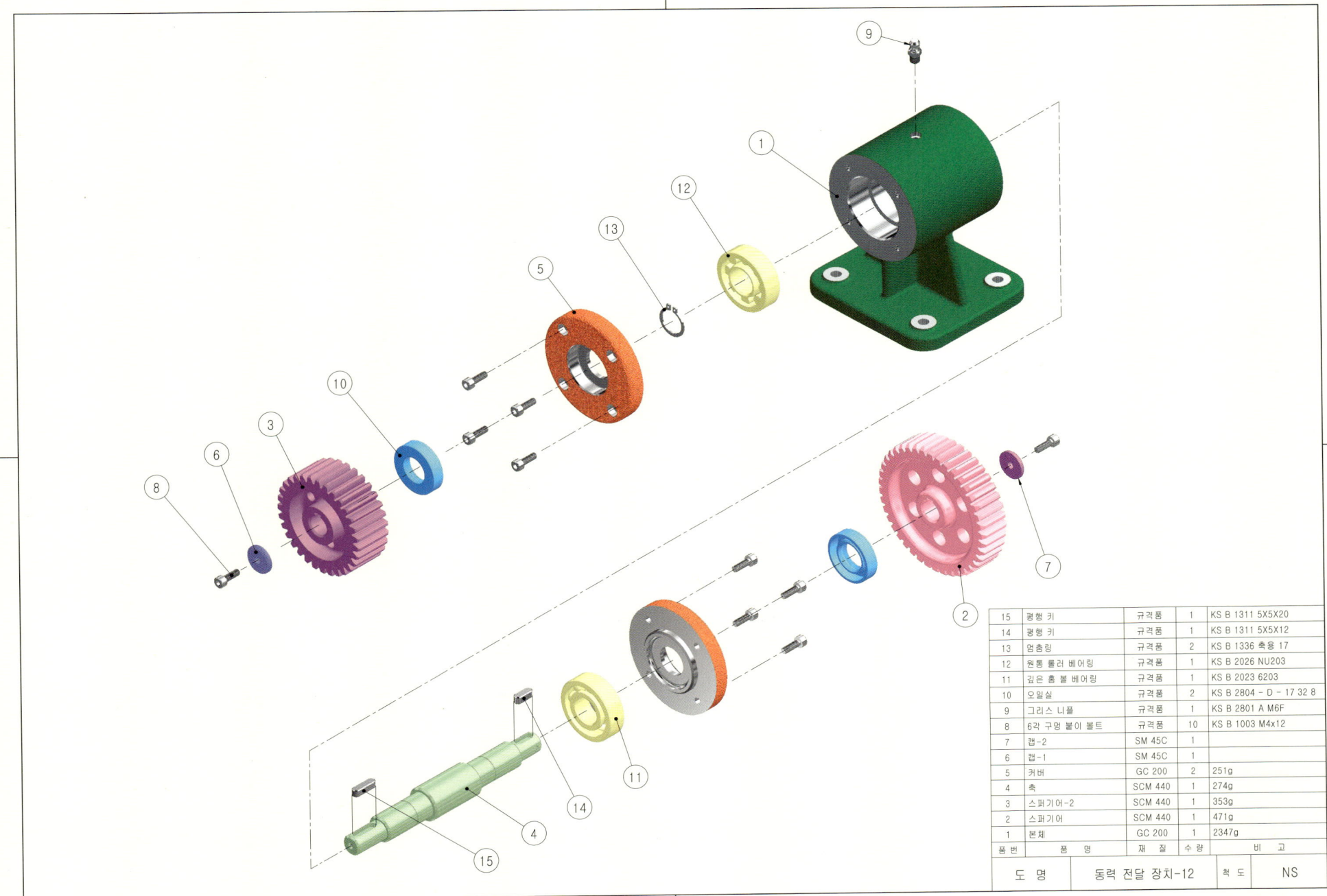

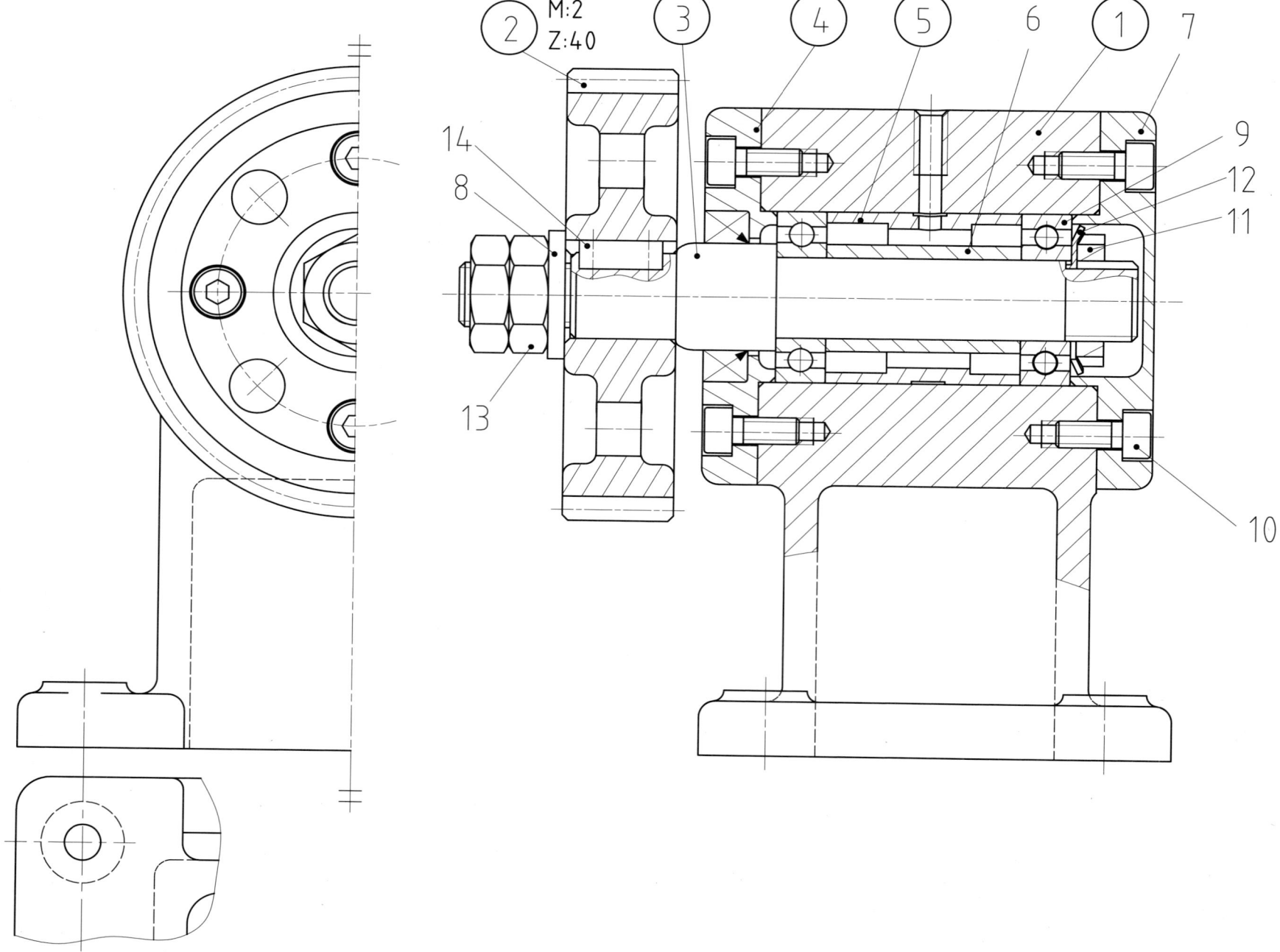

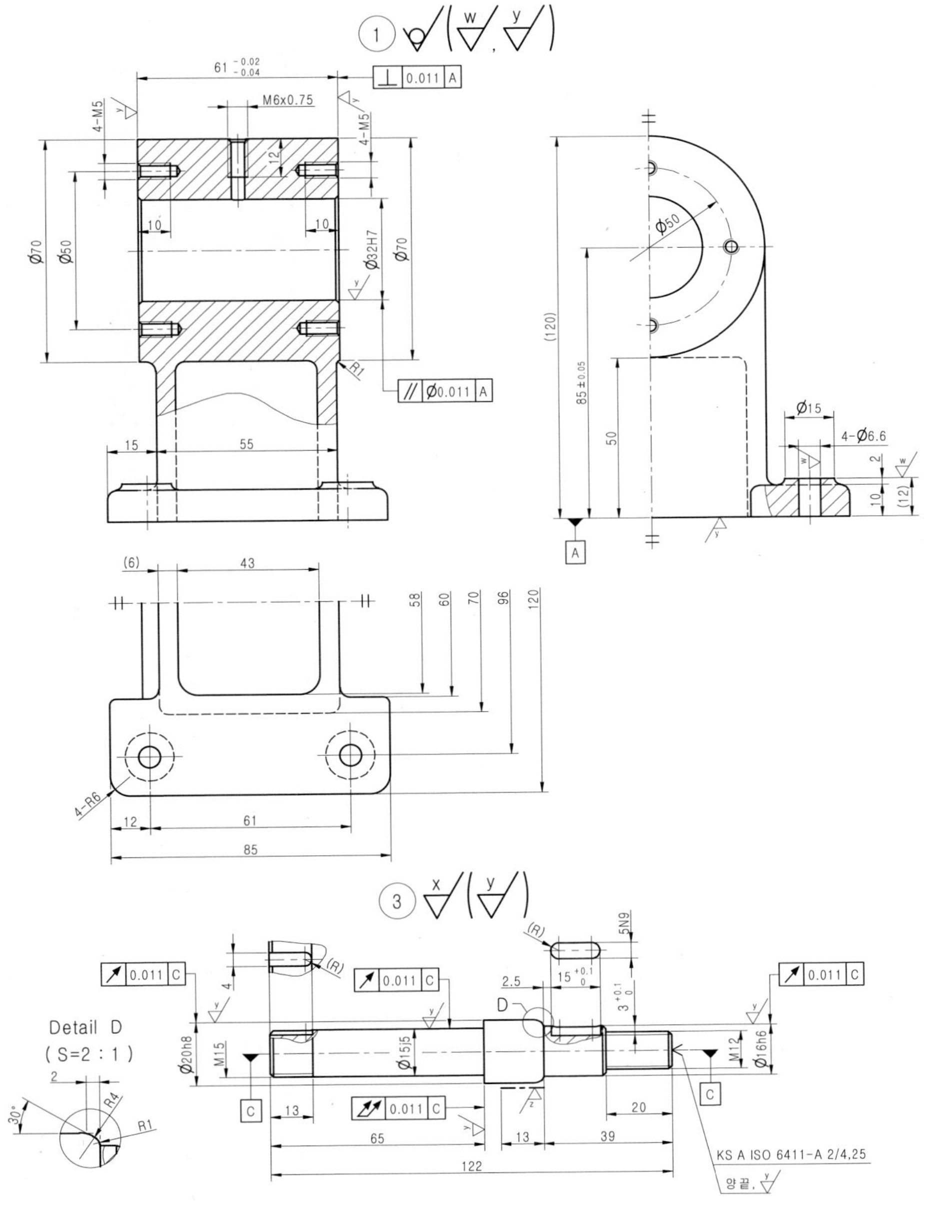

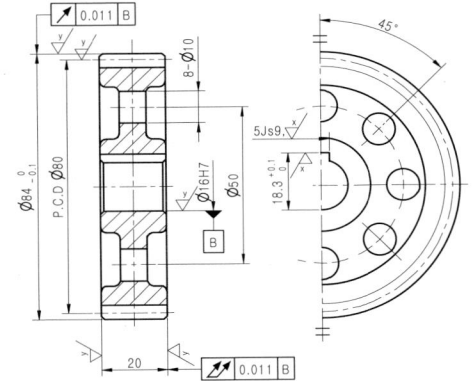

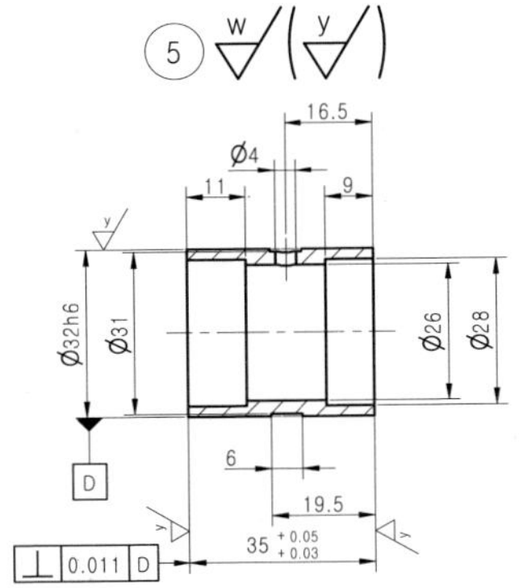

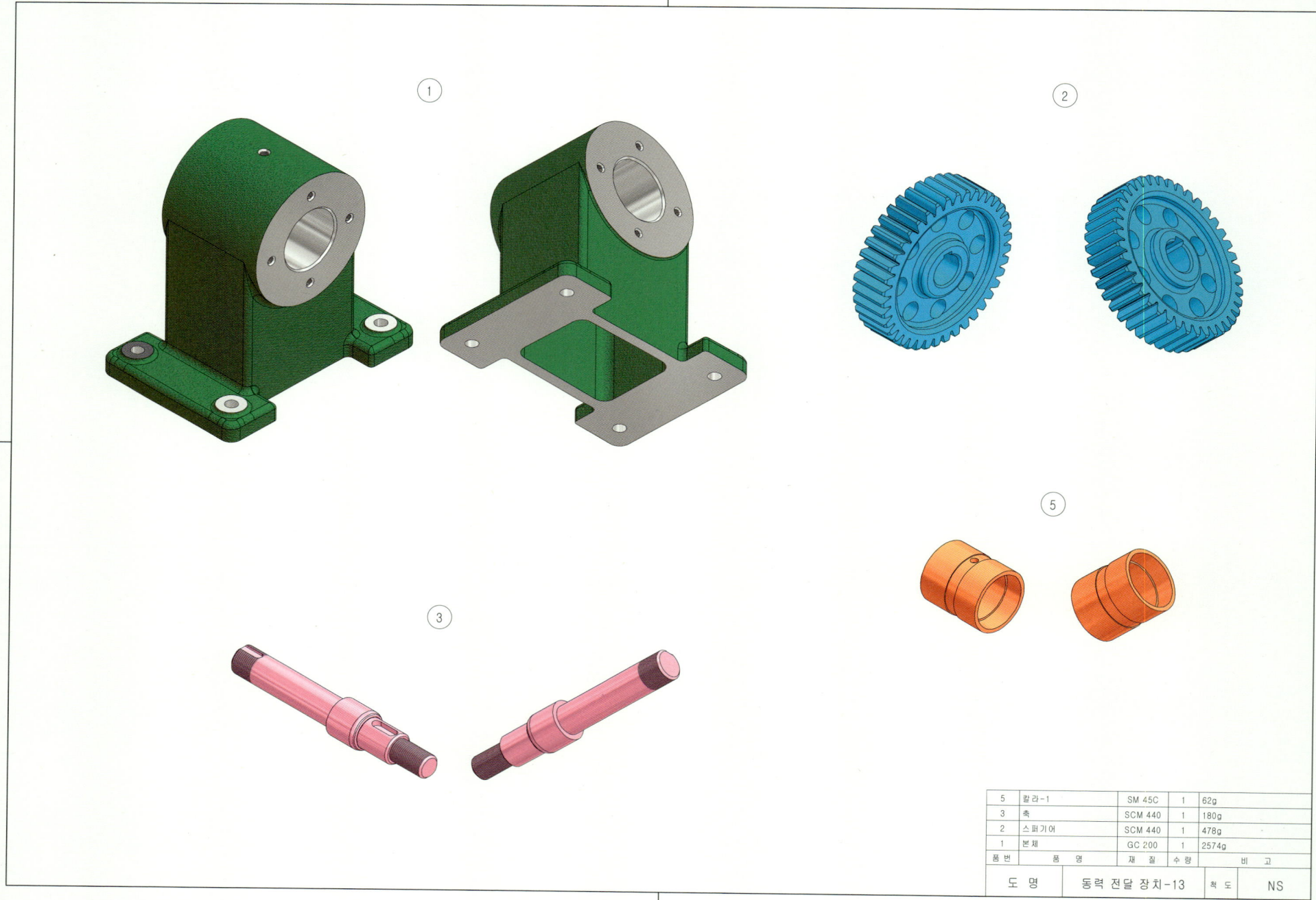

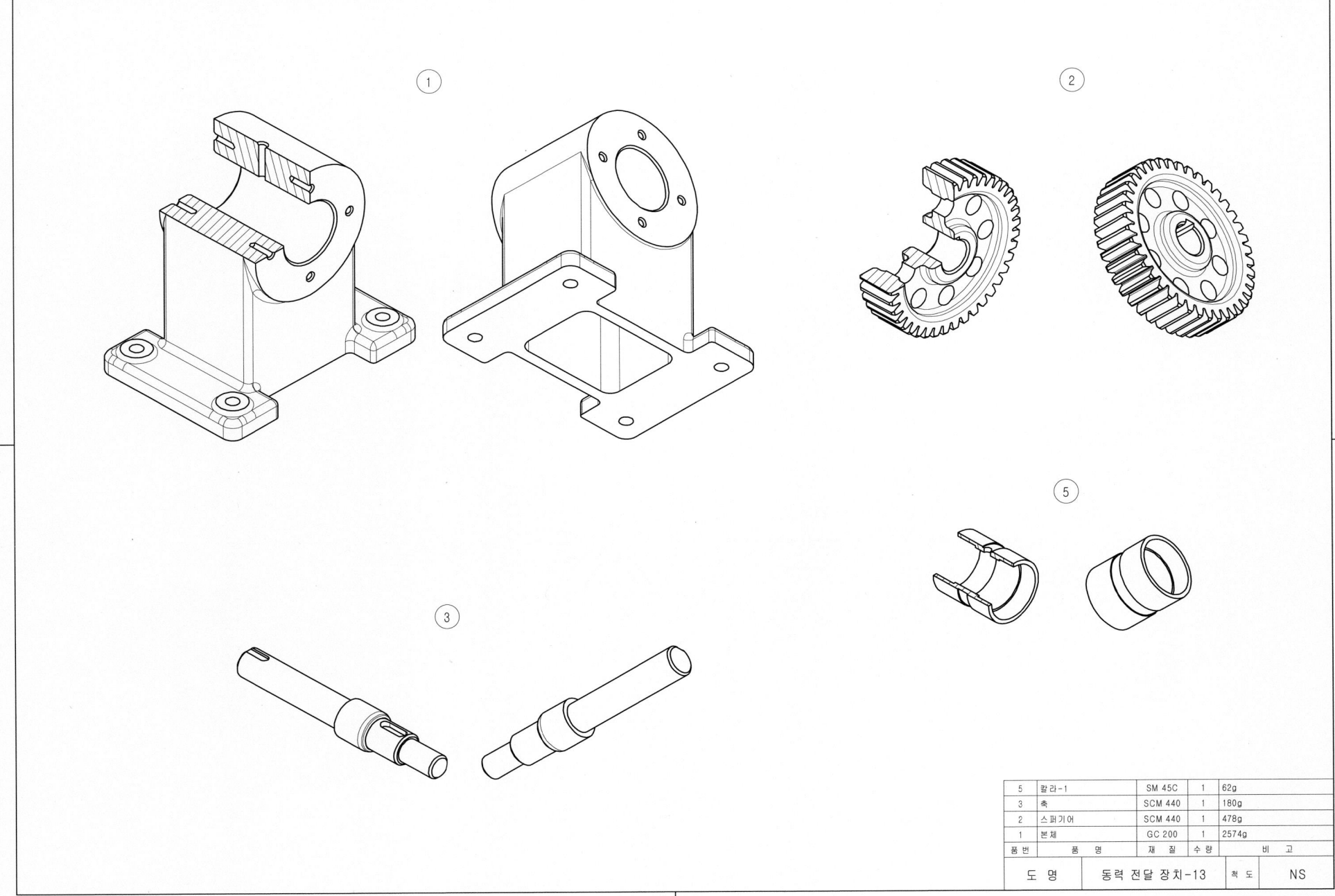

13. 동력전달장치-13　등각조립도

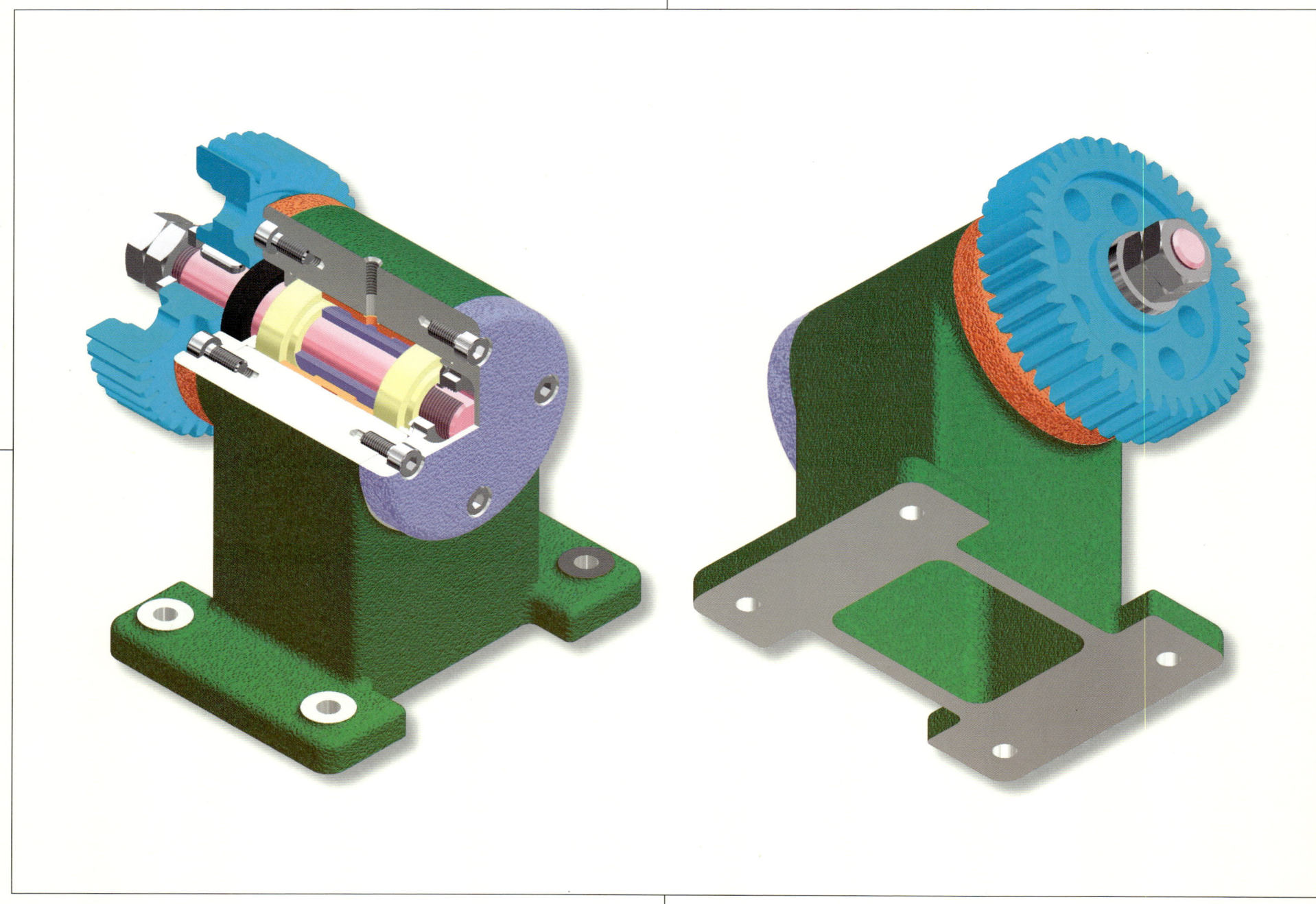

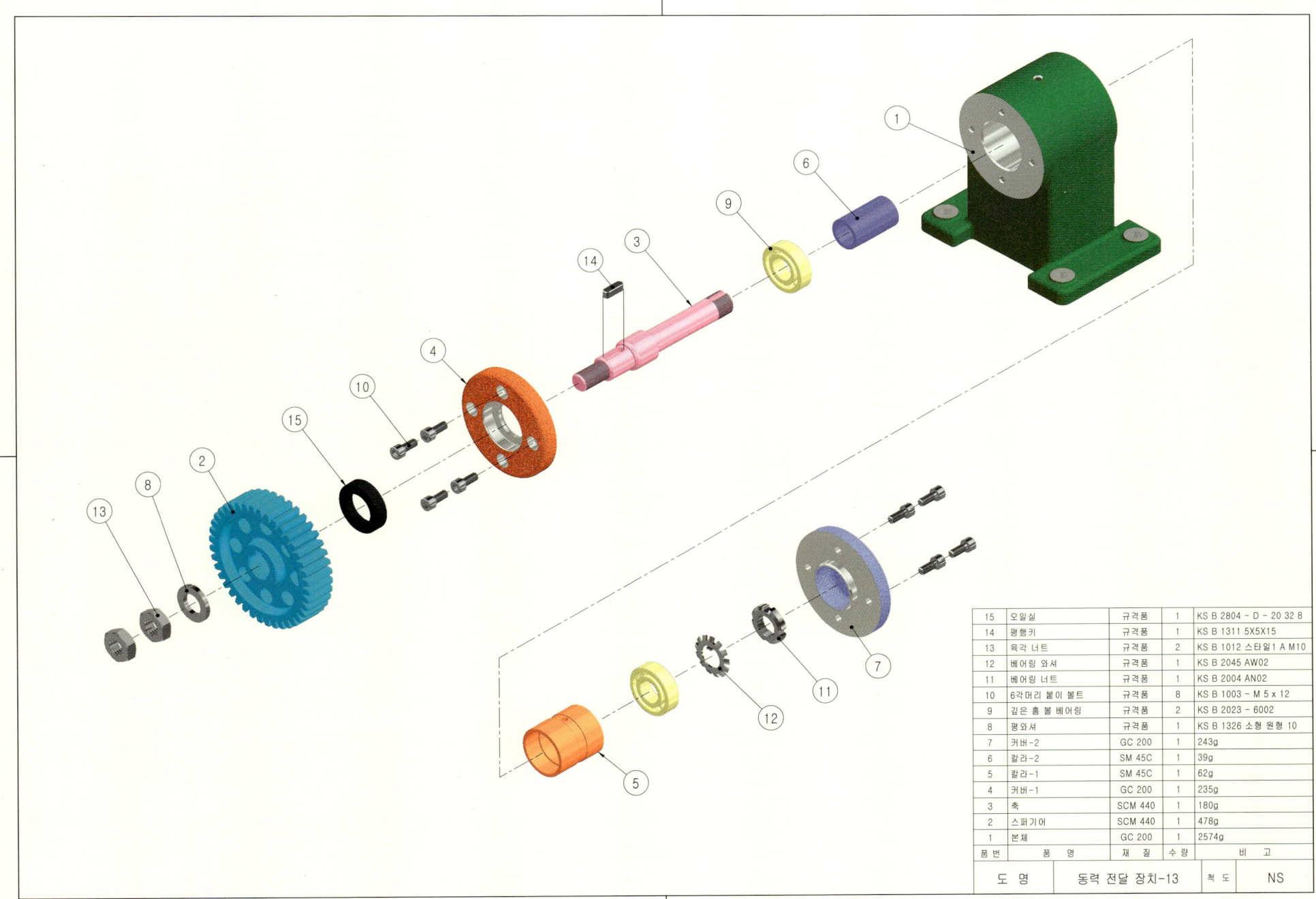

전산응용기계제도기능사 실기 출제도면집

PART
03

편심구동장치

01 편심구동장치-1 02 편심구동장치-2 03 편심구동장치-3 04 편심구동장치-4
05 편심구동장치-5 06 편심구동장치-6 07 동력변환장치

01. 편심구동장치-1 문제도

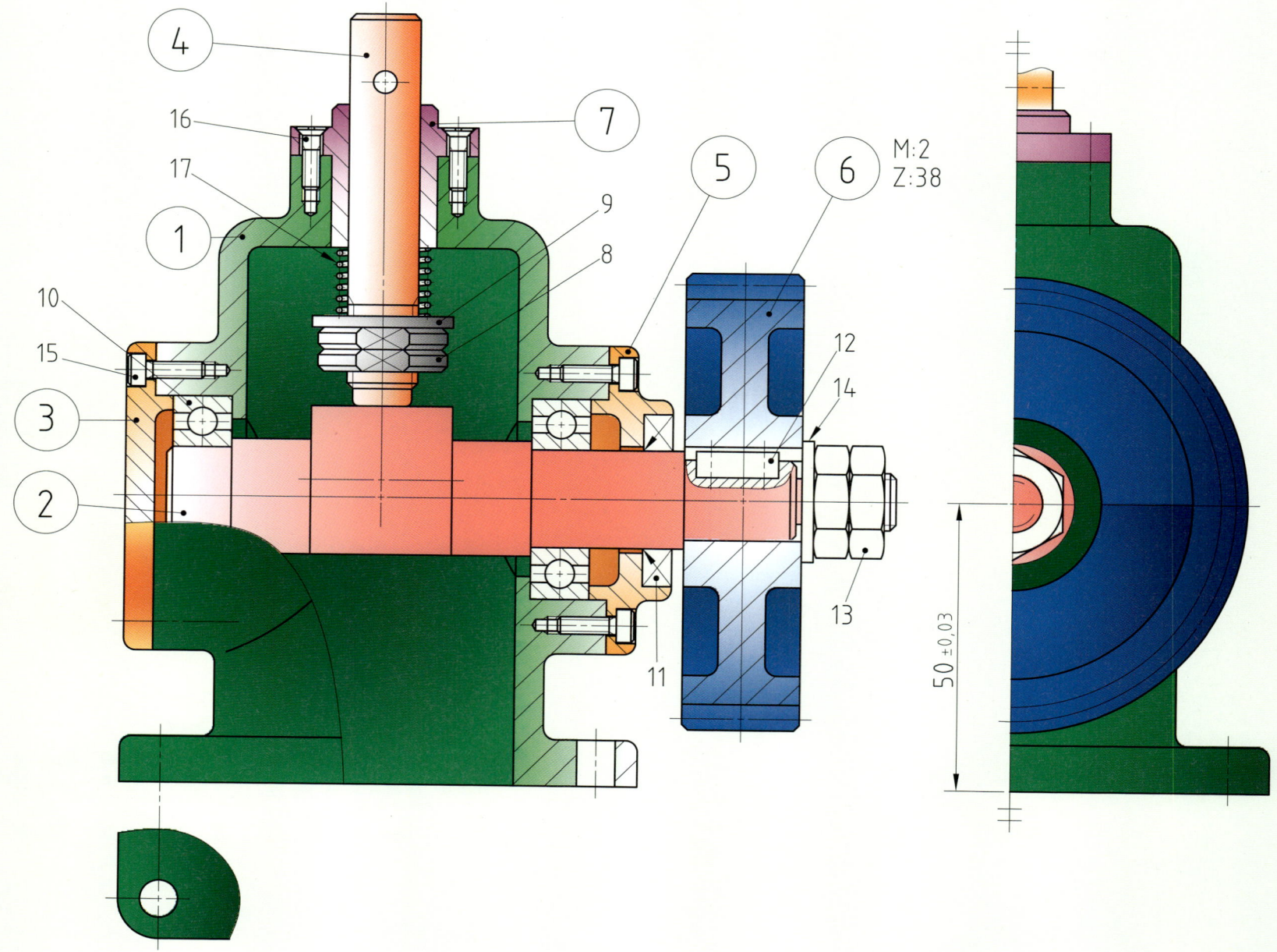

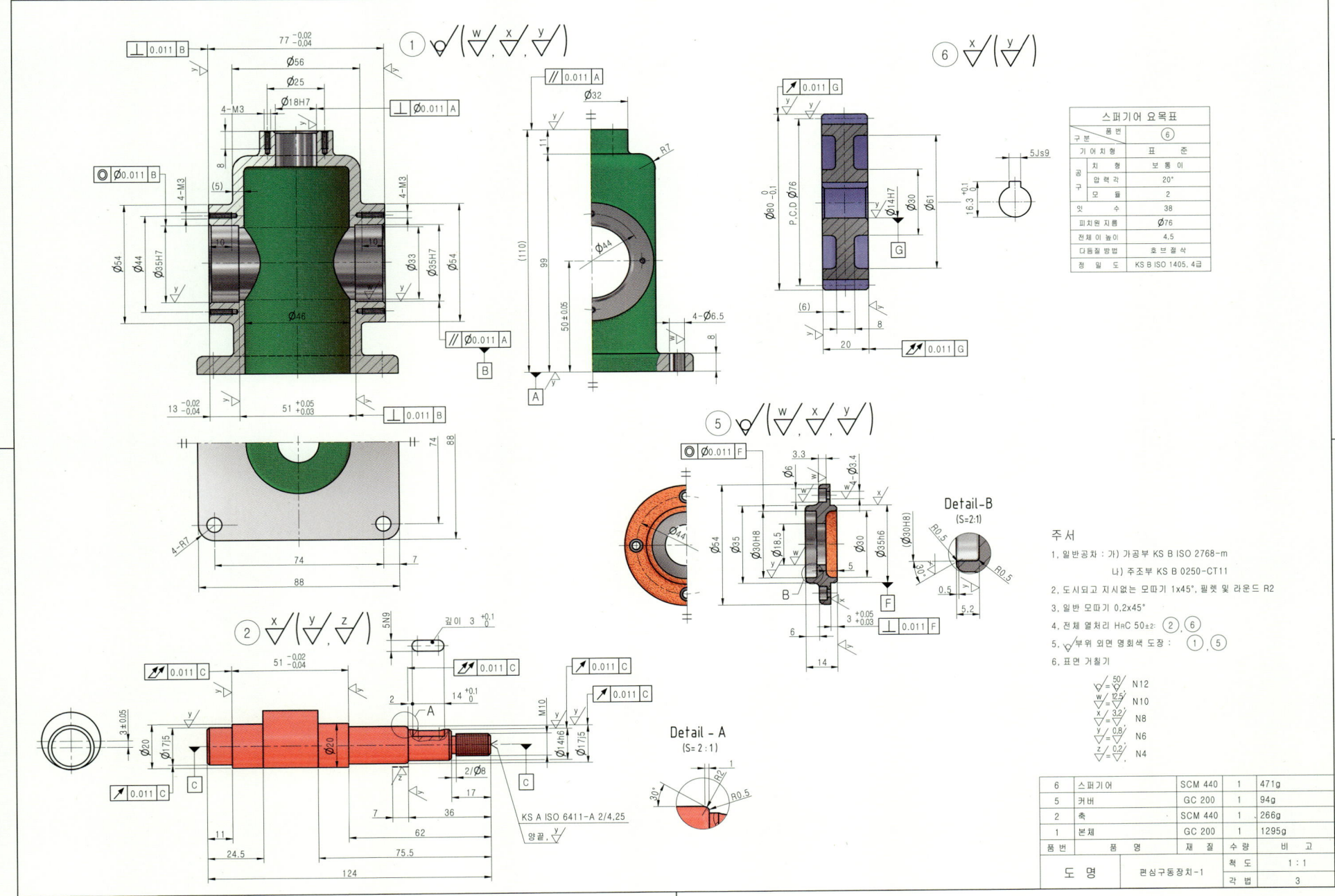

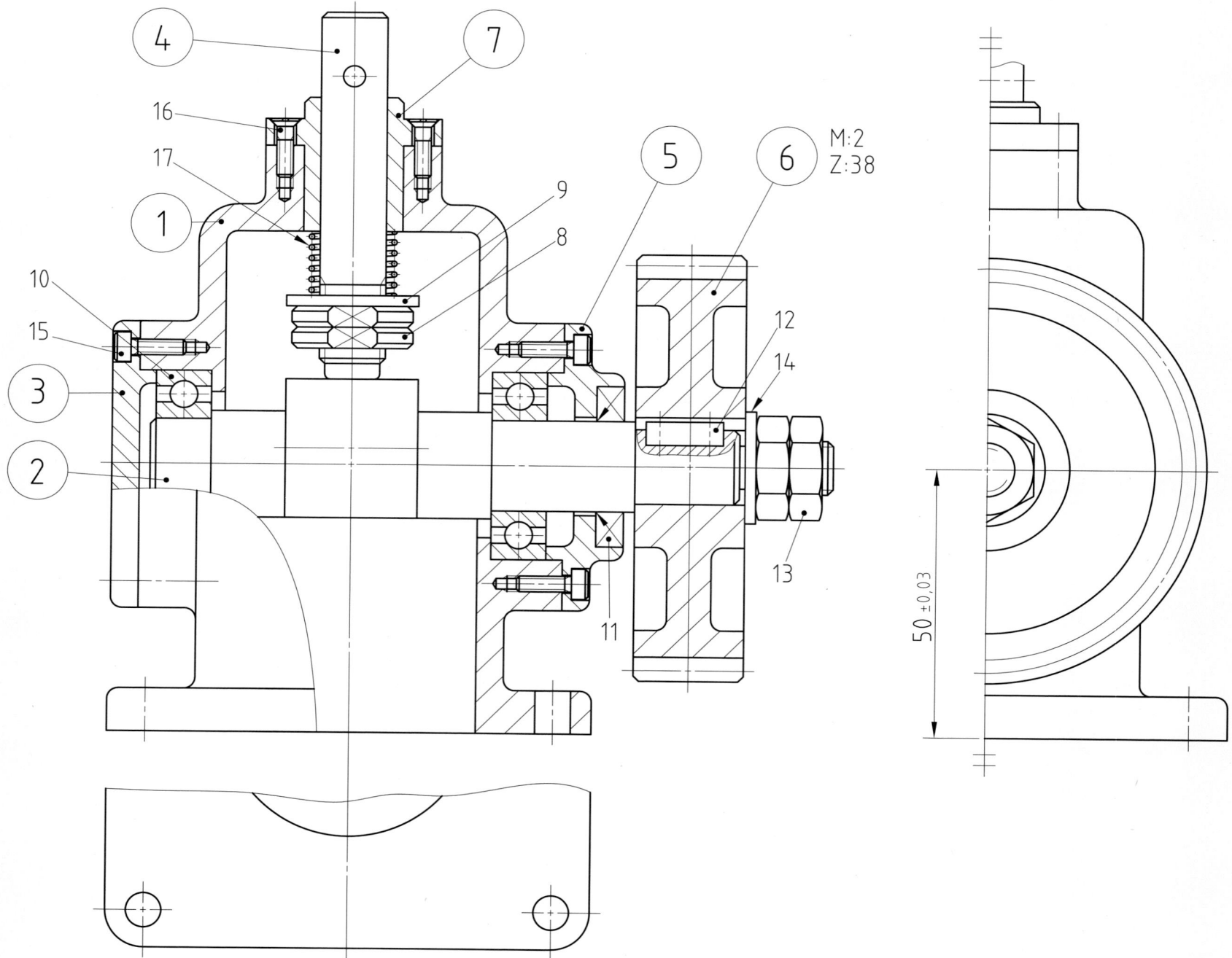

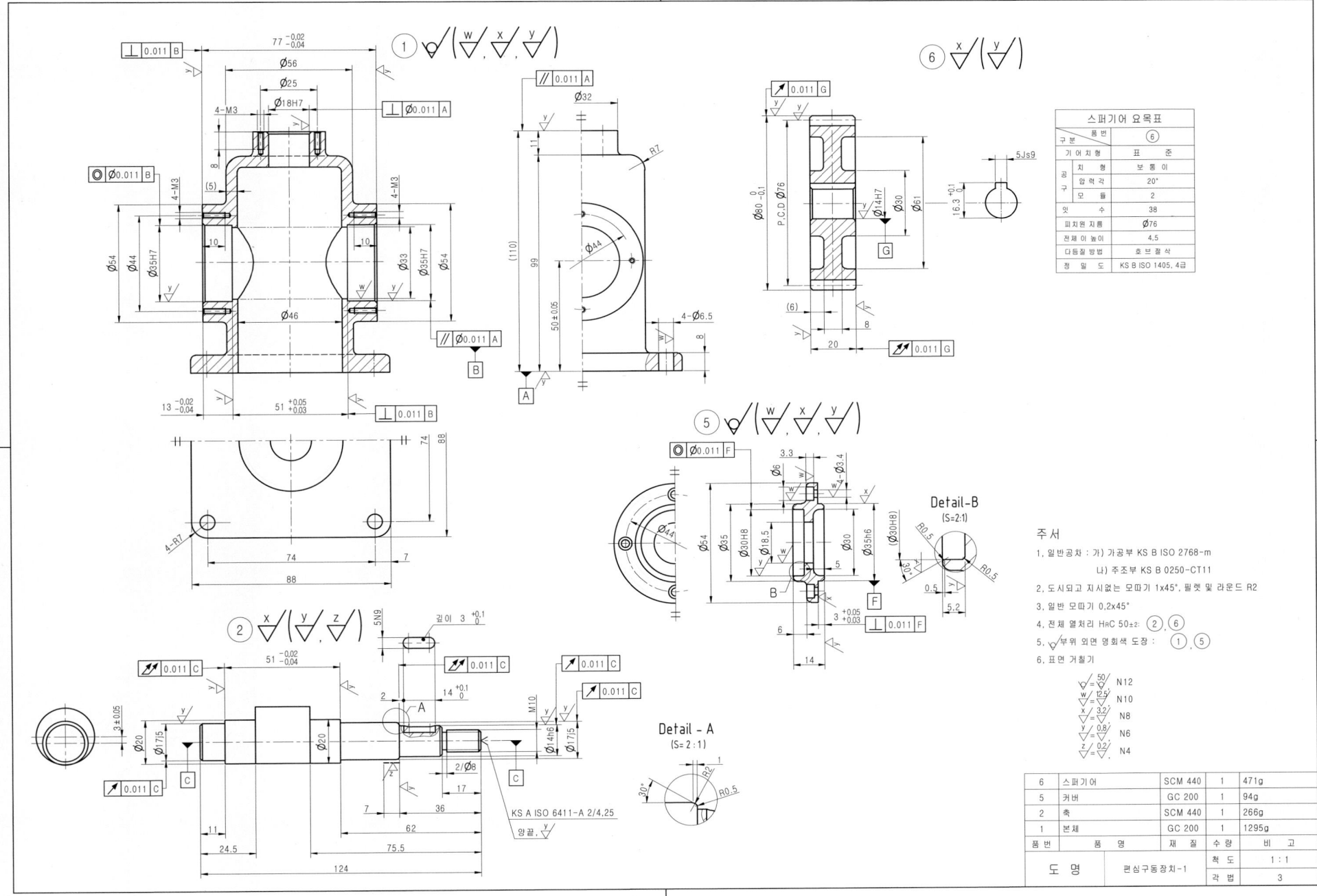

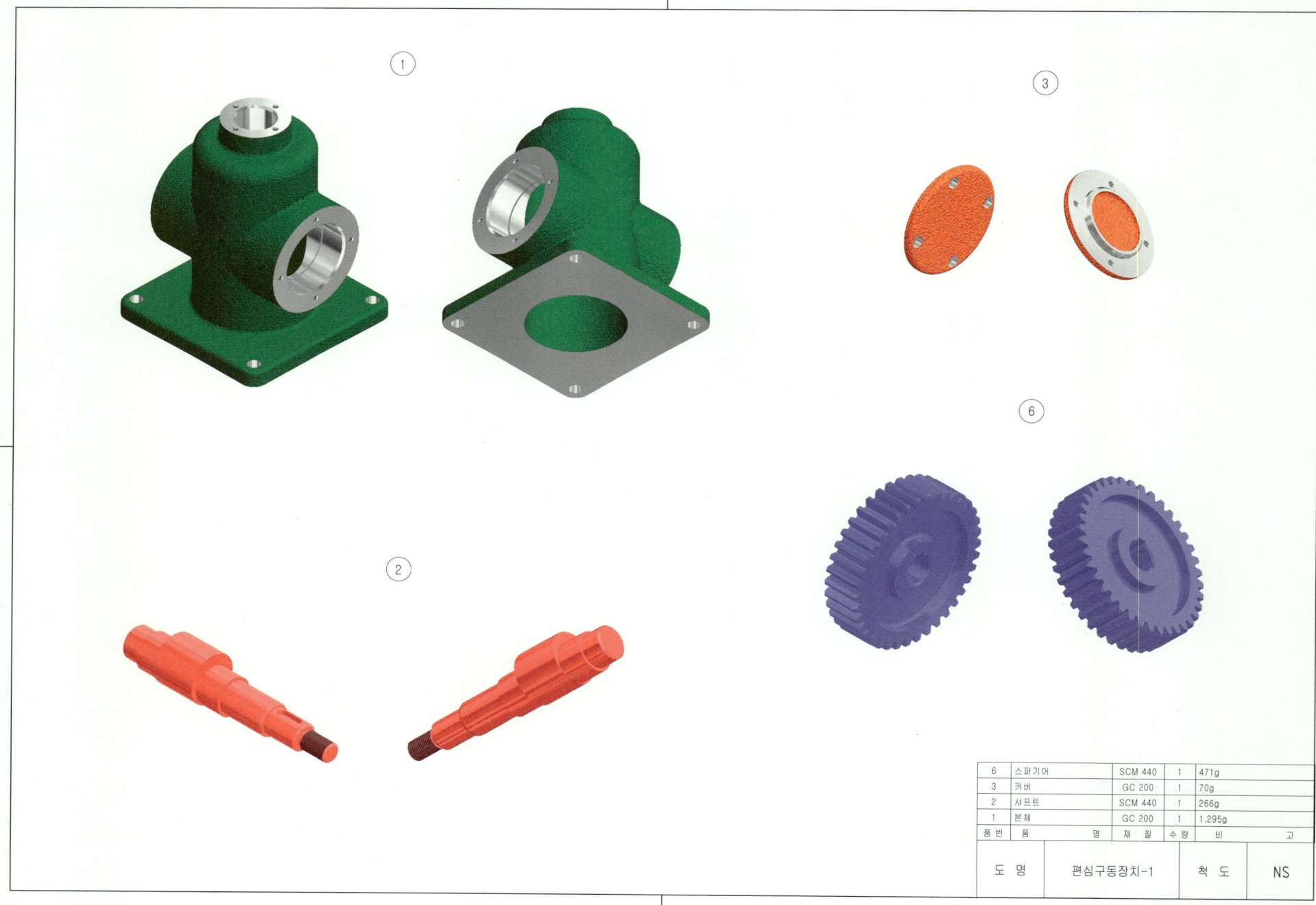

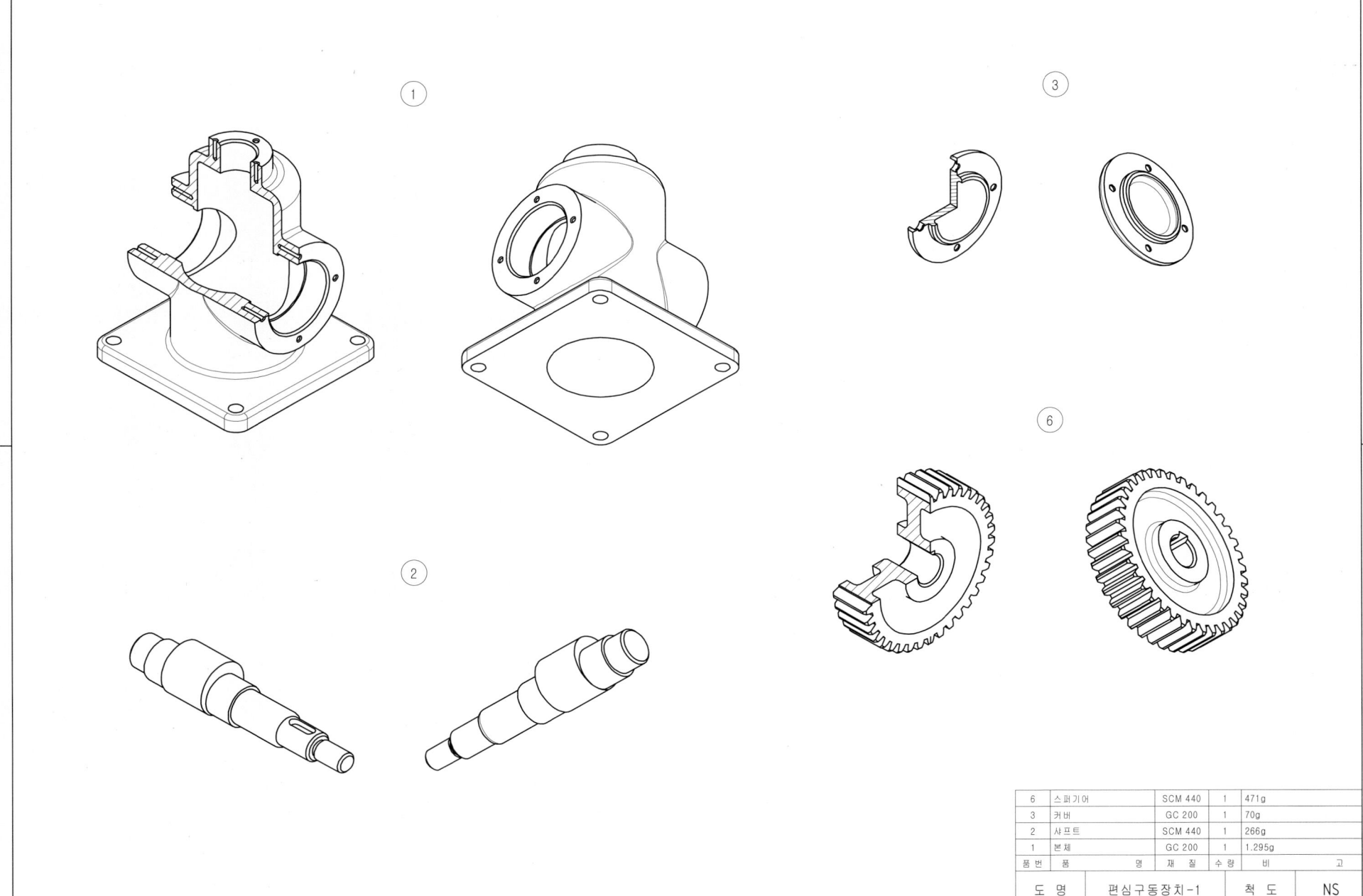

01. 편심구동장치-1 등각조립도

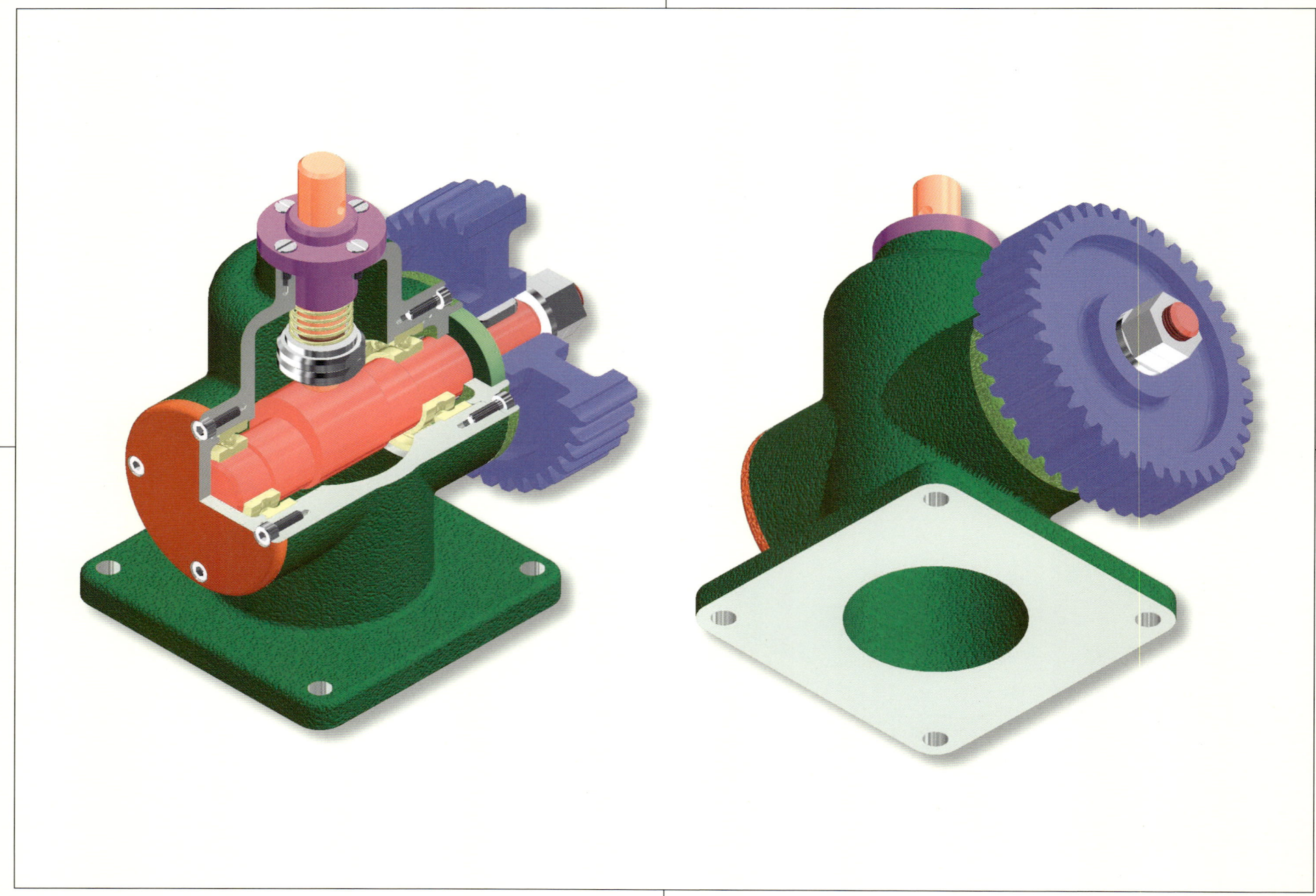

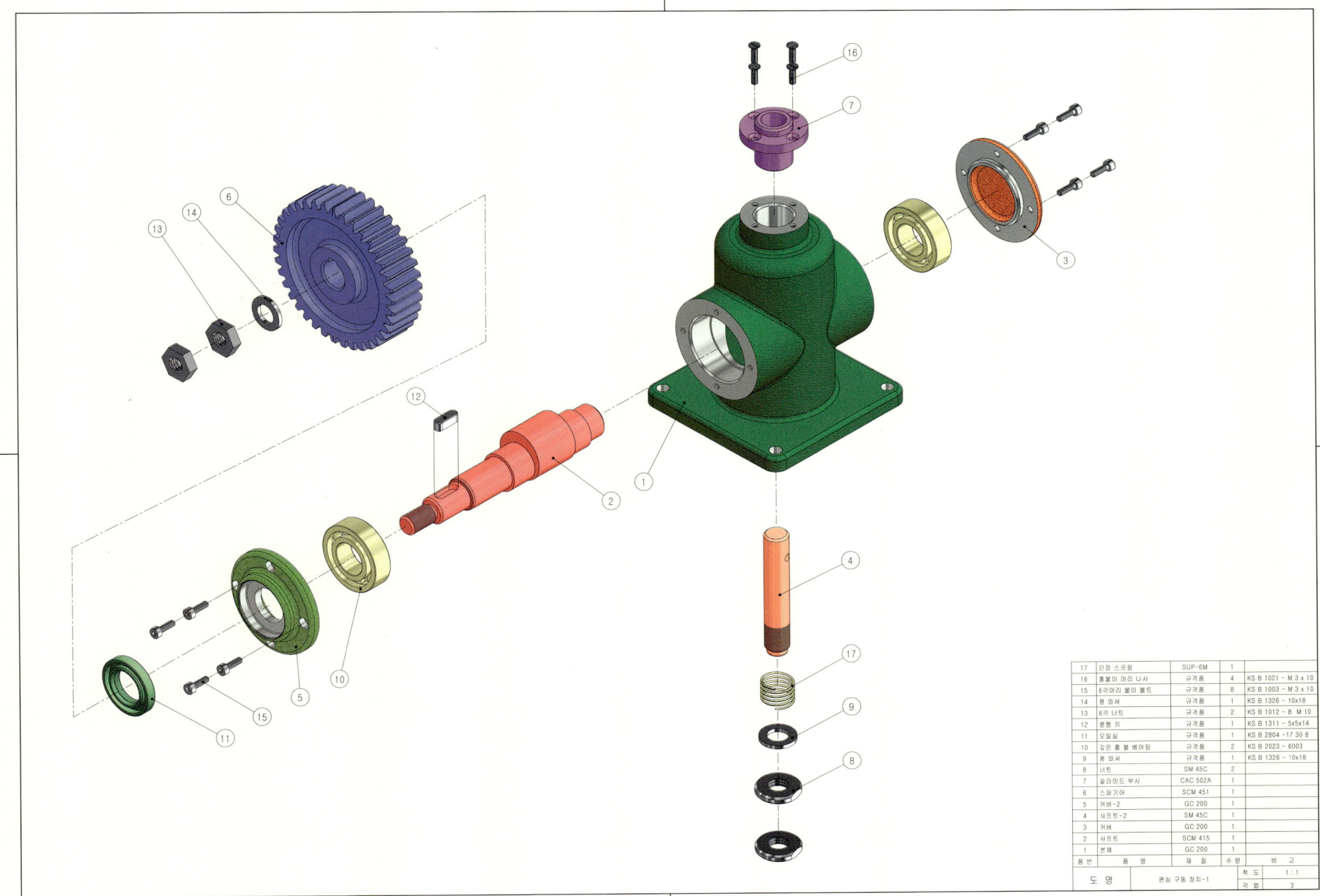

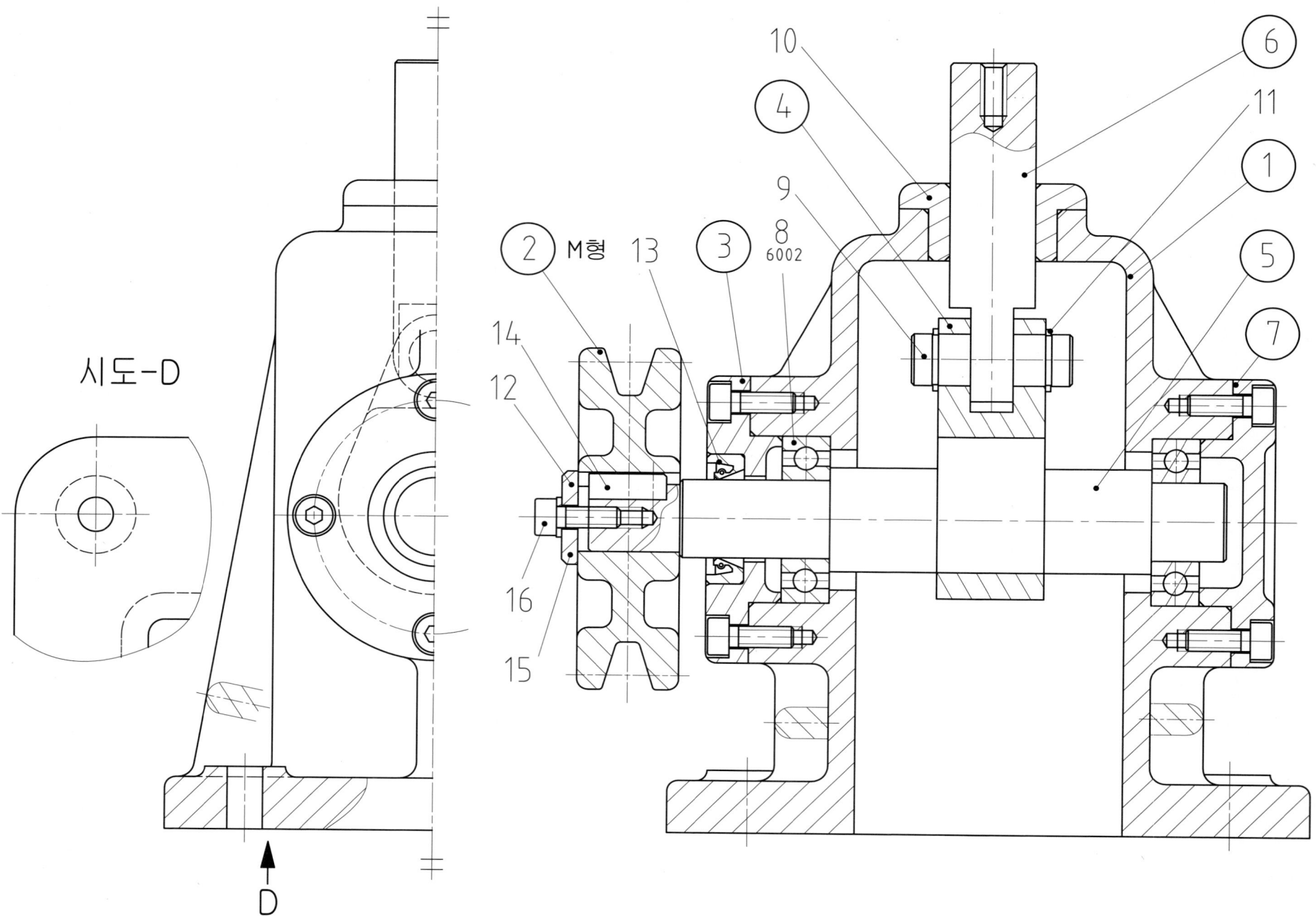

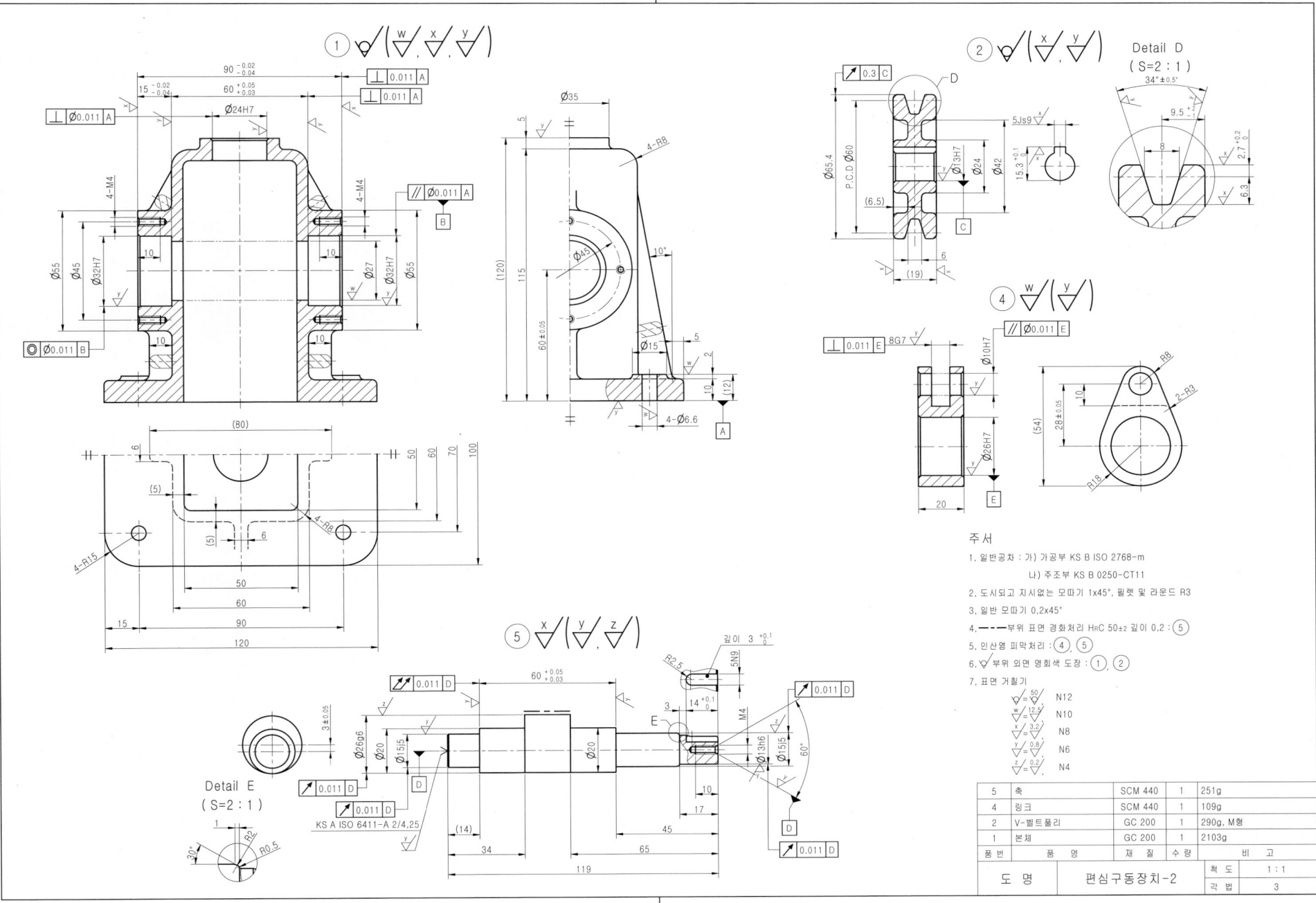

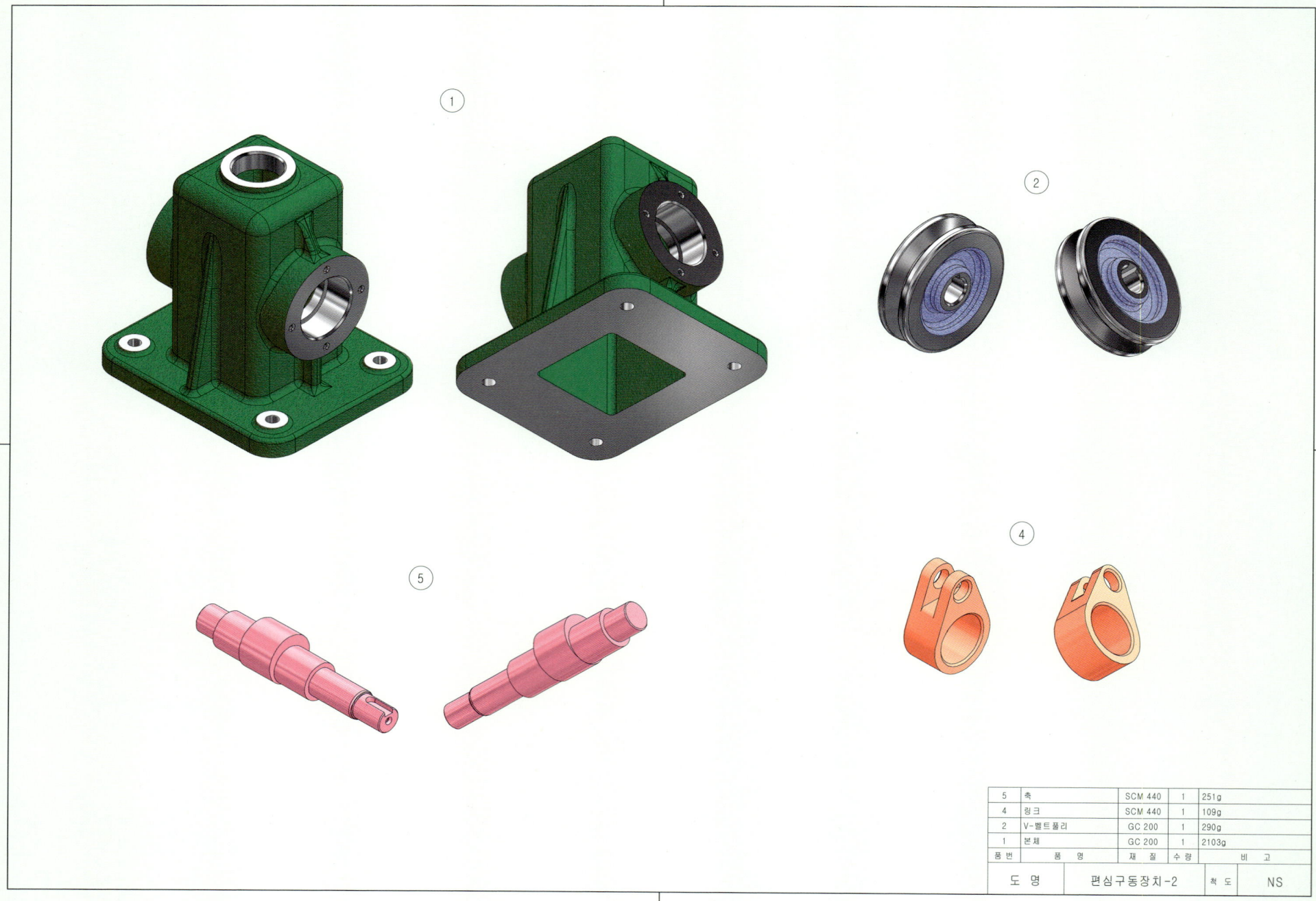

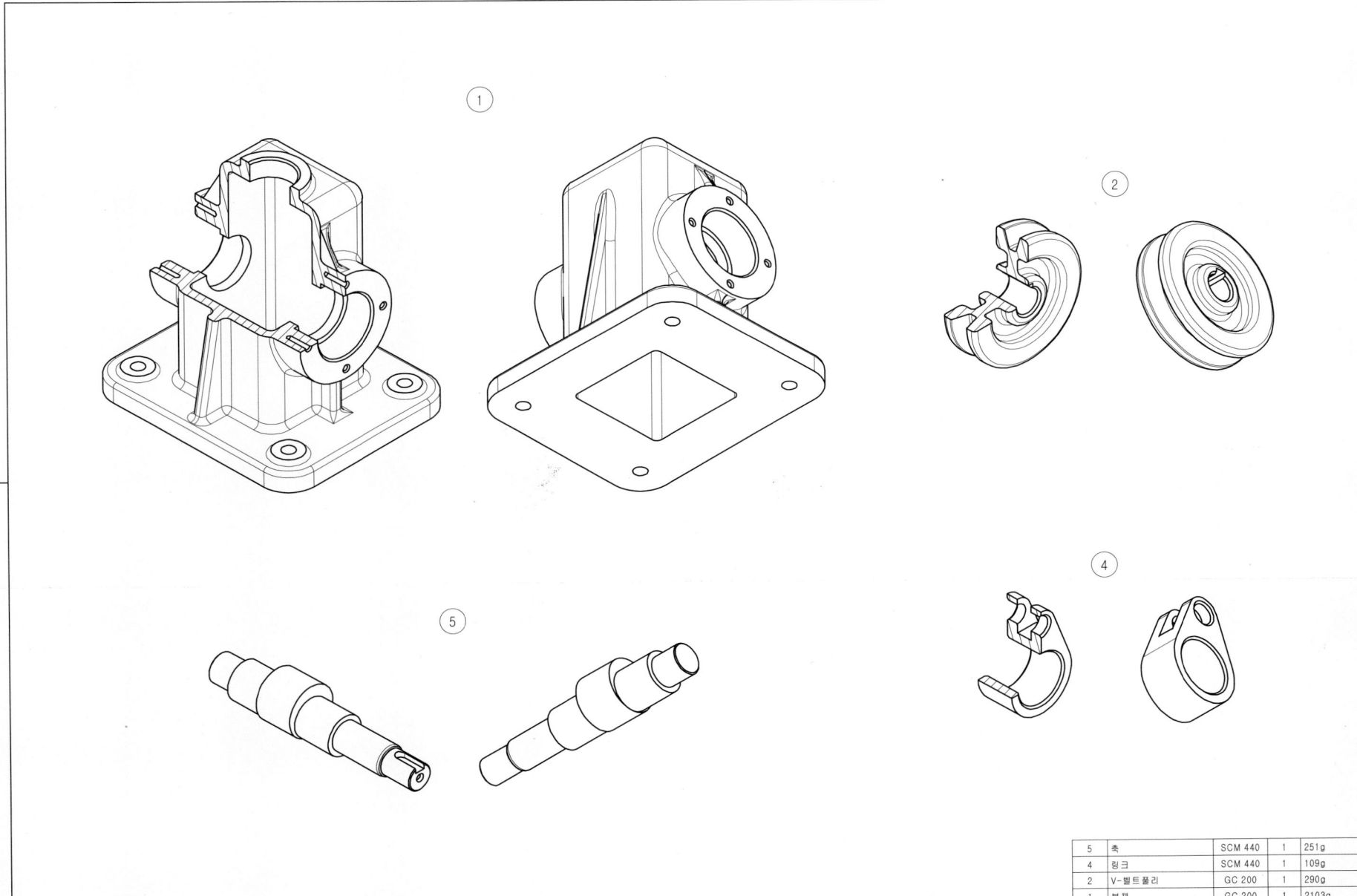

02. 편심구동장치-2 등각조립도

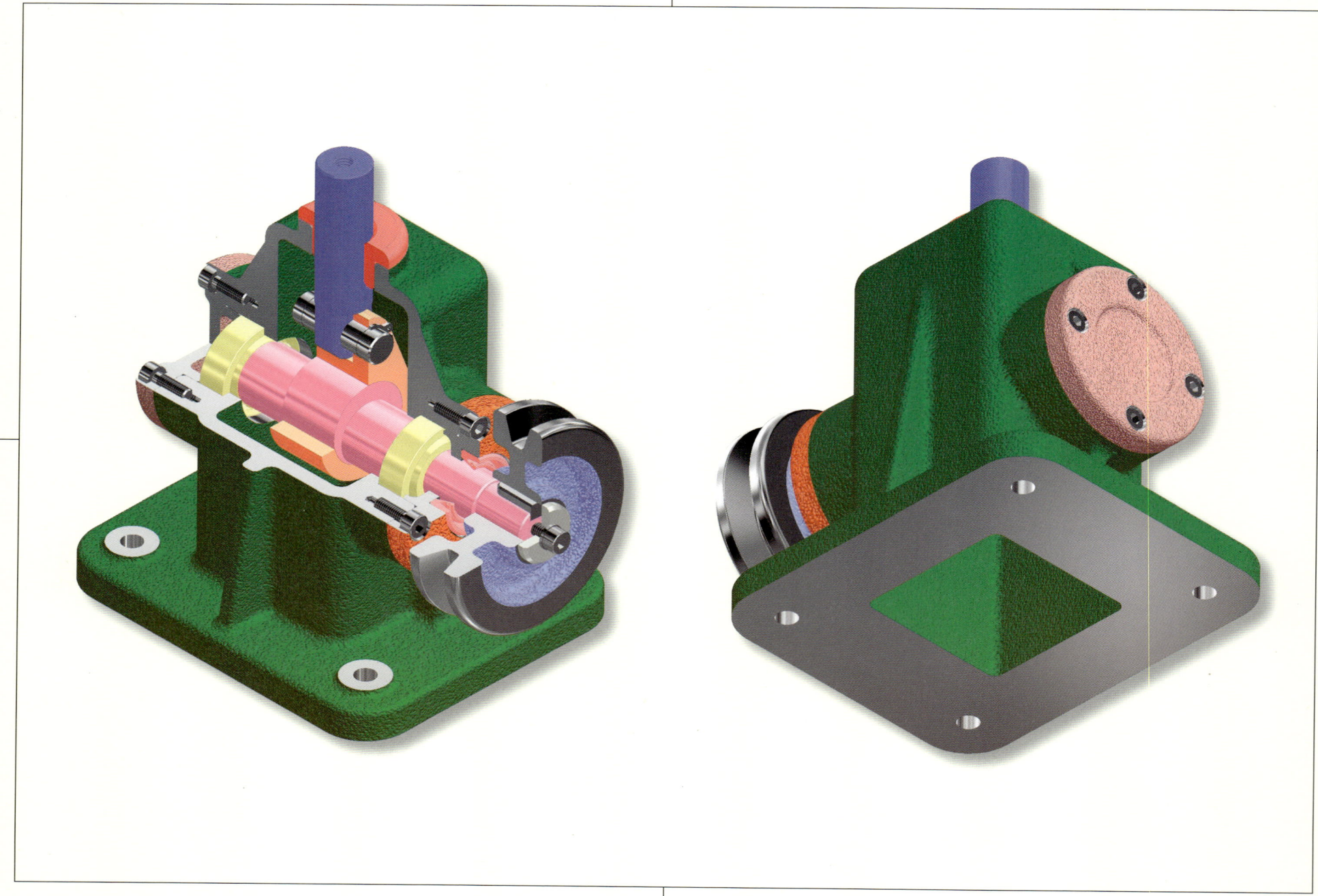

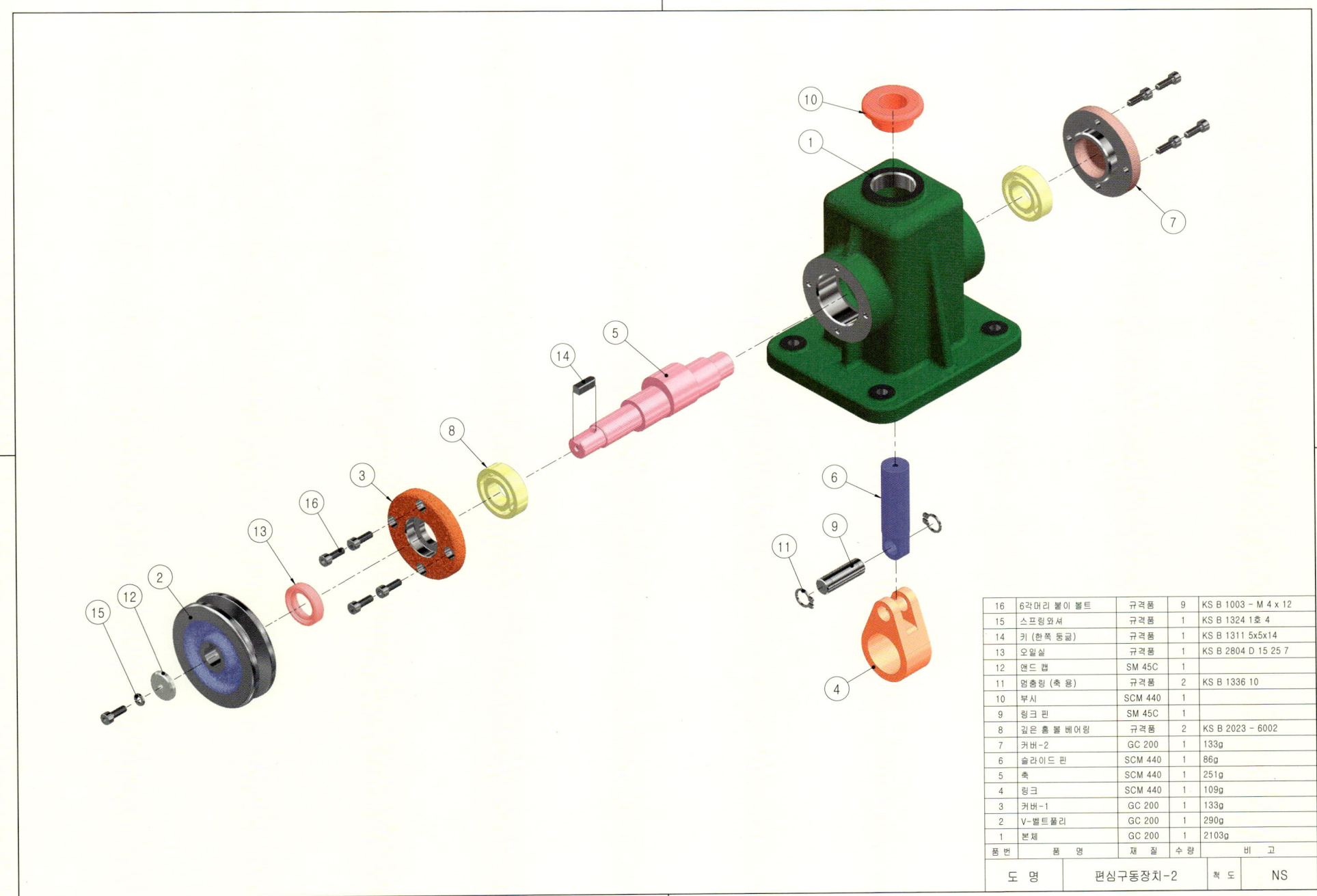

03. 편심구동장치-3 과제도면

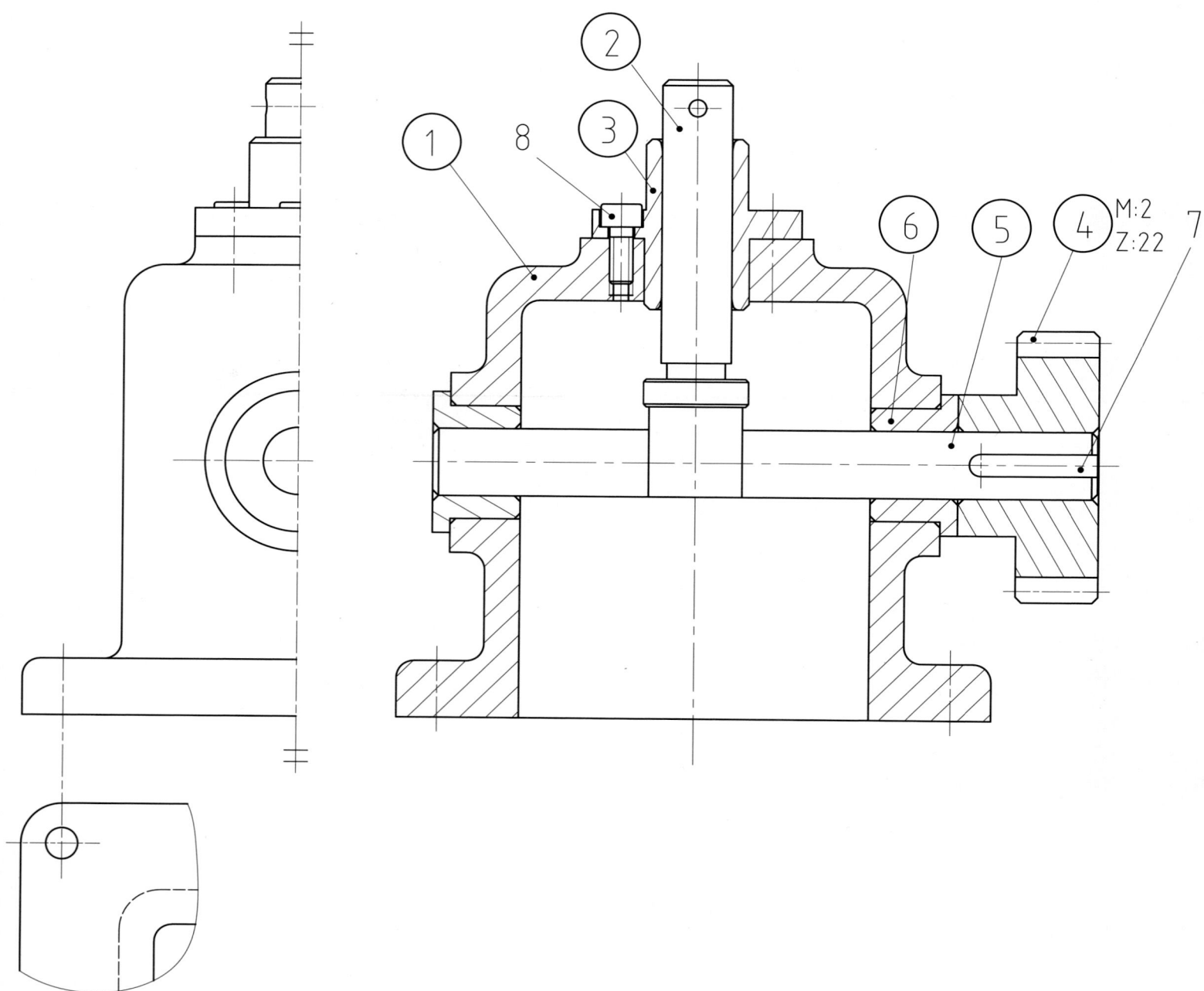

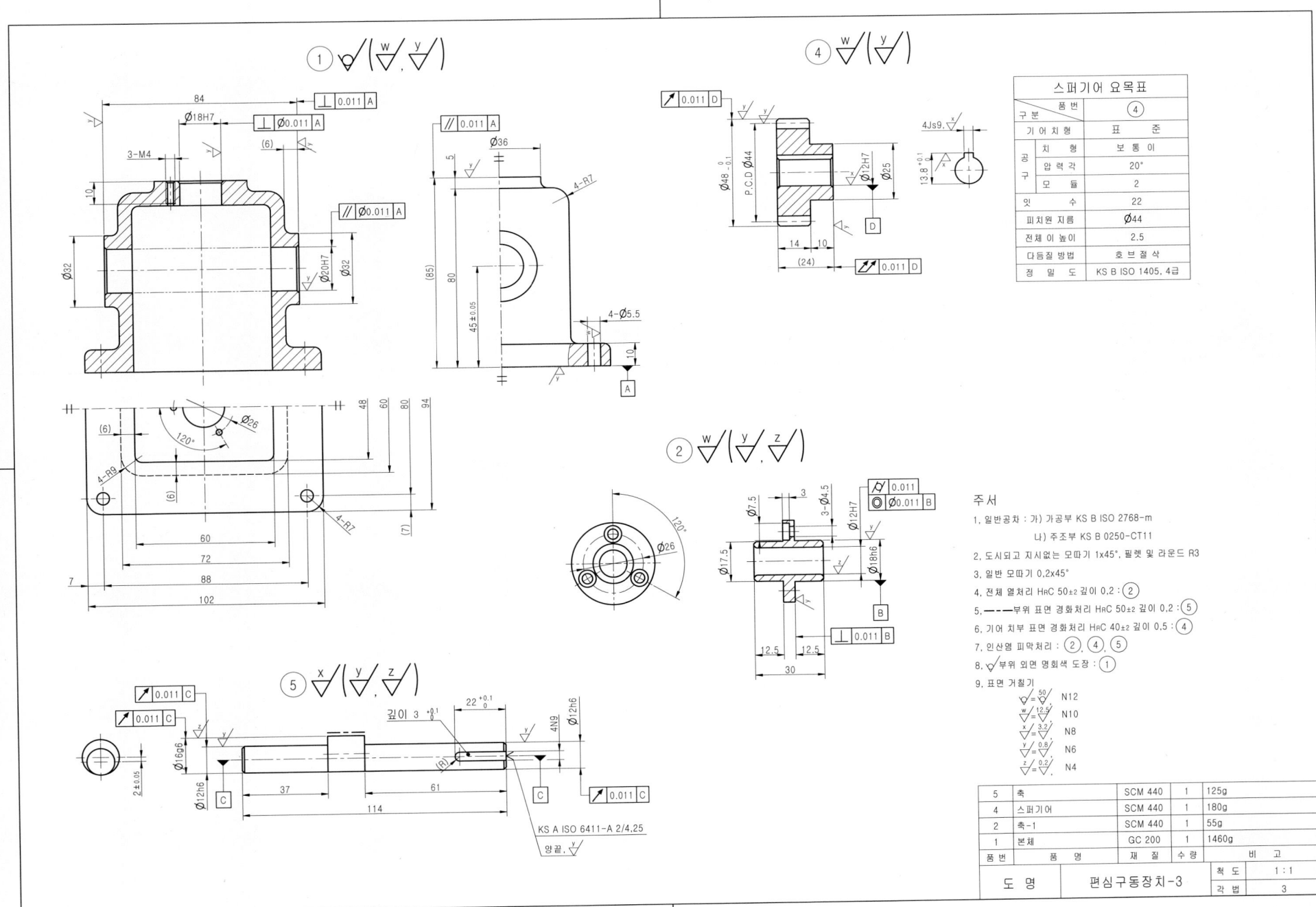

03. 편심구동장치-3
3D 렌더링 등각투상도 제출용 예제도면

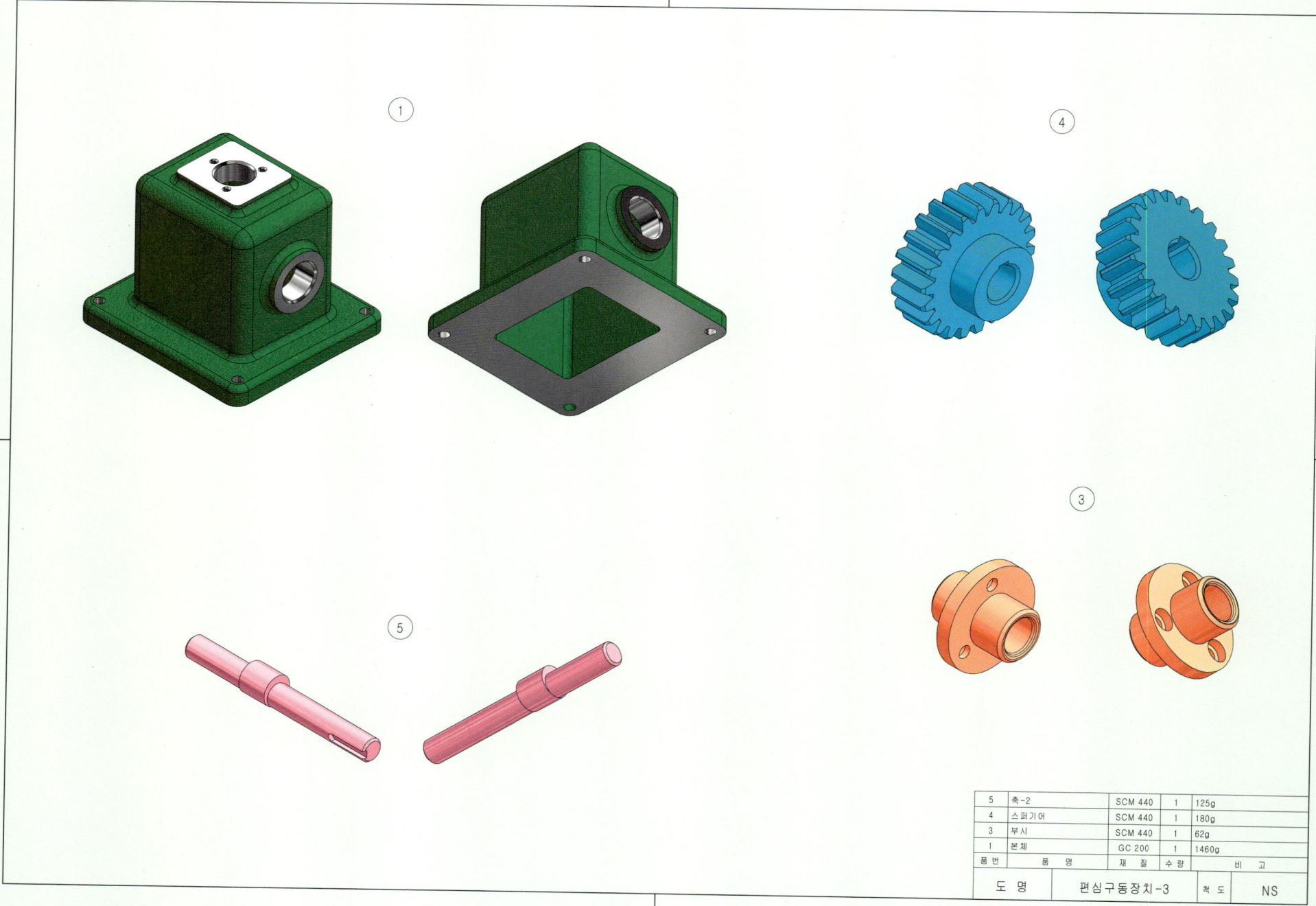

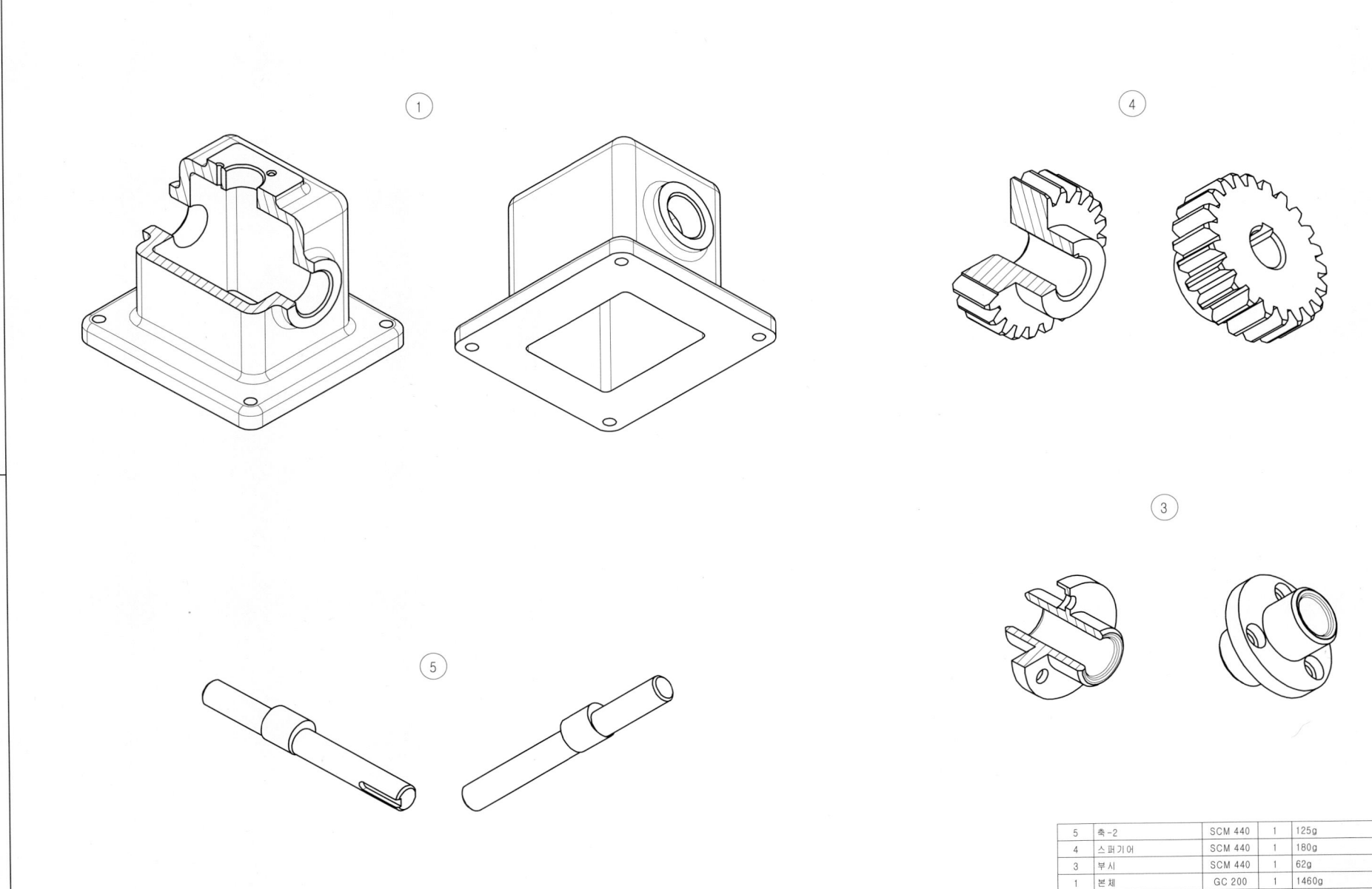

03. 편심구동장치-3 등각조립도

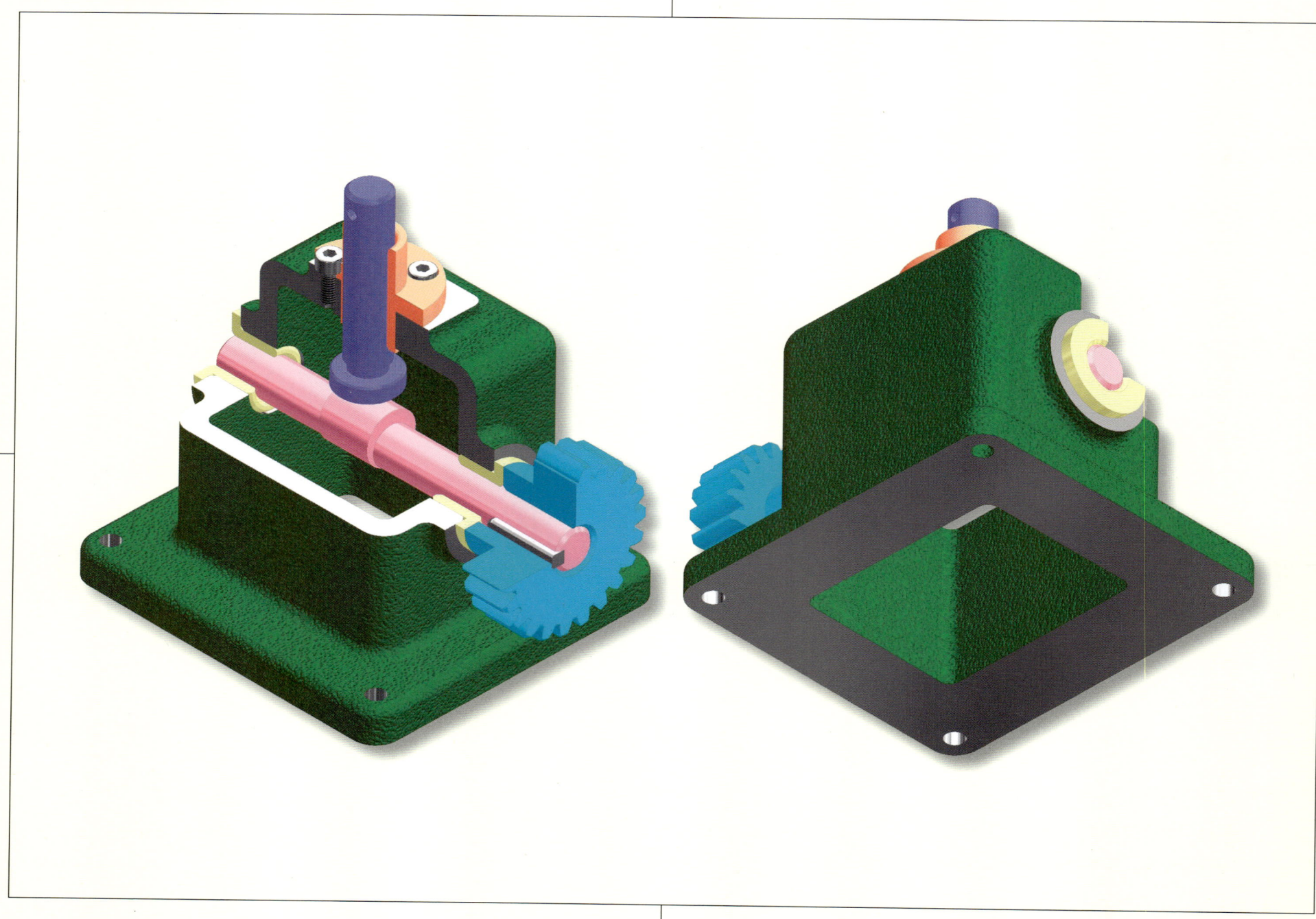

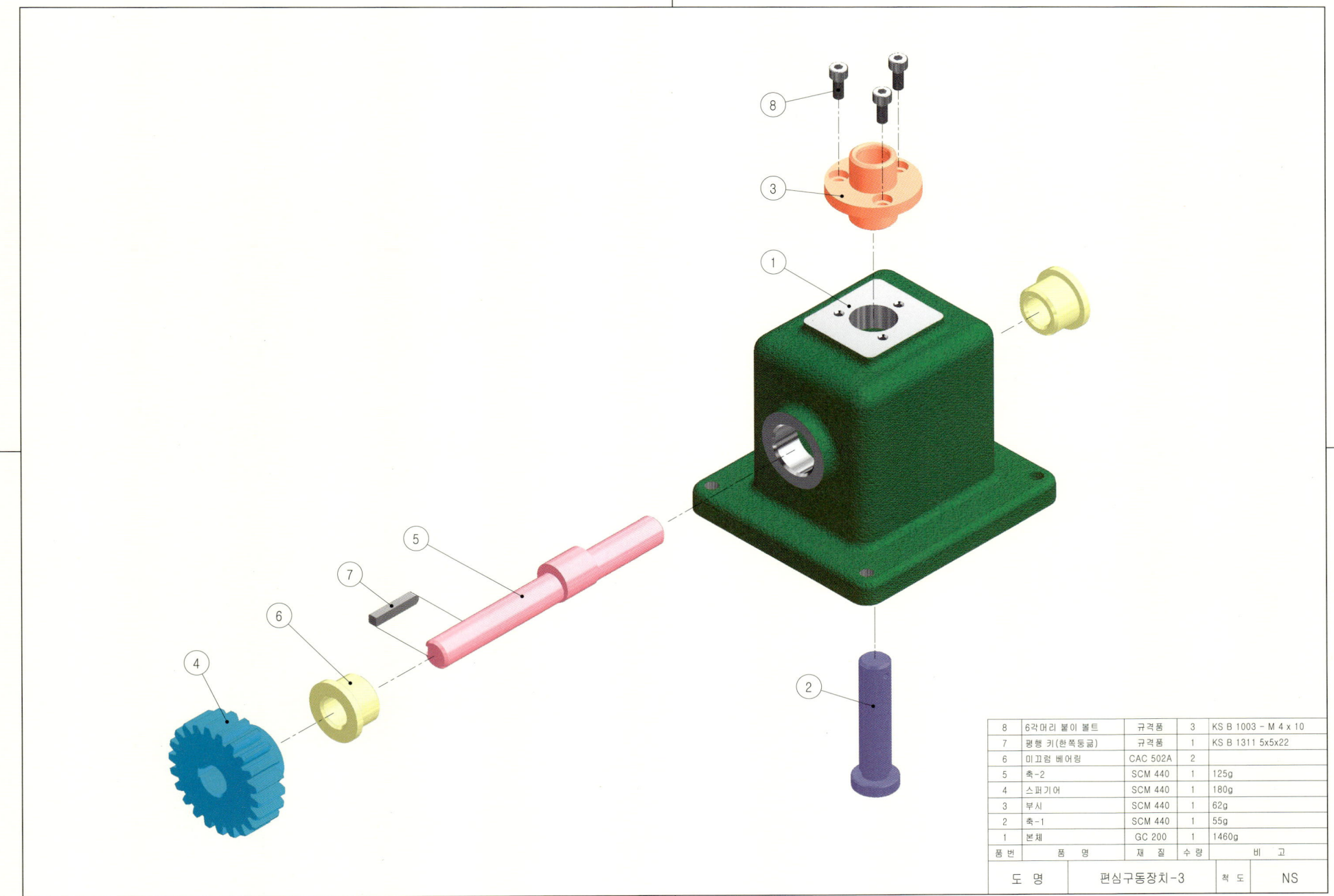

04. 편심구동장치-4 과제도면

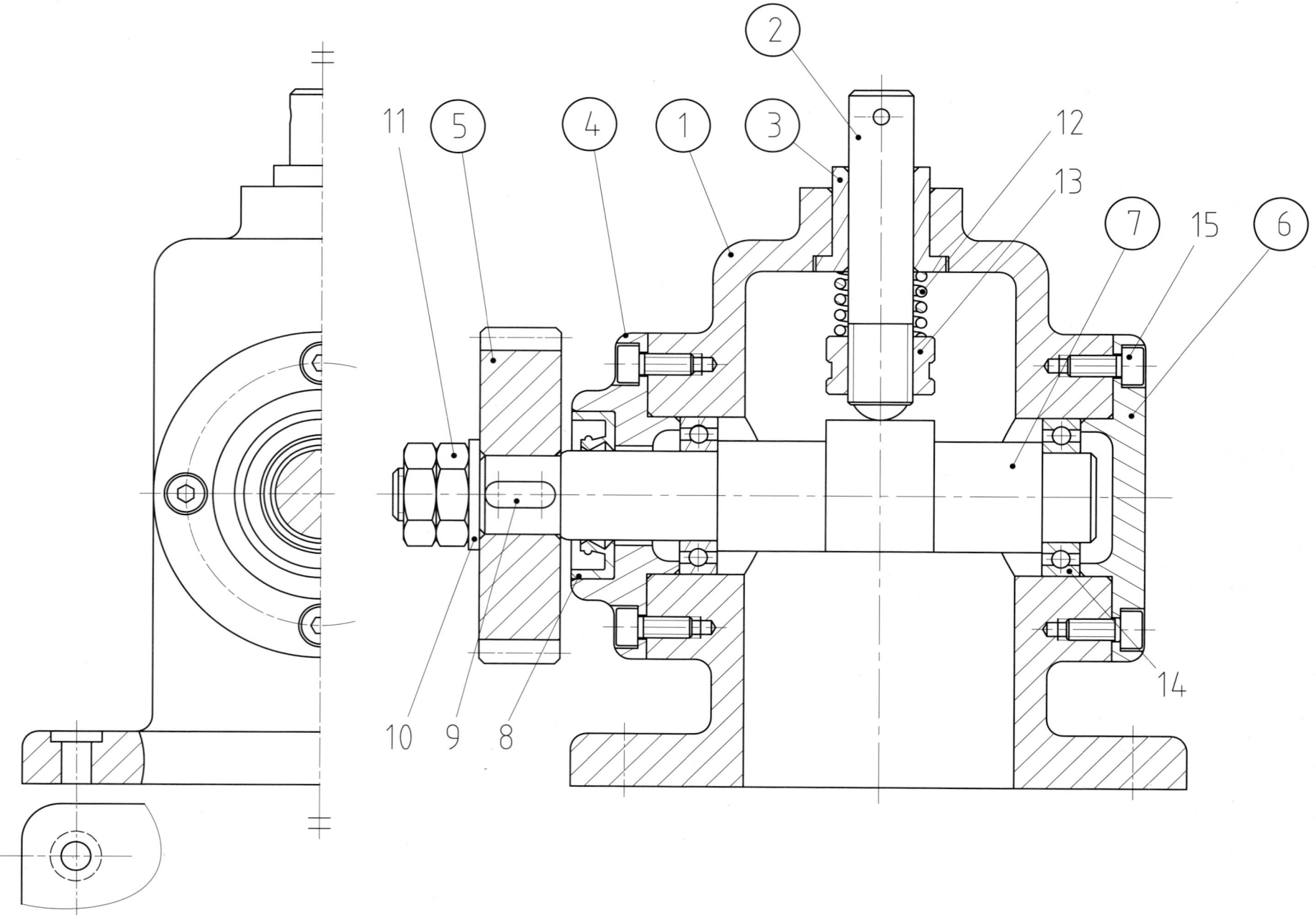

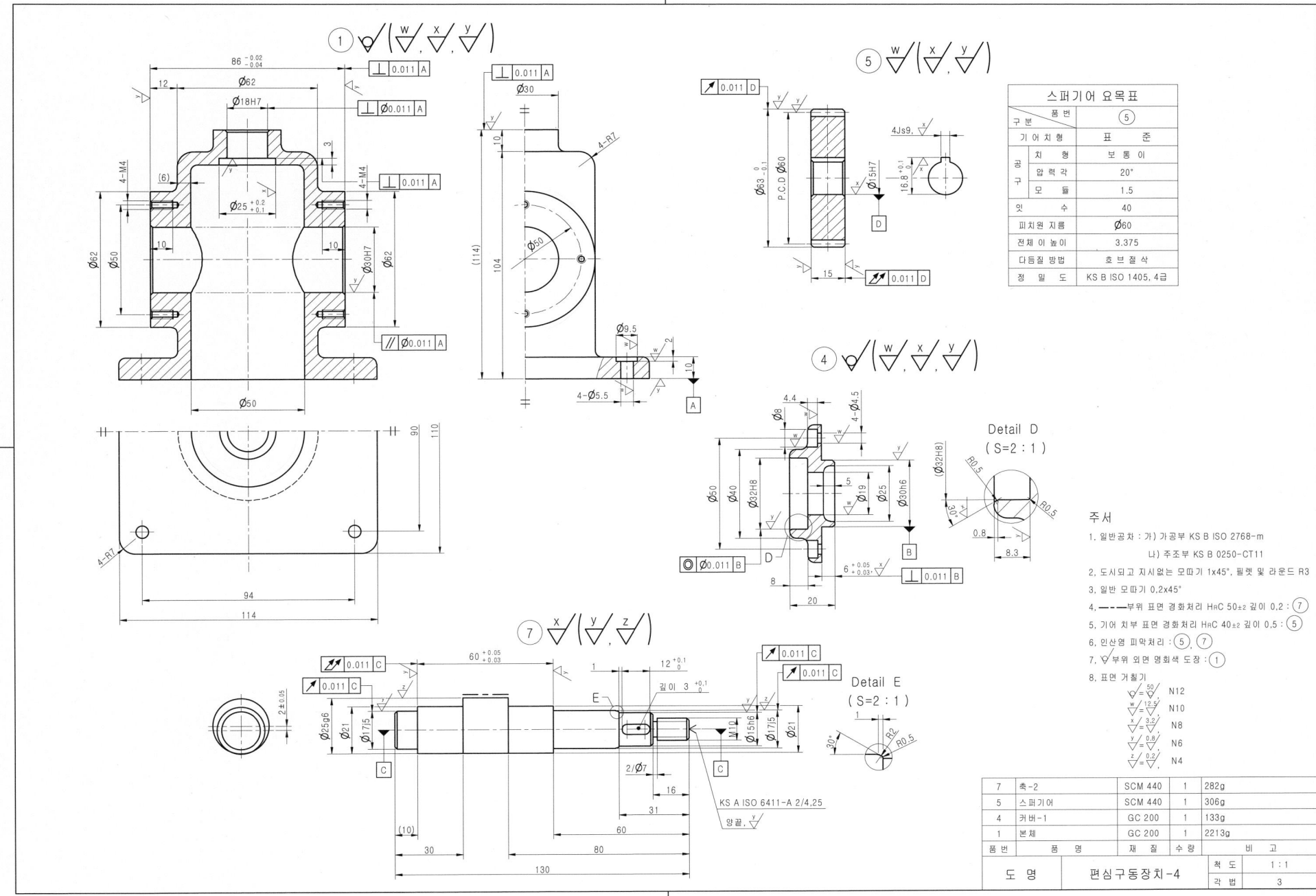

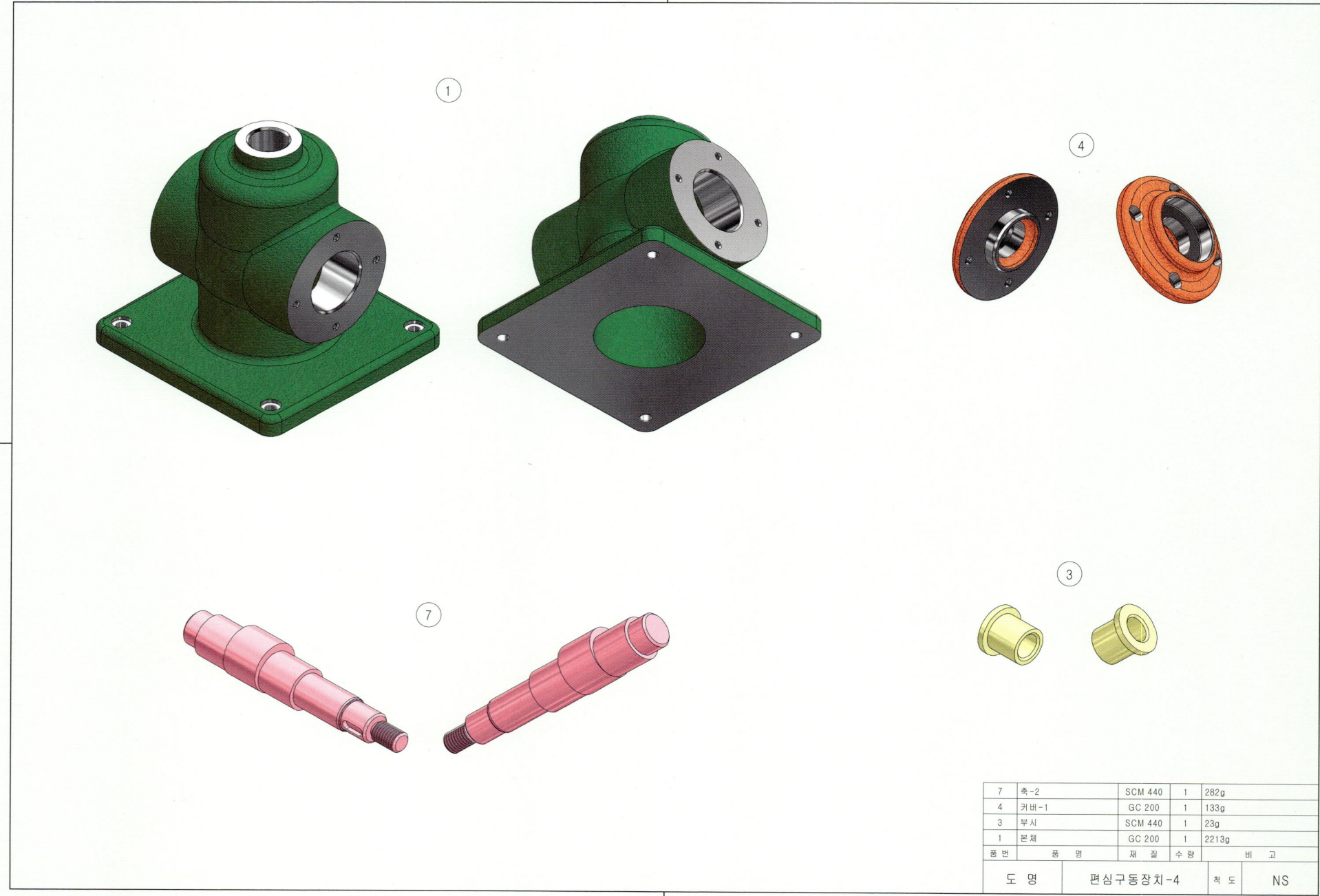

04. 편심구동장치-4

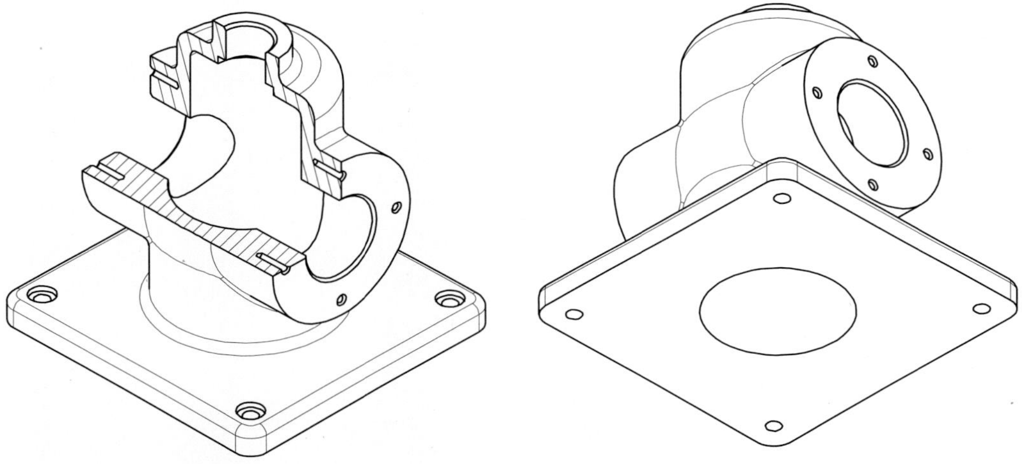

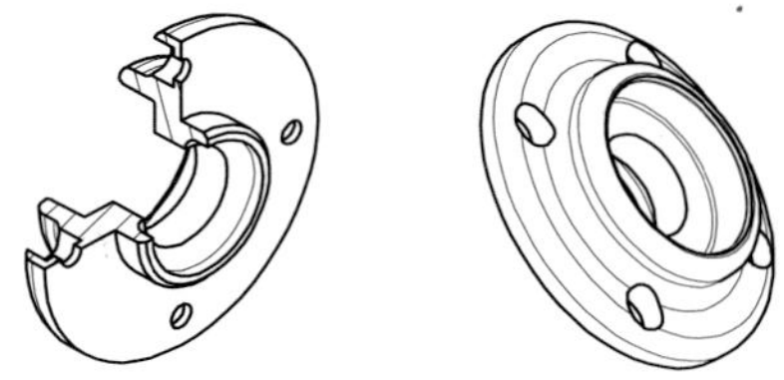

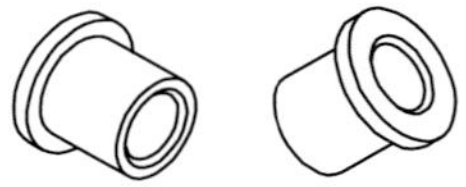

3D 와이어프레임 등각투상도 제출용 예제도면

7	축-2	SCM 440	1	282g
4	커버-1	GC 200	1	133g
3	부시	SCM 440	1	23g
1	본체	GC 200	1	2213g
품번	품 명	재 질	수량	비 고

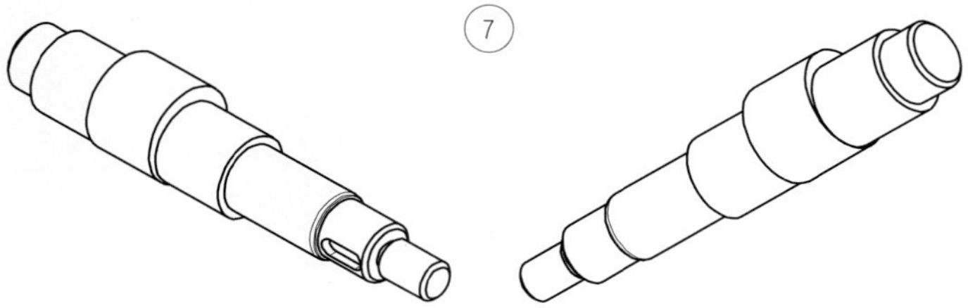

도 명	편심구동장치-4	척 도	NS

04. 편심구동장치-4 등각조립도

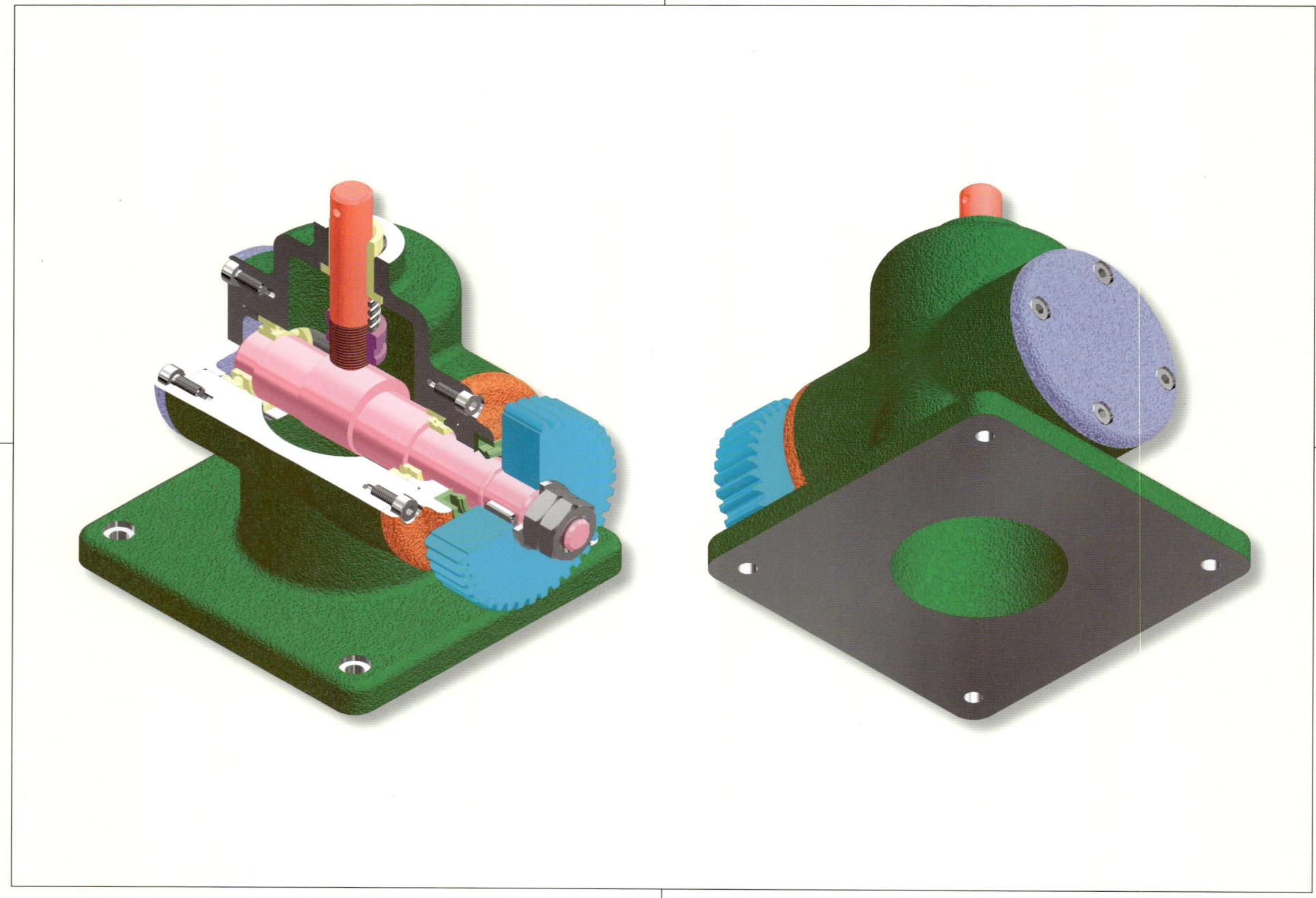

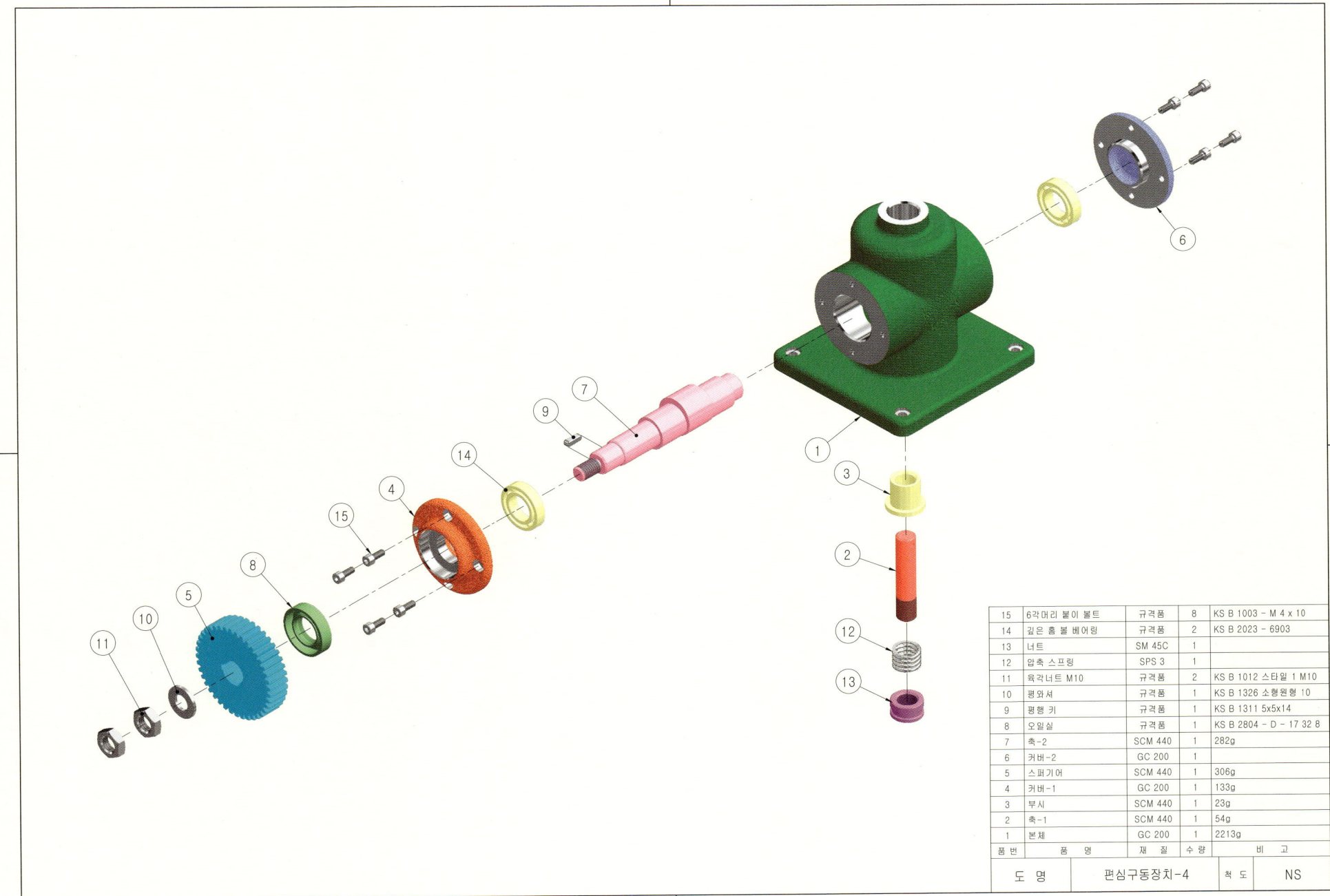

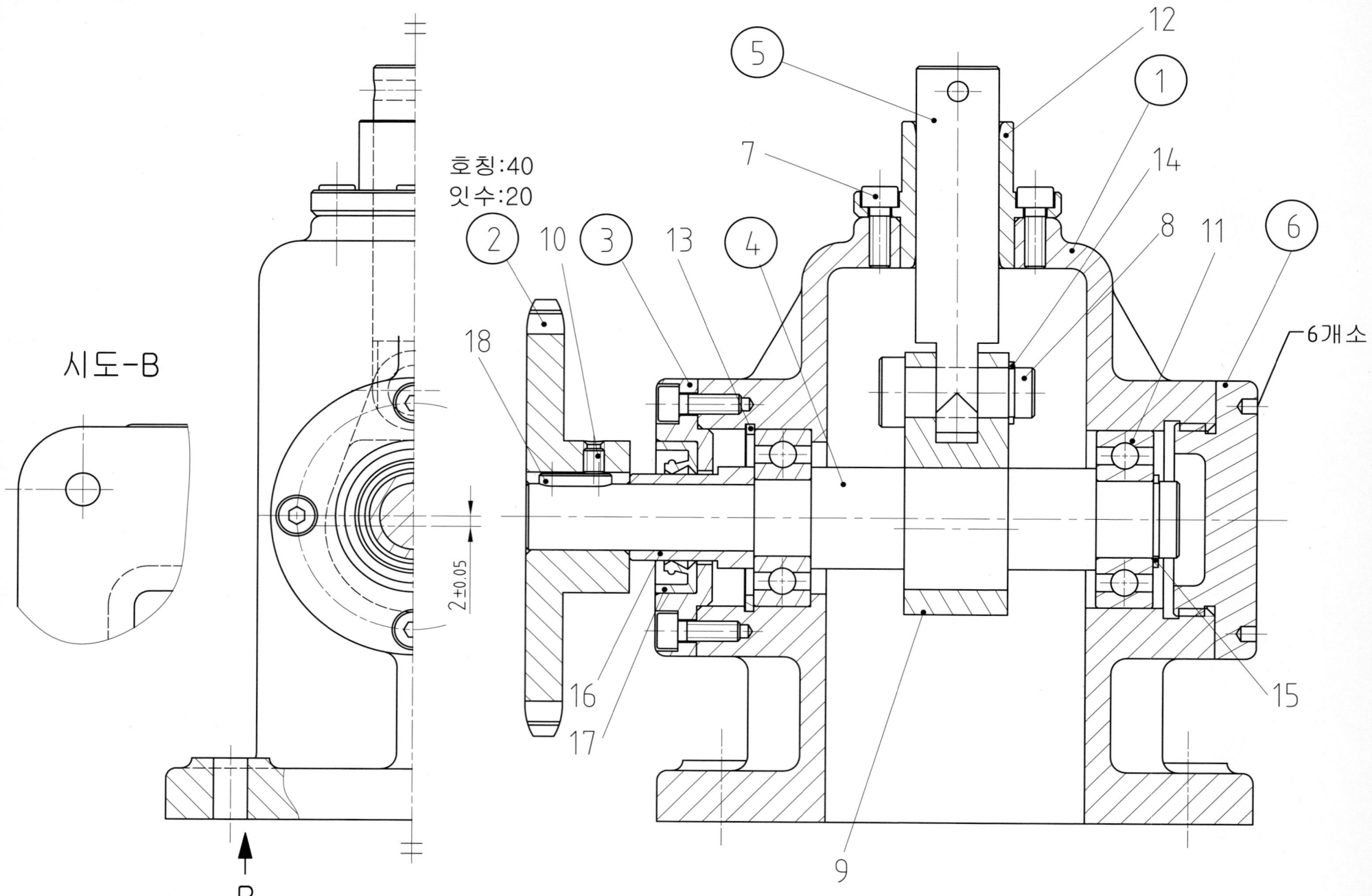

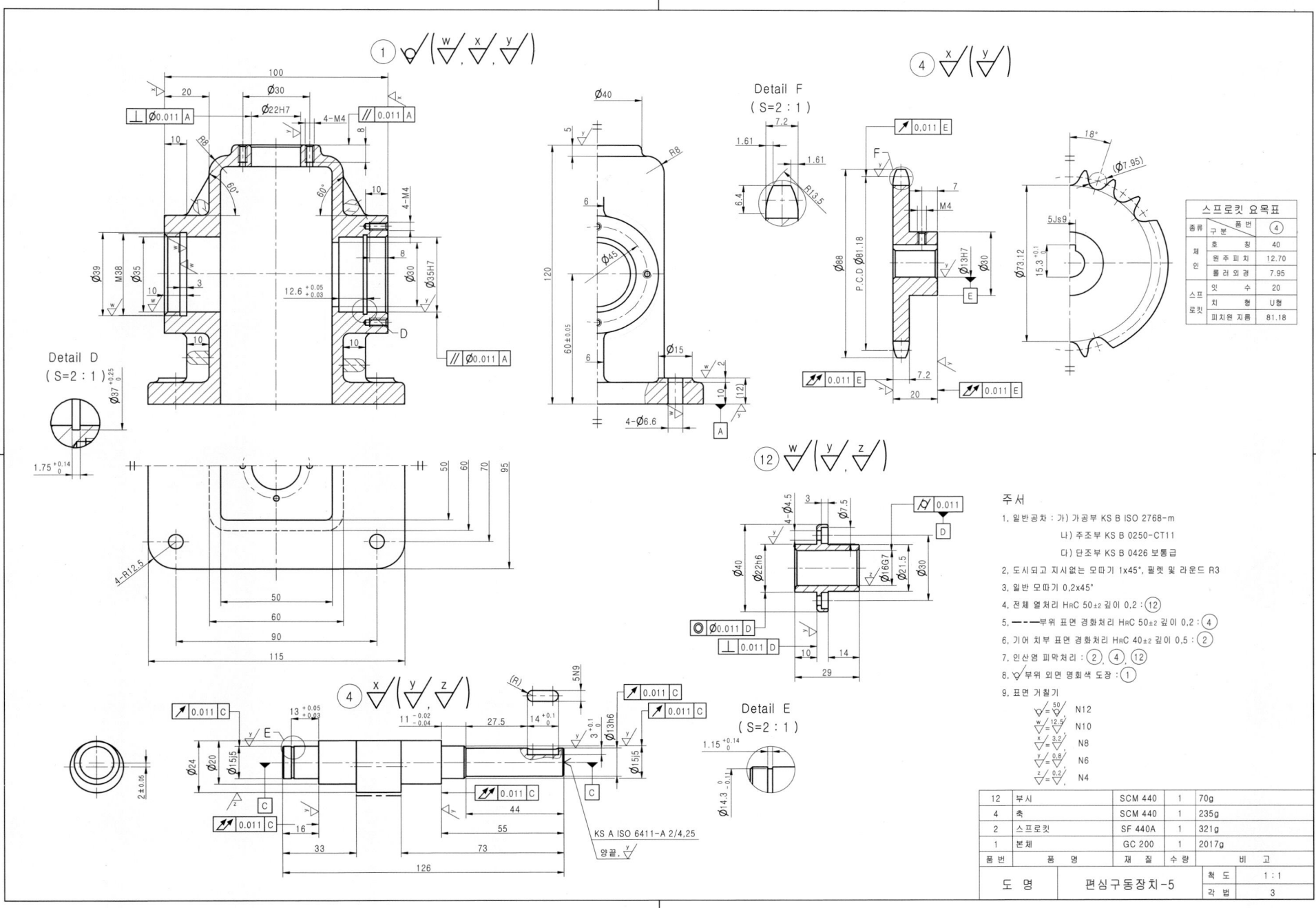

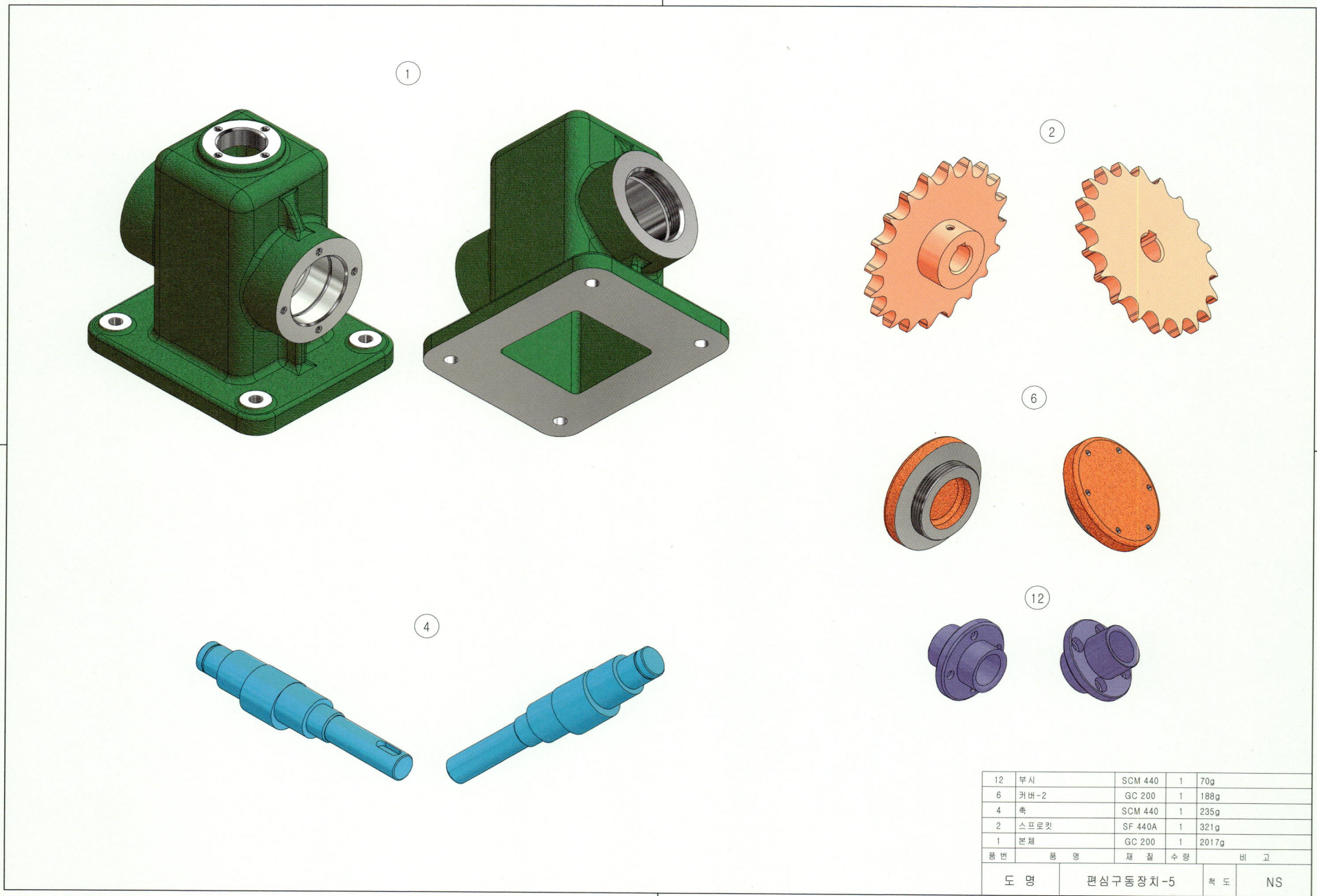

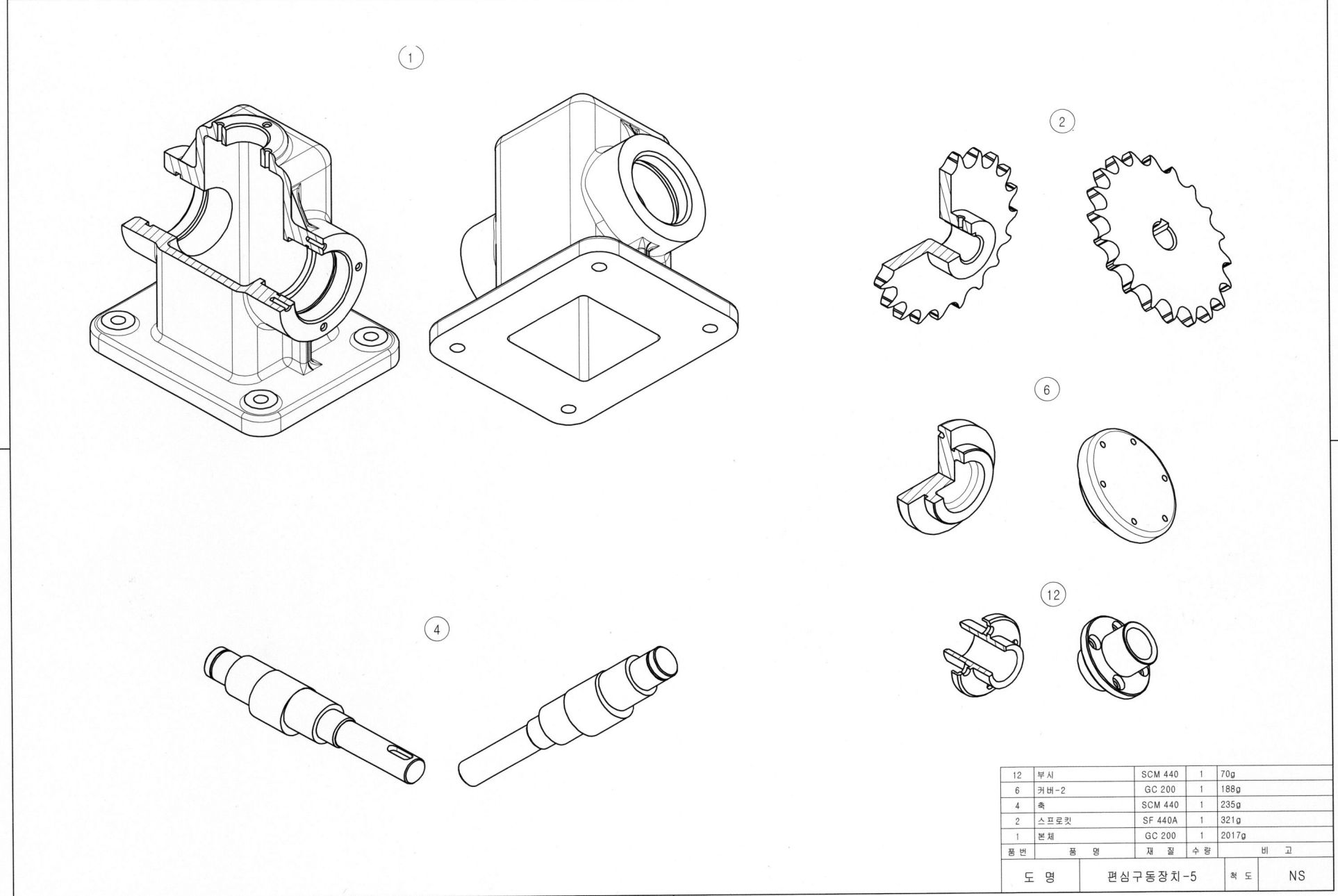

05. 편심구동장치-5 등각조립도

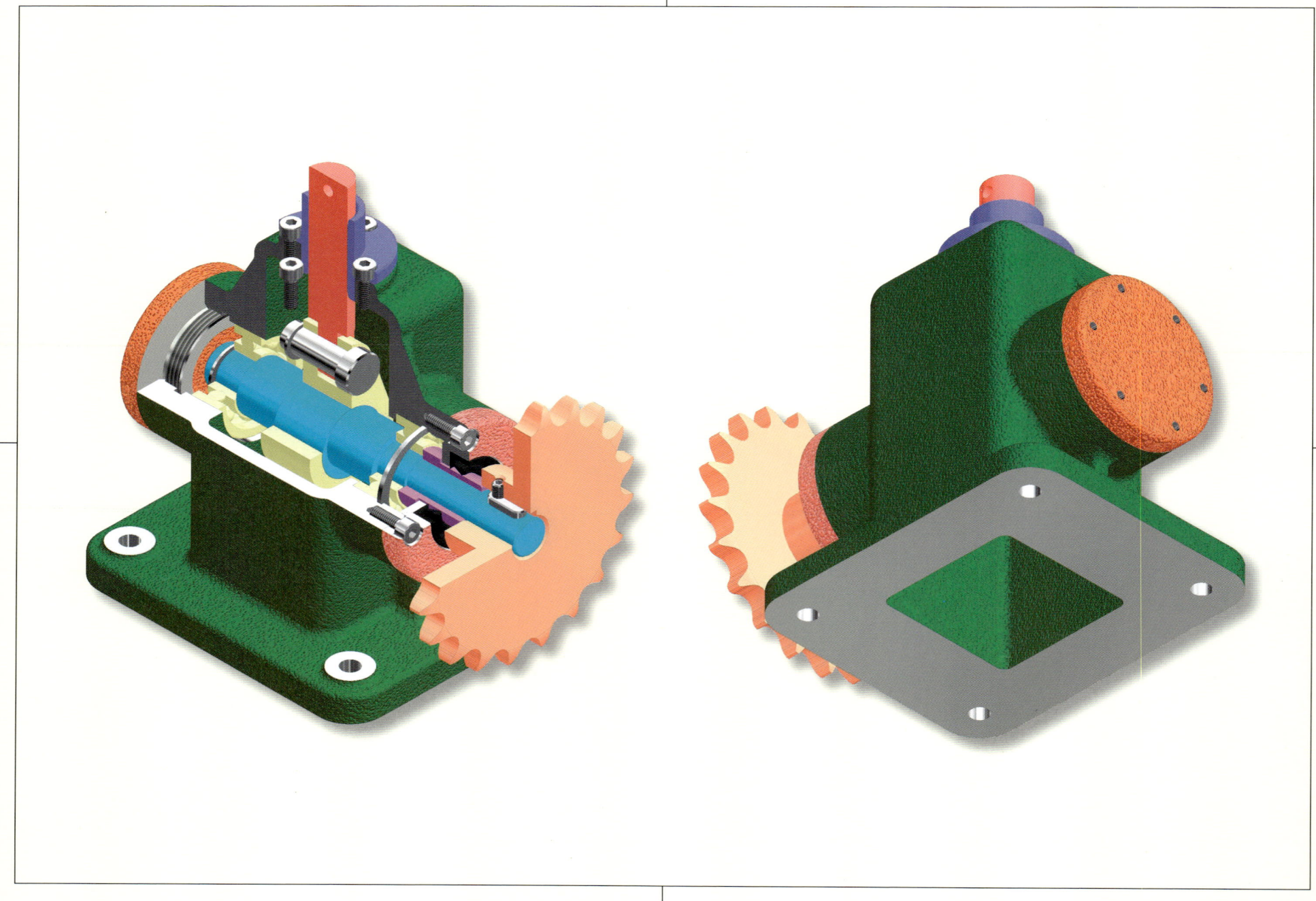

05. 편심구동장치-5 등각분해도

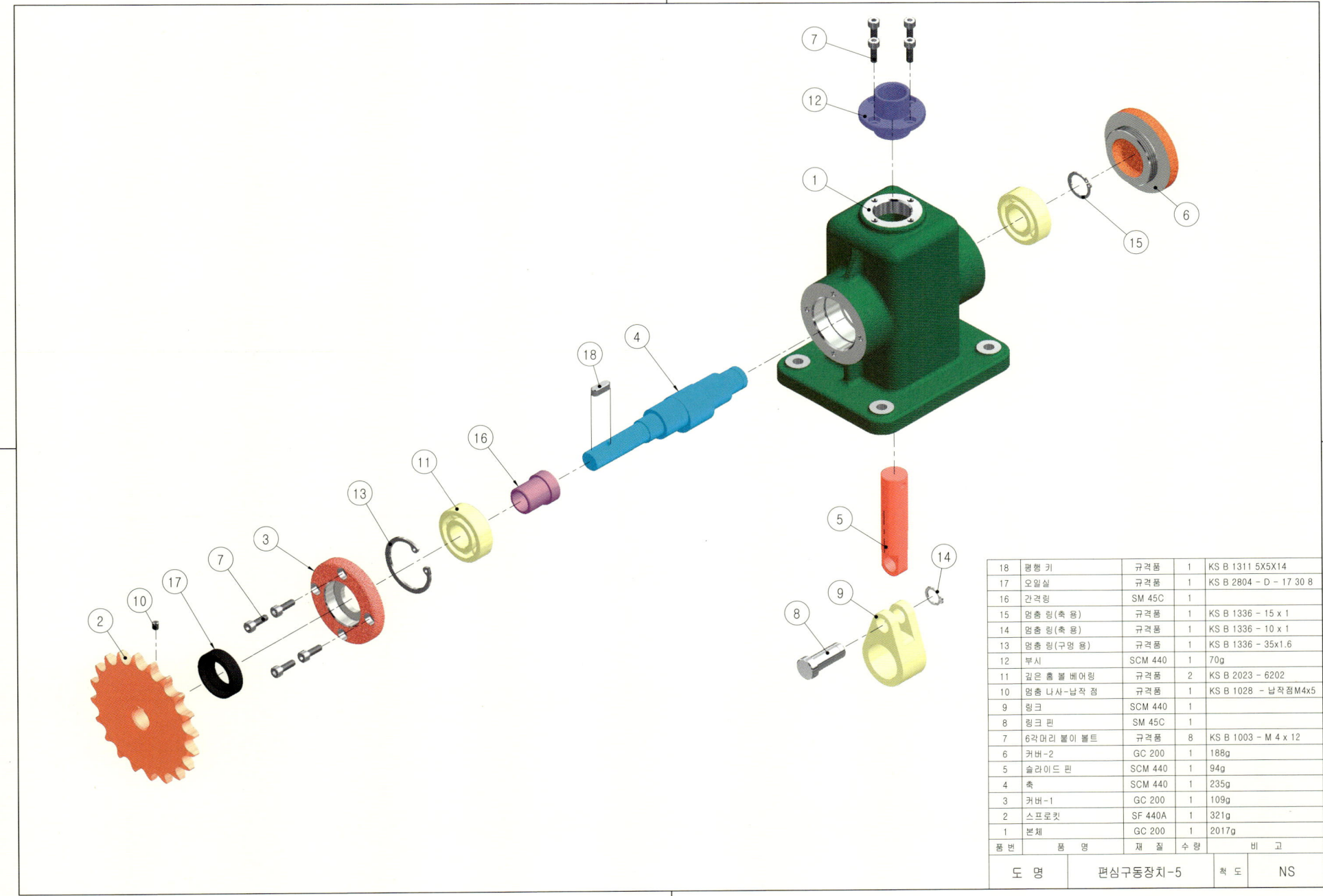

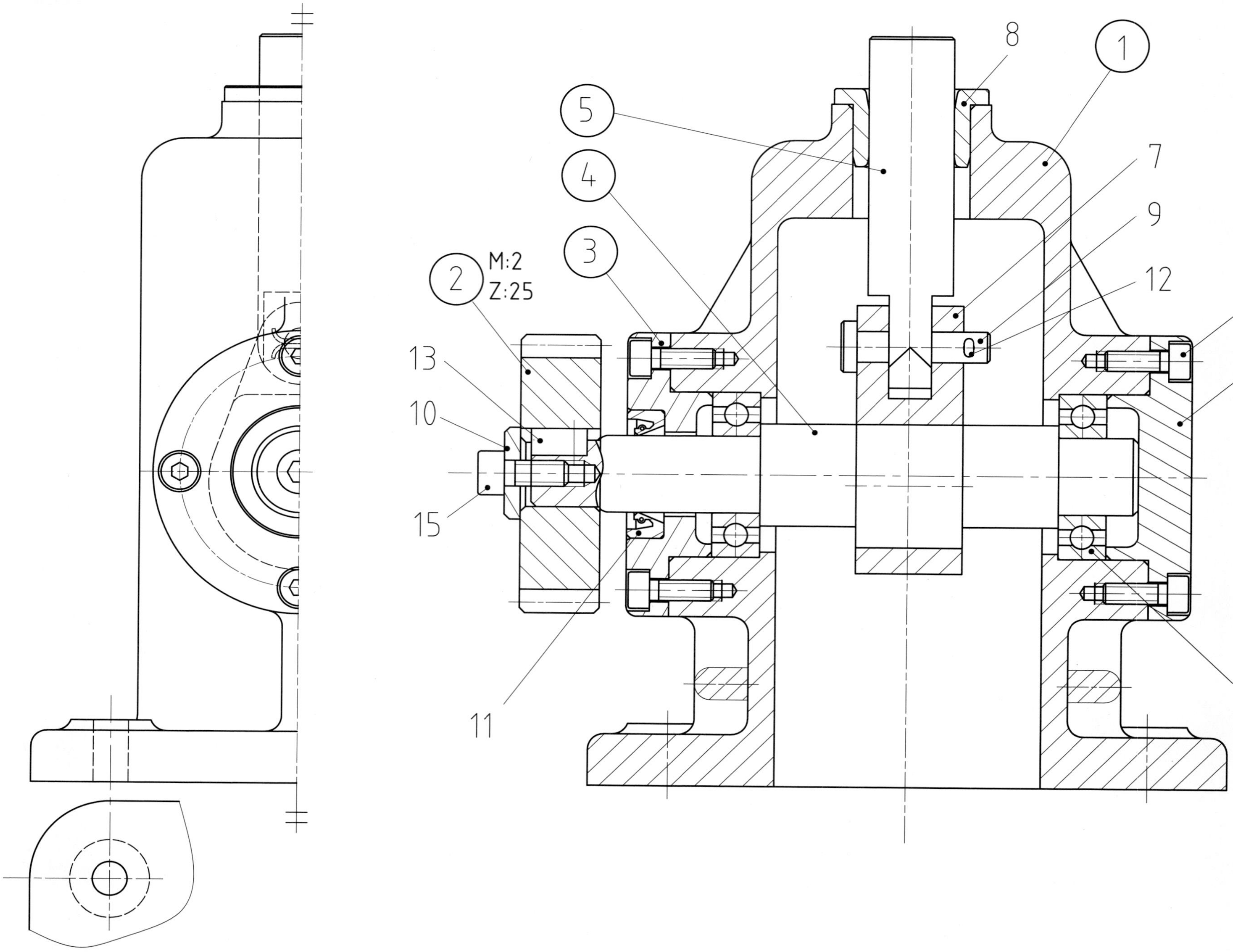
1
2
M:2
Z:25
3
4
5
6
7
8
9
10
11
12
13
14
15
16

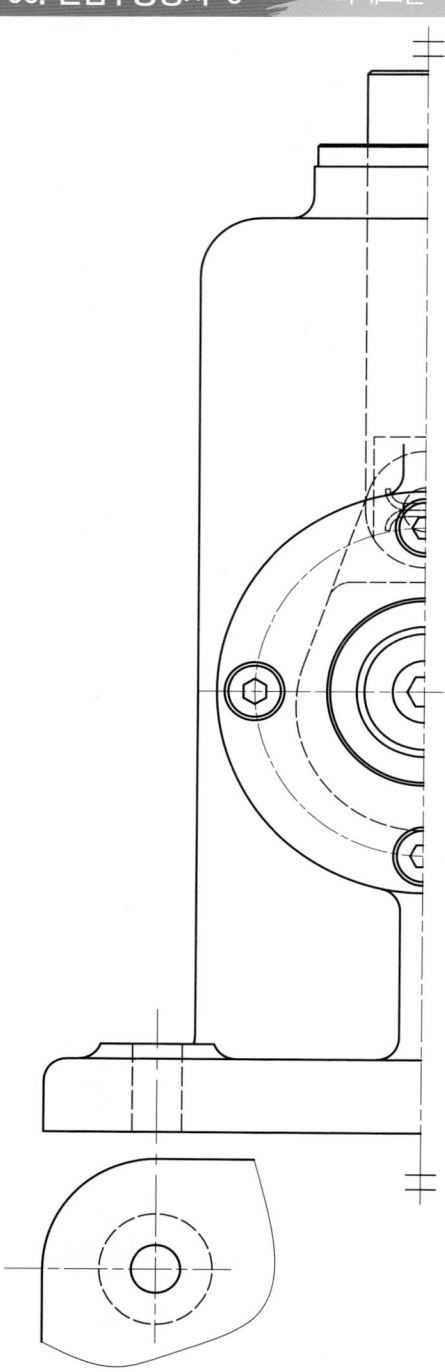

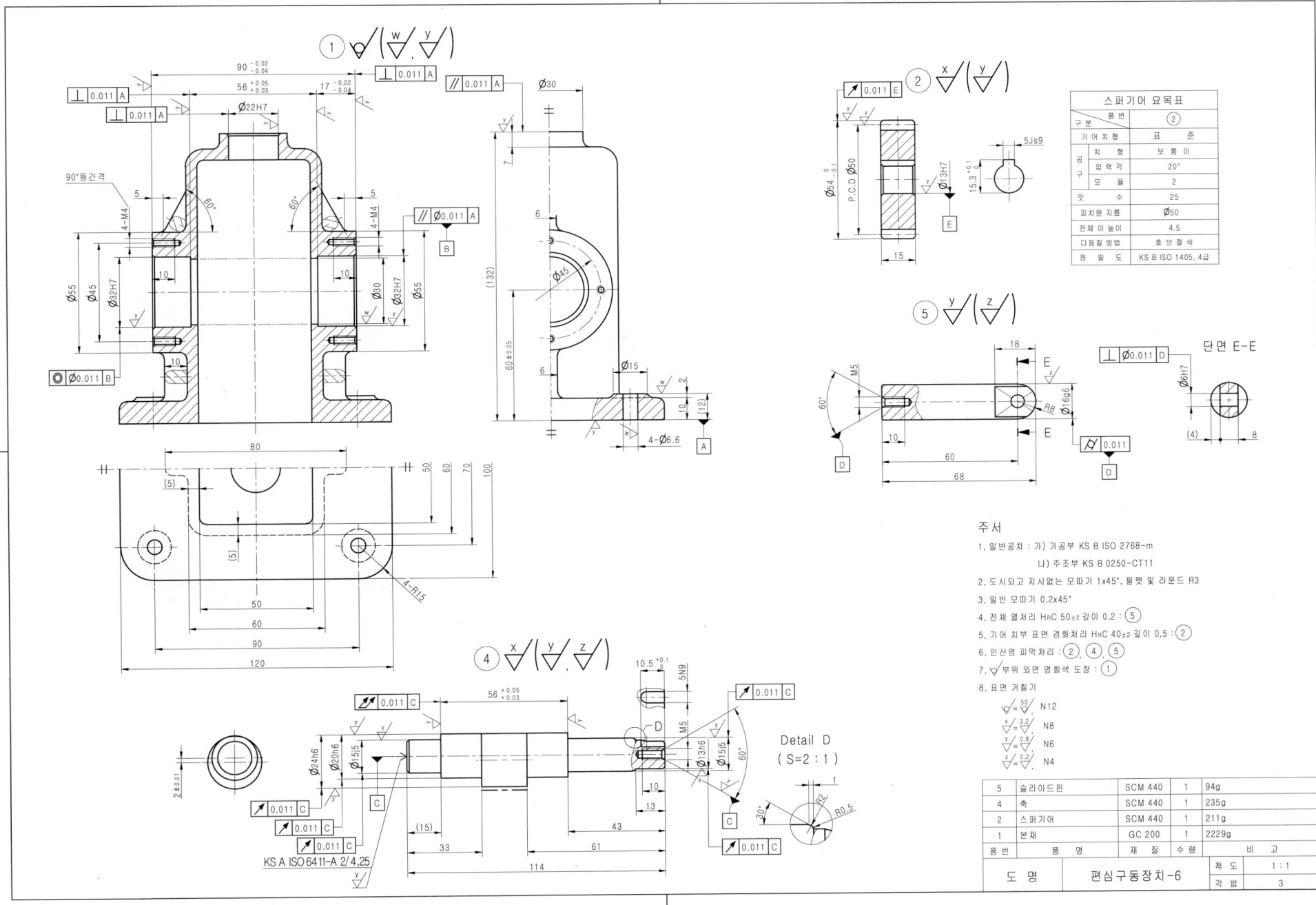

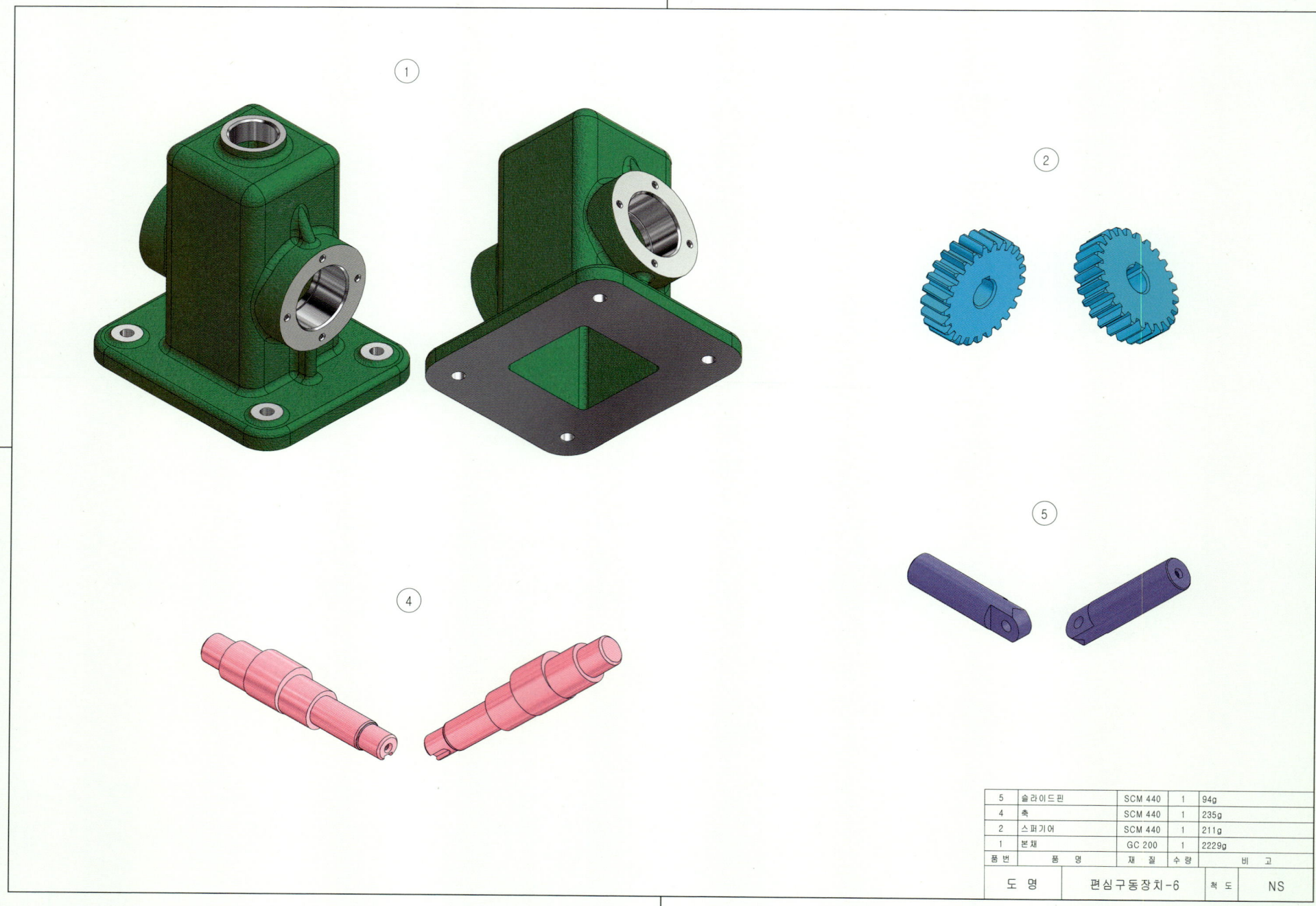

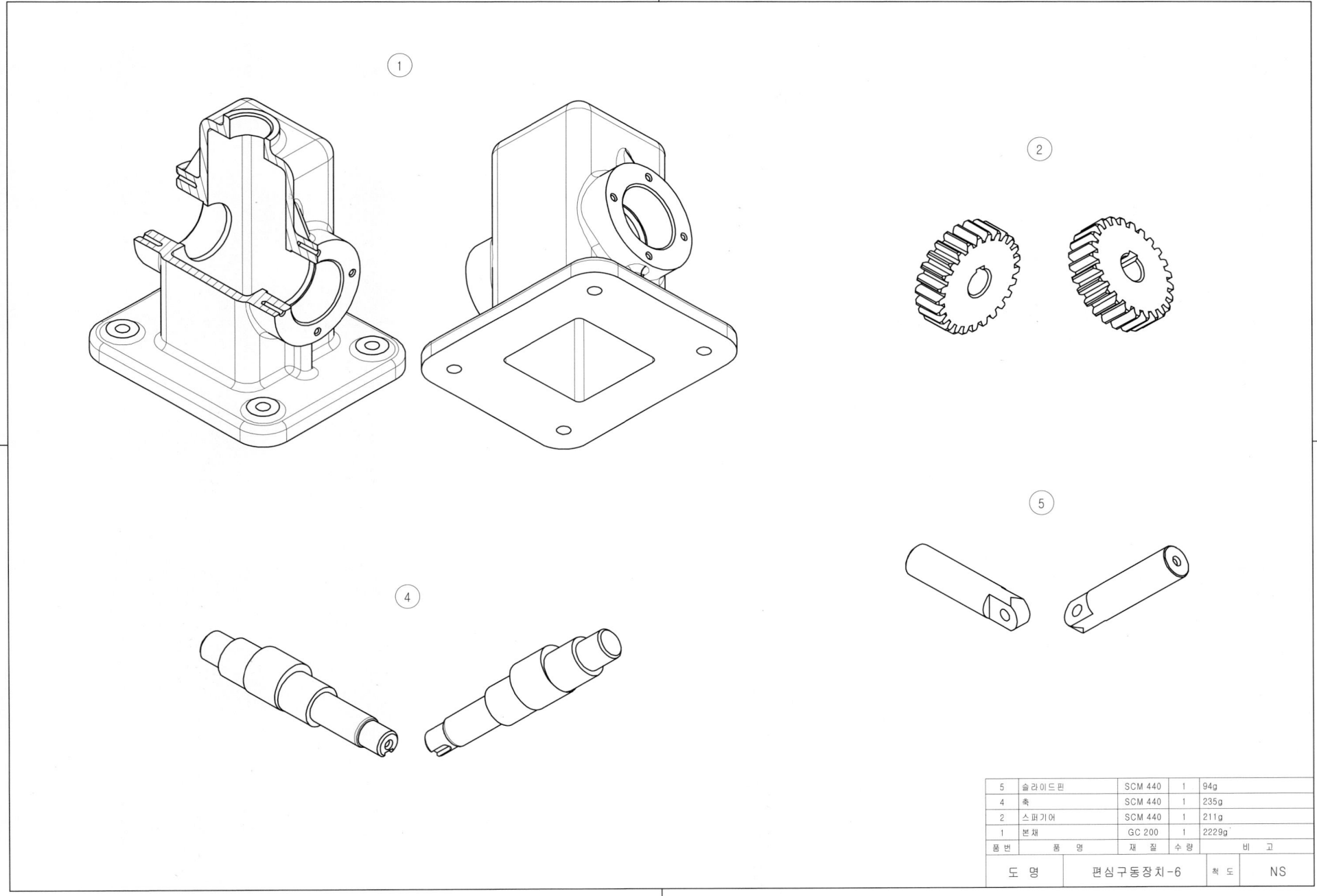

06. 편심구동장치-6

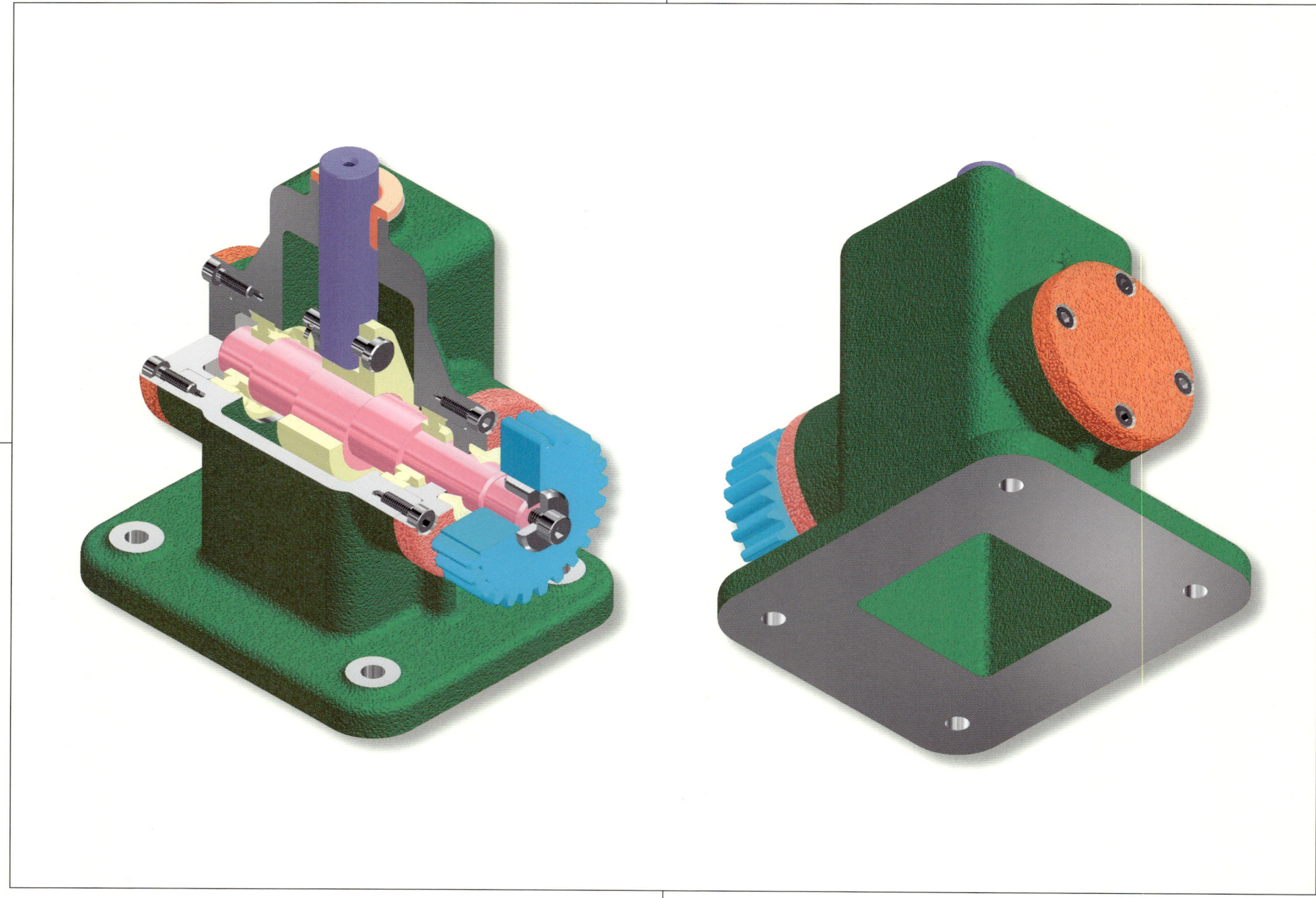

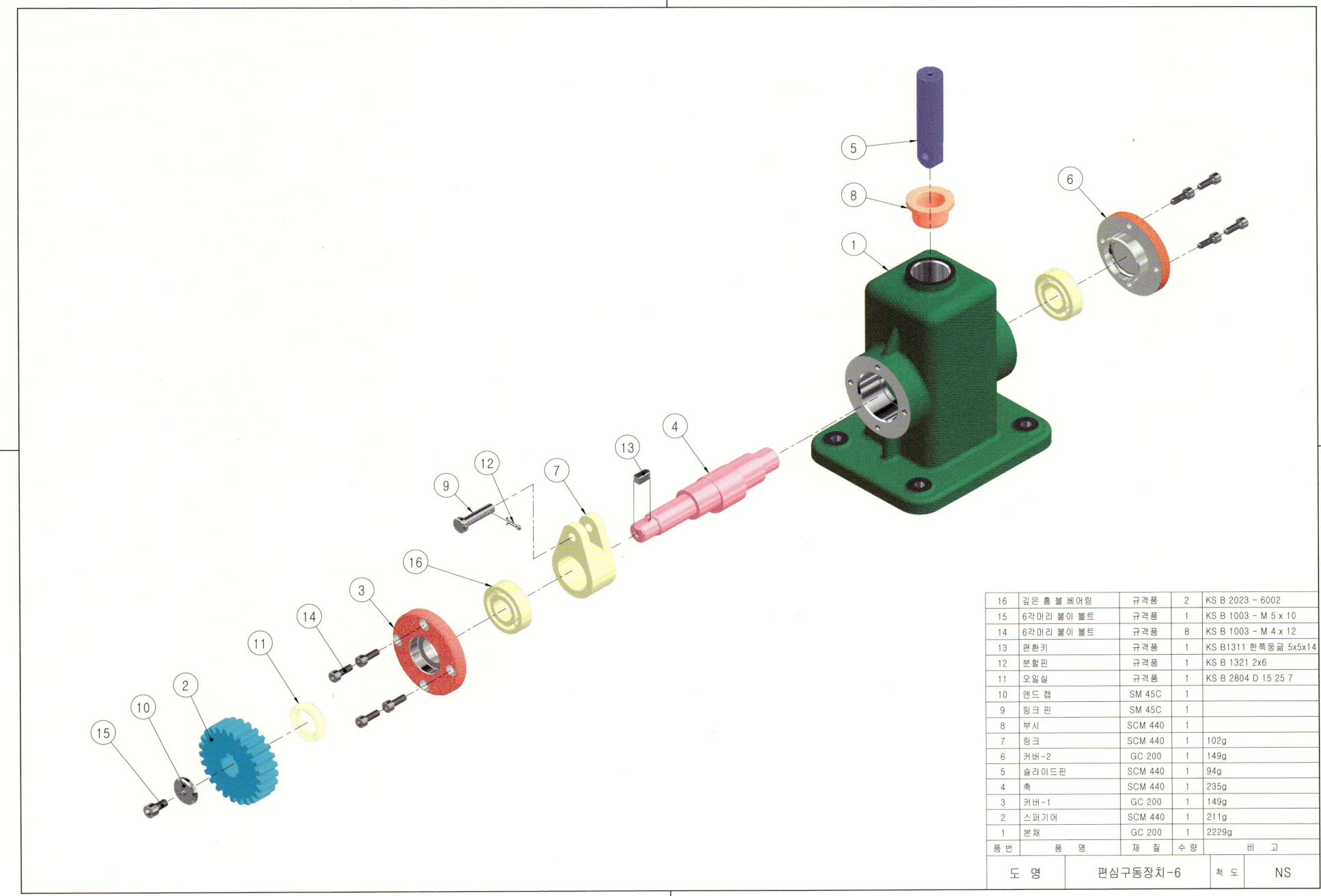

07. 편심구동장치-7 과제도면

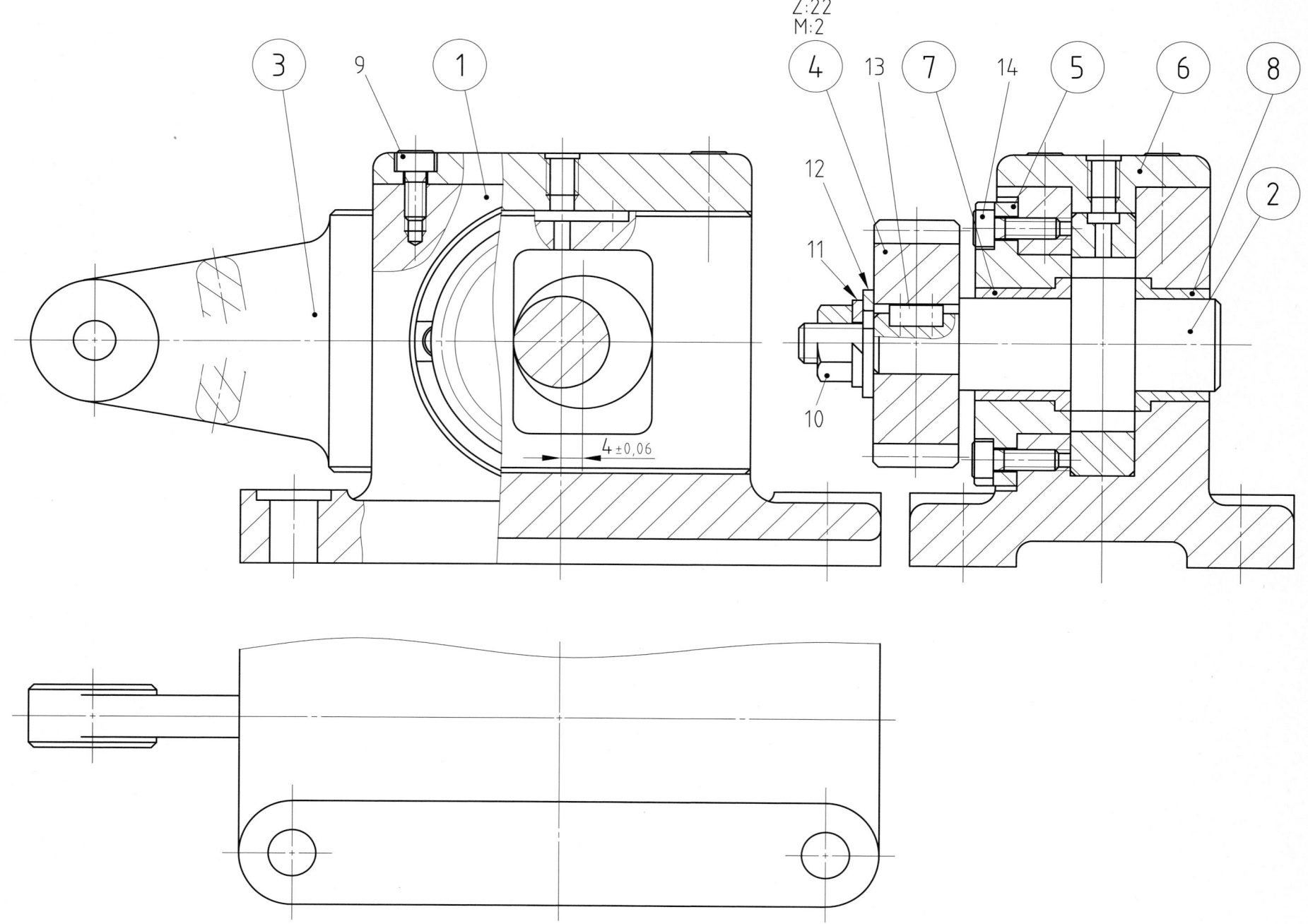

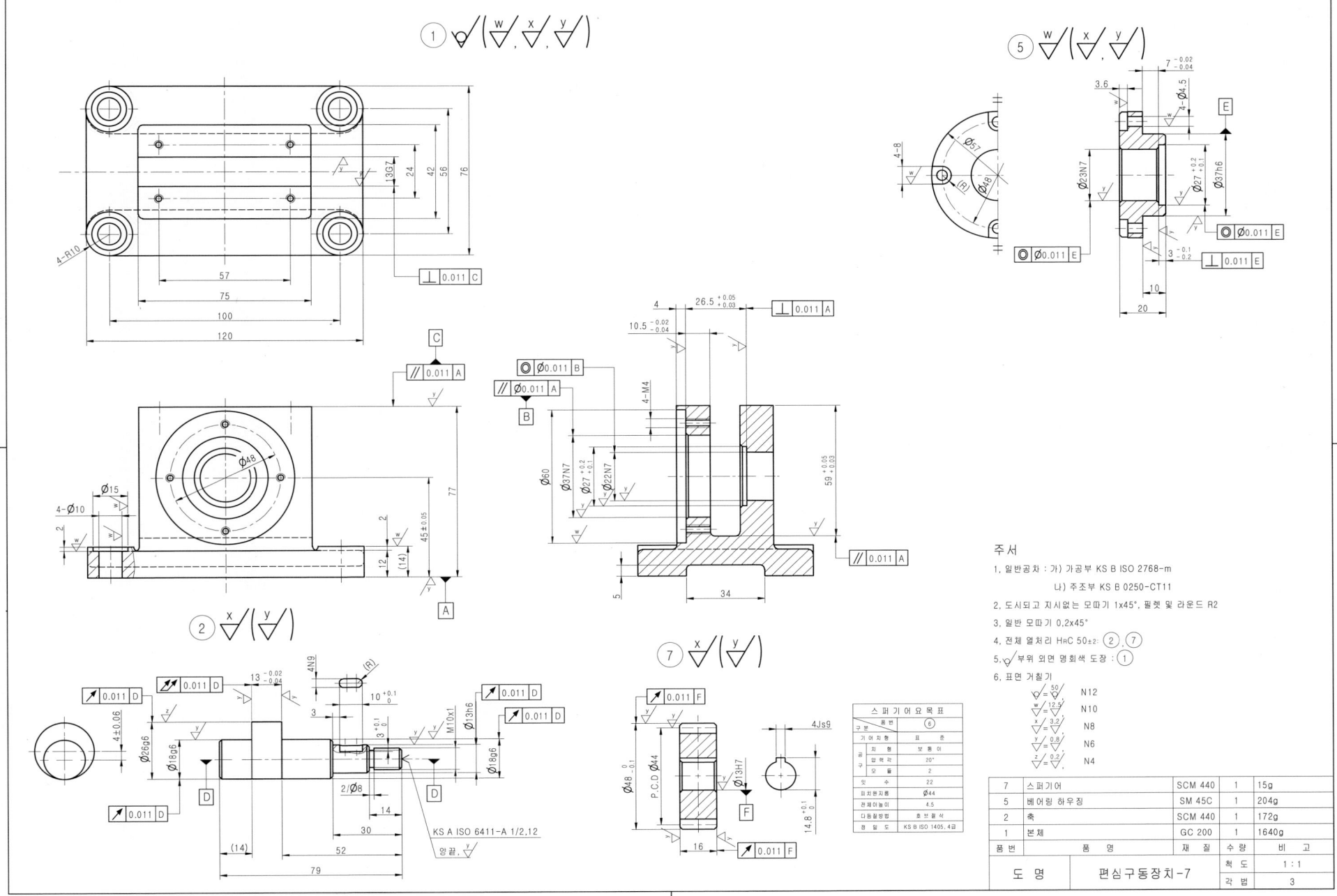

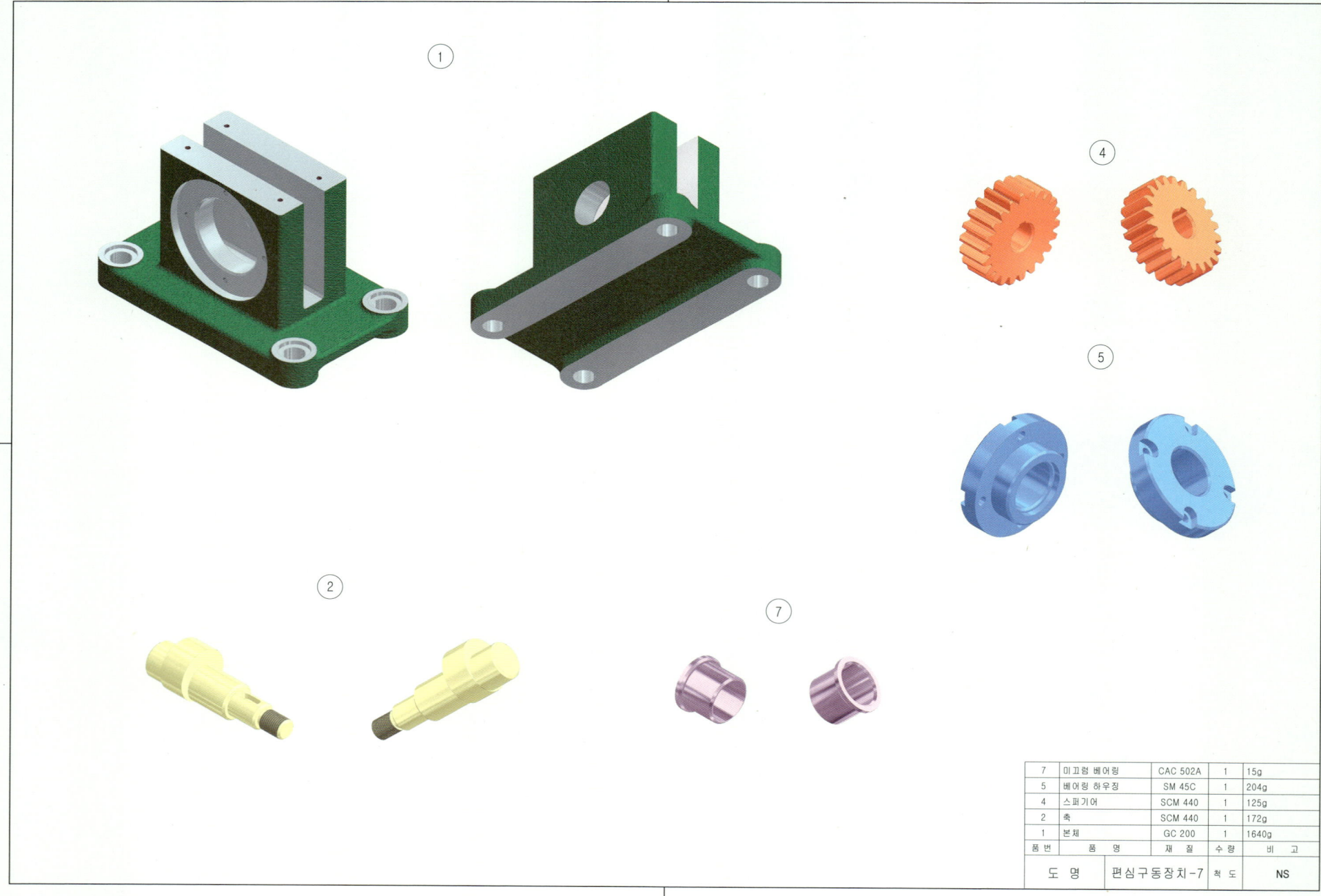

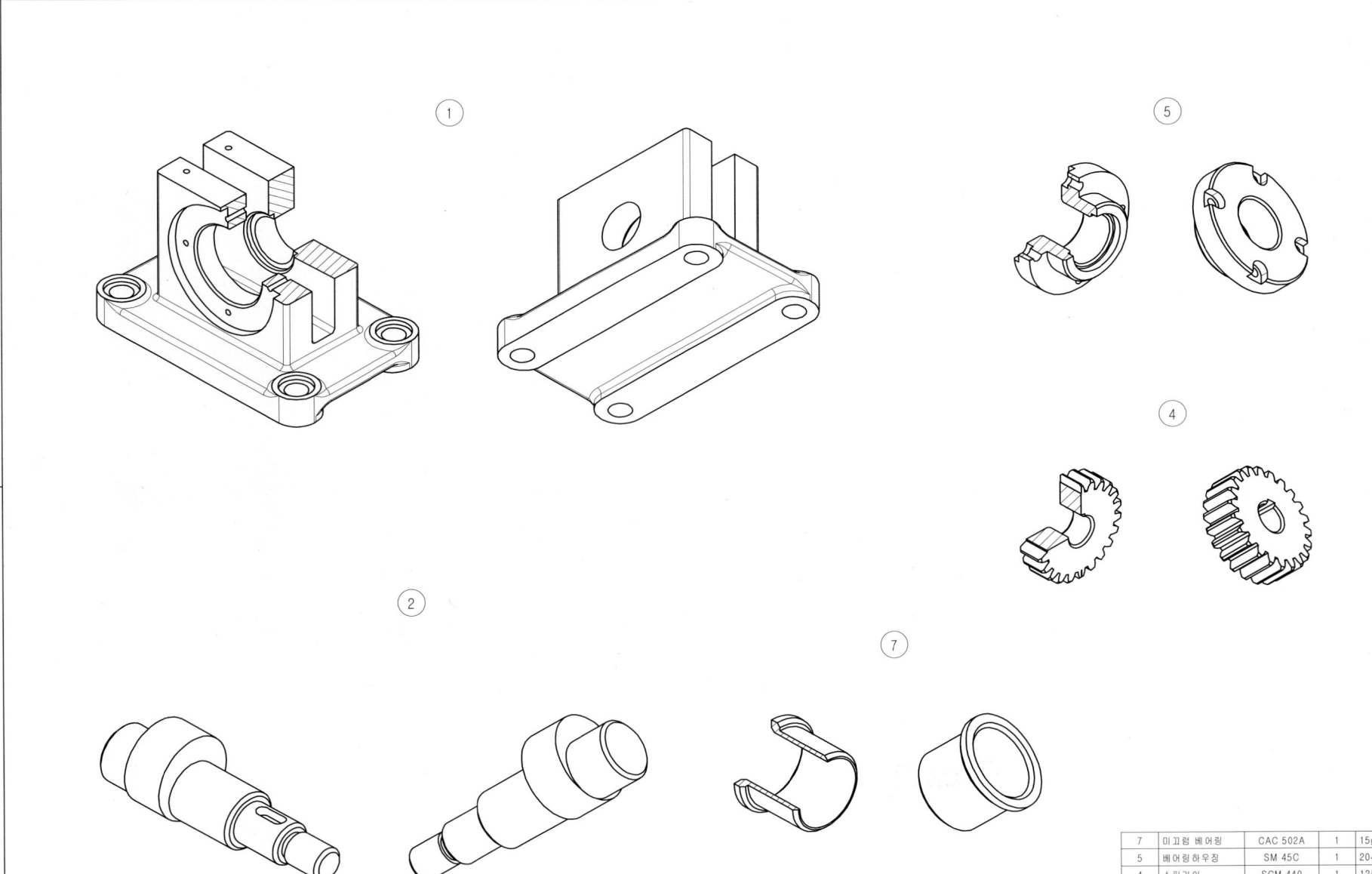

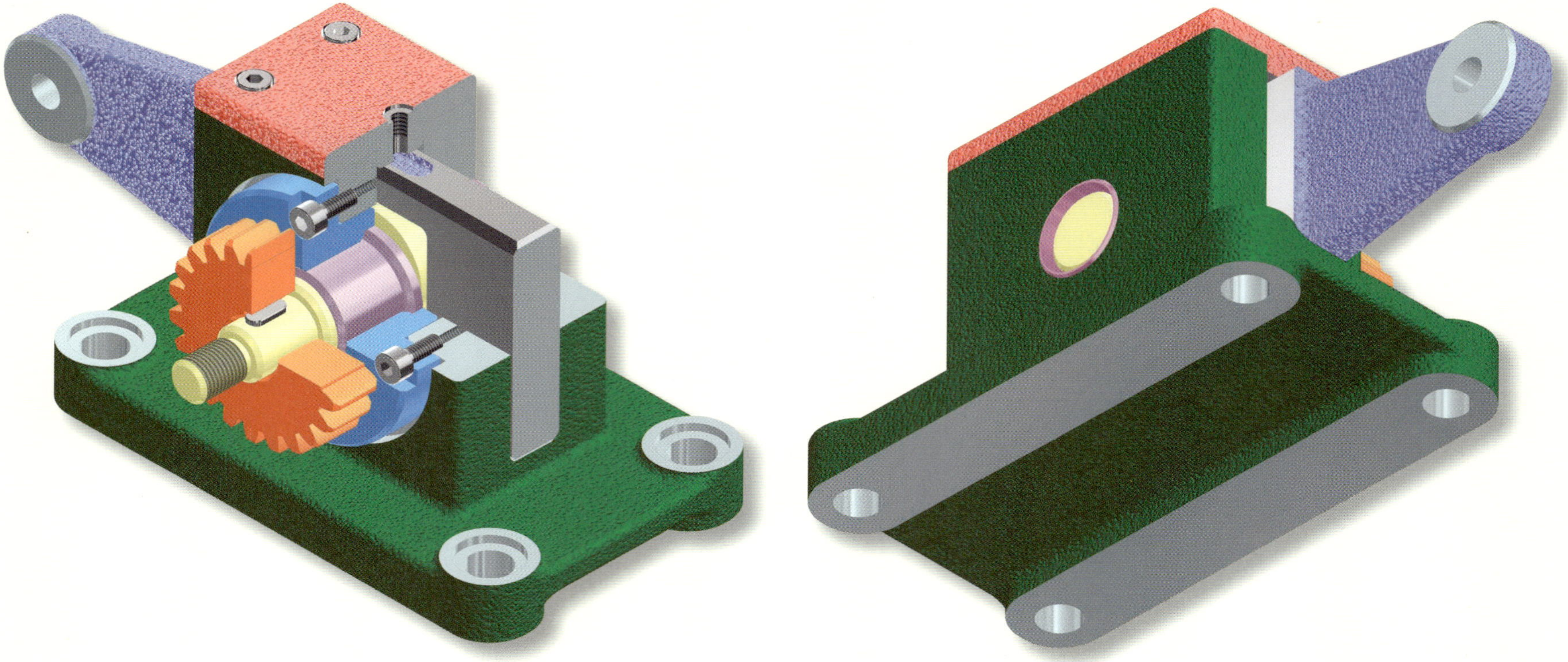

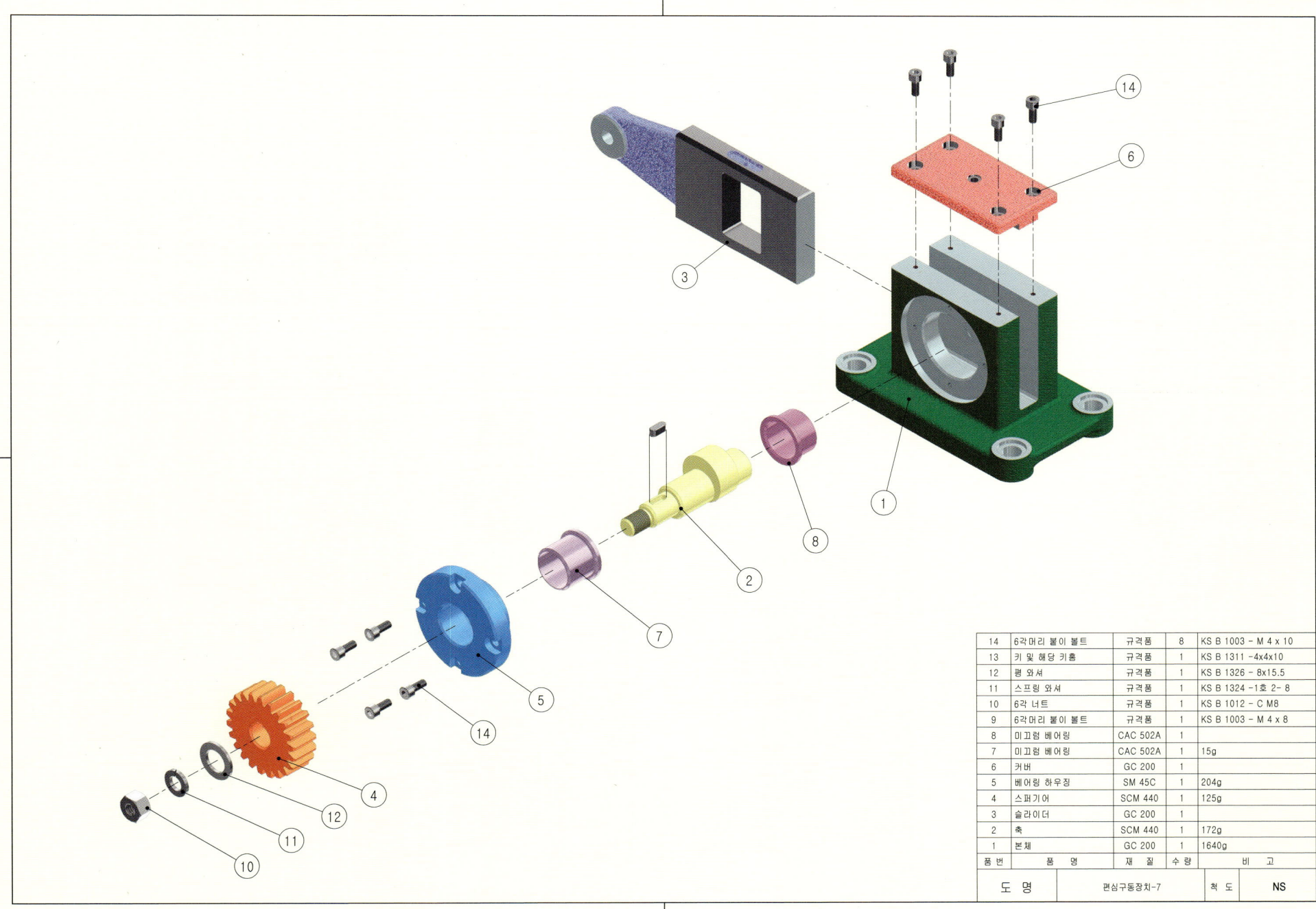

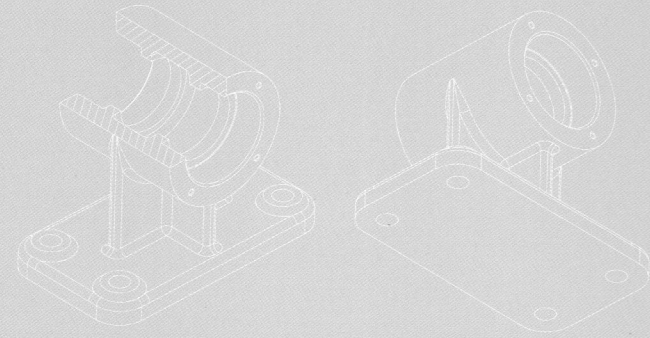

전산응용기계제도기능사 실기 출제도면집

PART 04

기어박스

01 기어박스-1
02 기어박스-2

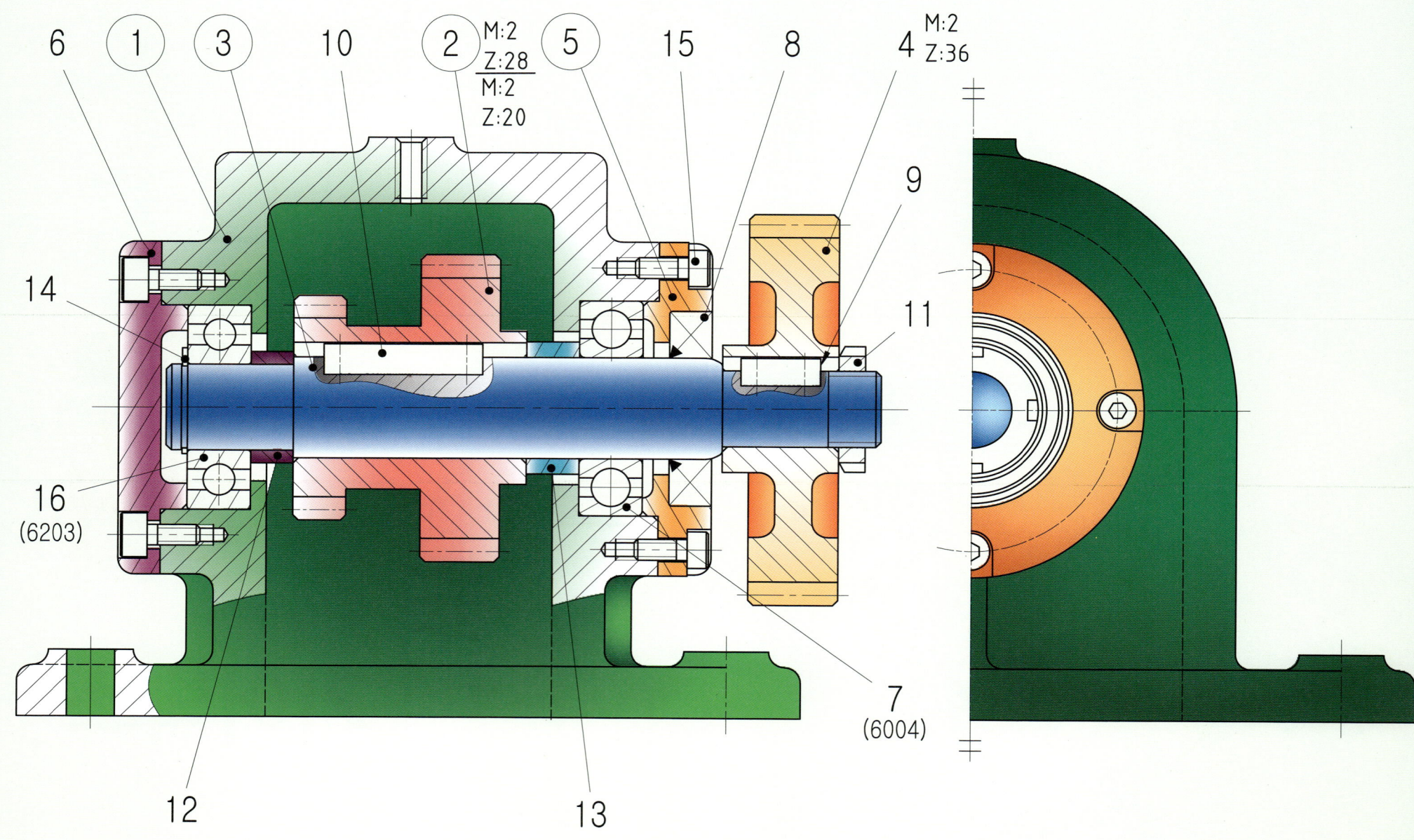

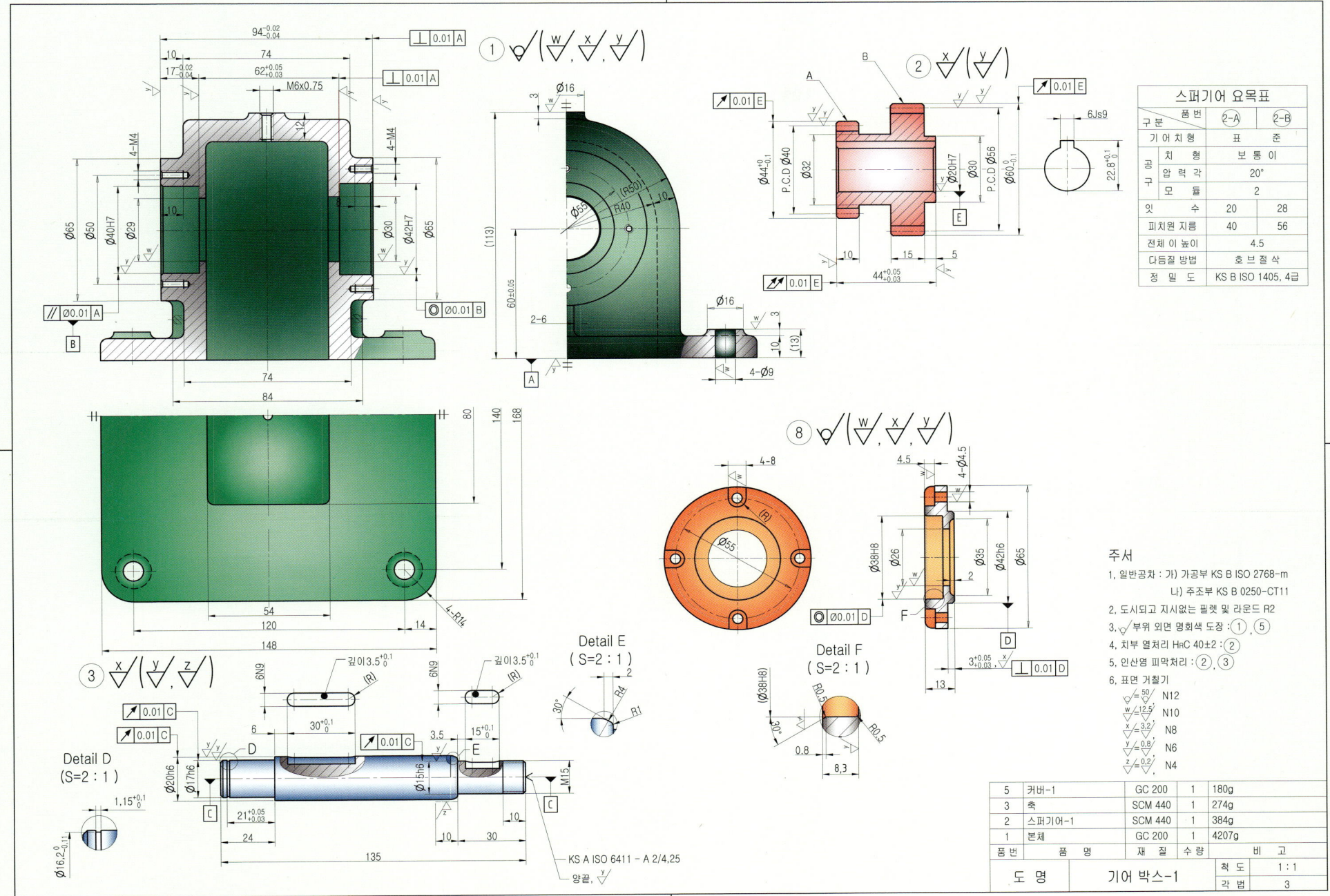

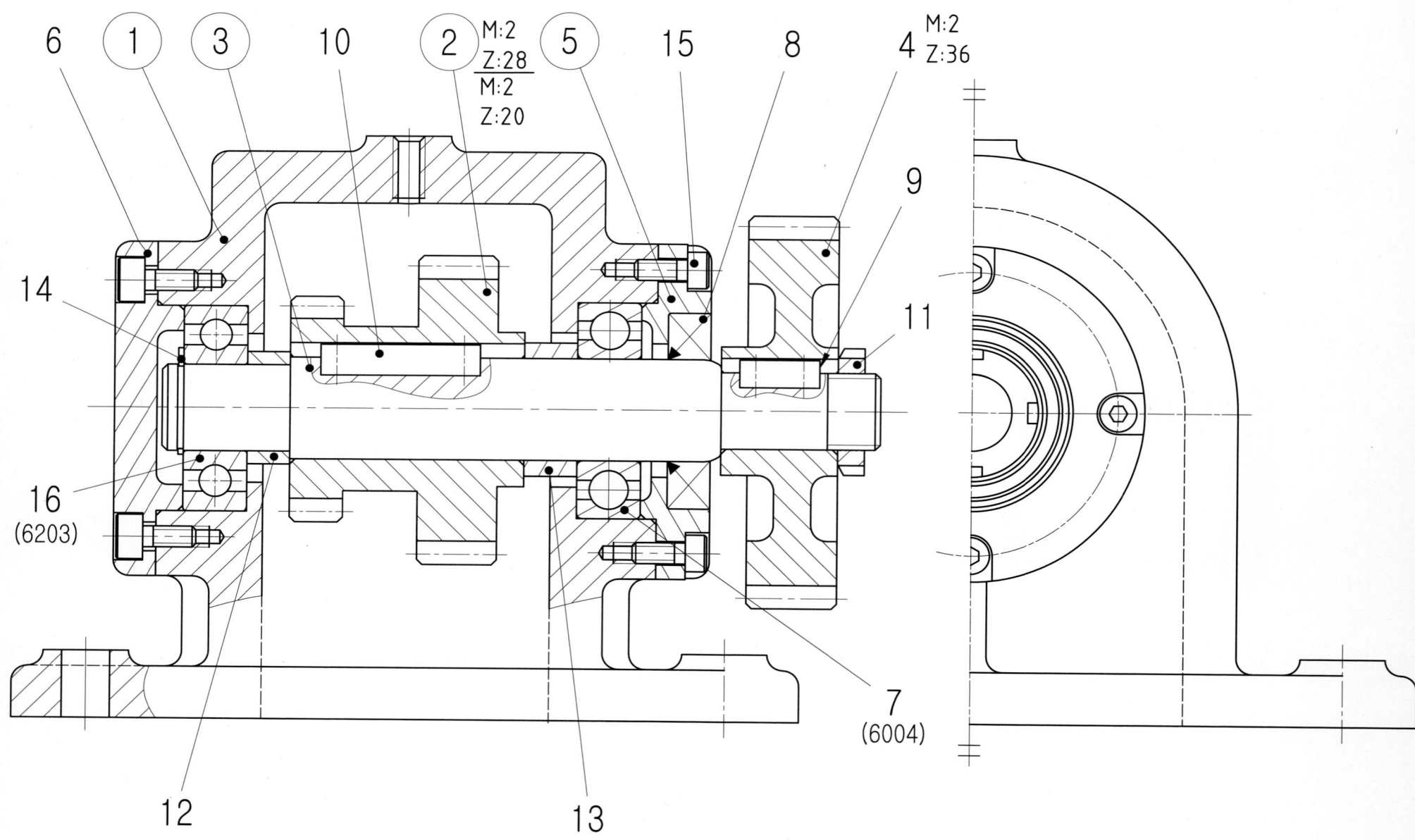

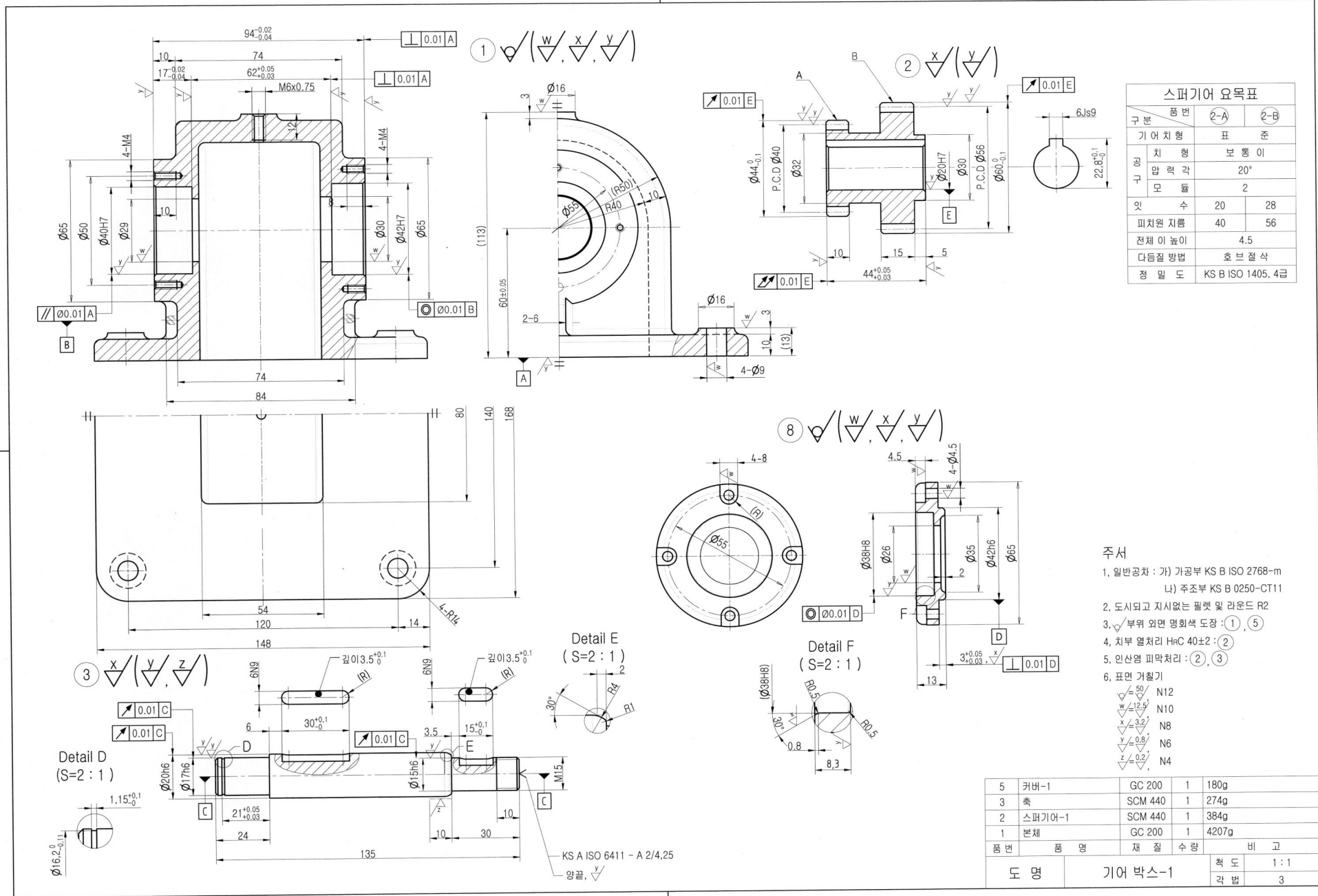

01. 기어박스-1 3D 렌더링 등각투상도 제출용 예제도면

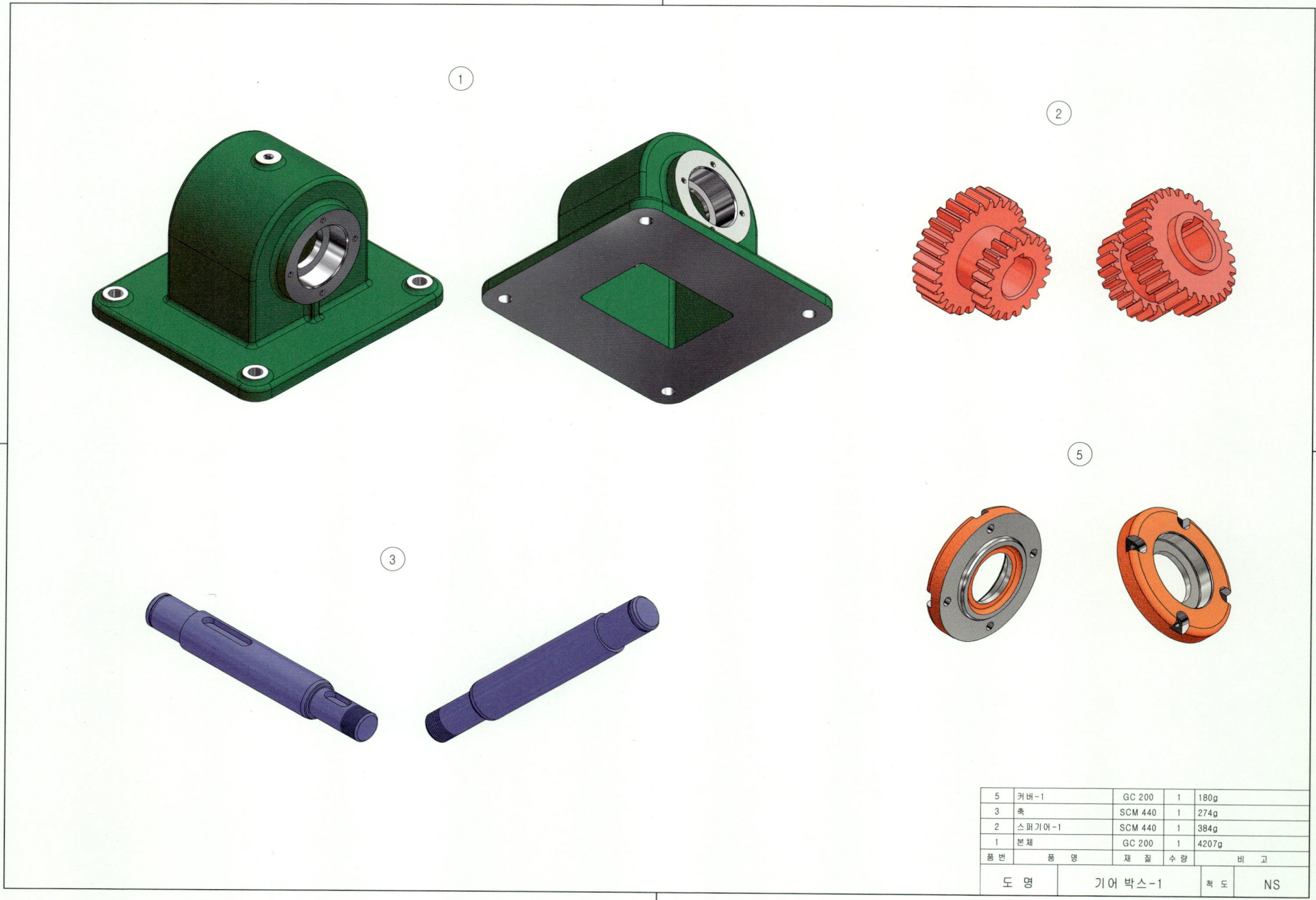

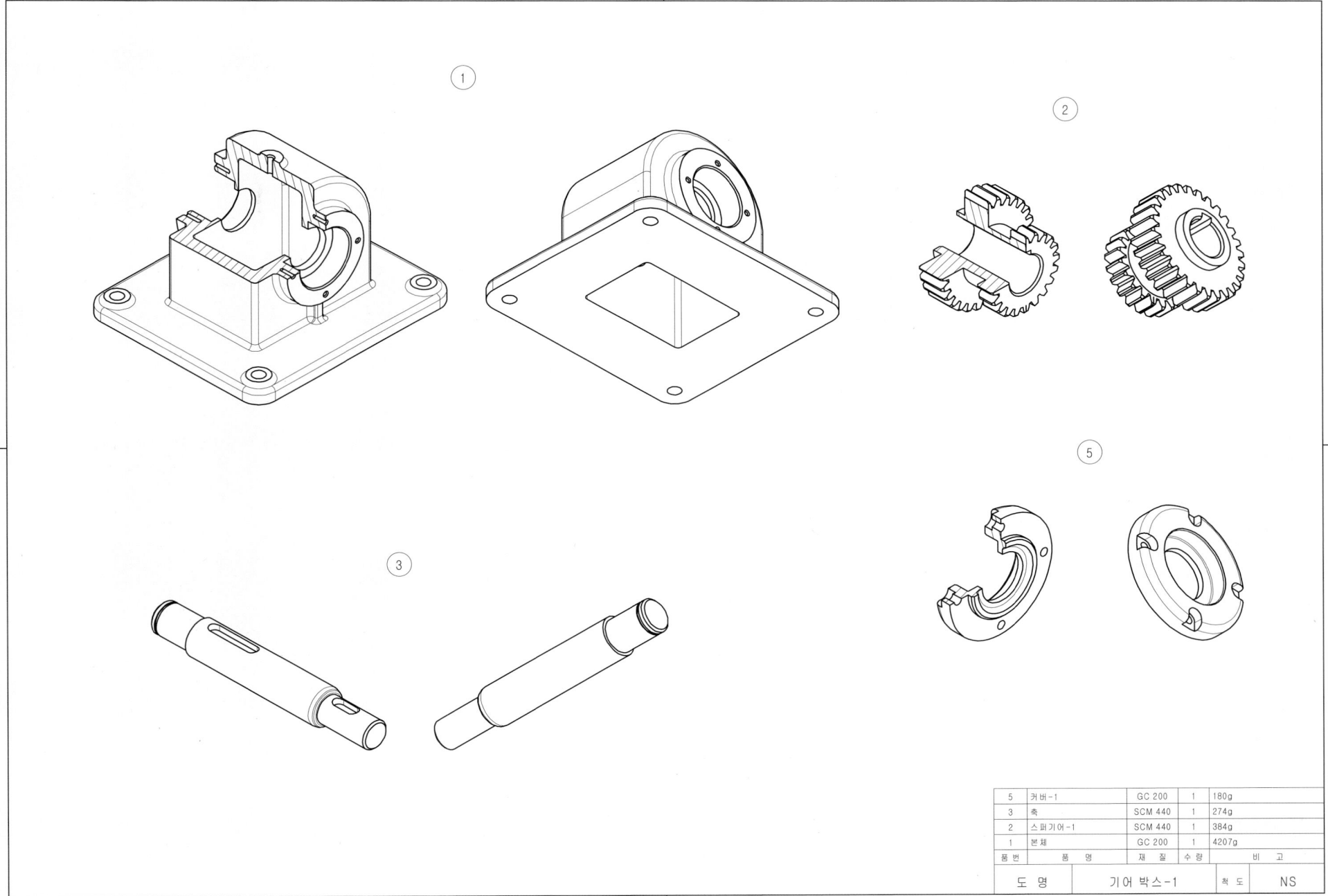

01. 기어박스-1 등각조립도

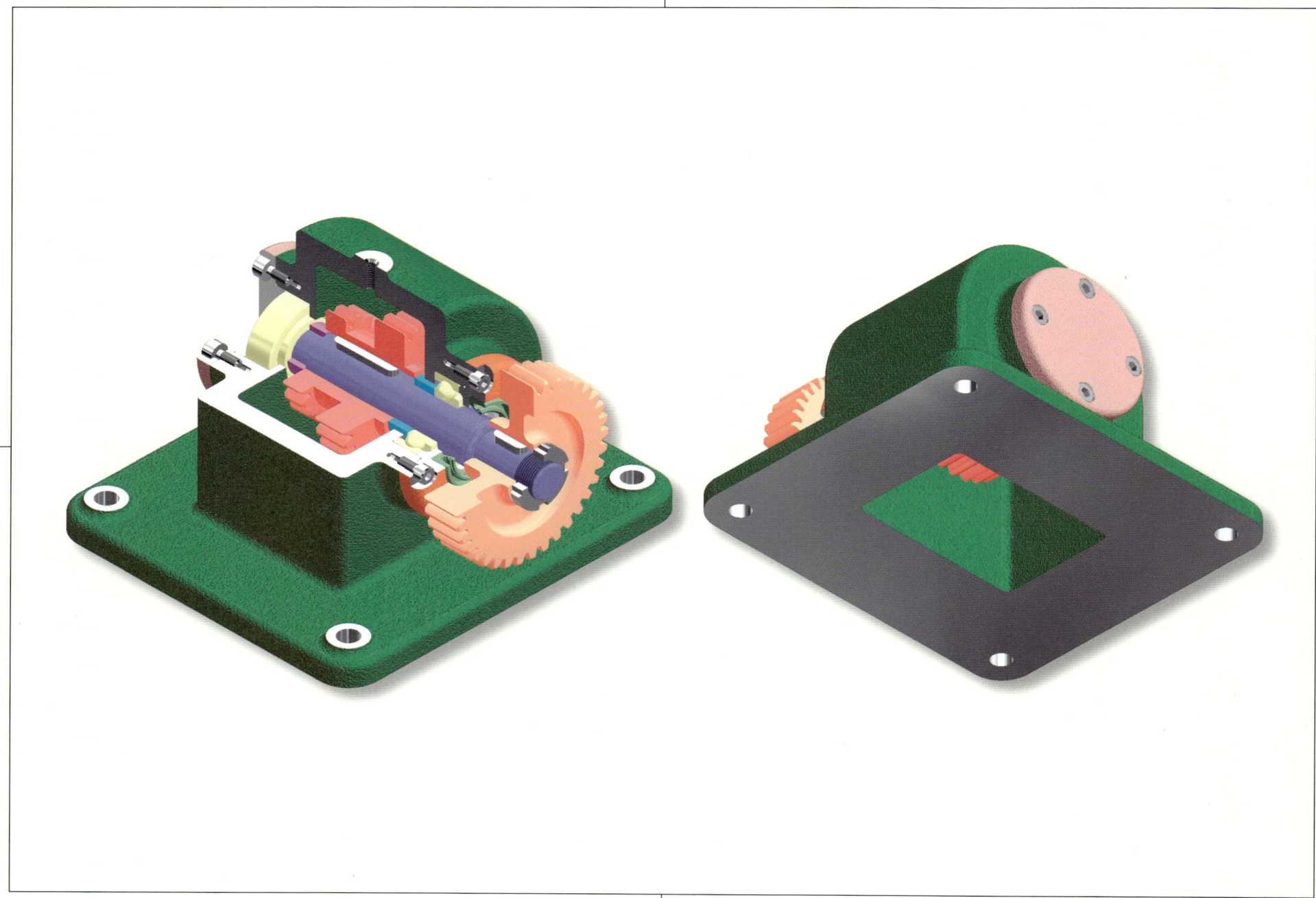

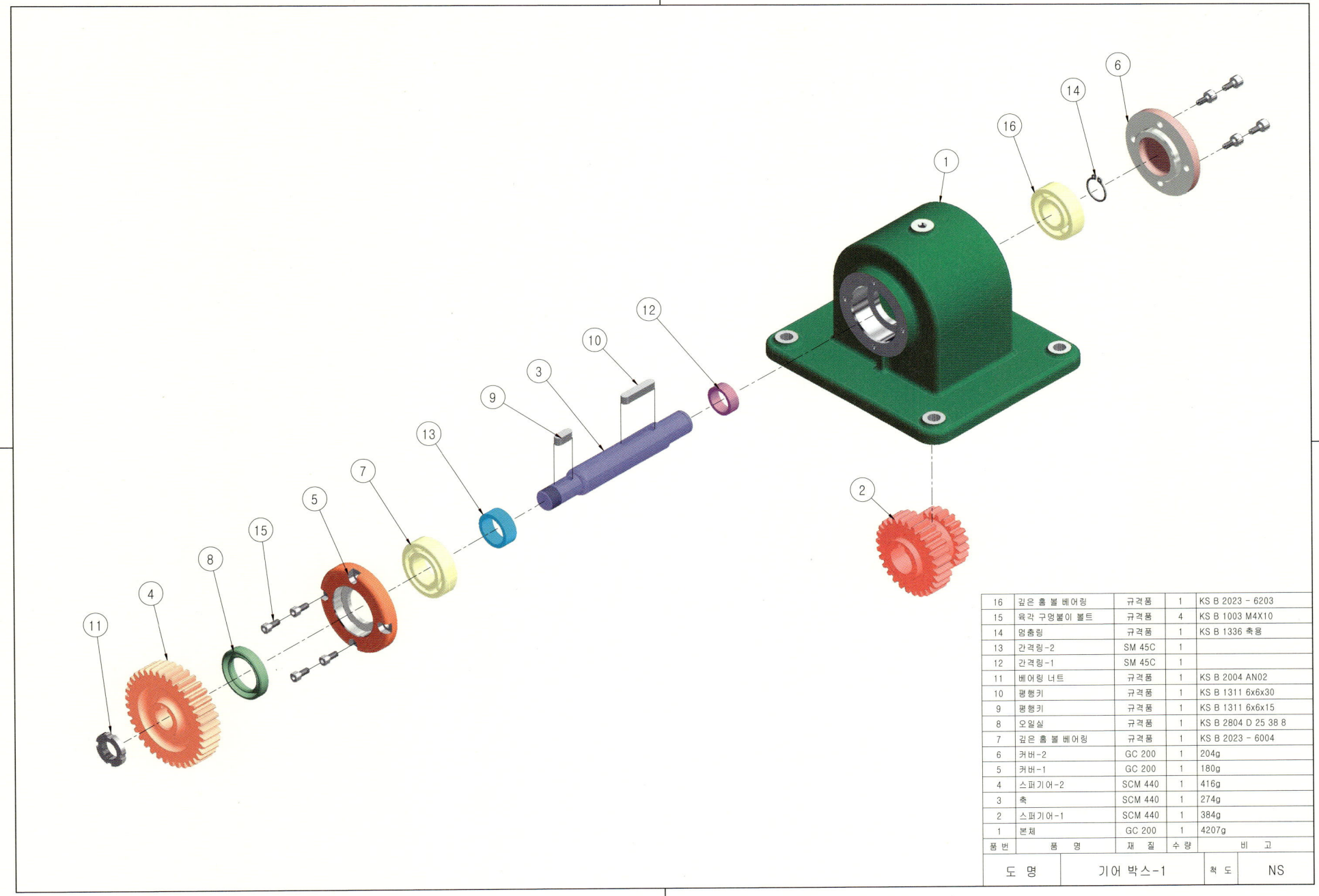

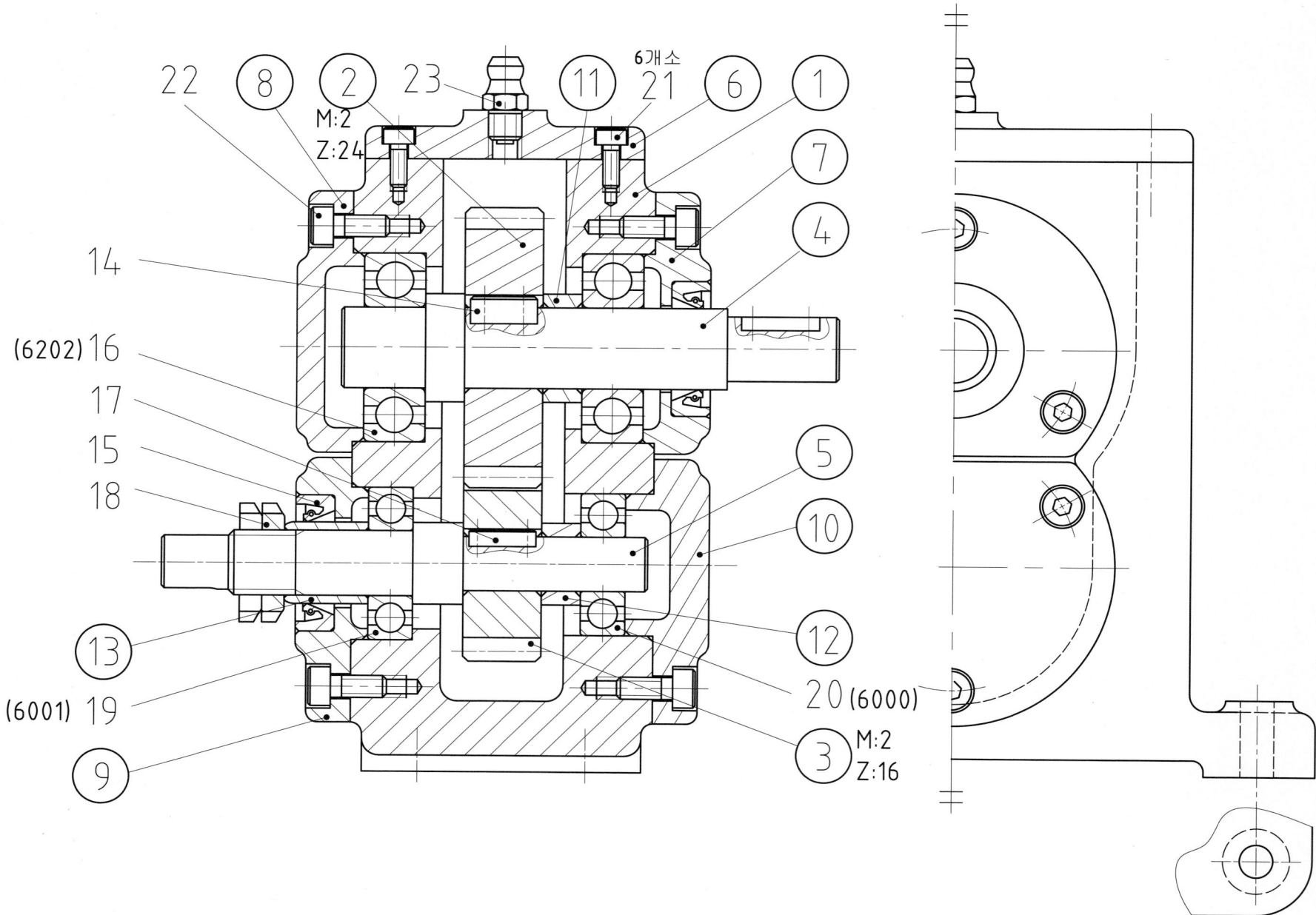

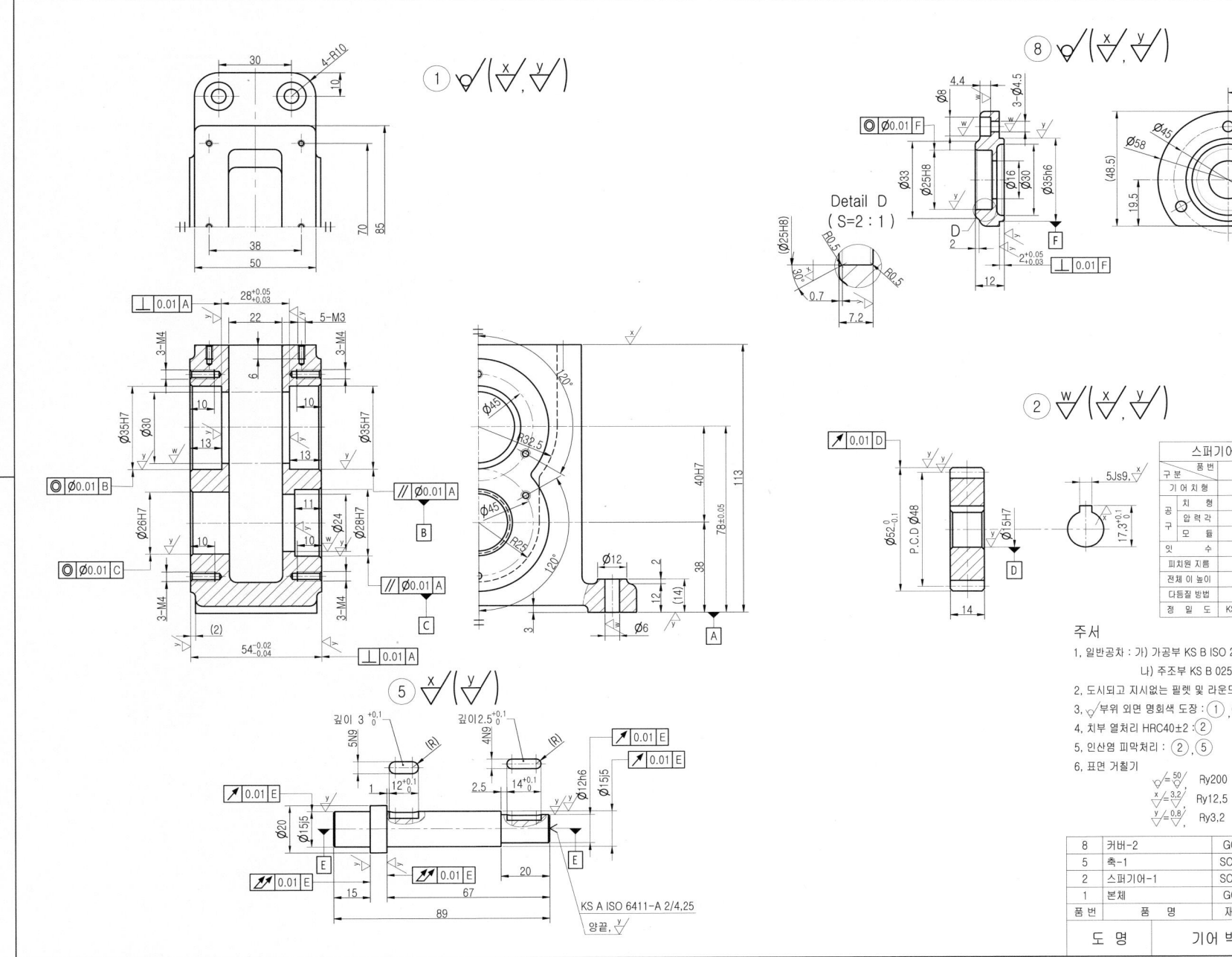

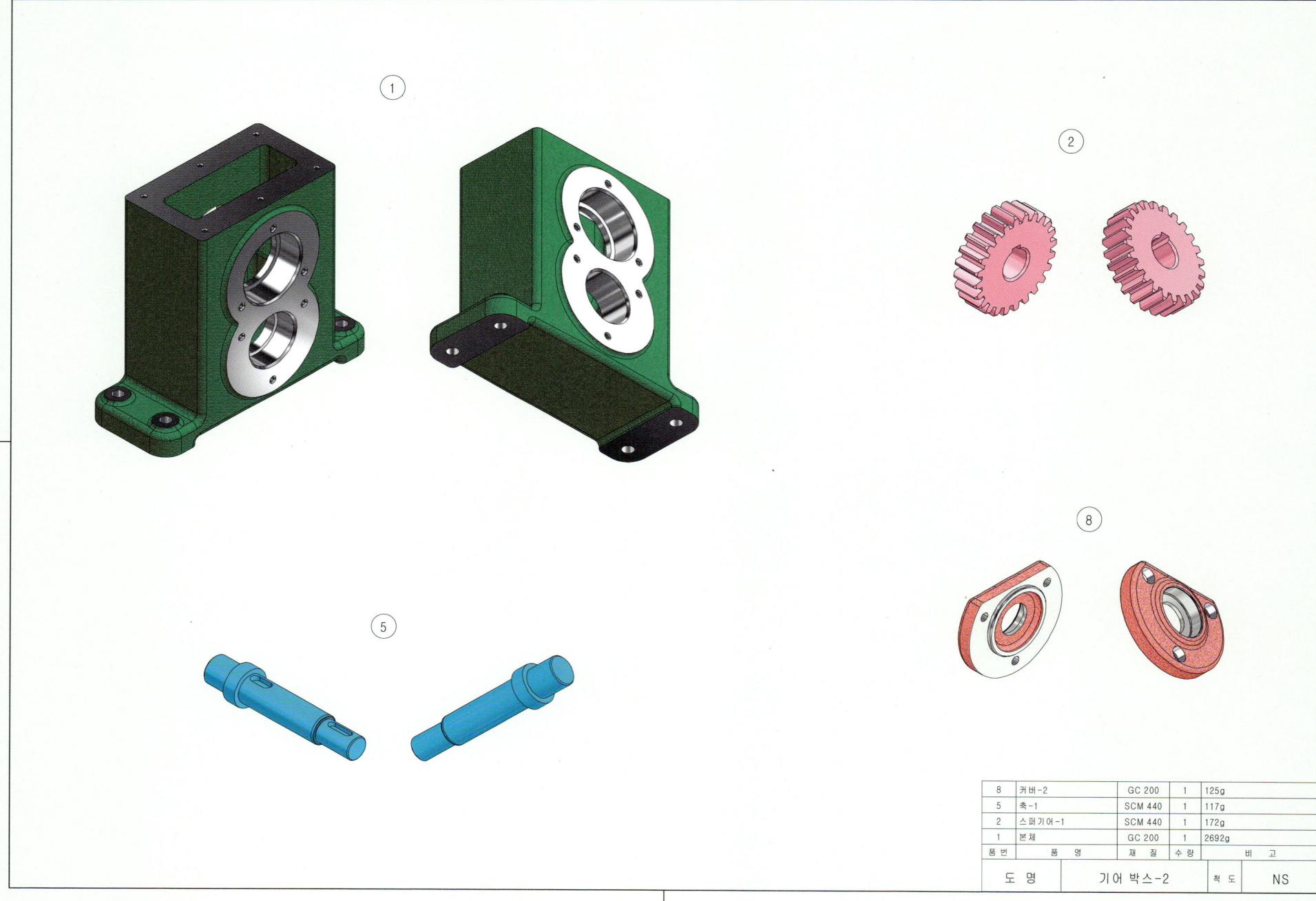

02. 기어박스-2

3D 와이어프레임 등각투상도 제출용 예제도면

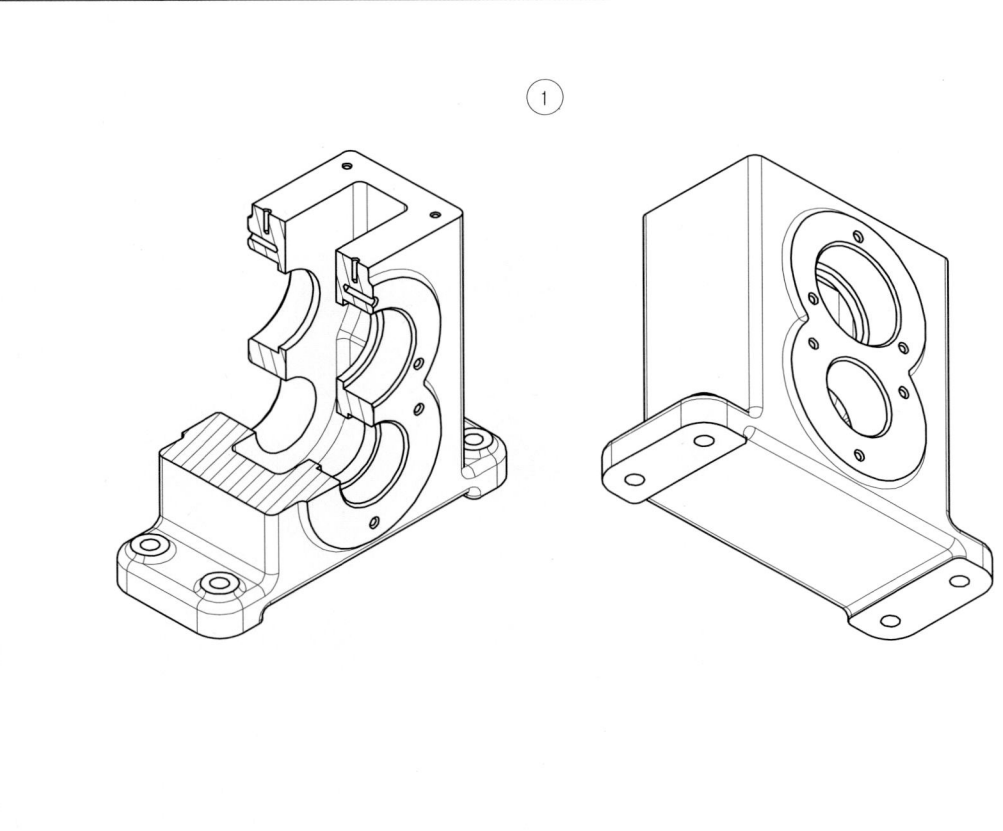

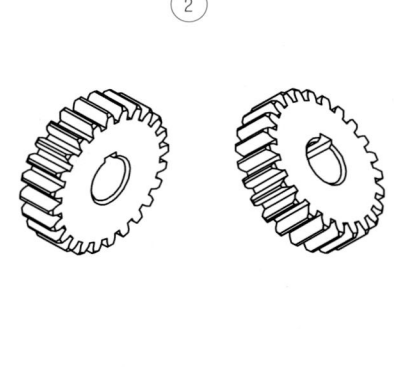

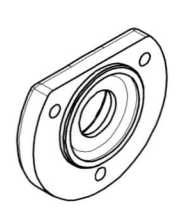

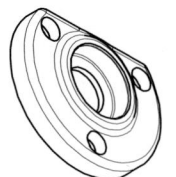

8	커버-2	GC 200	1	125g
5	축-1	SCM 440	1	117g
2	스퍼기어-1	SCM 440	1	172g
1	본체	GC 200	1	2692g
품번	품 명	재 질	수량	비 고

도 명	기 어 박 스 -2	척 도	NS

02. 기어박스-2 등각조립도

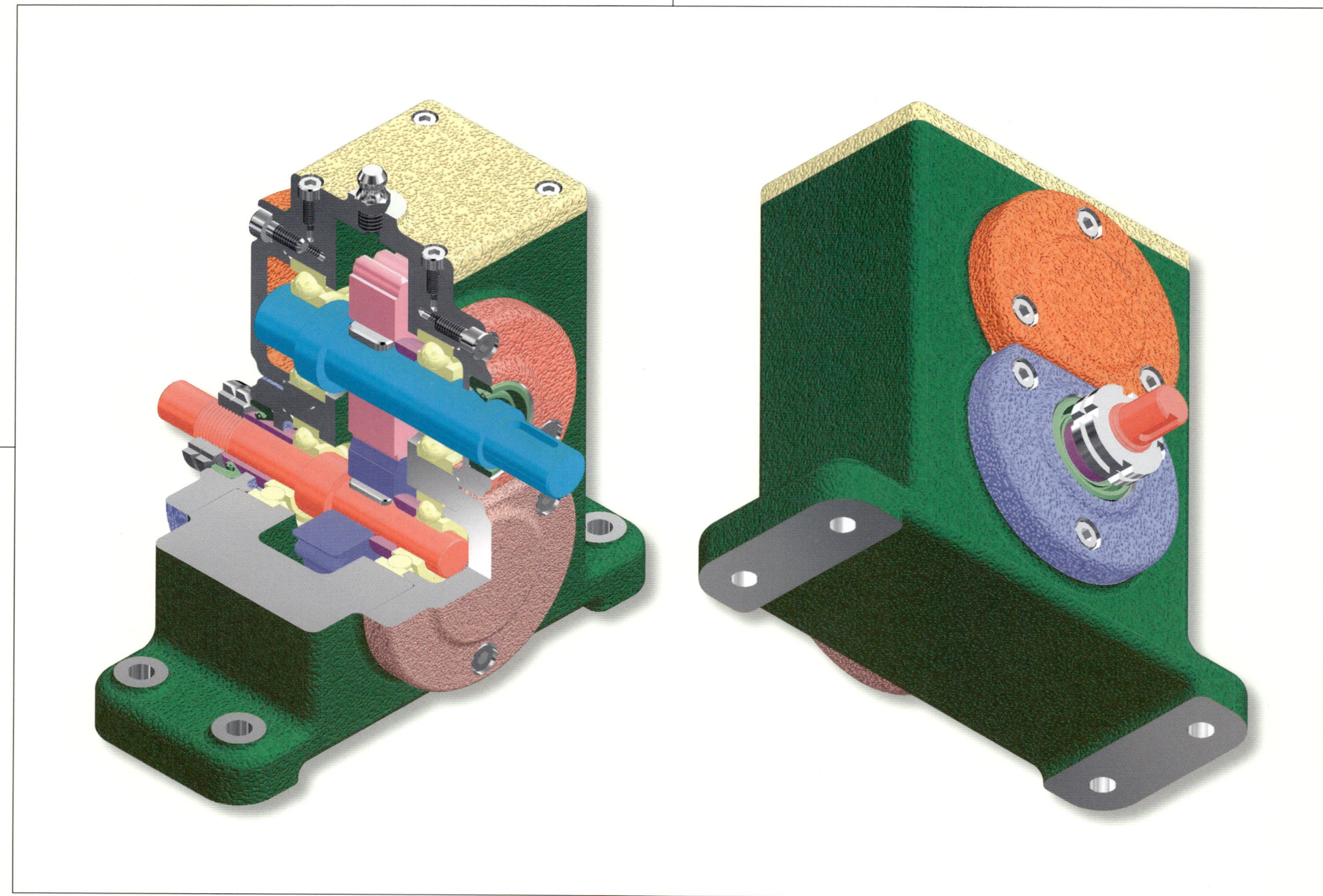

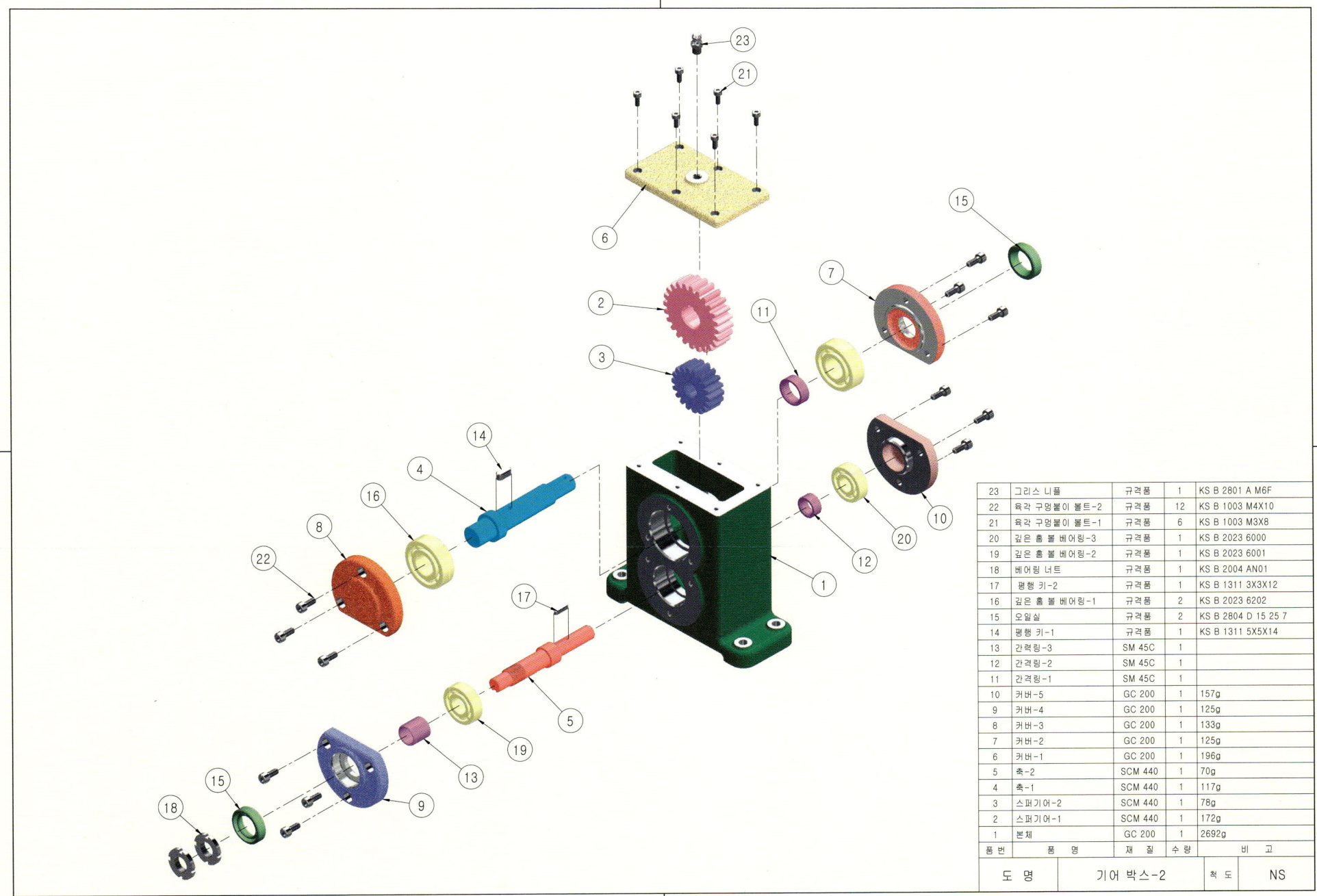

전산응용기계제도기능사 실기 출제도면집

PART 05

치공구(지그와 고정구)

01 드릴지그-1 02 드릴지그-2 03 드릴지그-3 04 드릴지그-4 05 드릴지그-5 06 드릴지그-6 07 드릴지그-7
08 드릴지그-8 09 드릴지그-9 10 드릴지그-10 11 드릴지그-11 12 드릴지그-12 13 리밍지그-1 14 리밍지그-2
15 리밍지그-3 16 리밍지그-4 17 밀링지그 18 바이스 클램프-1 19 바이스 클램프-2

01. 드릴지그-1 문제도

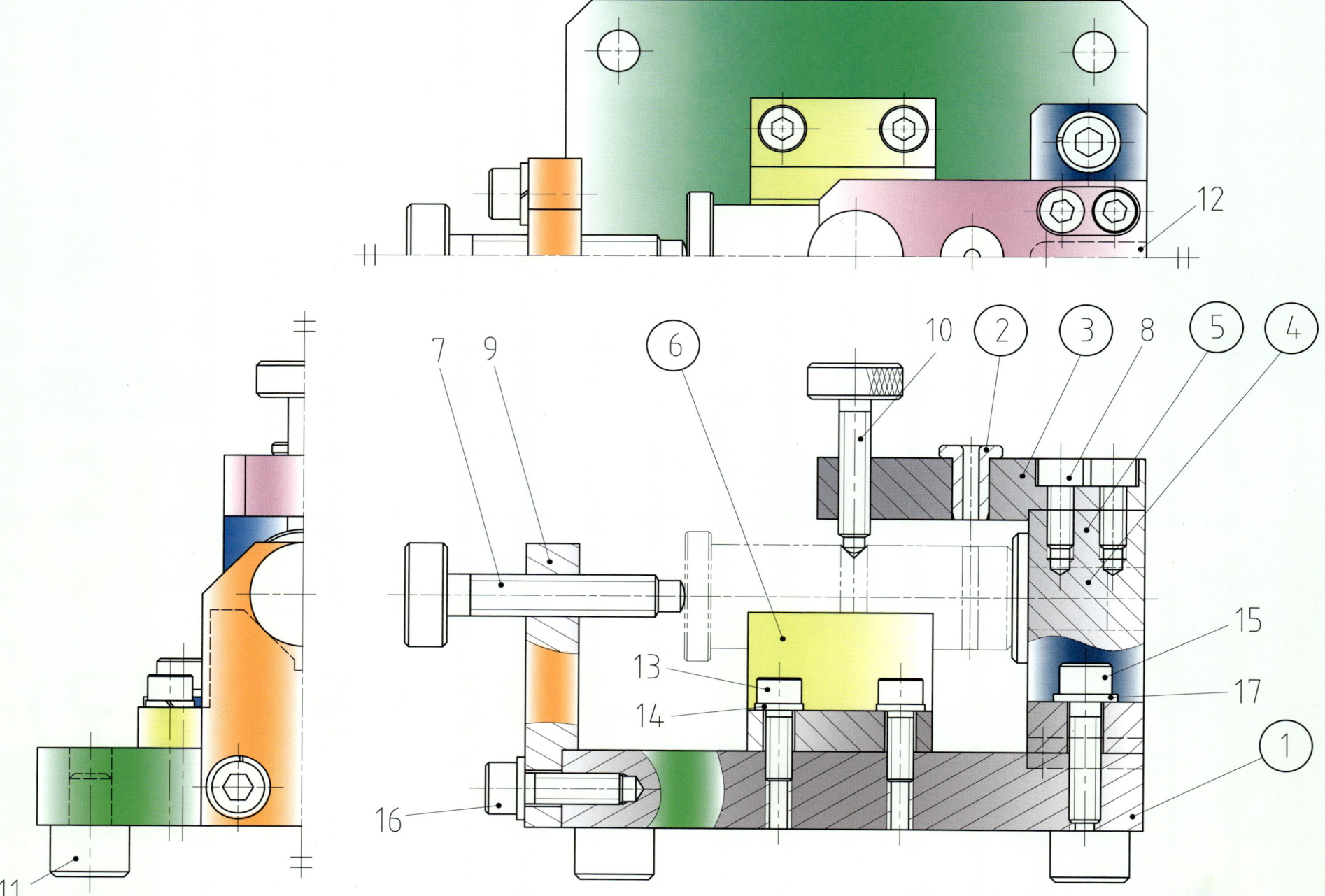

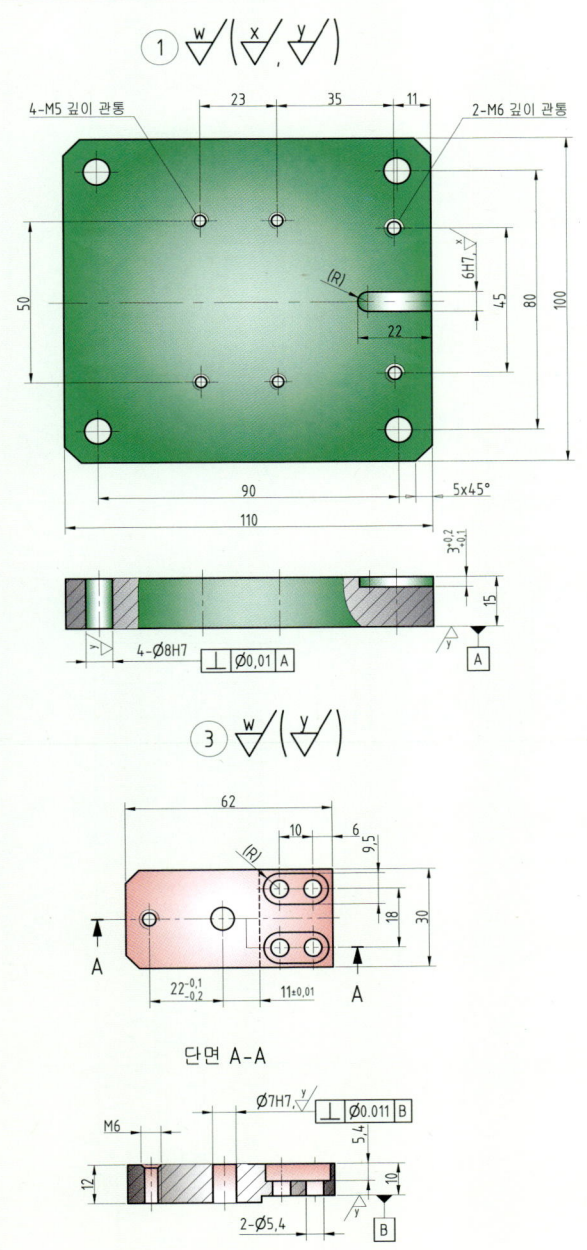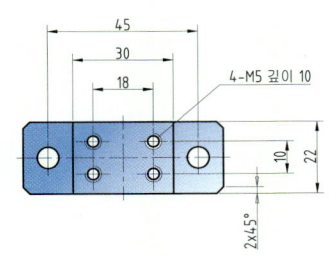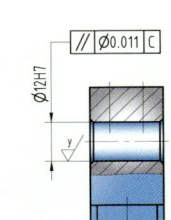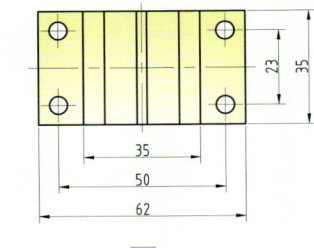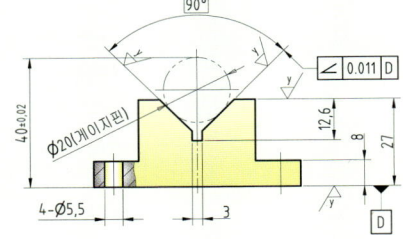

01. 드릴지그-1 과제도면

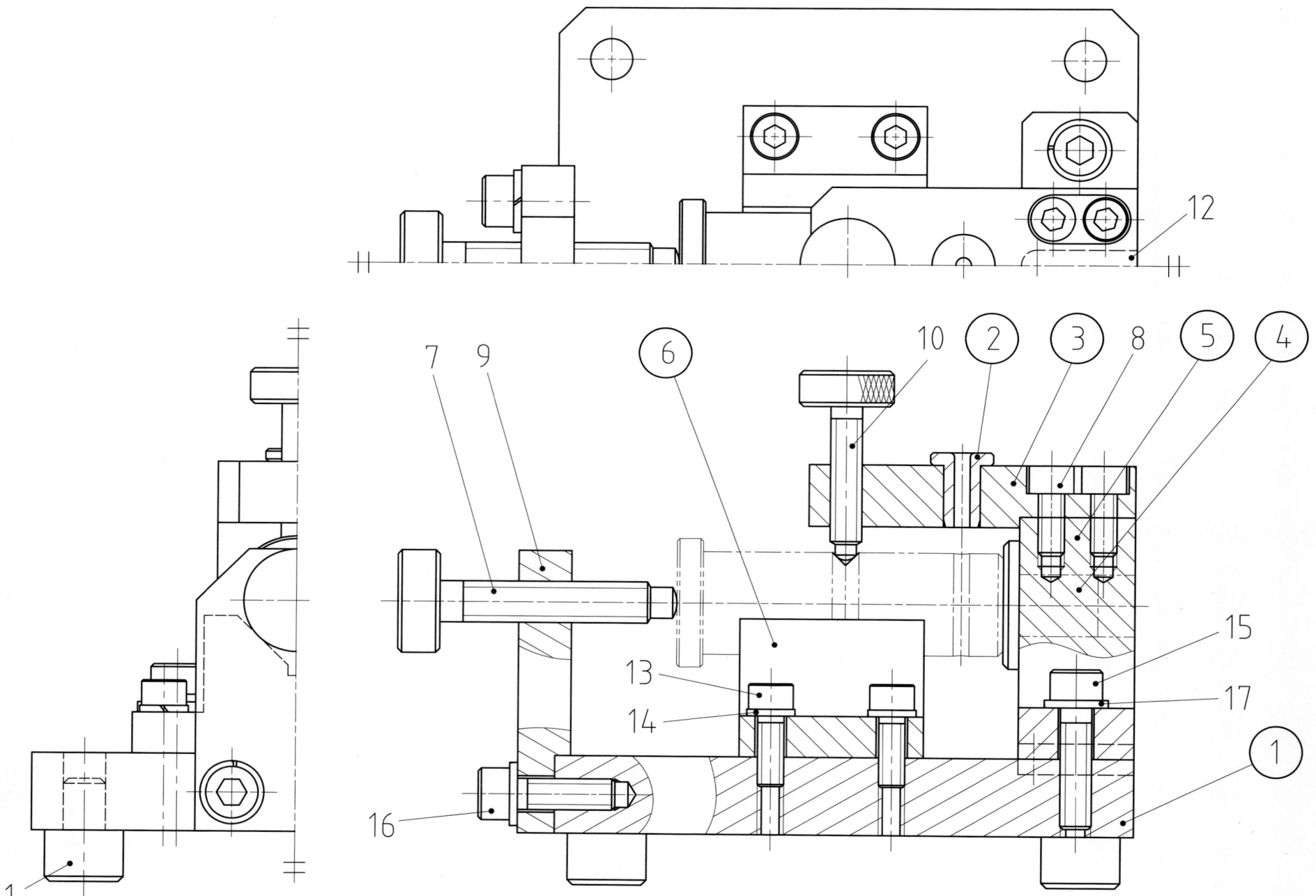

01. 드릴지그-1

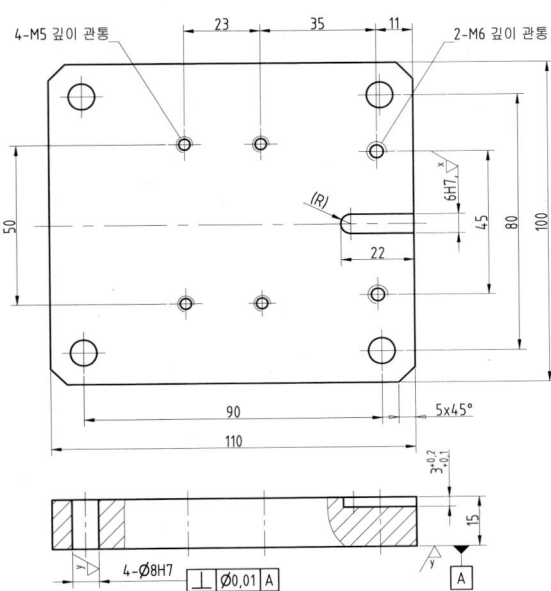
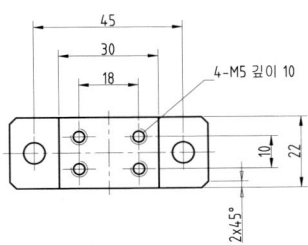
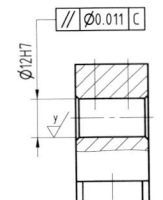
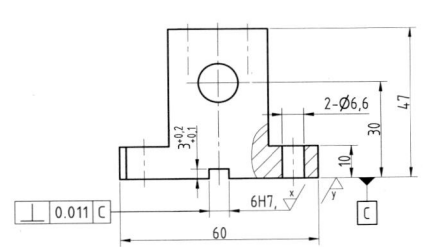
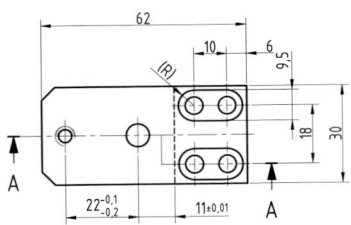
단면 A-A
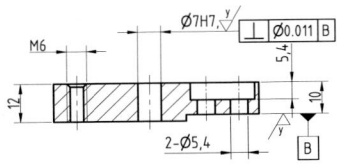
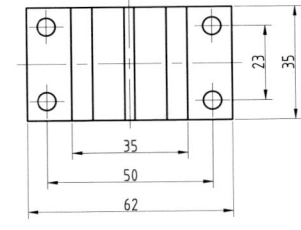
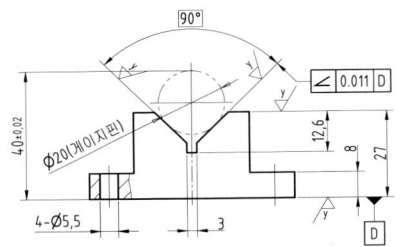

주서
1. 일반공차 : 가공부 KS B ISO 2768-m
2. 도시되고 지시없는 모따기 1x45°
3. 일반 모따기 0.2x45°
4. 인산염 피막처리 : 전부품
5. 표면거칠기
   w = 12.5 N10
   x = 3.2 N8
   y = 0.8 N6

품번	품 명	재 질	수량	비 고
6	V-블럭	SM 45C	1	
5	블럭	SM 45C	1	
3	하우징	SM 45C	1	
1	베이스	SM 45C	1	

도 명	드릴지그-1	척 도	1:1
		각 법	3

01. 드릴지그-1   3D 렌더링 등각투상도 제출용 예제도면

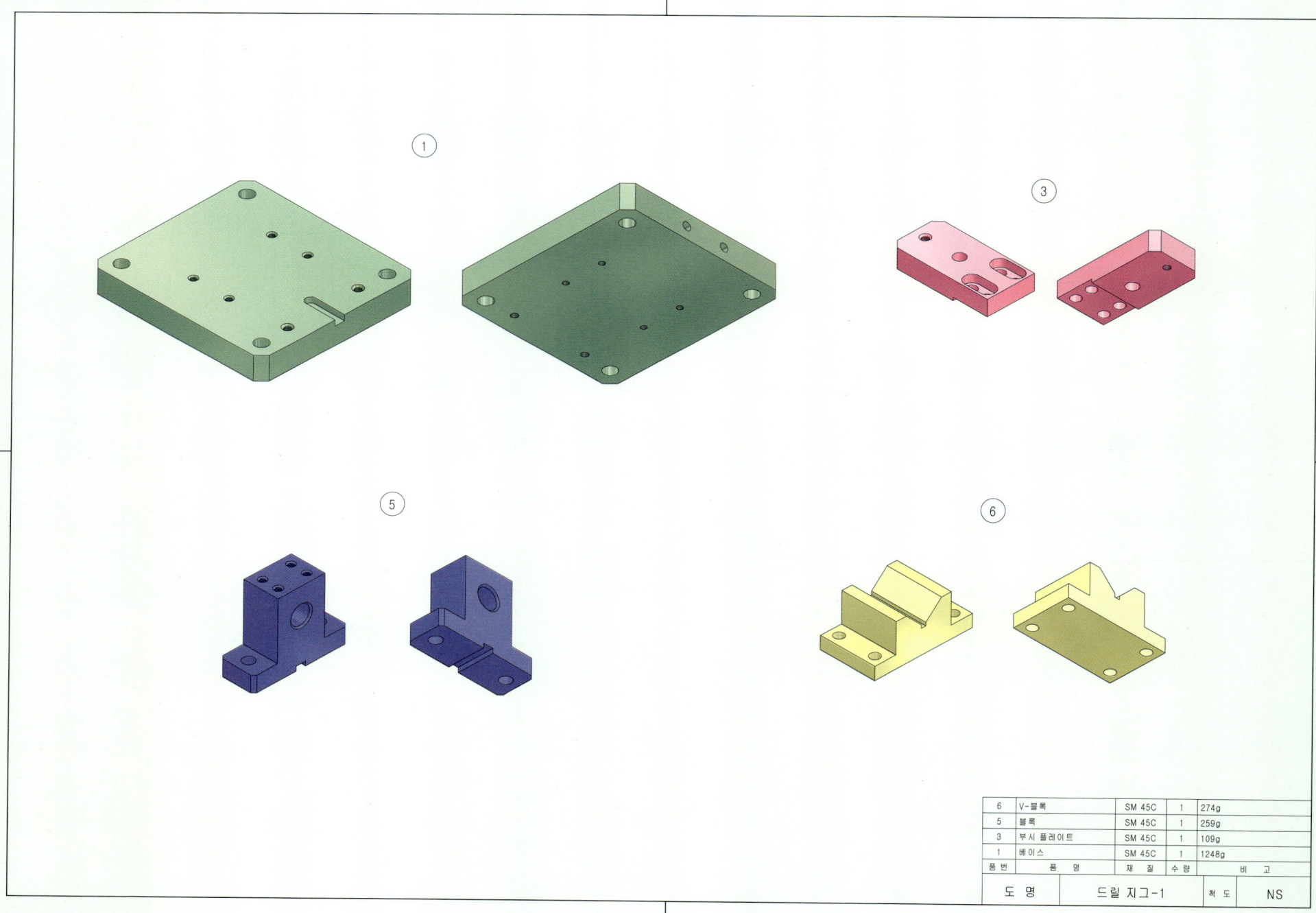

01. 드릴지그-1

3D 와이어프레임 등각투상도 제출용 예제도면

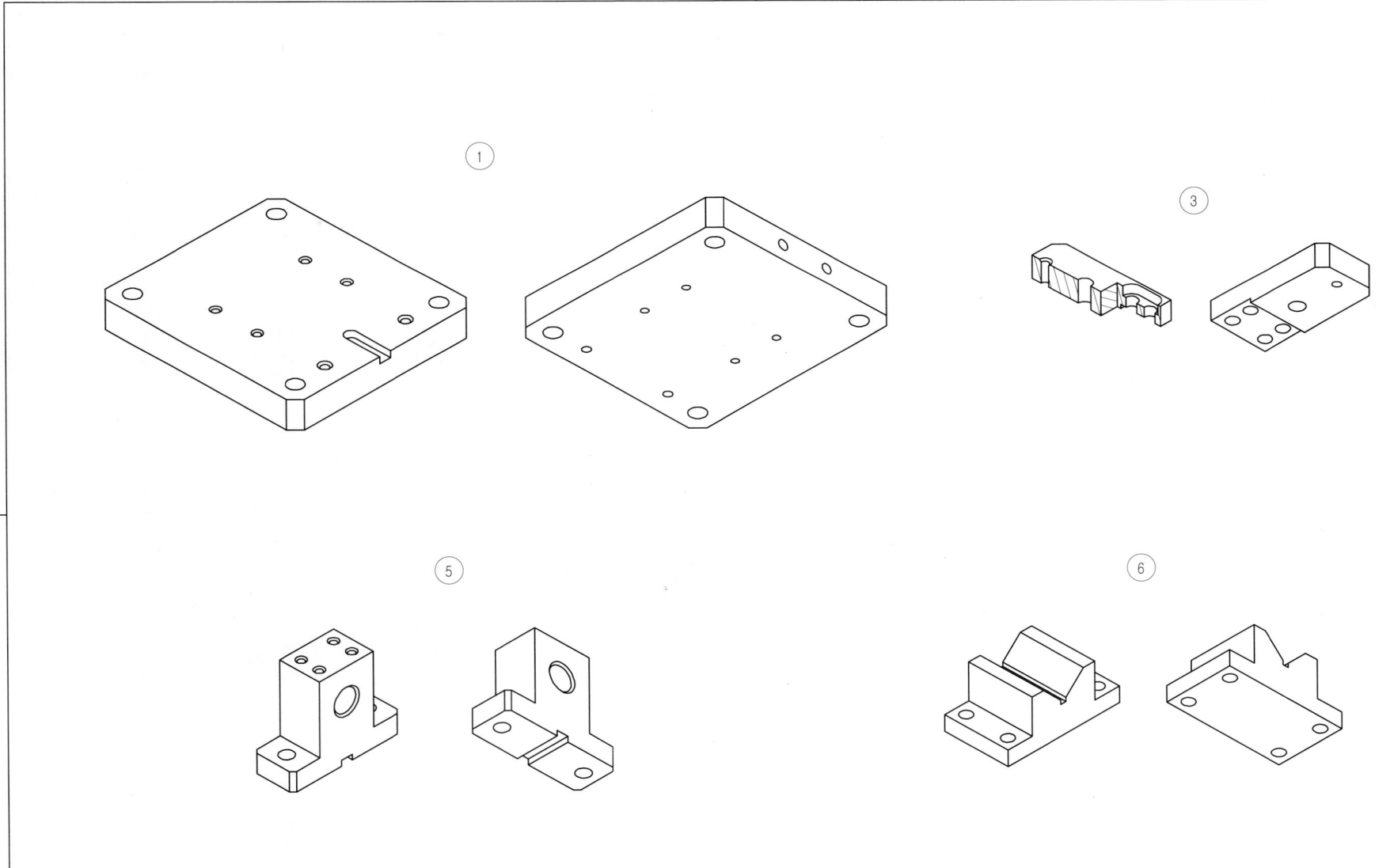

6	V-블록	SM 45C	1	274g
5	블록	SM 45C	1	259g
3	부시 플레이트	SM 45C	1	109g
1	베이스	SM 45C	1	1248g
품번	품 명	재 질	수량	비 고

도 명	드릴 지그-1	척 도	NS

01. 드릴지그-1 등각조립도

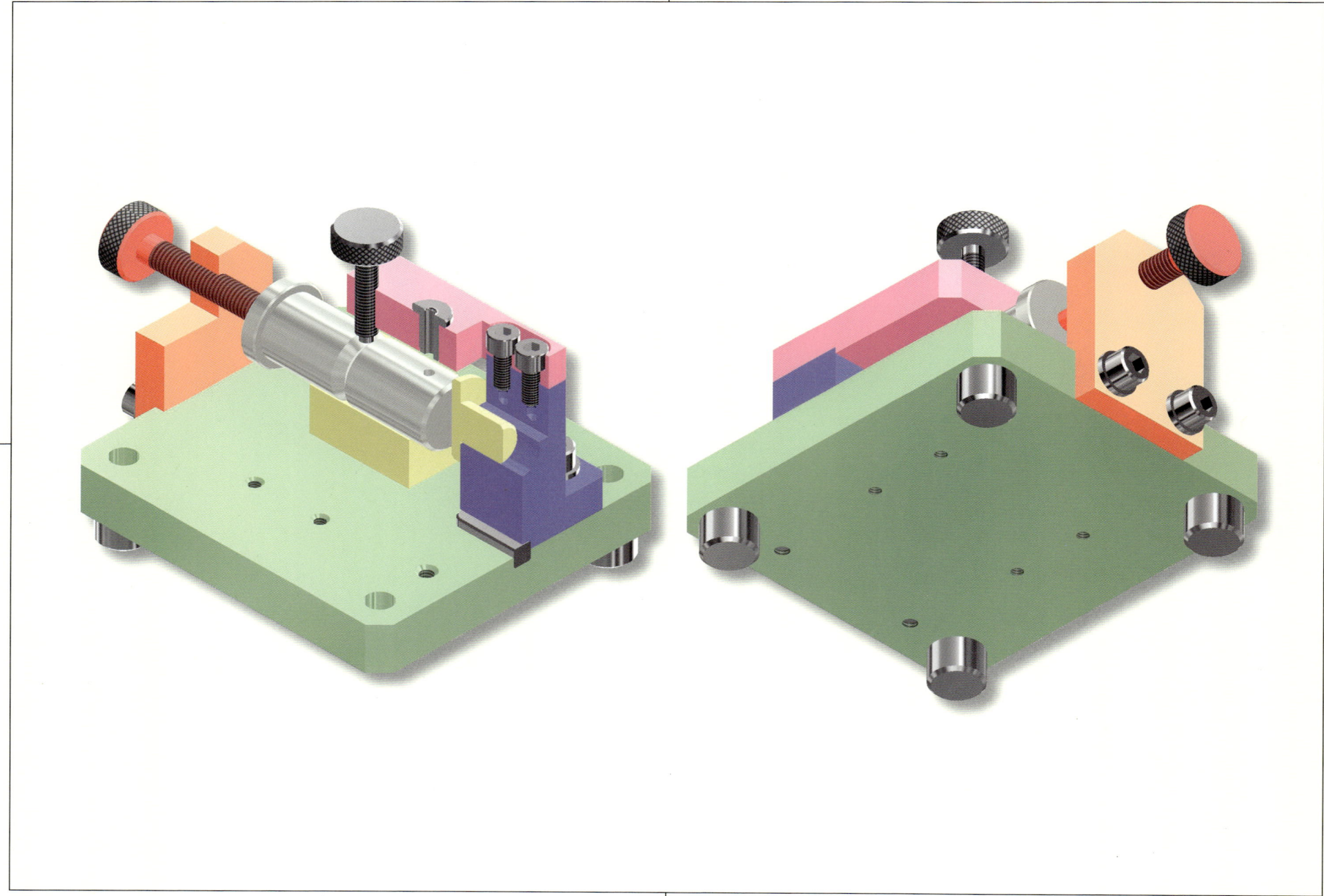

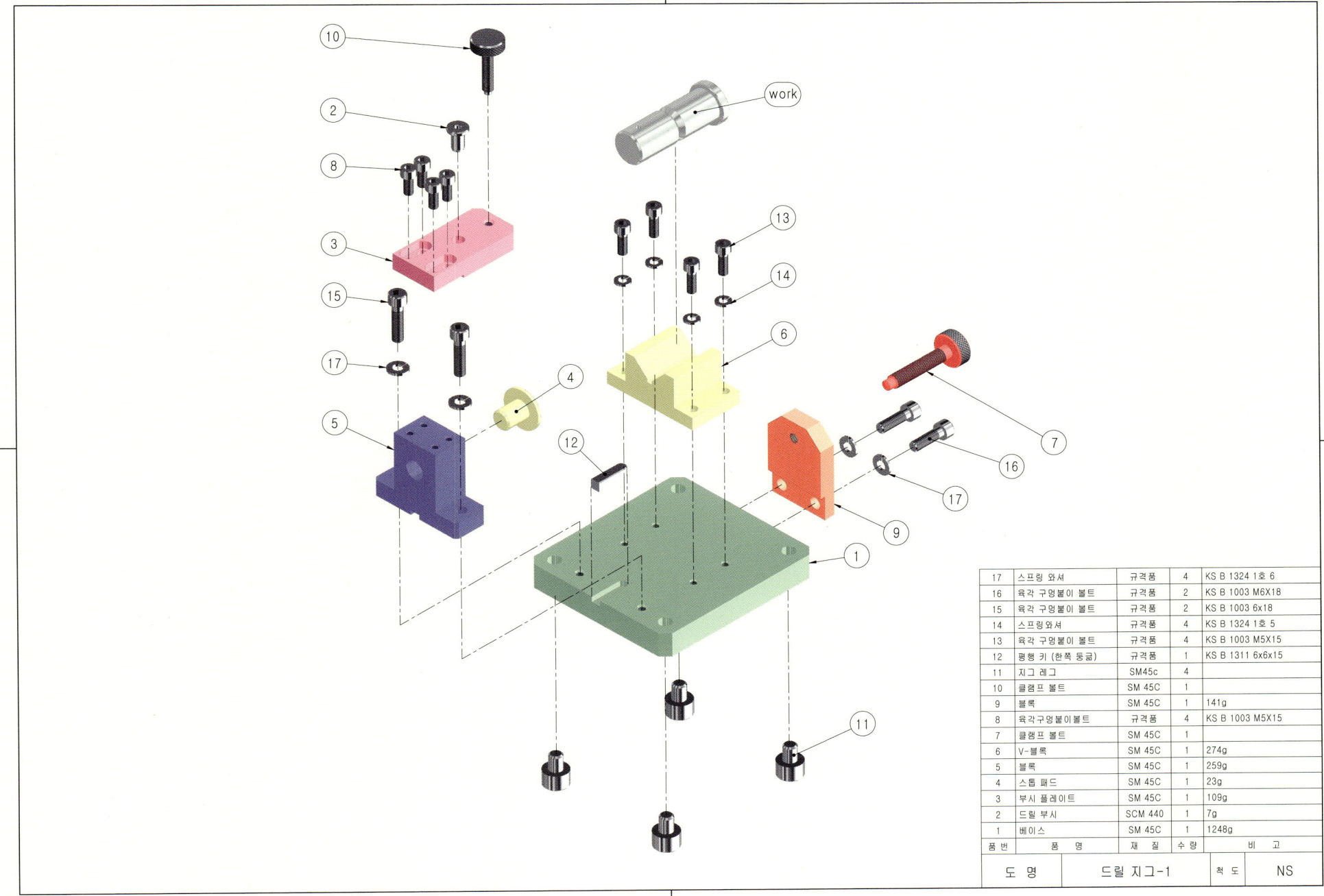

02. 드릴지그-2 과제도면

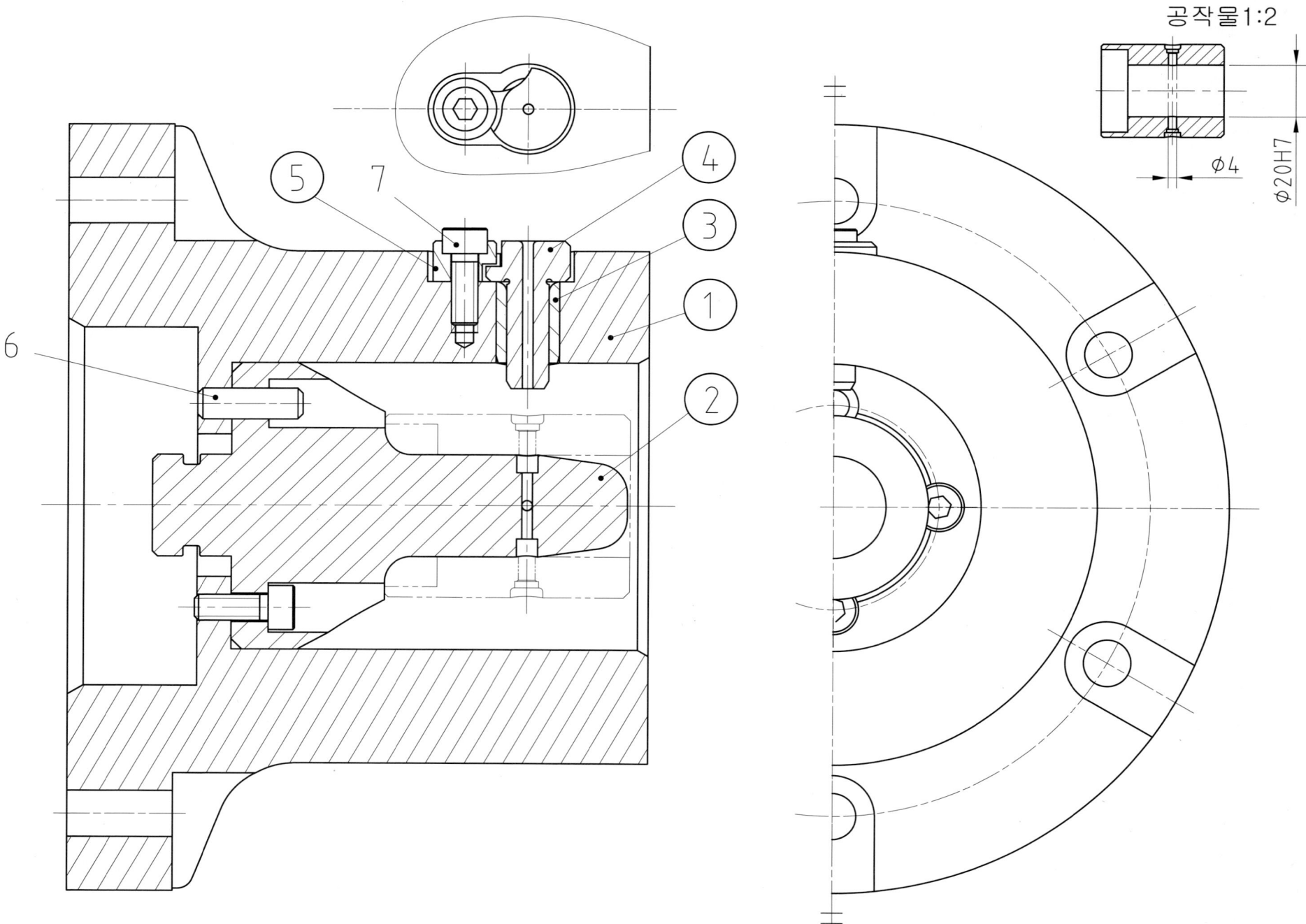

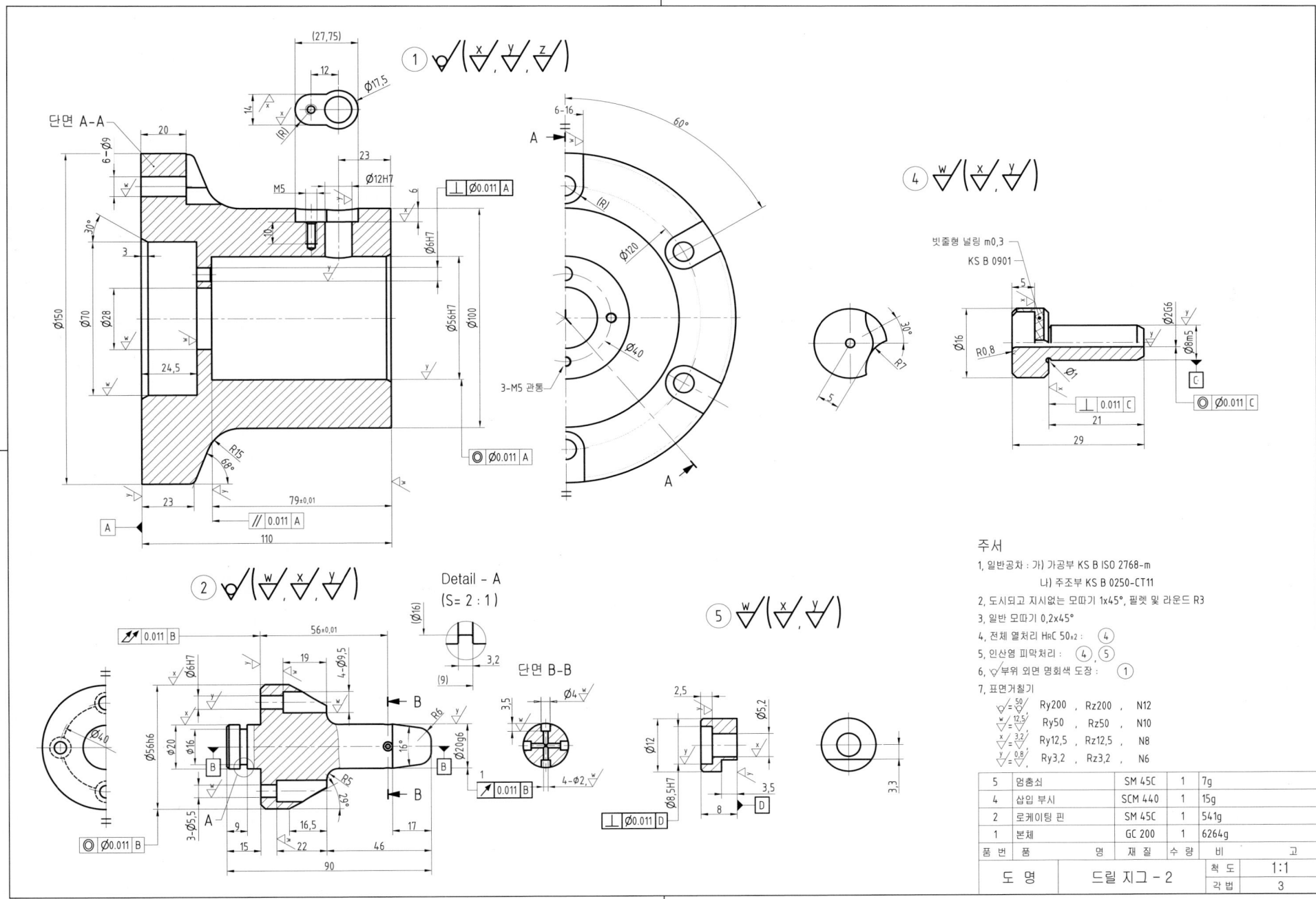

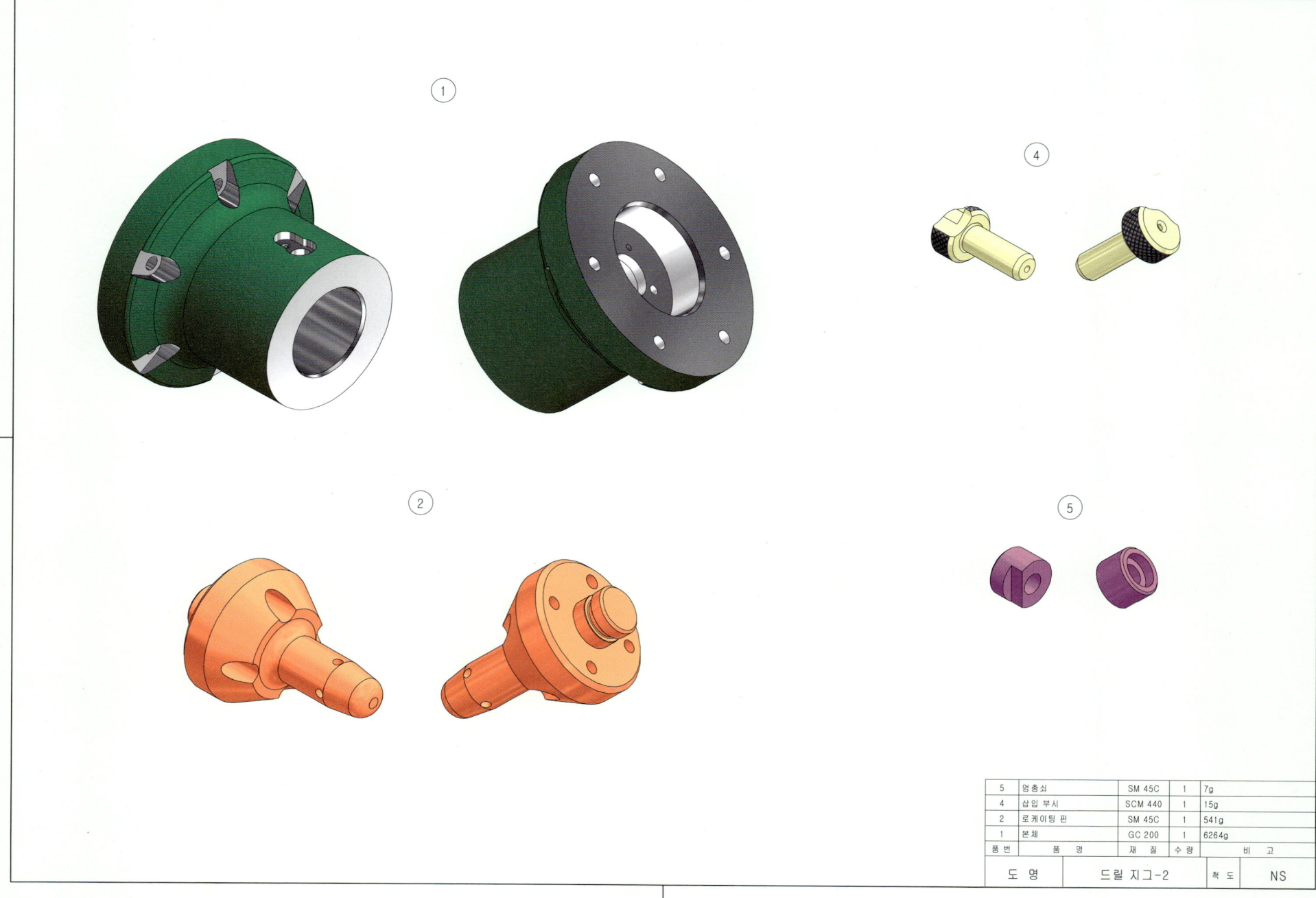

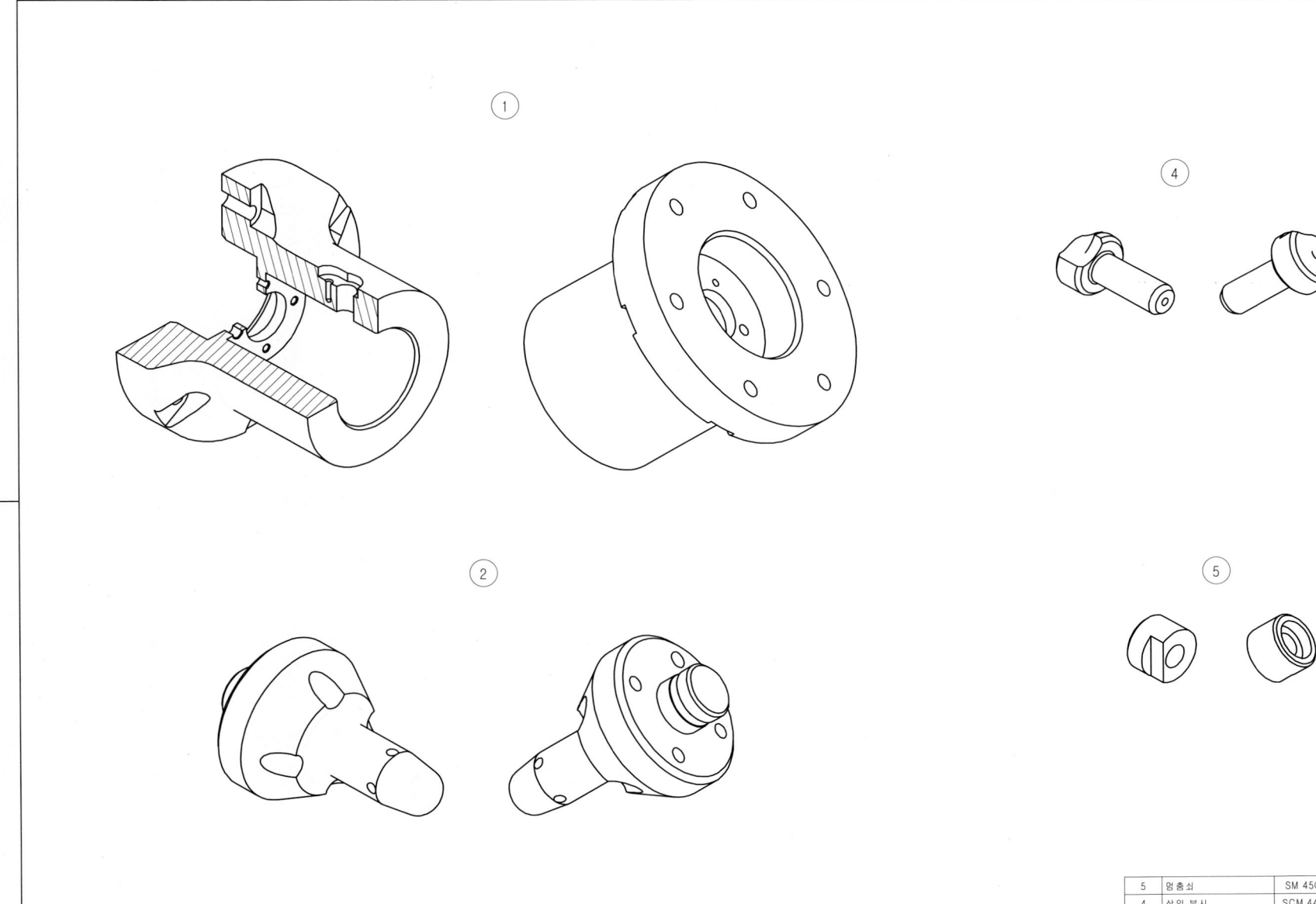

02. 드릴지그-2 — 등각조립도

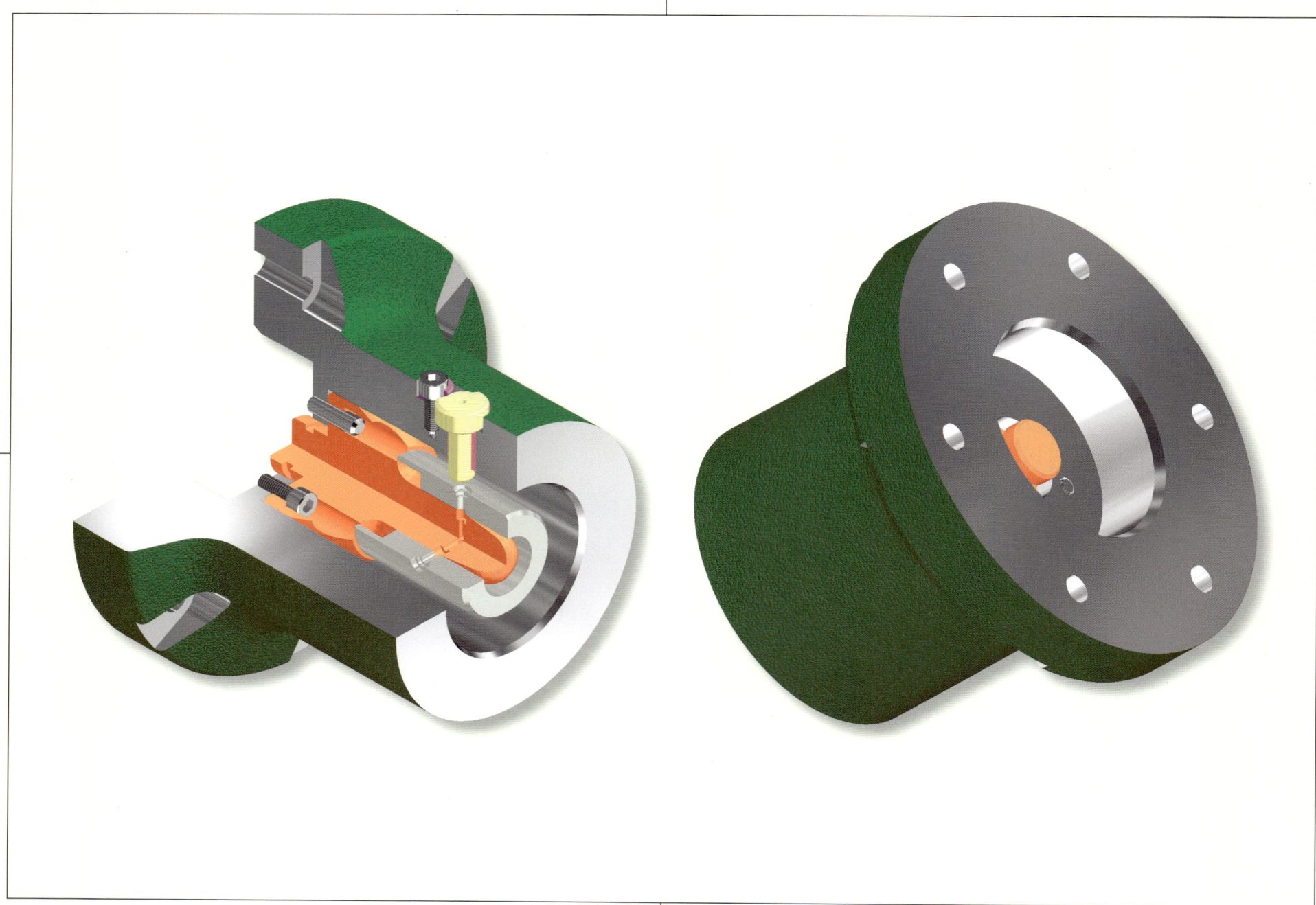

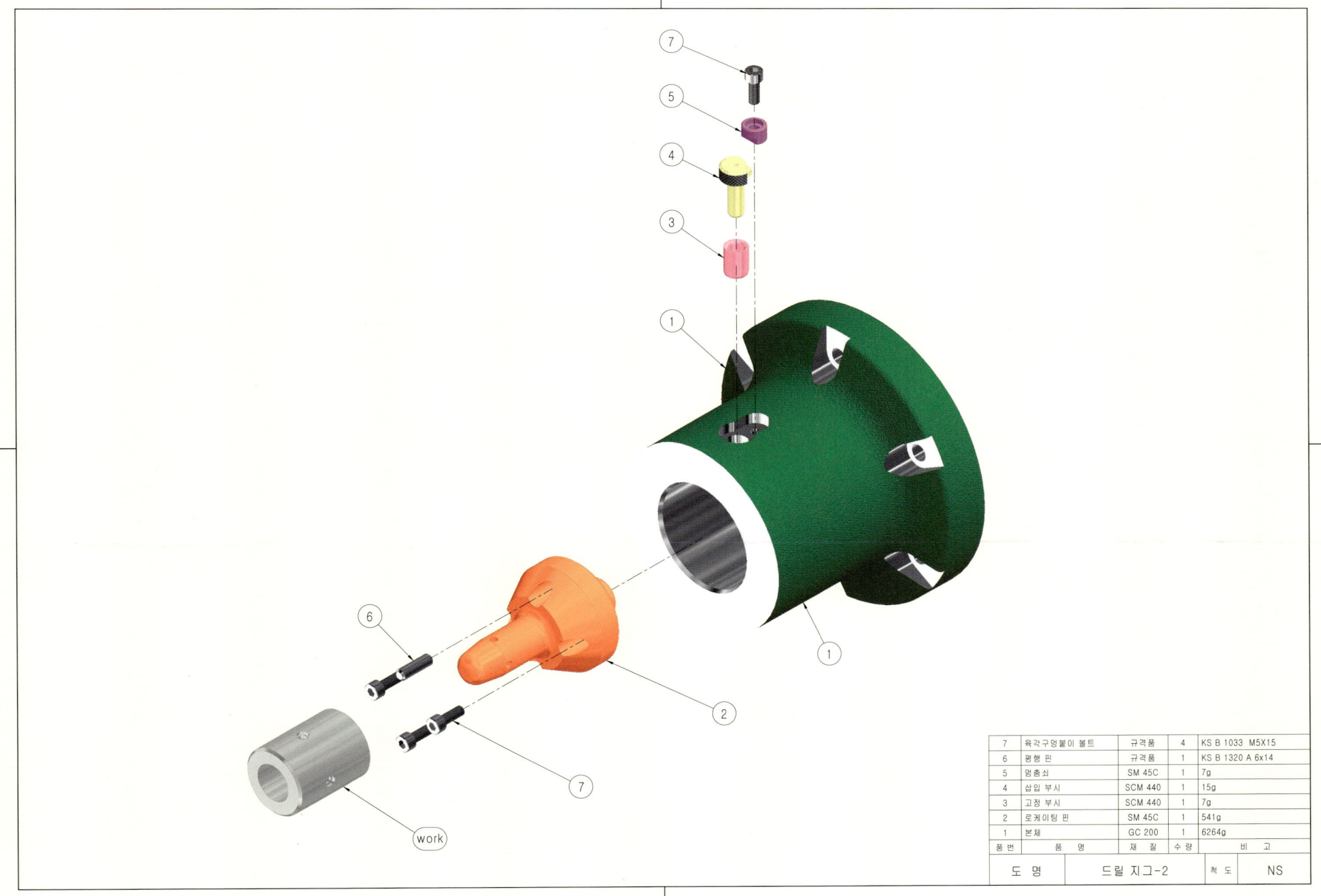

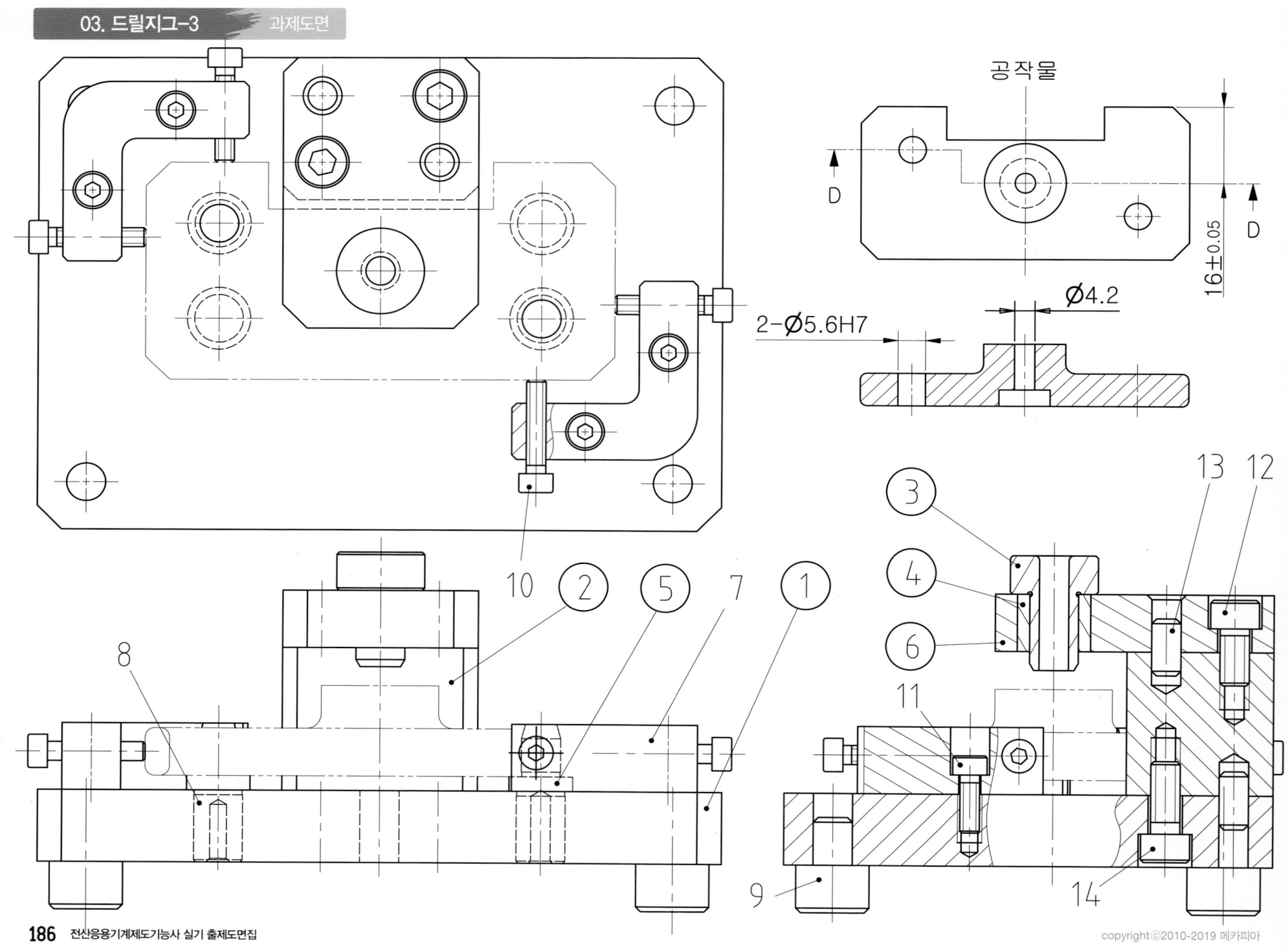

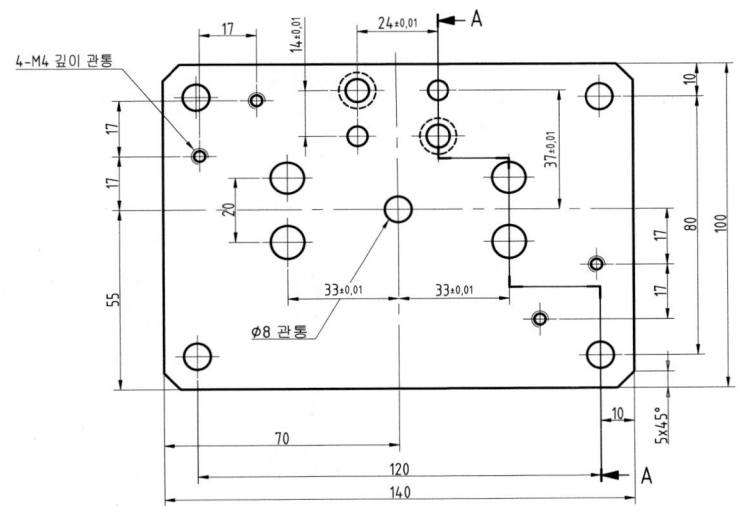
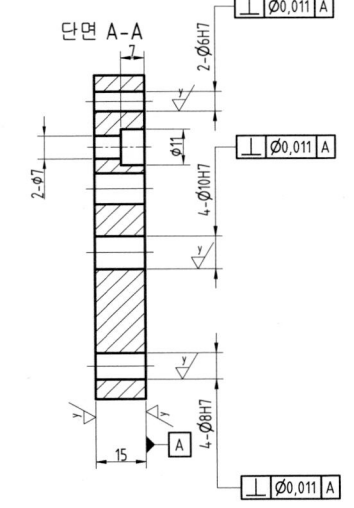
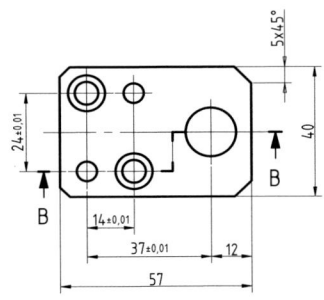
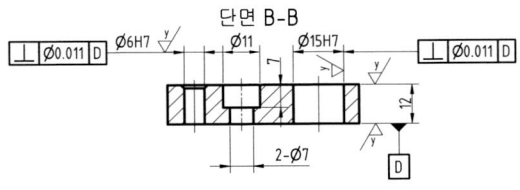
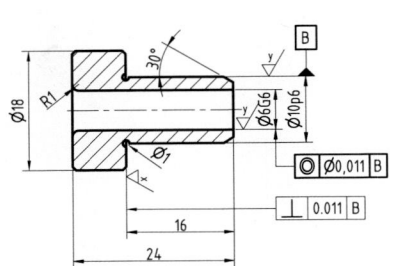
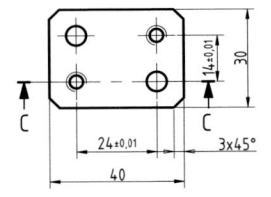
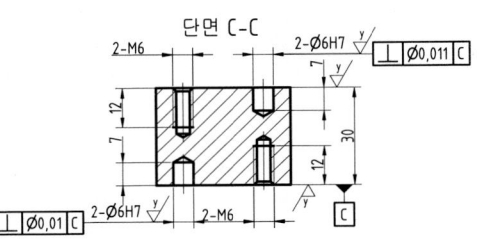

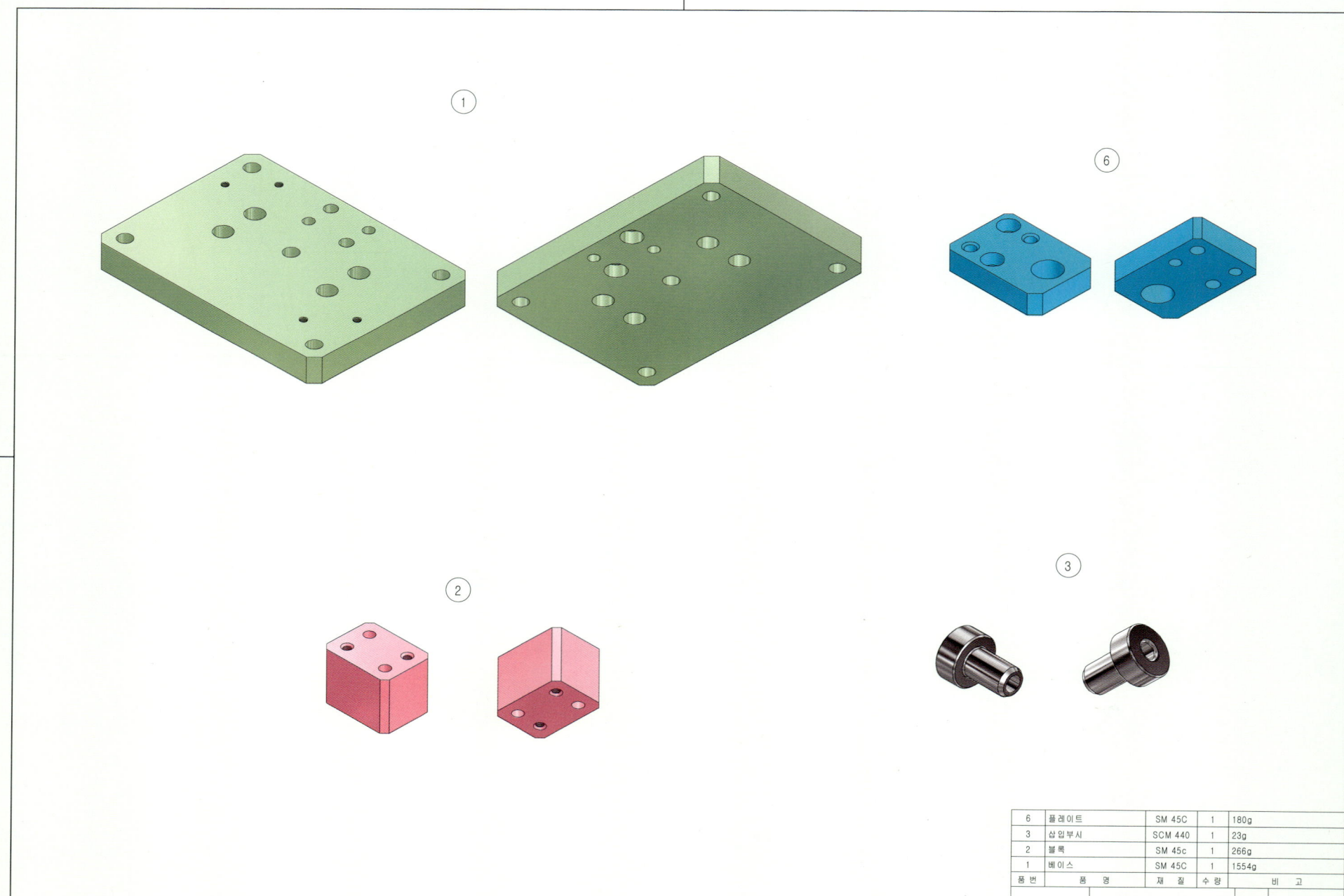

03. 드릴지그-3

3D 와이어프레임 등각투상도 제출용 예제도면

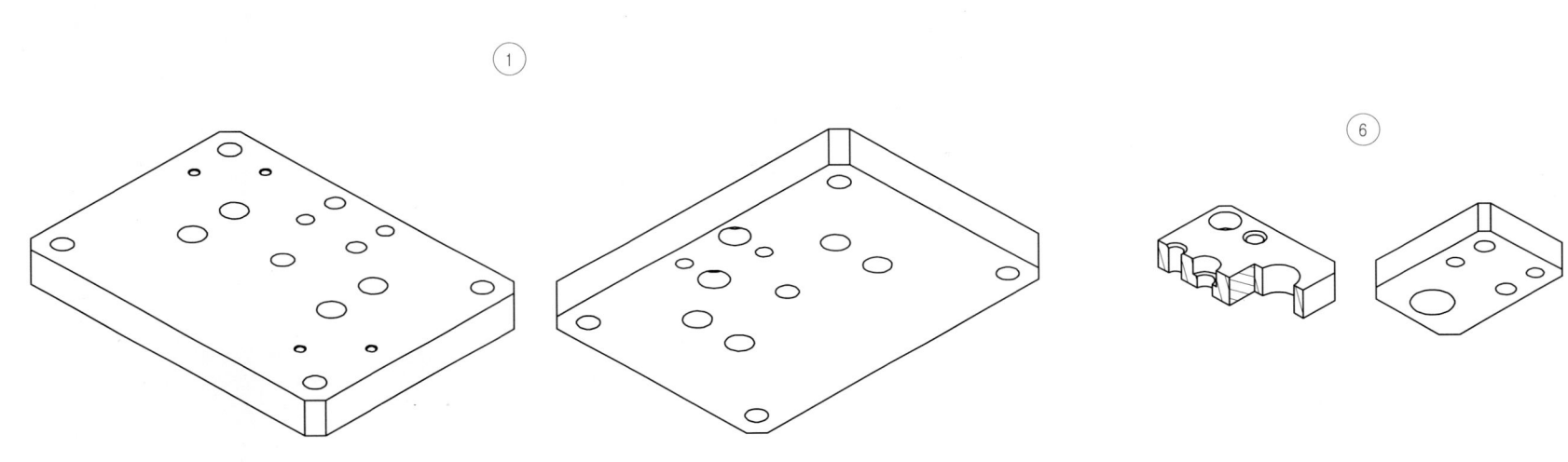

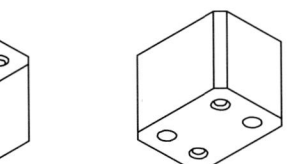
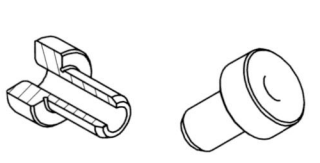

품 번	품 명	재 질	수량	비 고
6	플레이트	SM 45C	1	180g
3	삽입부시	SCM 440	1	23g
2	블록	SM 45c	1	266g
1	베이스	SM 45C	1	1554g

도 명	드릴지그-3	척 도	NS

03. 드릴지그-3 등각조립도

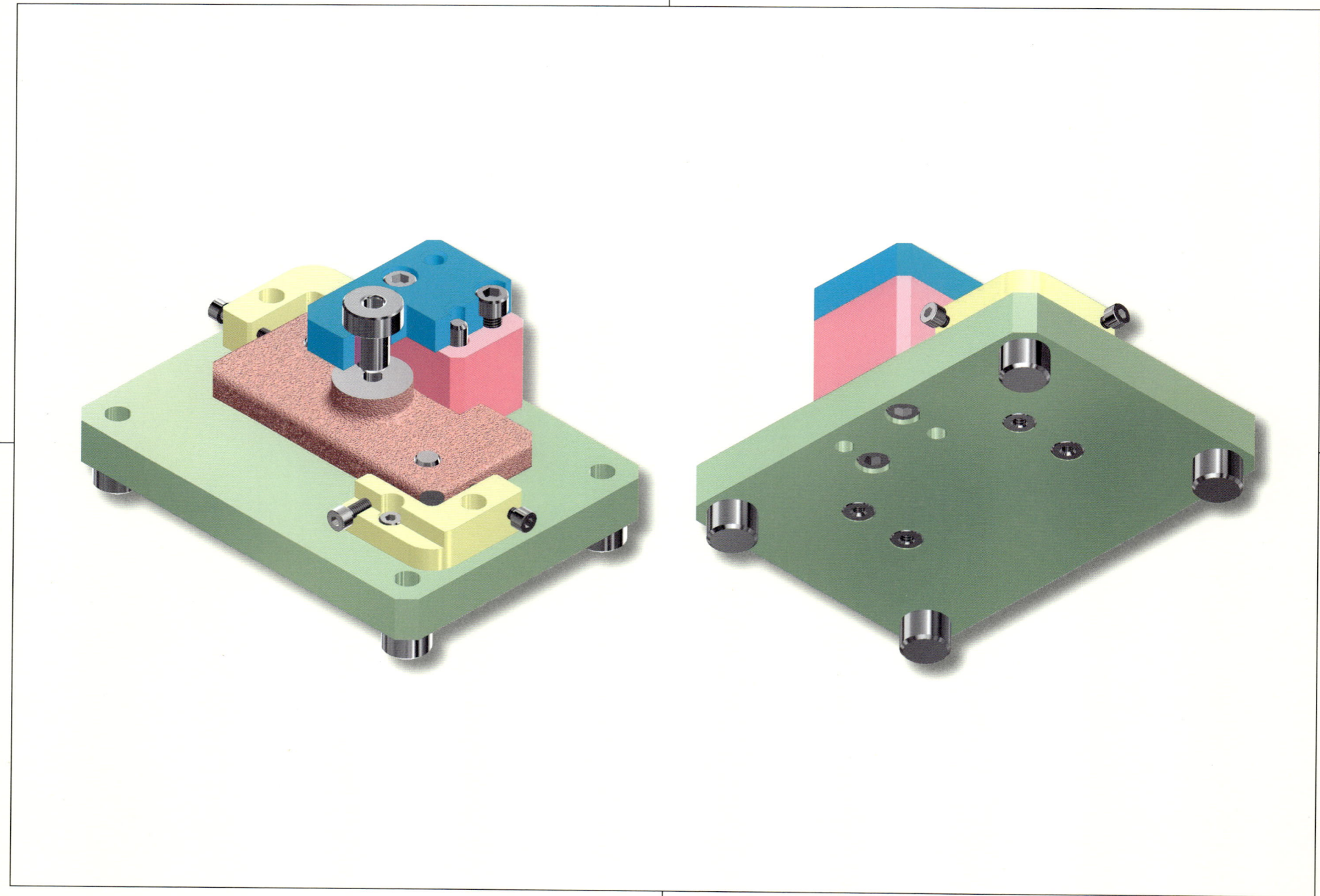

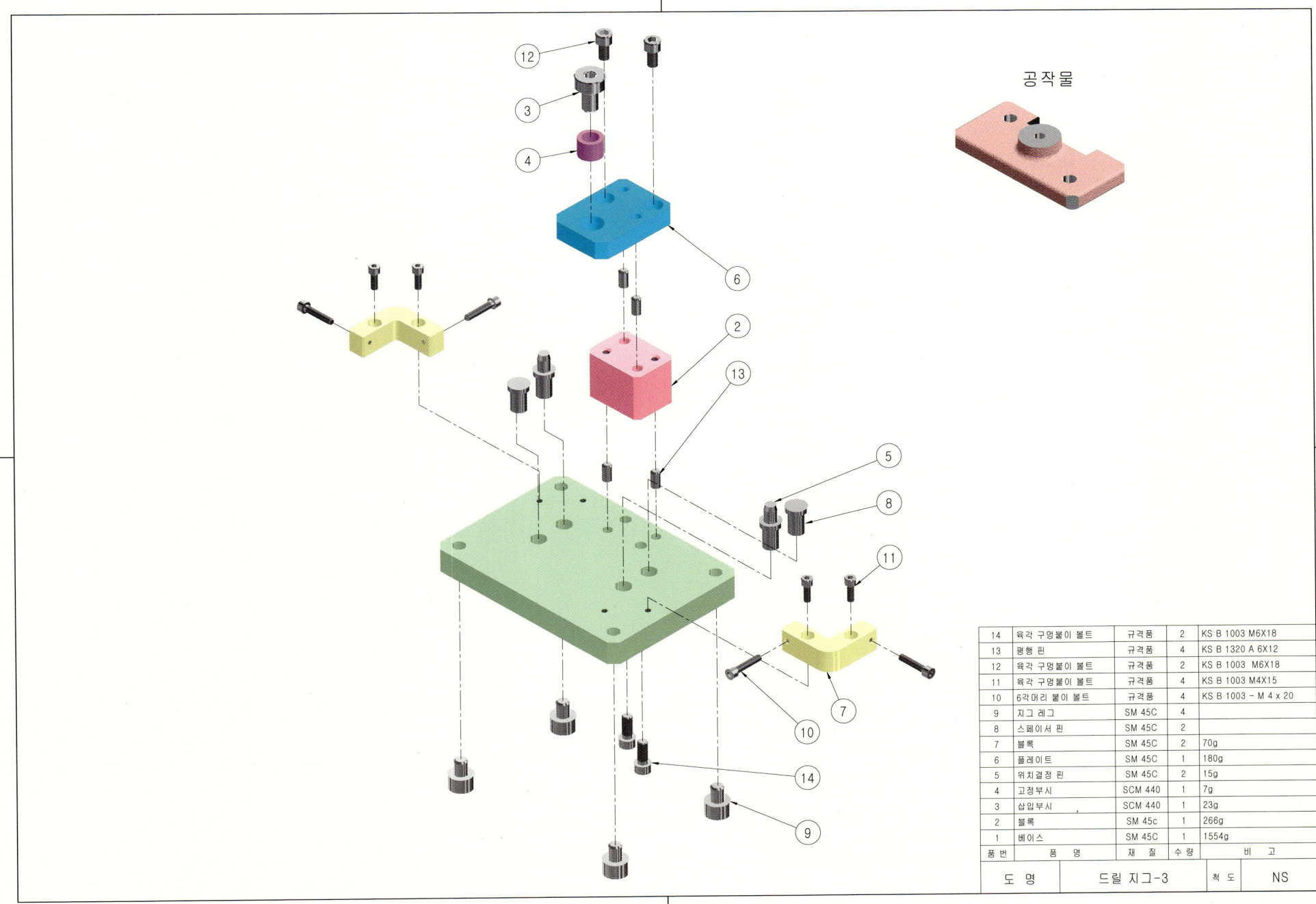

04. 드릴지그-4 과제도면

제품도 (1:2)

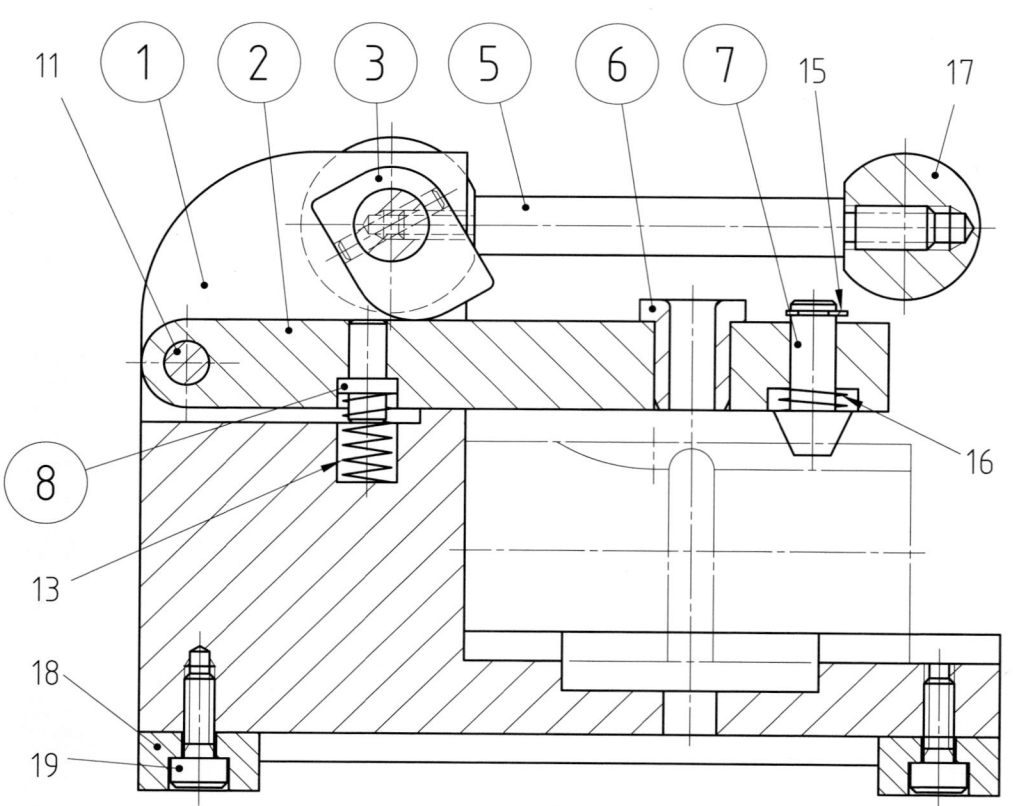
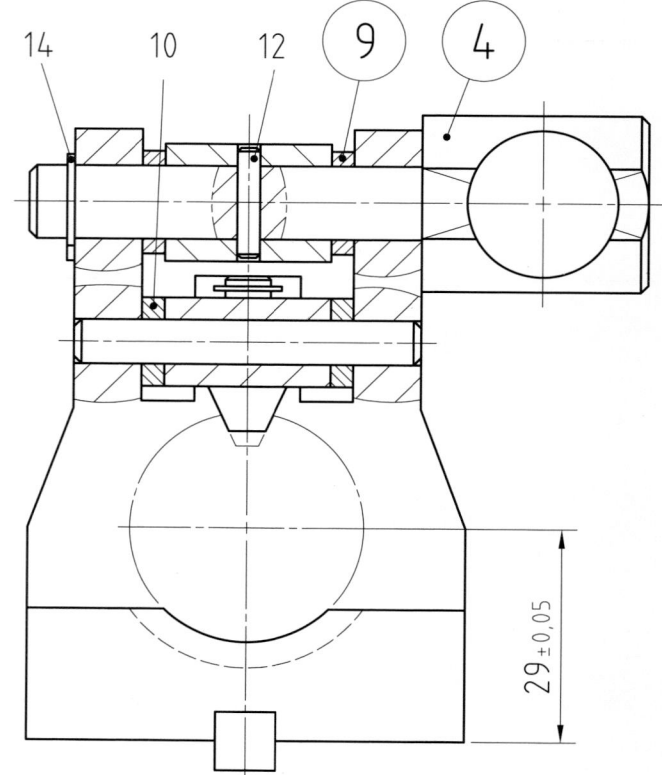

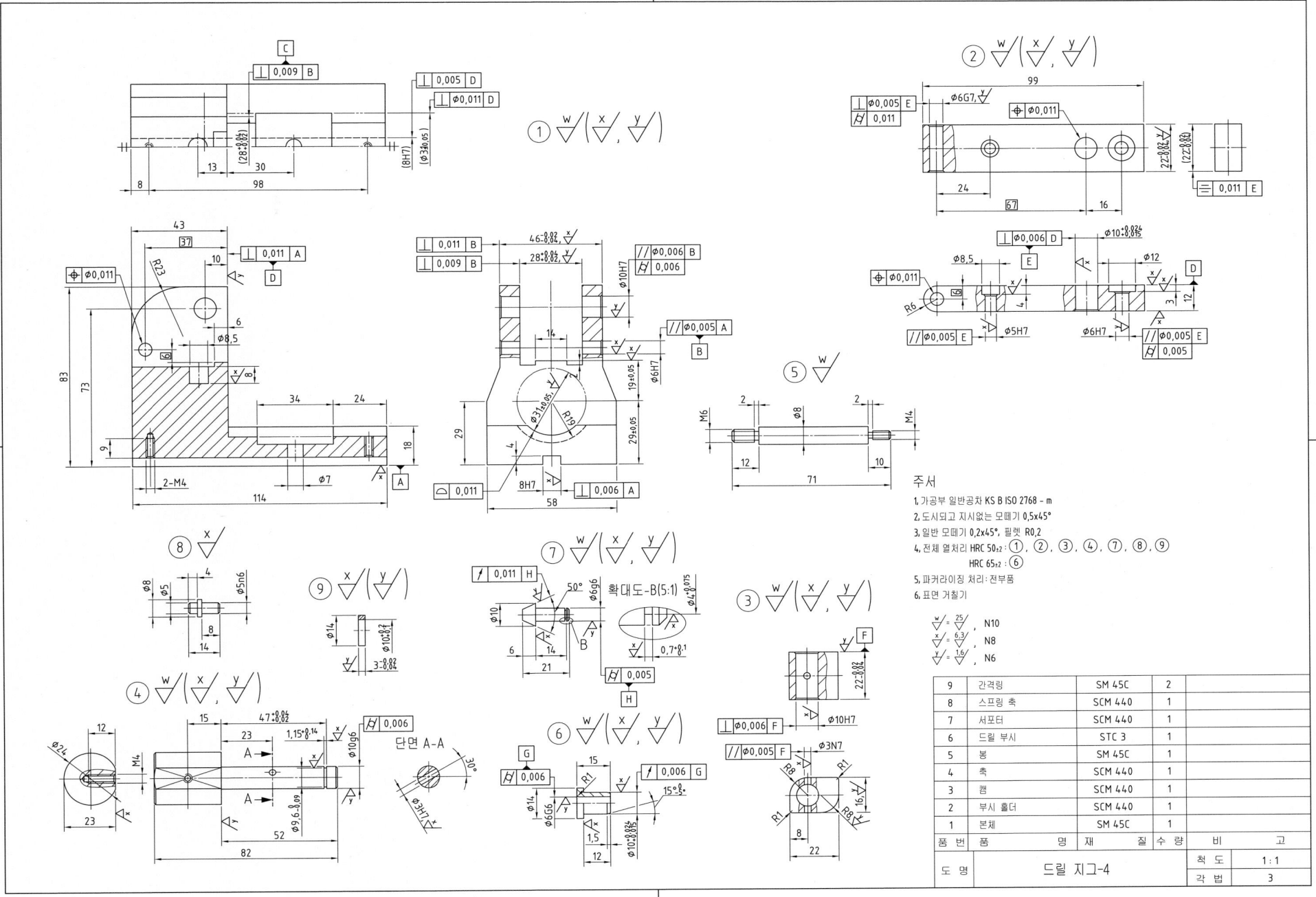

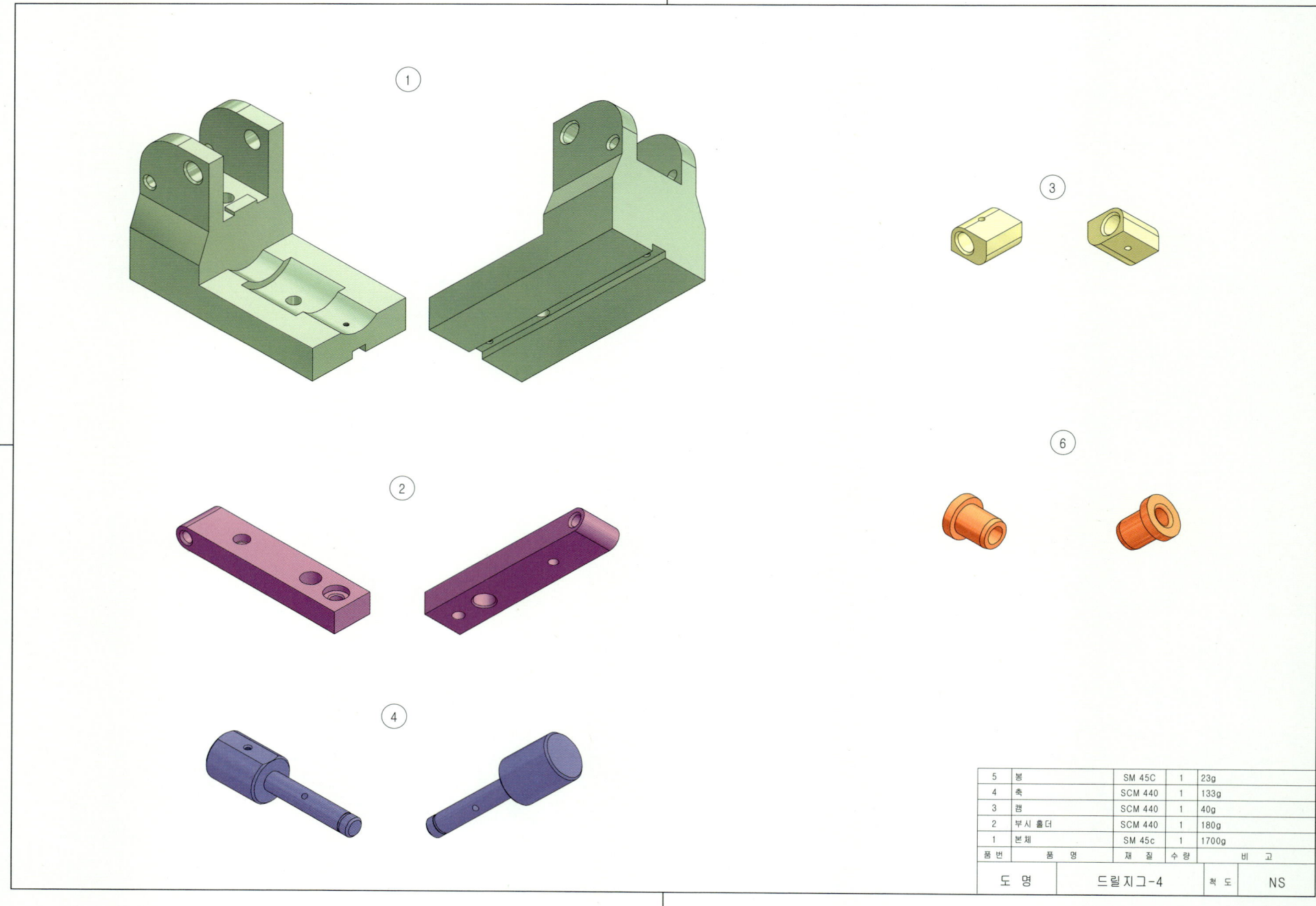

04. 드릴지그-4

3D 와이어프레임 등각투상도 제출용 예제도면

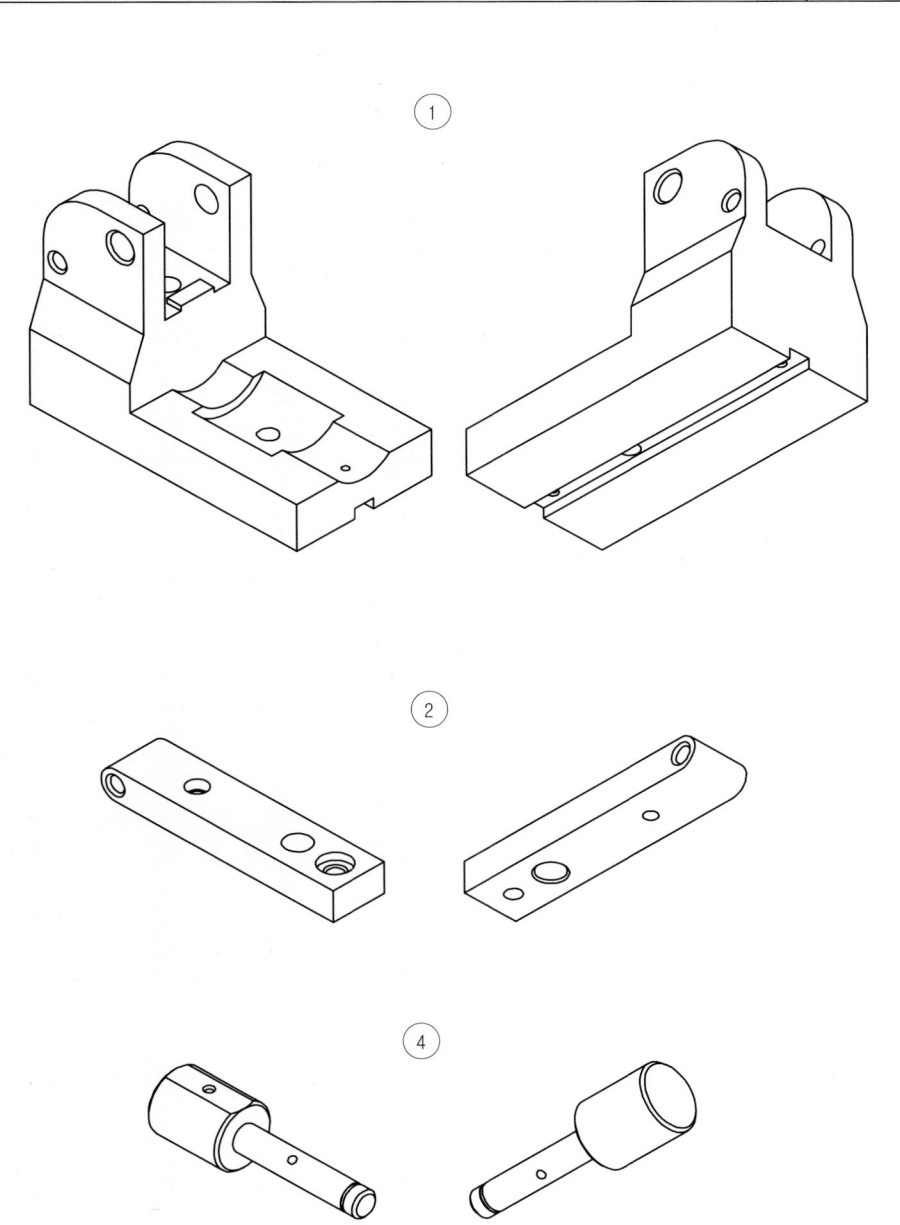
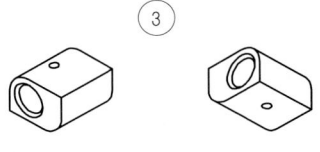

5	봉	SM 45C	1	23g
4	축	SCM 440	1	133g
3	캠	SCM 440	1	40g
2	부시 홀더	SCM 440	1	180g
1	본체	SM 45c	1	1700g
품번	품 명	재 질	수량	비 고

도 명	드릴지그-4	척 도	NS

04. 드릴지그-4 등각조립도

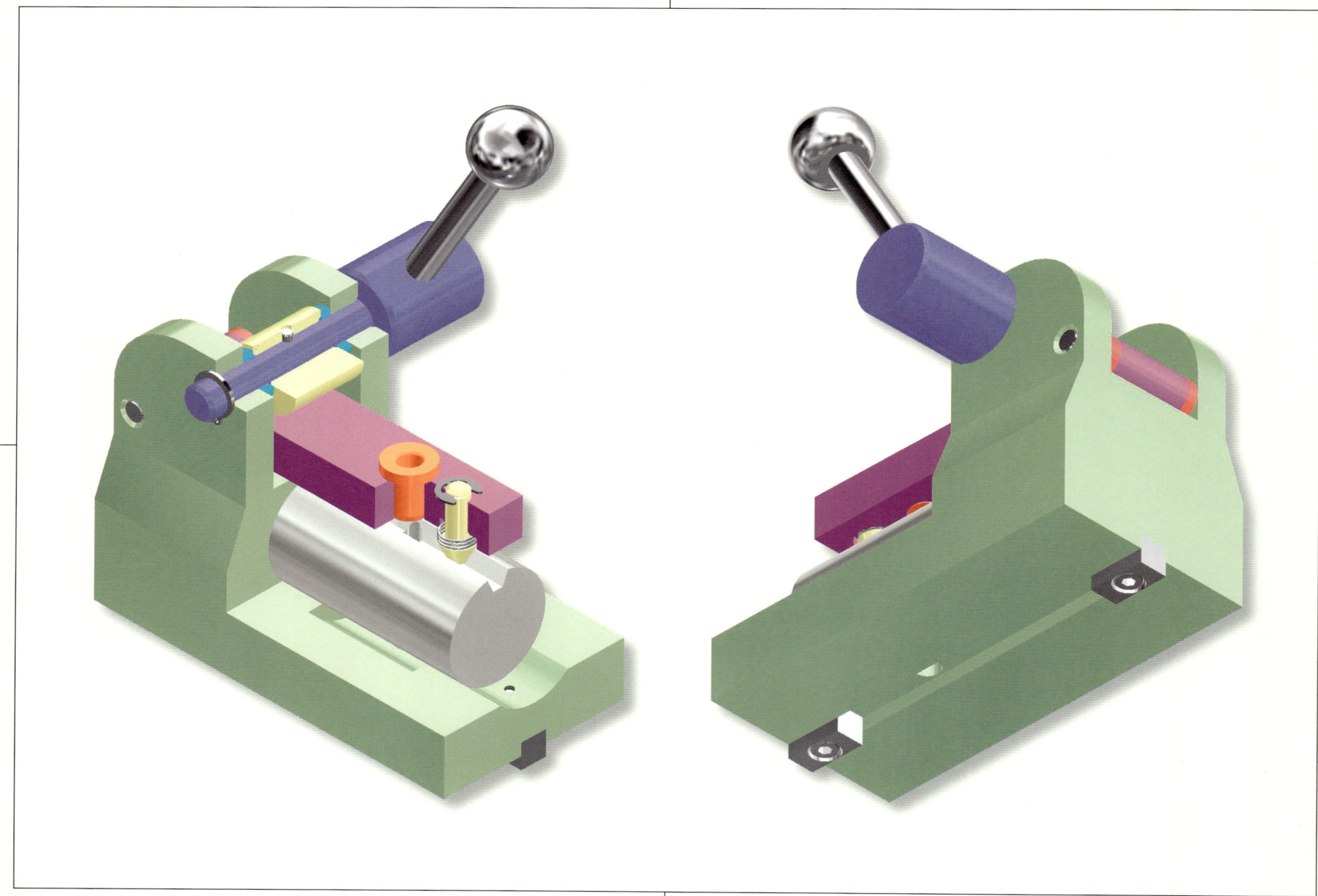

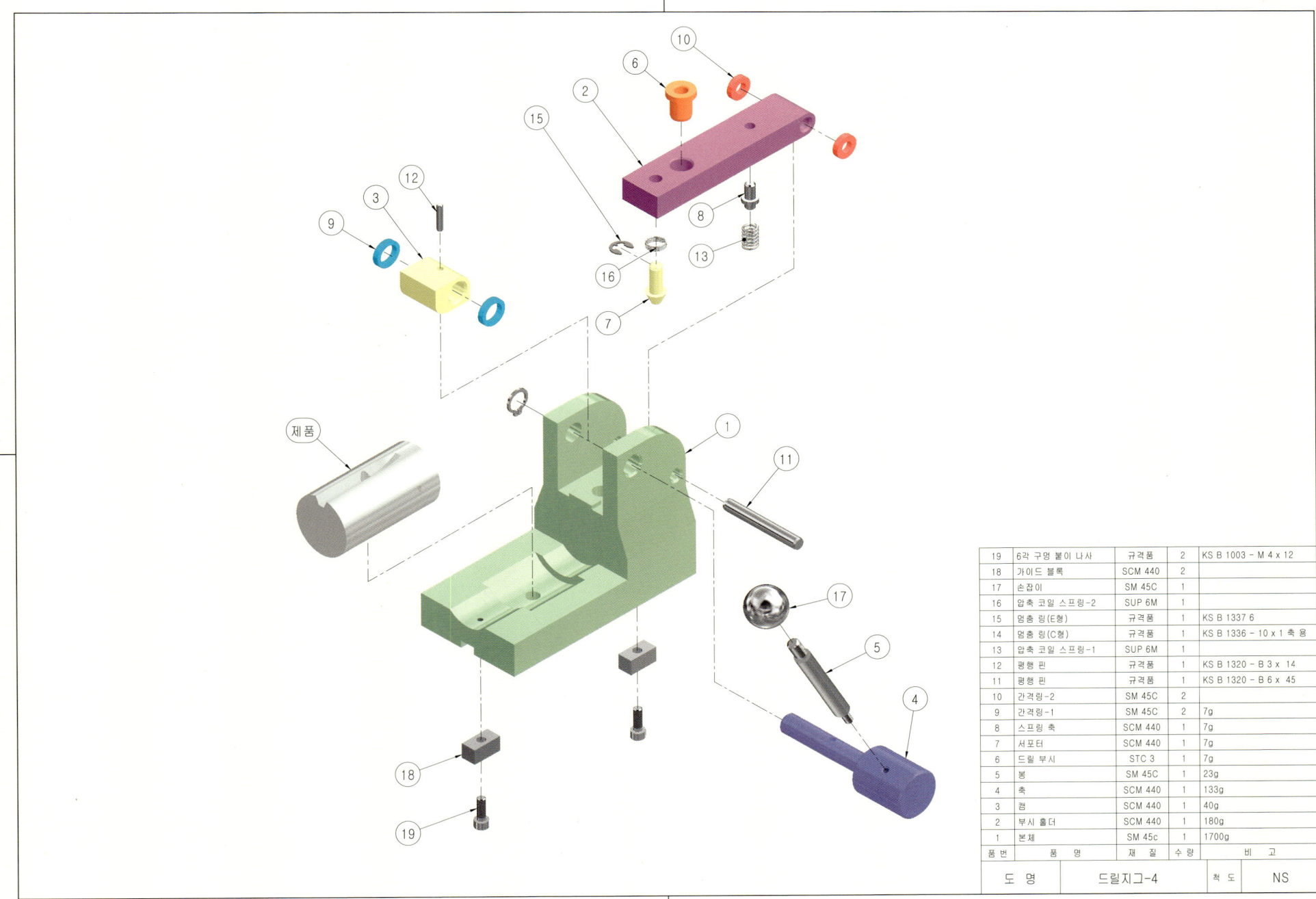

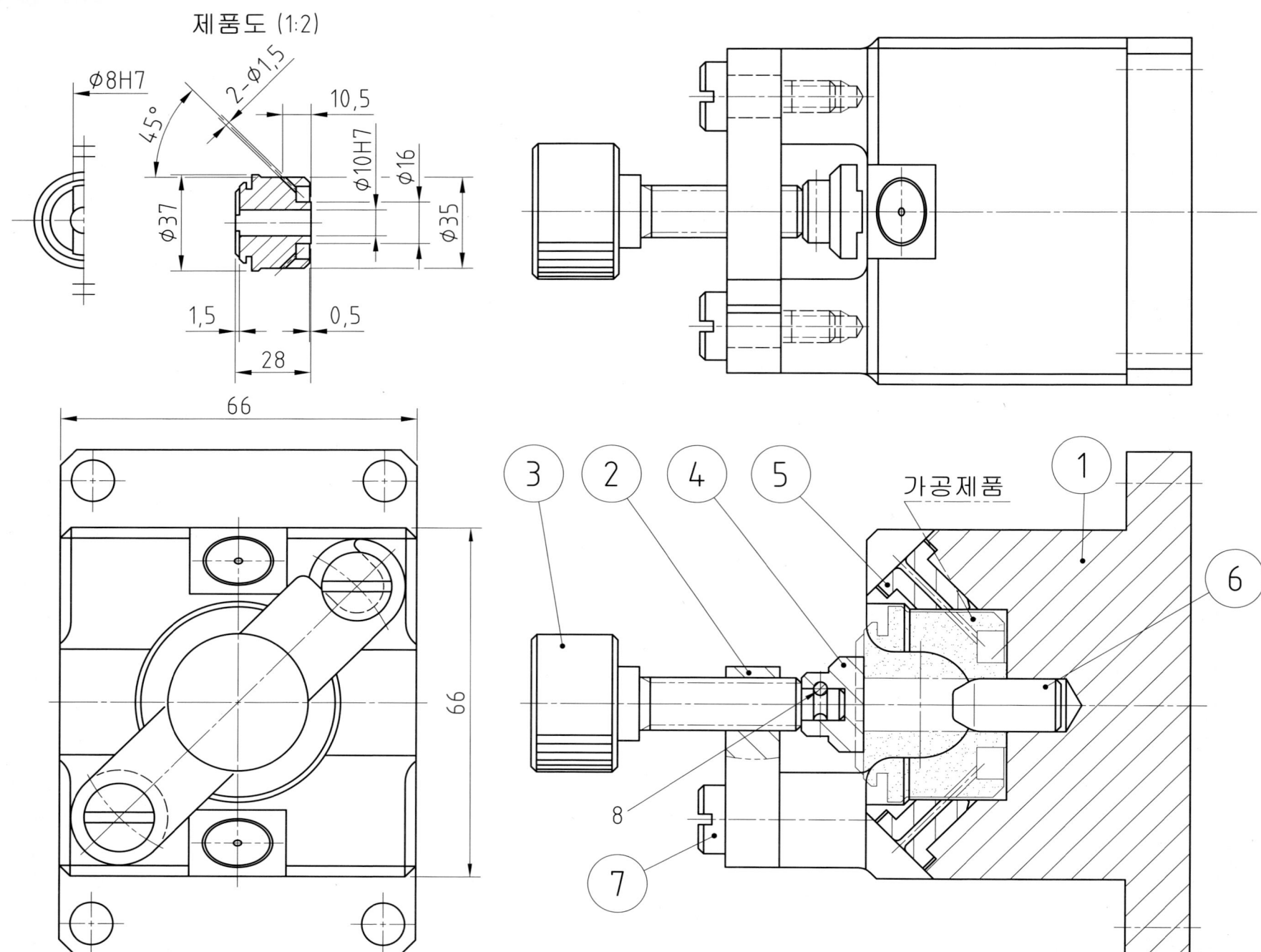

주서

1. 가공부 일반공차 KS B ISO 2768-m
2. 도시되고 지시있는 모떼기 1x45°
3. 일반 모떼기 0,2x45°
4. 전체 열처리 HRC 50±2 : (전부품)
5. 파커라이징 처리 : (전부품)
6. 표면 거칠기

w = 25, N10

x = 6,3, N8

y = 1,6, N6

품번	품명	재질	수량	비고
7	힌지 볼트	SCM 440	2	
6	게이지 핀	SCM 440	1	
5	드릴 부시	STC 3	2	
4	누름 판	SCM 440	1	
3	손잡이	SCM 440	1	
2	고정구	SCM 440	1	
1	본체	SCM 440	1	

도 명	드릴 지그-5	척 도	1 : 1
		각 법	3

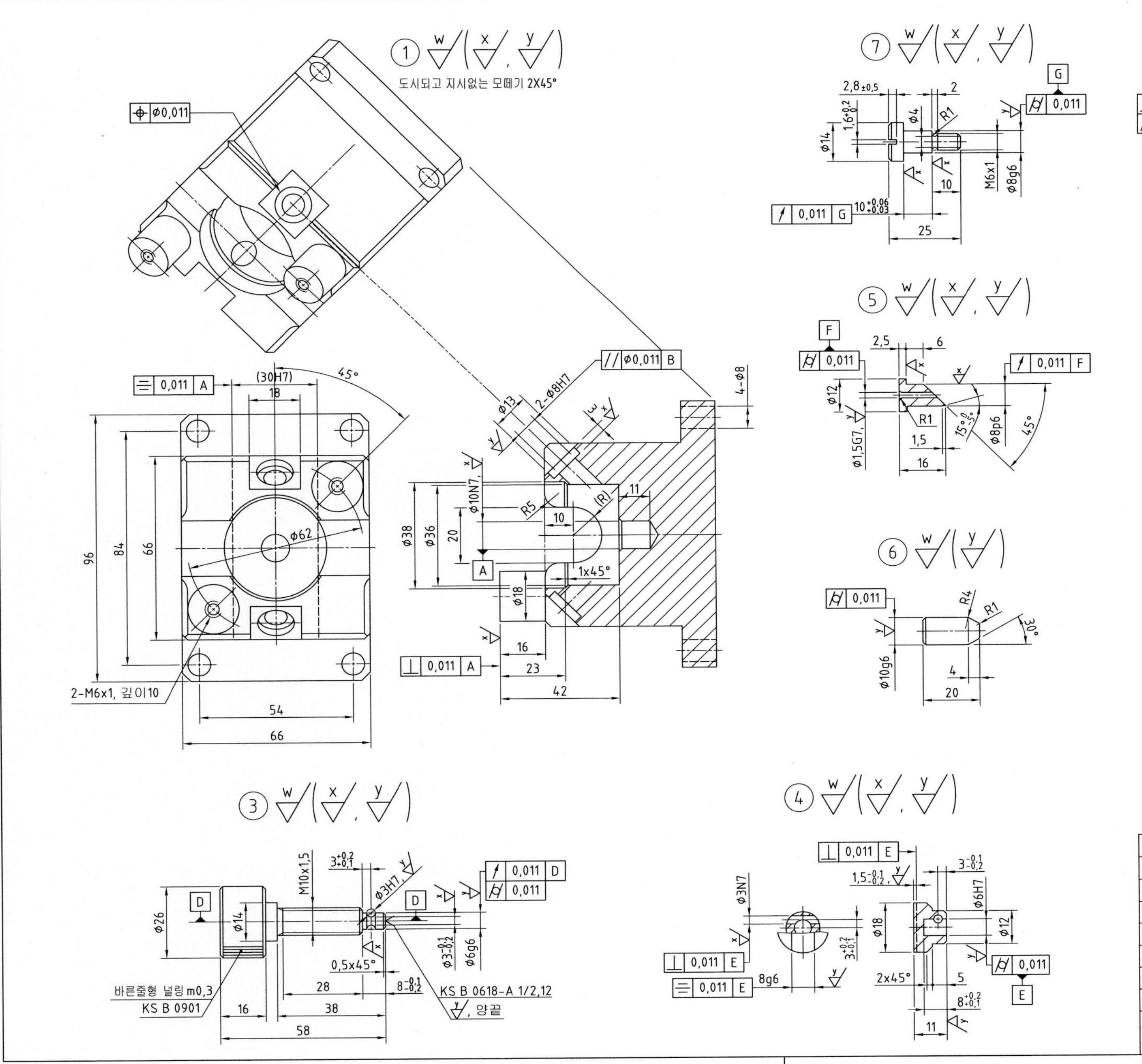

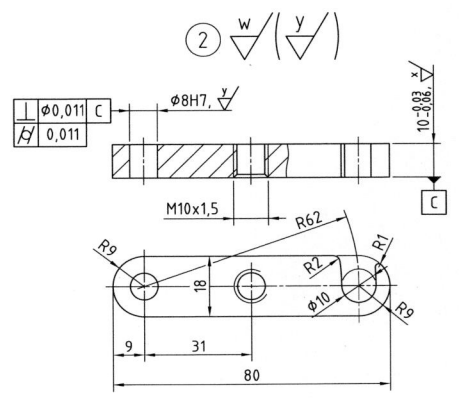

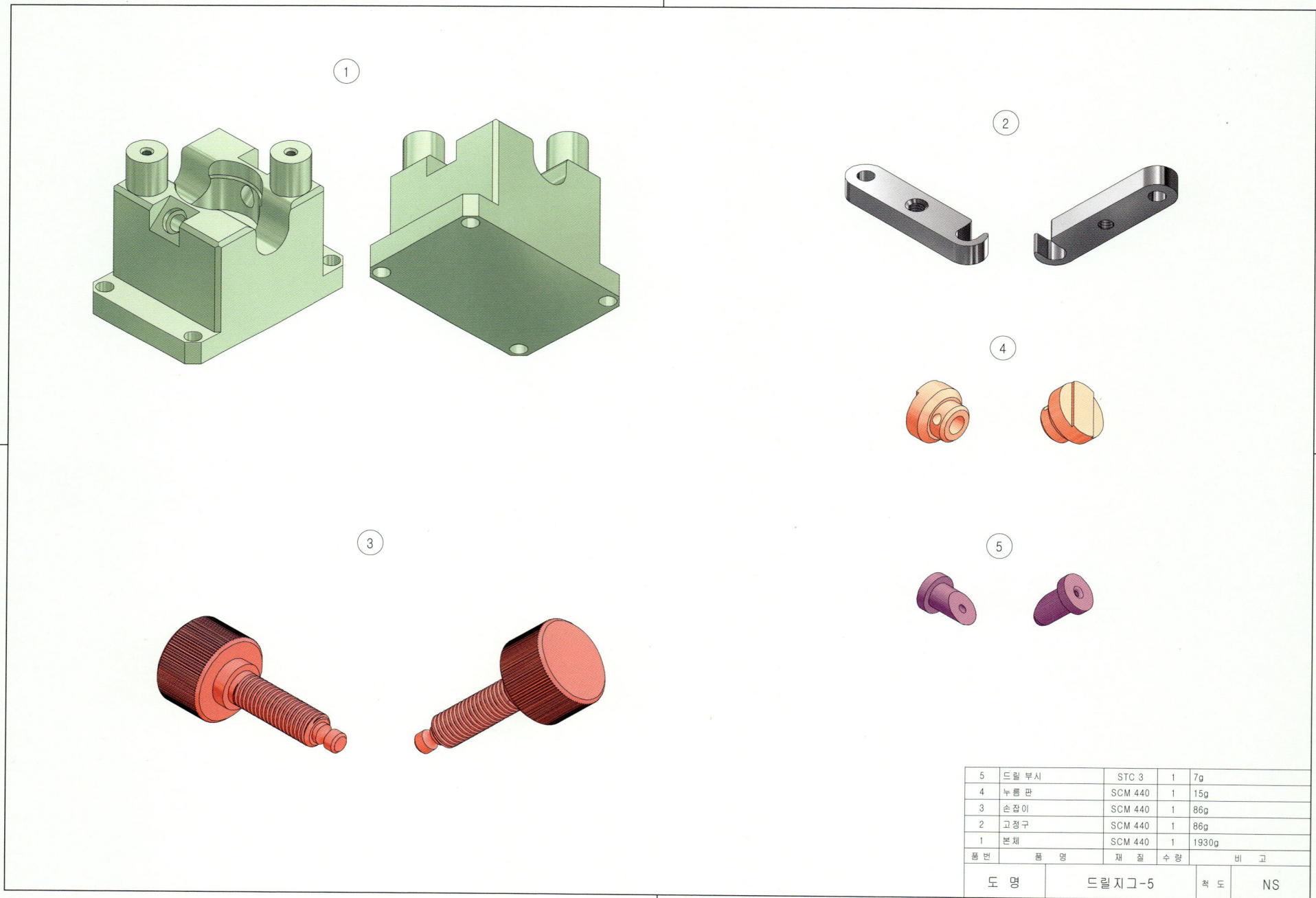

05. 드릴지그-5

3D 와이어프레임 등각투상도 제출용 예제도면

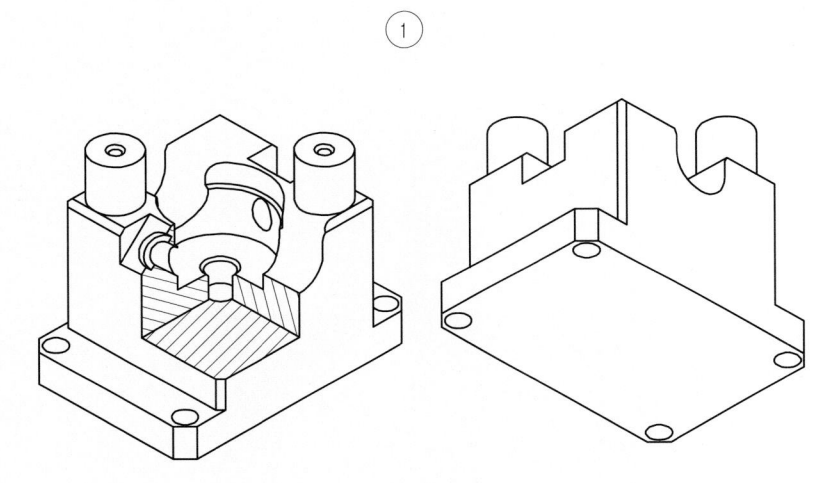
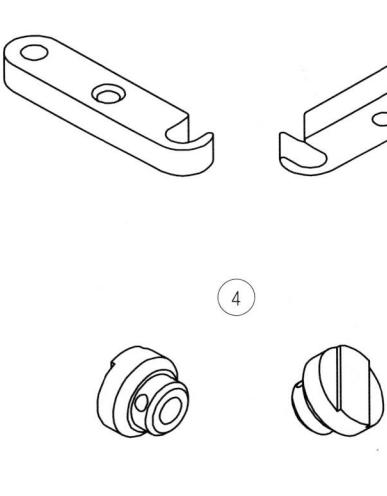
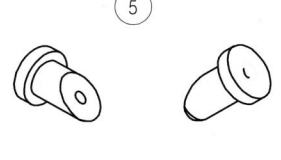
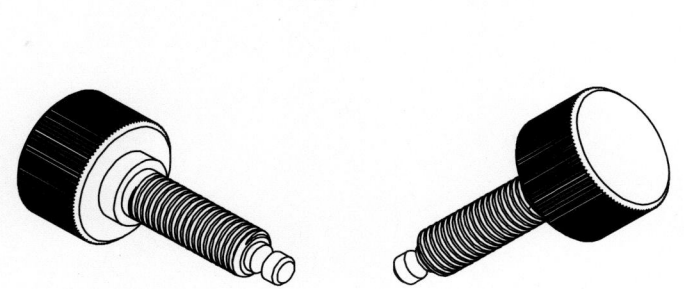

5	드릴 부시	STC 3	1	7g
4	누름 판	SCM 440	1	15g
3	손잡이	SCM 440	1	86g
2	고정구	SCM 440	1	86g
1	본체	SCM 440	1	1930g
품번	품 명	재 질	수량	비 고

도 명	드릴지그-5	척 도	NS

05. 드릴지그-5 등각조립도

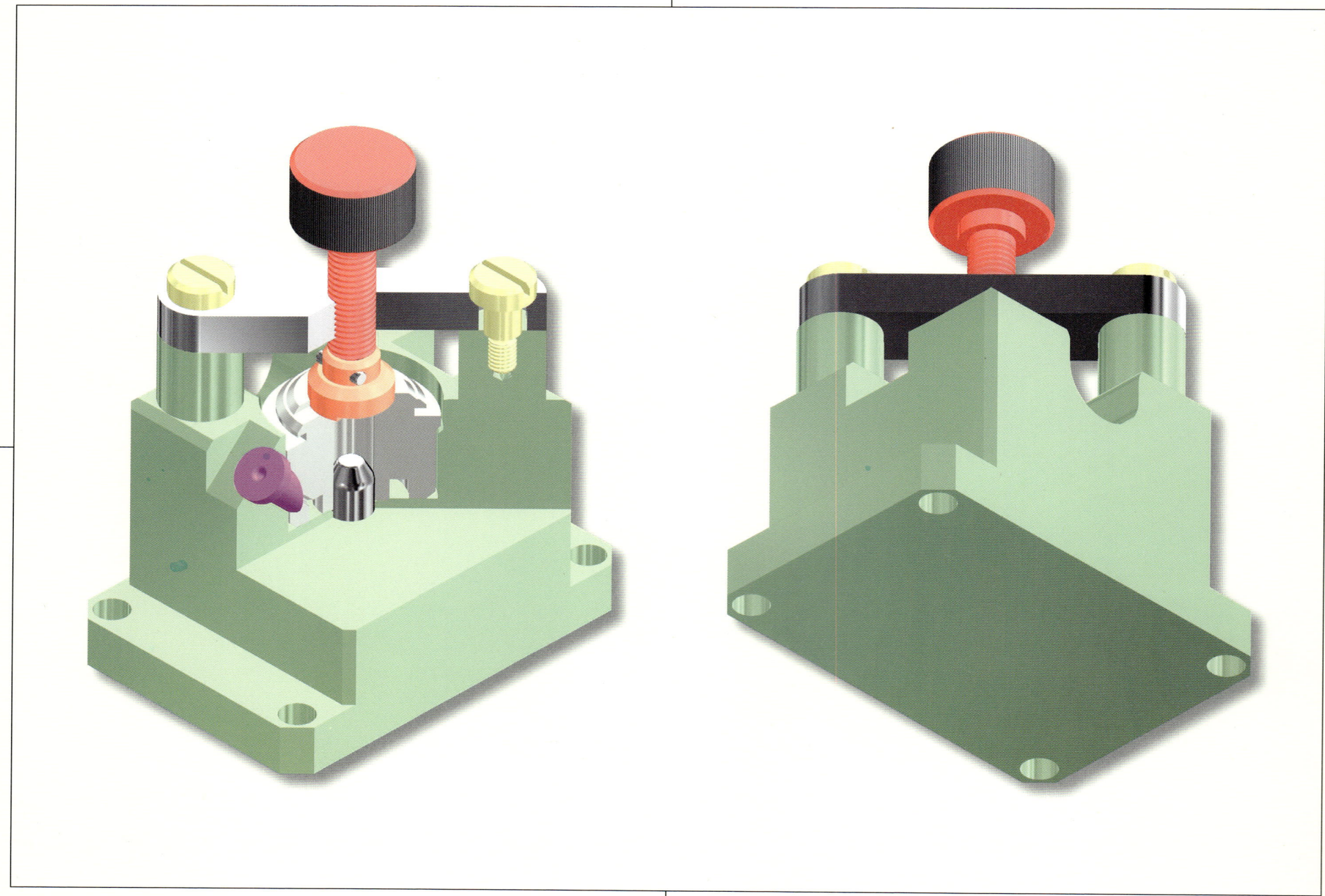

05. 드릴지그-5

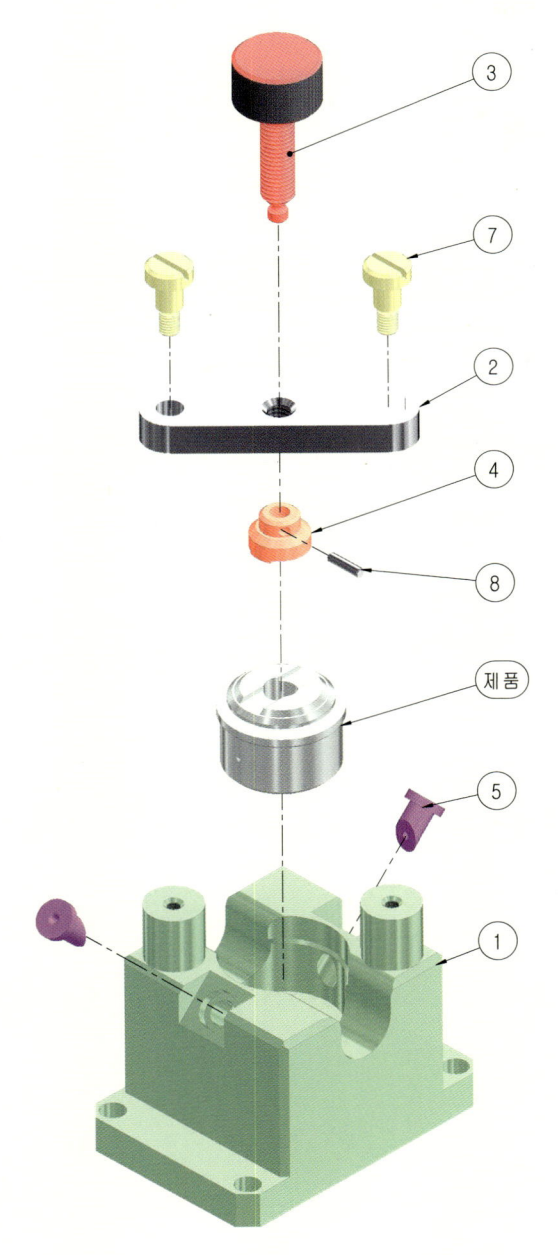

8	평행 핀	규격품	1	KS B 1320 - B 3 x 12
7	힌지 핀	SCM 440	2	7g
6	게이지 핀	SCM 440	1	7g
5	드릴 부시	STC 3	2	7g
4	누름 판	SCM 440	1	15g
3	손잡이	SCM 440	1	86g
2	고정구	SCM 440	1	86g
1	본체	SCM 440	1	1930g
품번	품 명	재 질	수량	비 고

도 명	드릴지그-5	척 도	NS

06. 드릴지그-6 과제도면

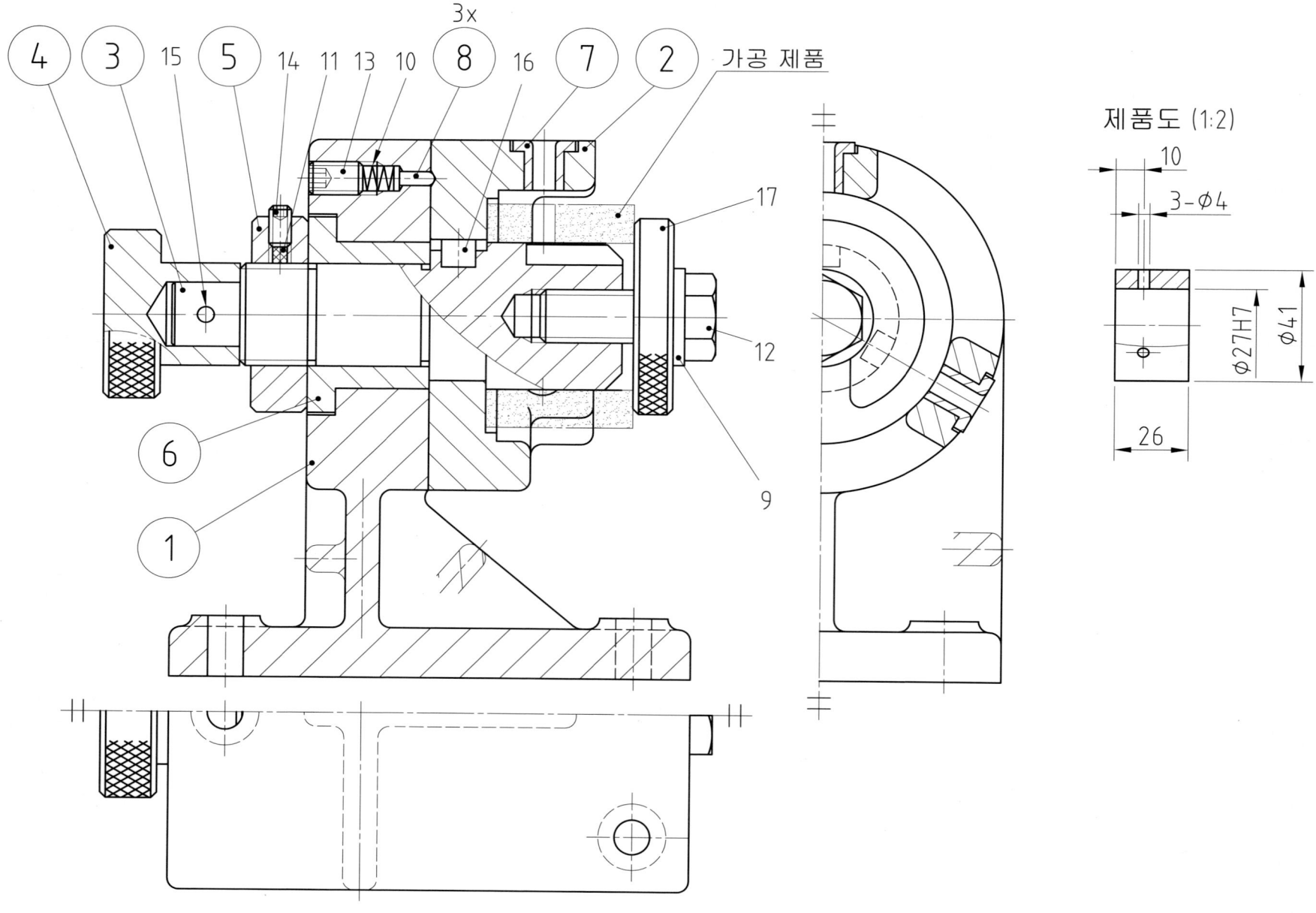

제품도 (1:2)

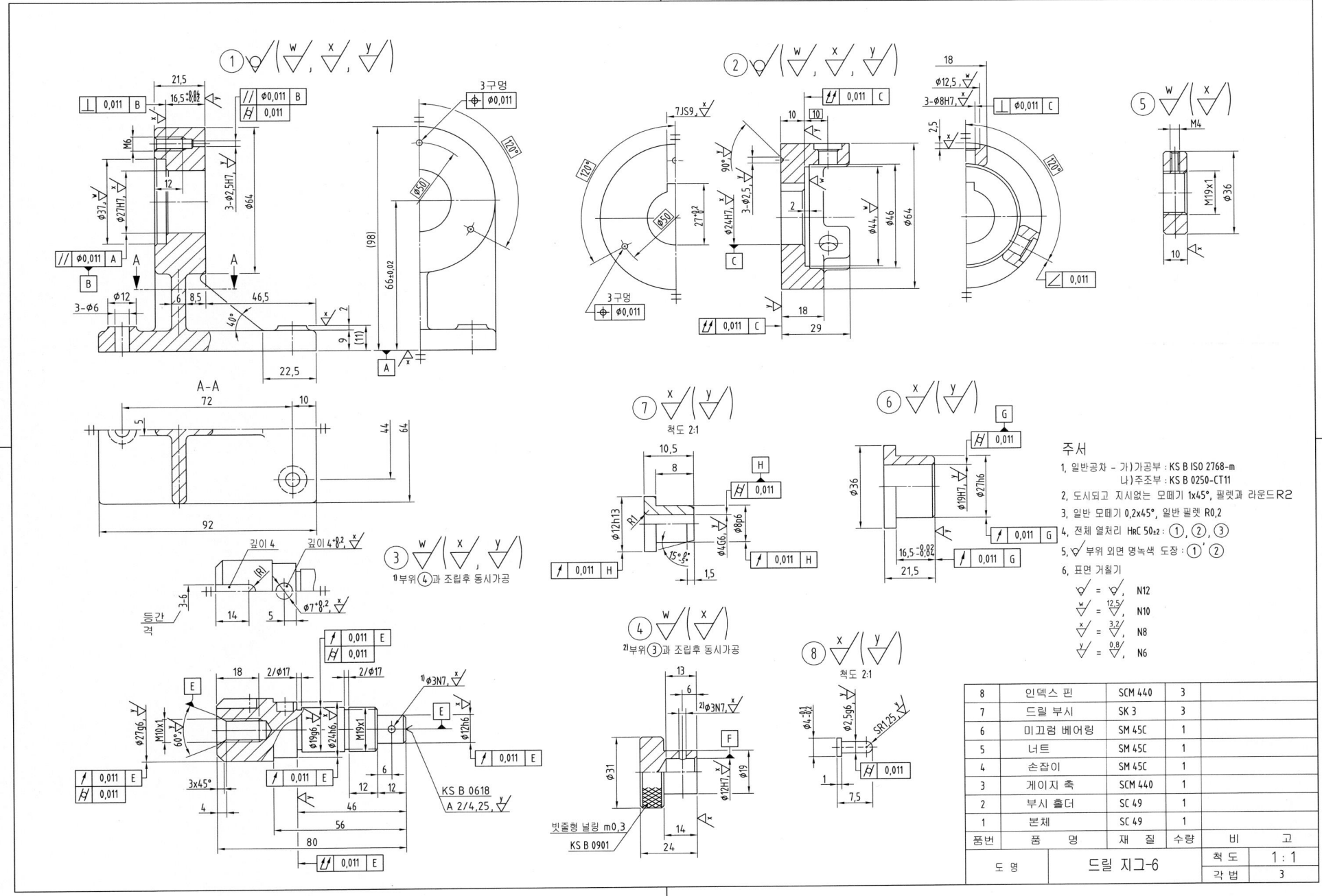

06. 드릴지그-6 3D 렌더링 등각투상도 제출용 예제도면

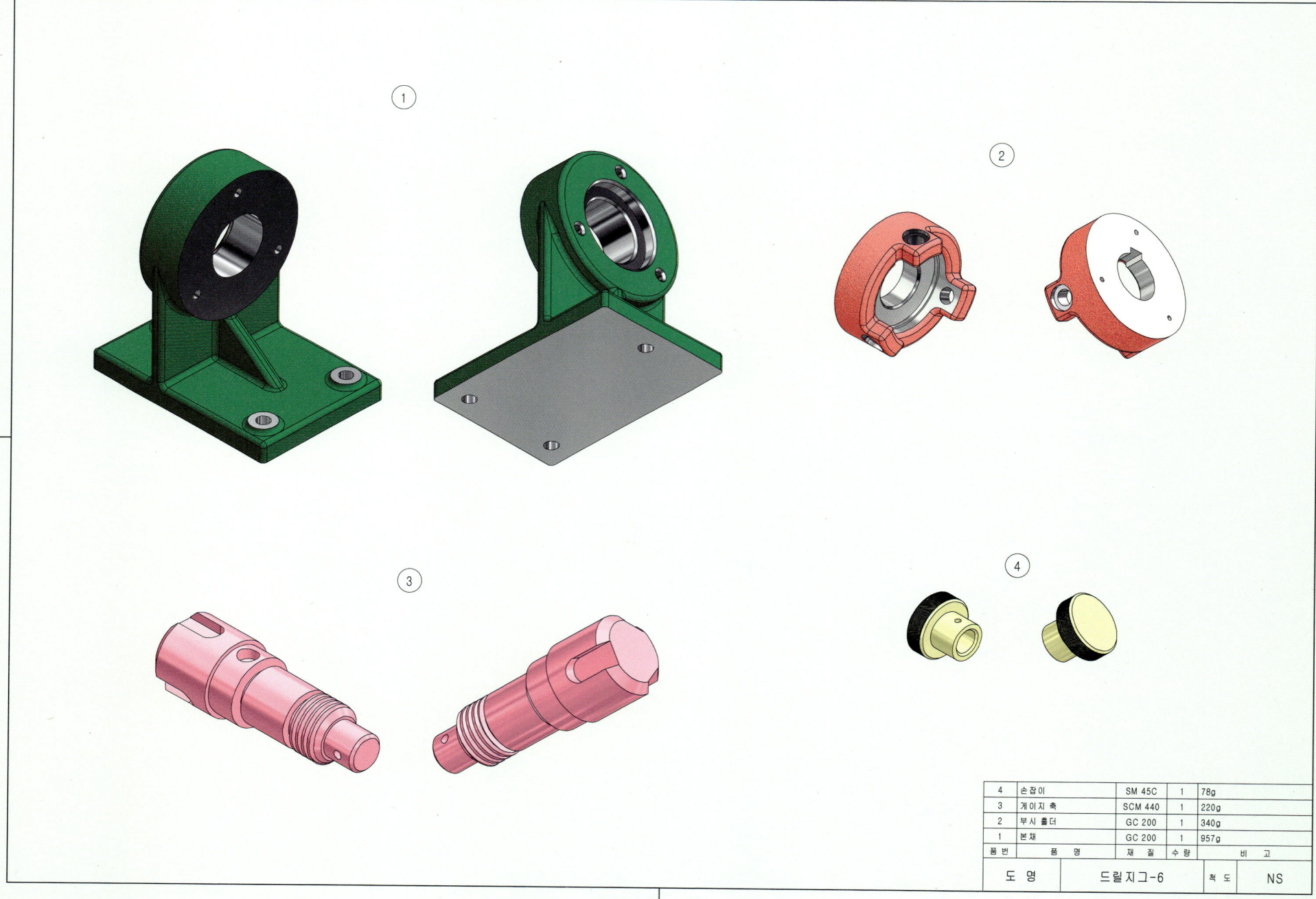

4	손잡이	SM 45C	1	78g
3	게이지 축	SCM 440	1	220g
2	부시 홀더	GC 200	1	340g
1	본체	GC 200	1	957g
품번	품 명	재 질	수량	비 고

도 명	드릴지그-6	척 도	NS

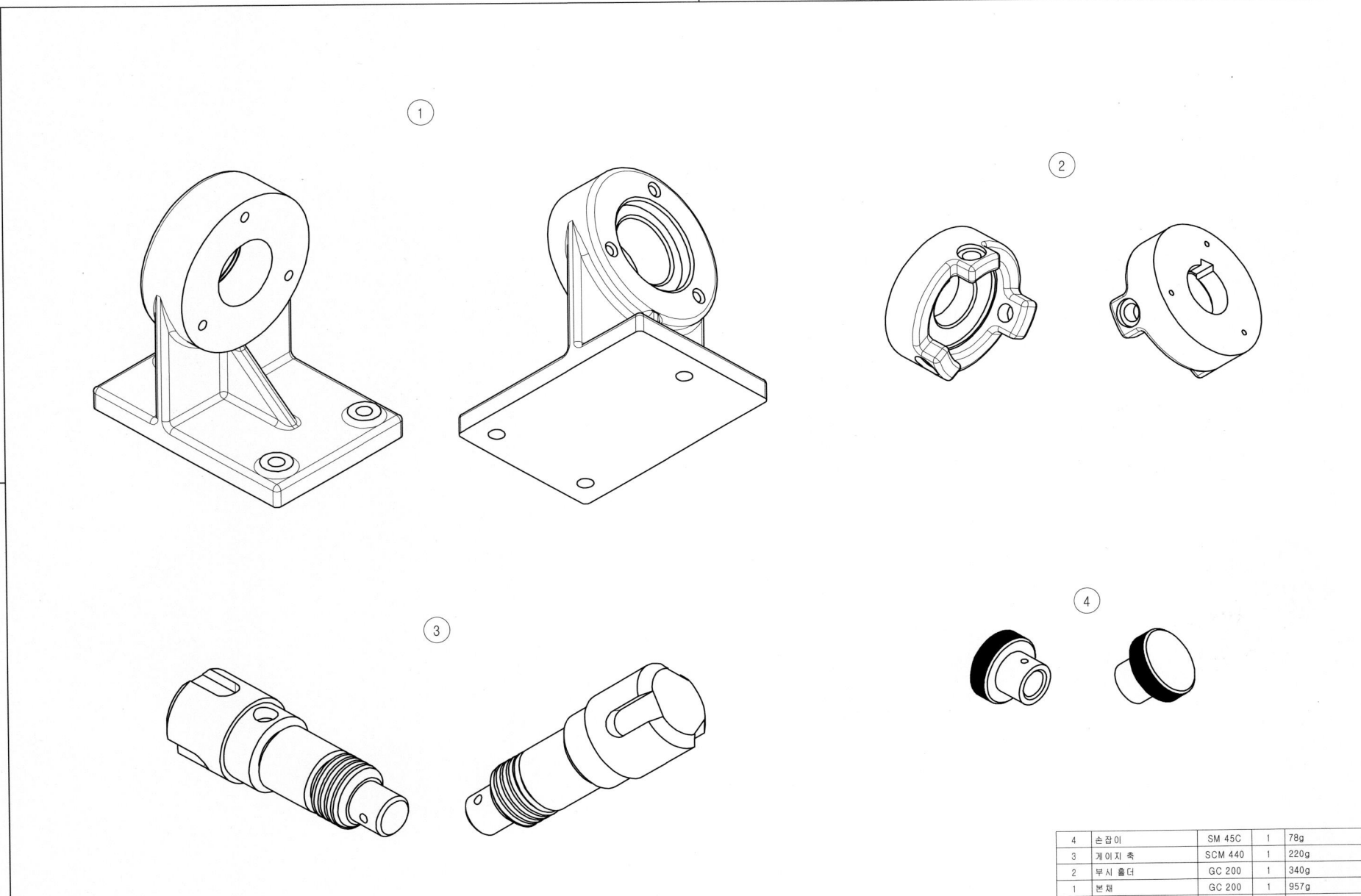

06. 드릴지그-6　등각조립도

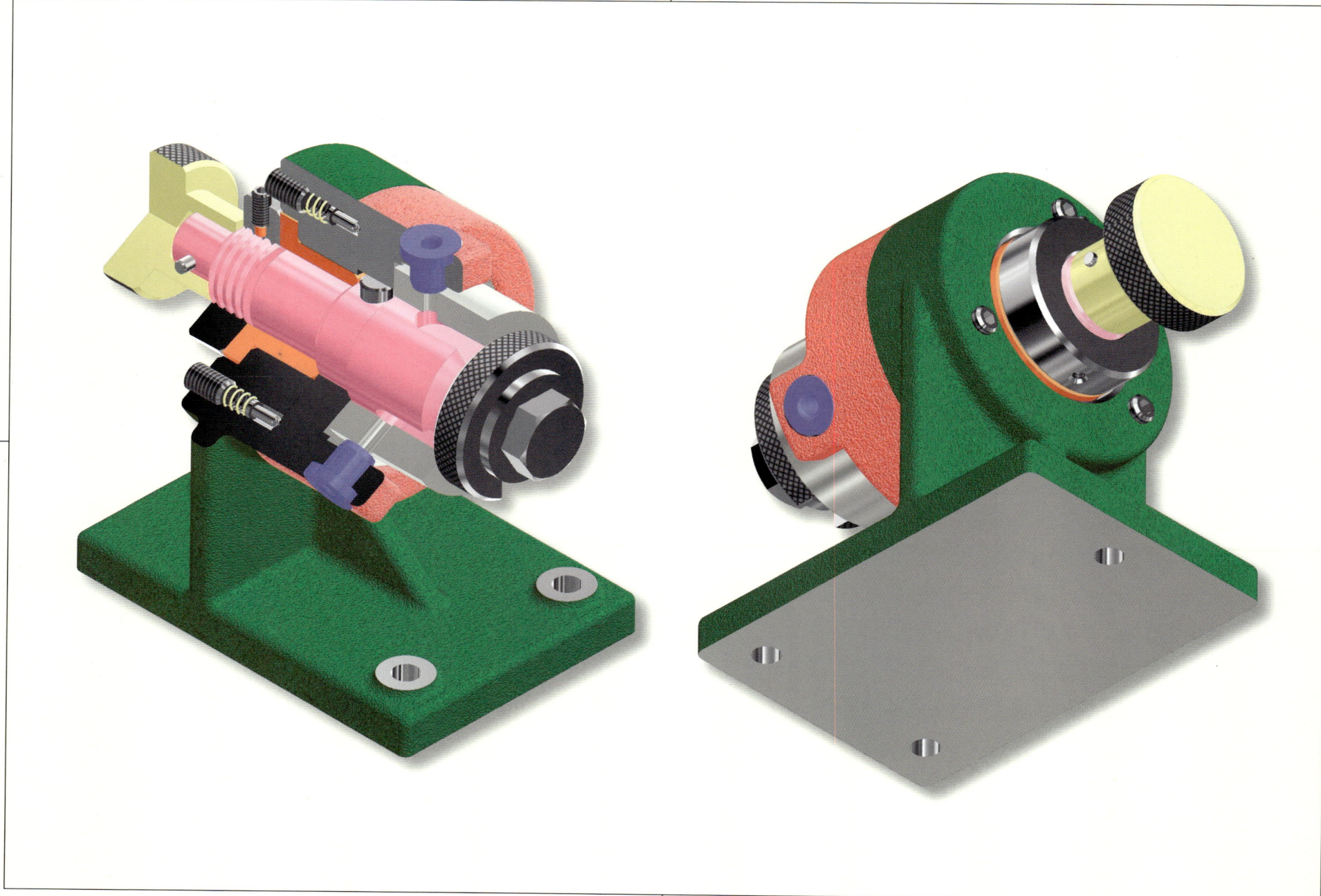

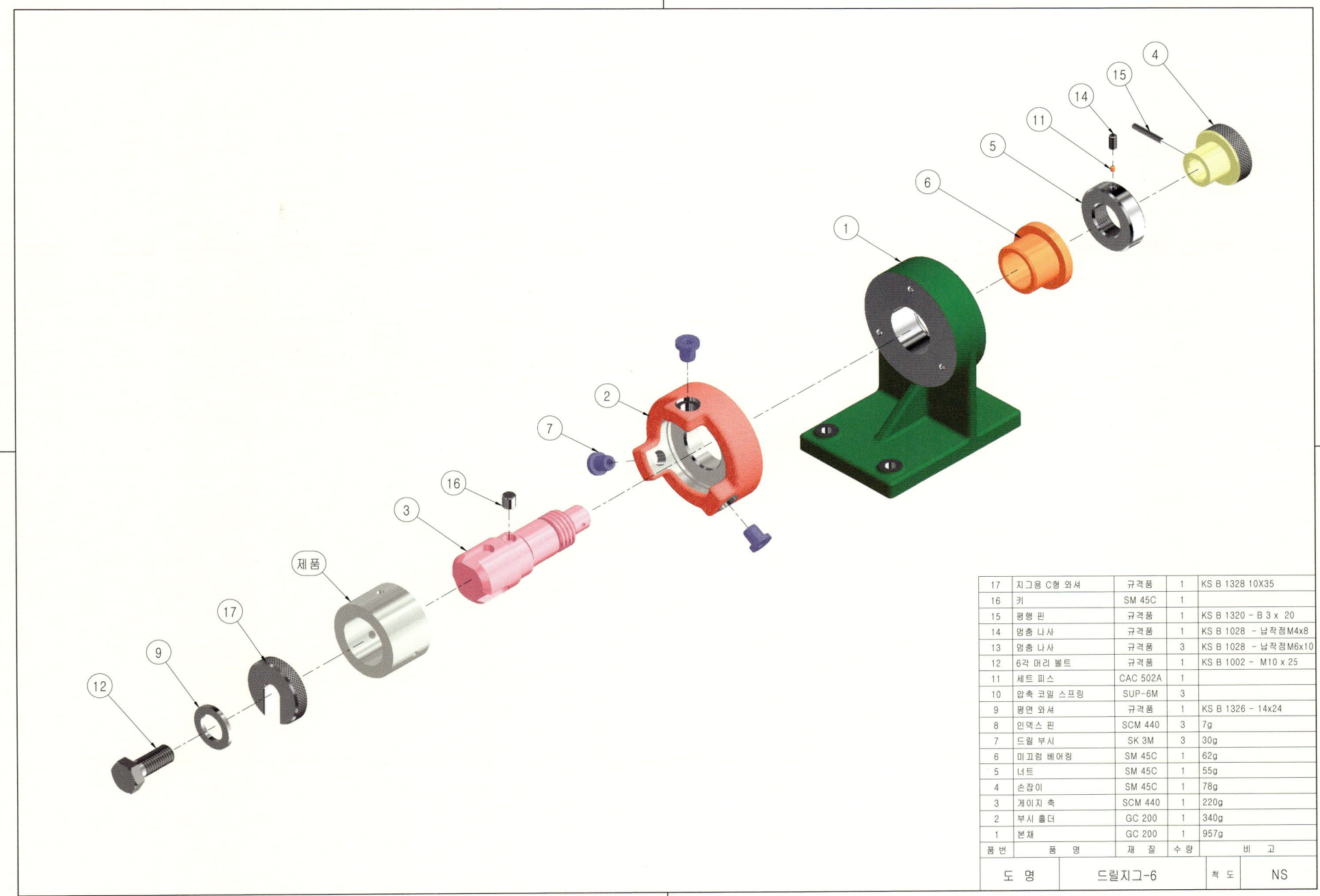

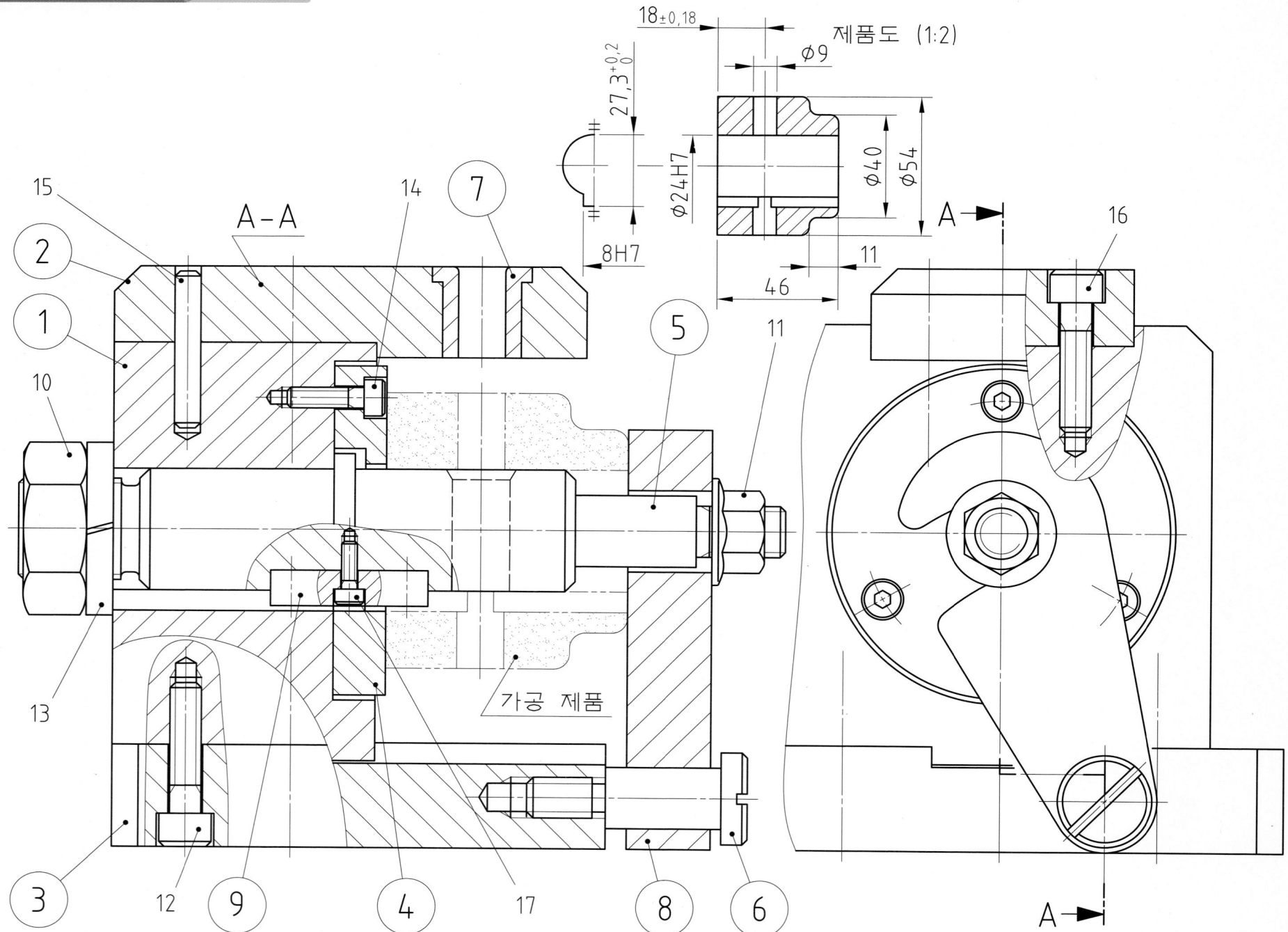

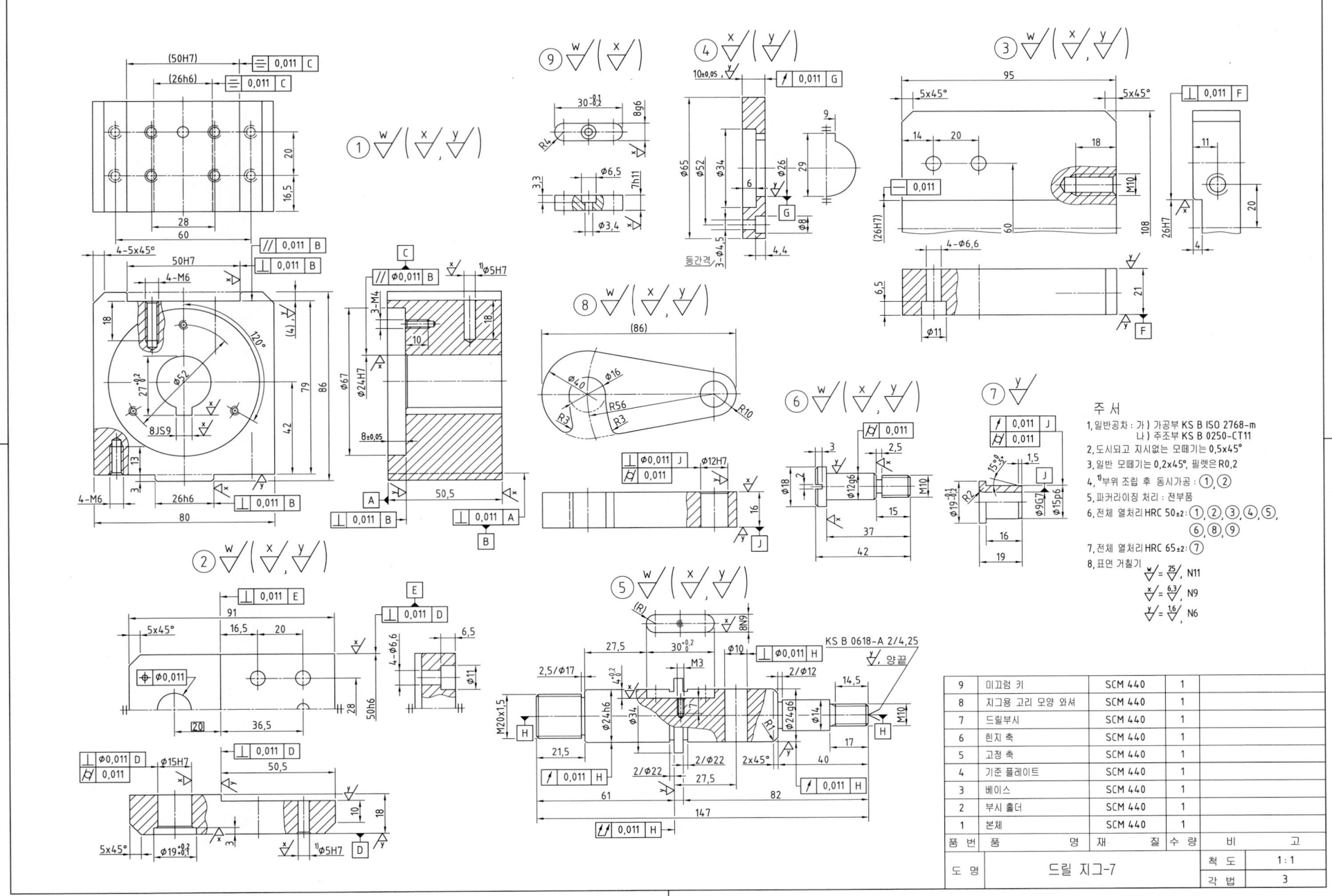

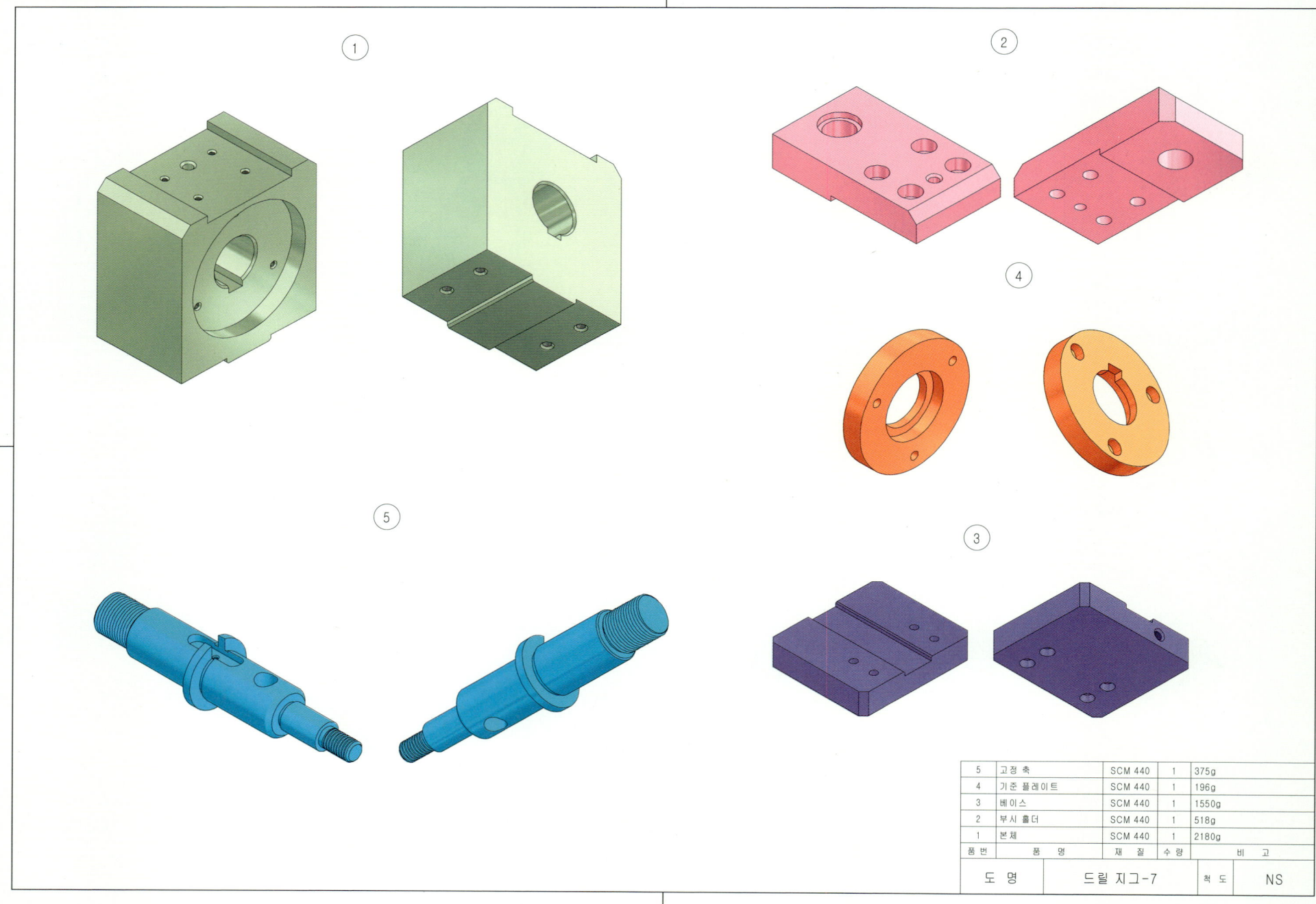

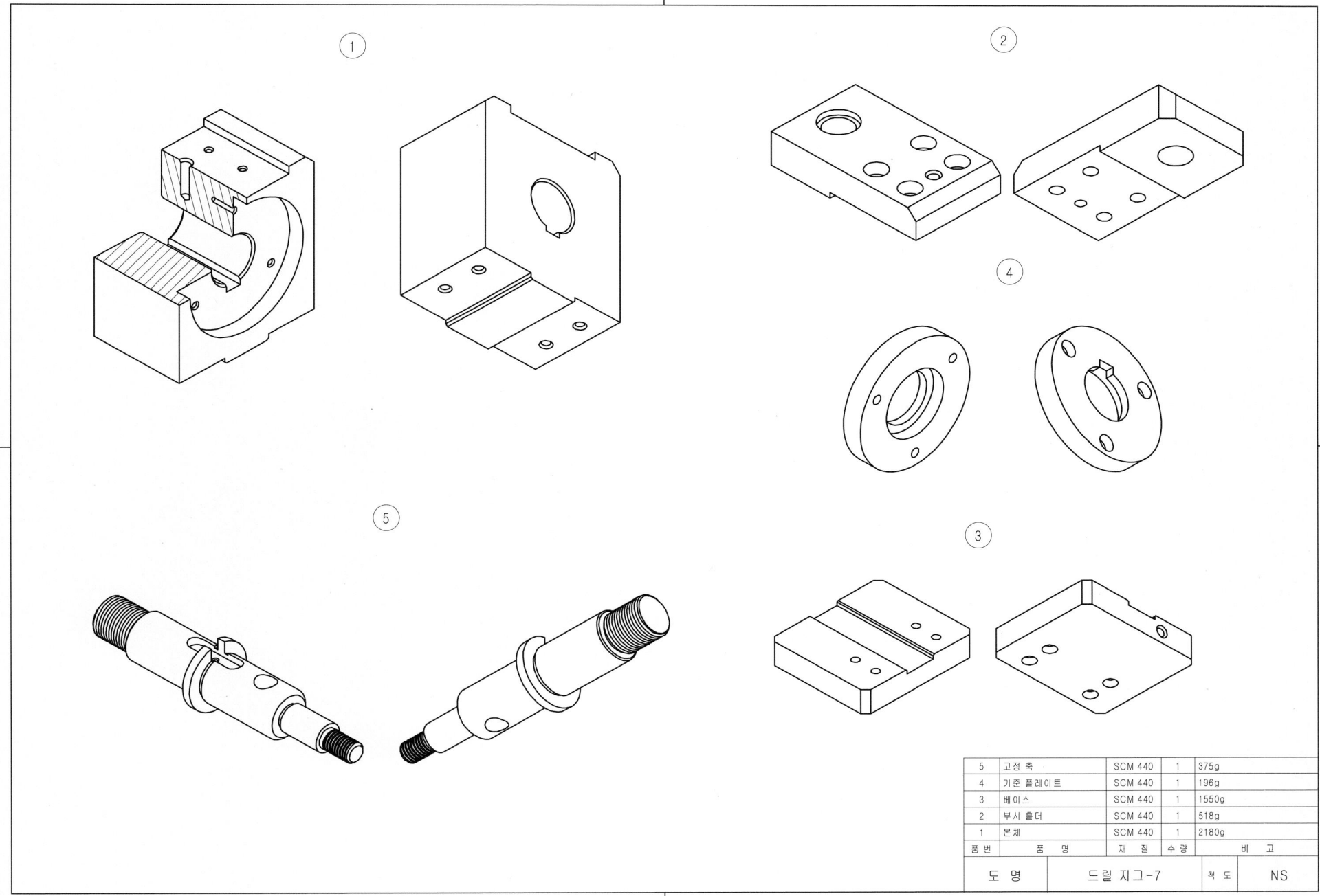

07. 드릴지그-7 — 등각조립도

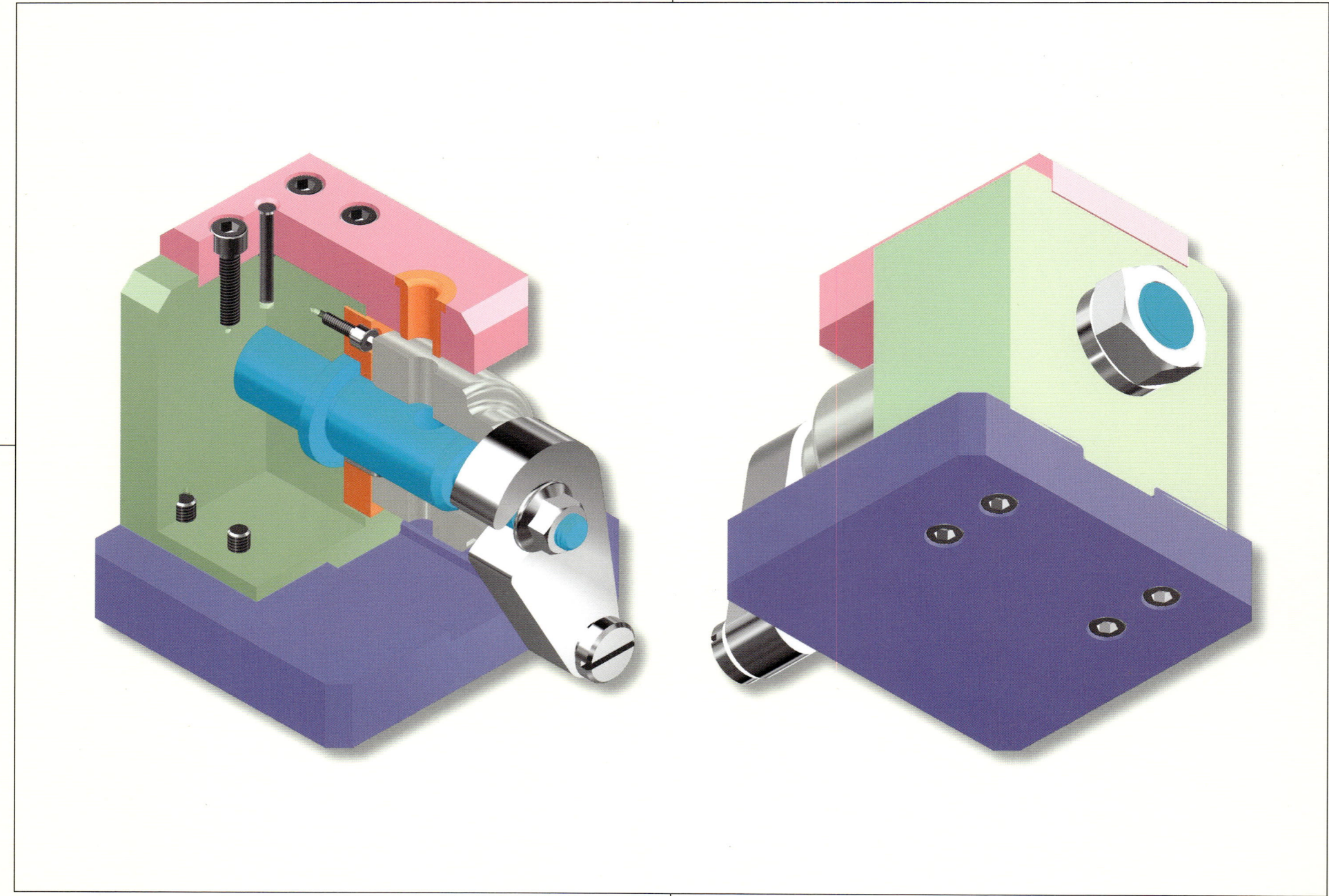

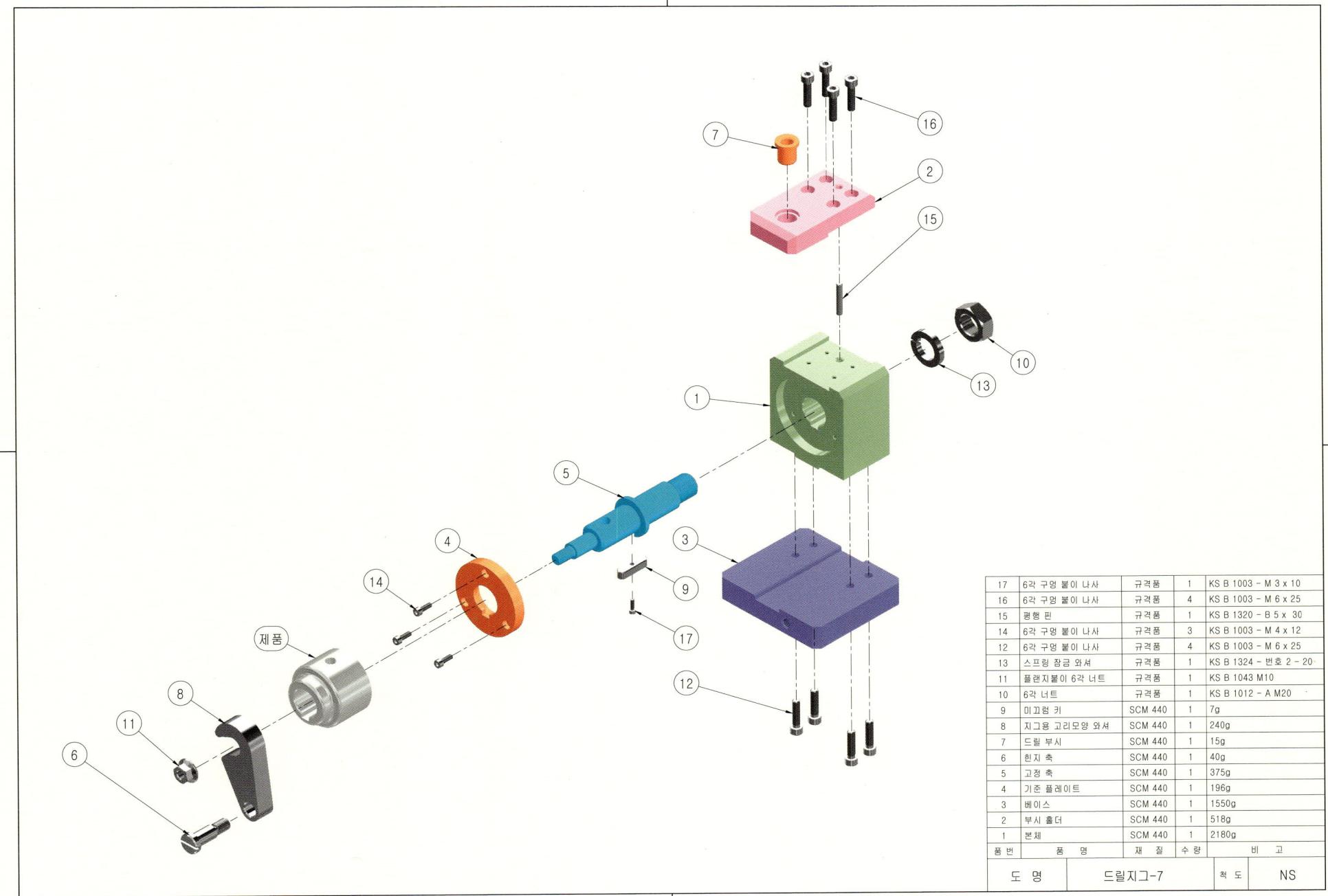

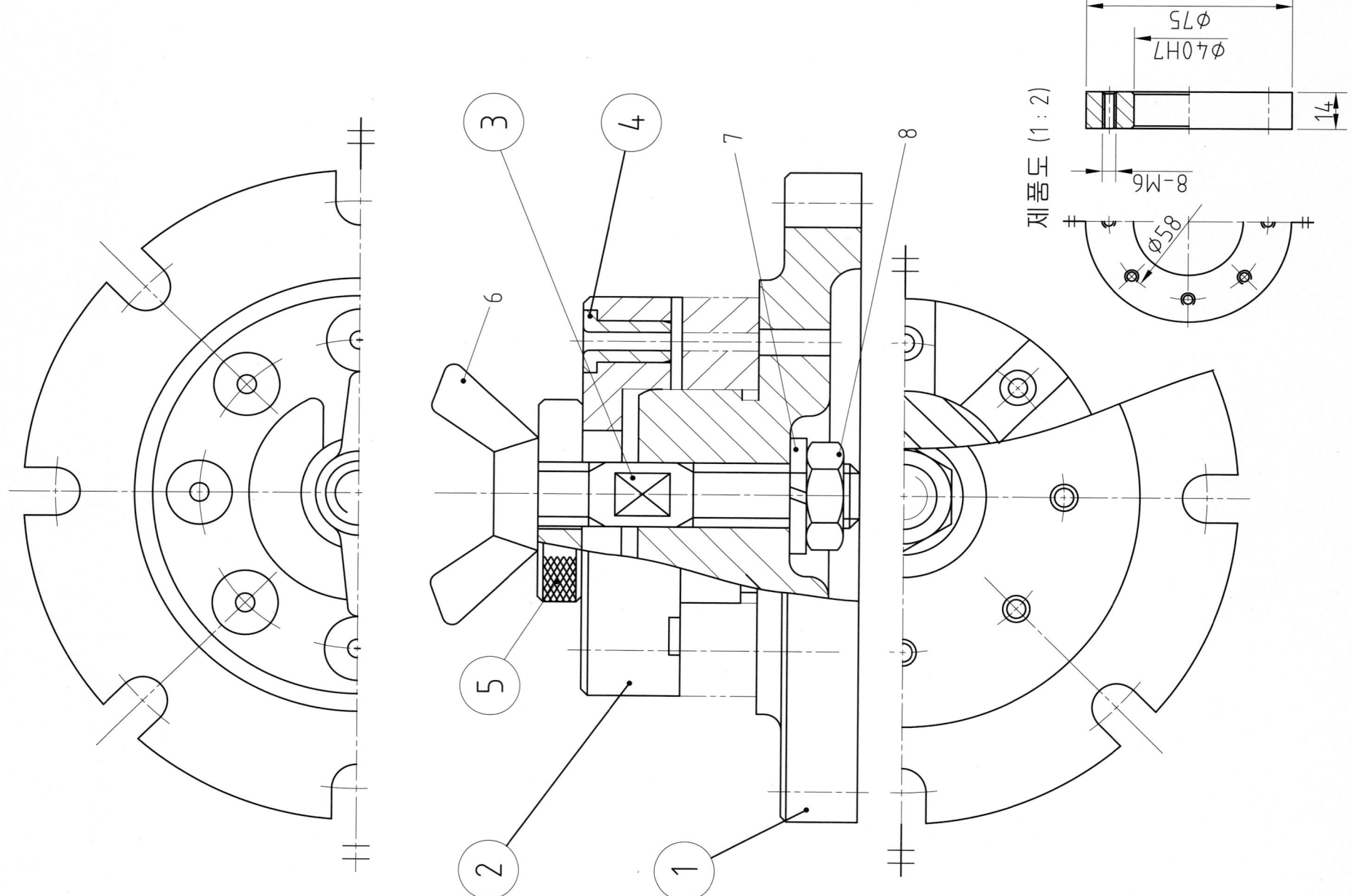

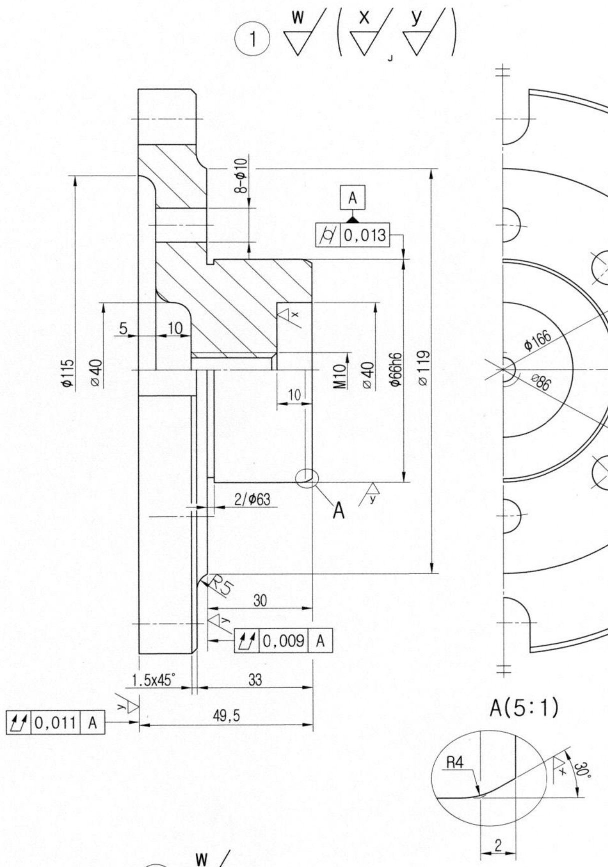

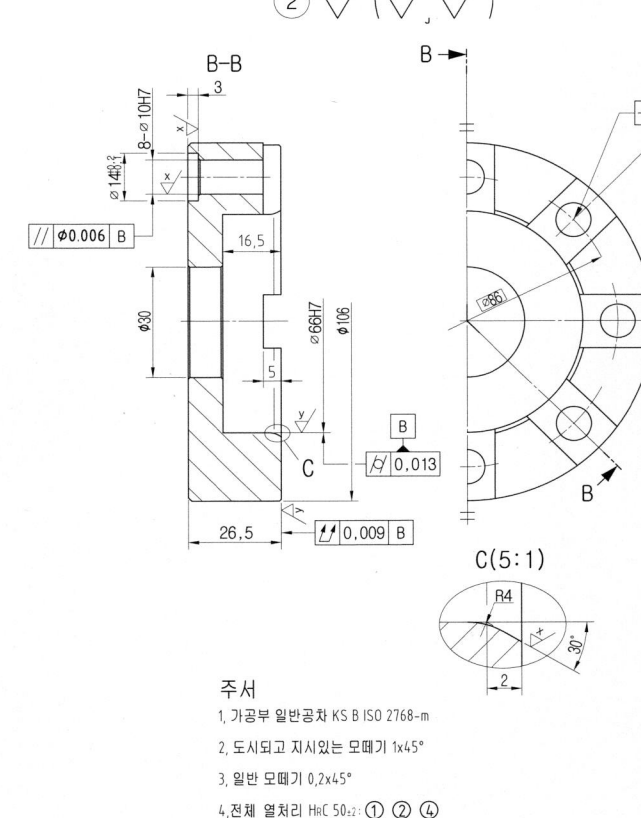

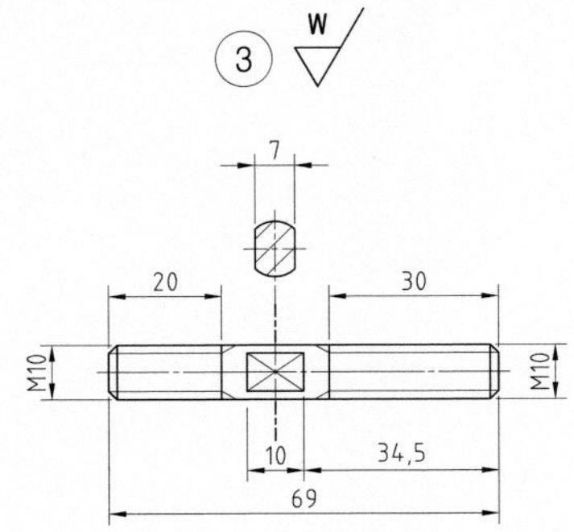

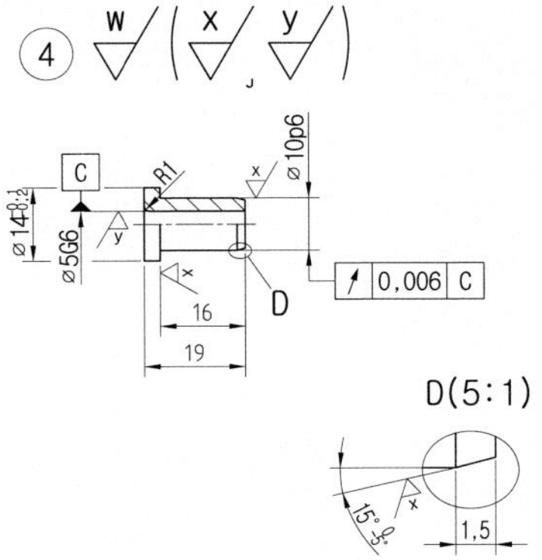

주서

1. 가공부 일반공차 KS B ISO 2768-m
2. 도시되고 지시있는 모떼기 1x45°
3. 일반 모떼기 0,2x45°
4. 전체 열처리 HRC 50±2: ①, ② ④
5. 파커라이징 처리 : (전부품)
6. 표면 거칠기

w/ = 25/, N10

x/ = 6,3/, N8

y/ = 1,6/, N6

품번	품명	재질	수량	비고
4	드릴 부시	STC 3	8	7g
3	나사 축	SM 45C	1	40g
2	플레이트	SCM 440	1	1153g
1	베이스	GC 200	1	3092g

도명	드릴 지그-8	척도	1:1
		각법	3

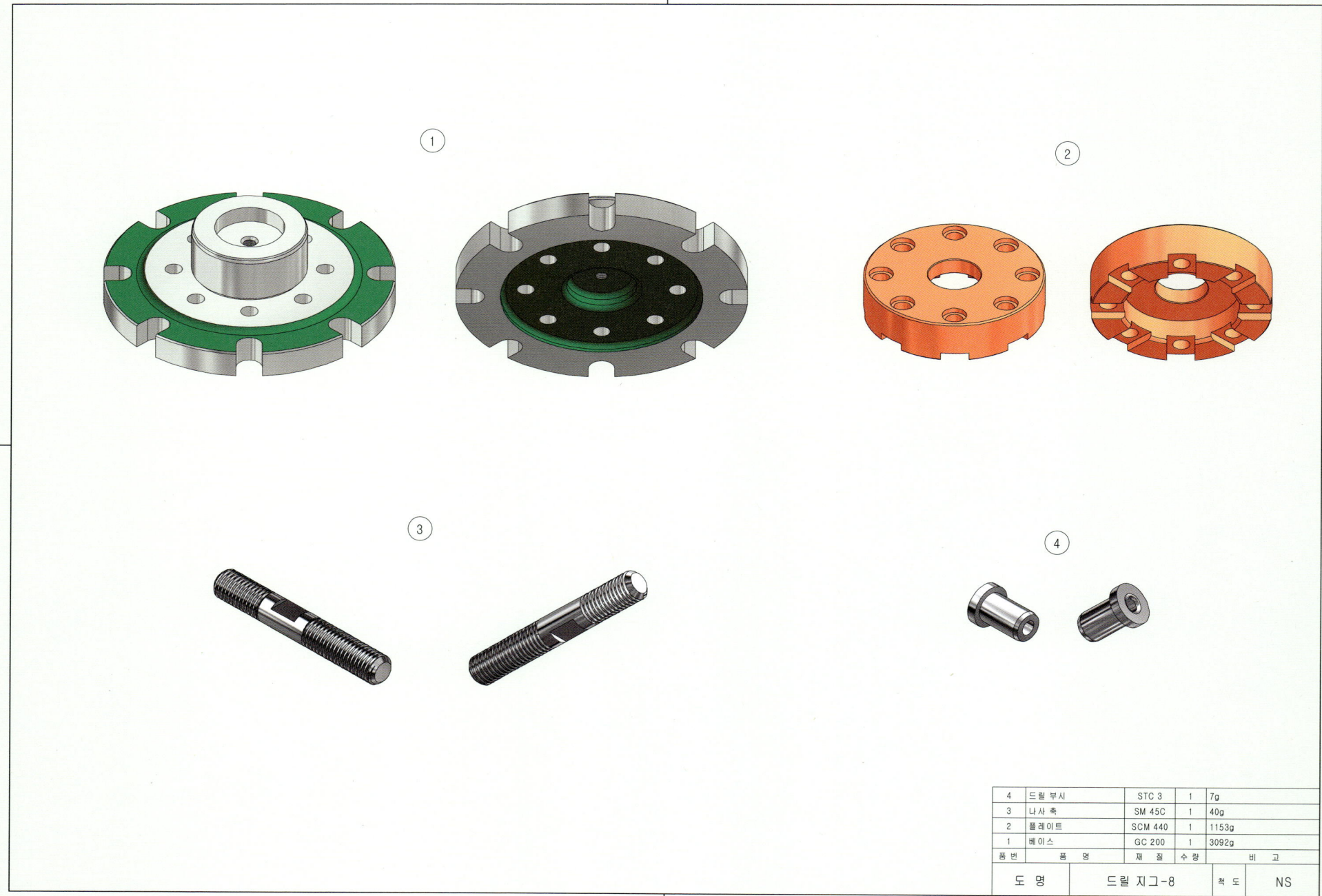

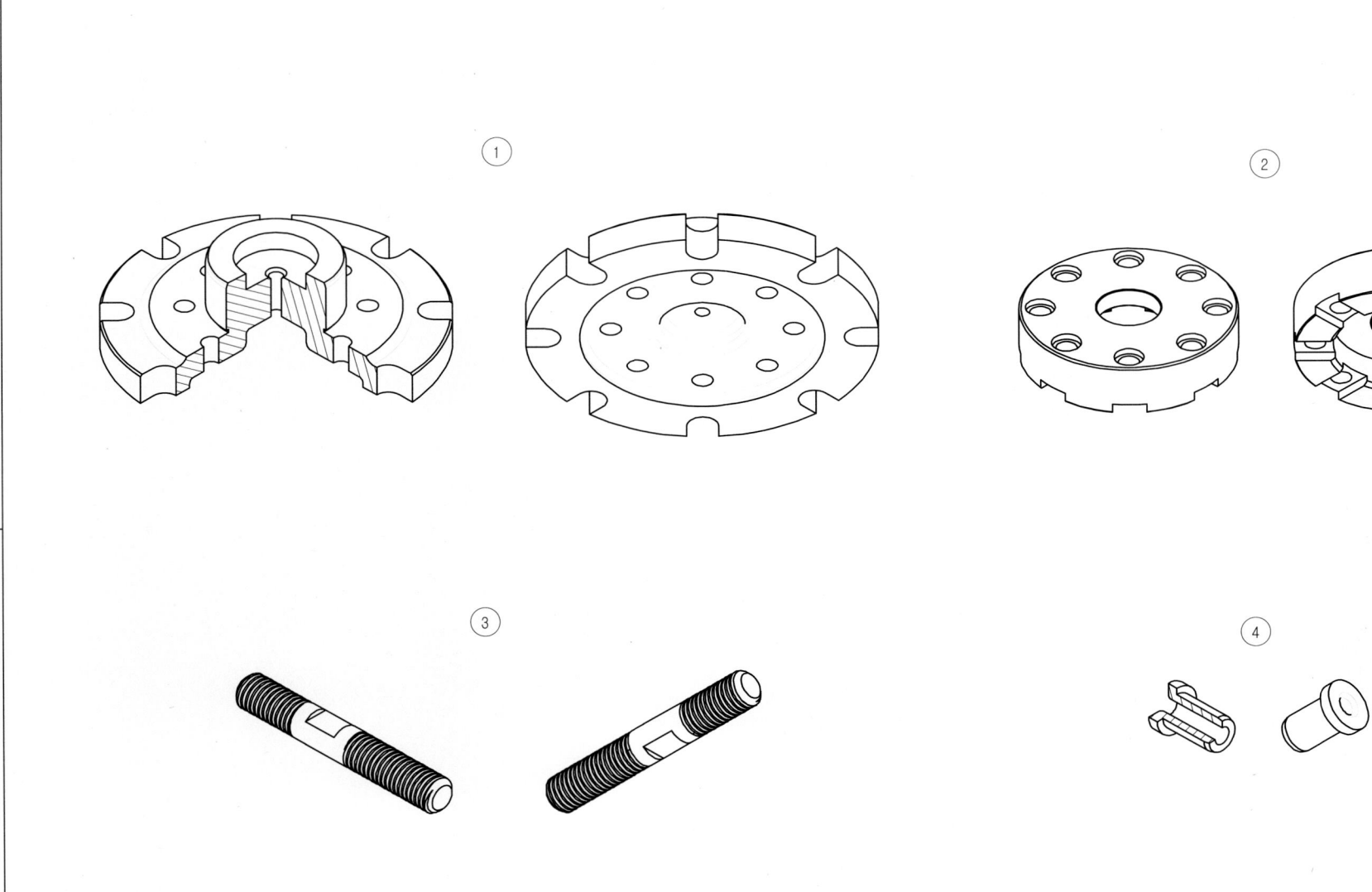

08. 드릴지그-8 등각조립도

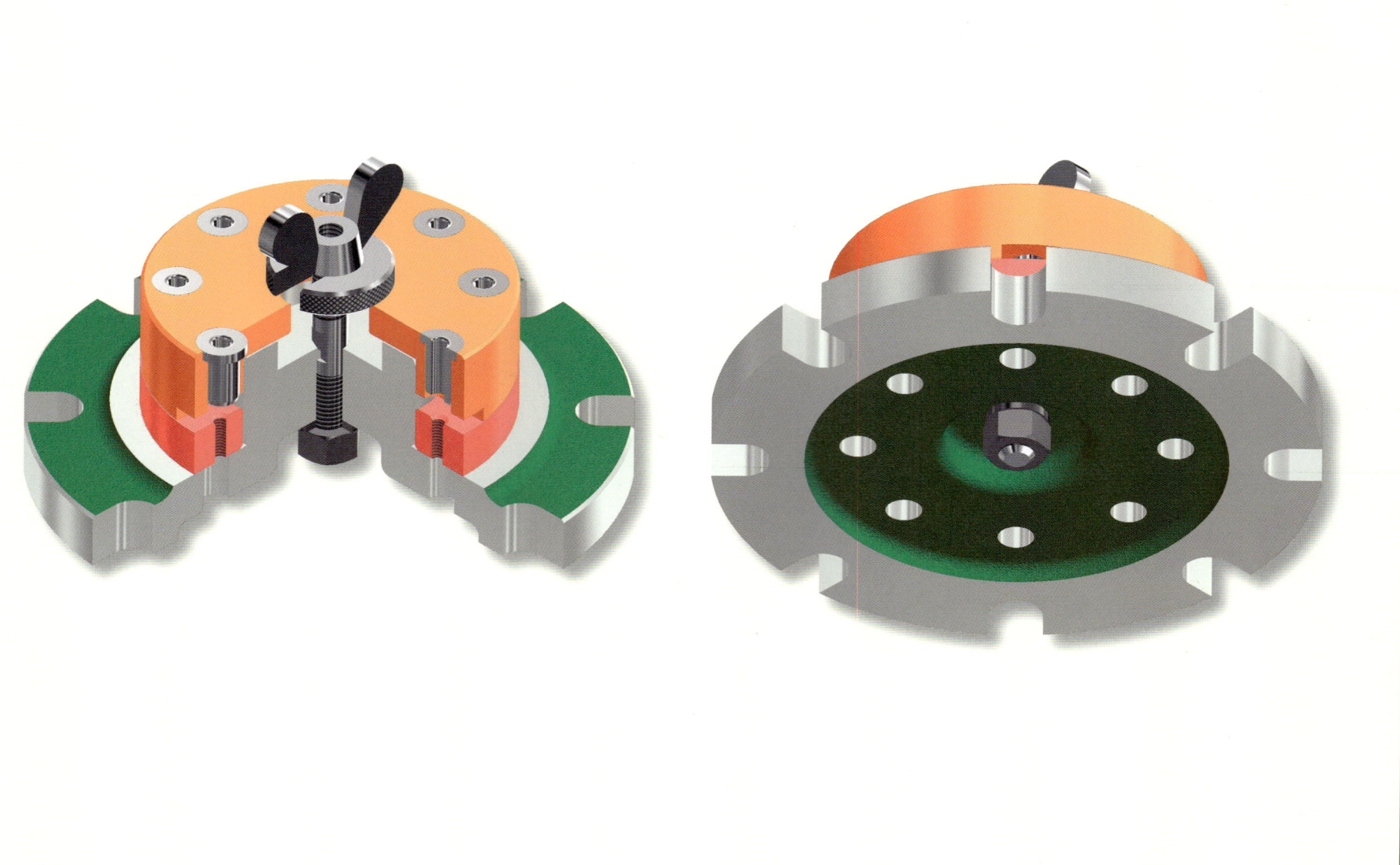

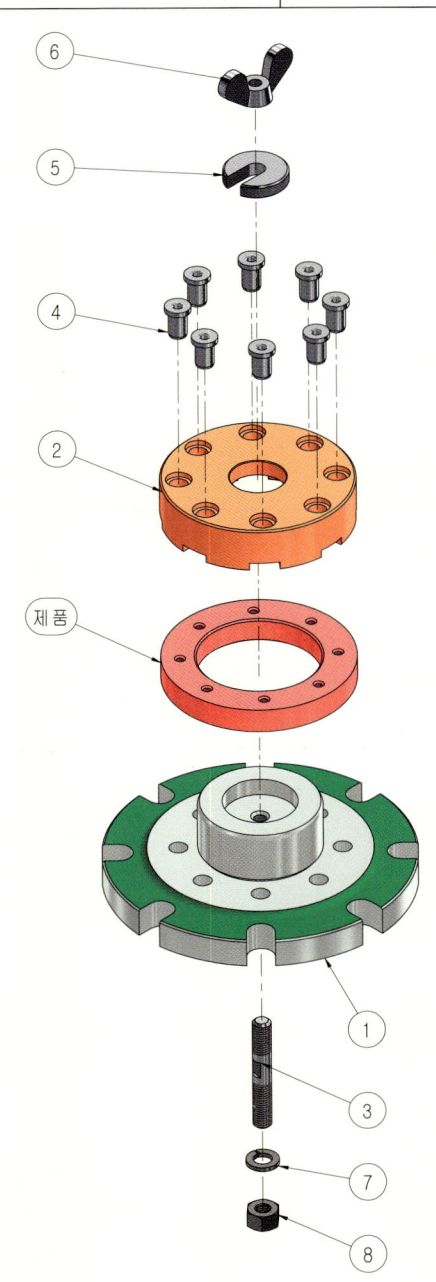

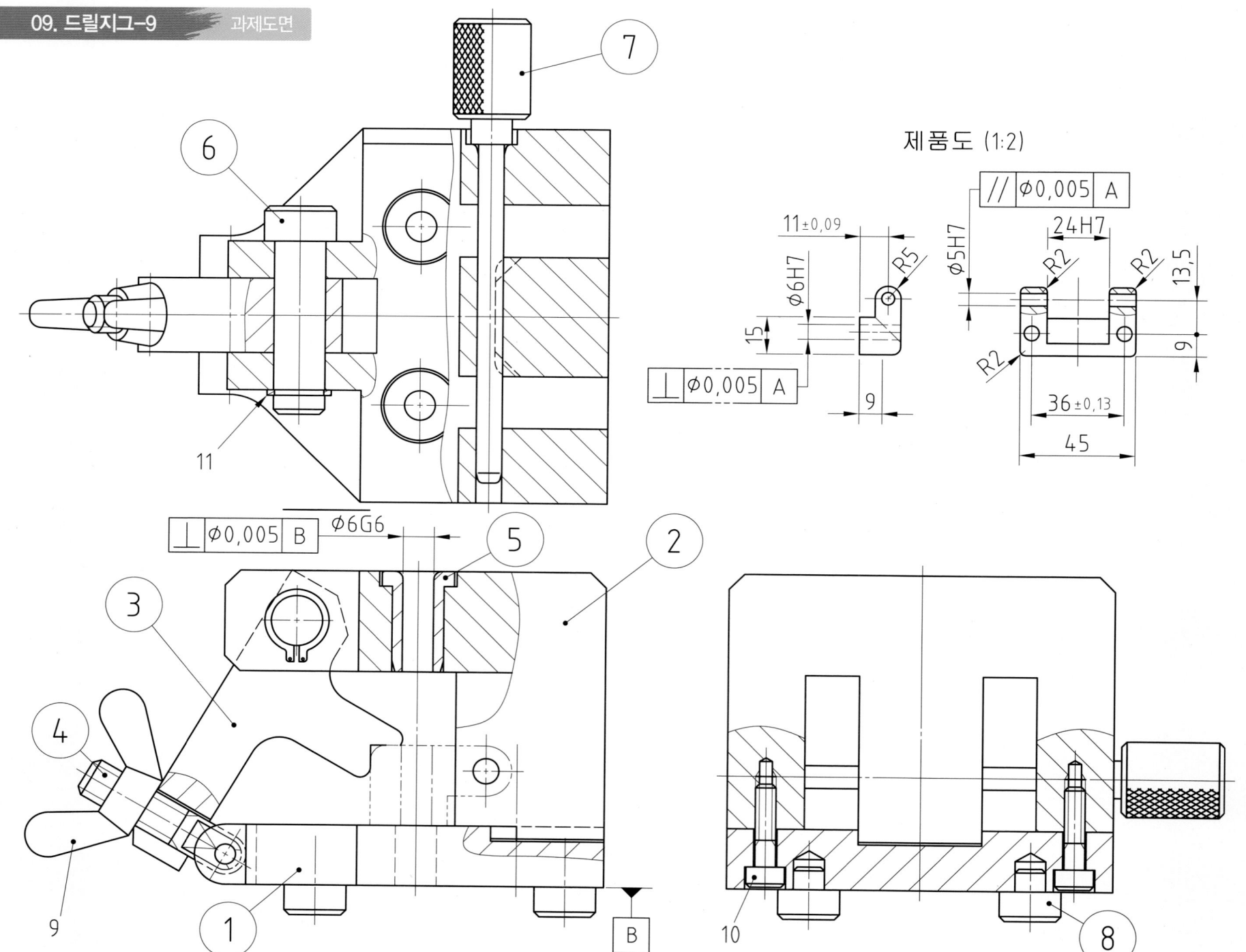

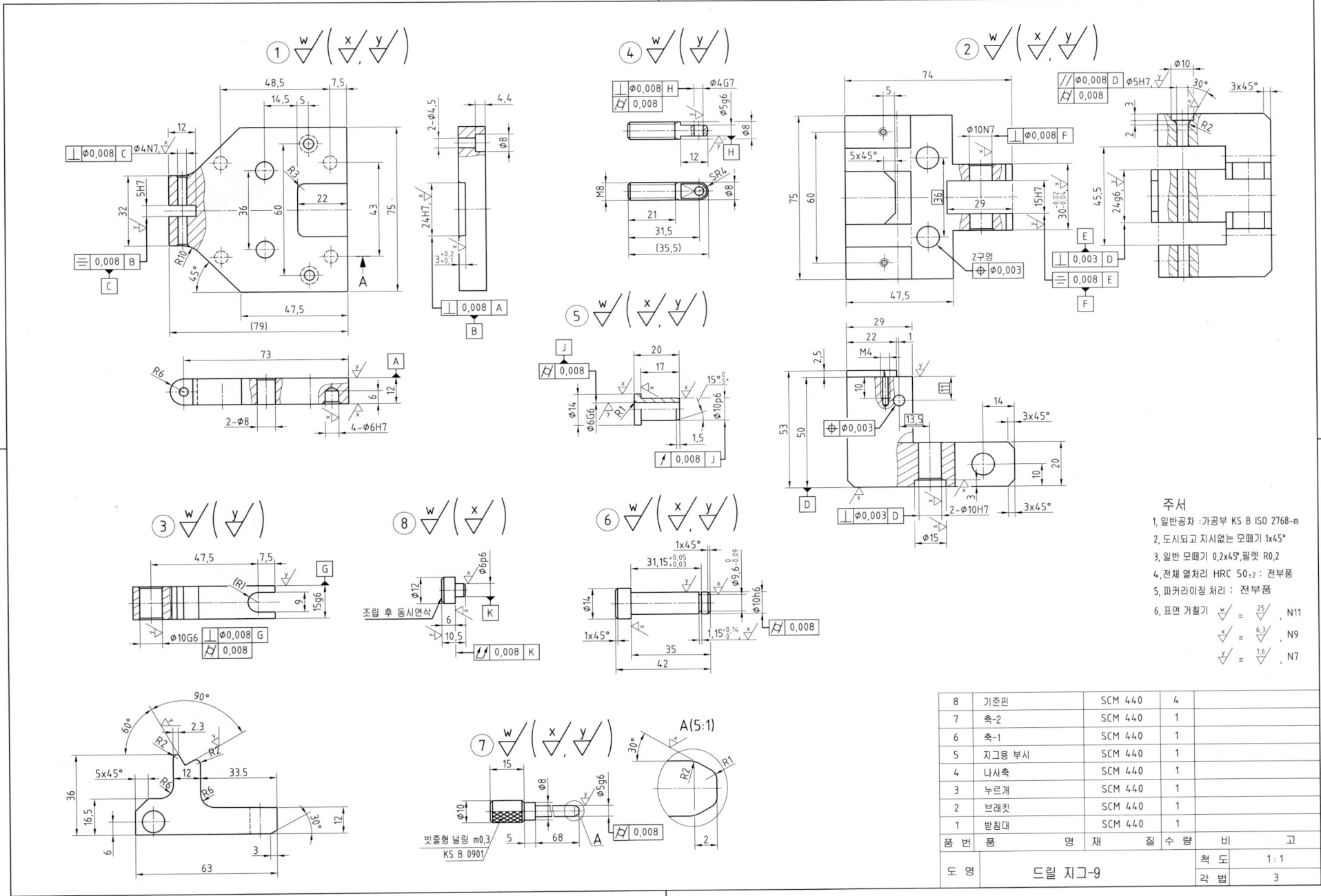

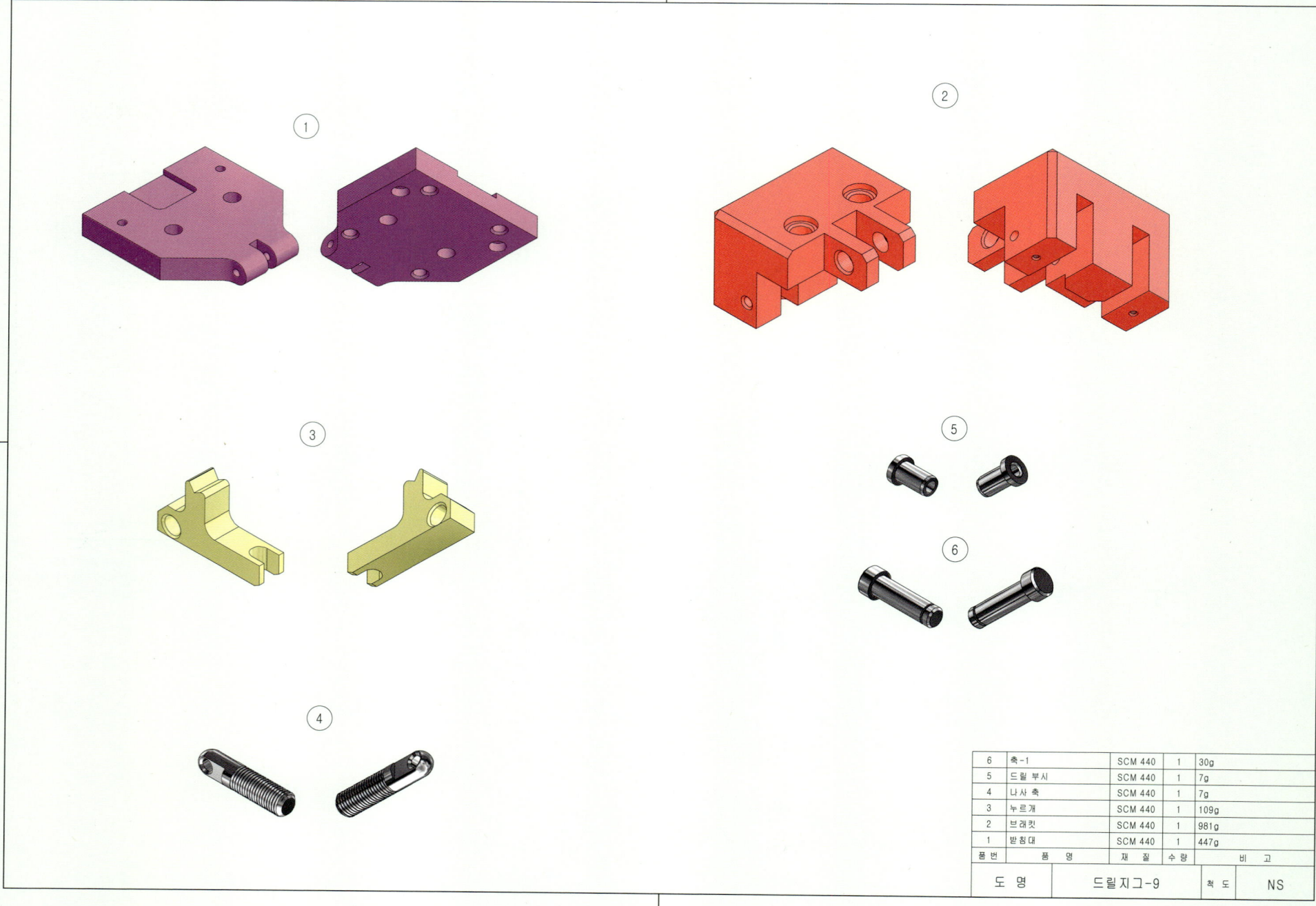

09. 드릴지그-9

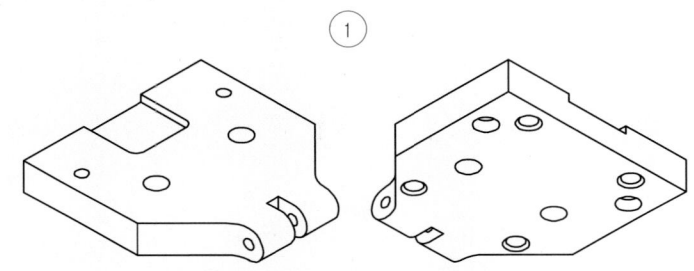
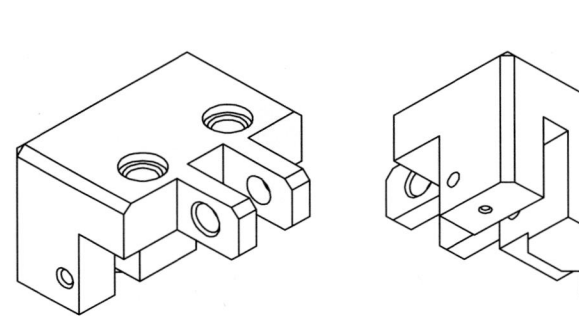
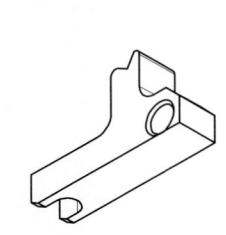
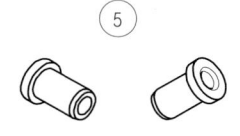
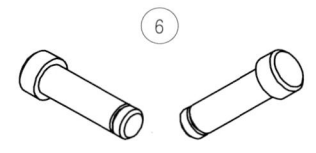
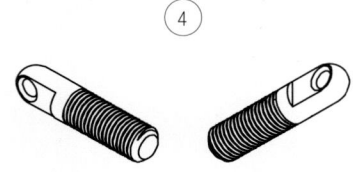

6	축-1	SCM 440	1	30g
5	드릴 부시	SCM 440	1	7g
4	나사 축	SCM 440	1	7g
3	누르개	SCM 440	1	109g
2	브래킷	SCM 440	1	981g
1	받침대	SCM 440	1	447g
품번	품 명	재 질	수량	비 고

도 명	드릴지그-9	척 도	NS

09. 드릴지그-9 등각조립도

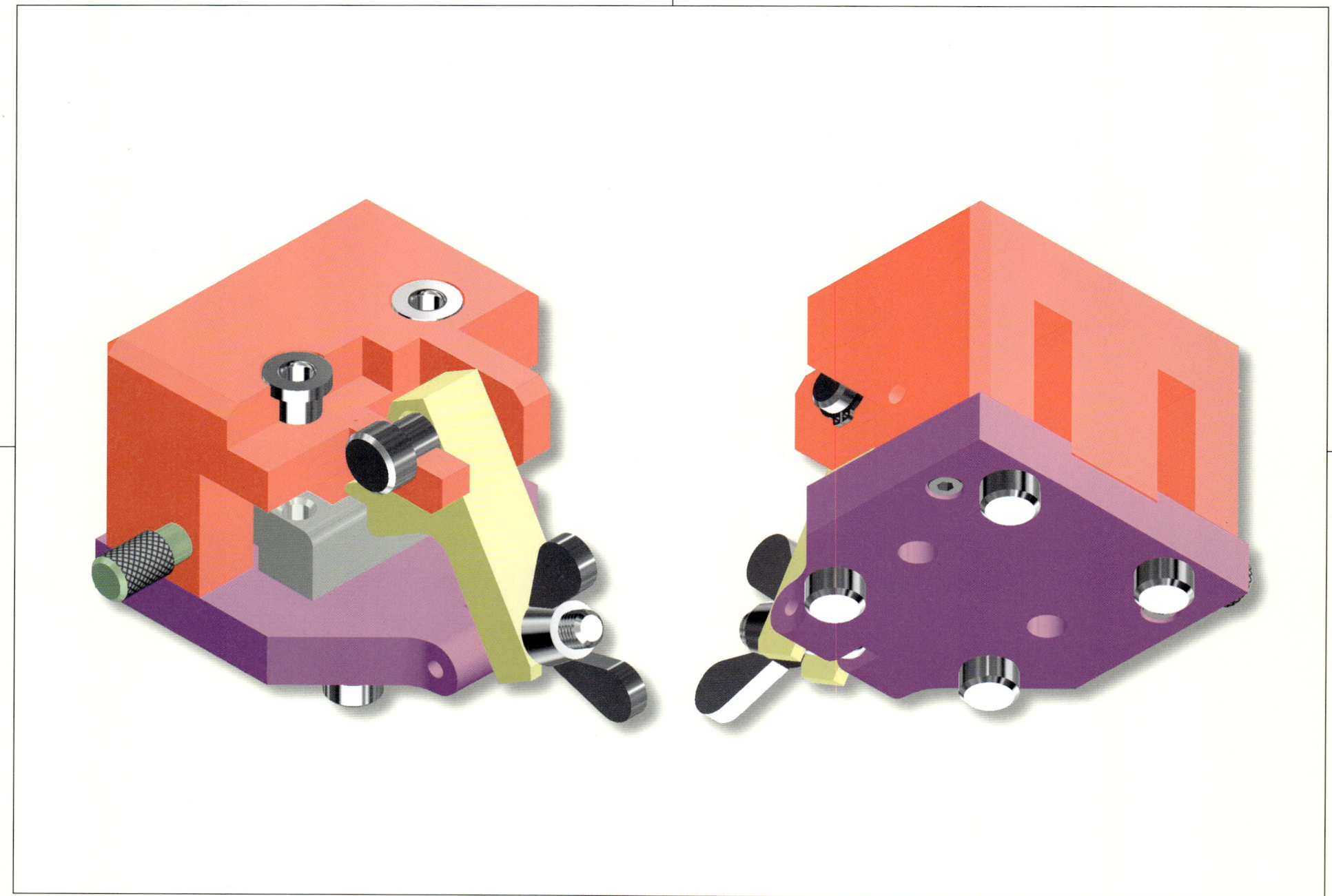

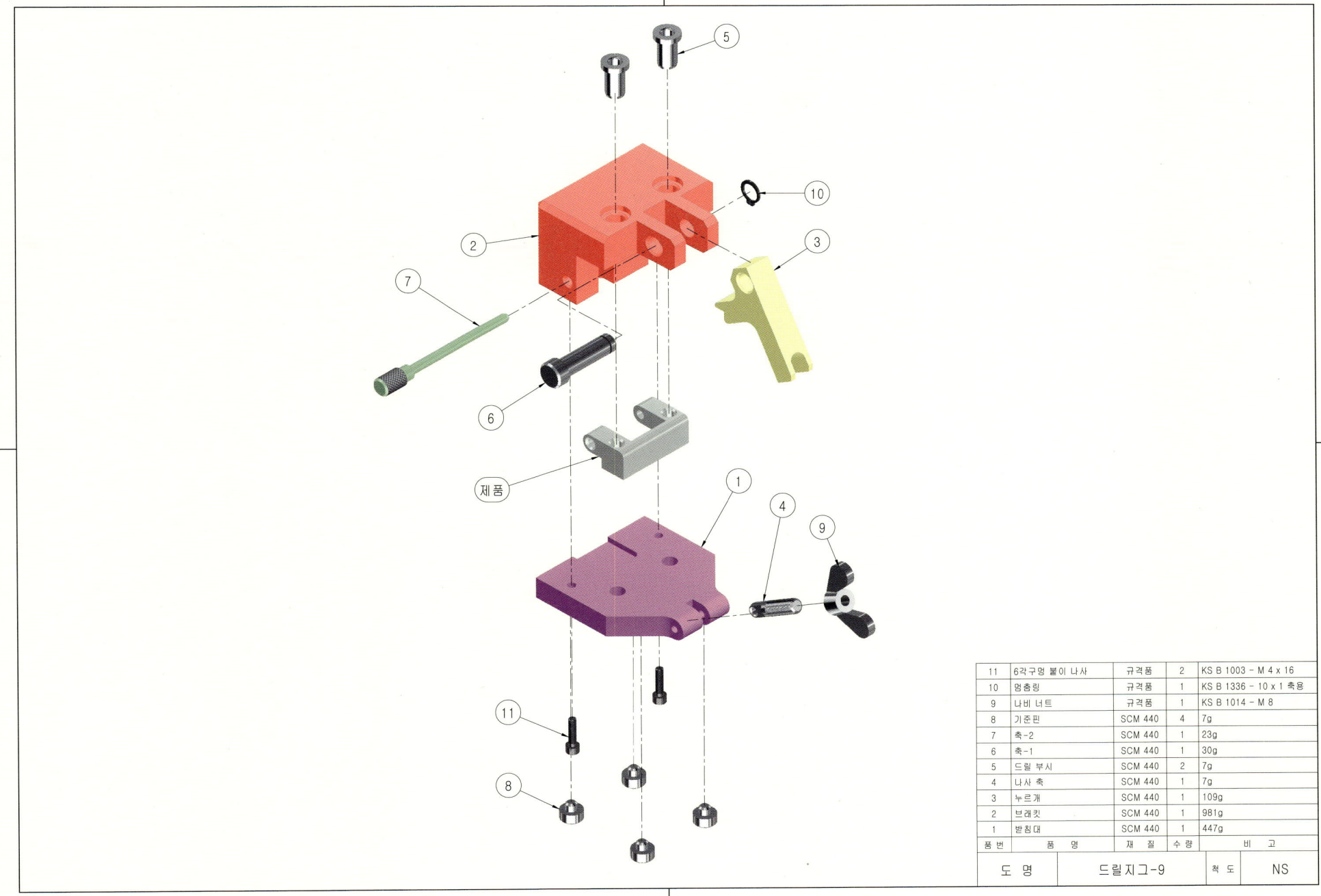

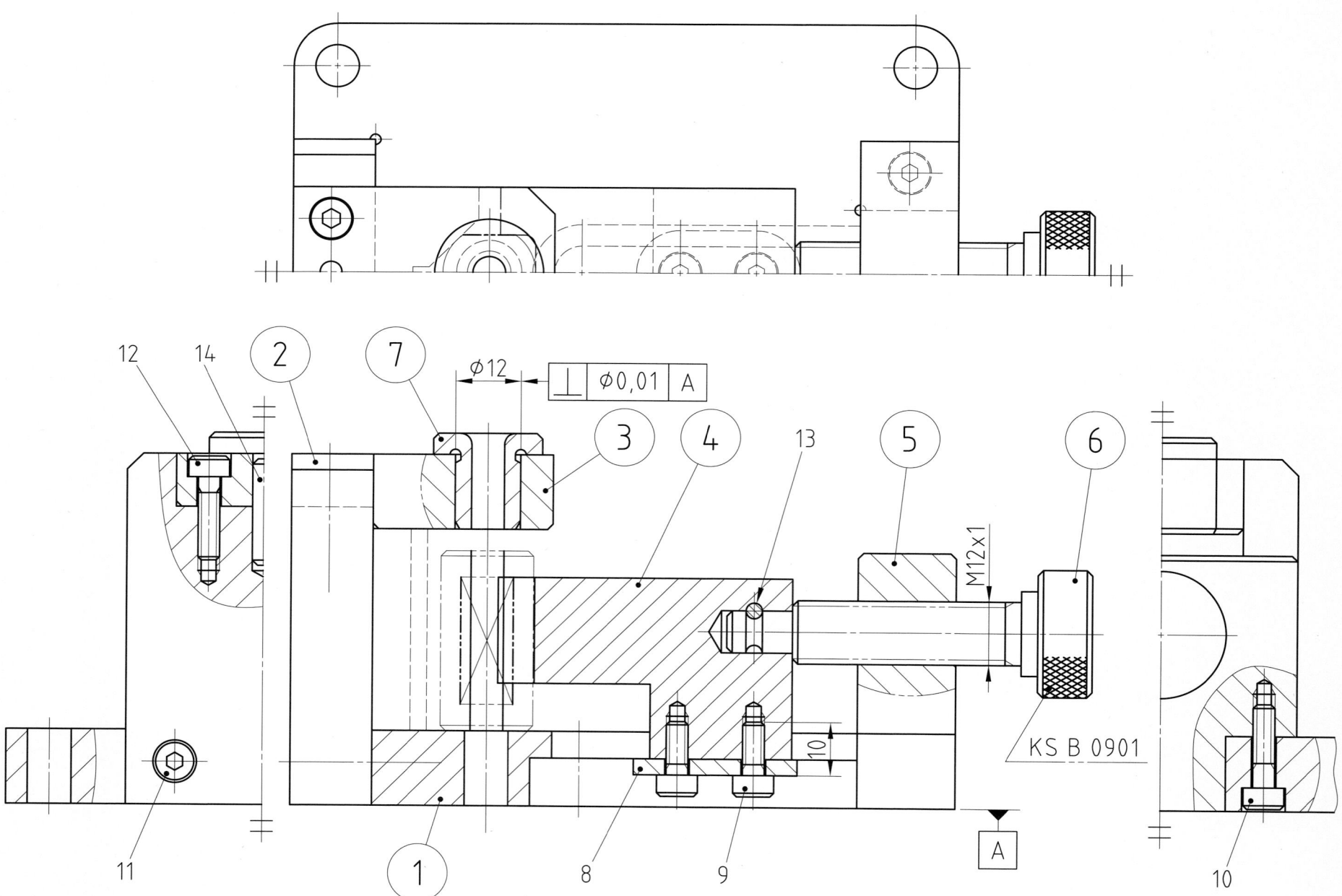

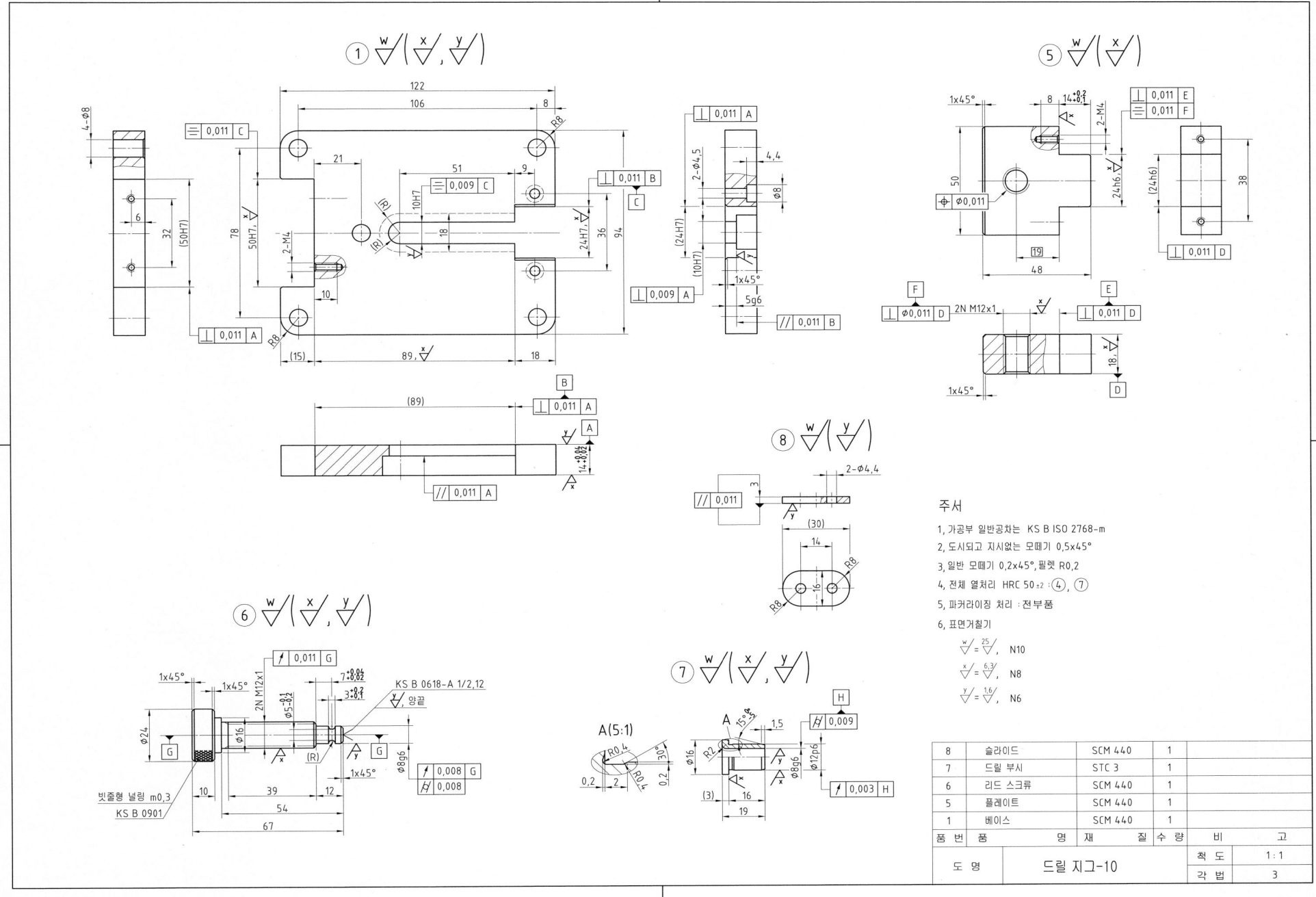

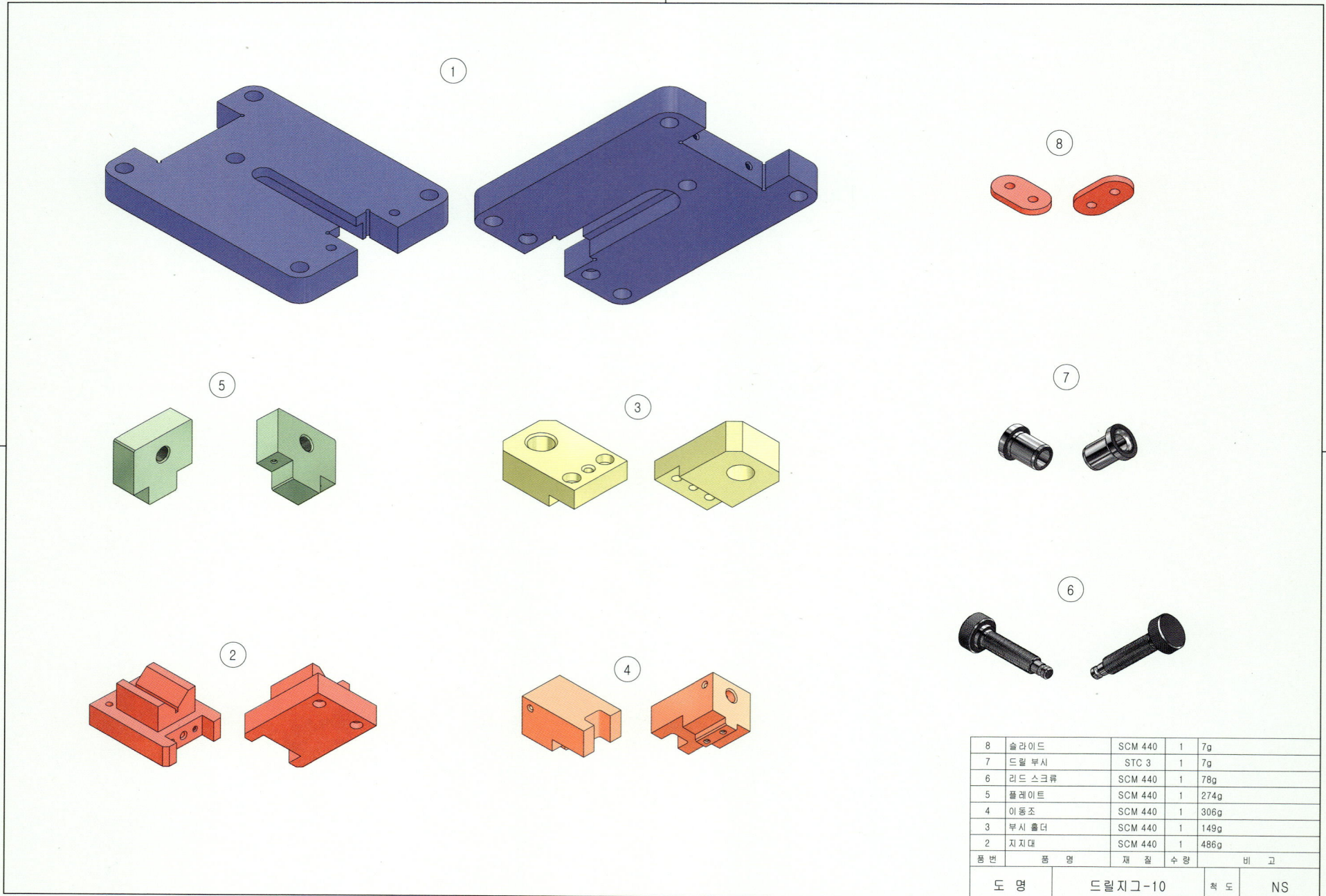

10. 드릴지그-10

3D 와이어프레임 등각투상도 제출용 예제도면

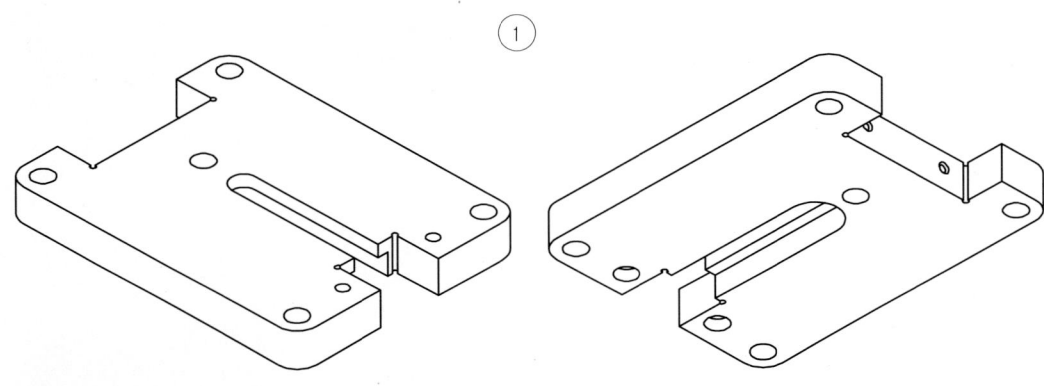
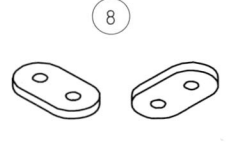
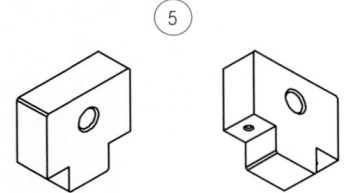
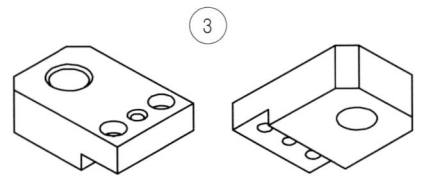
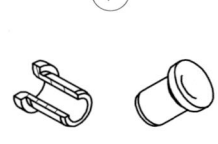
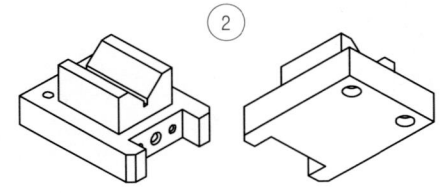
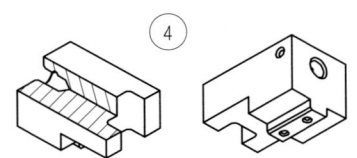
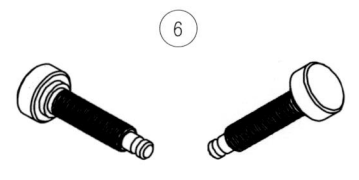

8	슬라이드	SCM 440	1	7g
7	드릴 부시	STC 3	1	7g
6	리드 스크류	SCM 440	1	78g
5	플레이트	SCM 440	1	274g
4	이동조	SCM 440	1	306g
3	부시 홀더	SCM 440	1	149g
2	지지대	SCM 440	1	486g
품번	품 명	재 질	수량	비 고

| 도 명 | 드릴지그-10 | 척 도 | NS |

10. 드릴지그-10 등각조립도

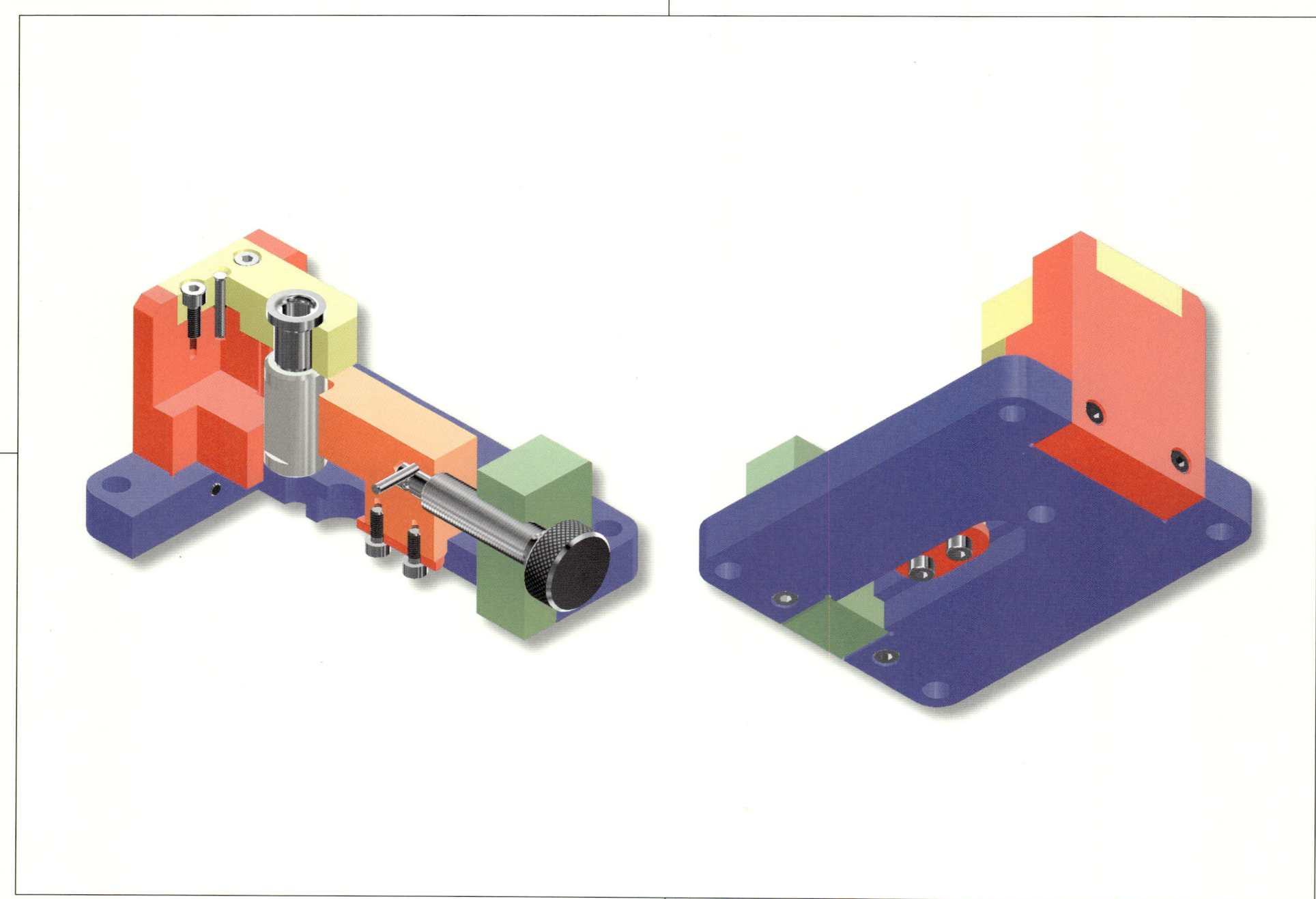

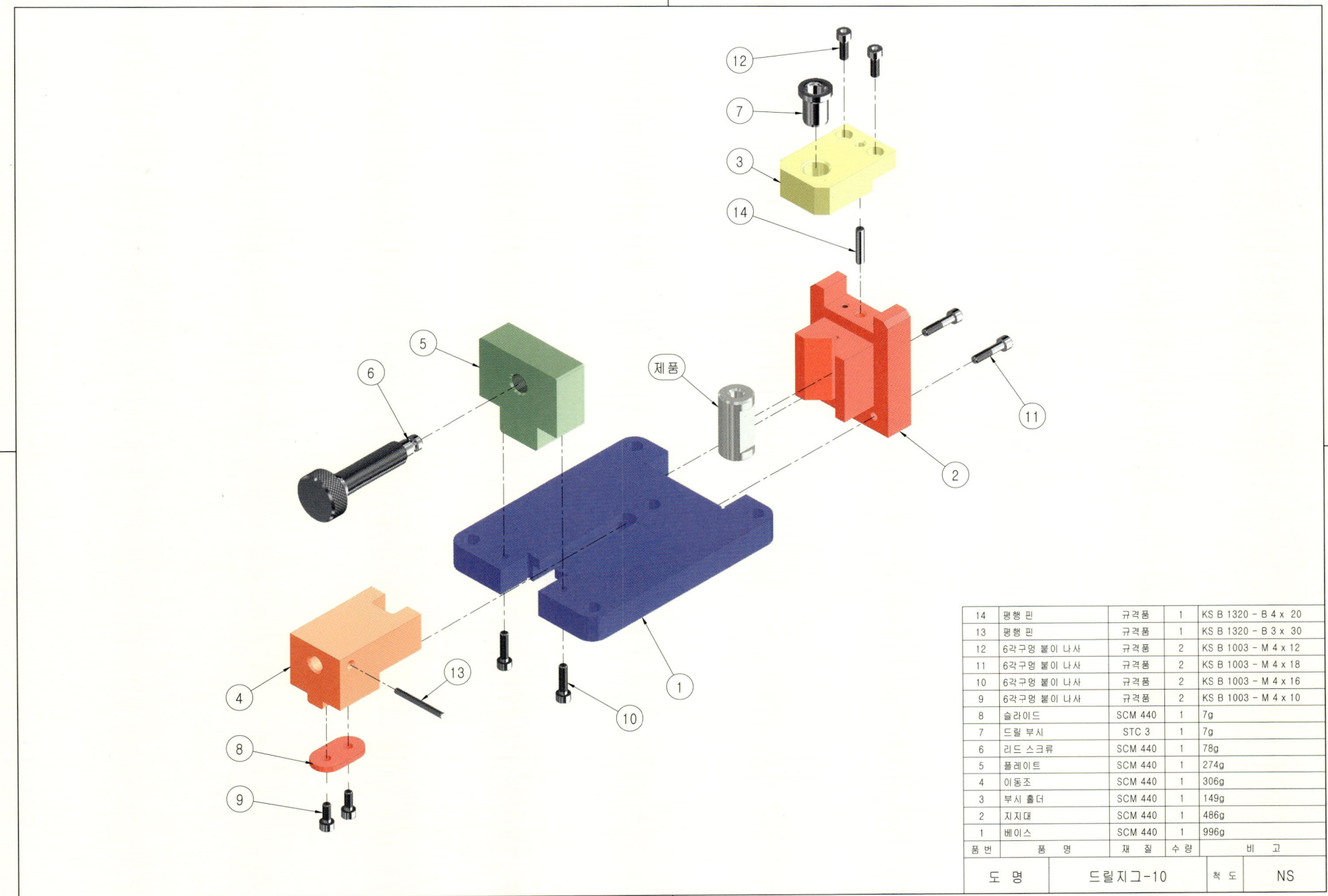

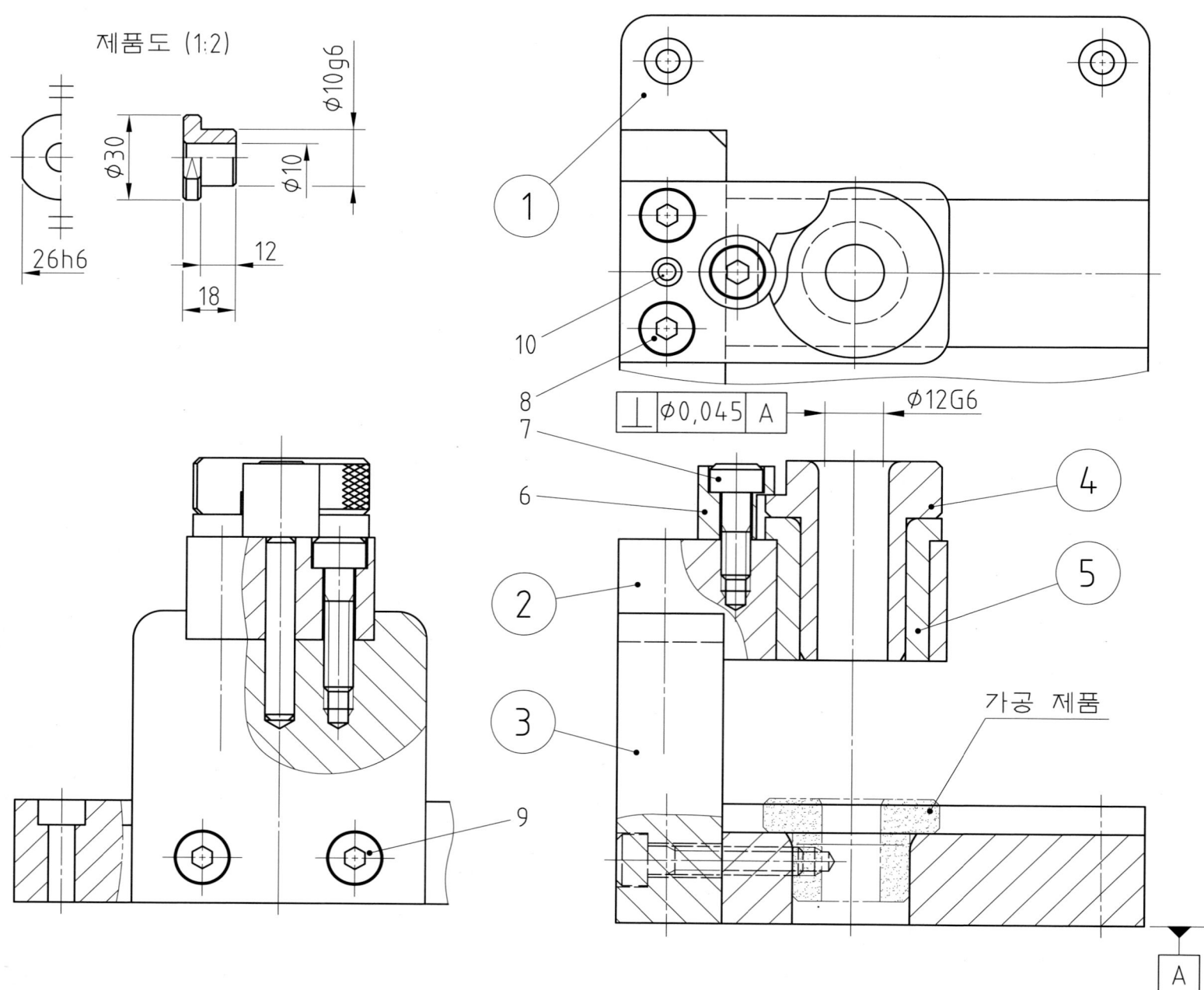

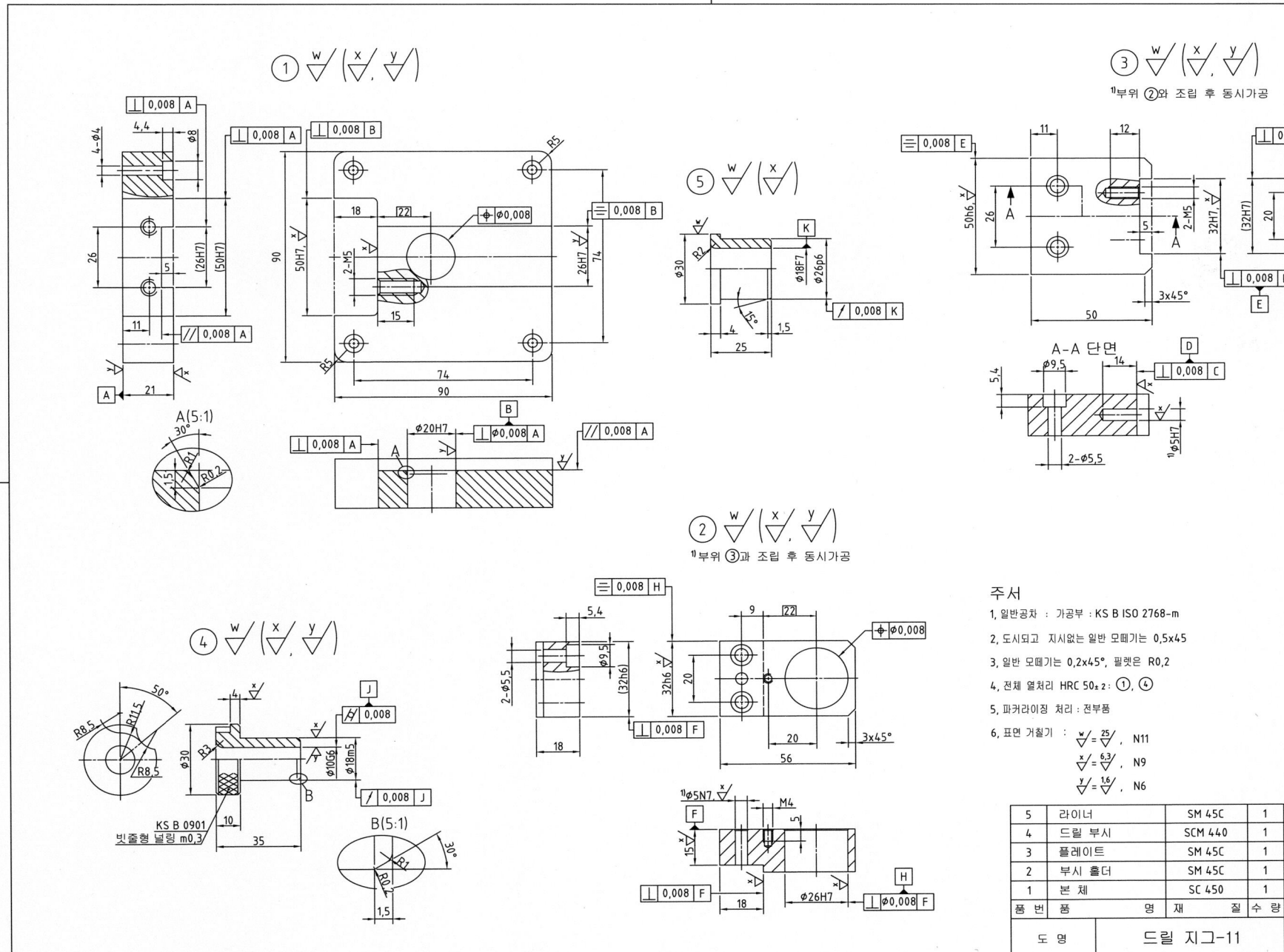

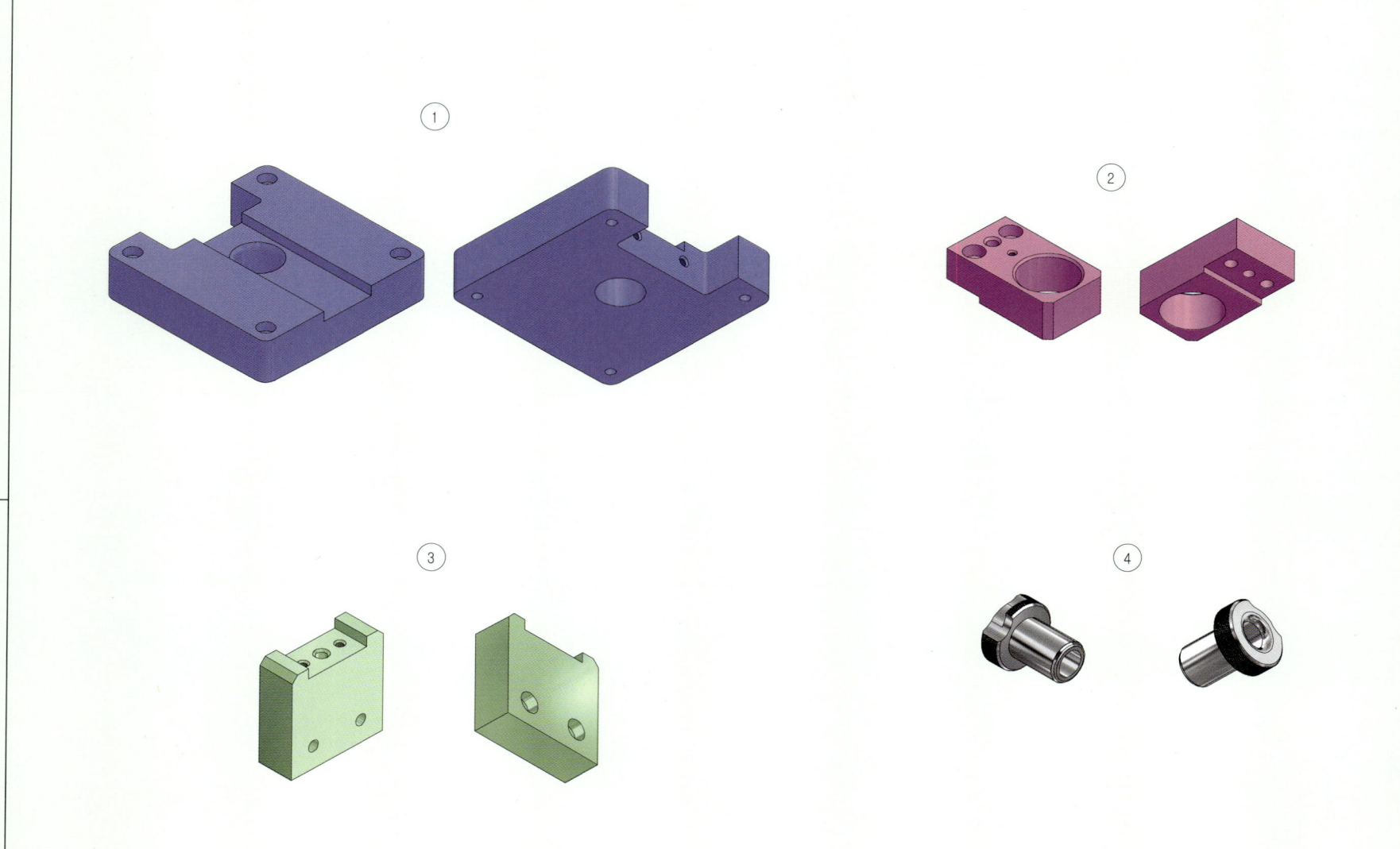

11. 드릴지그-11

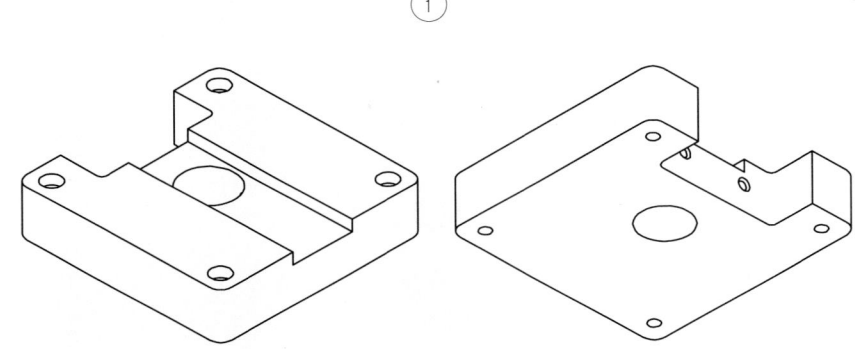
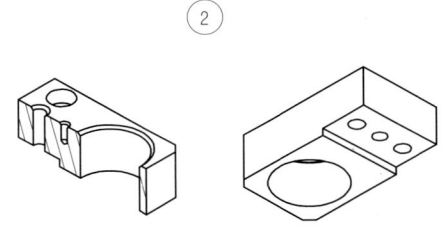
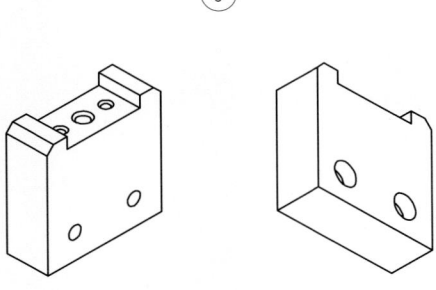
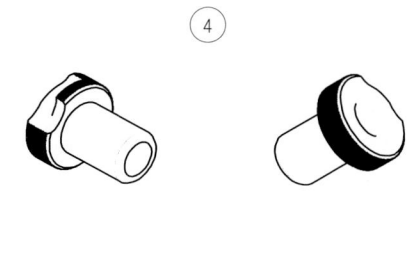

4	드릴 부시	SCM 440	1	70g
3	플레이트	SM 45C	1	310g
2	부시 홀더	SM 45C	1	150g
1	베이스	SC 450	1	1050g
품번	품 명	재 질	수량	비 고

도 명	드릴지그-11	척 도	NS

11. 드릴지그-11 등각조립도

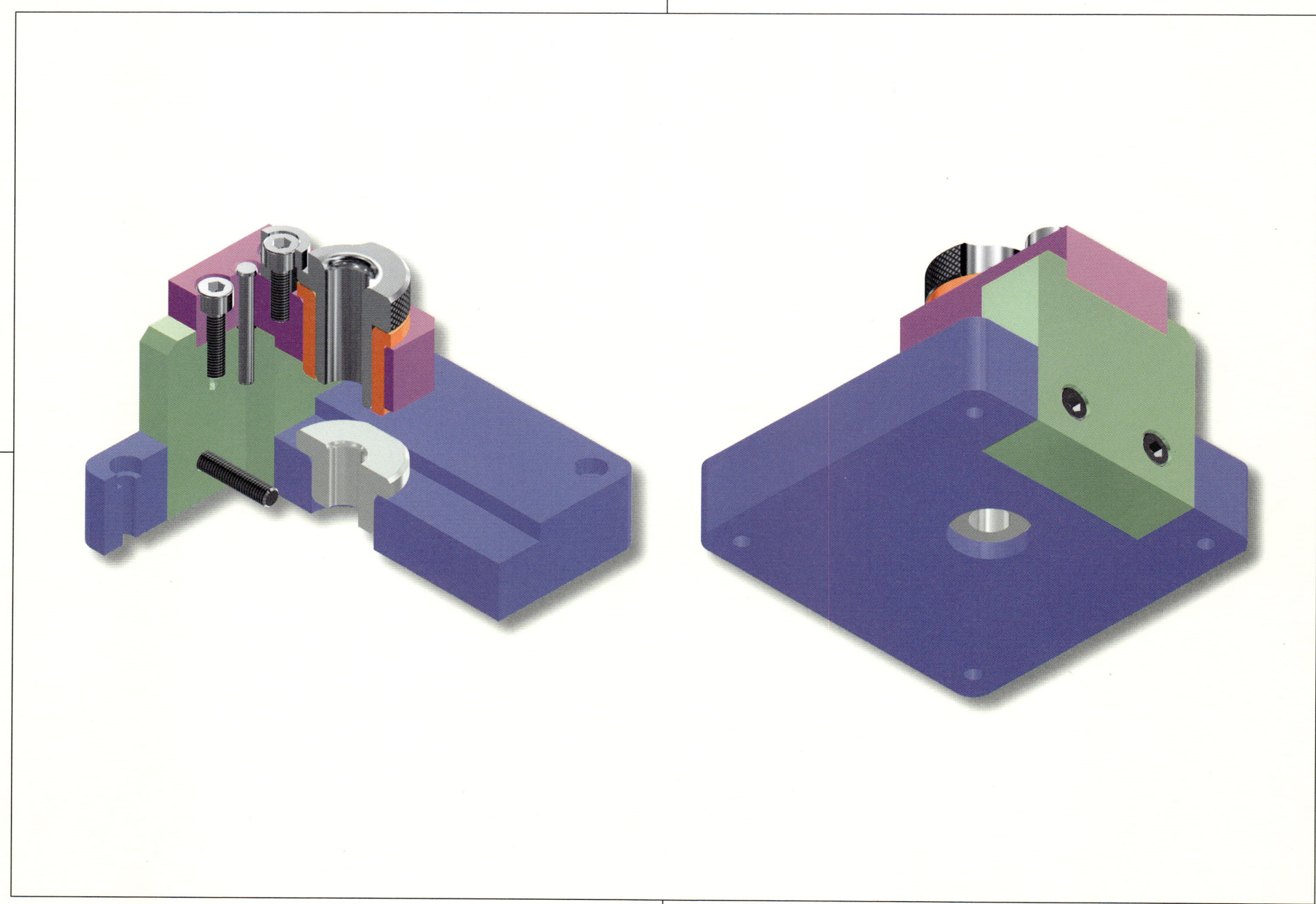

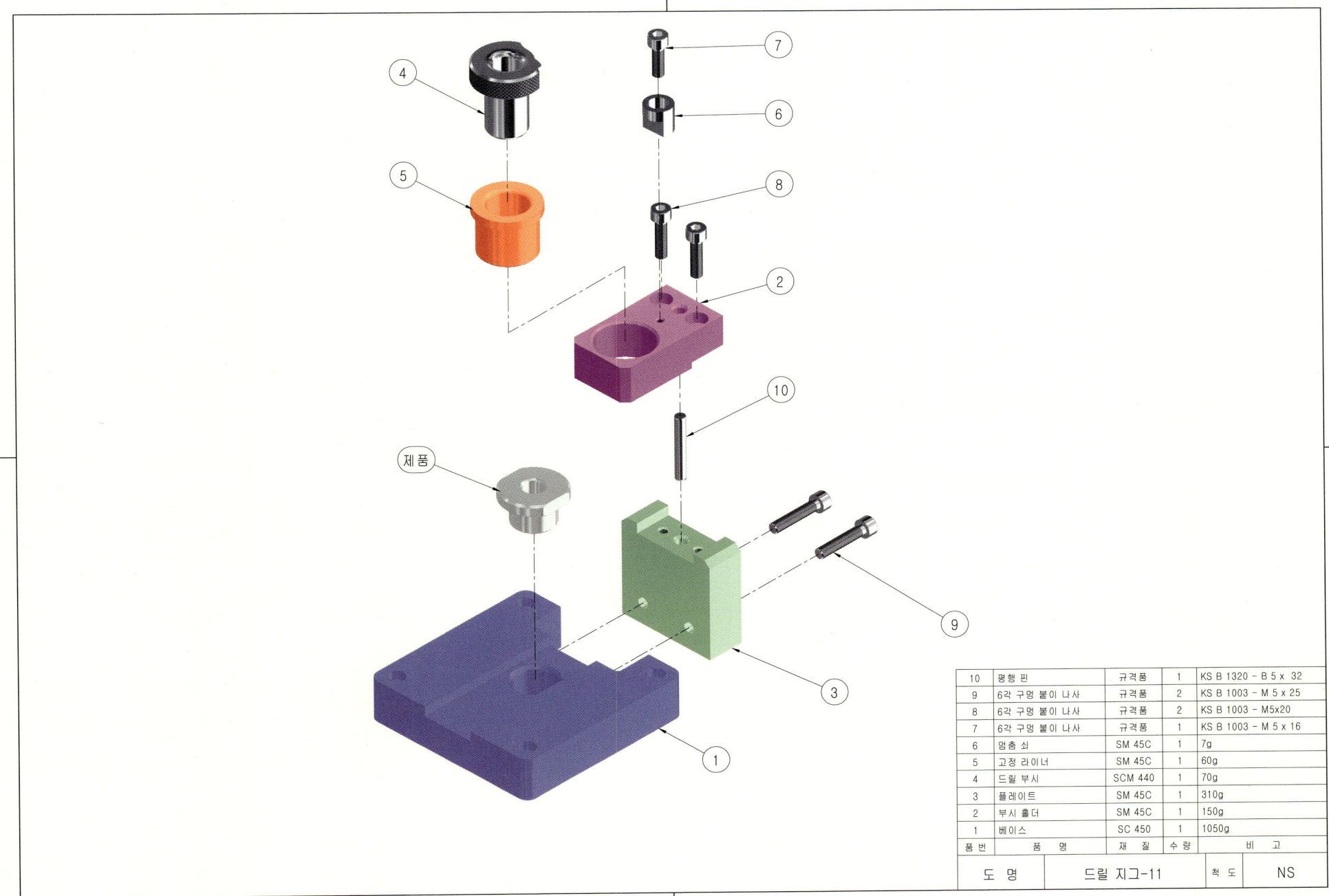

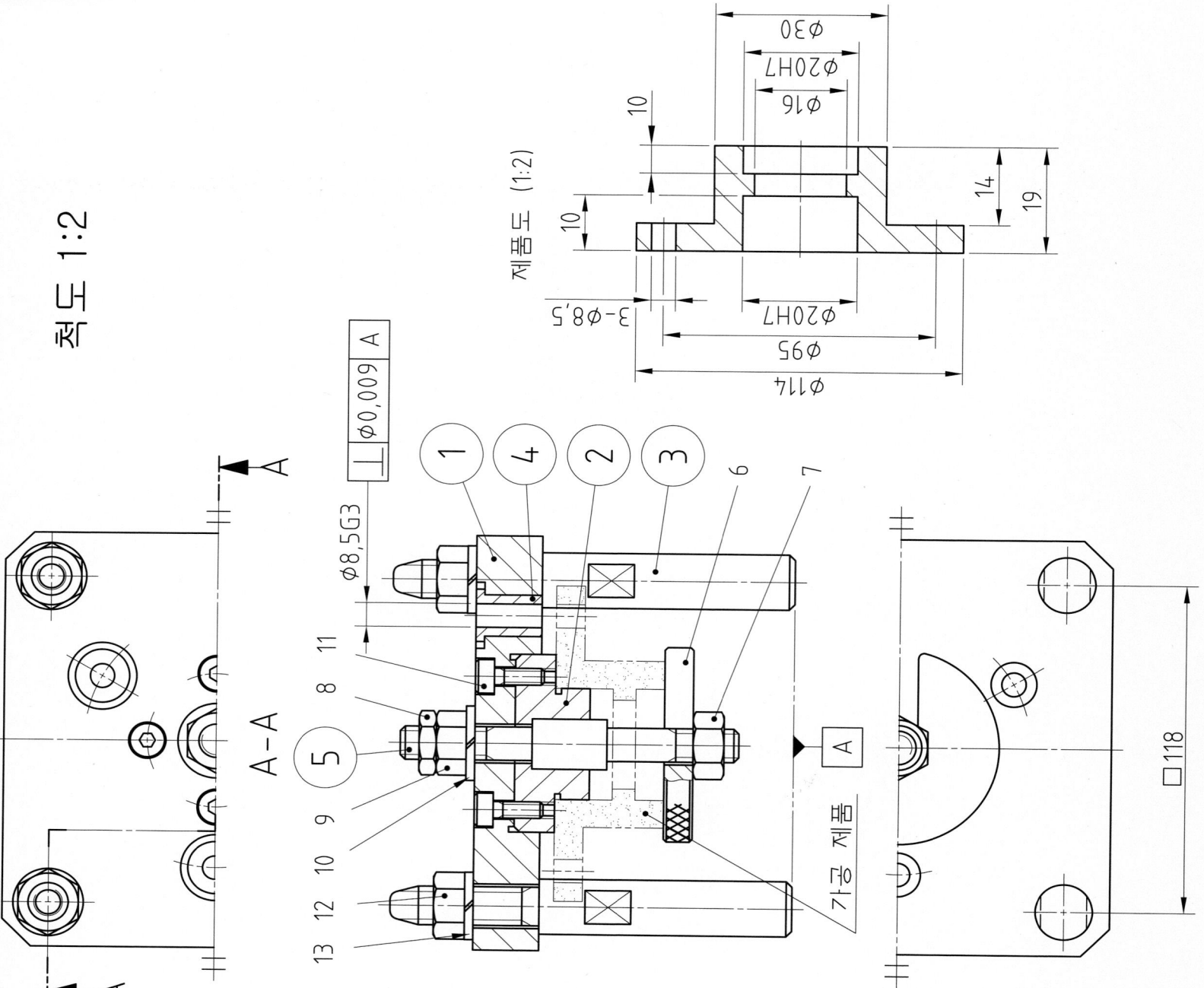

12. 드릴지그-12

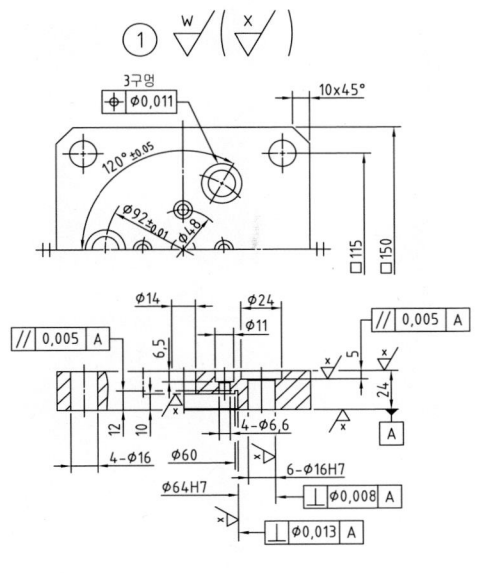
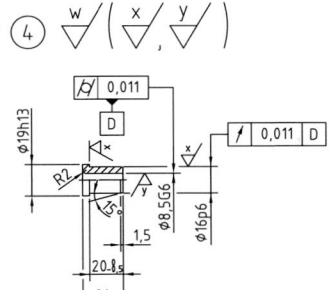
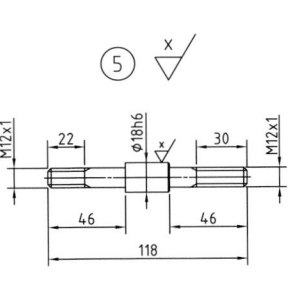
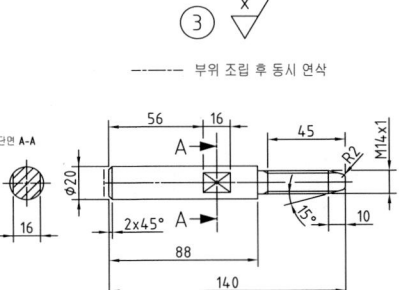

주서
1. 일반공차 : 가) 가공부 KS B ISO 2768-m
   나) 주조부 KS B 0250 - CT11
2. 도시되고 지시없는 모떼기 0.5x45°, 필렛과 라운드 R3
3. 일반 모떼기 0.2x45°
4. 전체 열처리 HrC 50±2 : ②, ③
   HrC 60±2 : ④
5. 파커라이징 처리 : 전부품
6. ✓부위 외면 명녹색 도장
7. 표면 거칠기 ✓ = ✓,
   w/✓ = 25/✓ N10
   x/✓ = 6.3/✓ N8
   y/✓ = 1.6/✓ N6

5	가이드 축	SM 35C	1
4	드릴 부시	STC 3	6
3	지지대	STC 3	4
2	게이지	SCM 440	1
1	베이스	SCM 440	1
품번	품　명	재질	수량	비고

도 명	드릴 지그-12	척 도	1:2
		각 법	3

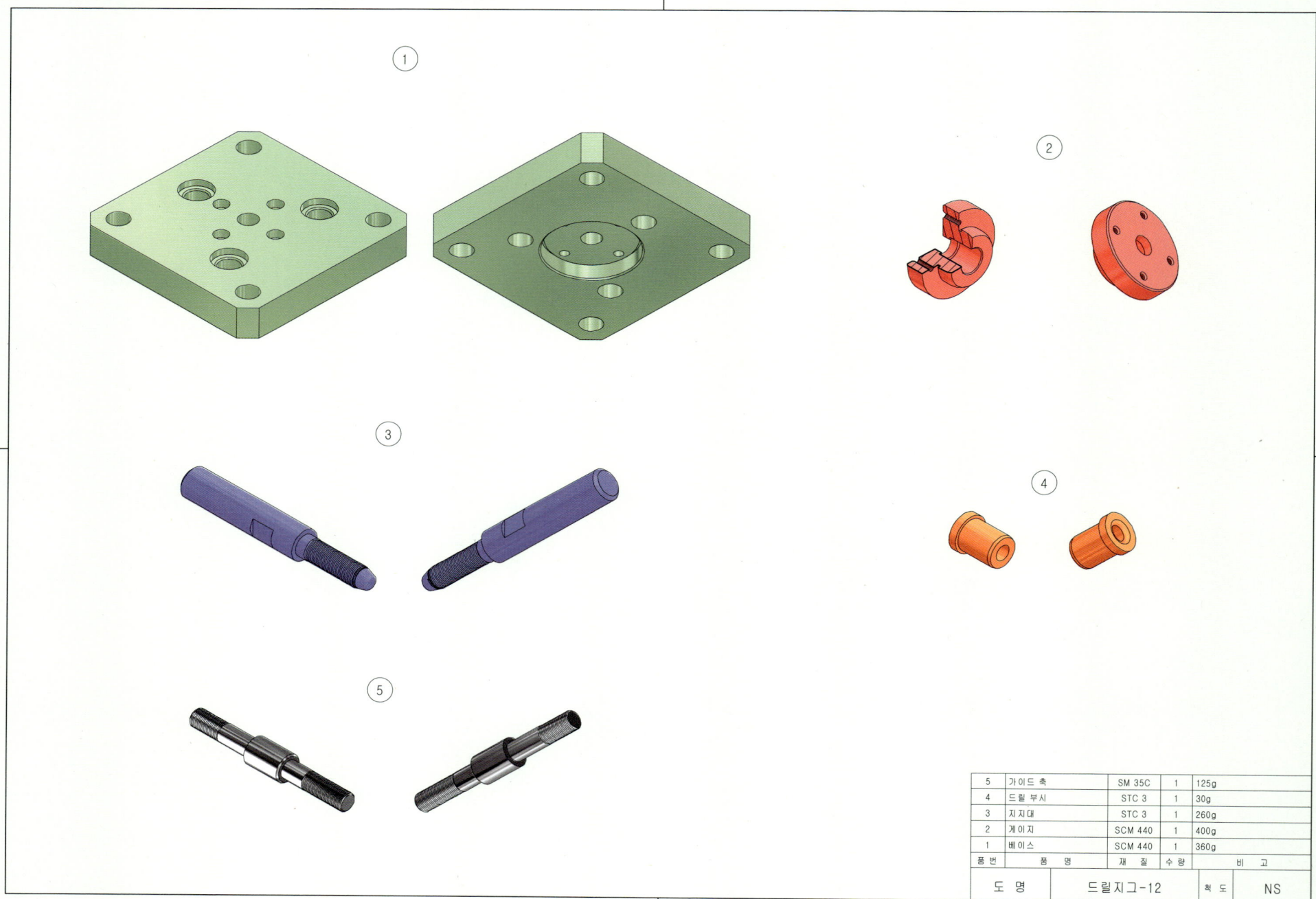

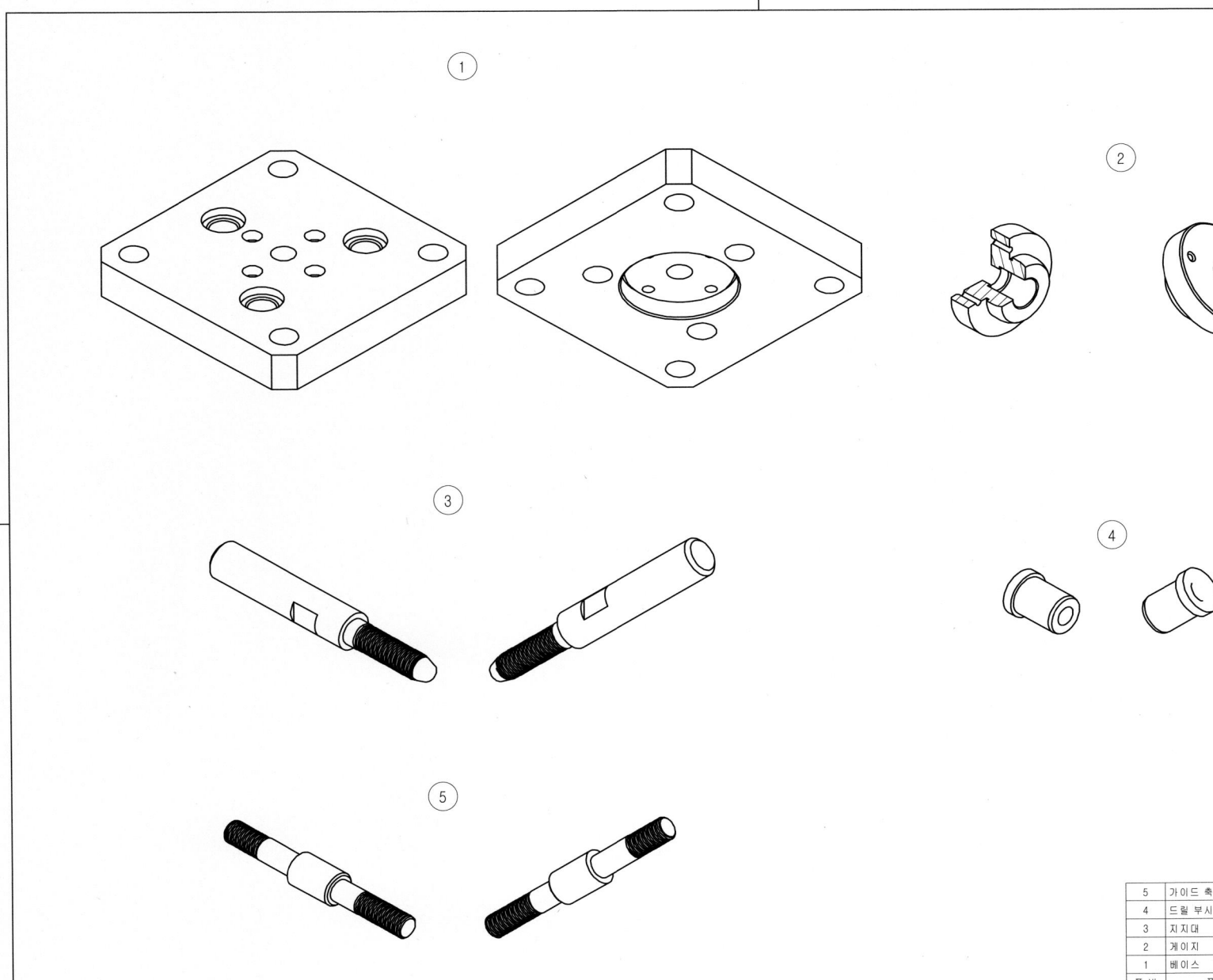

12. 드릴지그-12 등각조립도

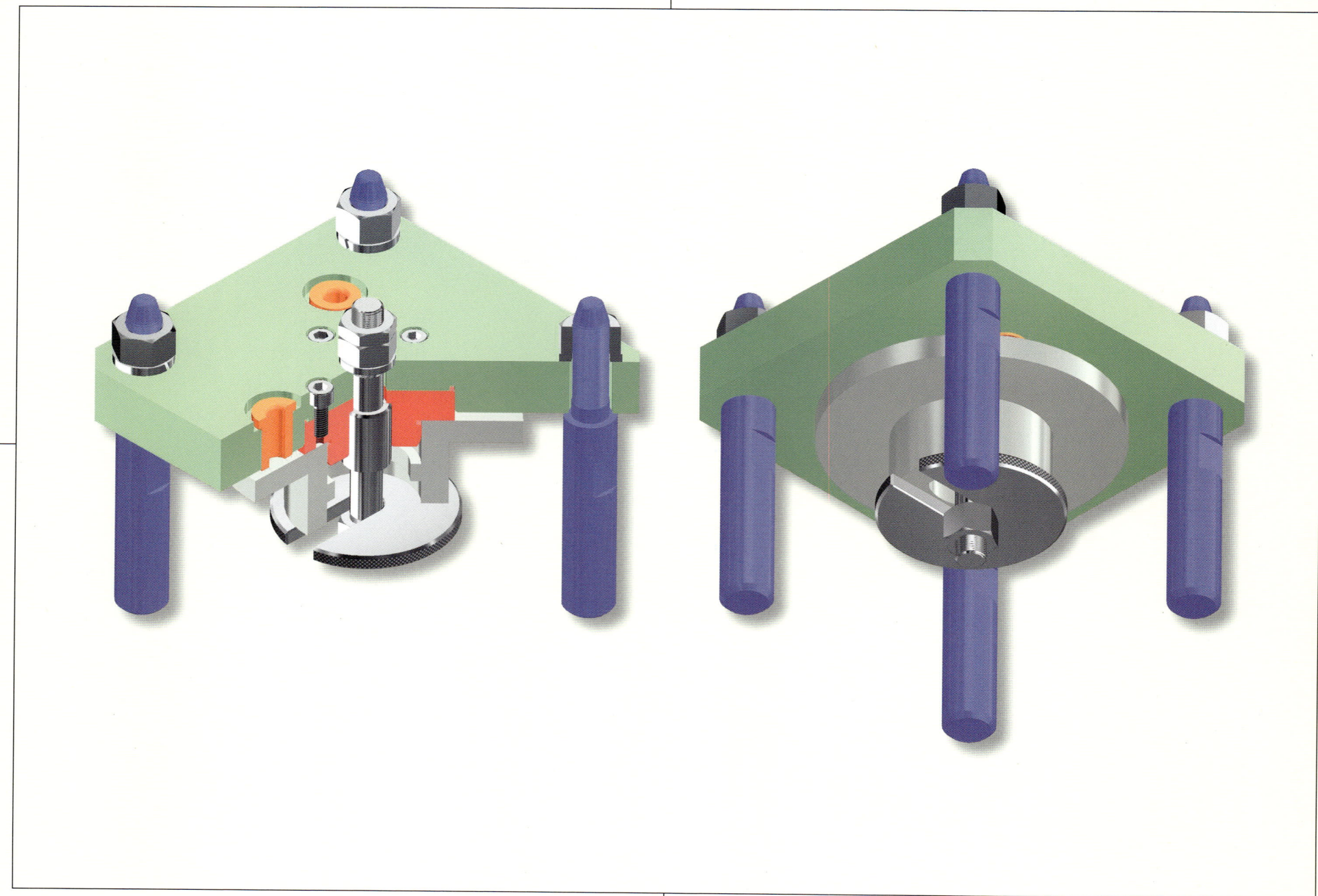

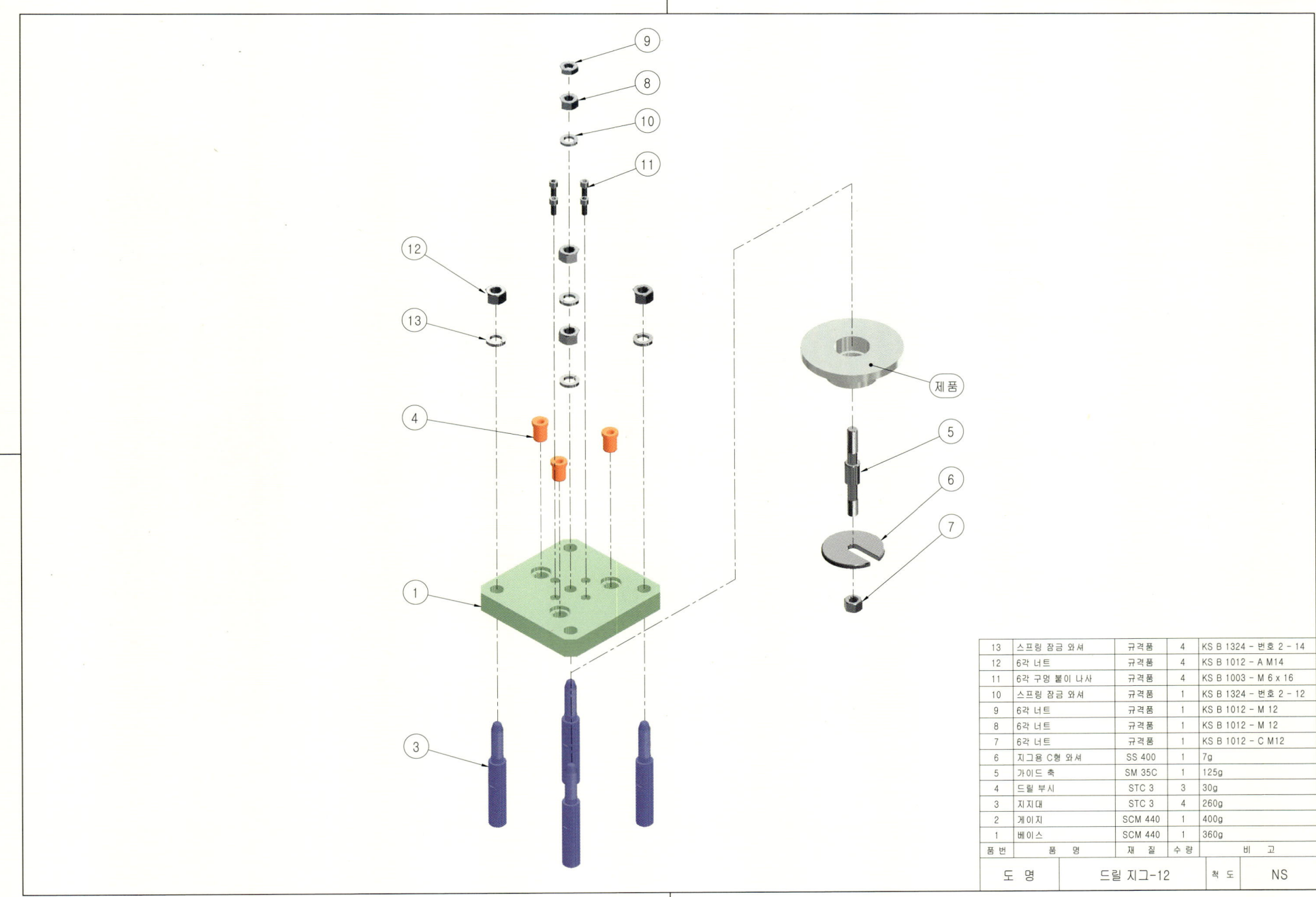

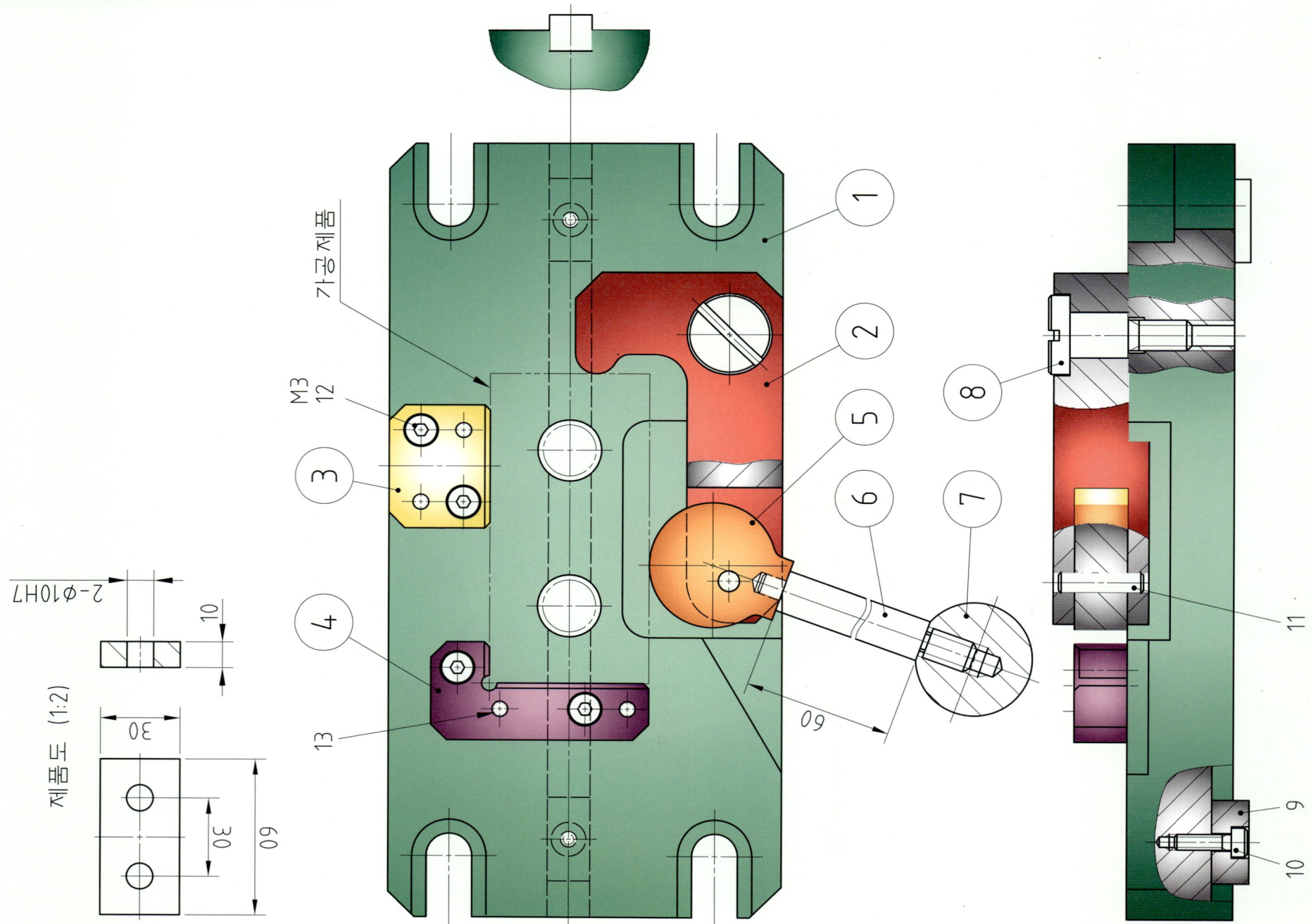

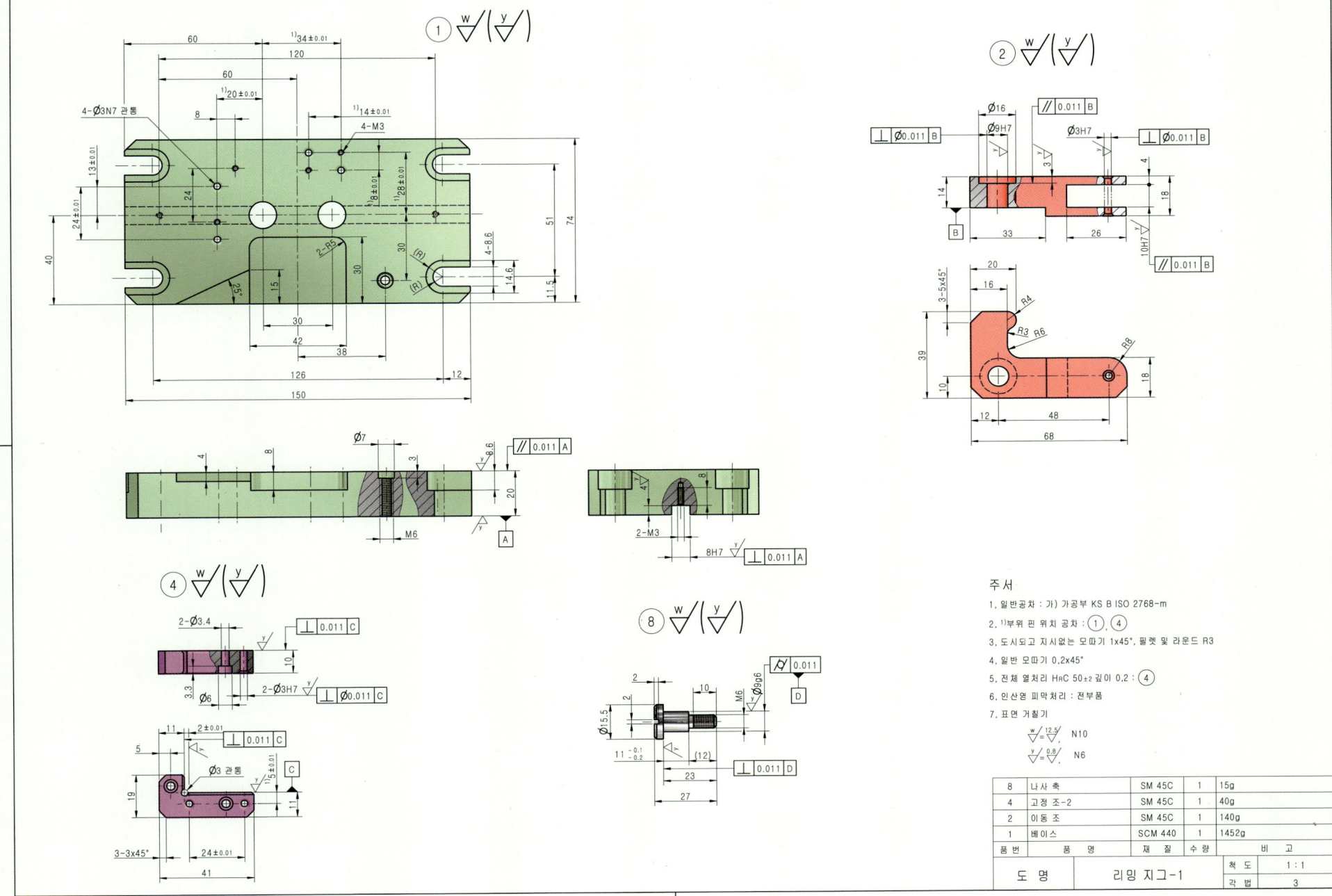

13. 리밍지그-1 과제도면

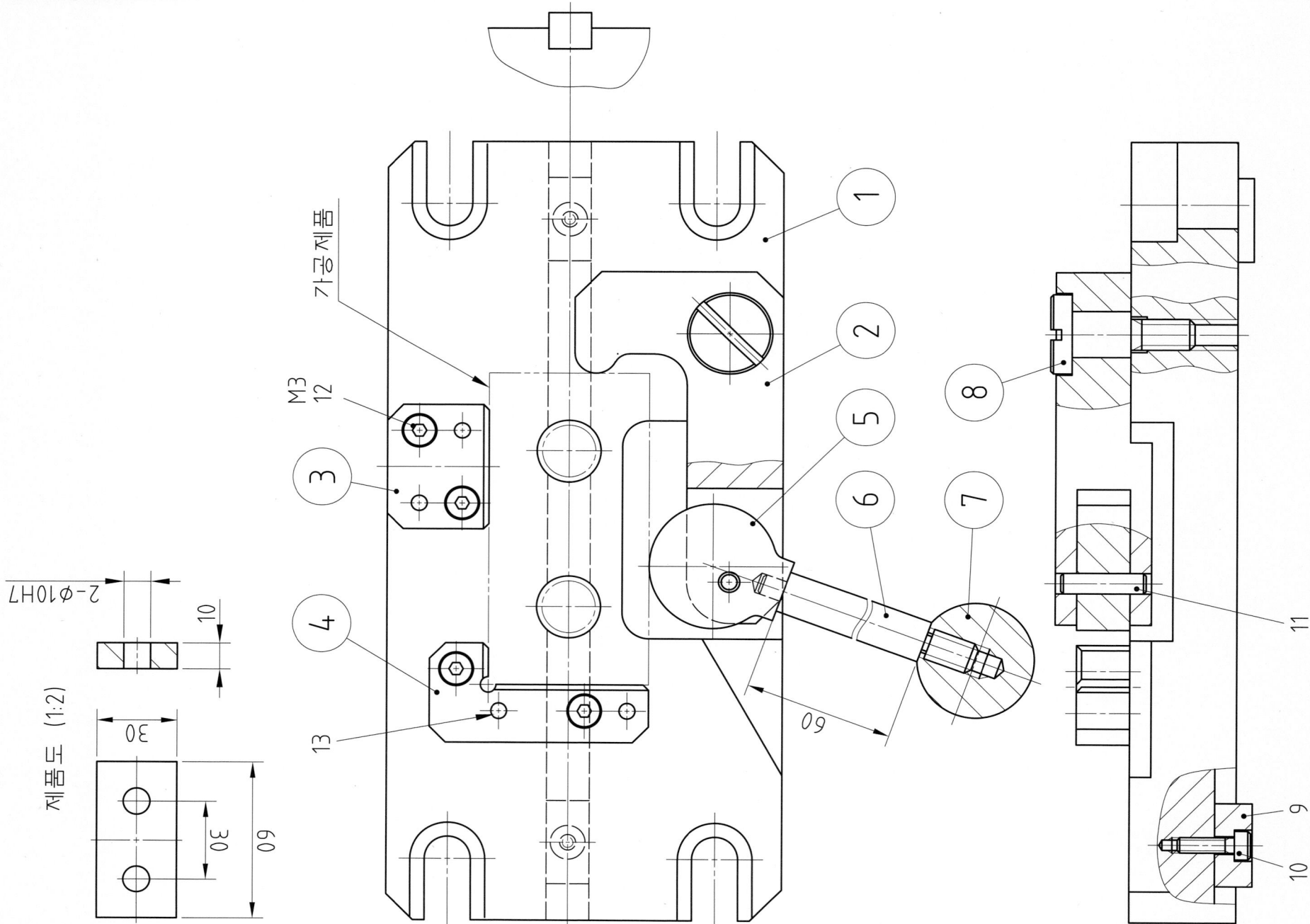

주서

1. 일반공차 : 가) 가공부 KS B ISO 2768-m
2. 1)부위 핀 위치 공차 : ①, ④
3. 도시되고 지시없는 모따기 1x45°, 필렛 및 라운드 R3
4. 일반 모따기 0.2x45°
5. 전체 열처리 HRC 50±2 깊이 0.2 : ④
6. 인산염 피막처리 : 전부품
7. 표면 거칠기
   w/ = 12.5/ , N10
   y/ = 0.8/ , N6

품번	품명	재질	수량	비고
8	나사 축	SM 45C	1	15g
4	고정 조-2	SM 45C	1	40g
2	이동 조	SM 45C	1	140g
1	베이스	SCM 440	1	1452g

도 명	리밍 지그-1	척 도	1 : 1
		각 법	3

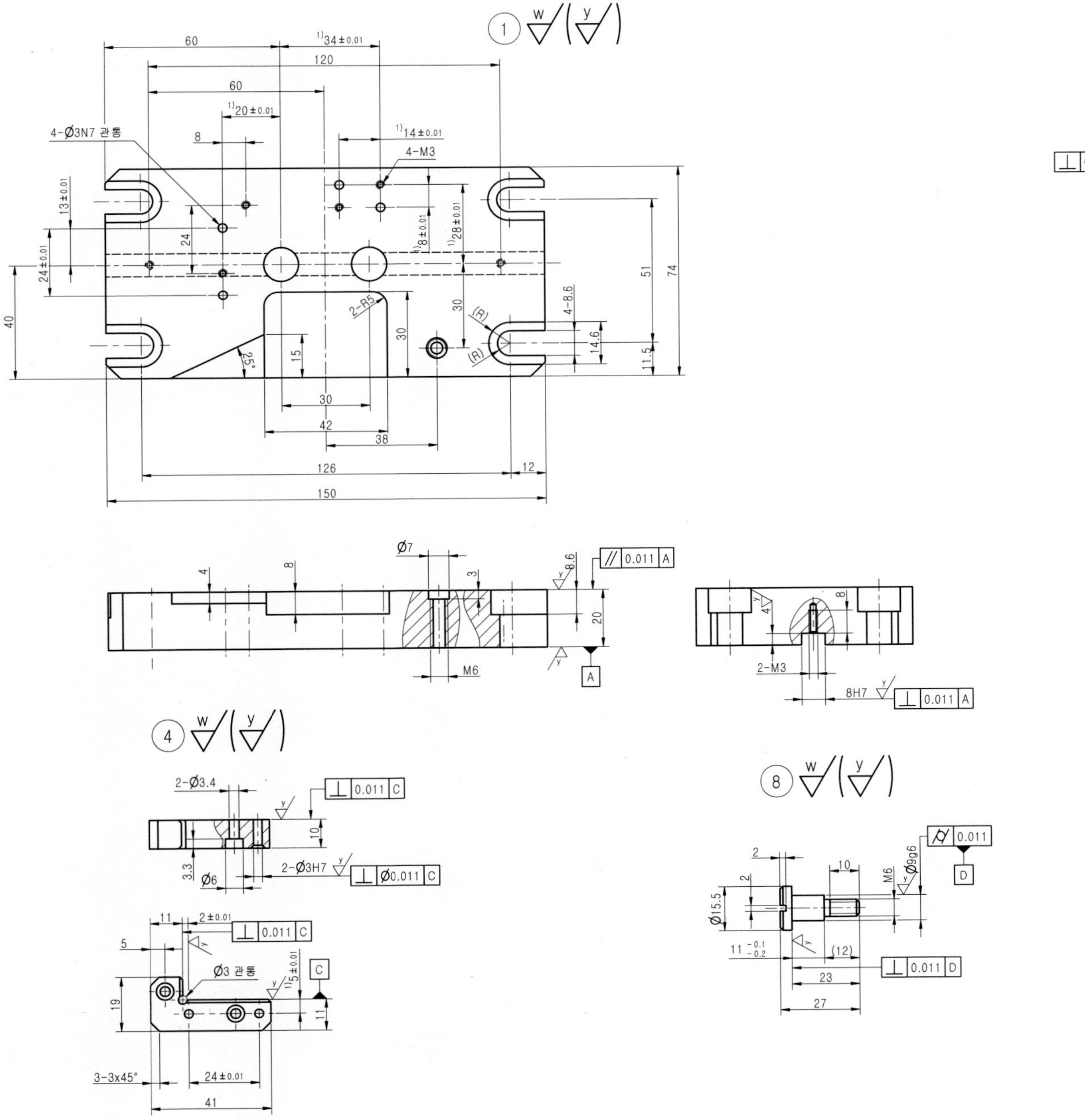

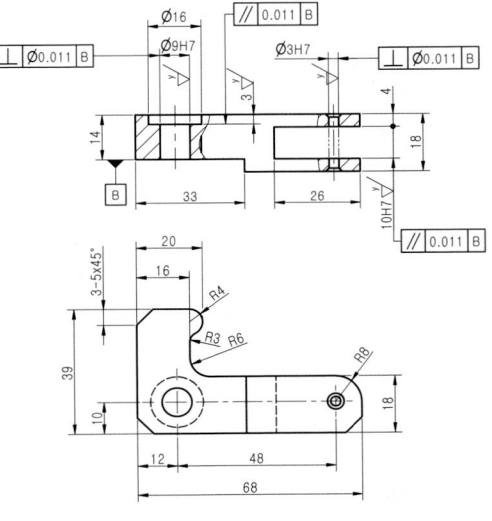

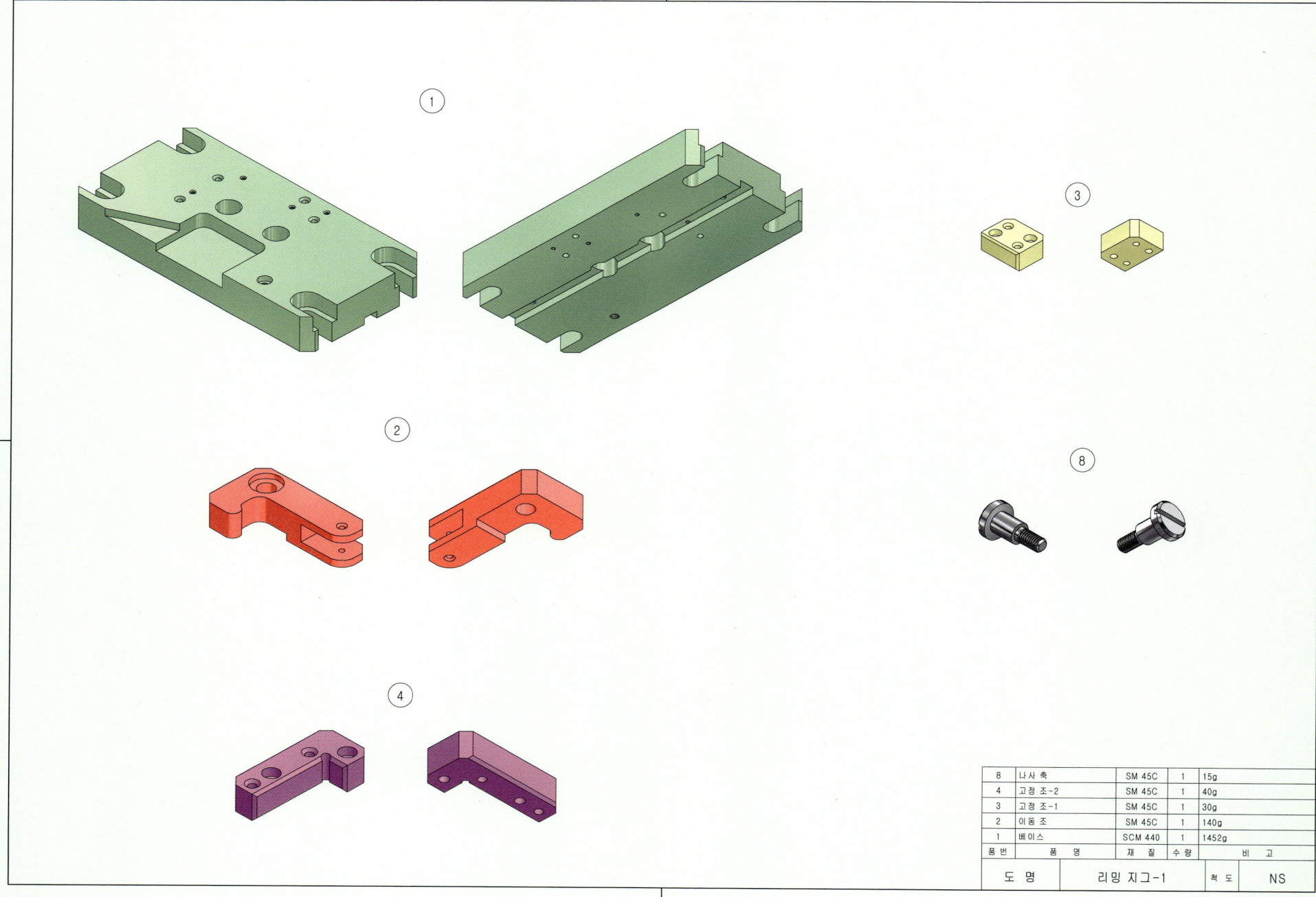

13. 리밍지그-1

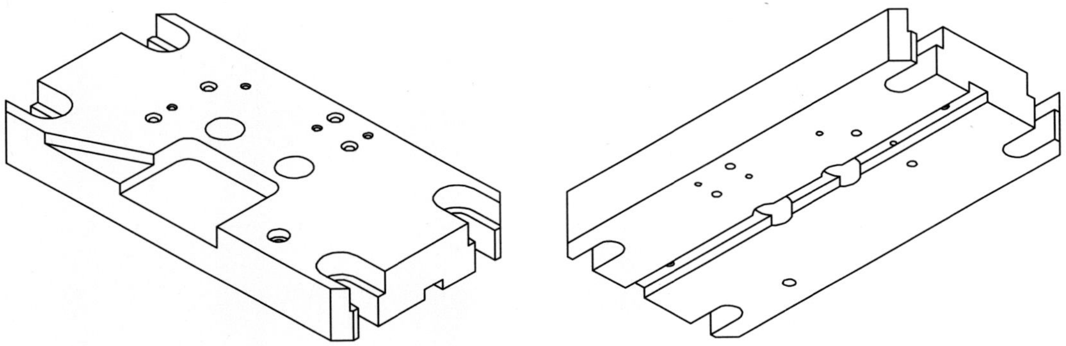

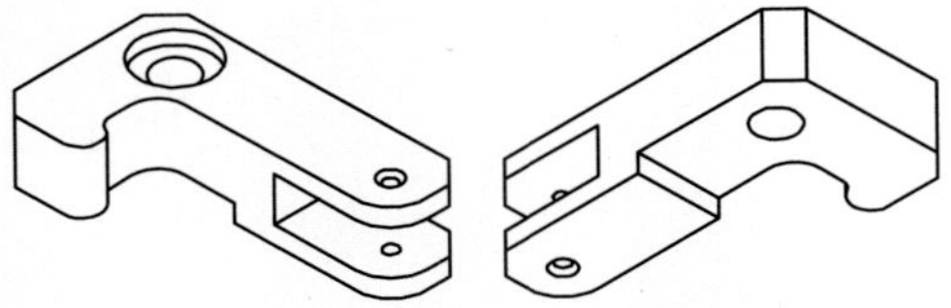

3D 와이어프레임 등각투상도 제출용 예제도면

8	나사 축	SM 45C	1	15g
4	고정 조-2	SM 45C	1	40g
3	고정 조-1	SM 45C	1	30g
2	이동 조	SM 45C	1	140g
1	베이스	SCM 440	1	1452g
품번	품 명	재 질	수량	비 고

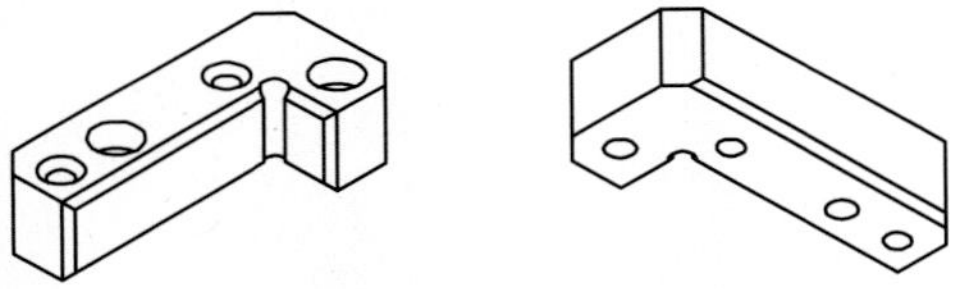

도 명	리밍 지그-1	척 도	NS

13. 리밍지그-1 등각조립도

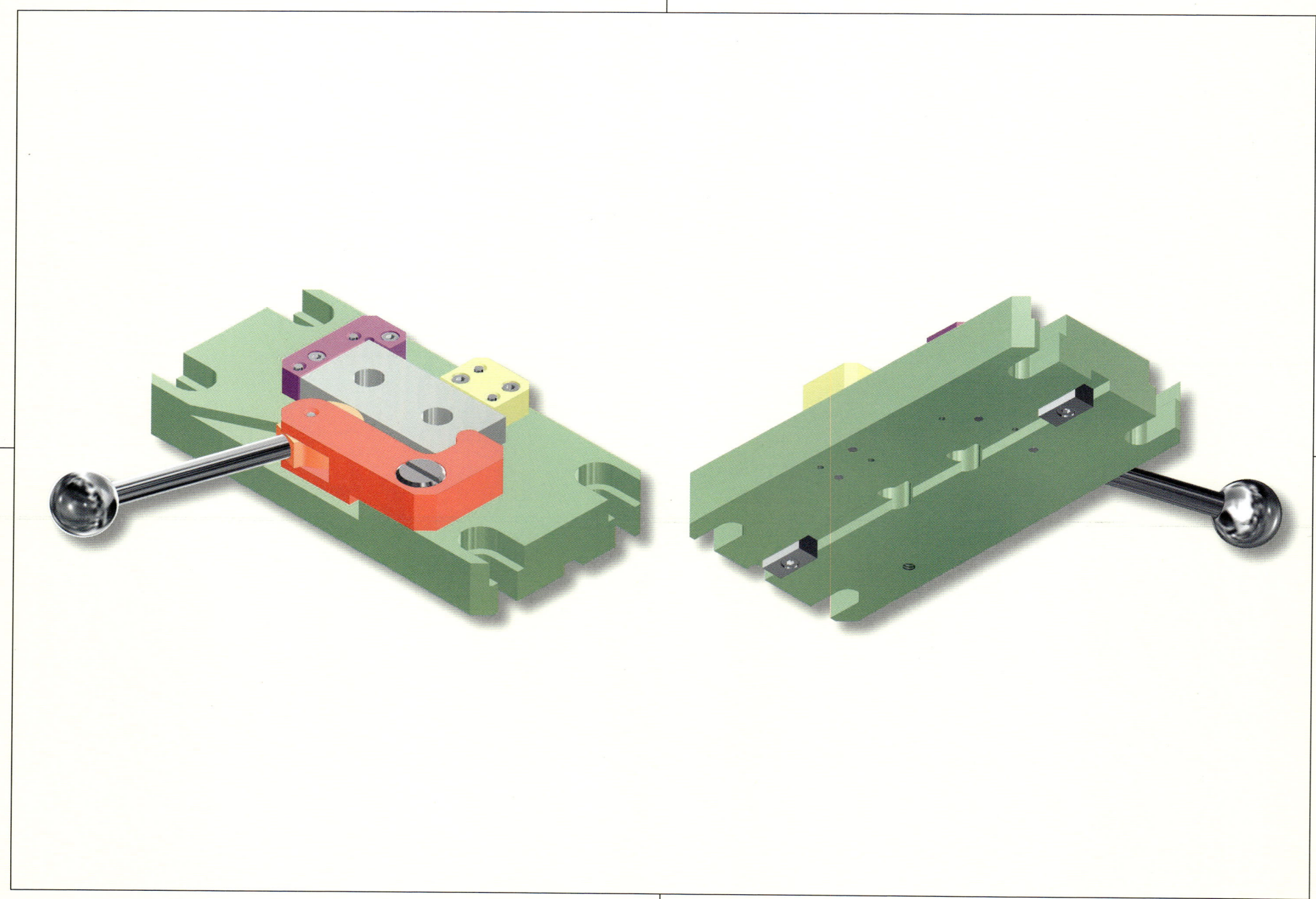

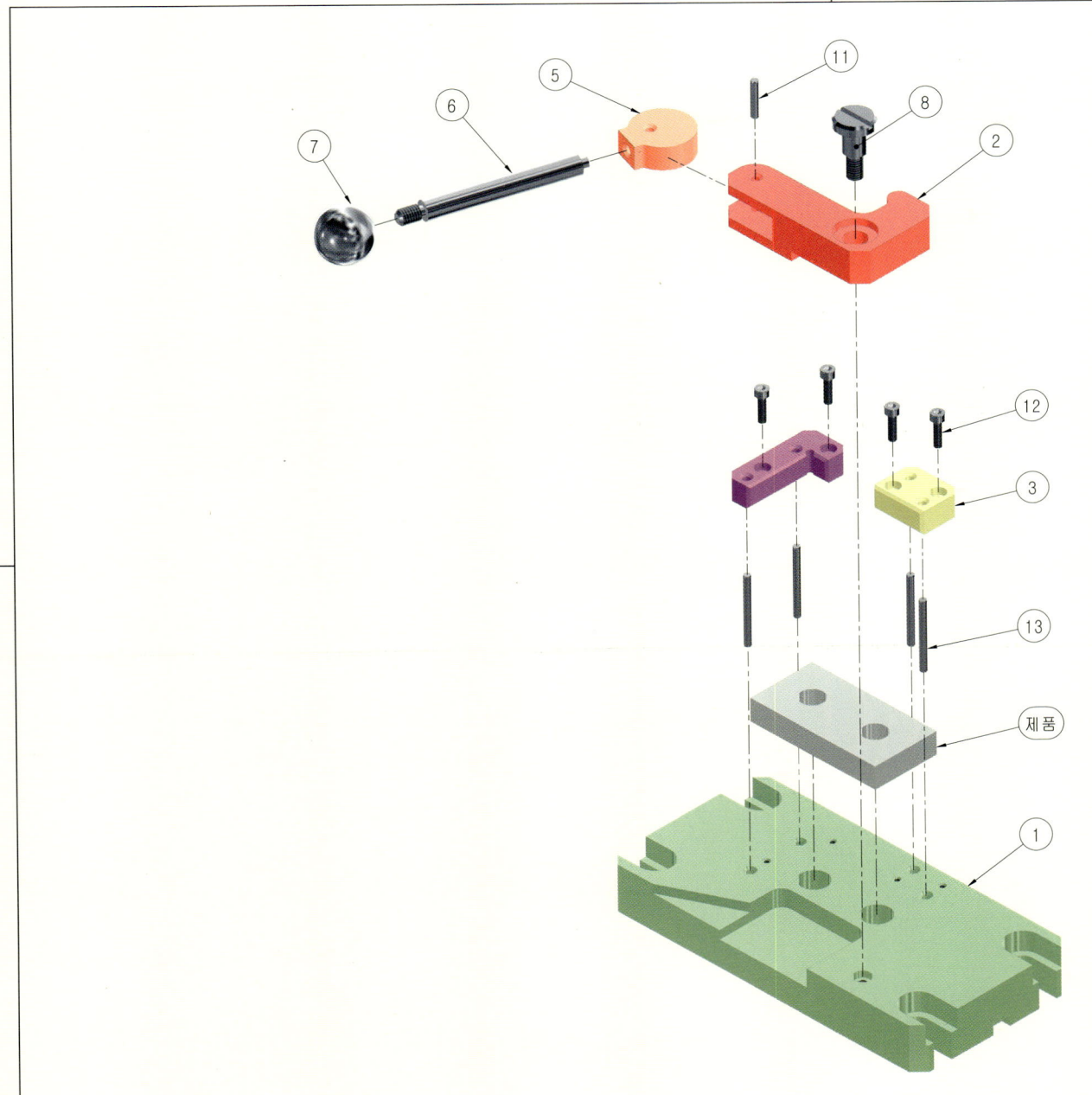

14. 리밍지그-2 과제도면

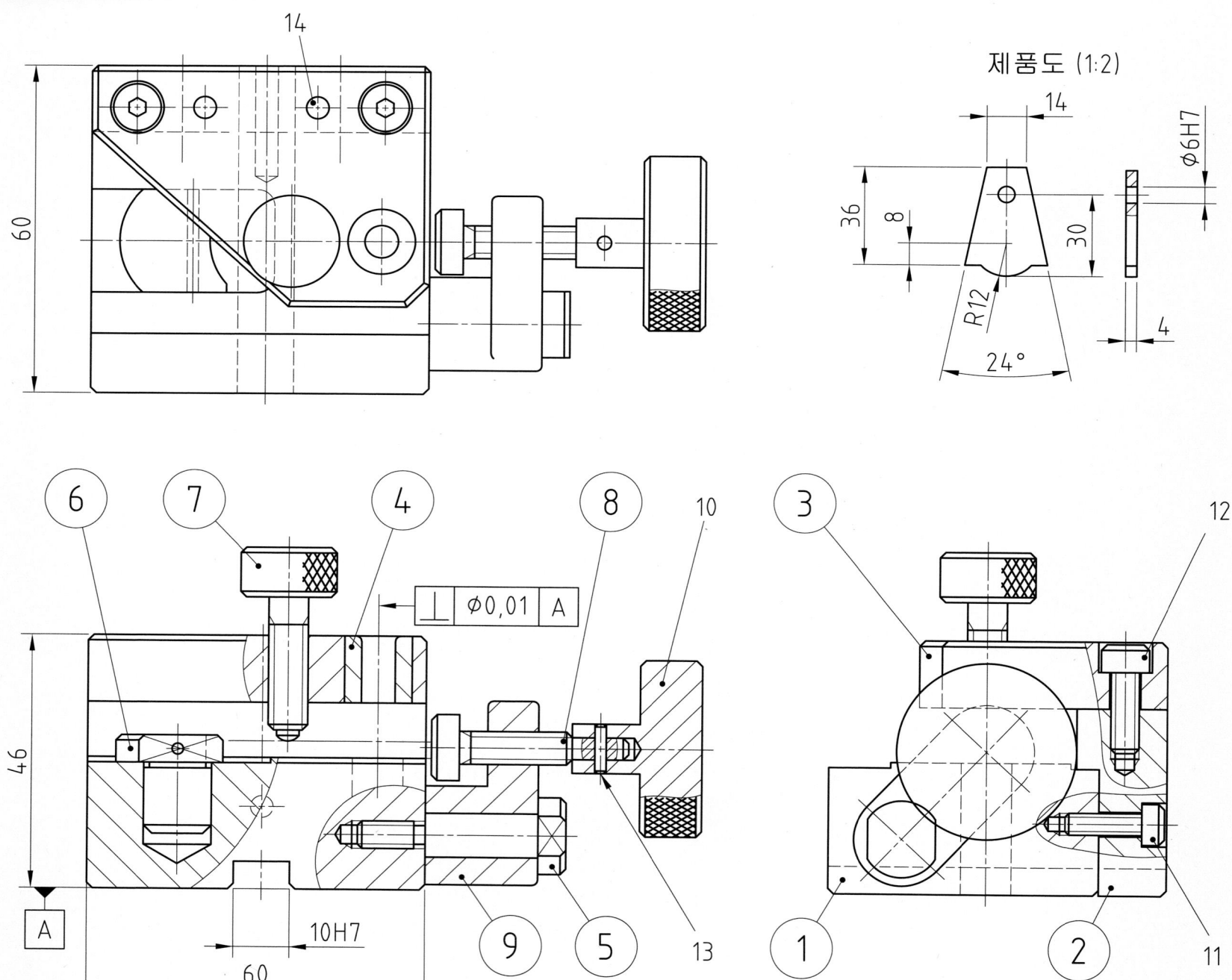

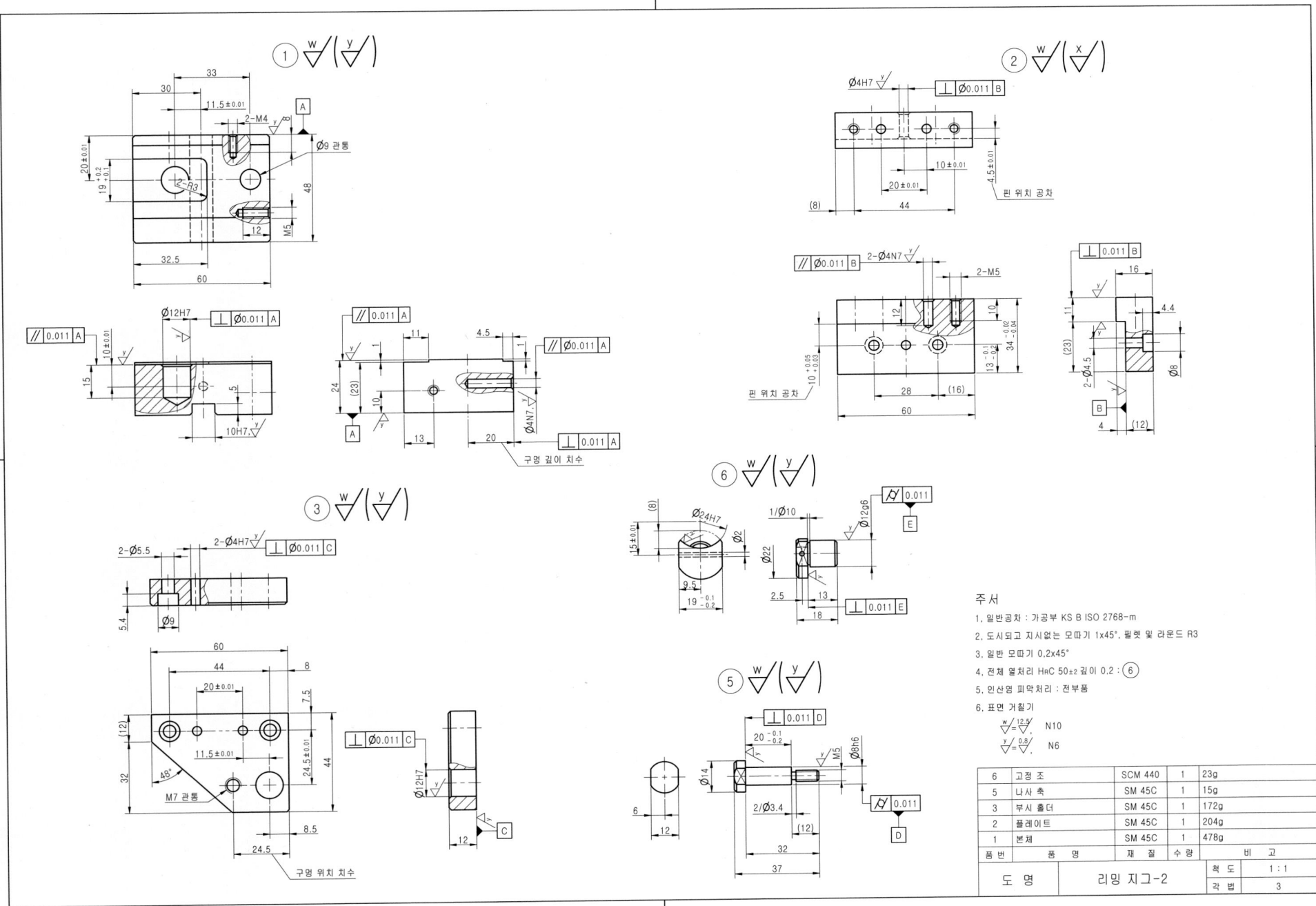

14. 리밍지그-2   3D 렌더링 등각투상도 제출용 예제도면

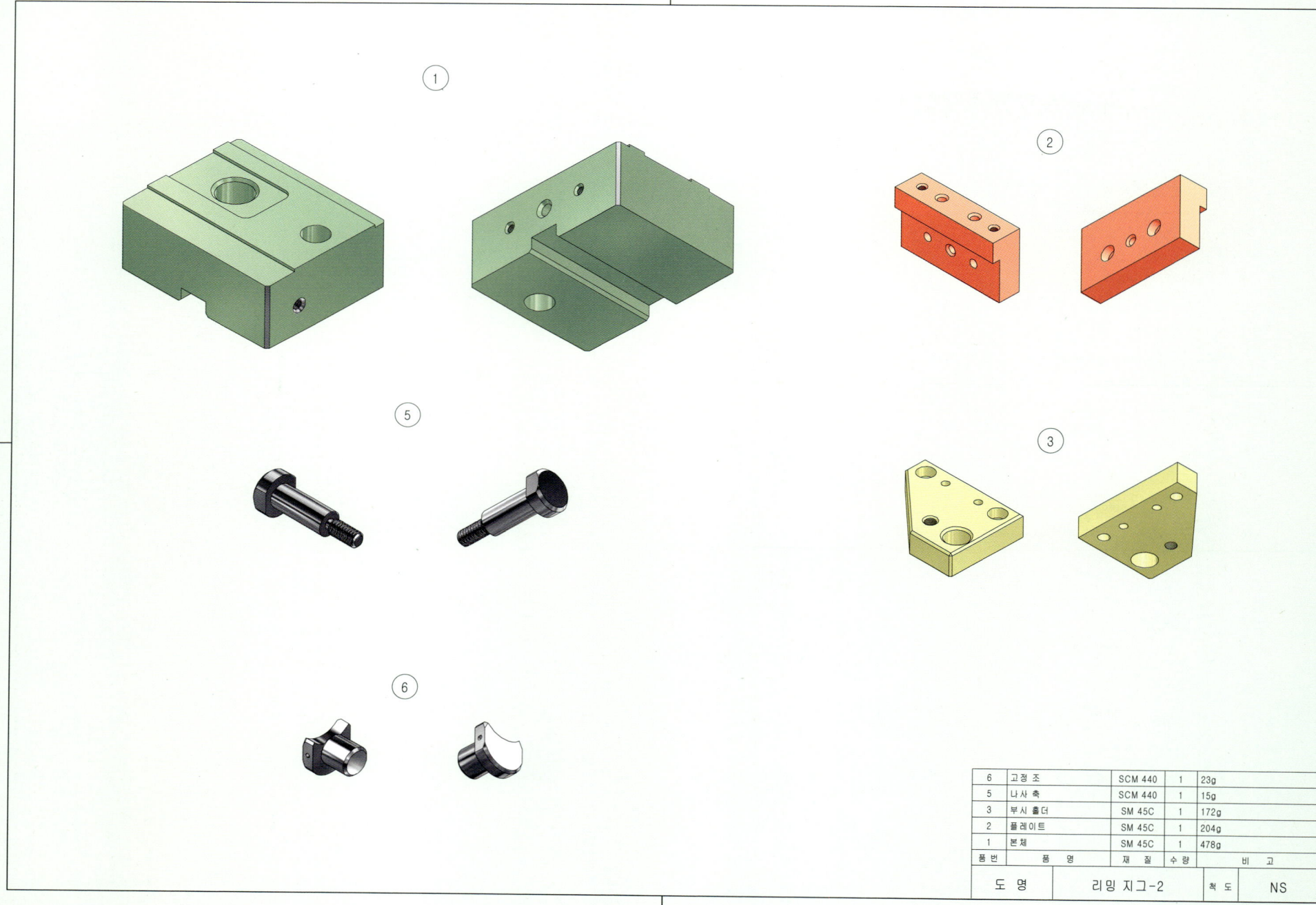

6	고정 조	SCM 440	1	23g
5	나사 축	SCM 440	1	15g
3	부시 홀더	SM 45C	1	172g
2	플레이트	SM 45C	1	204g
1	본 체	SM 45C	1	478g
품번	품 명	재 질	수량	비 고

도 명	리밍지그-2	척 도	NS

14. 리밍지그-2

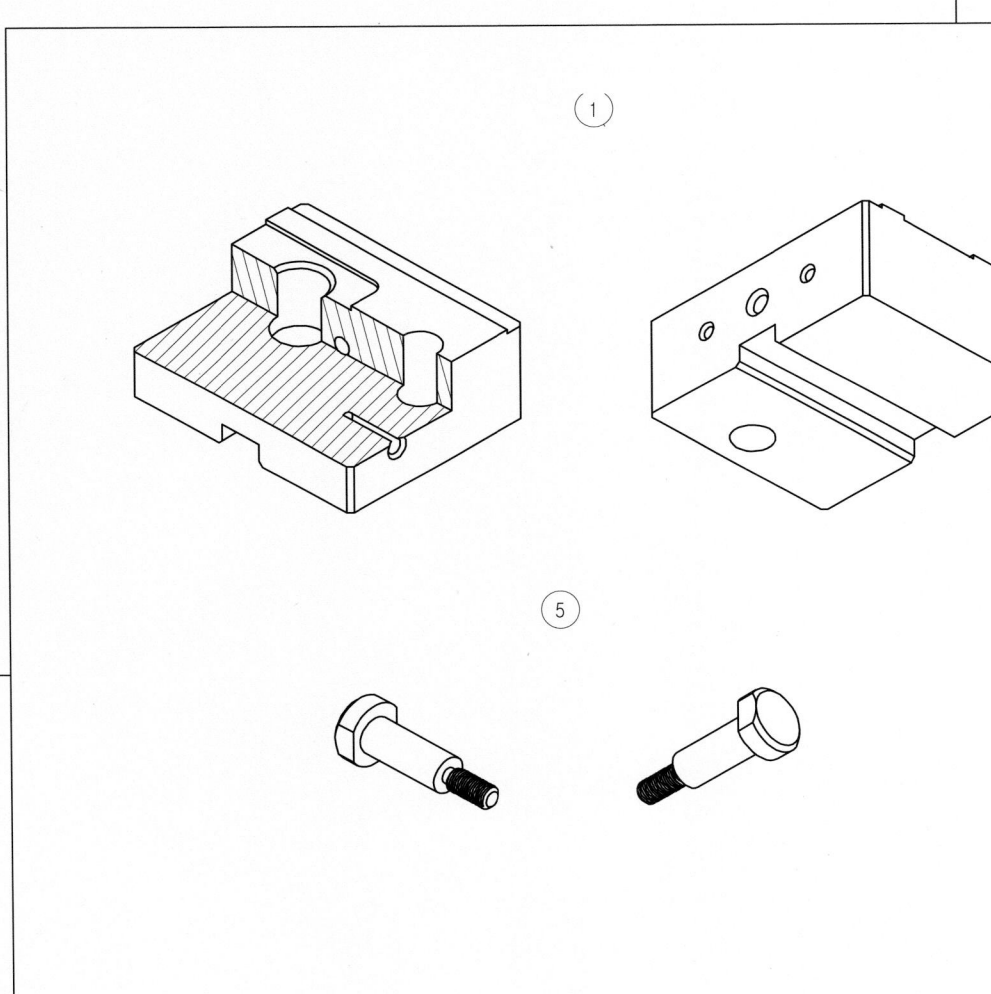
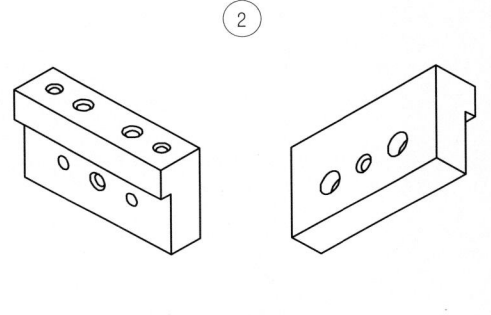
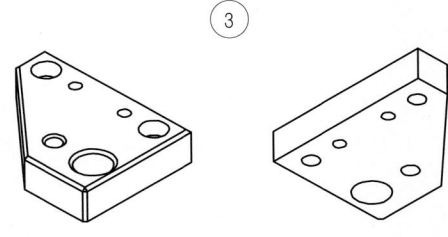

품번	품 명	재 질	수량	비 고
6	고정 조	SCM 440	1	23g
5	나사 축	SCM 440	1	15g
3	부시 홀더	SM 45C	1	172g
2	플레이트	SM 45C	1	204g
1	본체	SM 45C	1	478g

도 명	리밍 지그-2	척 도	NS

14. 리밍지그-2 등각조립도

14. 리밍지그-2 등각분해도

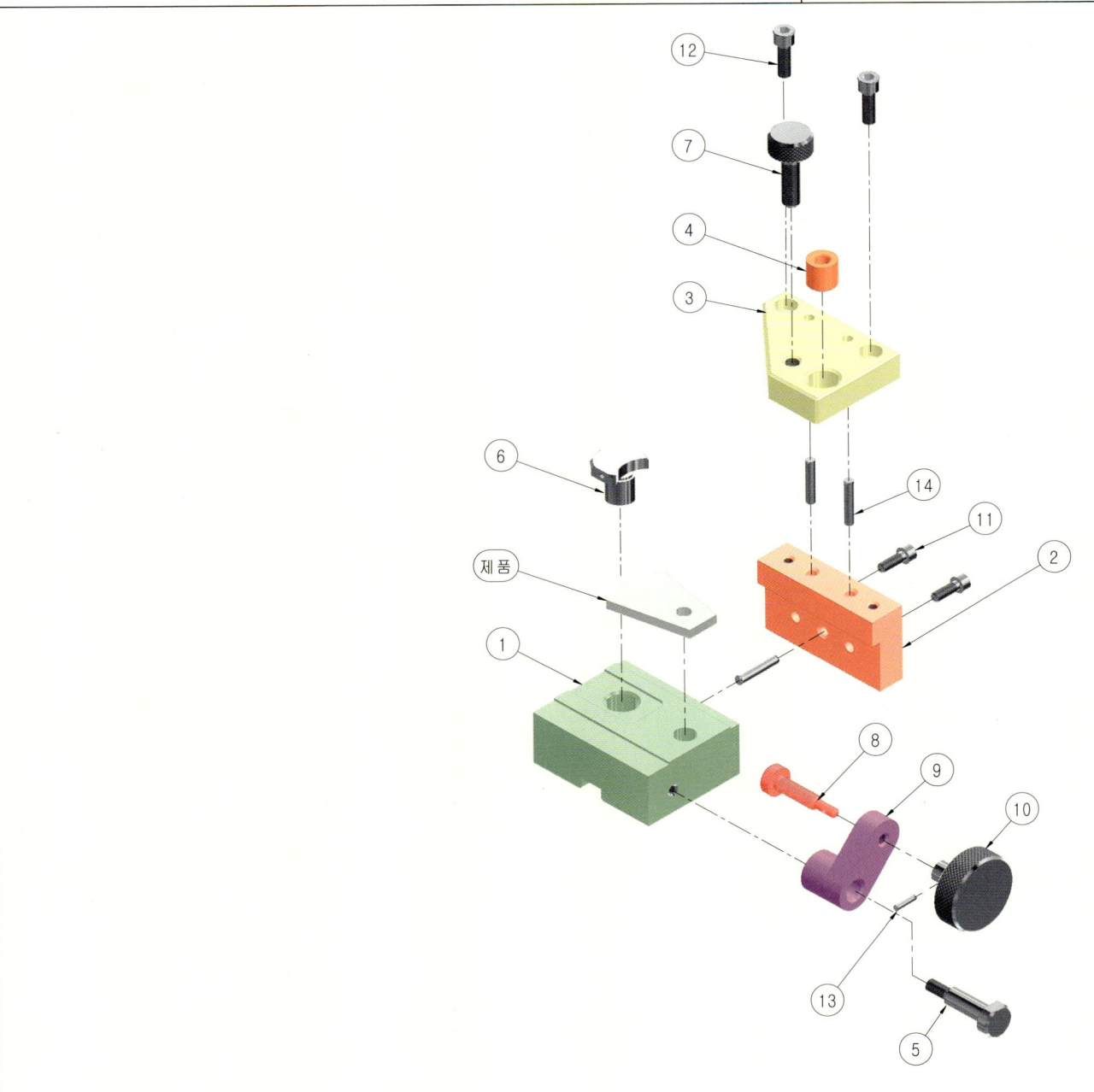

14	평행 핀	규격품	3	KS B 1320 - B 4 x 20
13	평행 핀	규격품	1	KS B 1320 - B 2.5 x 10
12	6각 구멍 붙이 나사	규격품	2	KS B 1003 - M 5 x 16
11	6각 구멍 붙이 나사	규격품	2	KS B 1003 - M 4 x 12
10	핸들	SM 45C	1	
9	힌지 블록	SM 45C	1	
8	이동 조	SM 45C	1	
7	이동 조-1	SM 45C	1	
6	고정 조	SM 45C	1	23g
5	나사 축	SM 45C	1	15g
4	드릴 부시	STC 3	1	7g
3	부시 홀더	SM 45C	1	172g
2	플레이트	SM 45C	1	204g
1	본체	SM 45C	1	478g
품번	품 명	재 질	수량	비 고

도 명	리밍 지그-2	척 도	NS

15. 리밍지그-3 과제도면

제품도 (1:2)

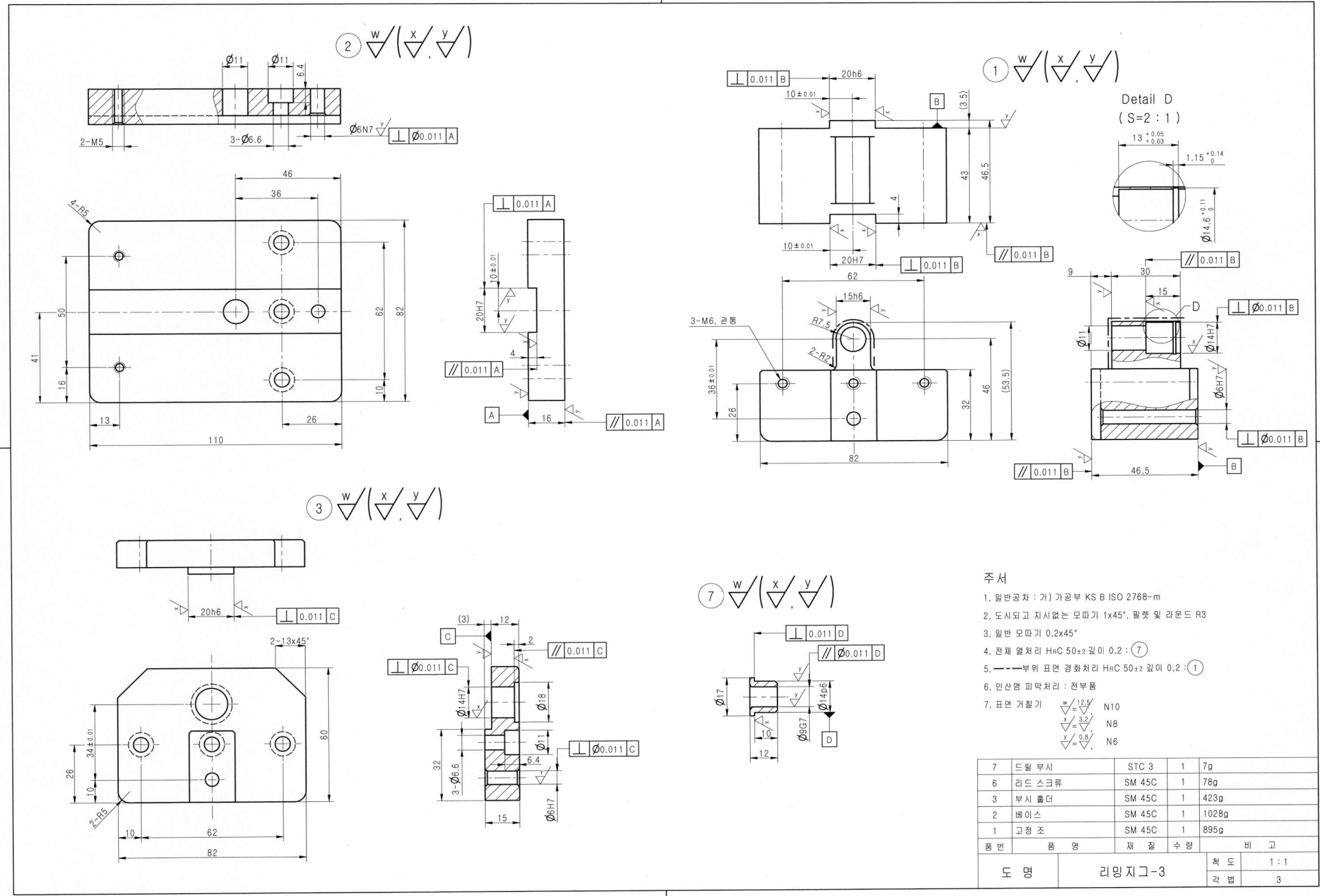

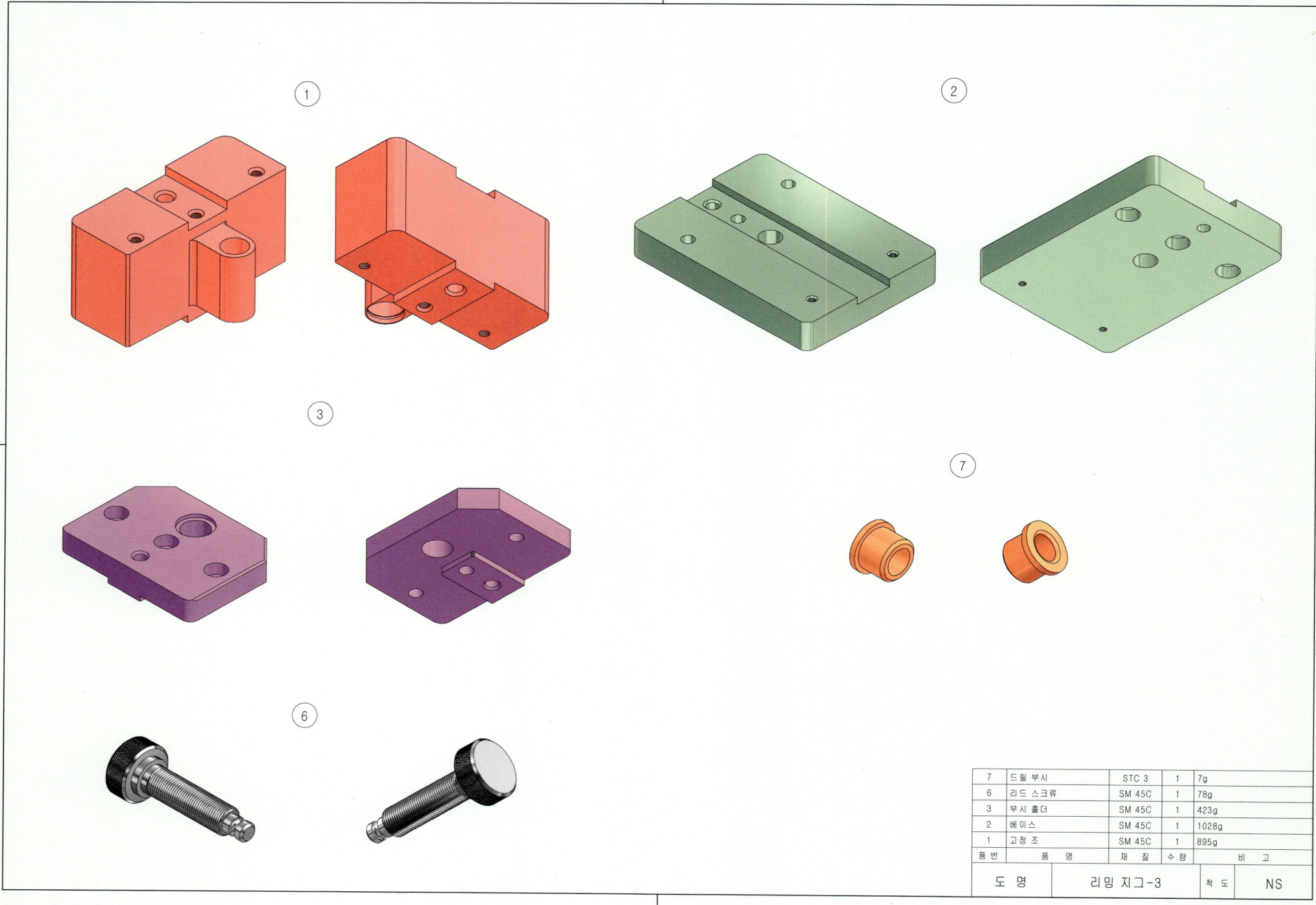

15. 리밍지그-3

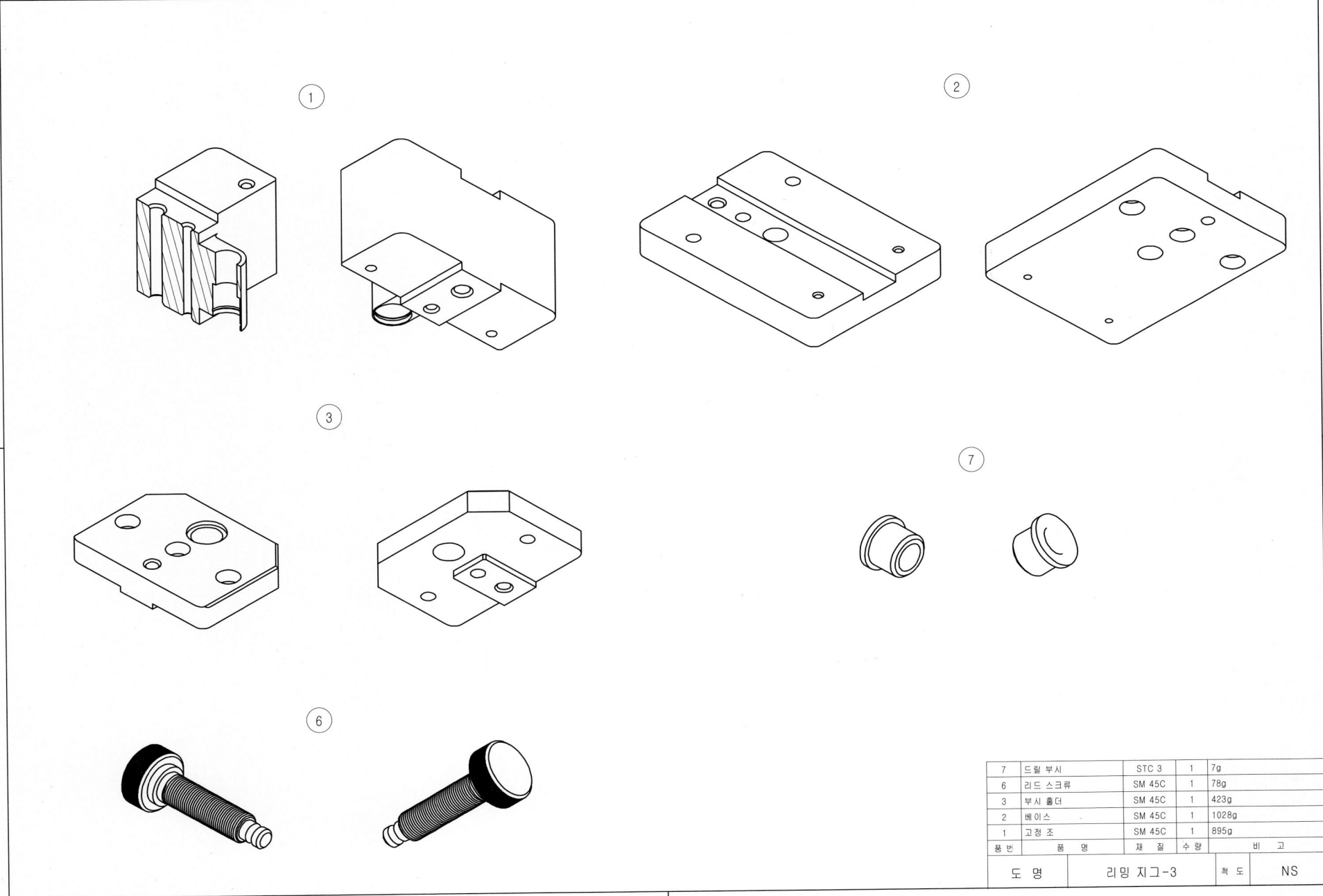

7	드릴 부시	STC 3	1	7g
6	리드 스크류	SM 45C	1	78g
3	부시 홀더	SM 45C	1	423g
2	베이스	SM 45C	1	1028g
1	고정 조	SM 45C	1	895g
품번	품명	재질	수량	비고

도 명	리밍 지그-3	척 도	NS

15. 리밍지그-3 등각조립도

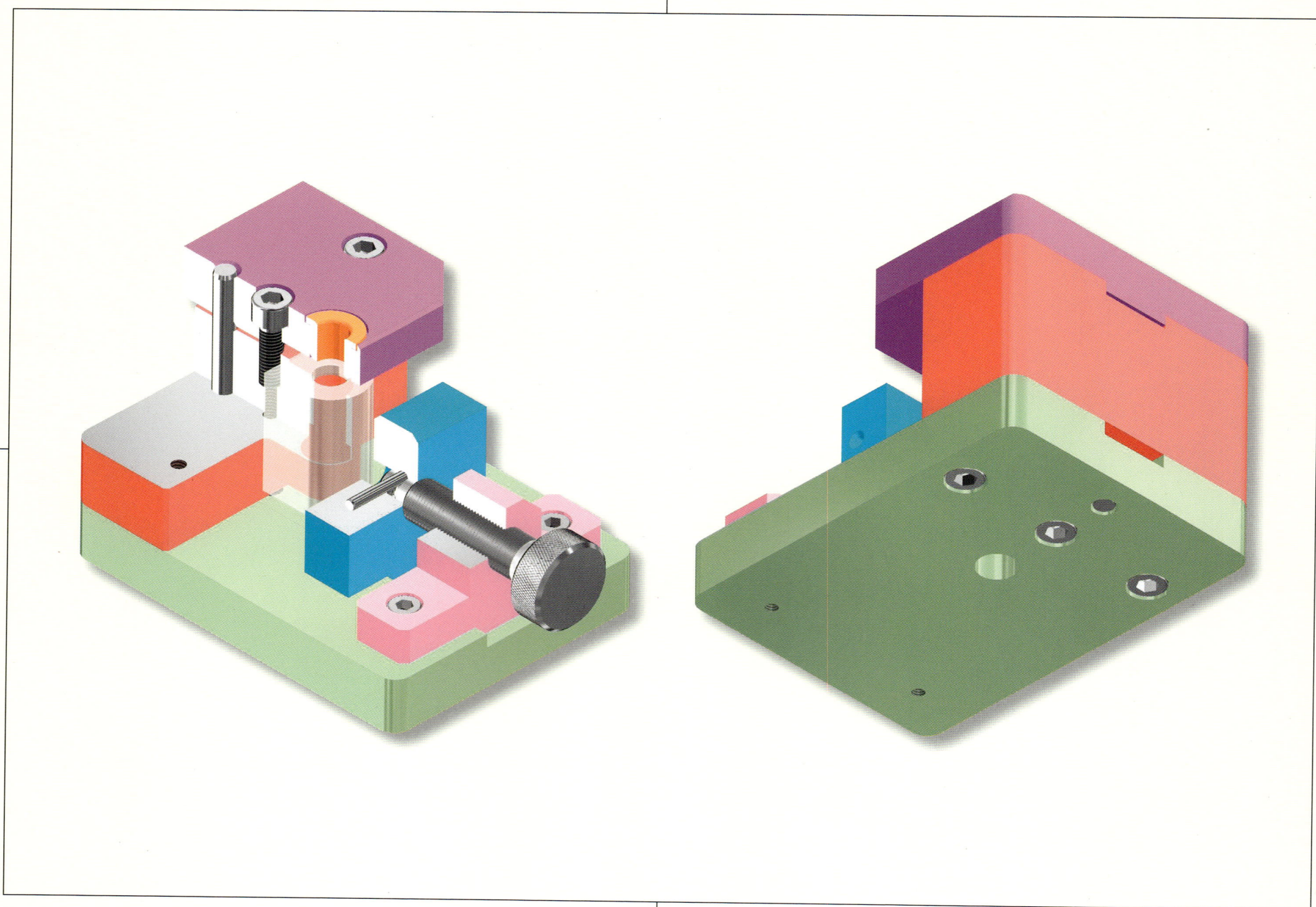

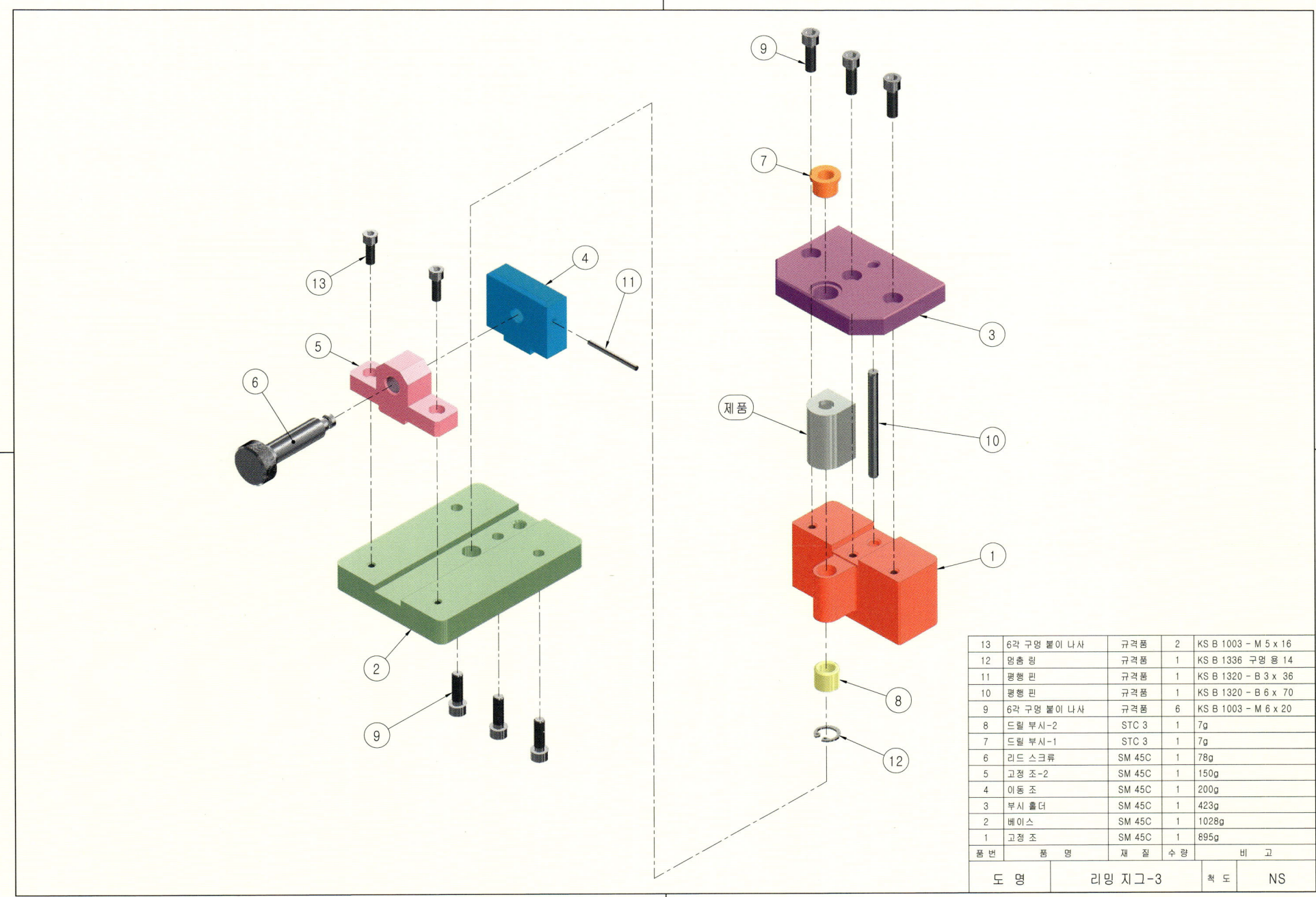

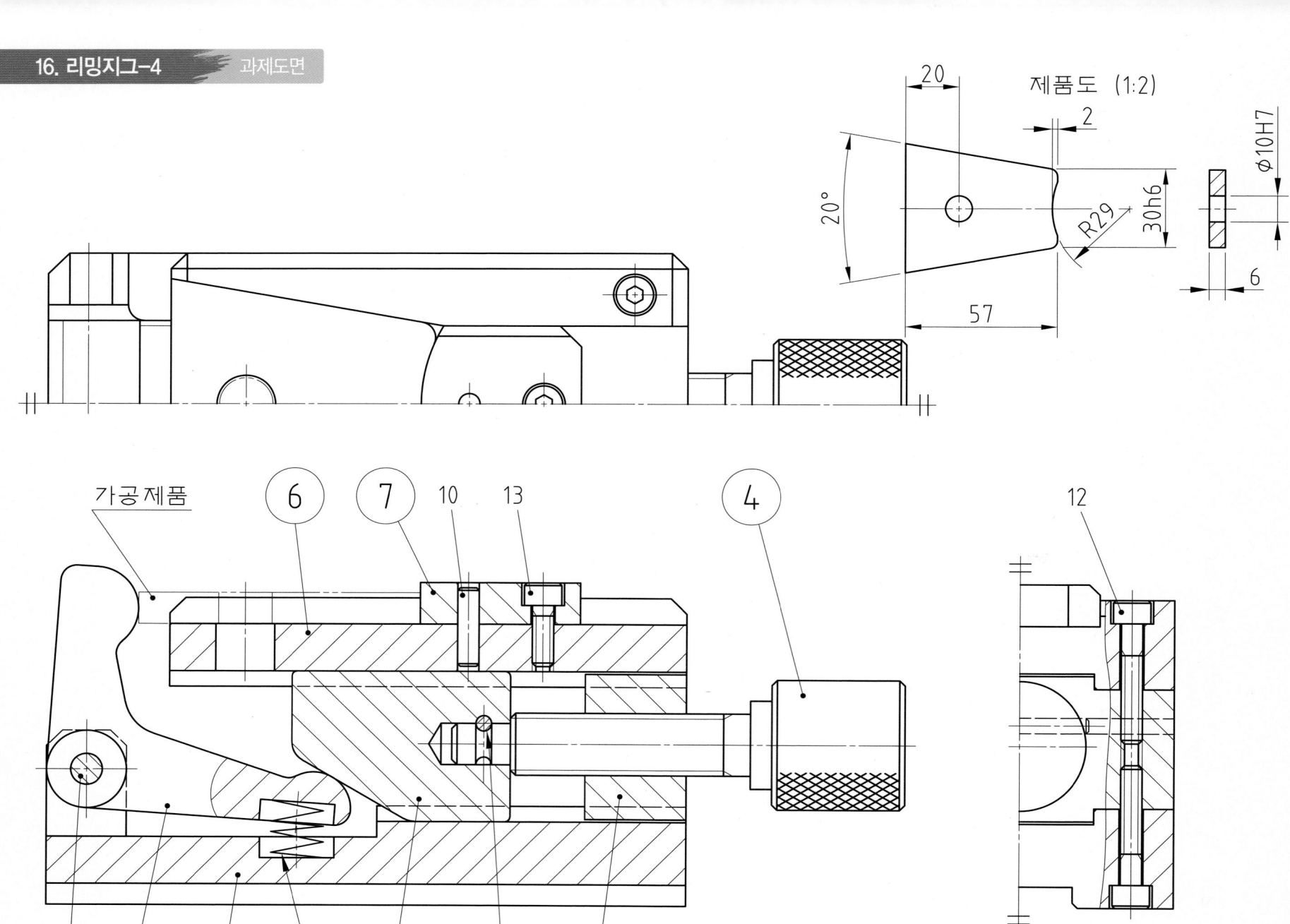

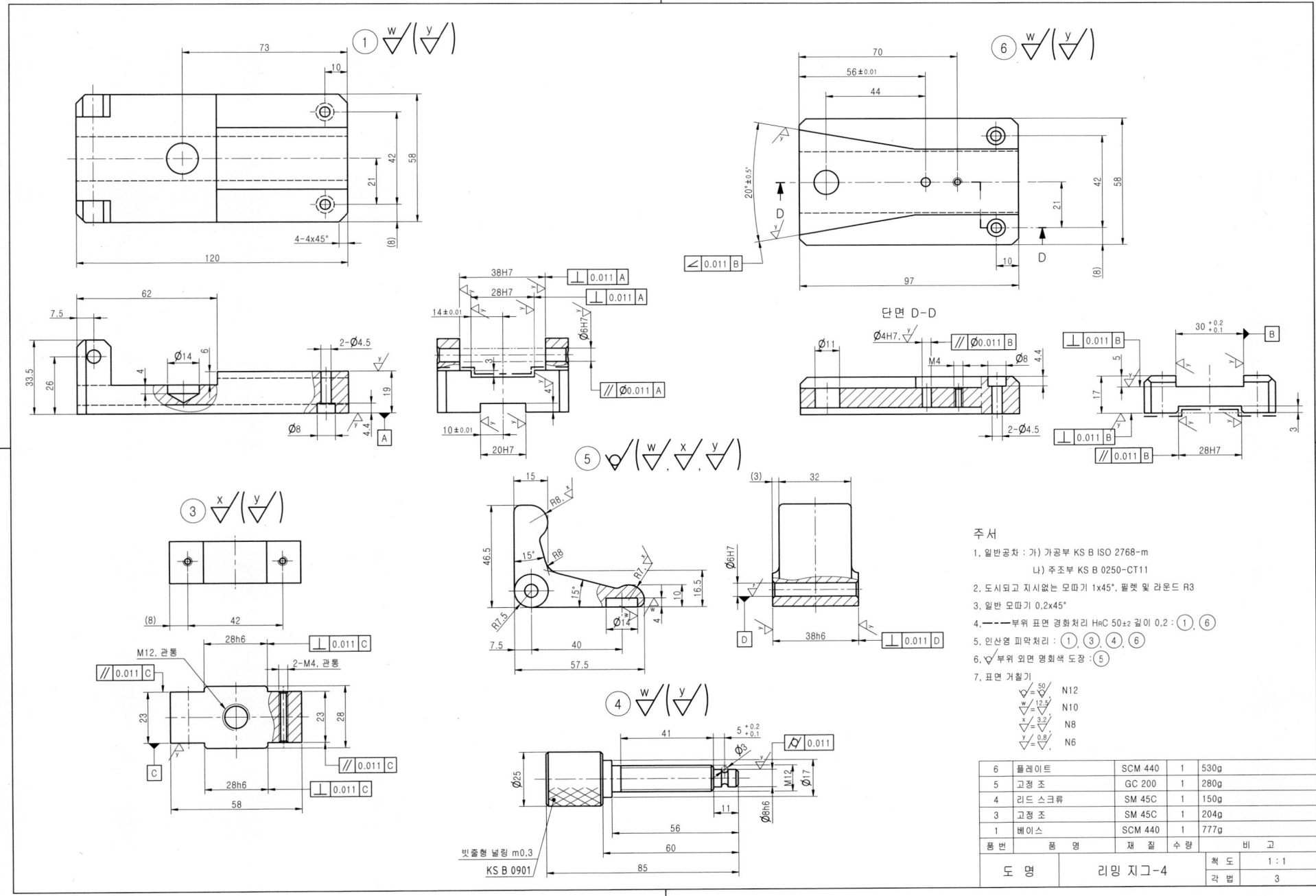

16. 리밍지그-4 3D 렌더링 등각투상도 제출용 예제도면

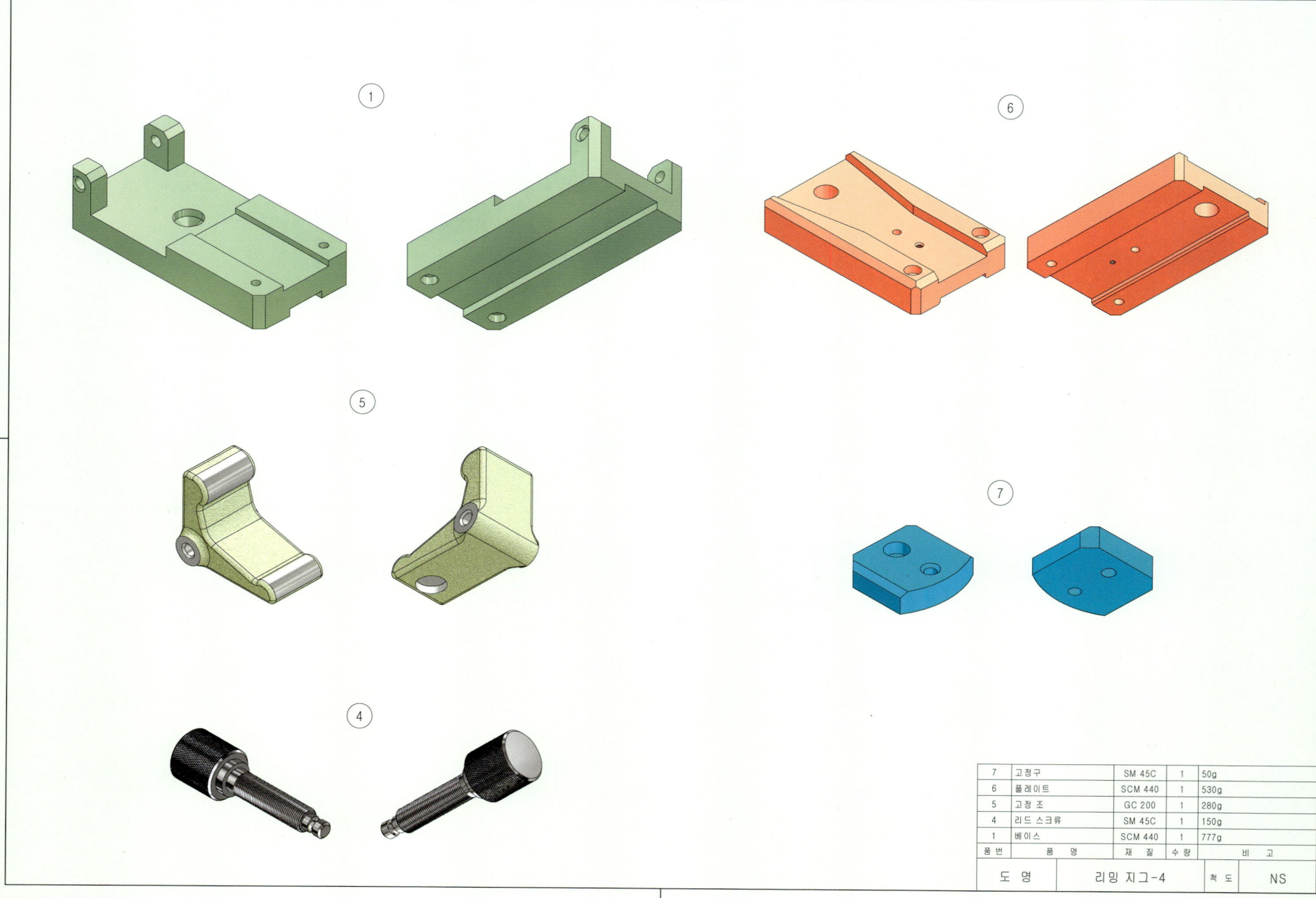

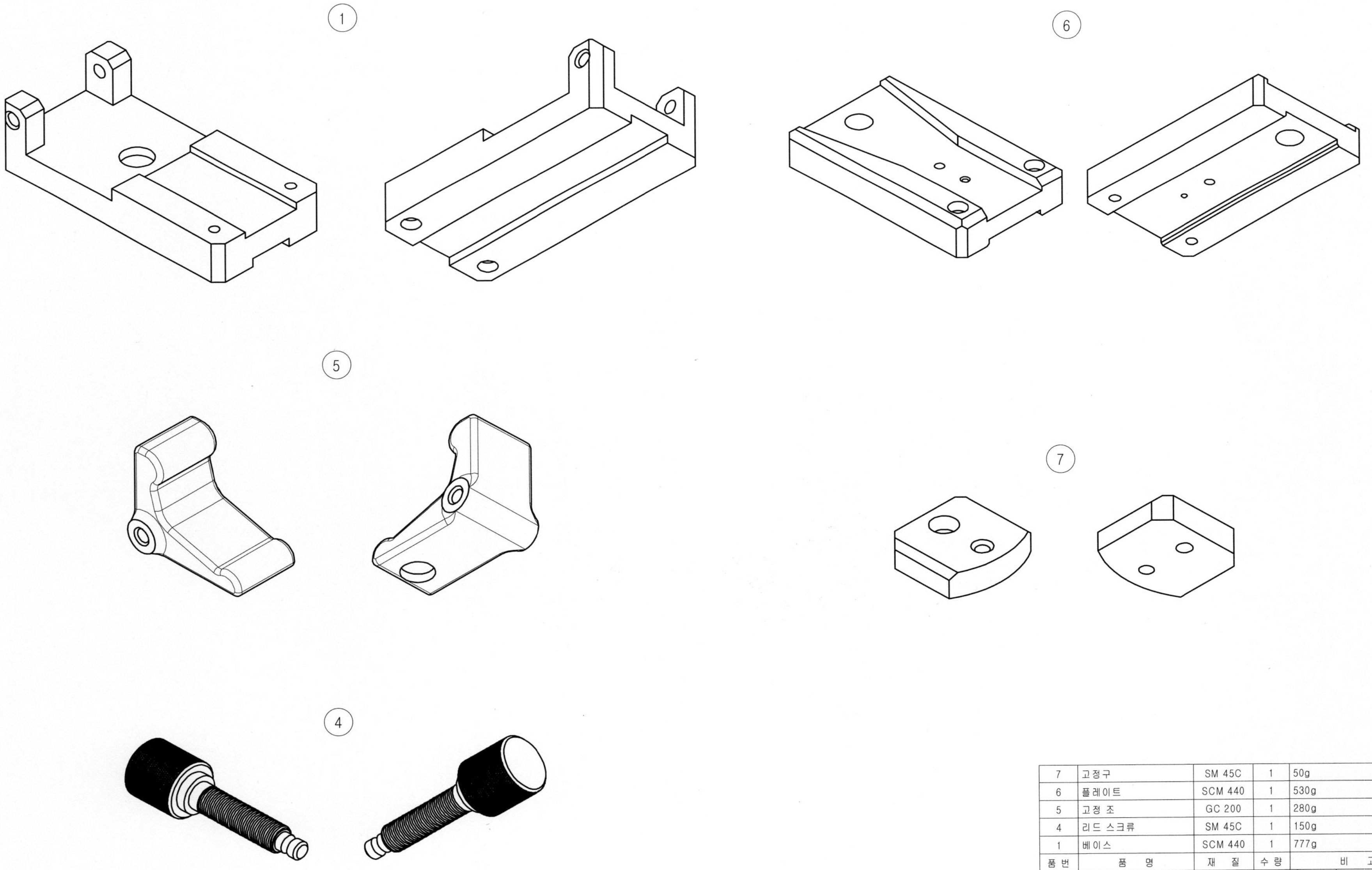

16. 리밍지그-4

7	고정구	SM 45C	1	50g
6	플레이트	SCM 440	1	530g
5	고정 조	GC 200	1	280g
4	리드 스크류	SM 45C	1	150g
1	베이스	SCM 440	1	777g
품번	품 명	재 질	수량	비 고

도 명	리밍 지그-4	척 도	NS

16. 리밍지그-4   등각조립도

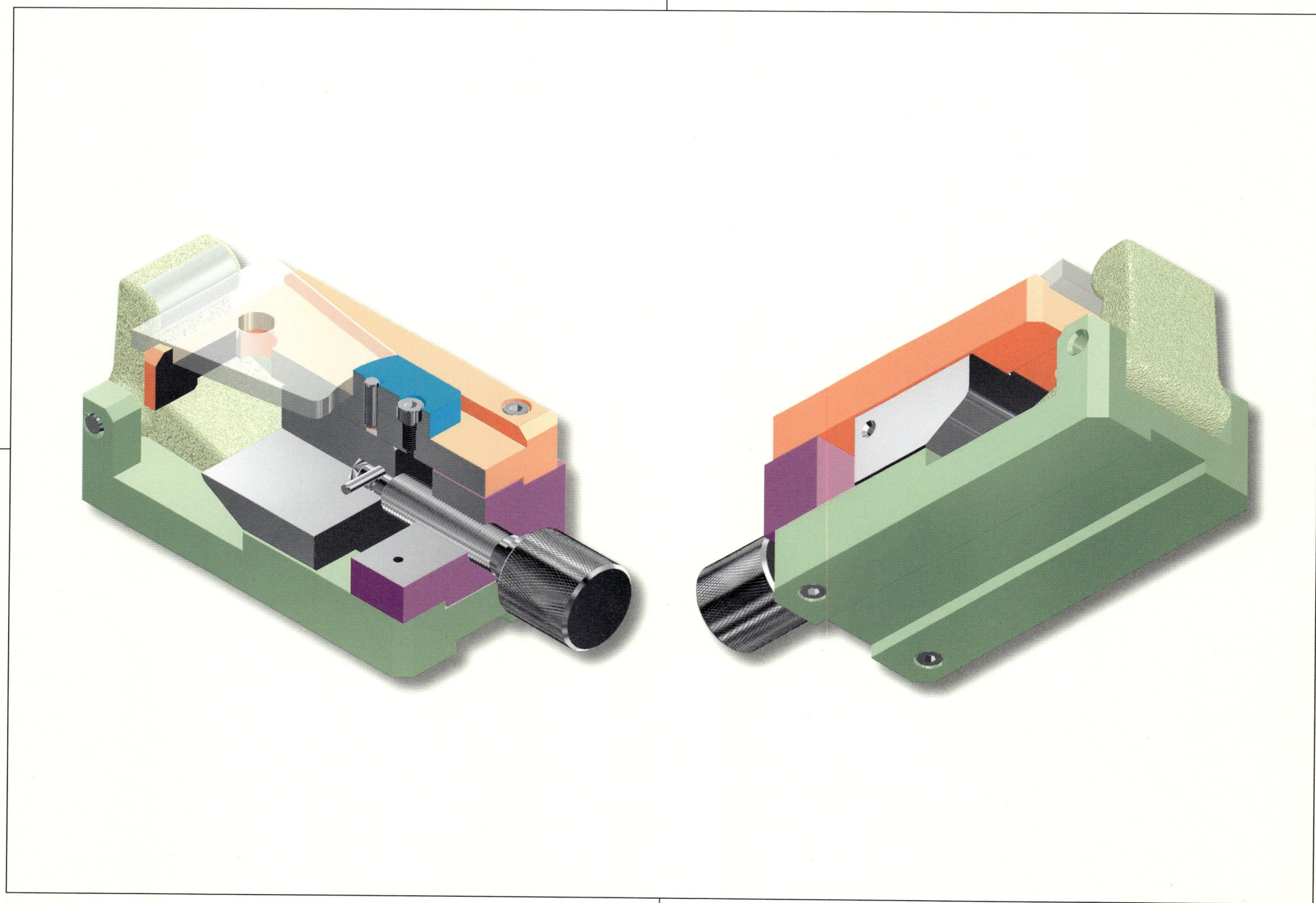

16. 리밍지그-4 — 등각분해도

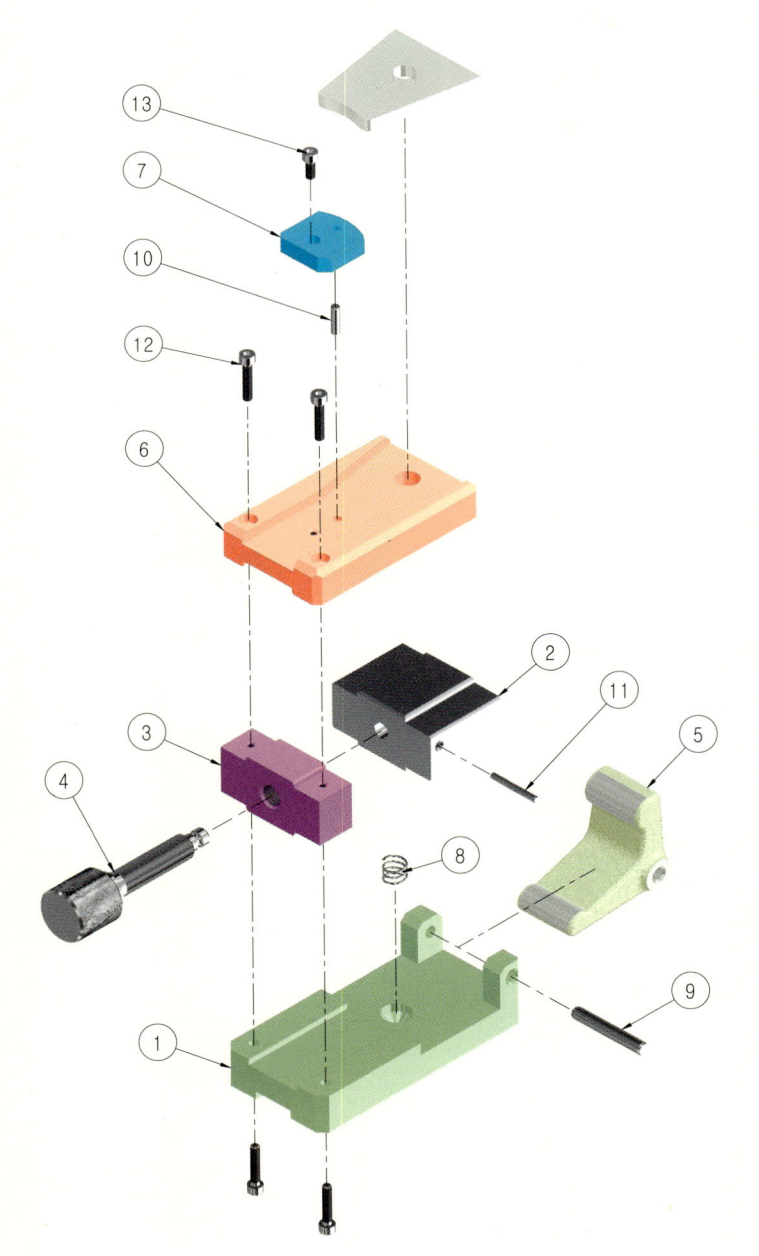

13	6각 구멍 붙이 나사	규격품	1	KS B 1003 - M 4 x 10
12	6각 구멍 붙이 나사	규격품	4	KS B 1003 - M 4 x 20
11	평행 핀	규격품	1	KS B 1320 - B 3 x 26
10	평행 핀	규격품	1	KS B 1320 - B 4 x 14
9	평행 핀	규격품	1	KS B 1320 - B 6 x 40
8	압축 코일 스프링	SUP-6M	1	
7	고정구	SM 45C	1	50g
6	플레이트	SM 45C	1	530g
5	고정 조	GC 200	1	280g
4	리드 스크류	SM 45C	1	150g
3	고정 조	SM 45C	1	204g
2	이동 조	SM 45C	1	423g
1	베이스	SM 45C	1	777g
품번	품 명	재 질	수량	비 고

| 도 명 | 리밍 지그-4 | 척 도 | NS |

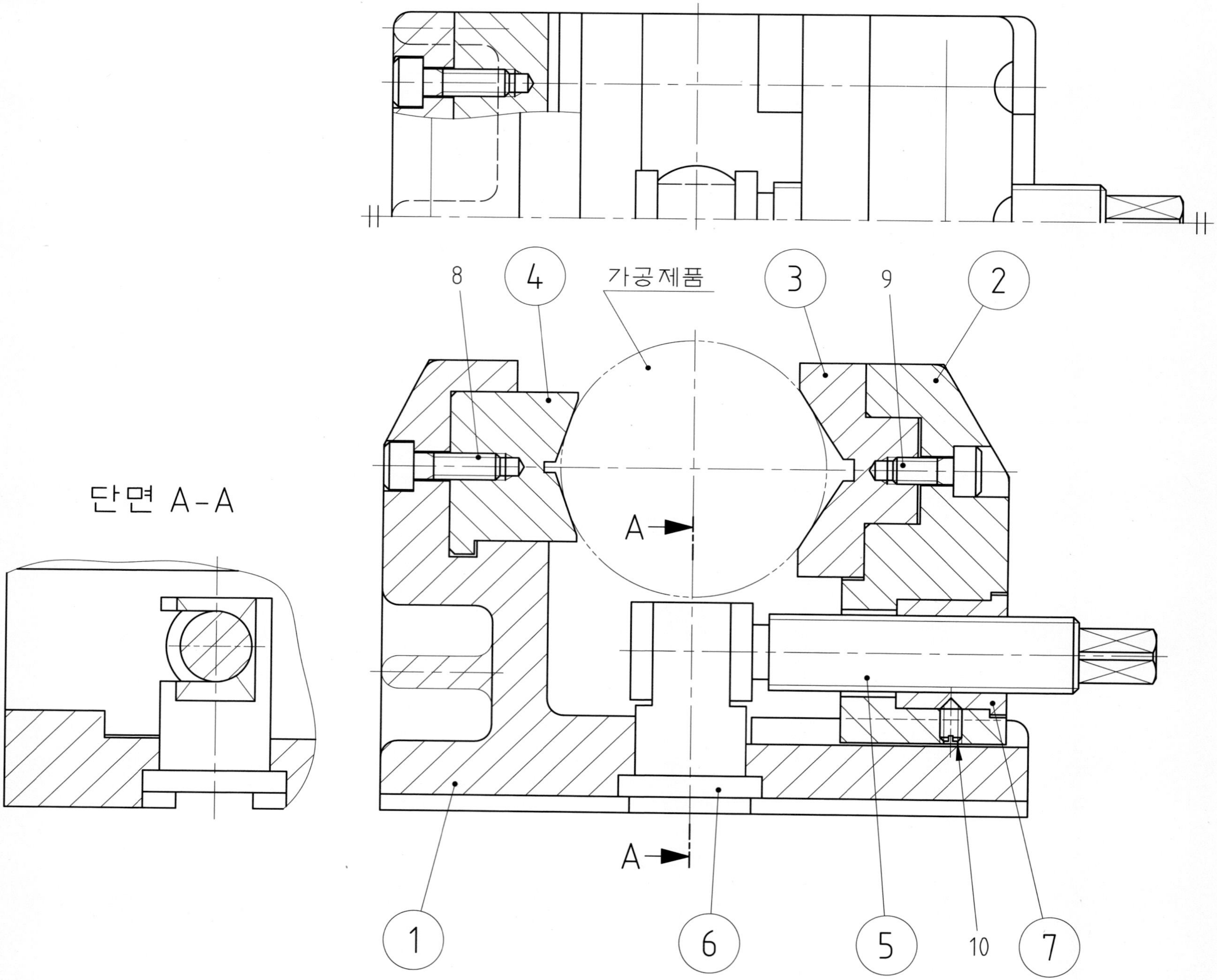

17. 밀링지그-1 과제도면

단면 A-A

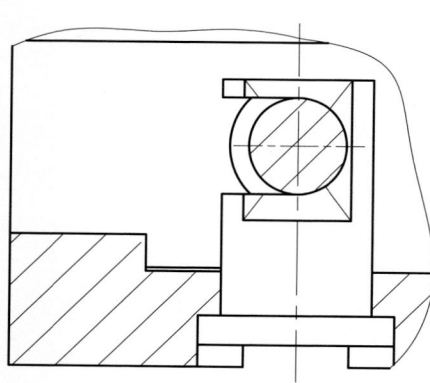

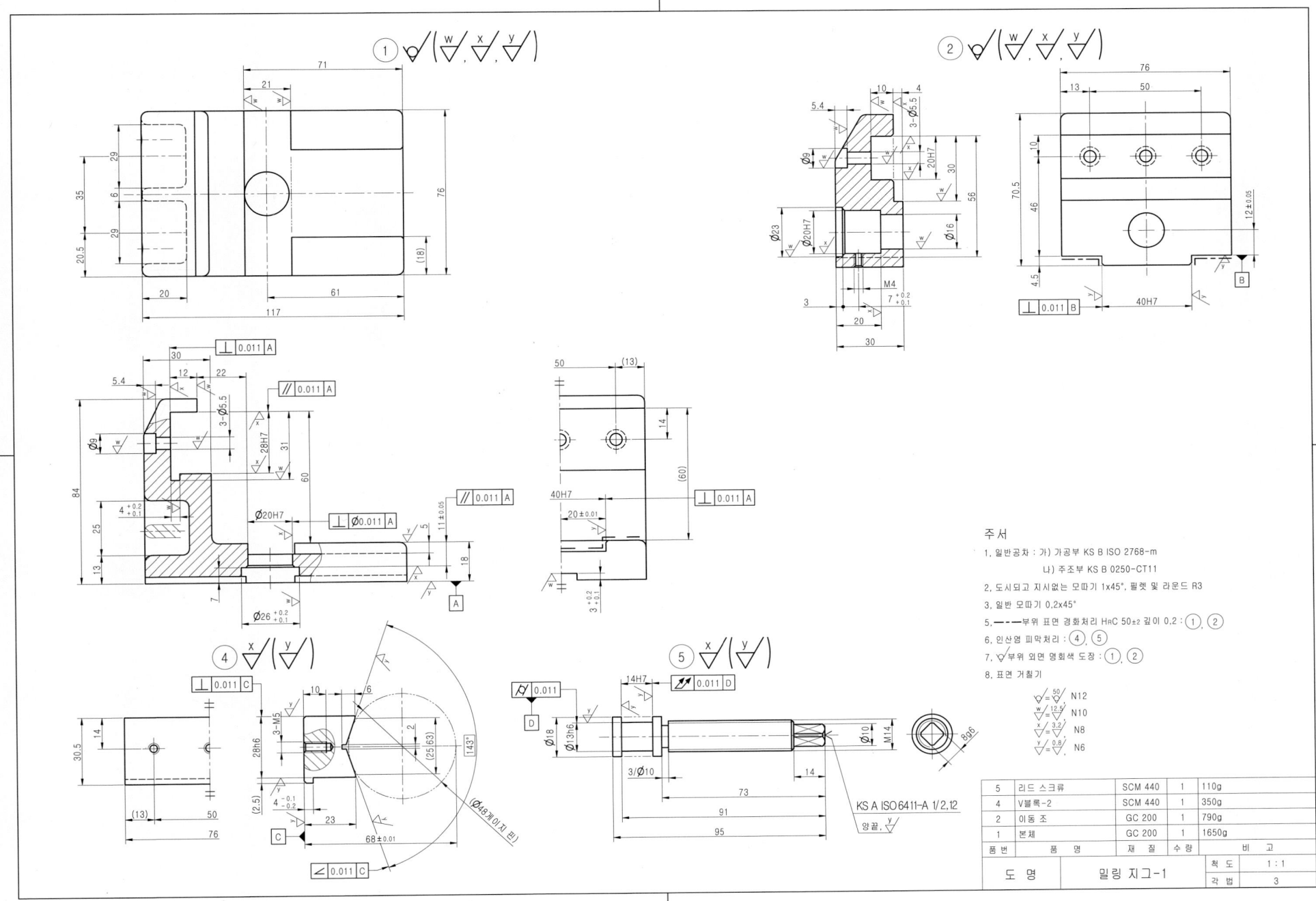

17. 밀링지그-1 3D 렌더링 등각투상도 제출용 예제도면

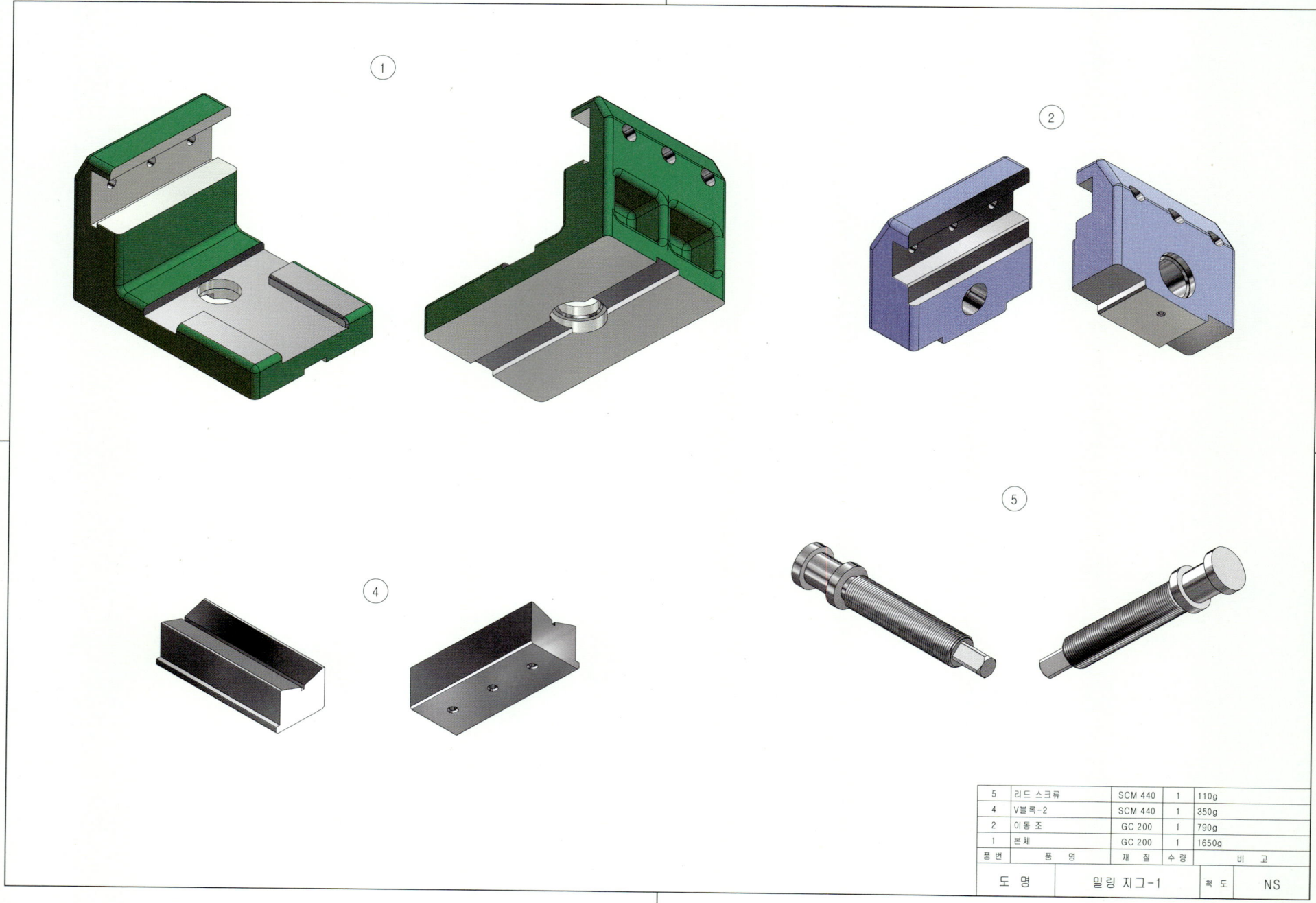

5	리드 스크류	SCM 440	1	110g
4	V블록-2	SCM 440	1	350g
2	이동조	GC 200	1	790g
1	본체	GC 200	1	1650g
품번	품 명	재 질	수량	비 고

도 명	밀링 지그-1	척 도	NS

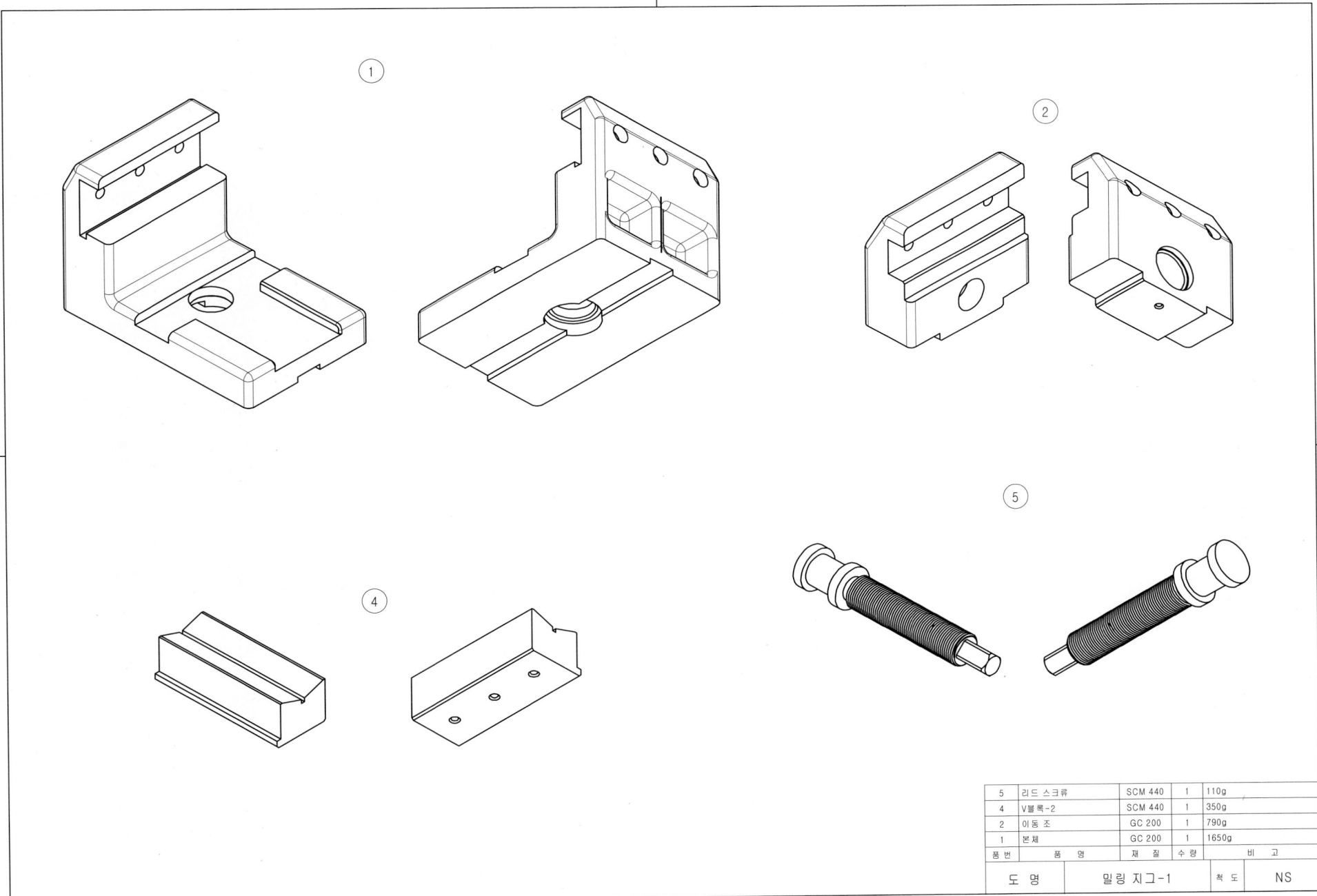

17. 밀링지그-1 등각조립도

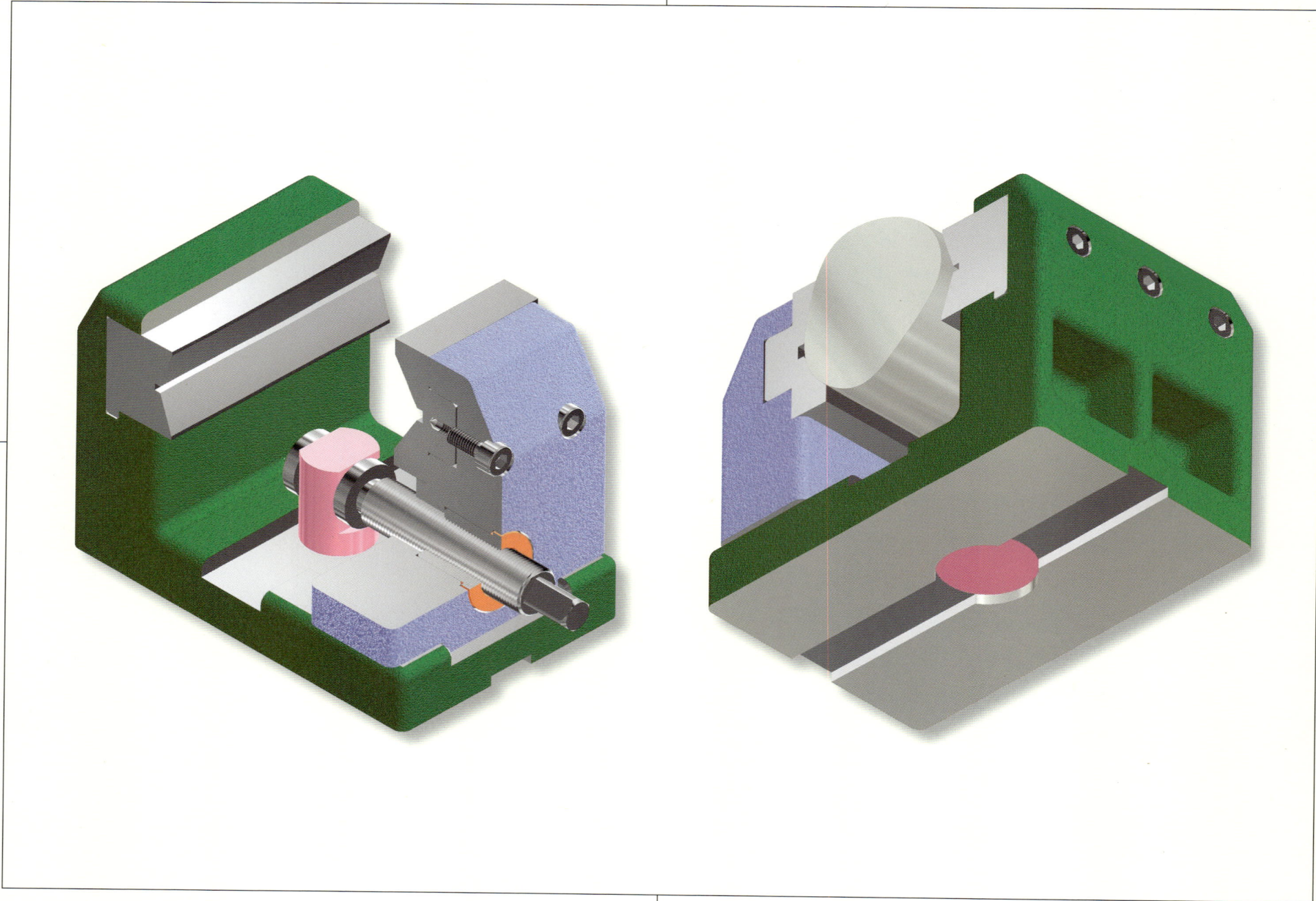

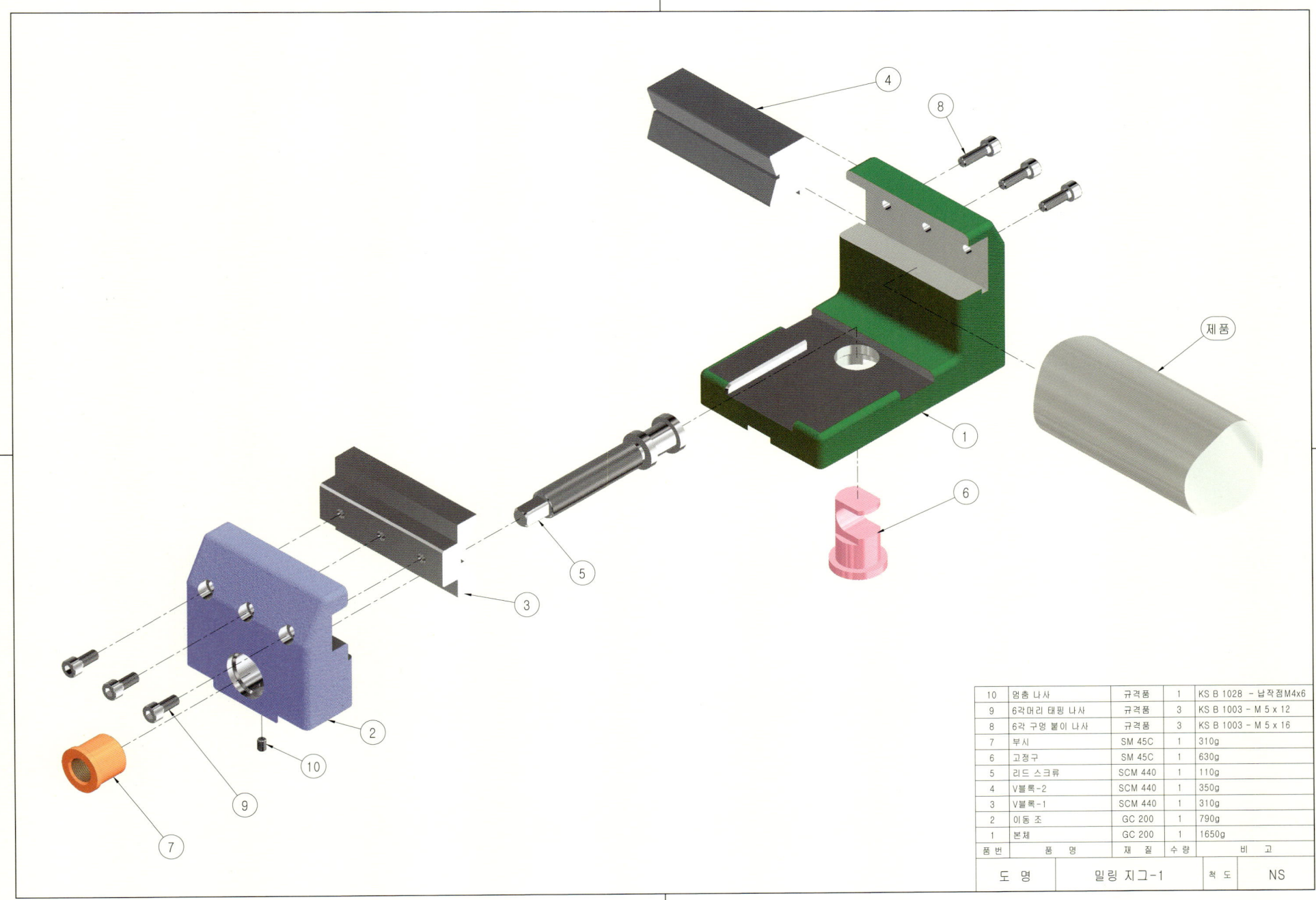

18. 바이스 클램프-1 과제도면

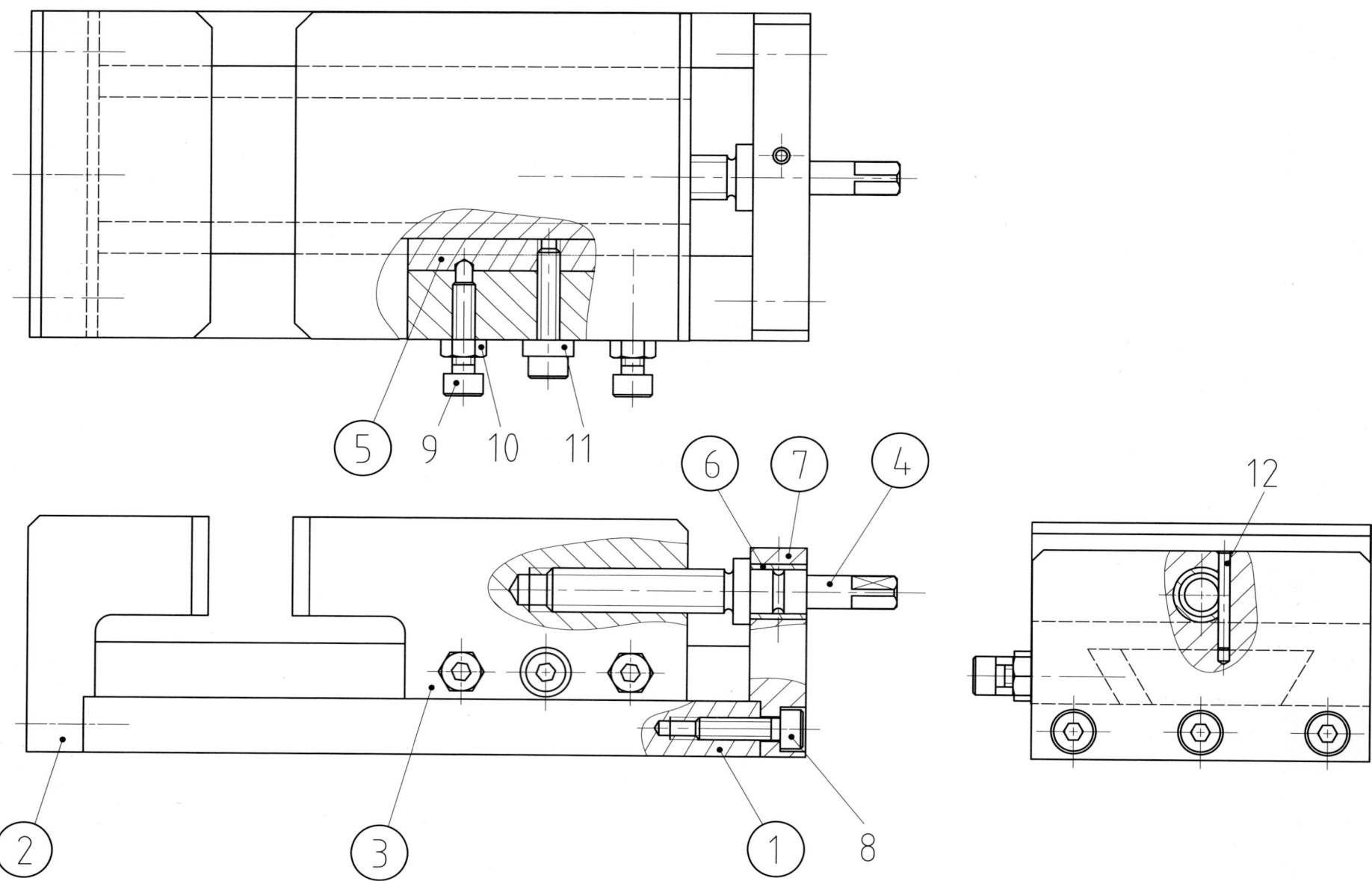

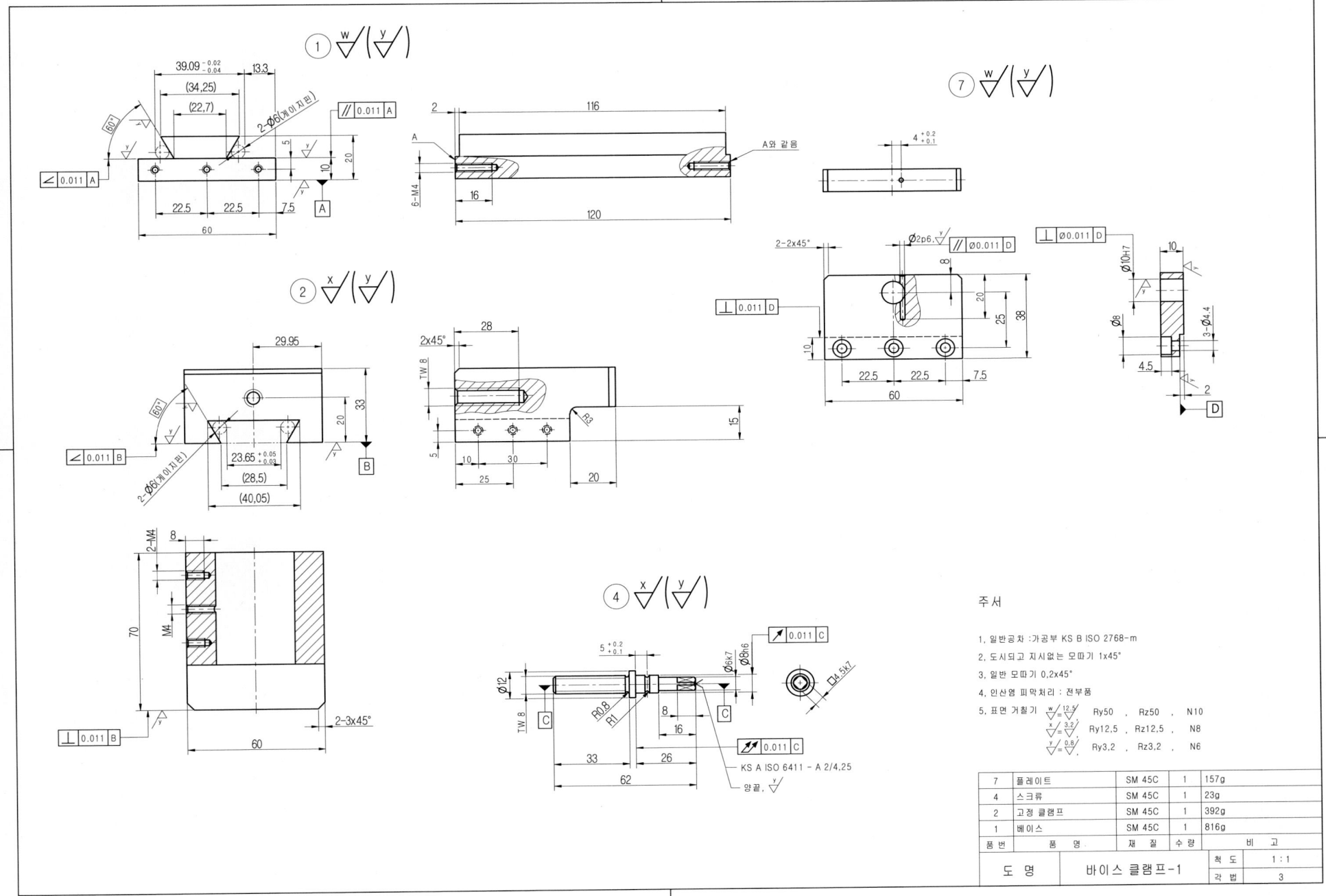

18. 바이스 클램프-1

3D 렌더링 등각투상도 제출용 예제도면

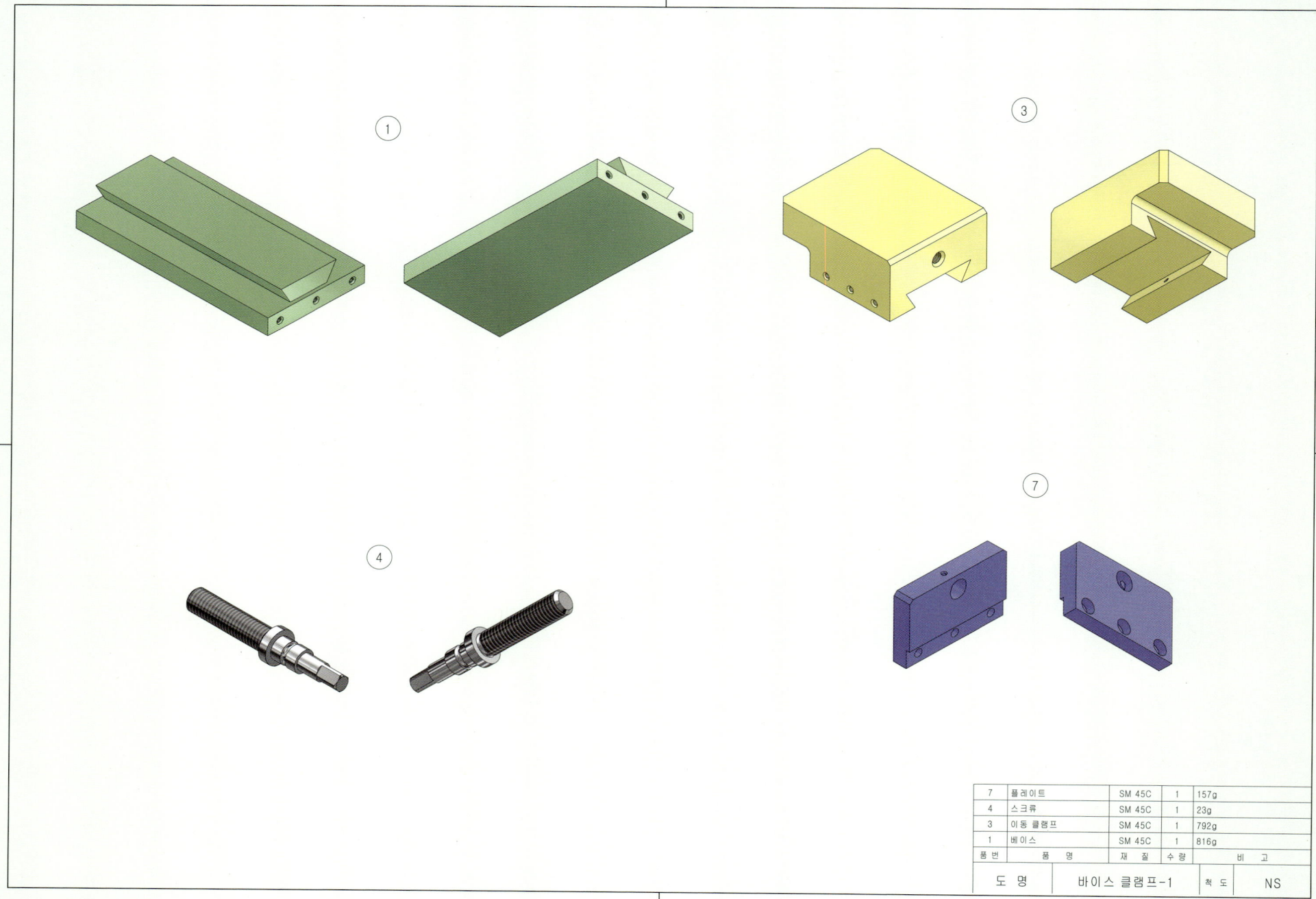

7	플레이트	SM 45C	1	157g
4	스크류	SM 45C	1	23g
3	이동 클램프	SM 45C	1	792g
1	베이스	SM 45C	1	816g
품번	품 명	재 질	수량	비 고

도 명	바이스 클램프-1	척 도	NS

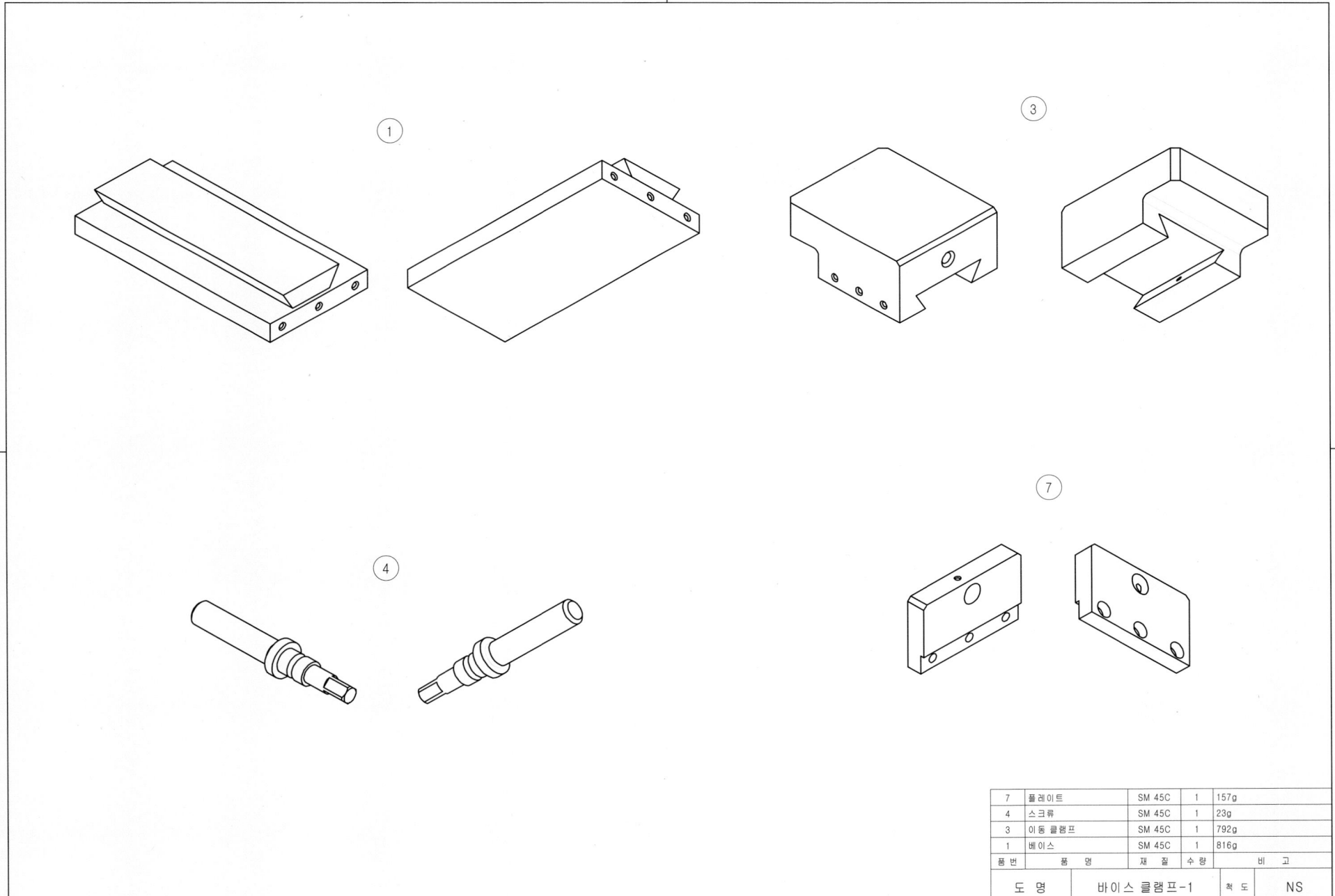

18. 바이스 클램프-1 등각조립도

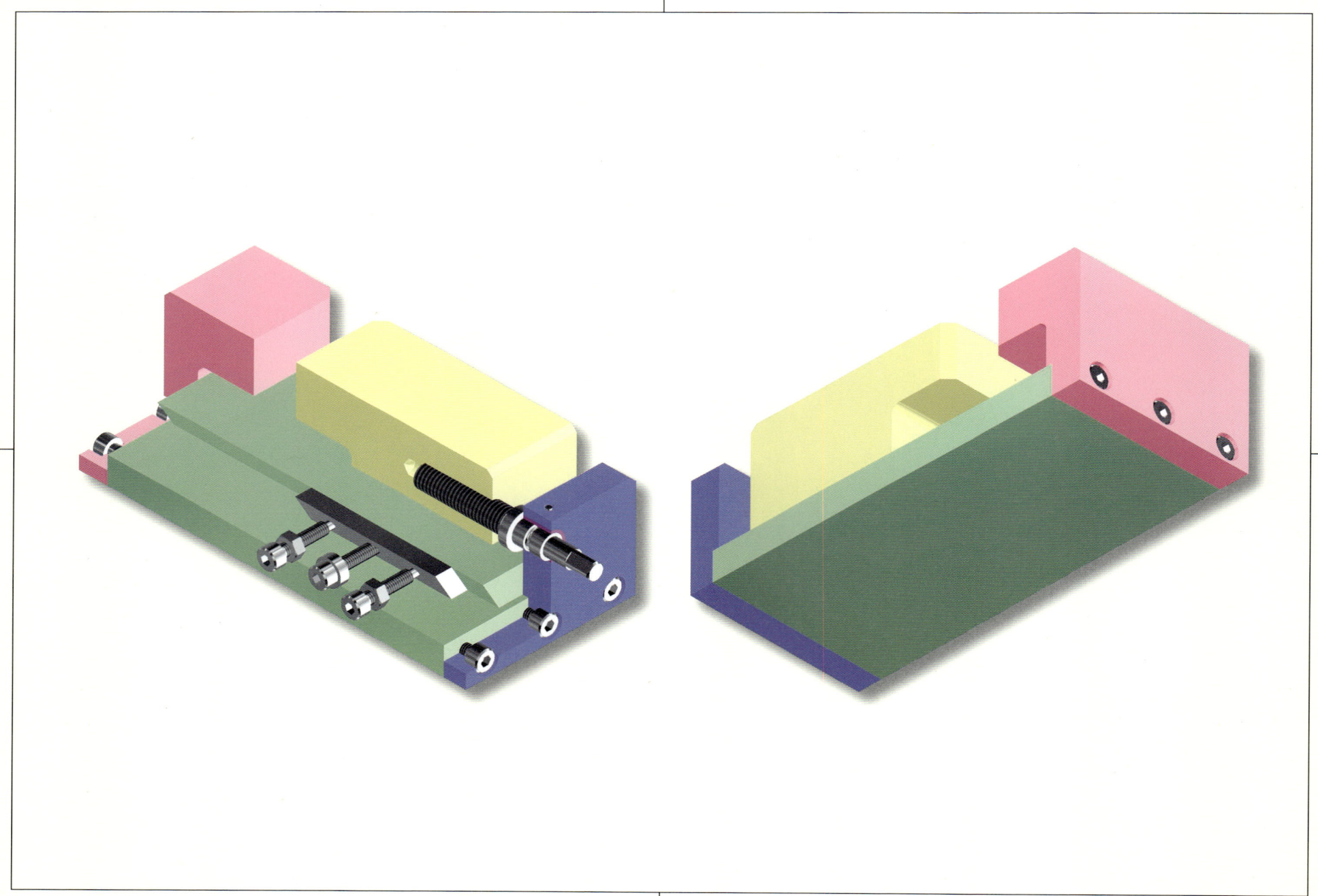

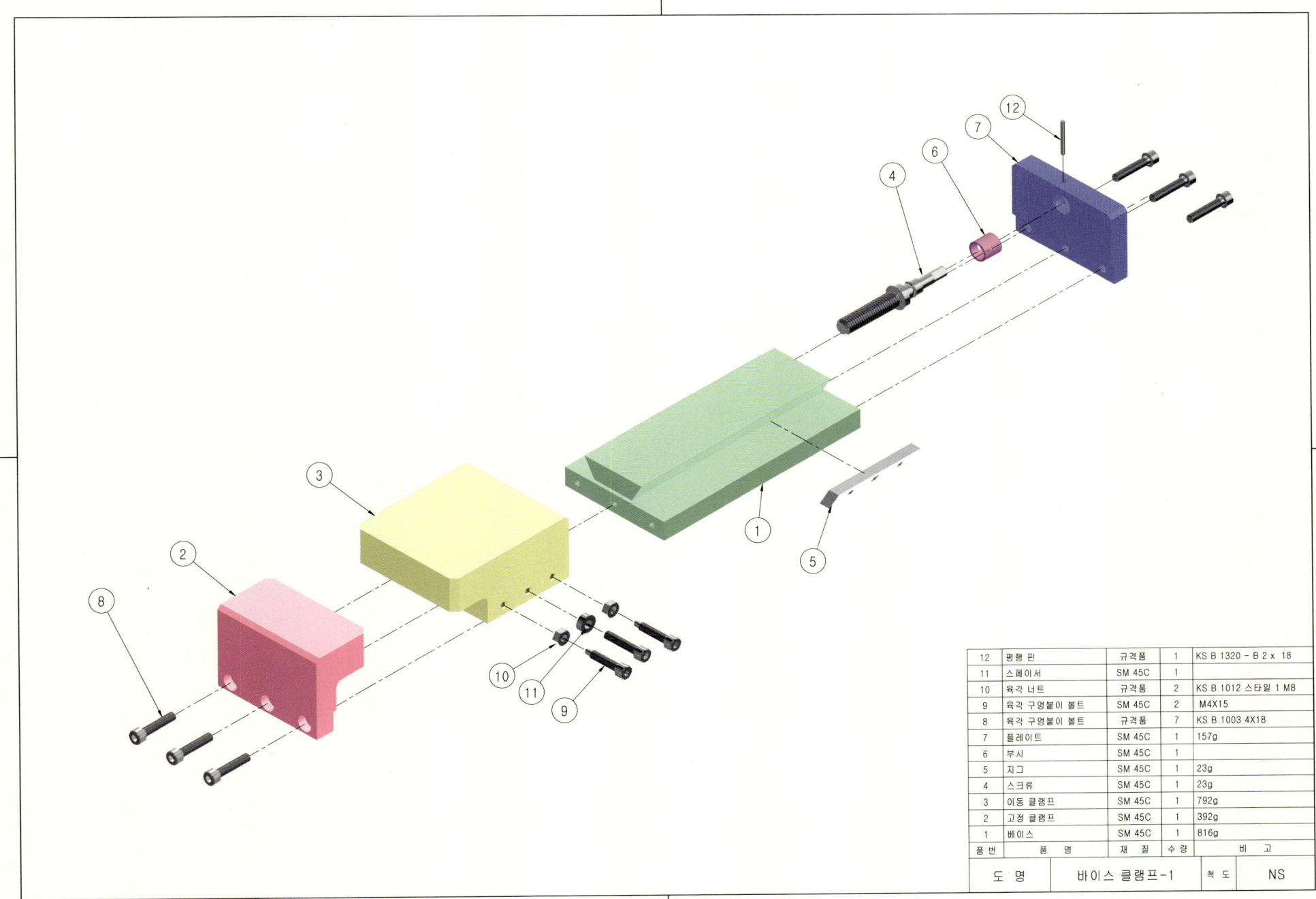

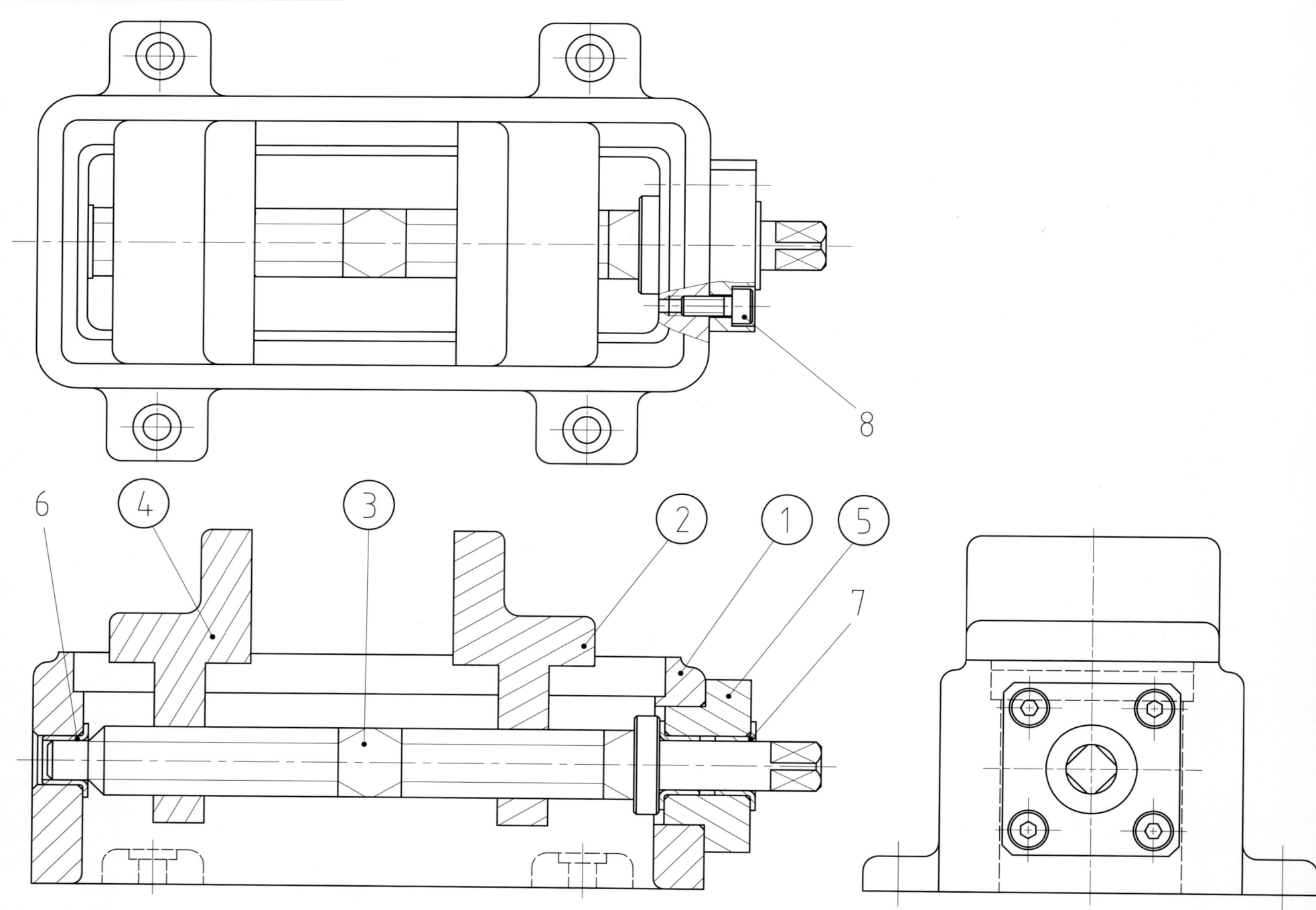

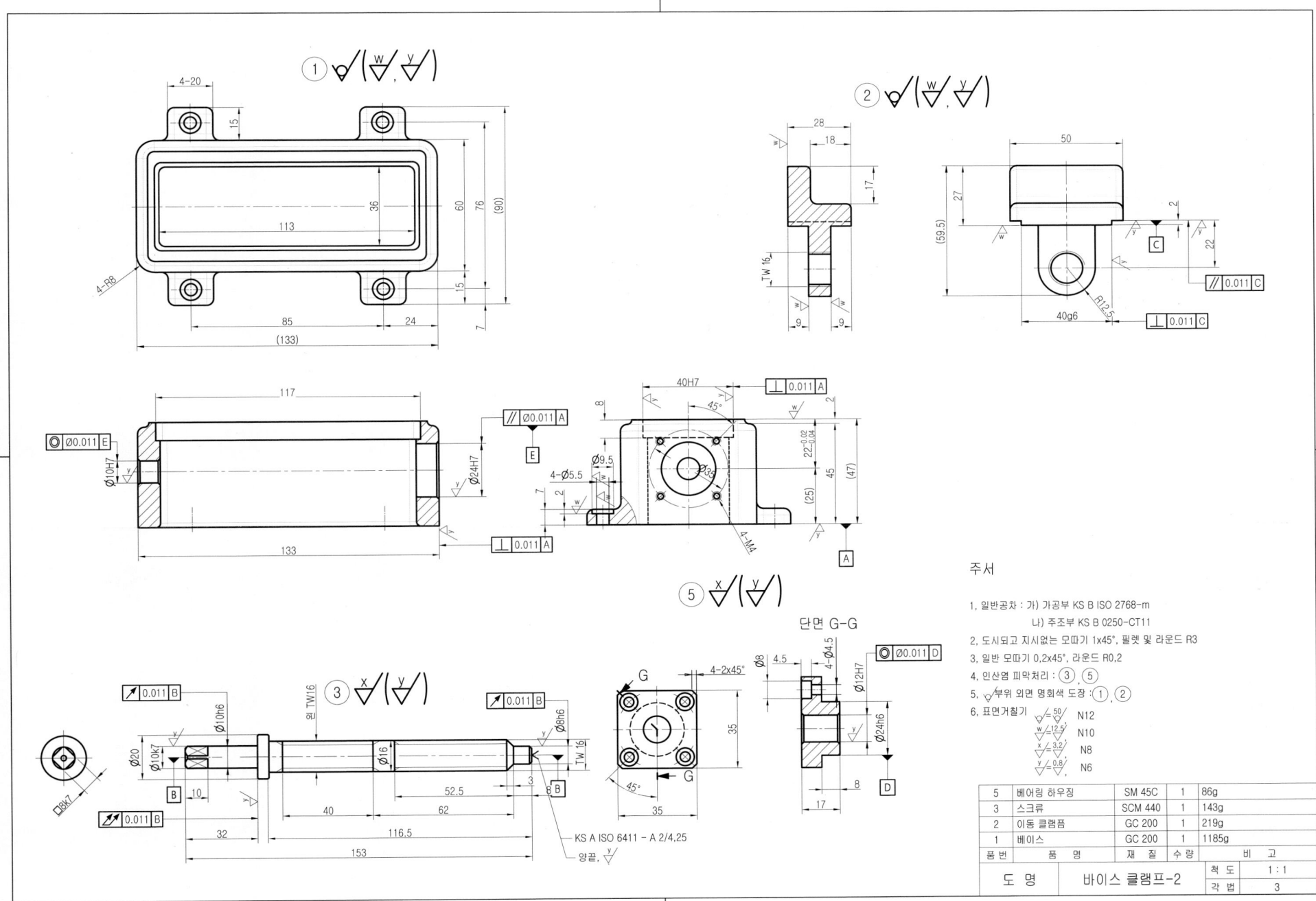

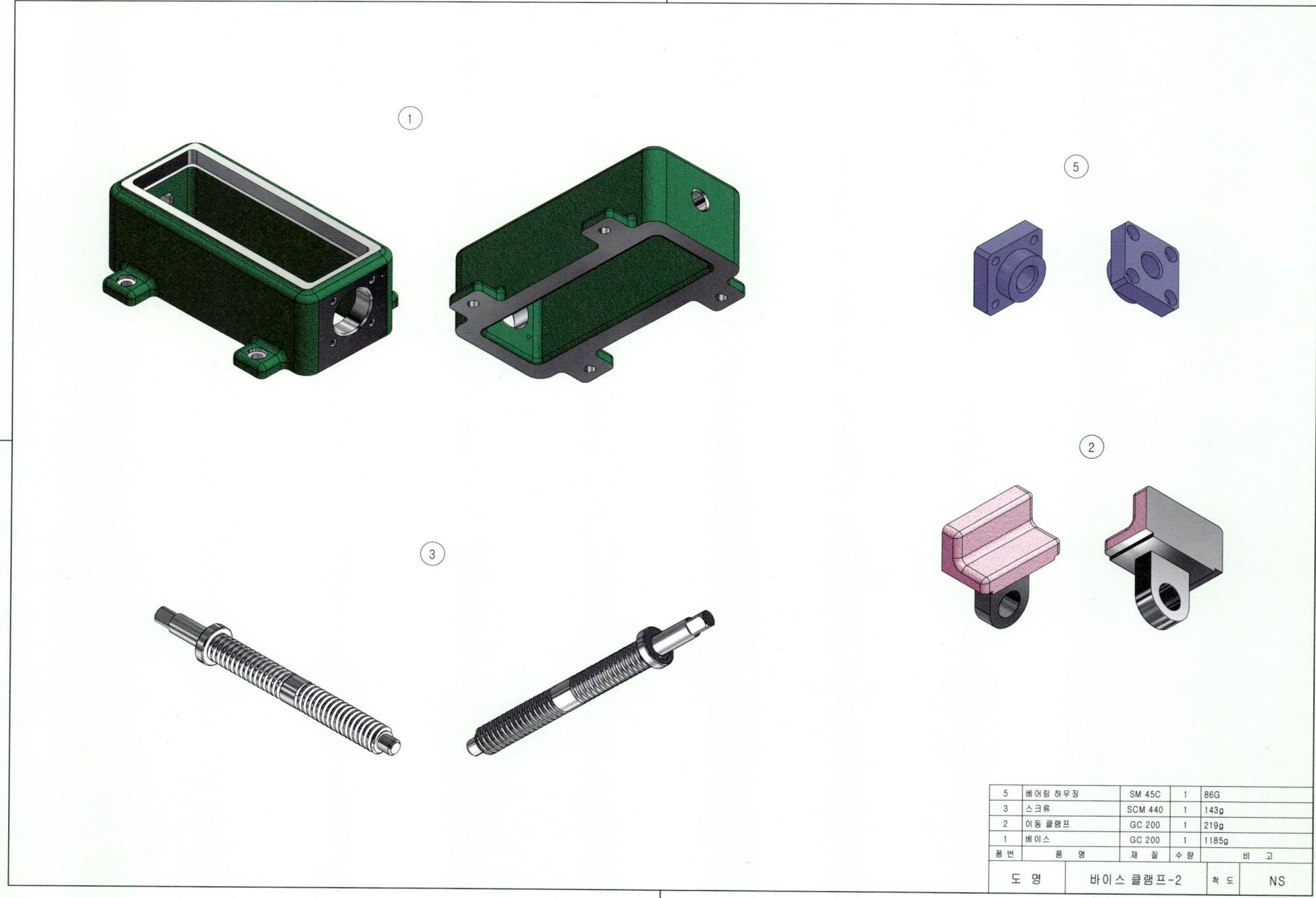

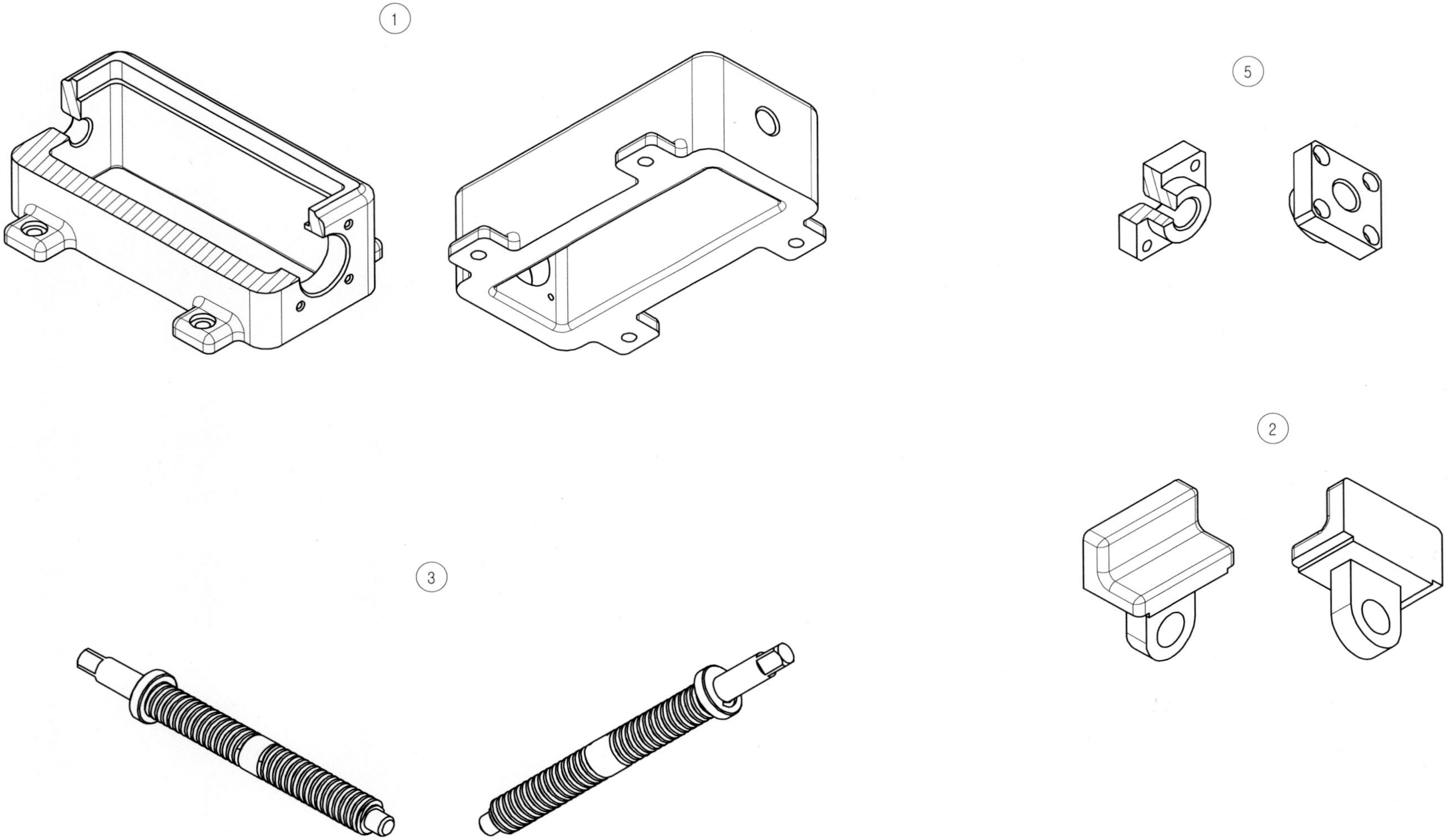

19. 바이스 클램프-2
3D 와이어프레임 등각투상도 제출용 예제도면

5	베어링 하우징	SM 45C	1	86G
3	스크류	SCM 440	1	143g
2	이동 클램프	GC 200	1	219g
1	베이스	GC 200	1	1185g
품번	품 명	재 질	수량	비 고

도 명	바이스 클램프-2	척 도	NS

19. 바이스 클램프-2 등각조립도

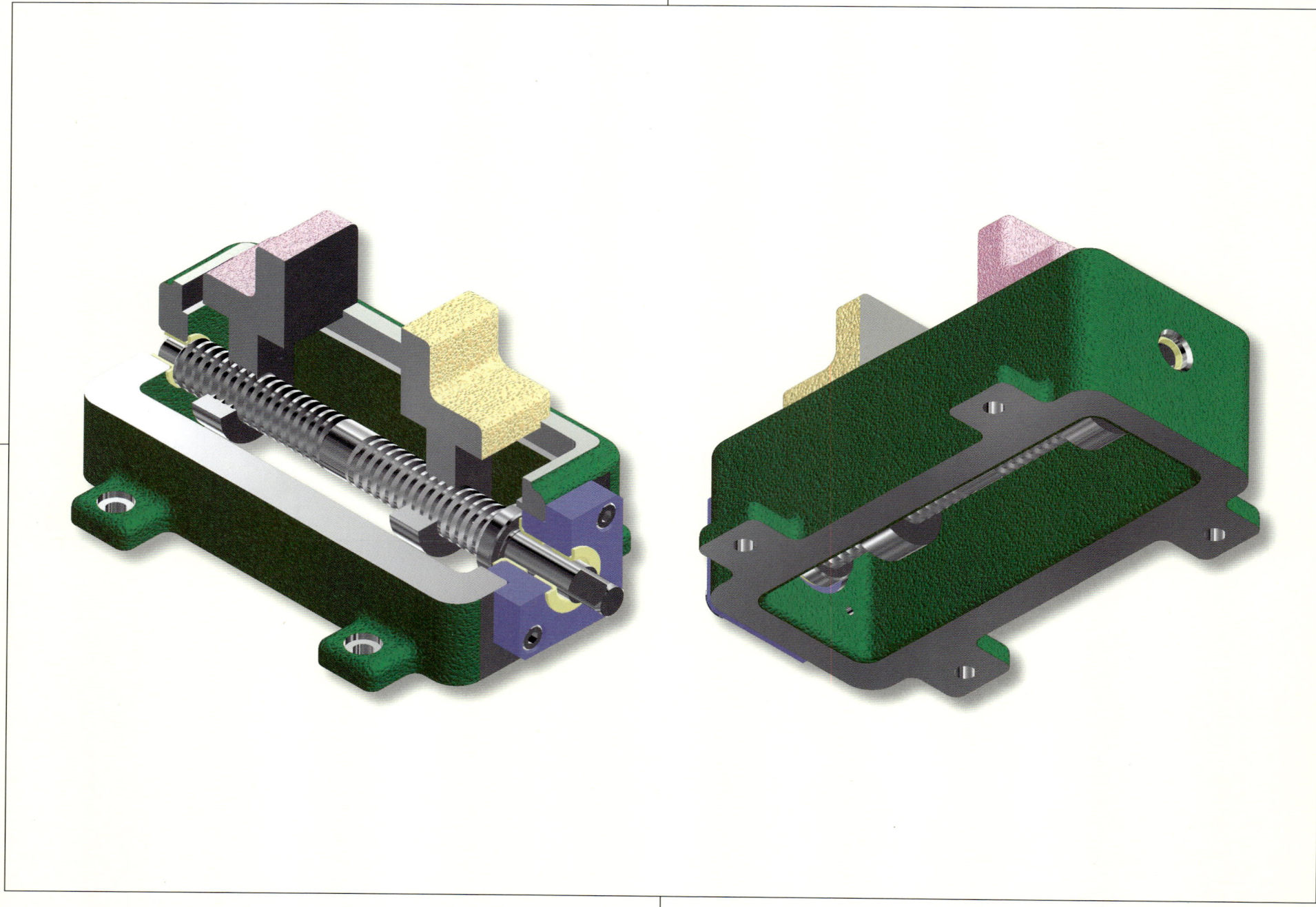

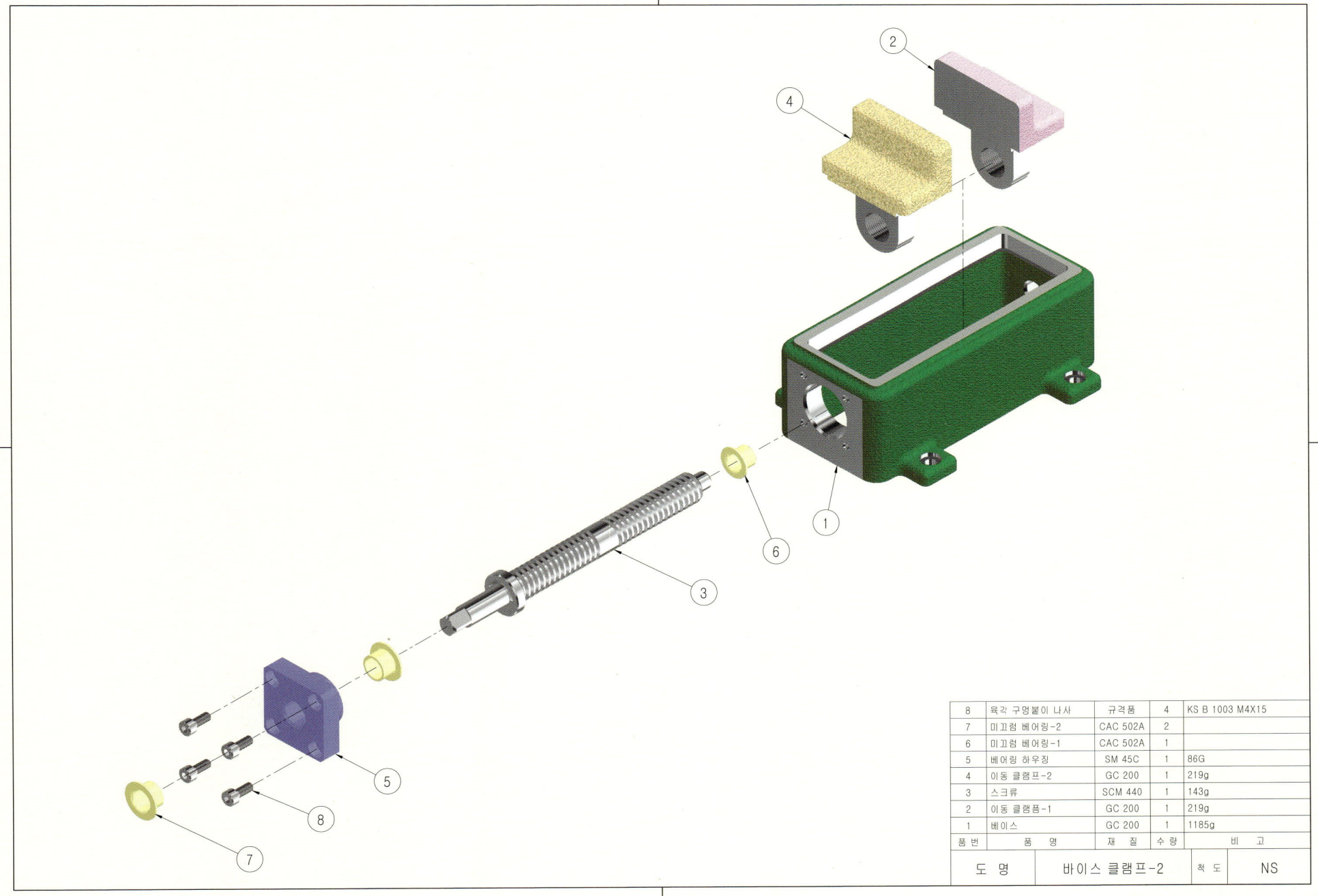

전산응용기계제도기능사 실기 출제도면집

PART
06

체인전동장치

01 스프로킷 전동장치
02 아이들 스프로킷

01. 스프로킷 전동장치 문제도

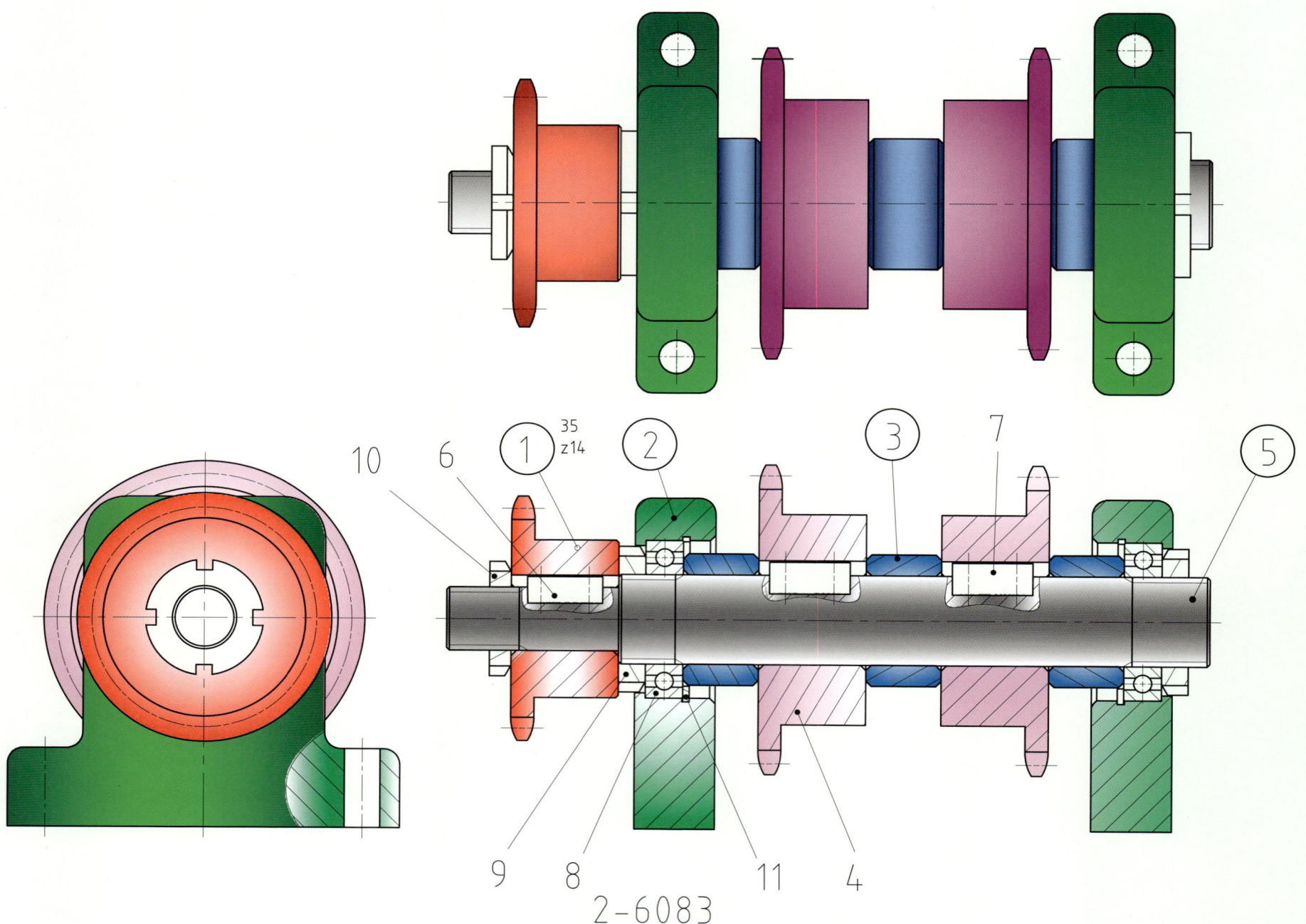

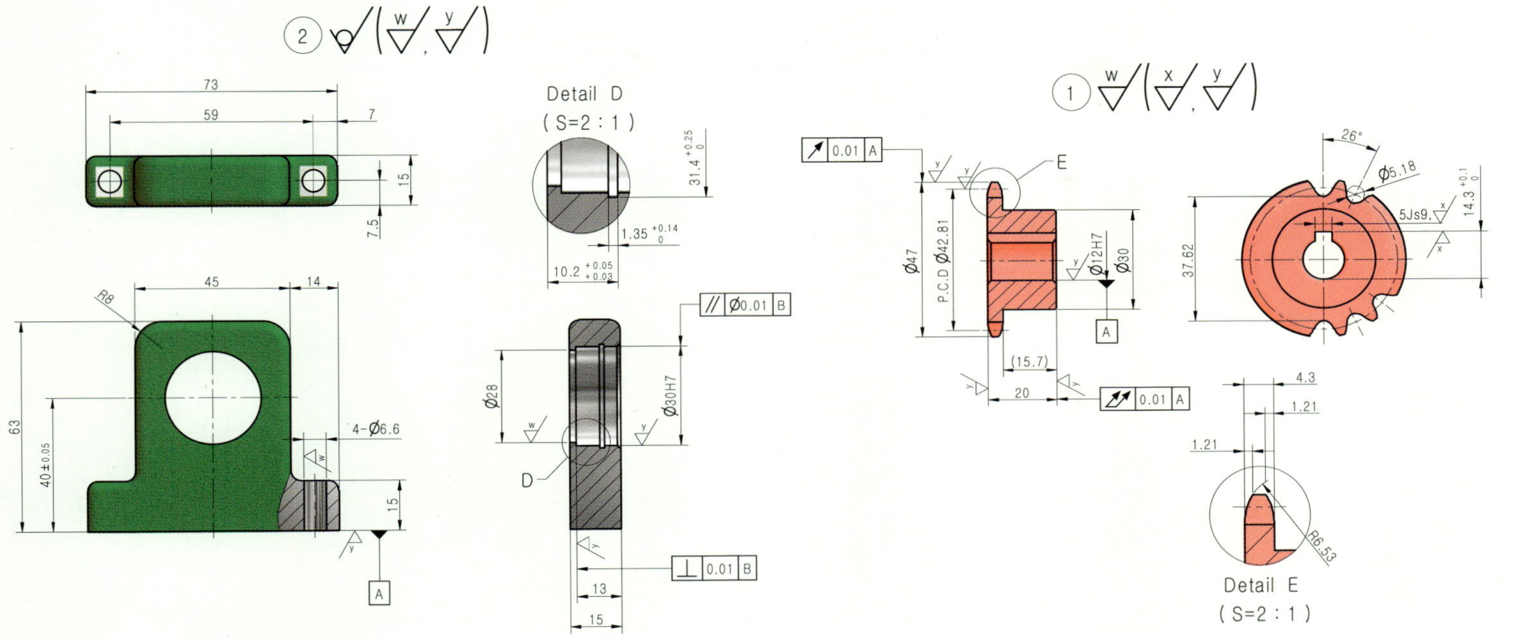

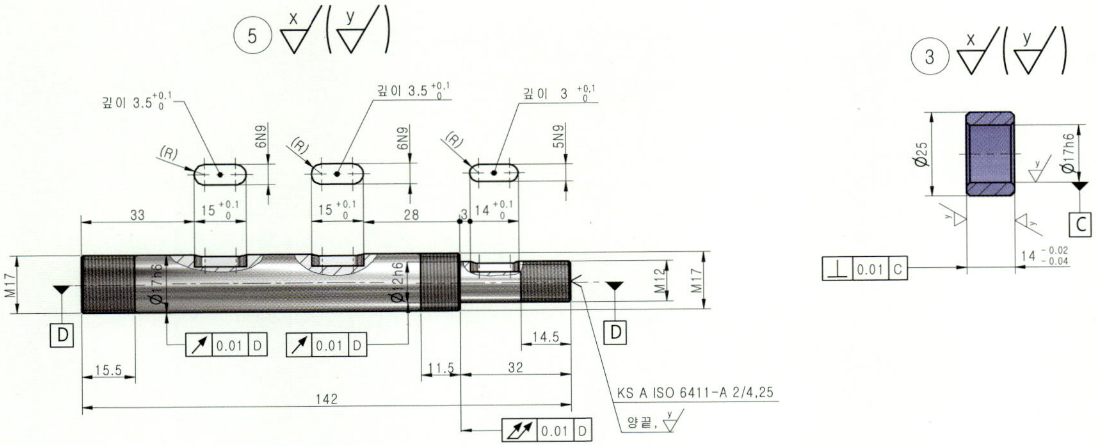

01. 스프로킷 전동장치 과제도면

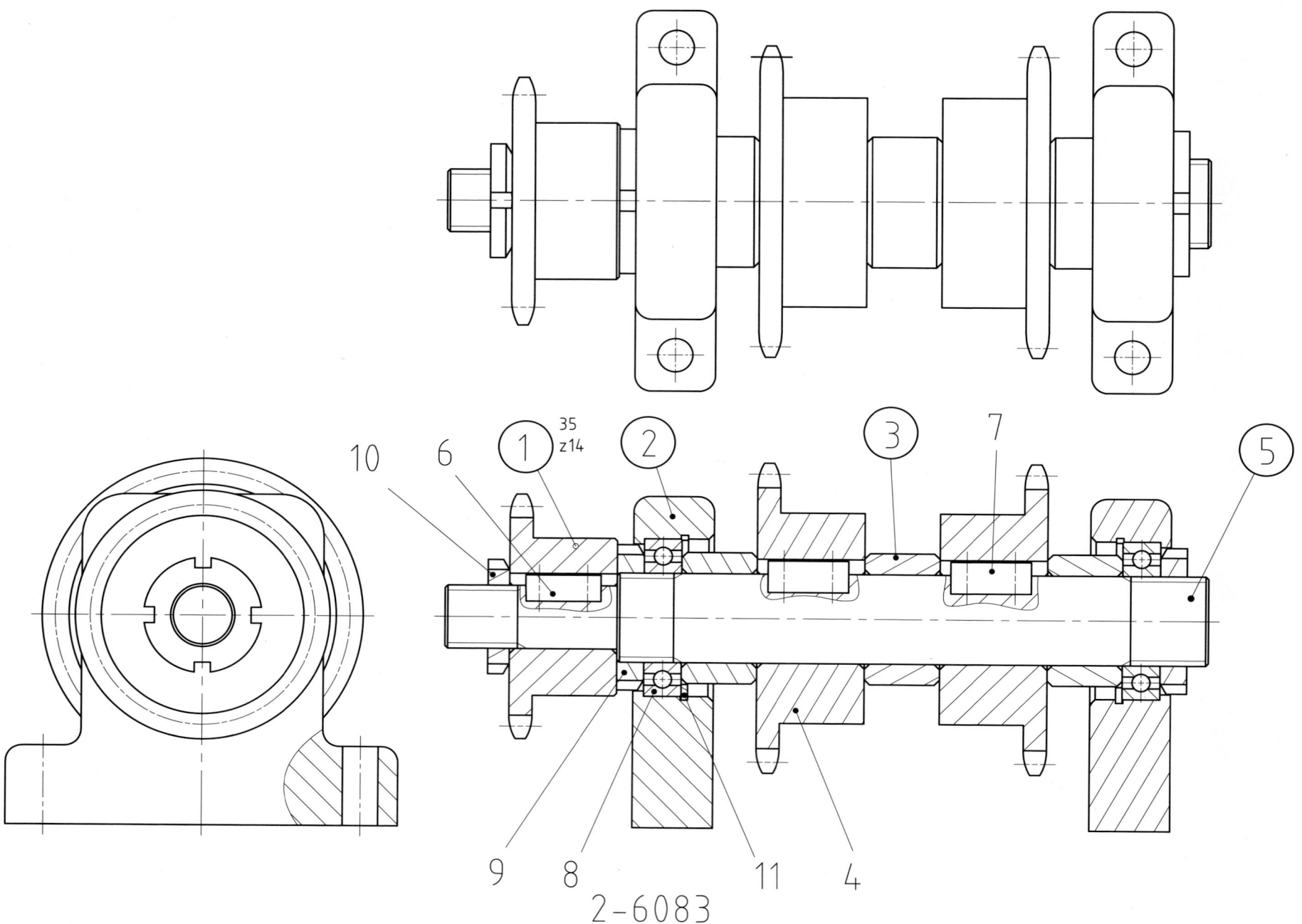

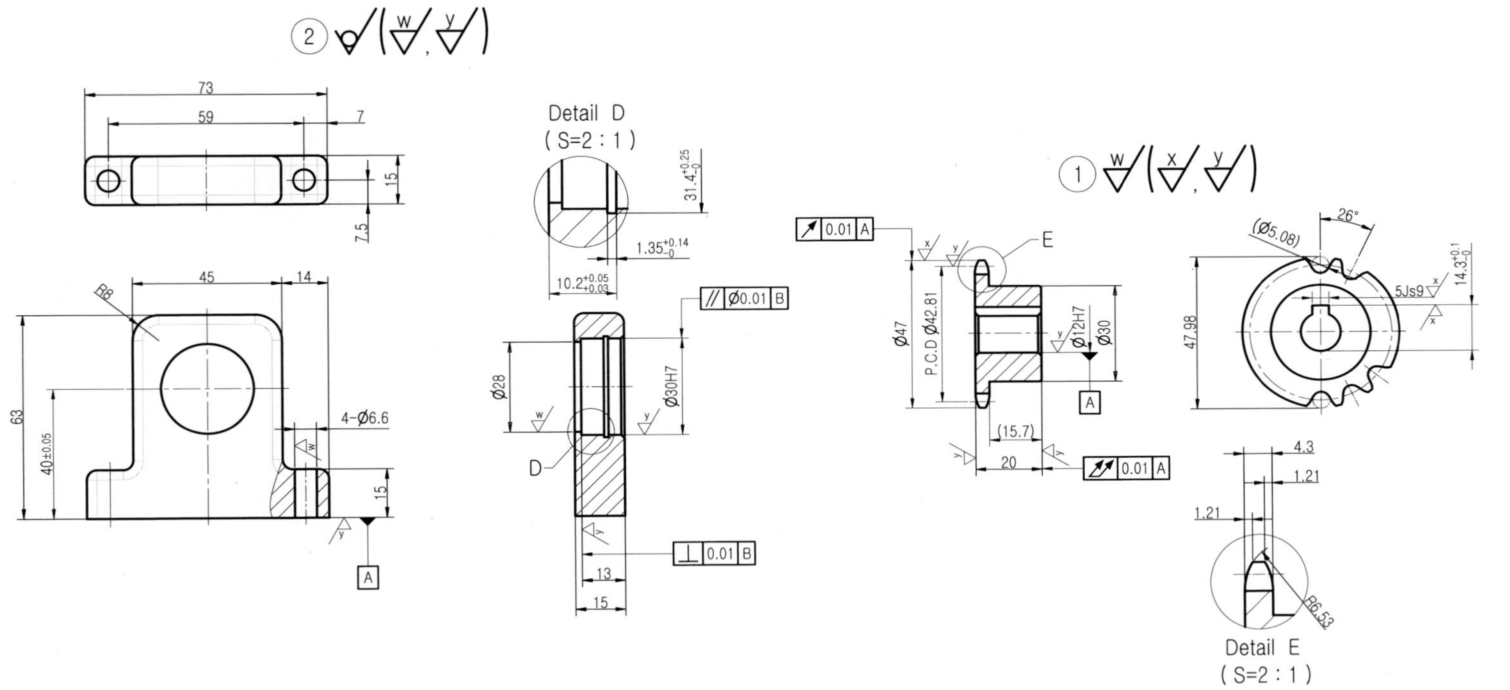

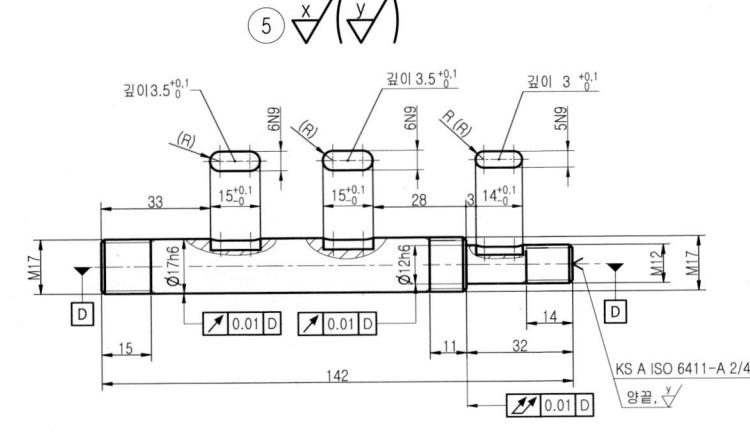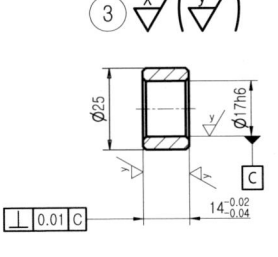

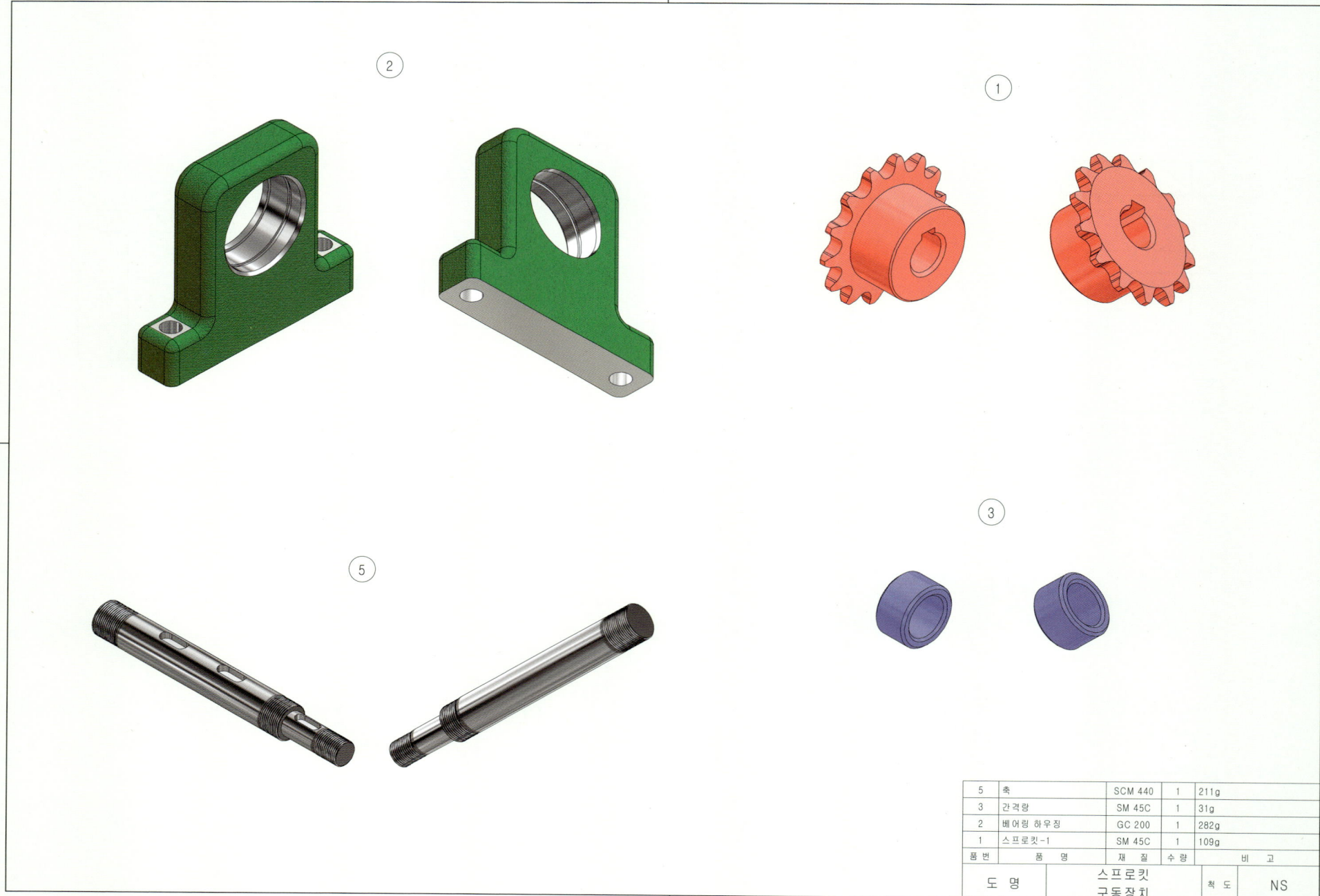

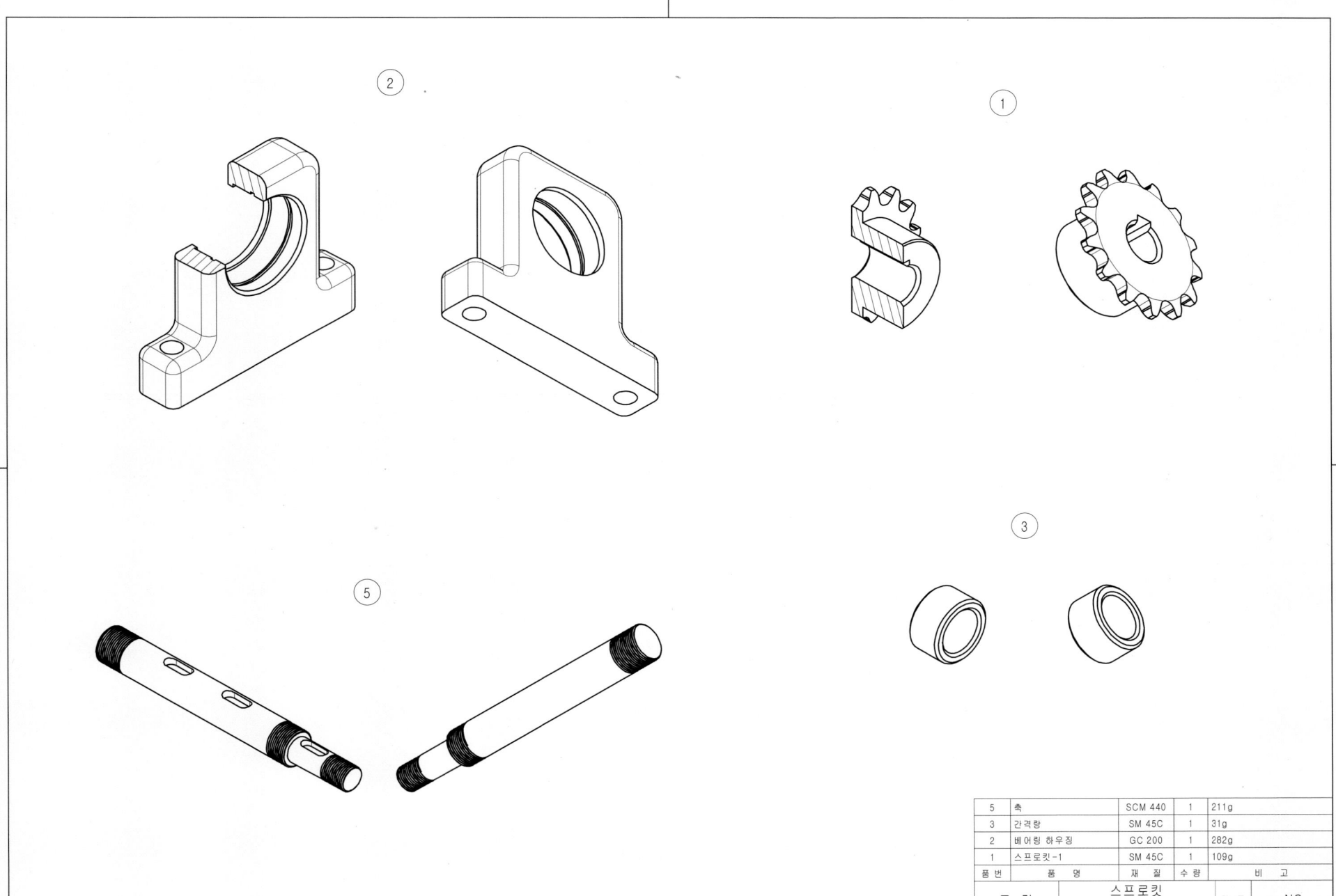

01. 스프로킷 전동장치 — 등각조립도

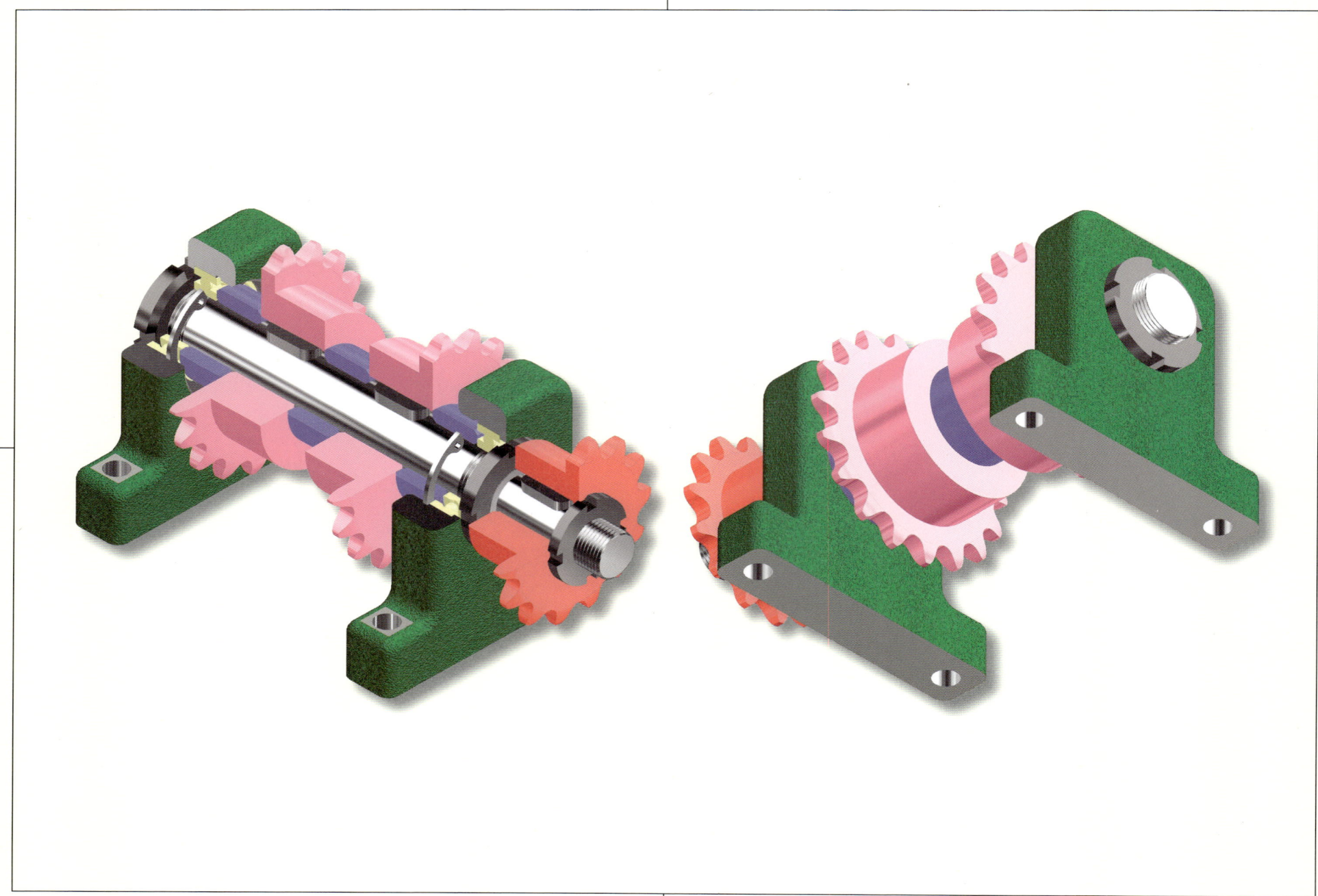

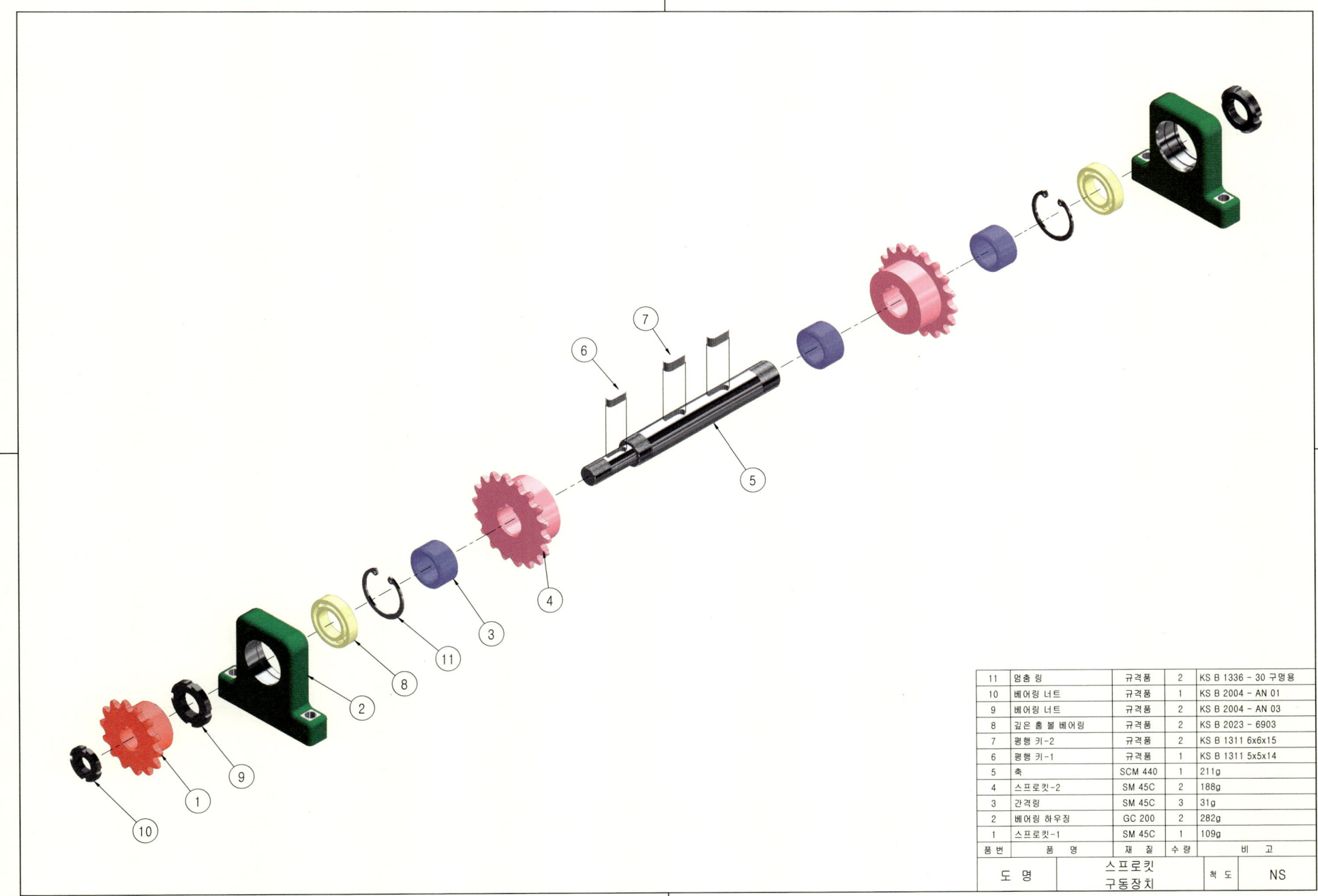

02. 아이들 스프로킷 과제도면

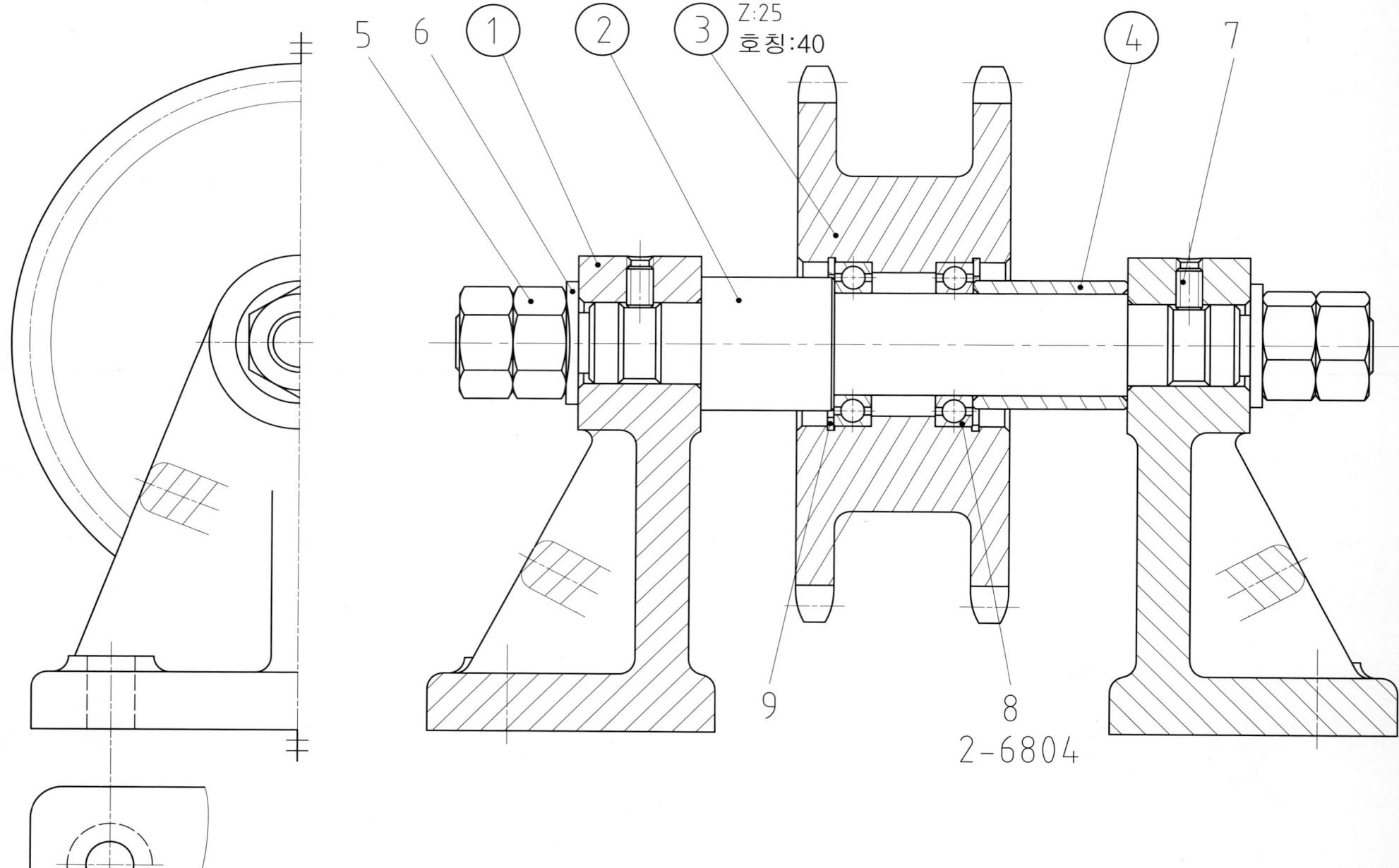

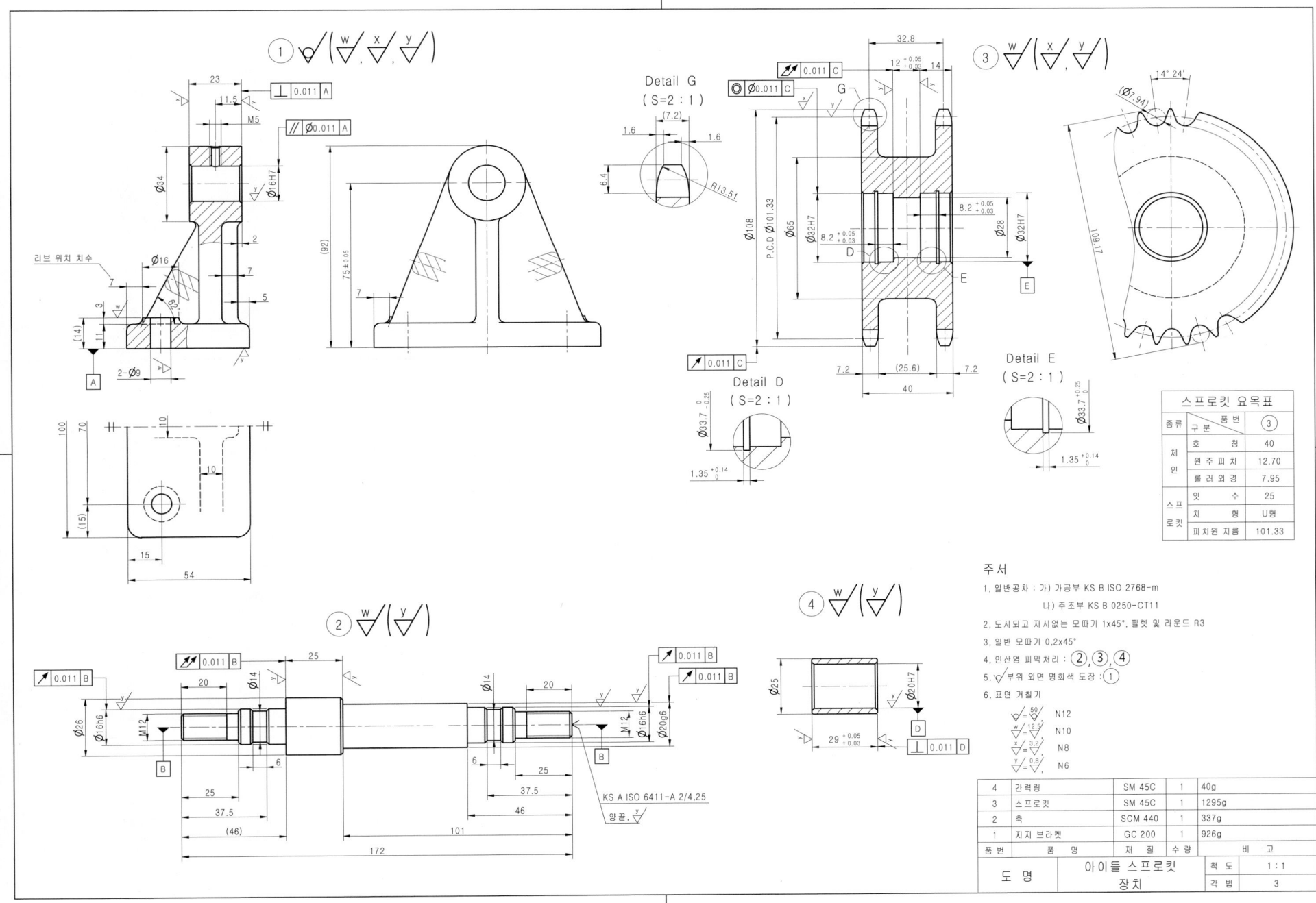

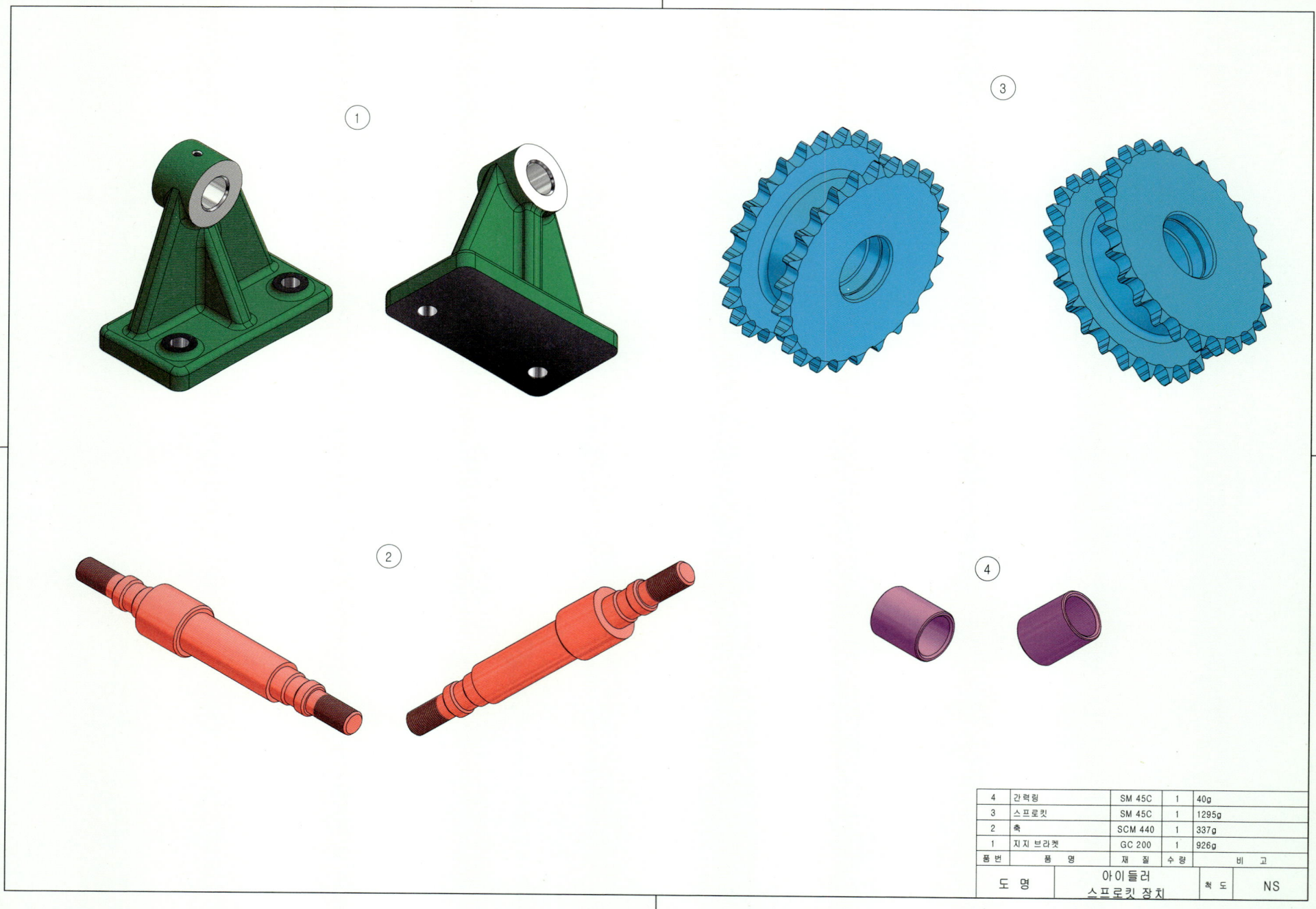

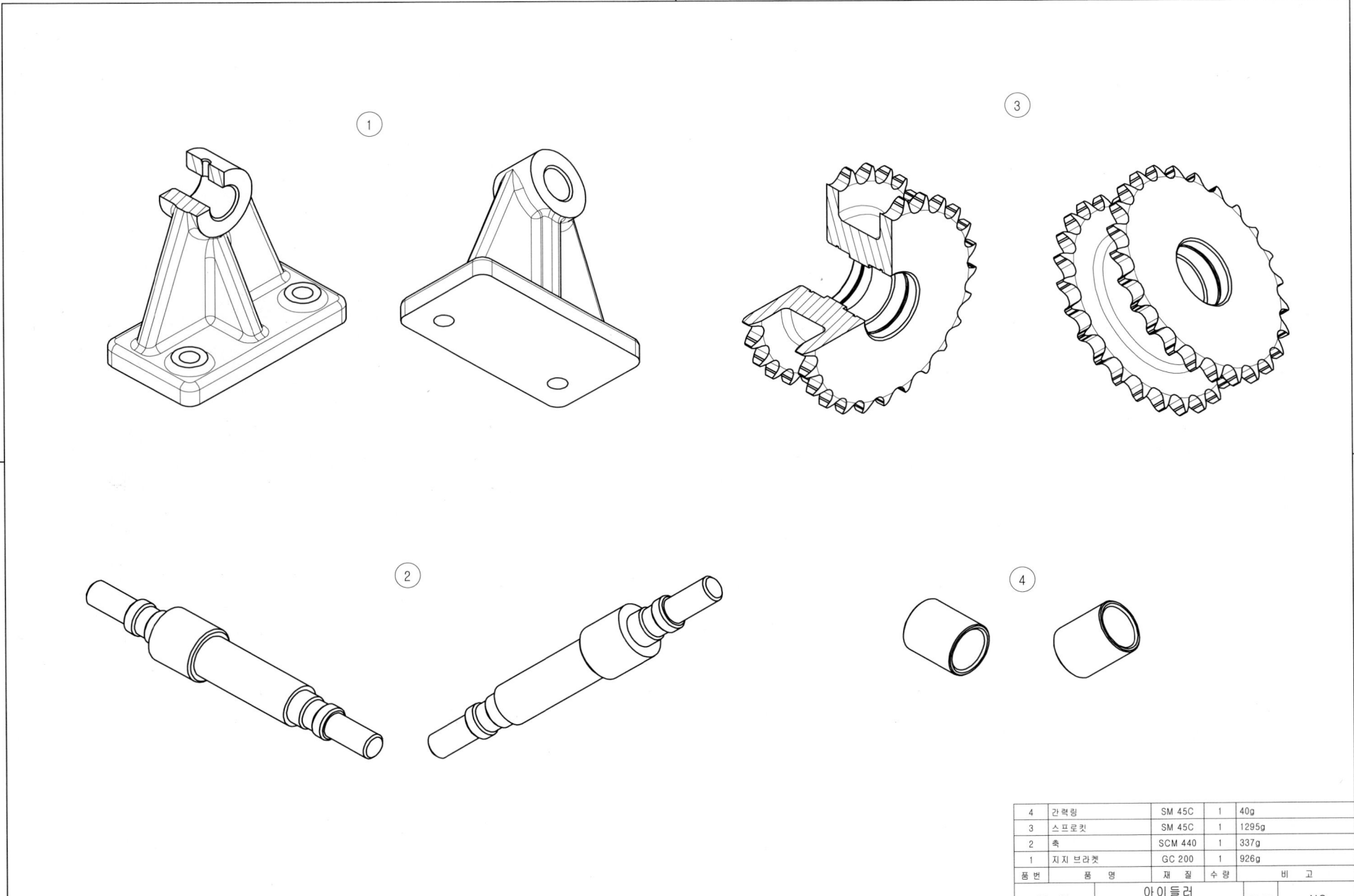

02. 아이들 스프로킷 — 등각조립도

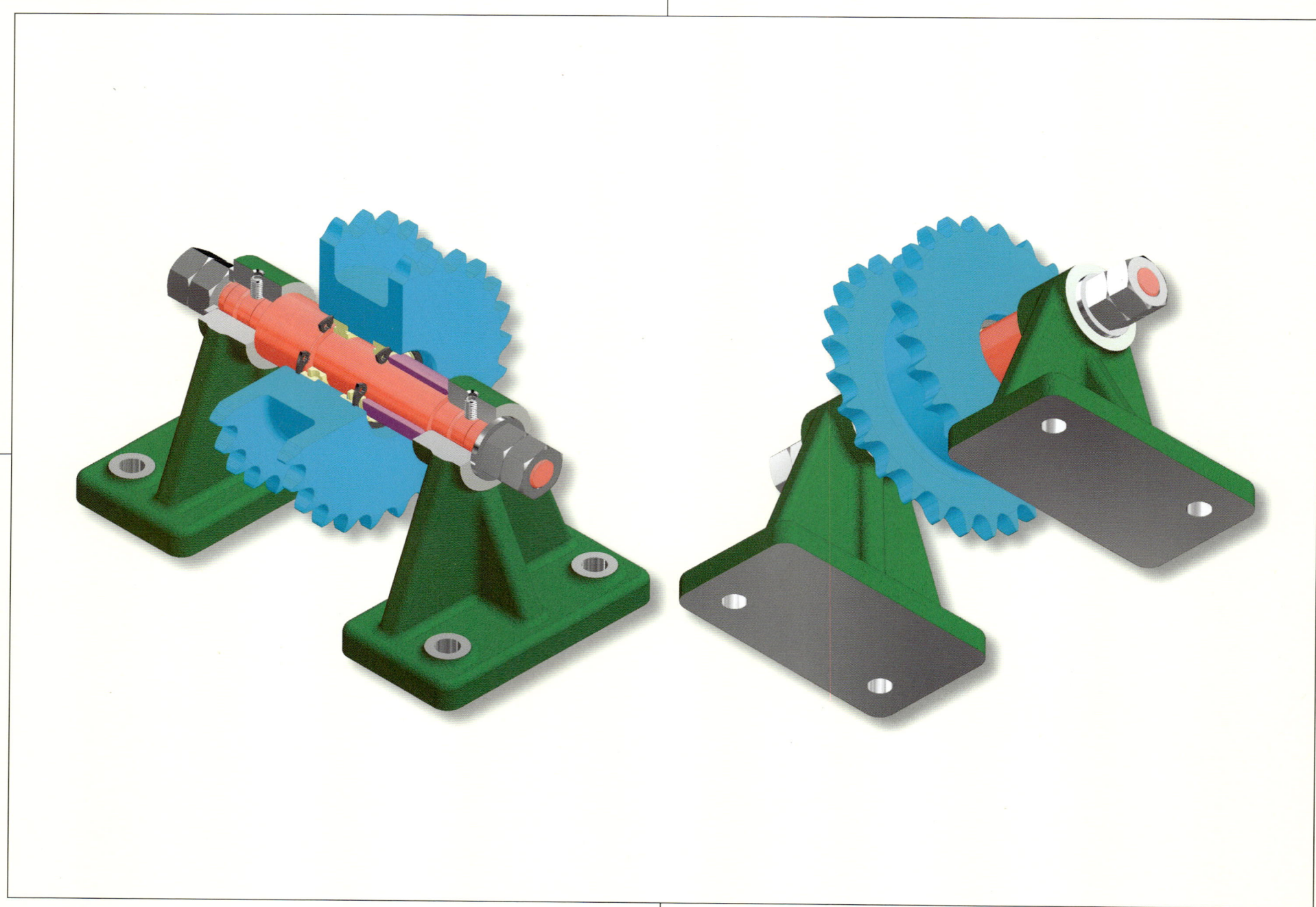

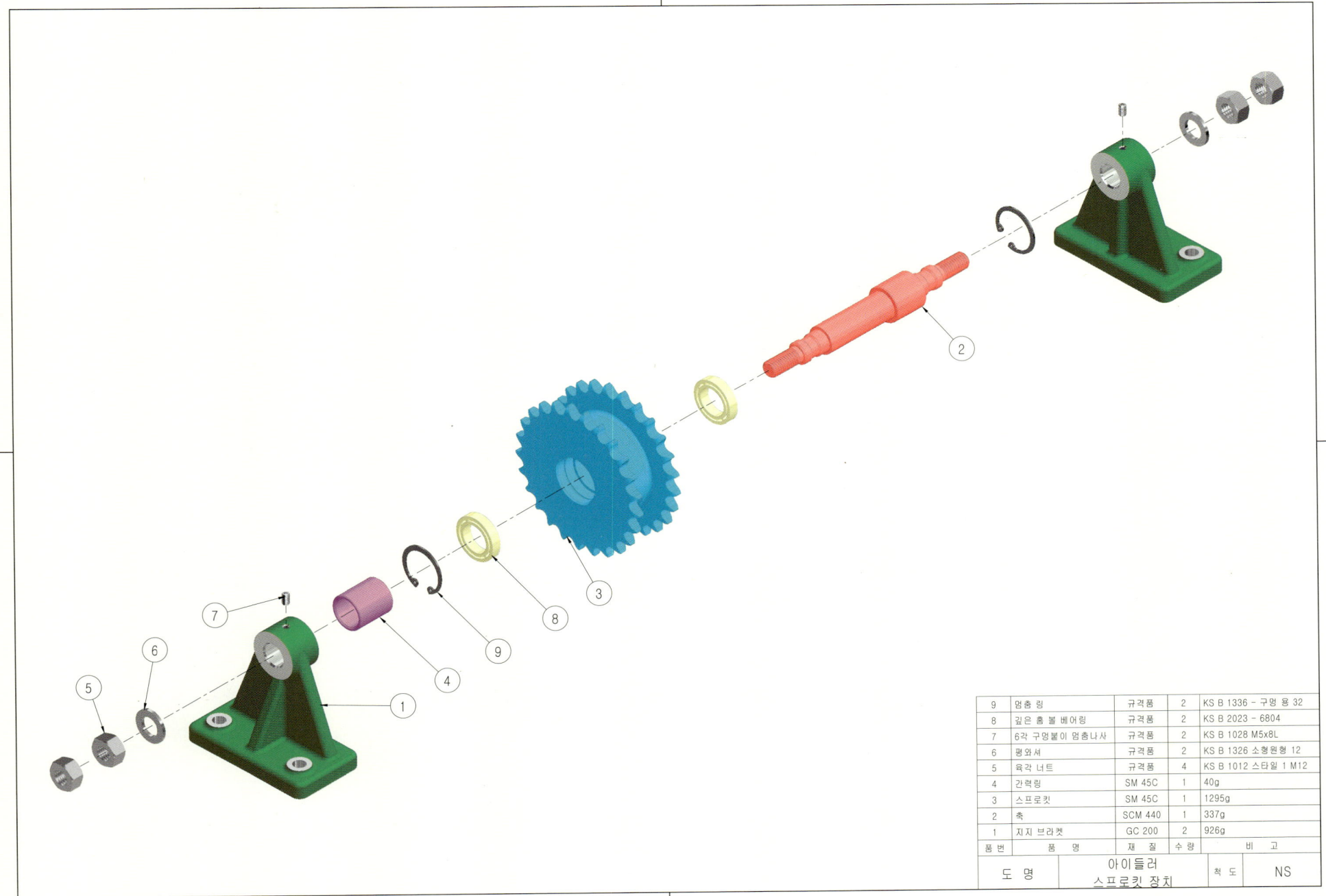

전산응용기계제도기능사 실기 출제도면집

PART 07

공압장치

01 컴팩트 실린더
02 핑거 실린더

01. 컴팩트 실린더   문제도

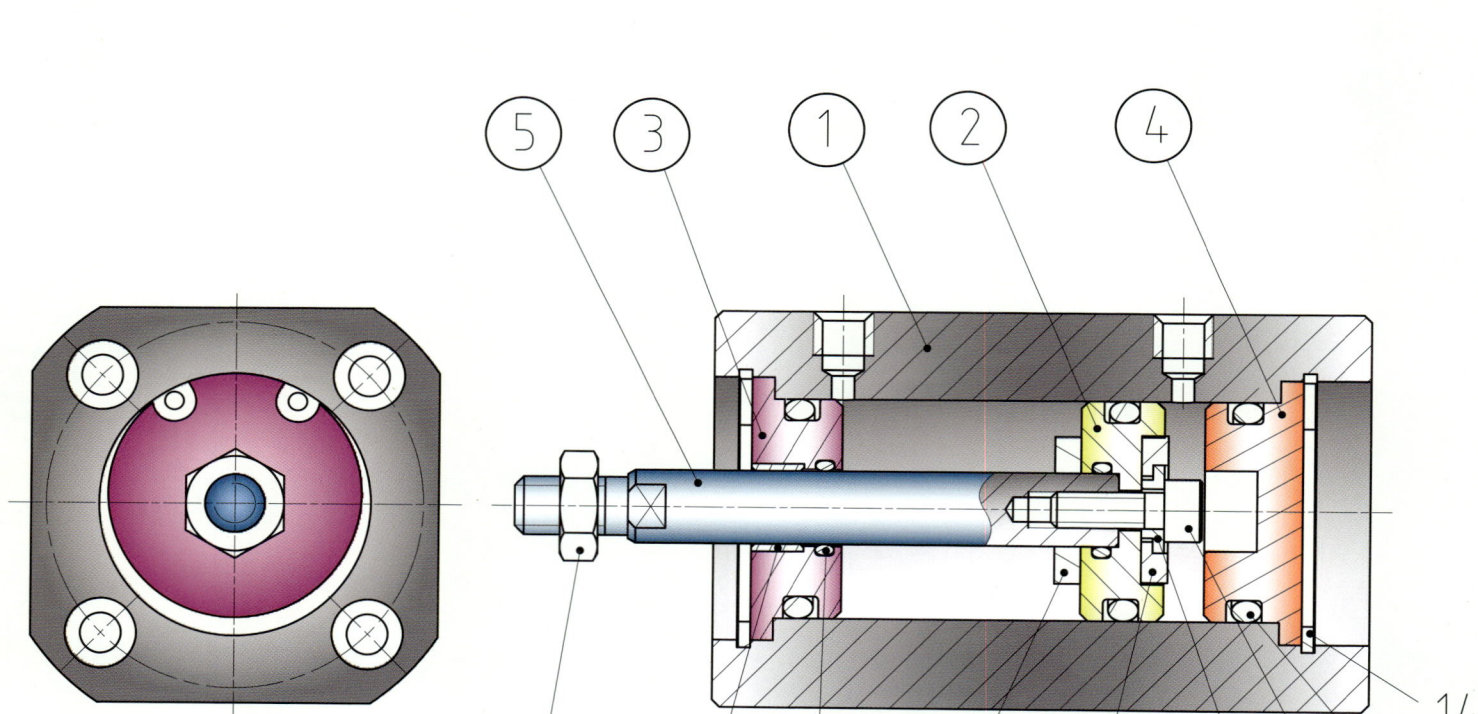

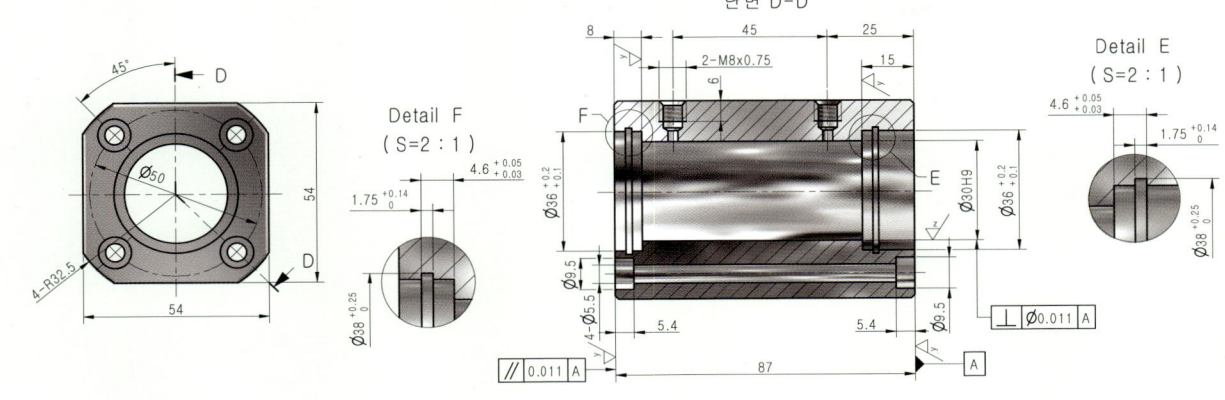

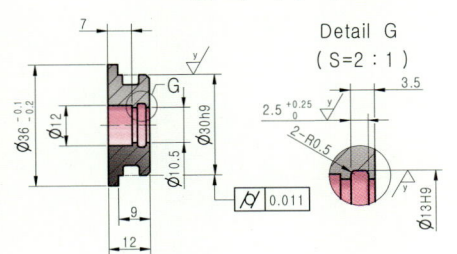
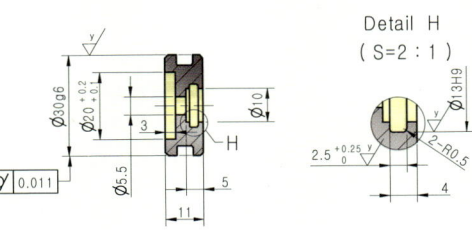
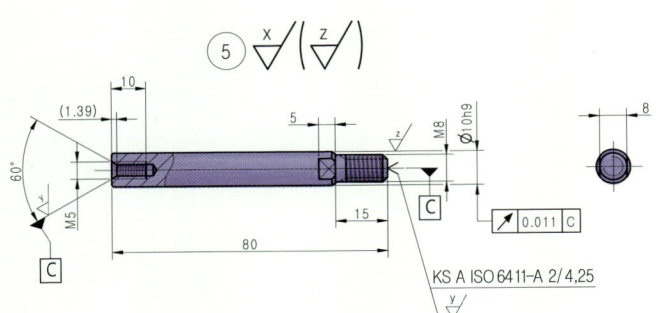

01. 컴팩트 실린더 과제도면

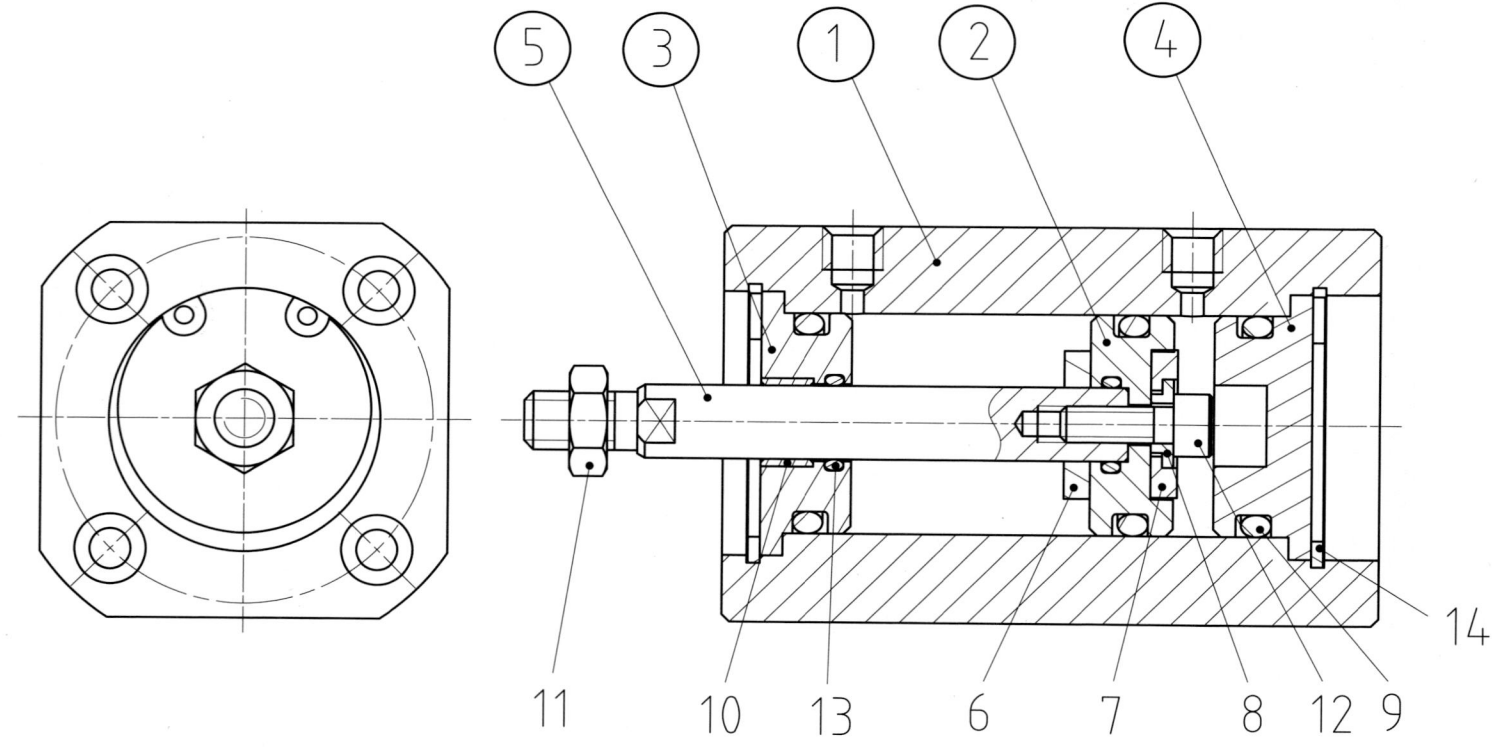

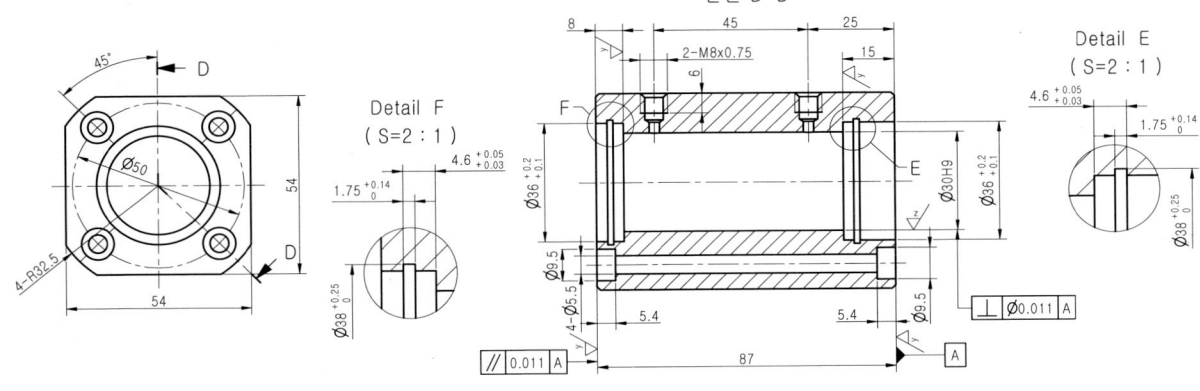
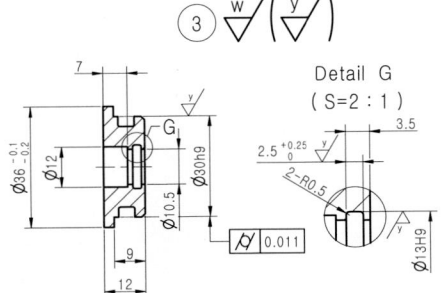
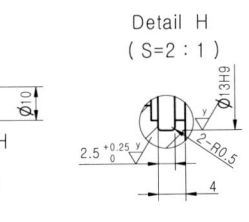
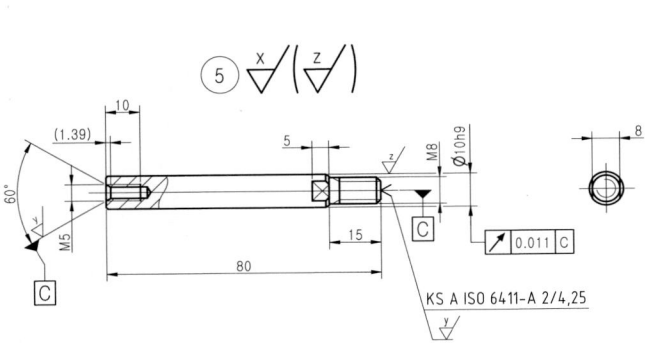

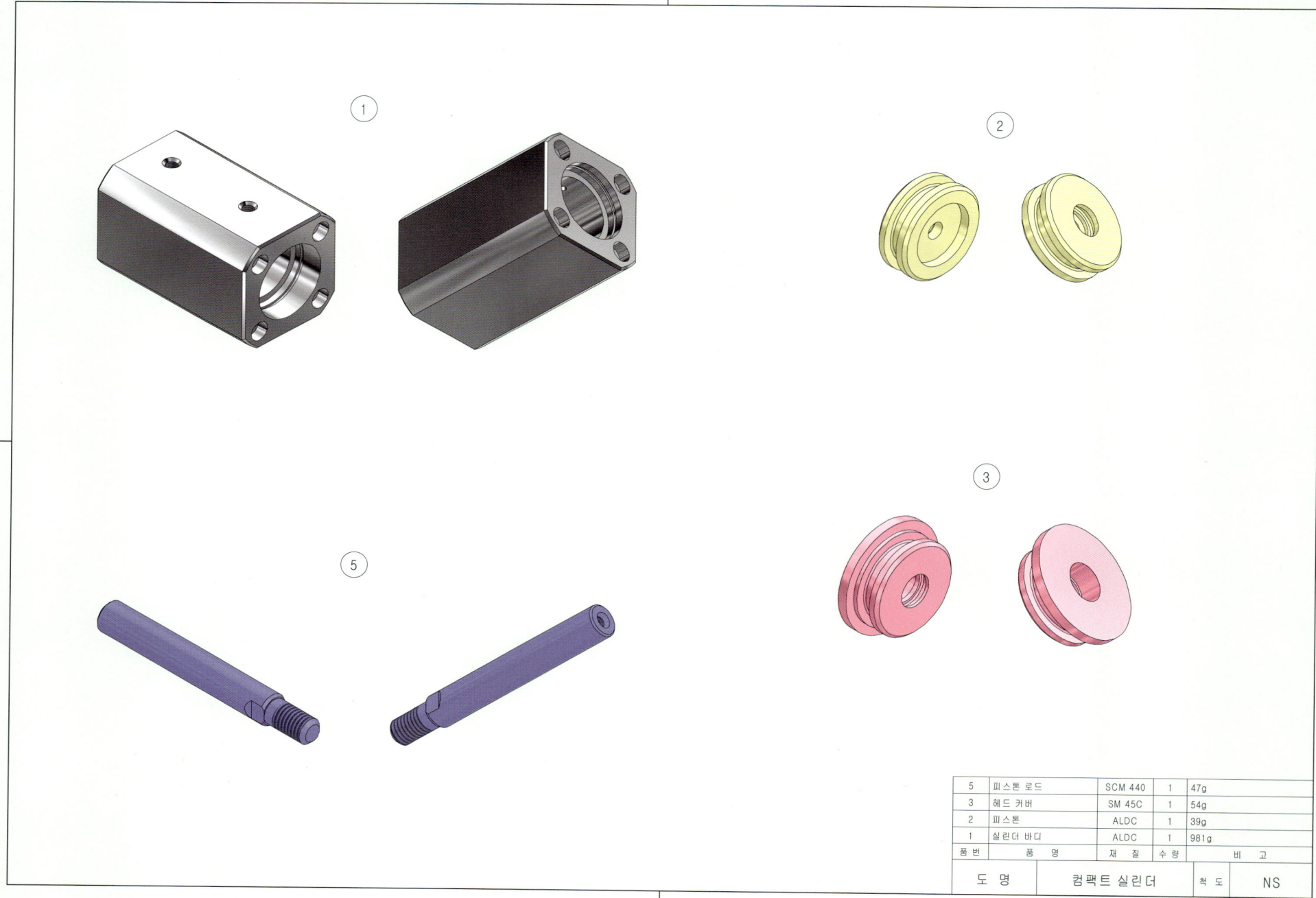

01. 컴팩트 실린더

①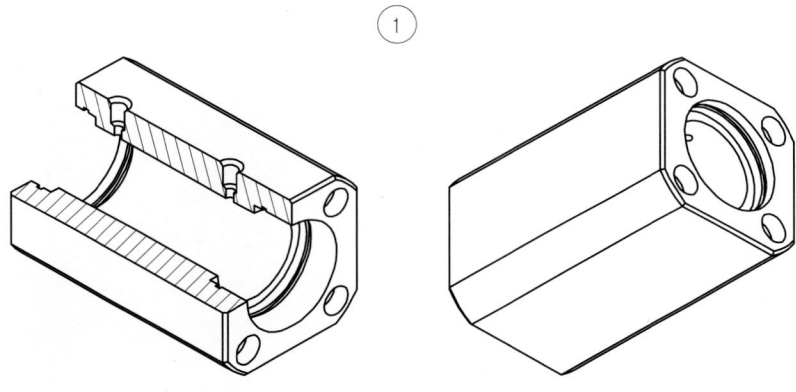

②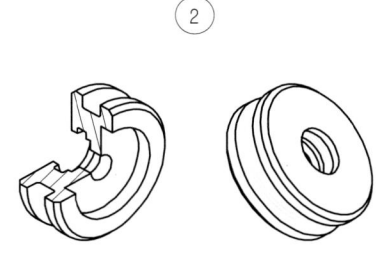

③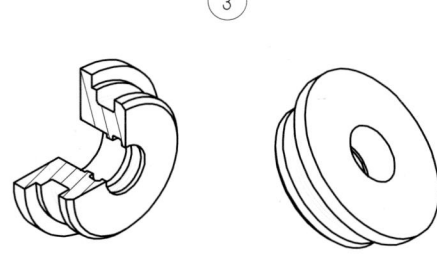

⑤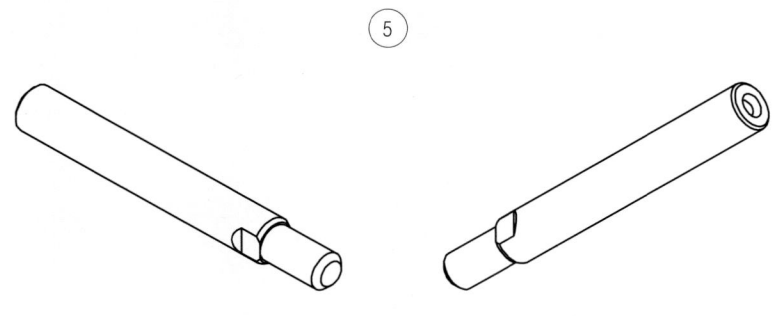

5	피스톤 로드	SCM 440	1	47g
3	헤드 커버	SM 45C	1	54g
2	피스톤	ALDC	1	39g
1	실린더 바디	ALDC	1	981g
품번	품 명	재 질	수량	비 고

도 명	컴팩트 실린더	척 도	NS

01. 컴팩트 실린더 — 등각조립도

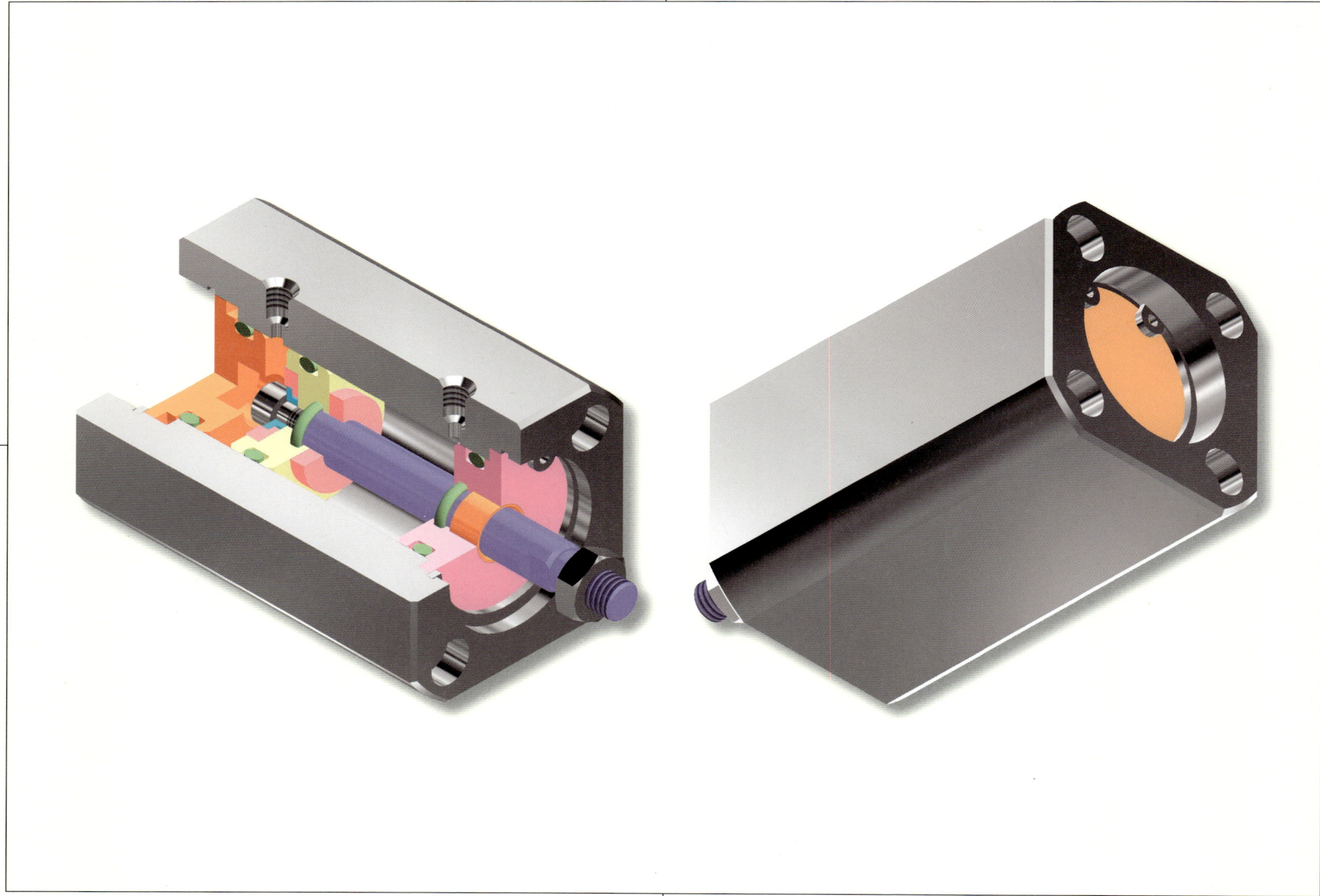

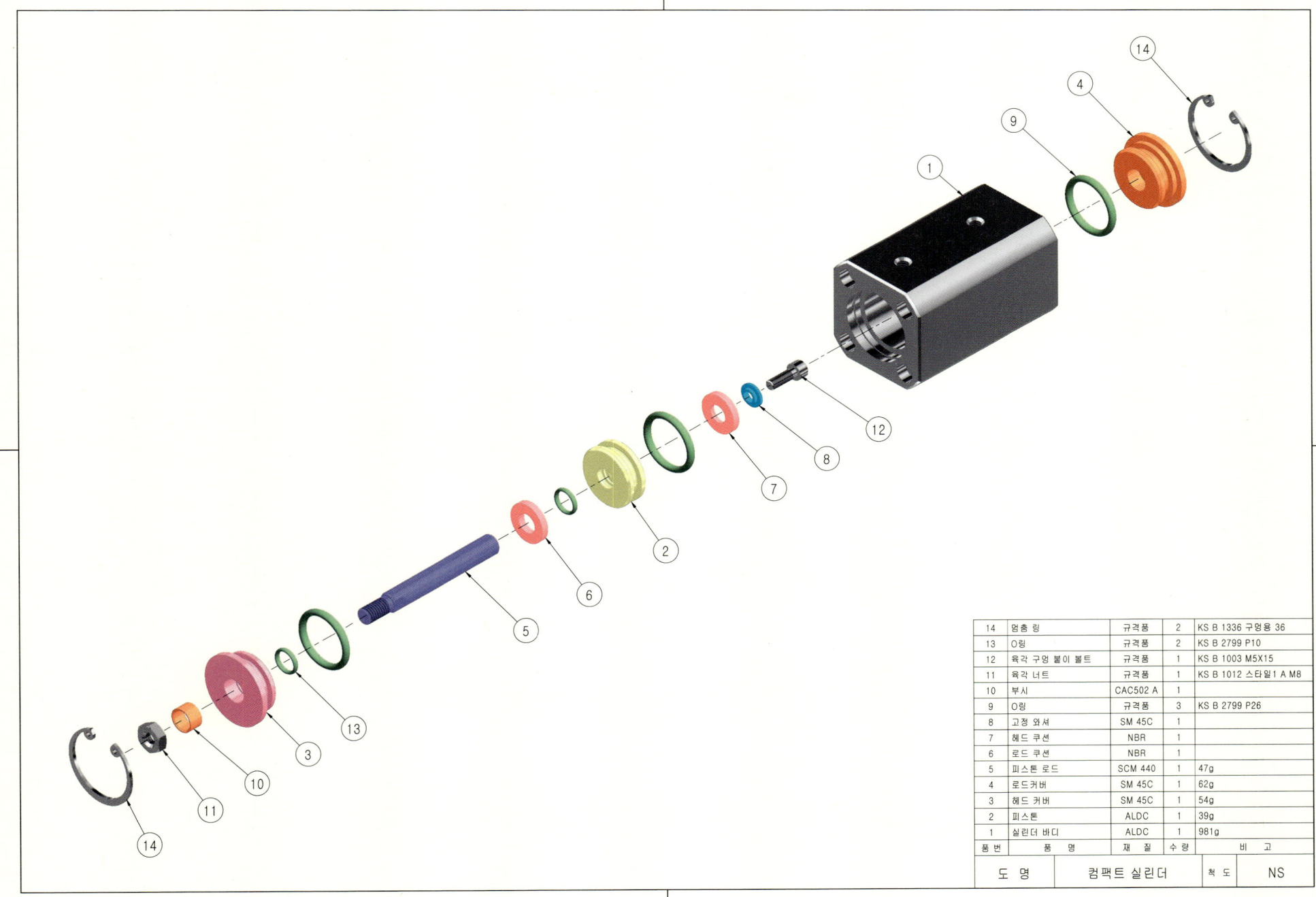

02. 핑거 실린더 과제도면

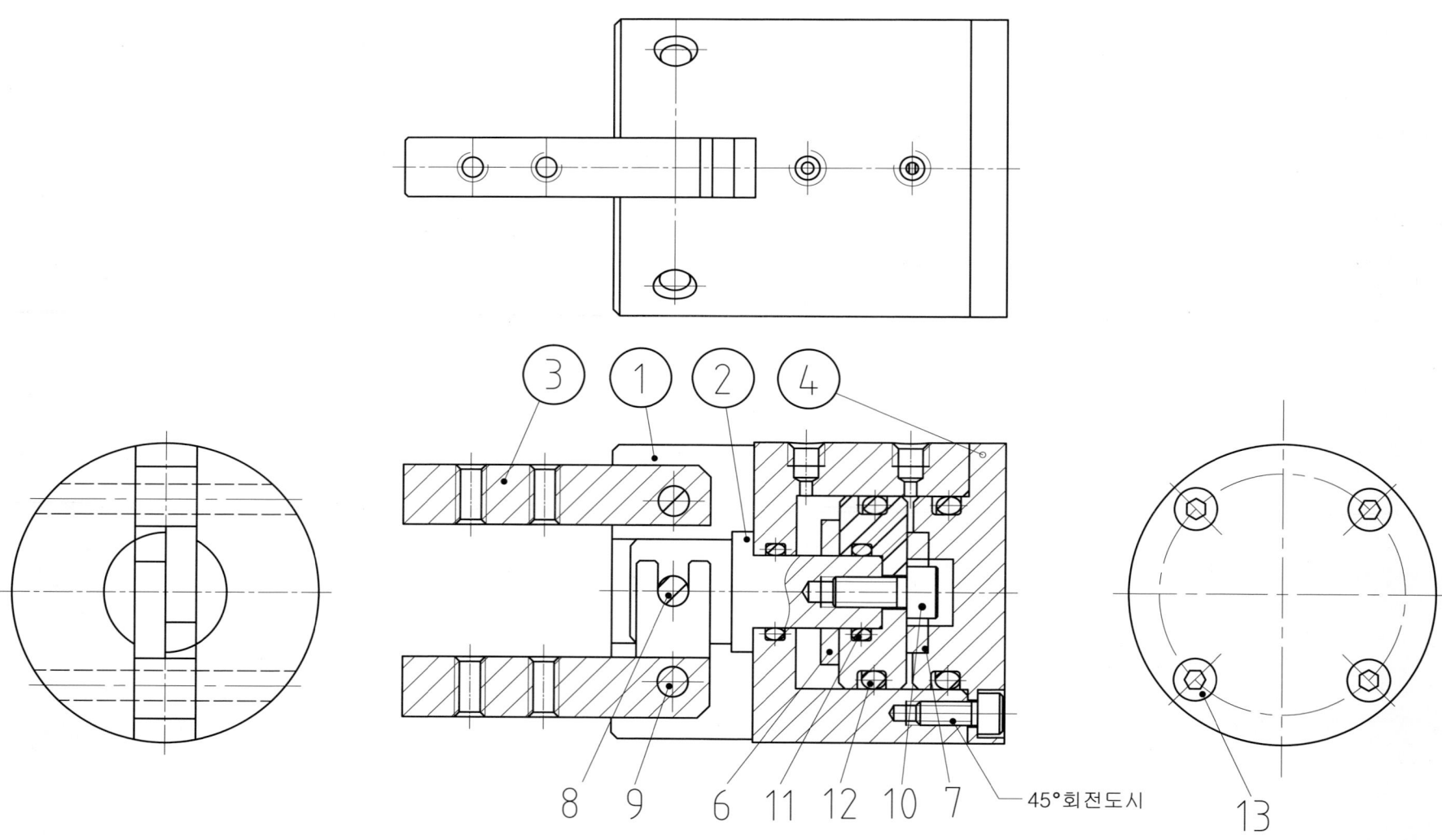

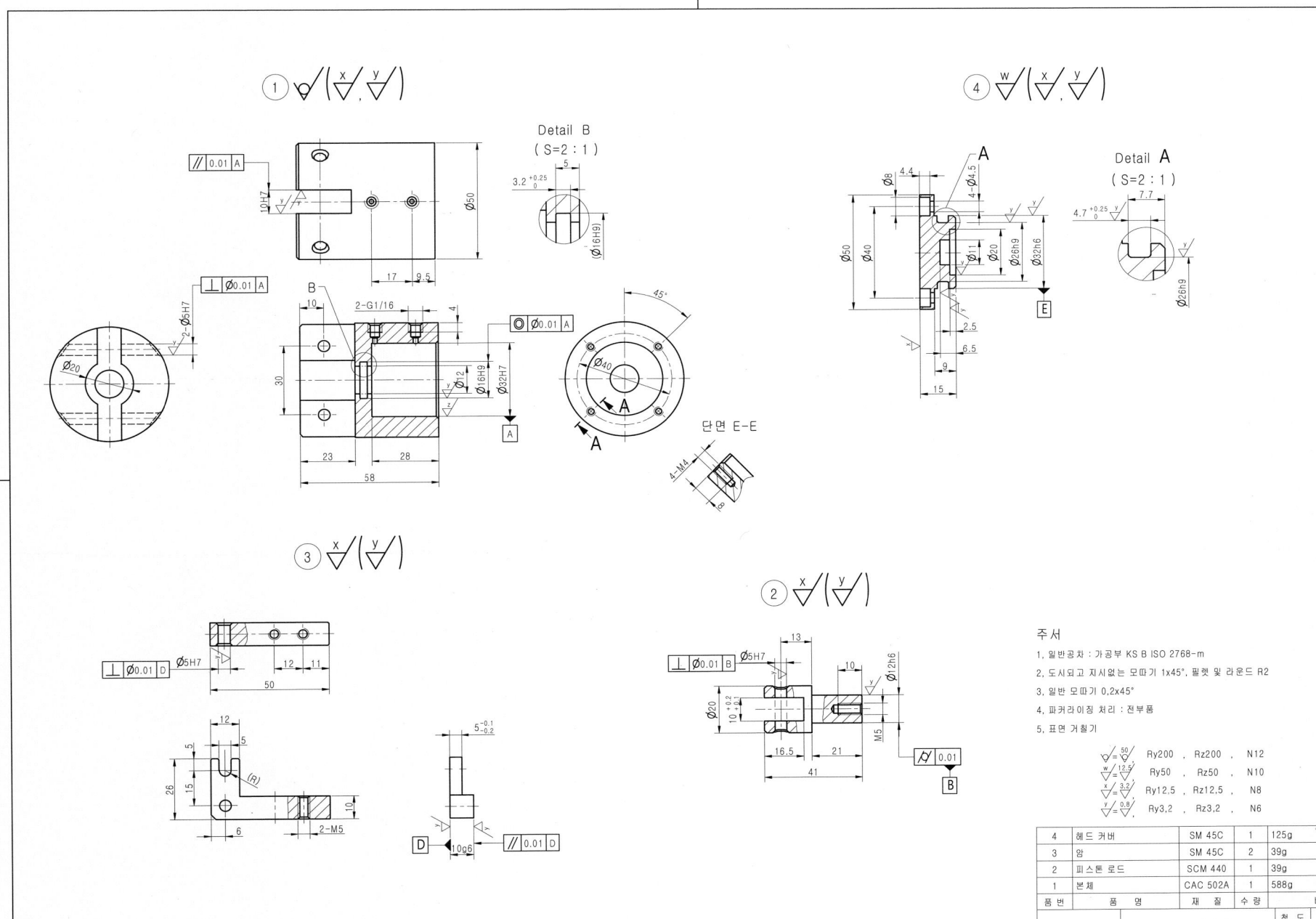

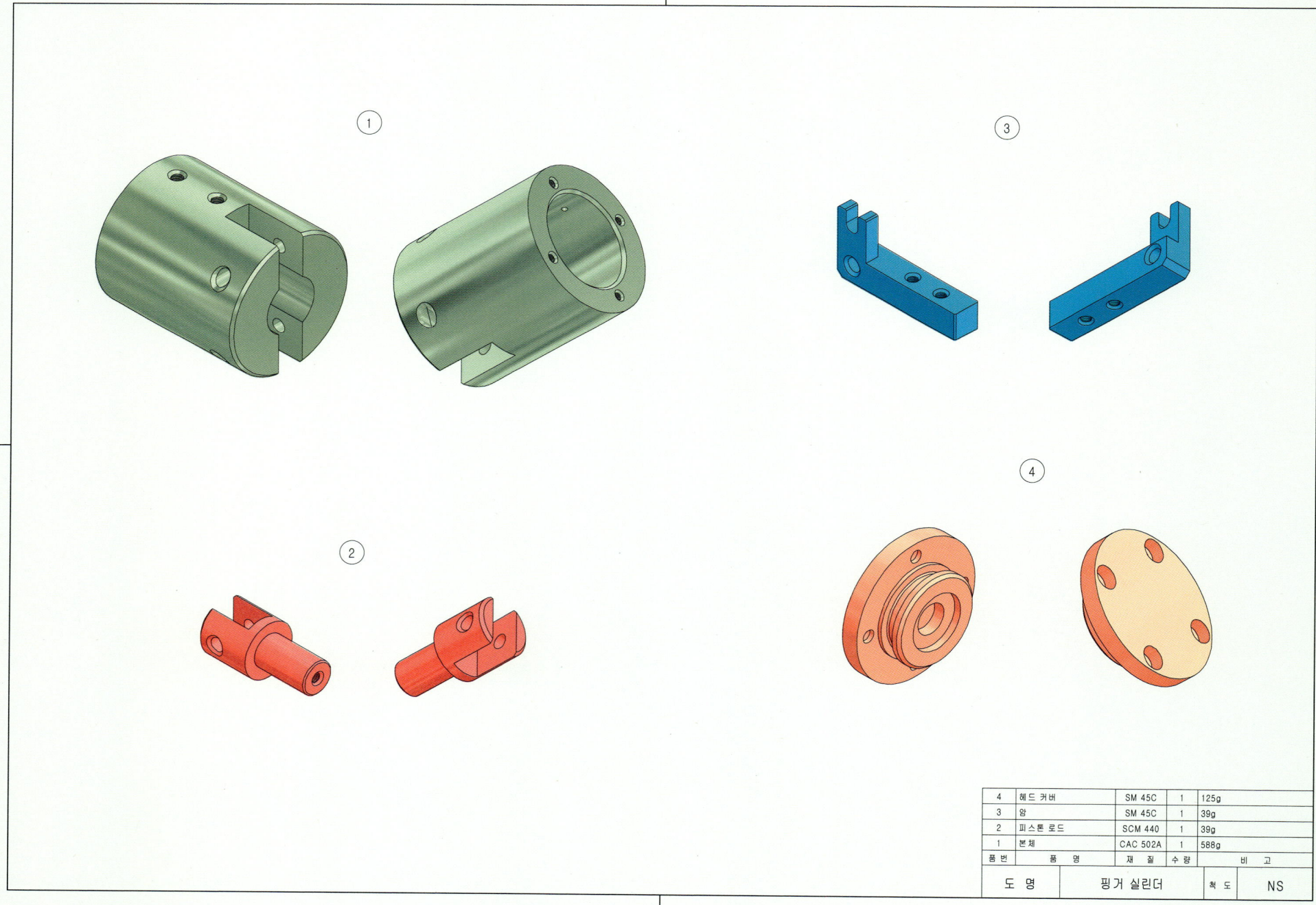

02. 핑거 실린더

3D 와이어프레임 등각투상도 제출용 예제도면

①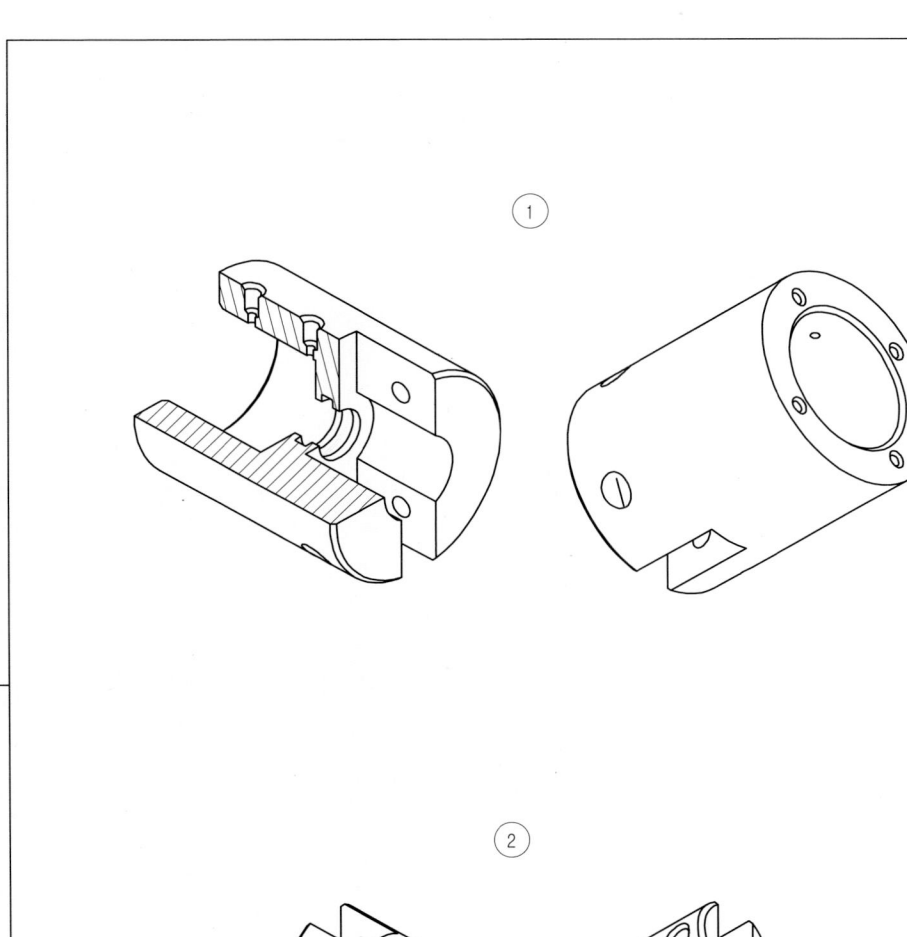

③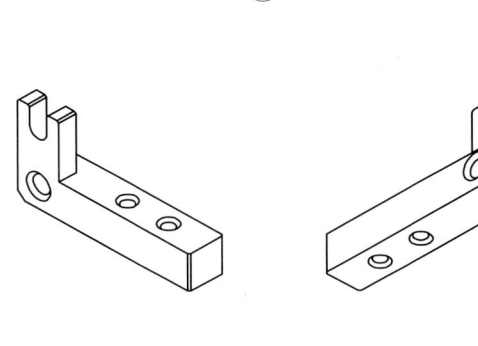

②

④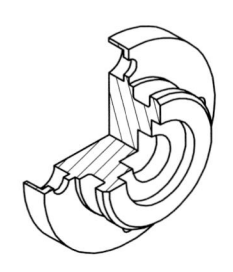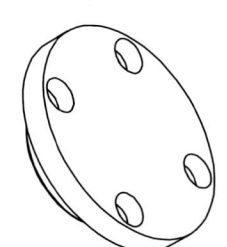

4	헤드 커버	SM 45C	1	125g
3	암	SM 45C	1	39g
2	피스톤 로드	SCM 440	1	39g
1	본체	CAC 502A	1	588g
품번	품 명	재 질	수량	비 고

도 명	핑거 실린더	척 도	NS

02. 핑거 실린더 — 등각조립도

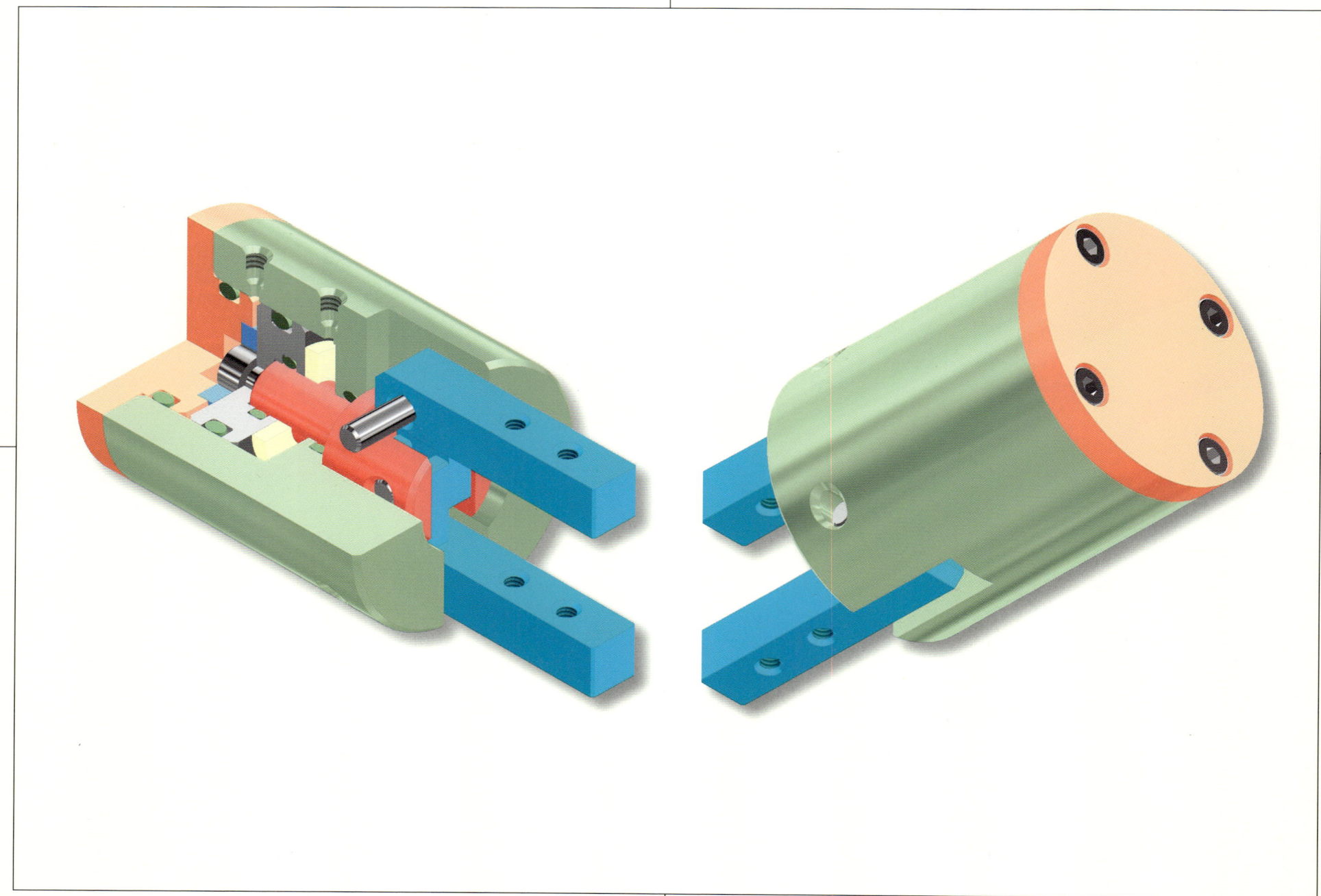

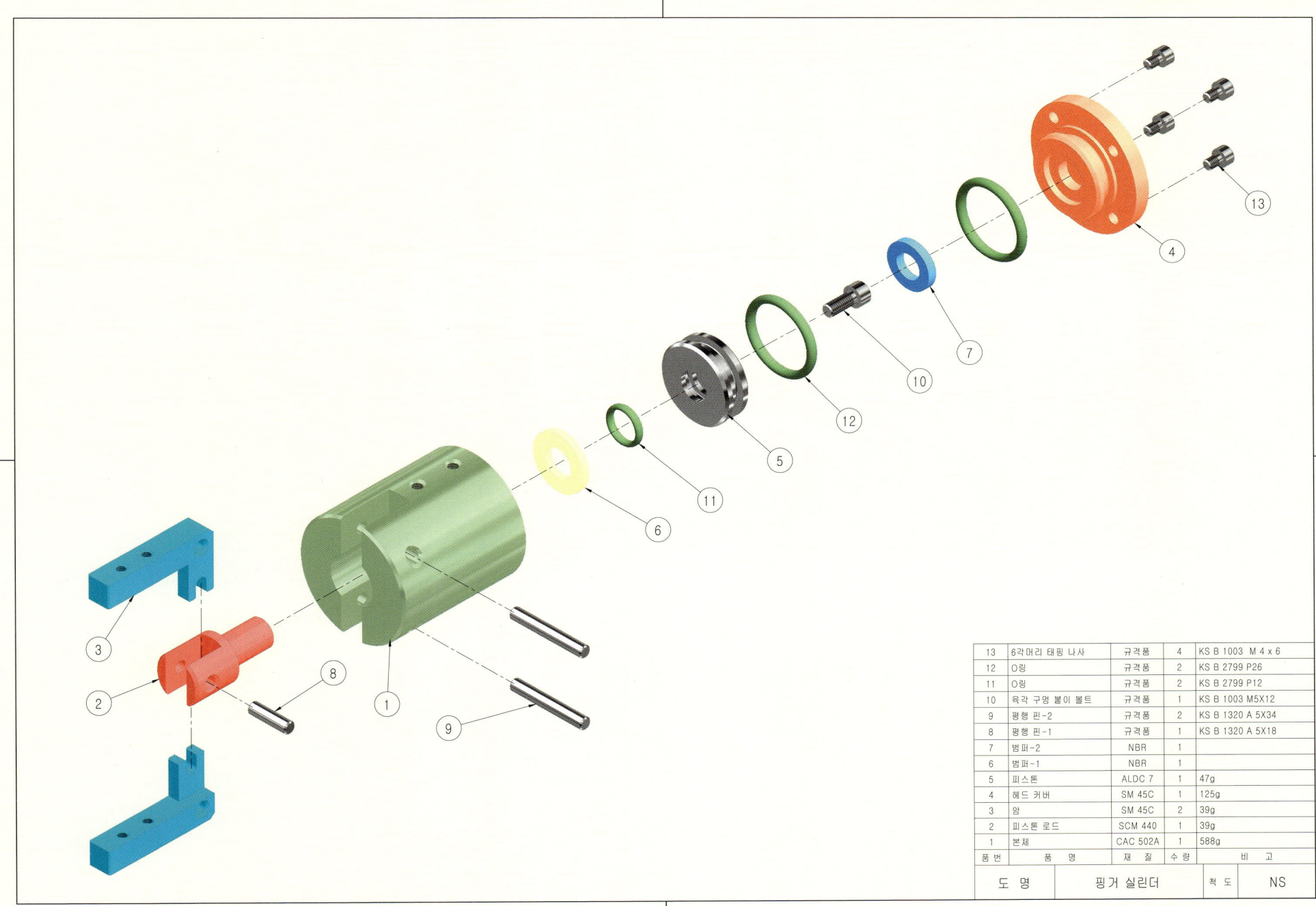

전산응용기계제도기능사 실기 출제도면집

PART

08

여러 가지 기계요소의 형상과 적용 예

SECTION 01 볼트 및 자리파기의 3D 형상과 적용 예

 스폿페이싱

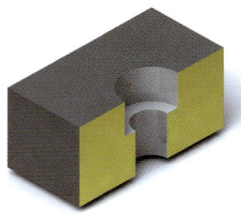 카운터보링

 카운터싱킹

 드릴 구멍

 리머 구멍

 접시자리파기

 6각 볼트

 6각 구멍붙이 볼트

 6각 구멍붙이 멈춤나사

 홈붙이 나사

 6각 구멍붙이 접시머리 볼트

 홈붙이 숄더 볼트

 T홈용 4각 볼트

 블랜지붙이 6각 볼트

 나비볼트 1종

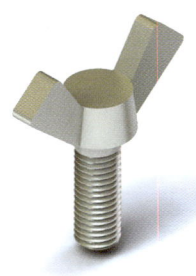 나비볼트 2종

 나비볼트 3종

 아이볼트

클램프 고정구

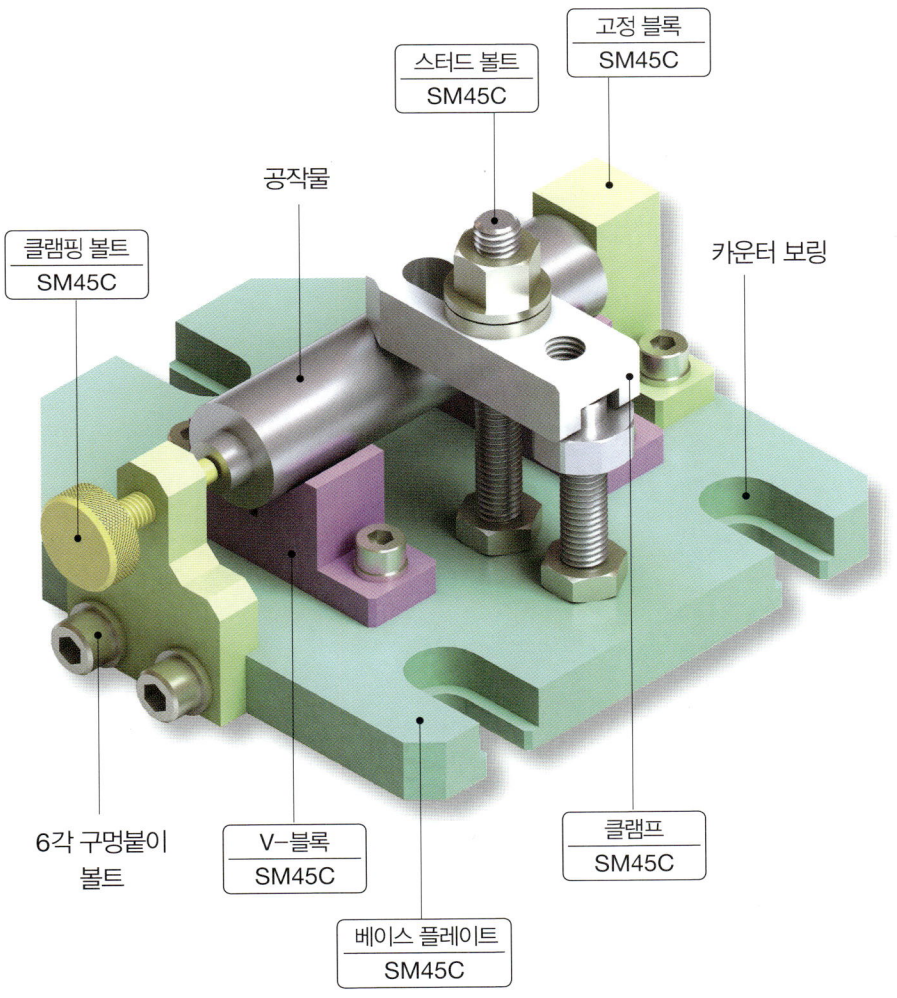

동력전달장치

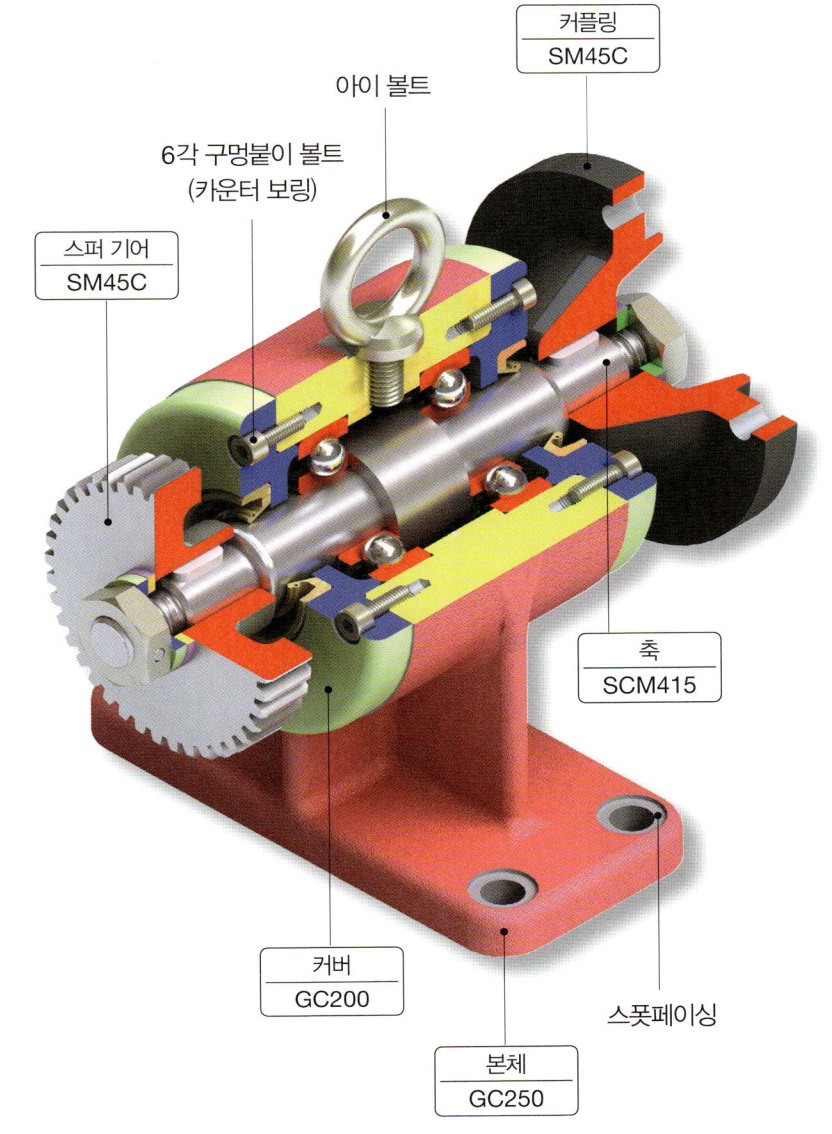

SECTION 02 너트의 3D 형상과 적용 예

6각 너트 1종

6각 너트 2종

6각 너트 3종

T홈 너트

4각 너트

나비 너트 1종

플랜지붙이 6각 너트

로크 너트

멈춤쇠 사용 로크 너트

아이 너트

6각 캡 너트

용접 너트

copyright ⓒ2010-2019 메카피아

동력전달장치

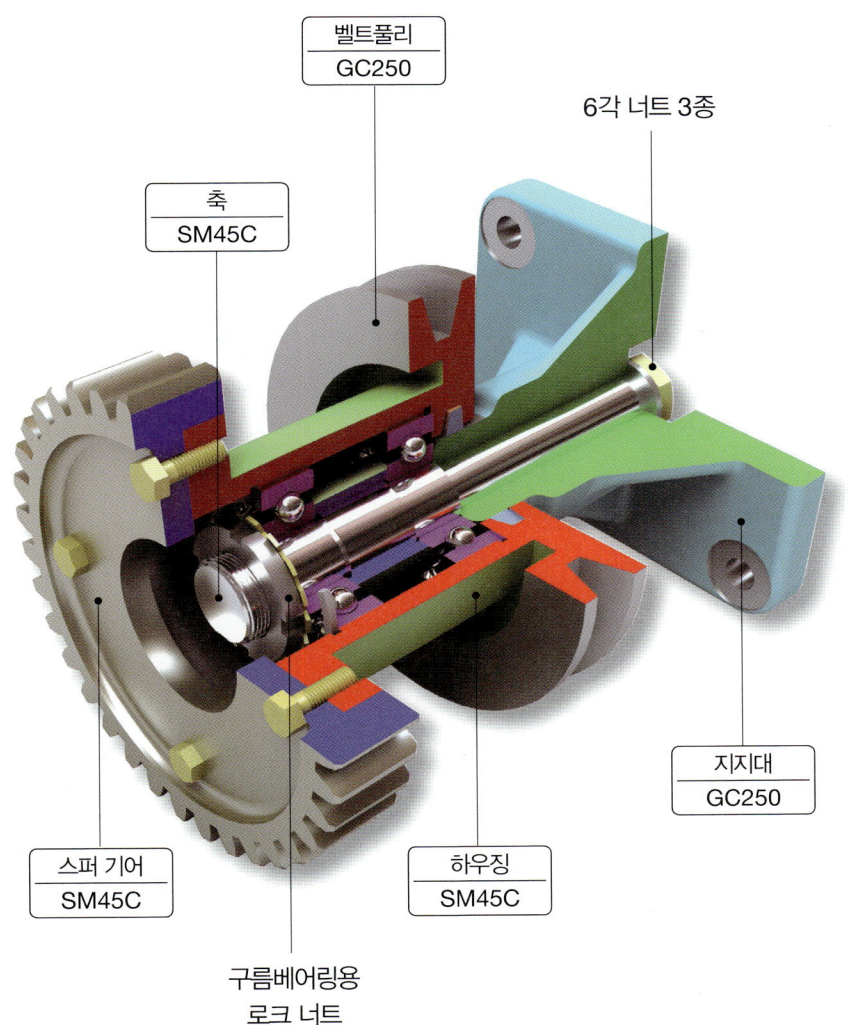

동력전달장치

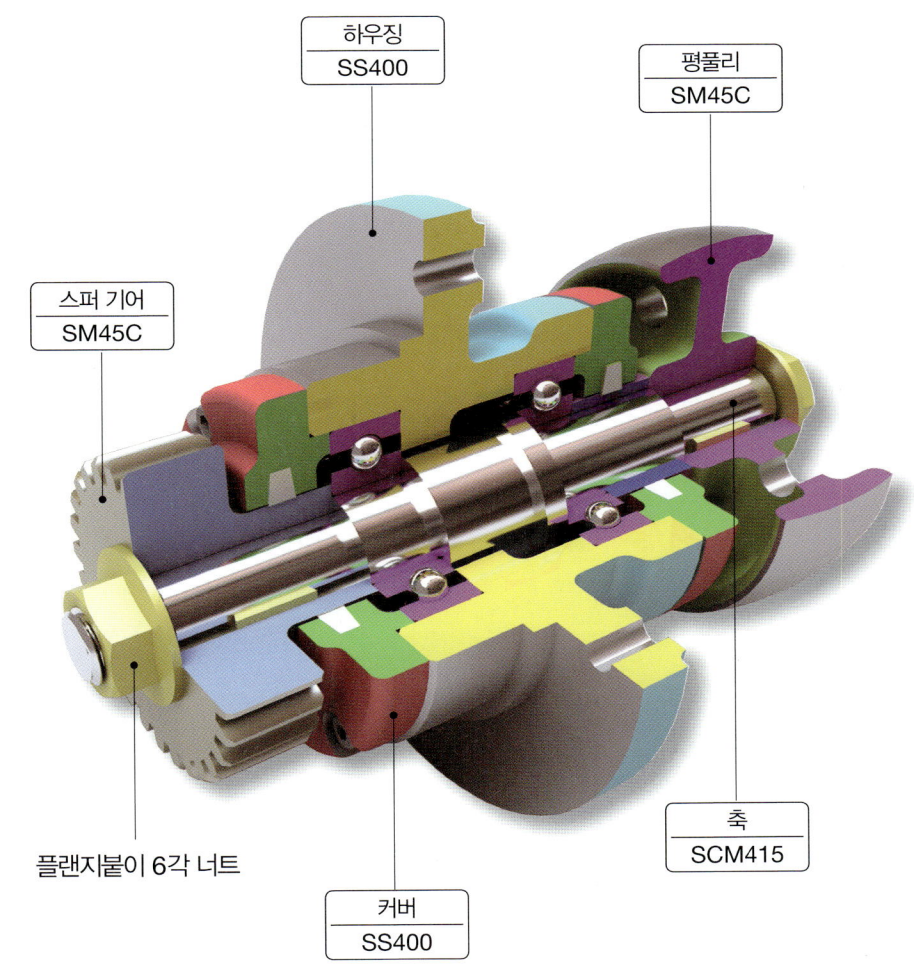

PART 8 여러 가지 기계요소의 형상과 적용 예

SECTION 03 와셔의 3D 형상과 적용 예

평와셔(광택 원형)

평와셔(보통 원형)

4각 평와셔

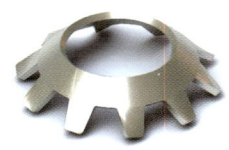
이붙이 와셔(접시형 C)

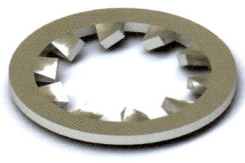
이붙이 와셔(내치형)

이붙이 와셔(외치형)

스프링 와셔

접시 스프링 와셔(1종)

접시 스프링 와셔(2종)

웨이브 와셔

구름베어링용 A형 와셔

플렛 와셔

동력전달장치

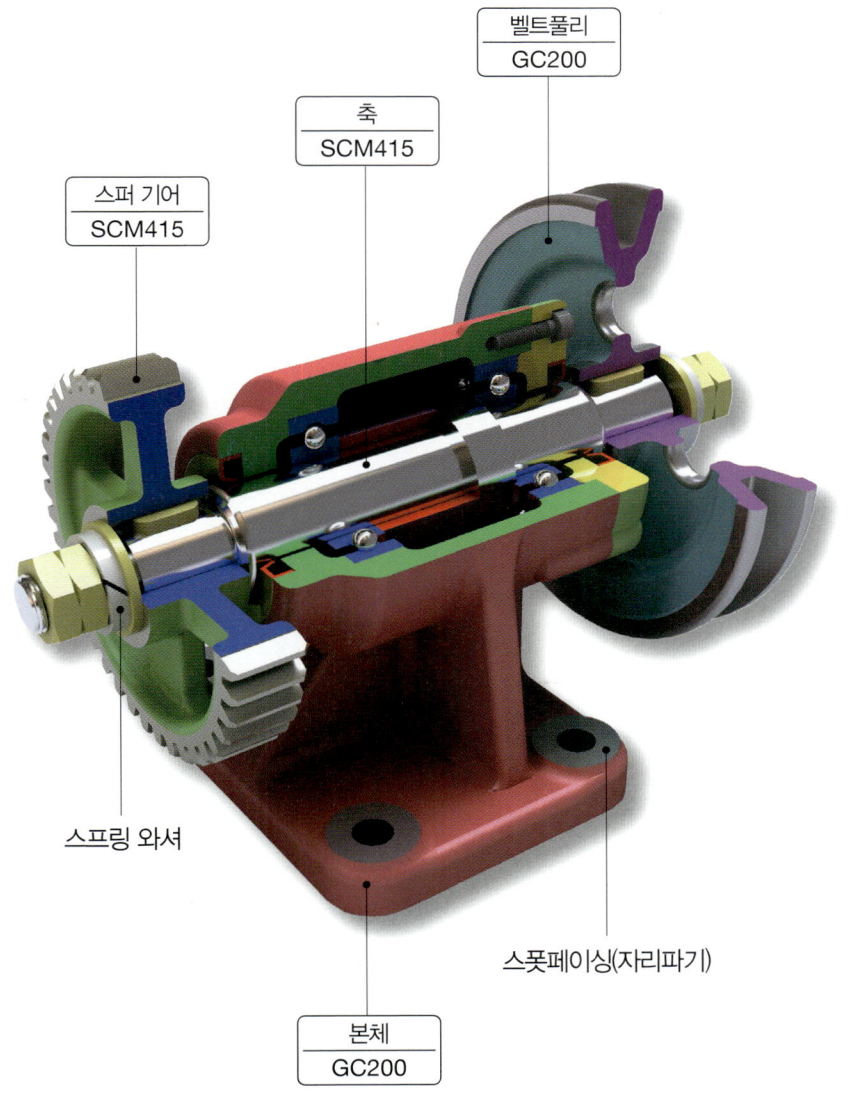

V-벨트 & 기어 전동장치

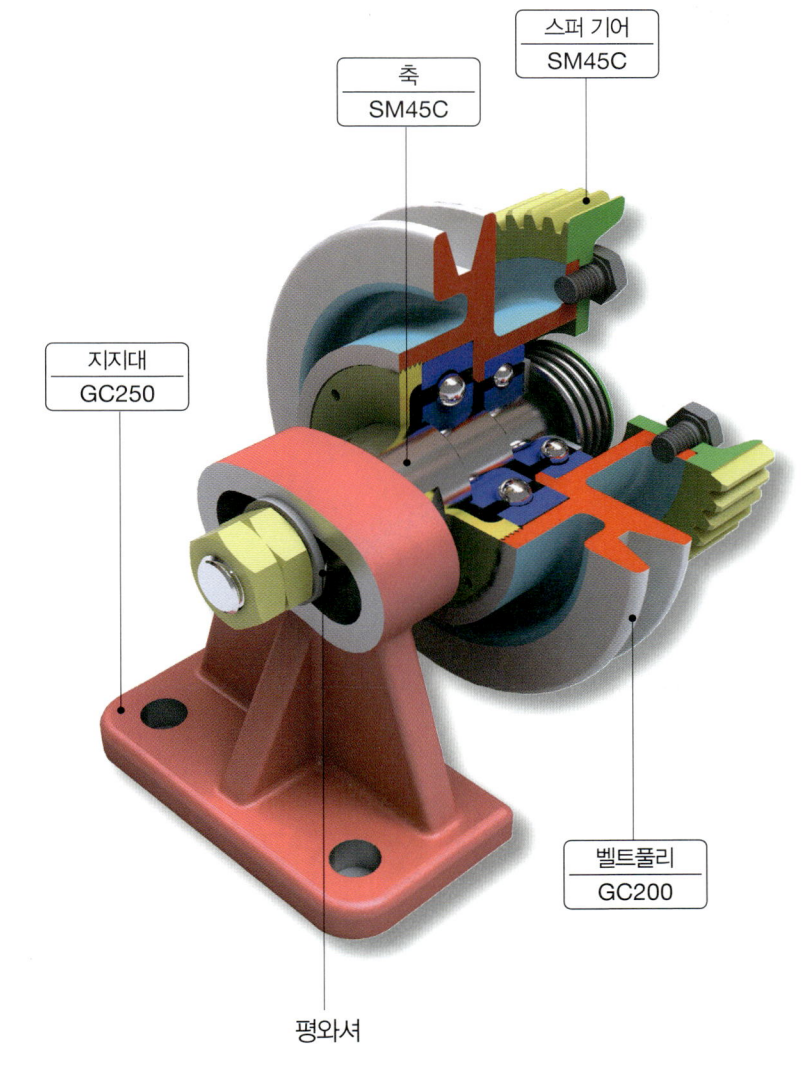

SECTION 04 - 멈춤링의 3D 형상과 적용 예

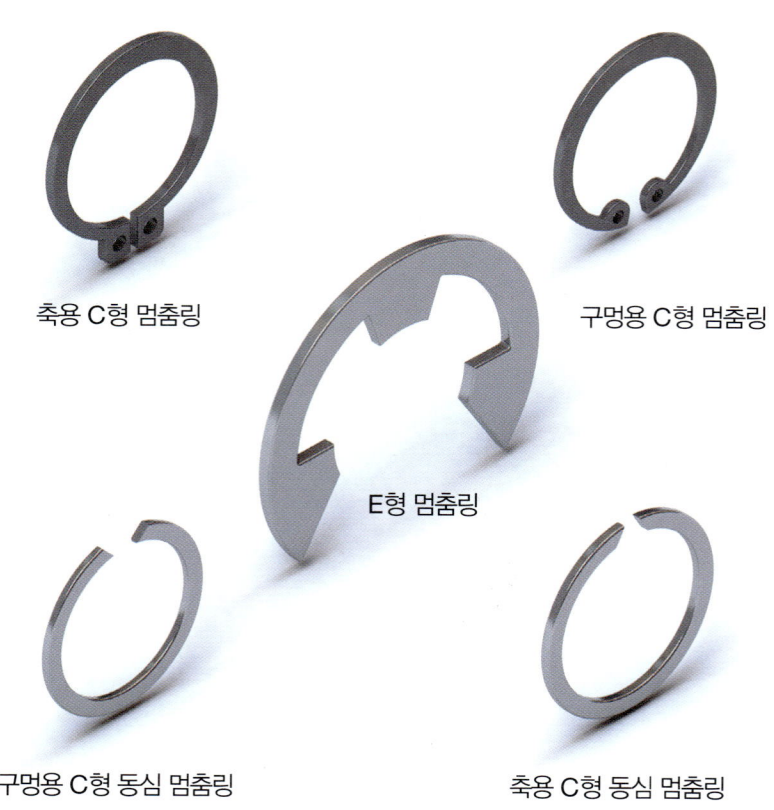

축용 C형 멈춤링

구멍용 C형 멈춤링

E형 멈춤링

구멍용 C형 동심 멈춤링

축용 C형 동심 멈춤링

캠레버 클램프

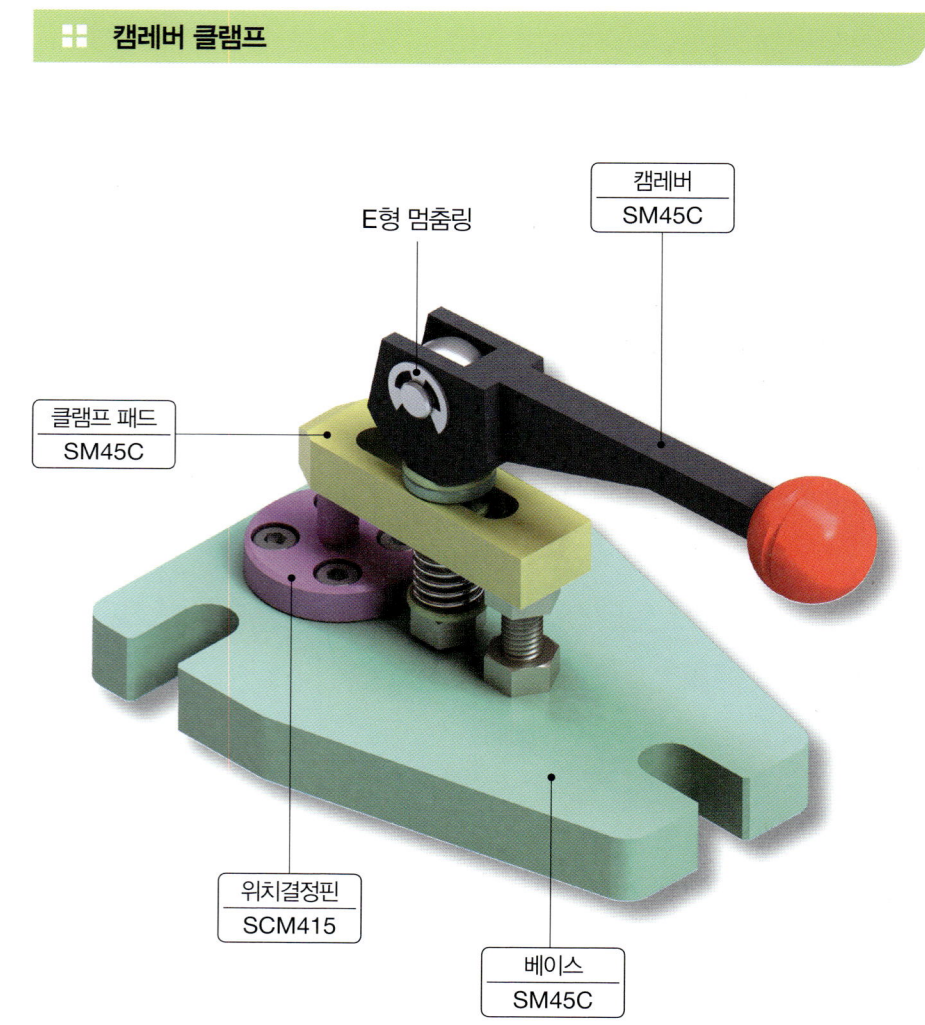

- 캠레버 / SM45C
- E형 멈춤링
- 클램프 패드 / SM45C
- 위치결정핀 / SCM415
- 베이스 / SM45C

편심구동장치

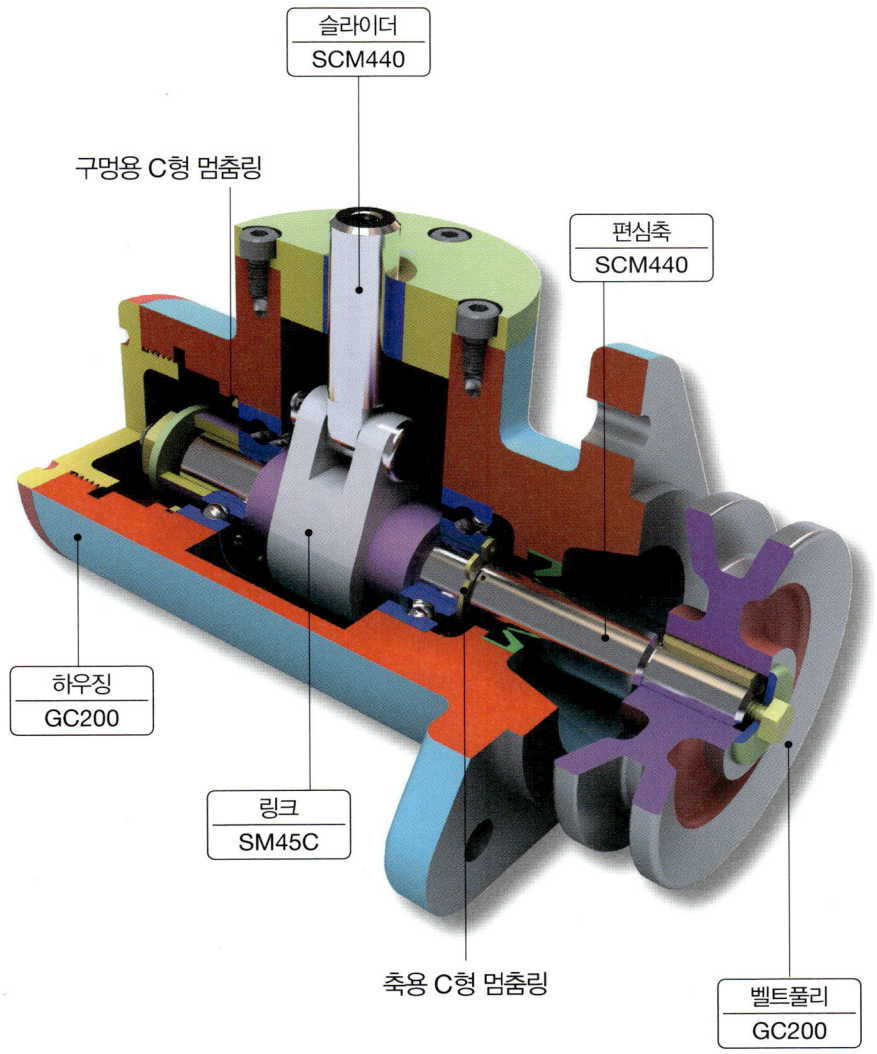

에어척

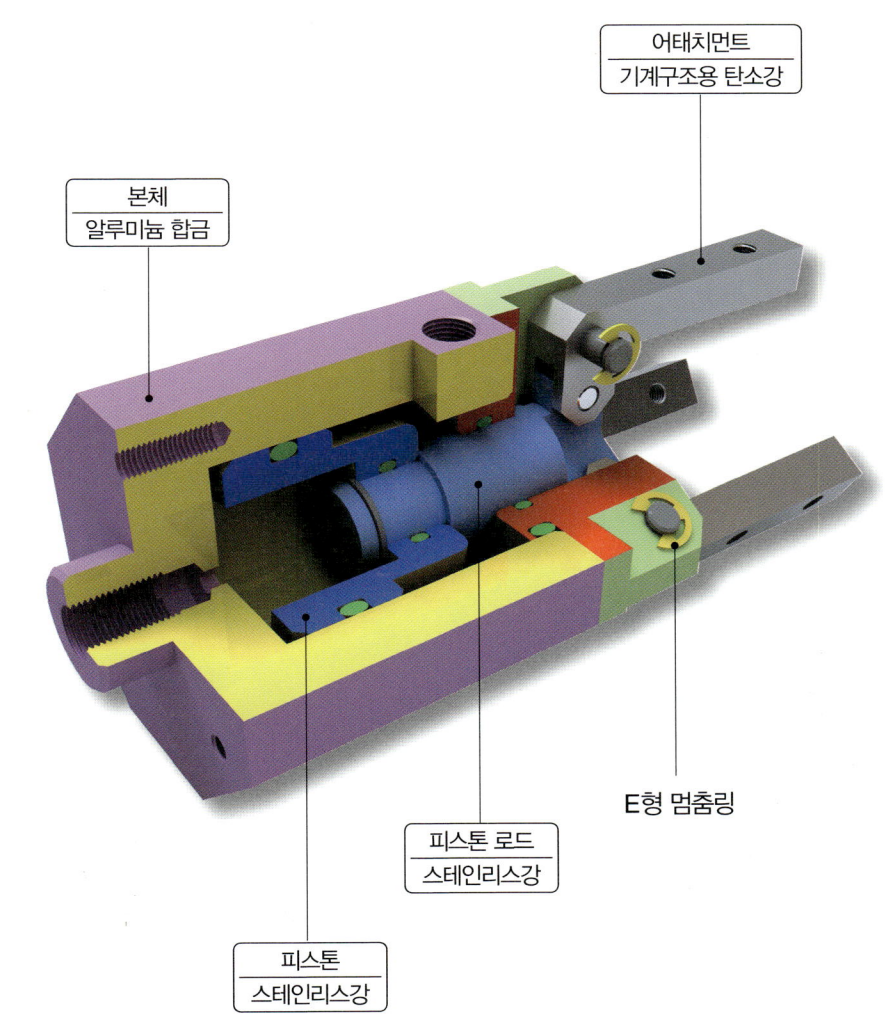

SECTION 05 오링 및 오일실의 3D 형상과 적용 예

바이어스킷 백업링   스파이럴 백업링   엔드리스 백업링

운동용 및 고정용 오링

여러가지 오링

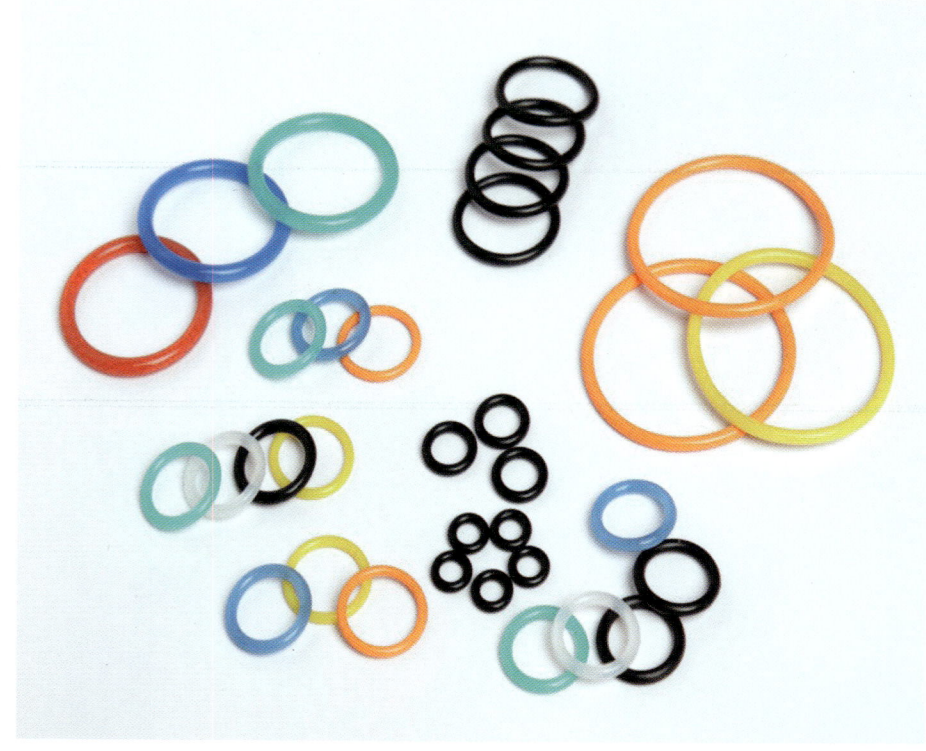

유압 스윙 클램프

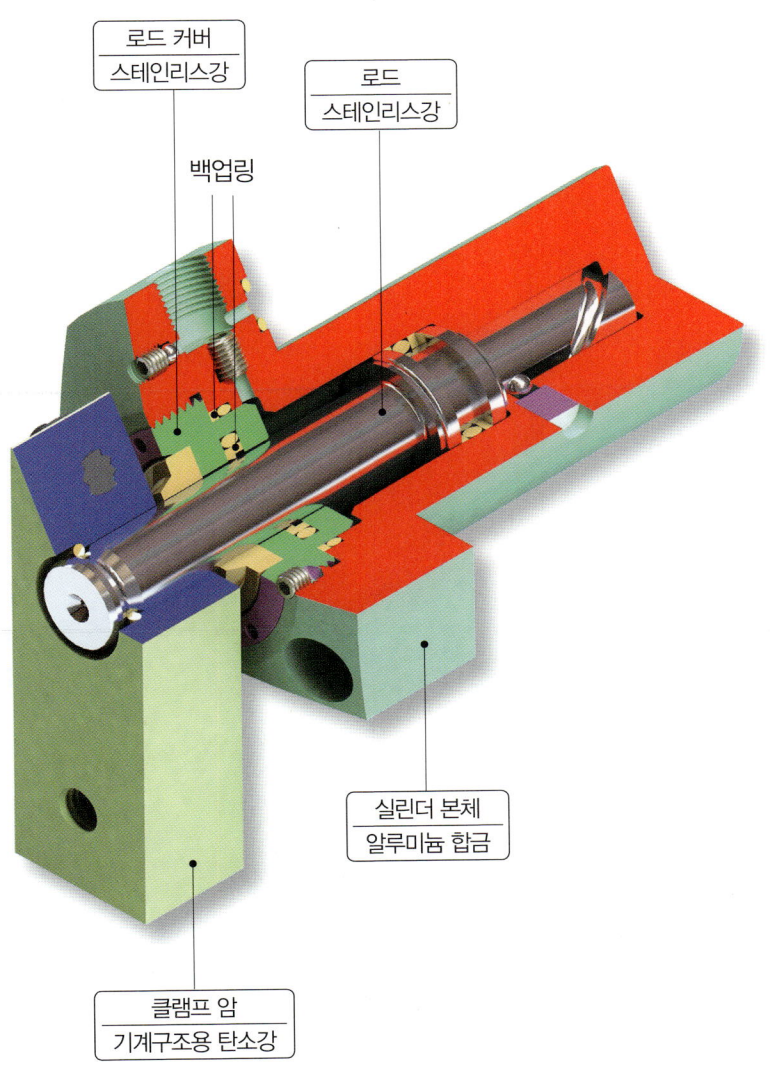

유압 실린더

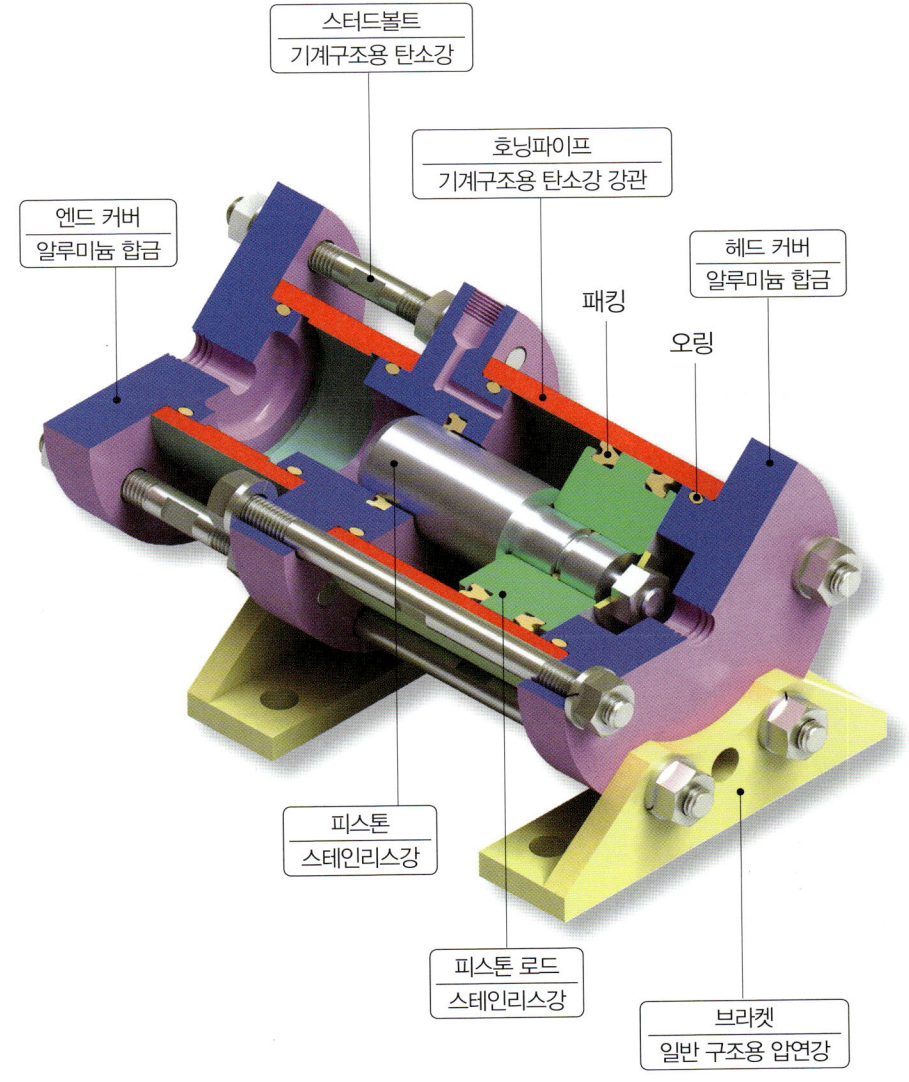

SECTION 06 키홈 및 키의 3D 형상과 적용 예

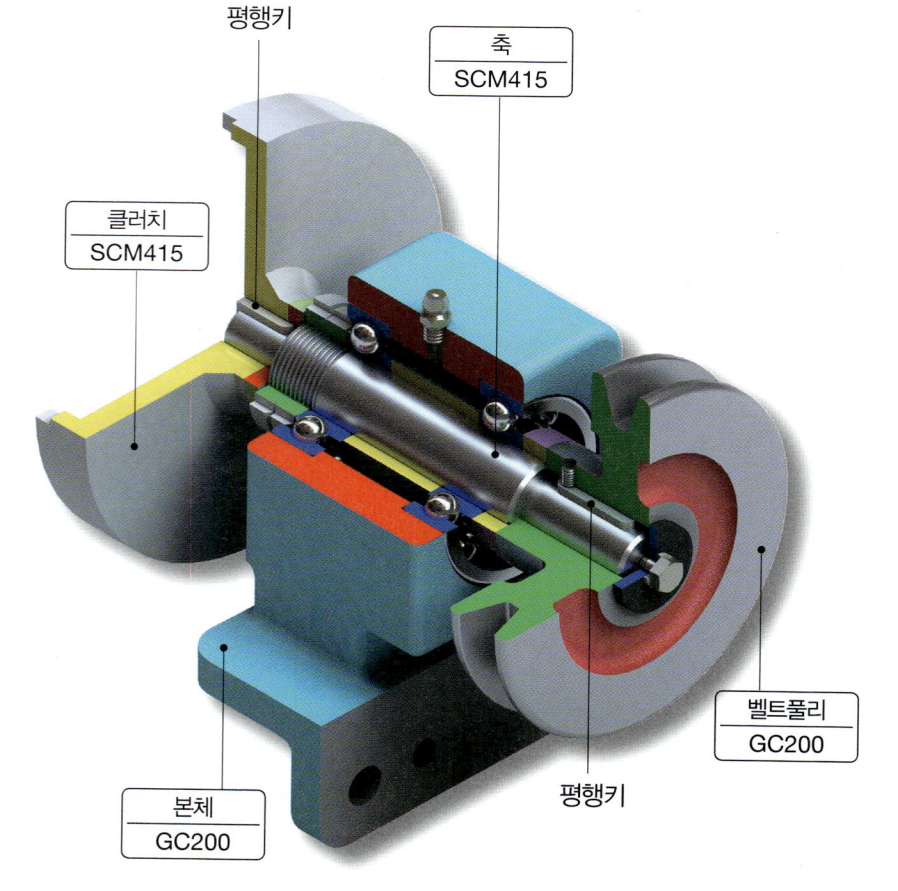

클로우 클러치

전동장치

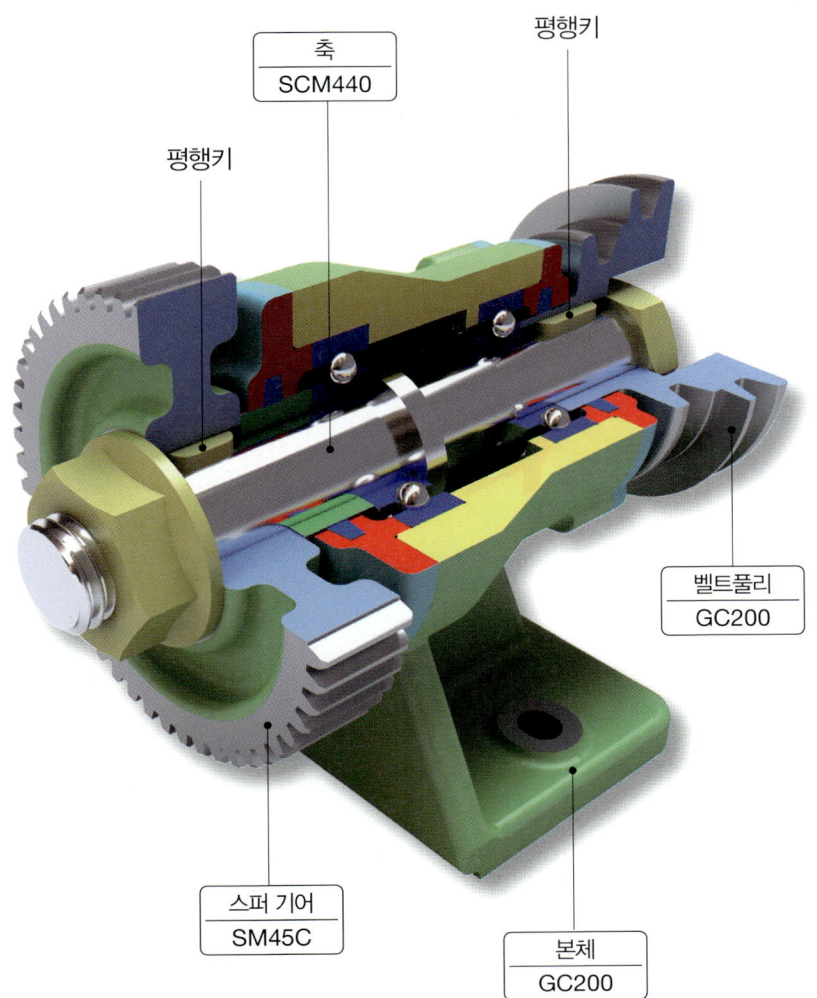

평벨트 전동장치 분해도

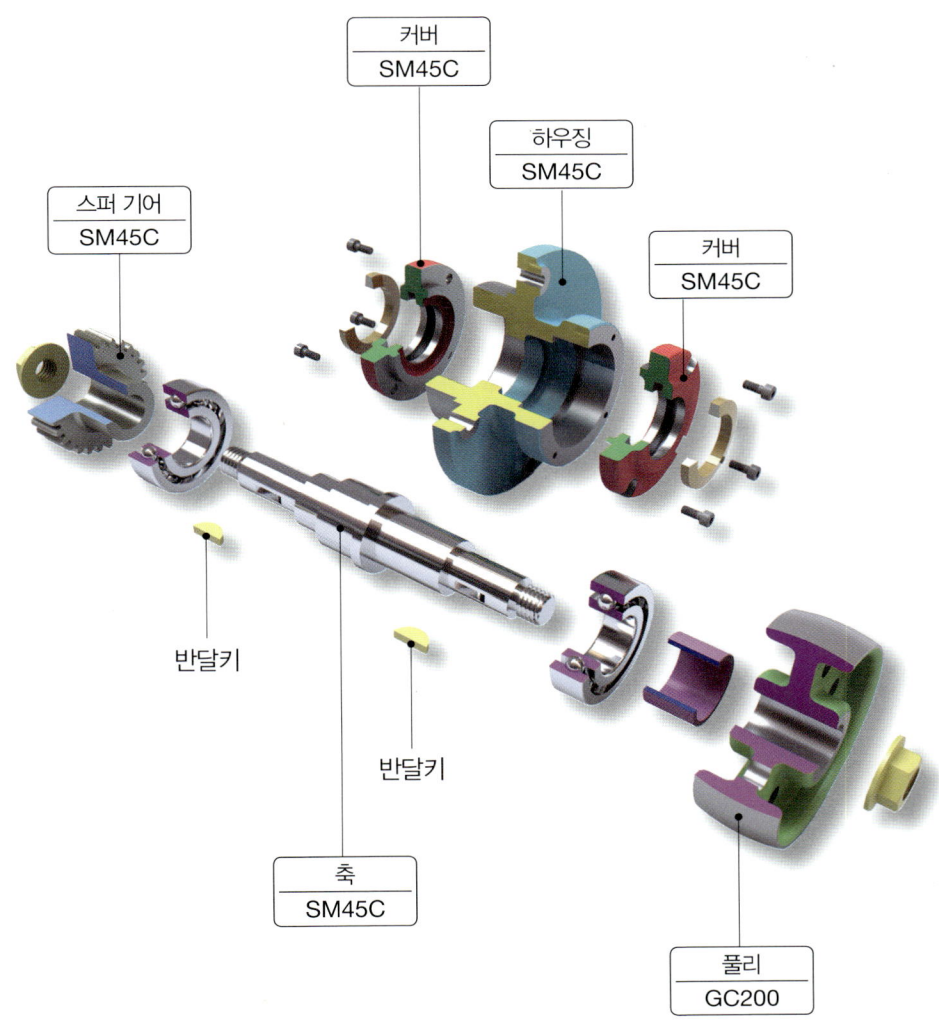

SECTION 07 기어의 3D 형상과 적용 예

- 이중 헬리켈 기어
- 내접 기어
- 래크
- 헬리켈 기어
- 스퍼 기어
- 나사 기어
- 웜휠
- 스파이럴 베벨 기어
- 직선 베벨 기어
- 하이포이드 기어

세그먼트 기어

- 회전 플레이트 SM45C
- 스퍼 기어 SCM415
- 지지대 SM45C

copyright ⓒ 2010-2019 메카피아

래크와 피니언

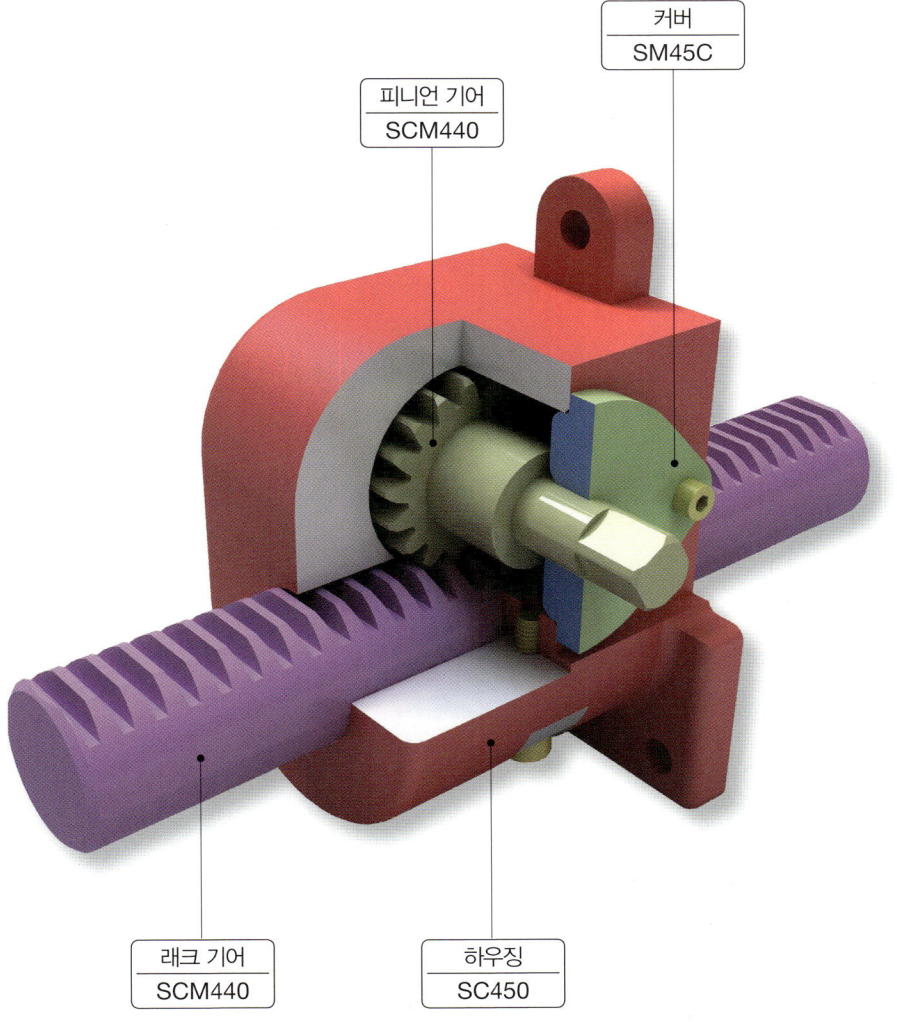

기어펌프 분해도

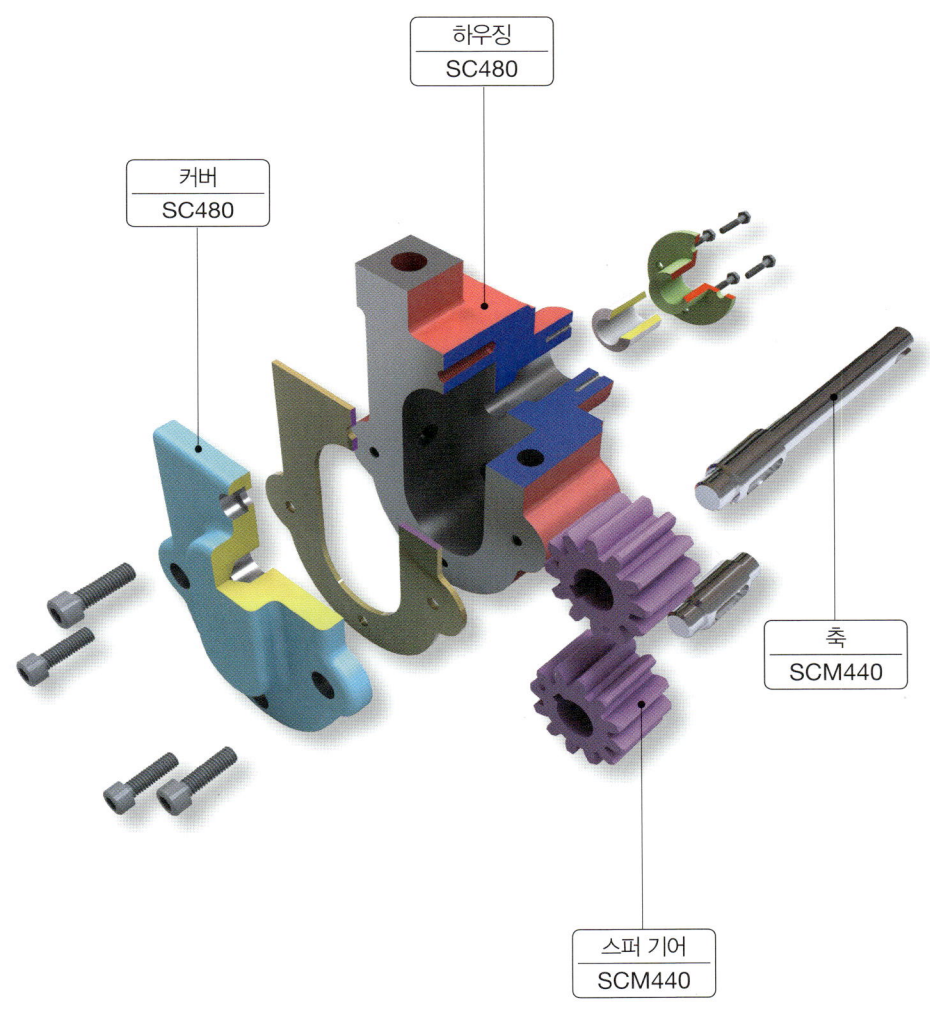

SECTION 08 — 더브테일 및 T-홈의 3D 형상과 적용 예

밀링 T-홈 가공

T-홈

더브테일(DOVE TAIL)

더브테일 클램프

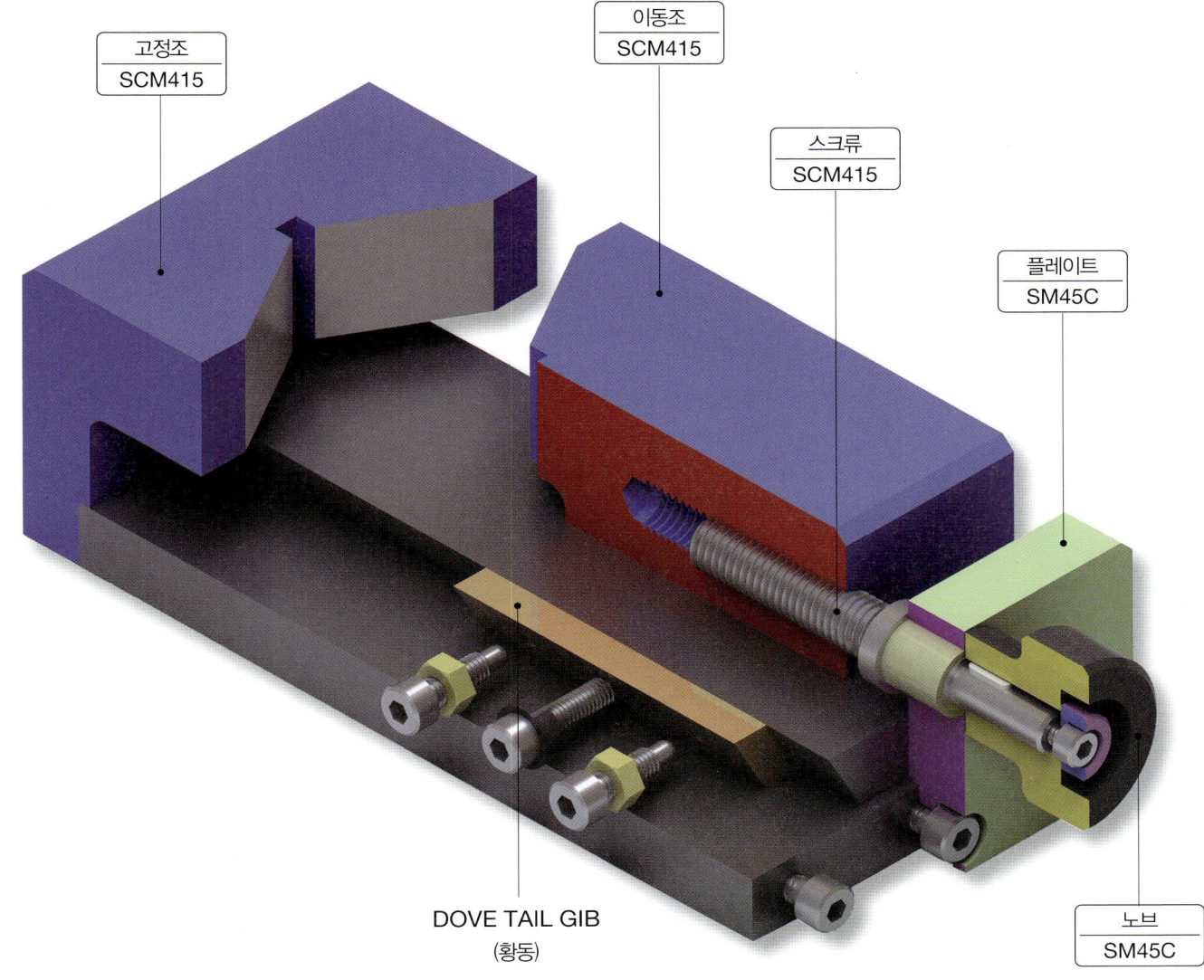

PART 8 여러 가지 기계요소의 형상과 적용 예

SECTION 09 치공구 요소의 3D 형상과 적용 예

열쇠형 와셔   분할 와셔   칼라없는 고정부시   칼라있는 고정부시

지그용 멈춤나사   지그용 멈춤쇠   지그용 6각 너트   평면자리붙이용 지그용 너트   구면자리붙이용 지그용 너트

노치형 삽입 부시   노치형 부시   구면와셔(A)   구면와셔(B)

커넥팅로드 고정구

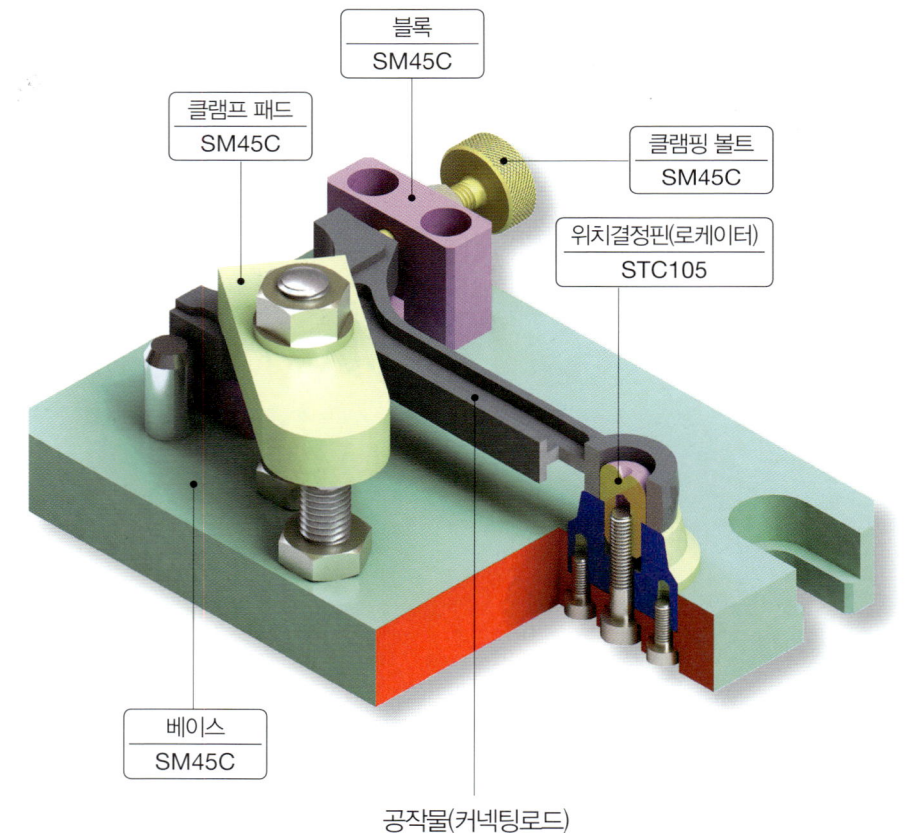

- 블록 SM45C
- 클램프 패드 SM45C
- 클램핑 볼트 SM45C
- 위치결정판(로케이터) STC105
- 베이스 SM45C
- 공작물(커넥팅로드)

copyright ⓒ 2010-2019 메카피아

드릴지그

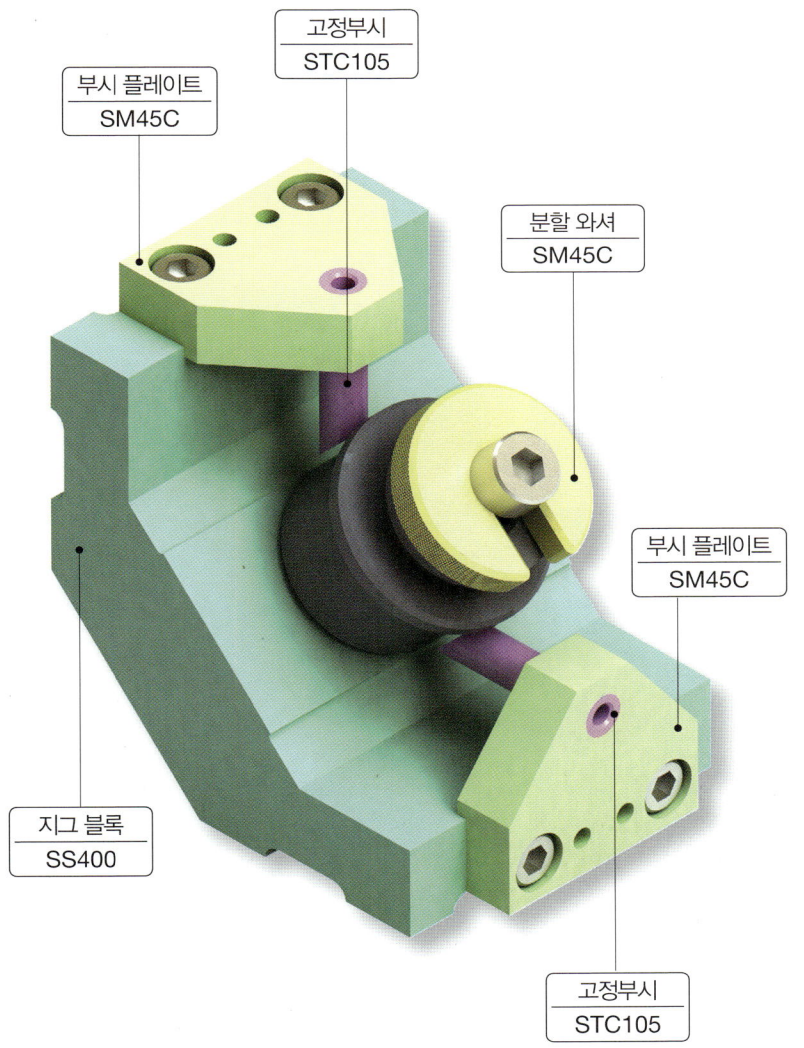

드릴지그 단면도

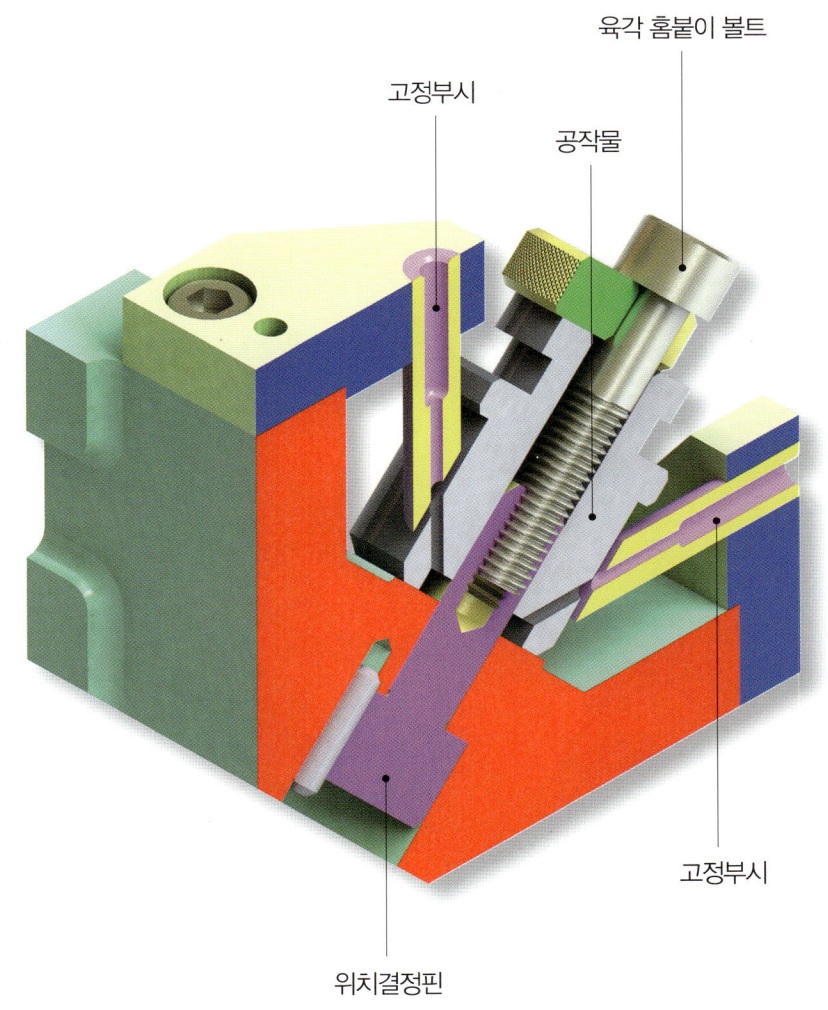

SECTION 10 스프로킷의 3D 형상과 적용 예

■ 체인 스프로킷 키트

단열 스프로킷

한쪽 보스 스프로킷

양쪽 보스 스프로킷

복열 스프로킷

더블 피치 롤러 체인

체인

스프로킷

컨베이어 롤러 스프로킷

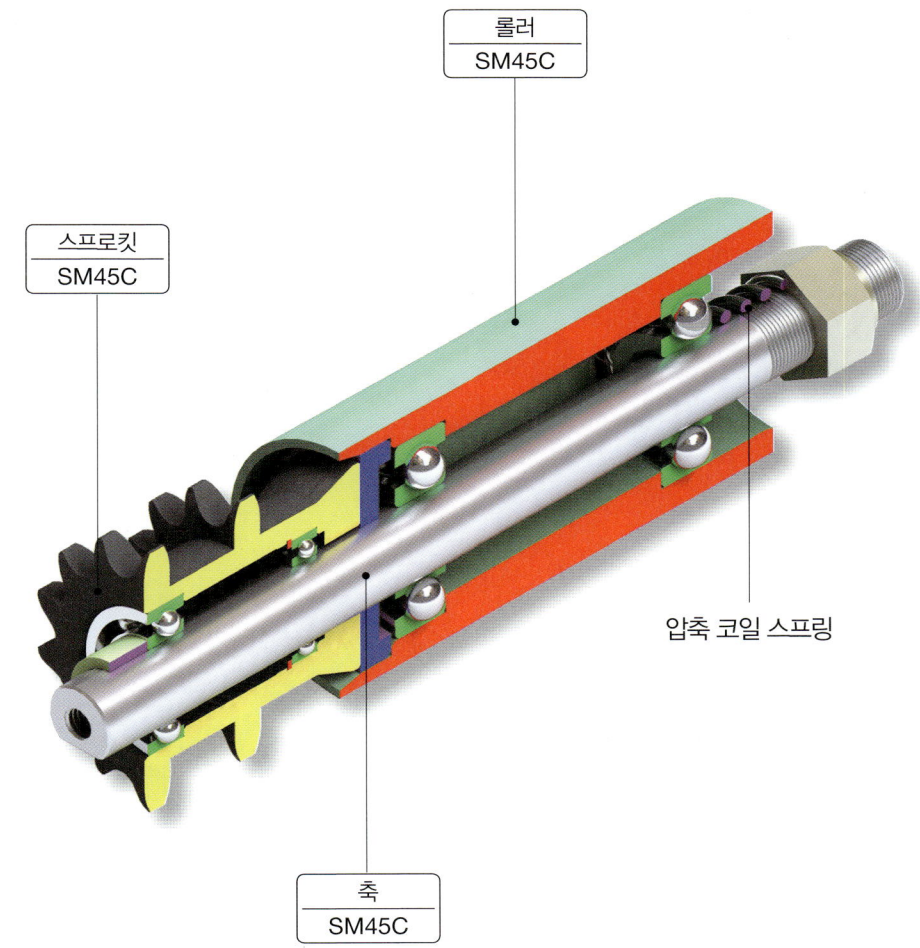

롤러
SM45C

스프로킷
SM45C

축
SM45C

압축 코일 스프링

SECTION 11 스프링의 3D 형상과 적용 예

인장 코일 스프링

압축 코일 스프링

접시 스프링

각 스프링

벌류트 스프링

이중 코일 스프링

비틀림 코일 스프링

호닝헤드

호닝(honing) 가공이란 보링 또는 연삭기 등으로 내면 연삭한 것을 진원도, 진직도 및 표면 조도를 향상시키기 위해 숫돌을 장착한 호닝헤드라는 공구를 가공면에 접촉시킨 후 회전운동과 왕복운동을 주어 거울면과 같이 정밀하게 다듬질하는 가공법을 말한다.

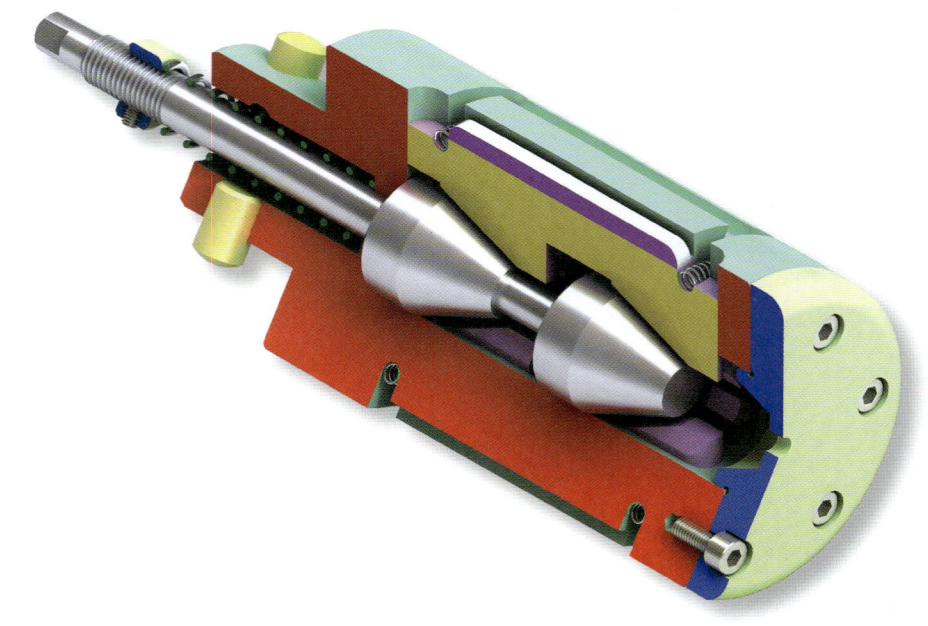

copyright©2010-2019 메카피아

단동 에어척

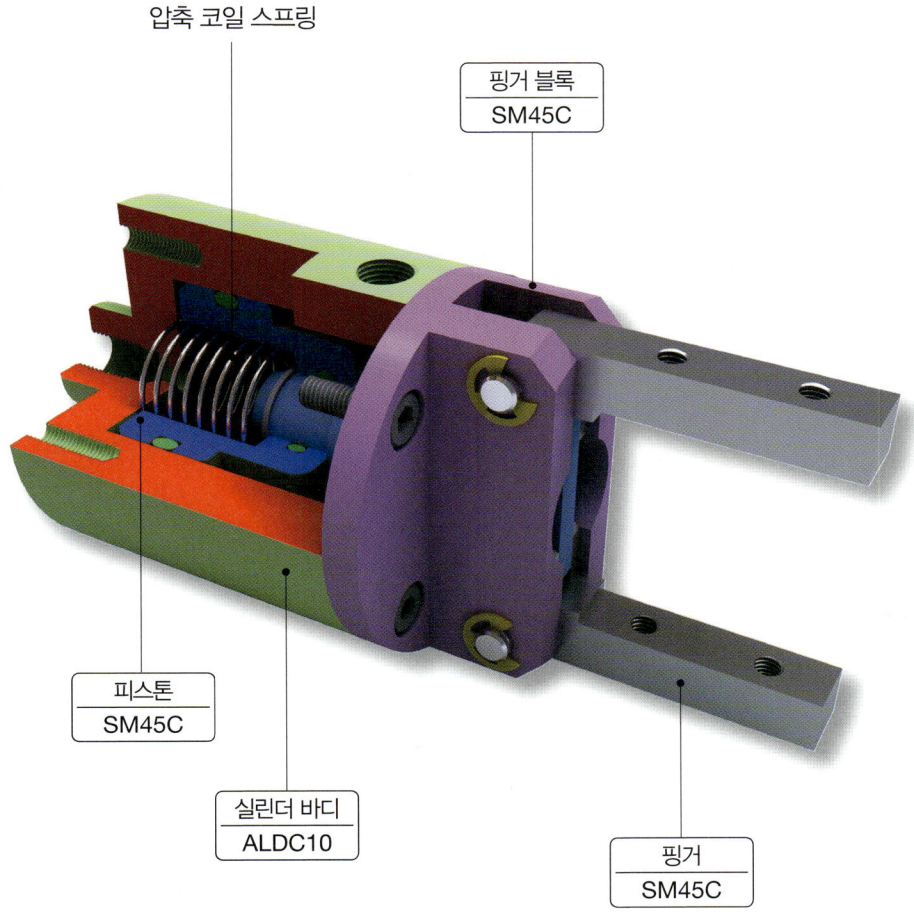

클램프

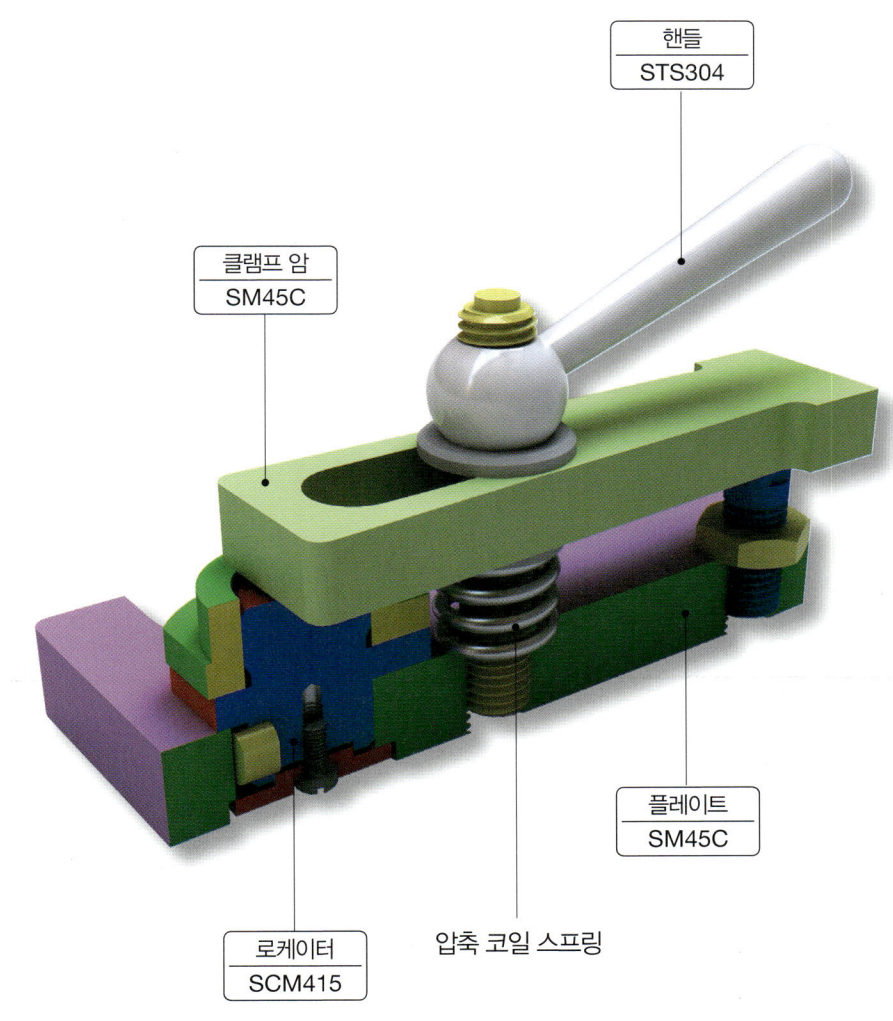

SECTION 12 핀의 3D 형상과 적용 예

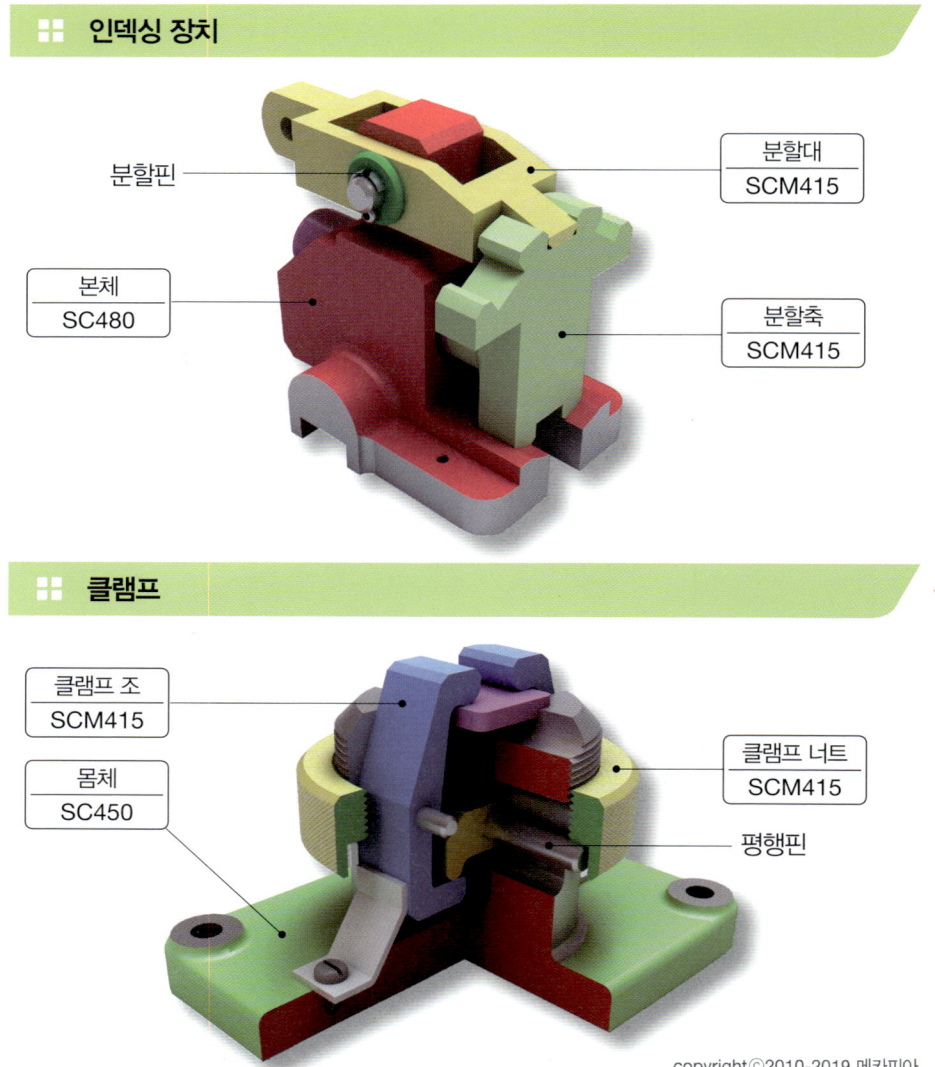

클러치레버

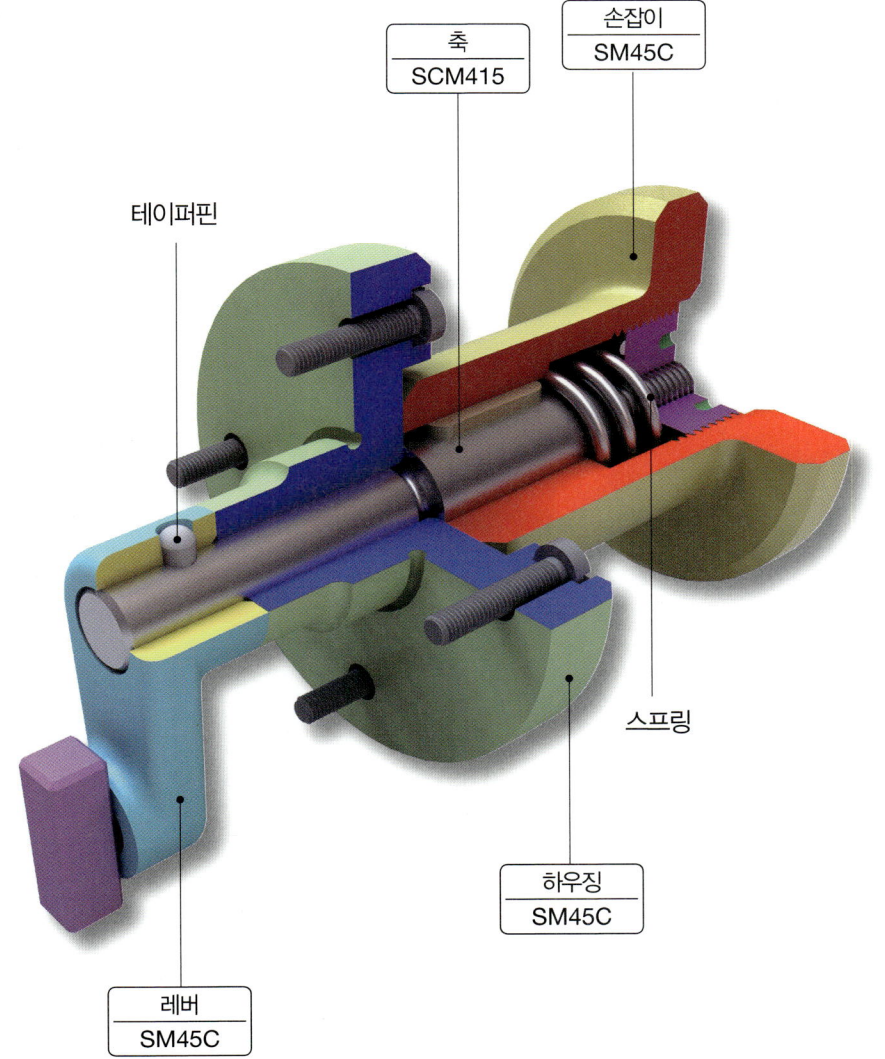

드릴지그

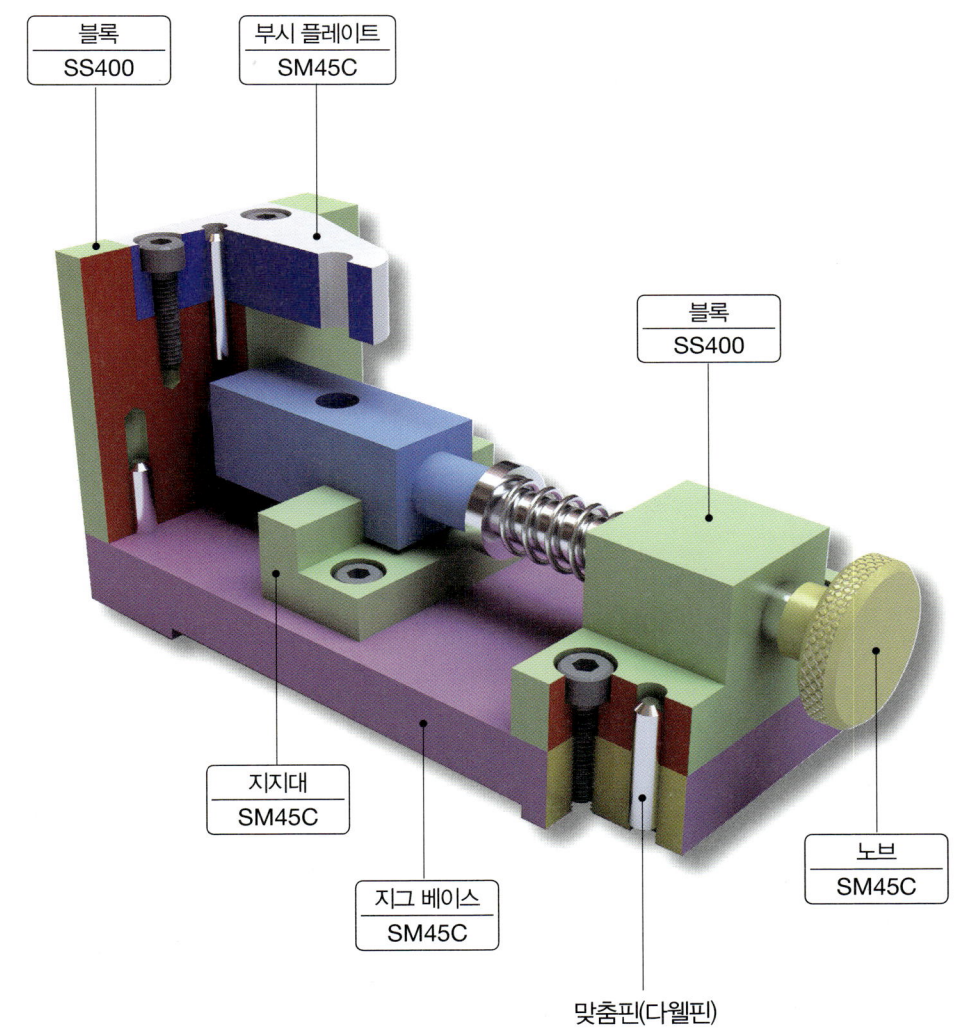

SECTION 13 · 베어링의 3D 형상과 적용 예

 원통형 소결함유 베어링

 플랜지붙이 원통형 소결함유 베어링

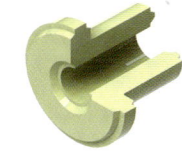 구면형 소결함유 베어링

 미끄럼 베어링용 부시(C형)

 원통 롤러 베어링 형 L칼라

 멈춤쇠

 깊은 홈 볼 베어링

 자동조심 볼 베어링

 앵귤러 볼 베어링

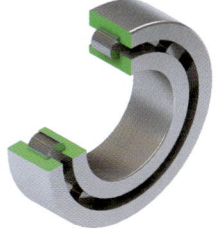 원통 롤러 베어링

 테이퍼 롤러 베어링

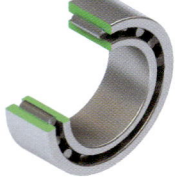 니들 롤러 베어링

 자동조심 롤러 베어링

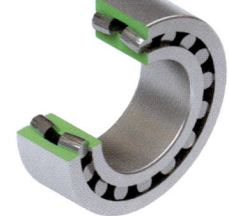 자동조심 롤러 베어링

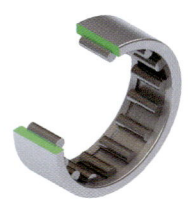 니들 롤러 베어링

 평면자리 스러스트 볼 베어링(복식)

 평면자리 스러스트 볼 베어링(단식)

 자동조심 스러스트 롤러 베어링

copyright ⓒ 2010-2019 메카피아

헤드센터

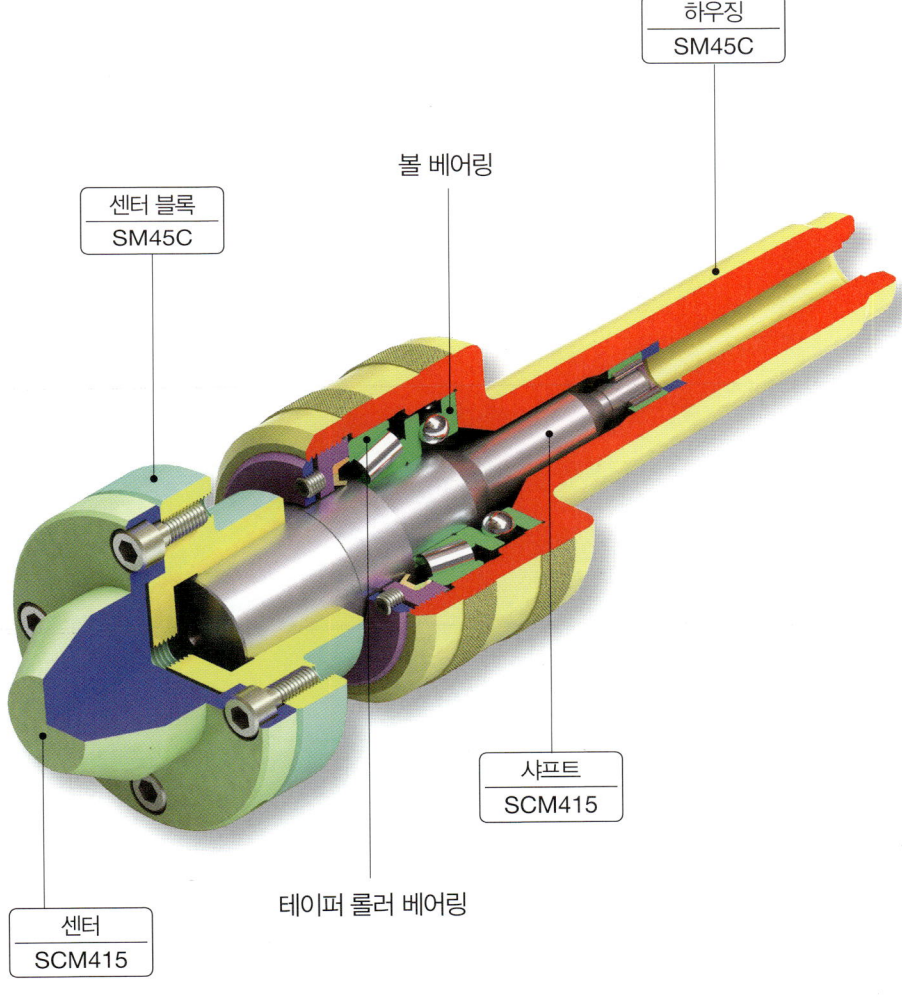

베어링 구동장치

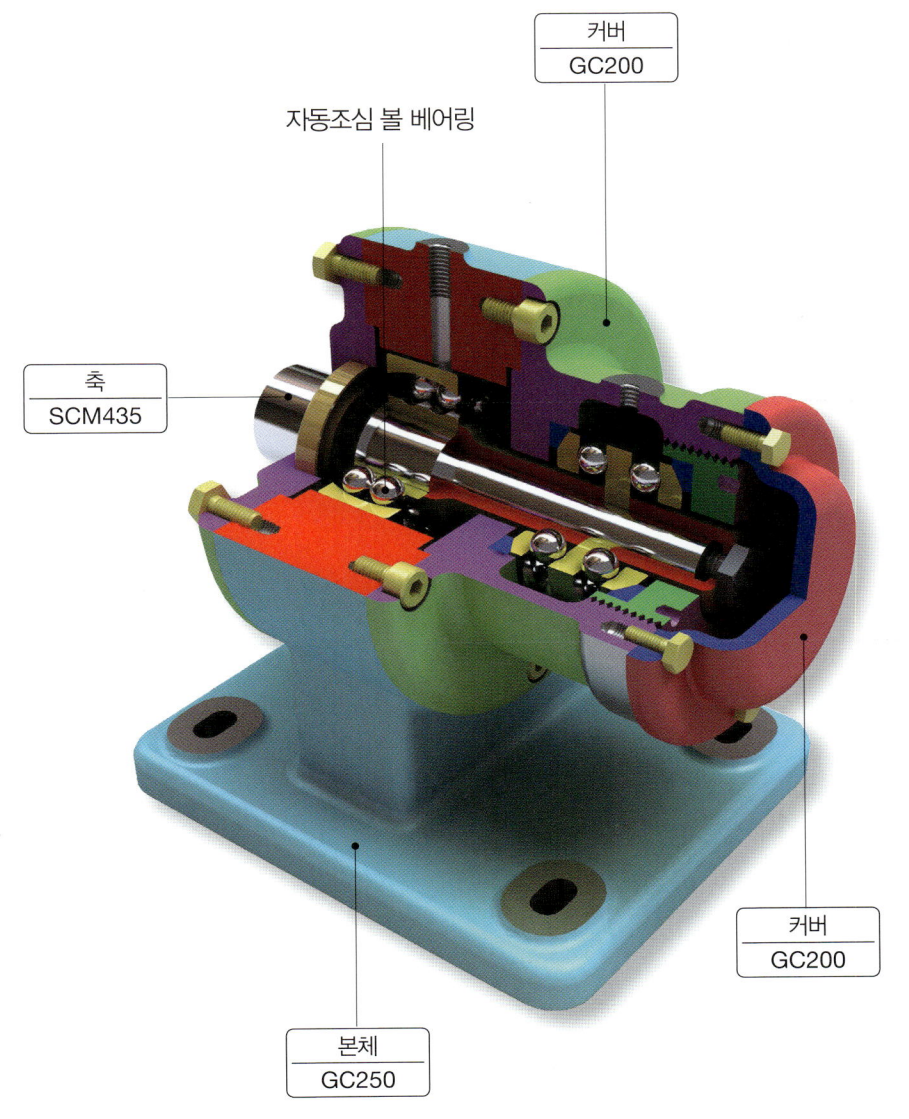

SECTION 14 풀리의 3D 형상과 적용 예

편심구동장치

- 아이볼트 / SS400
- 축 / SM45C
- V-벨트풀리 / GC200
- 본체 / GC200

동력전달장치

- V-벨트풀리 / GC200
- 축 / SM45C
- 체인 스프로킷 / SM45C
- 본체 / GC200

체인 스프로킷

평벨트 & 기어 전동장치

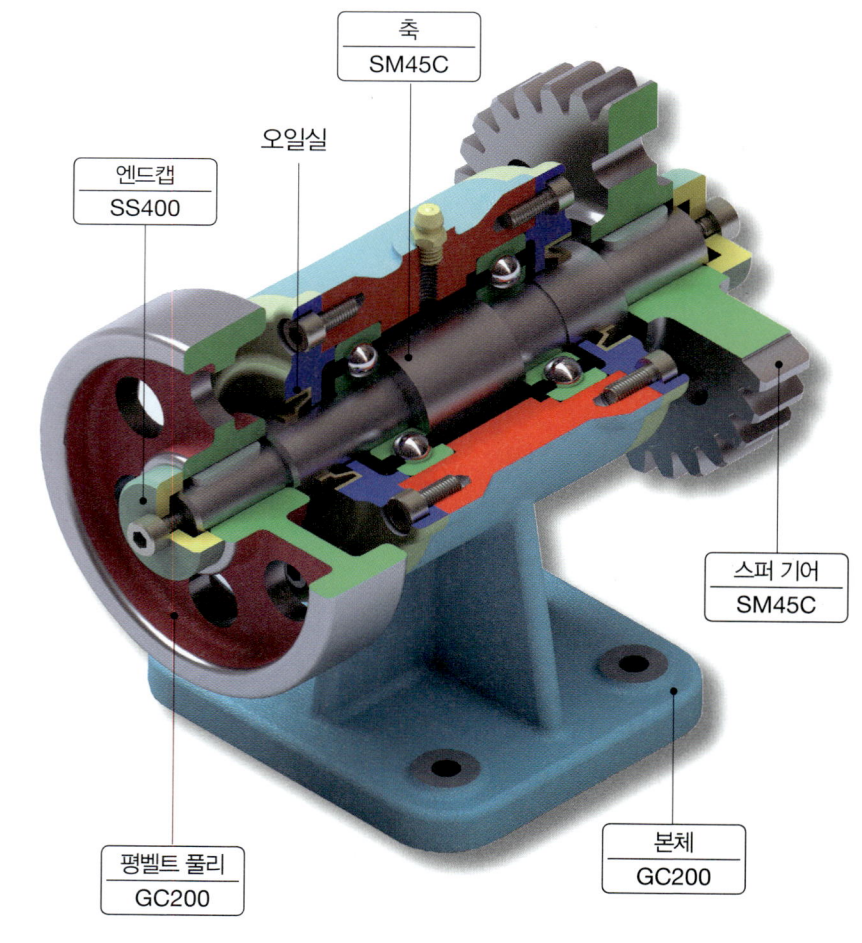

- 축 / SM45C
- 오일실
- 엔드캡 / SS400
- 스퍼 기어 / SM45C
- 평벨트 풀리 / GC200
- 본체 / GC200

copyright©2010-2019 메카피아

스퍼기어 & V-벨트 전동장치

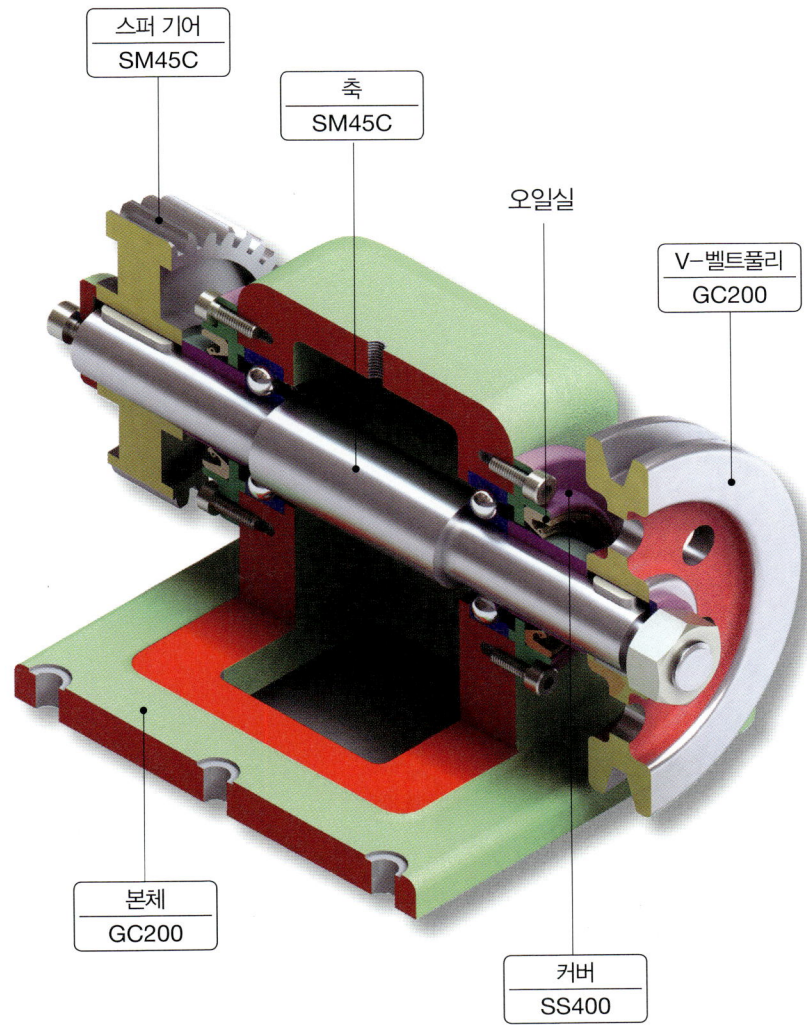

드릴링 스핀들

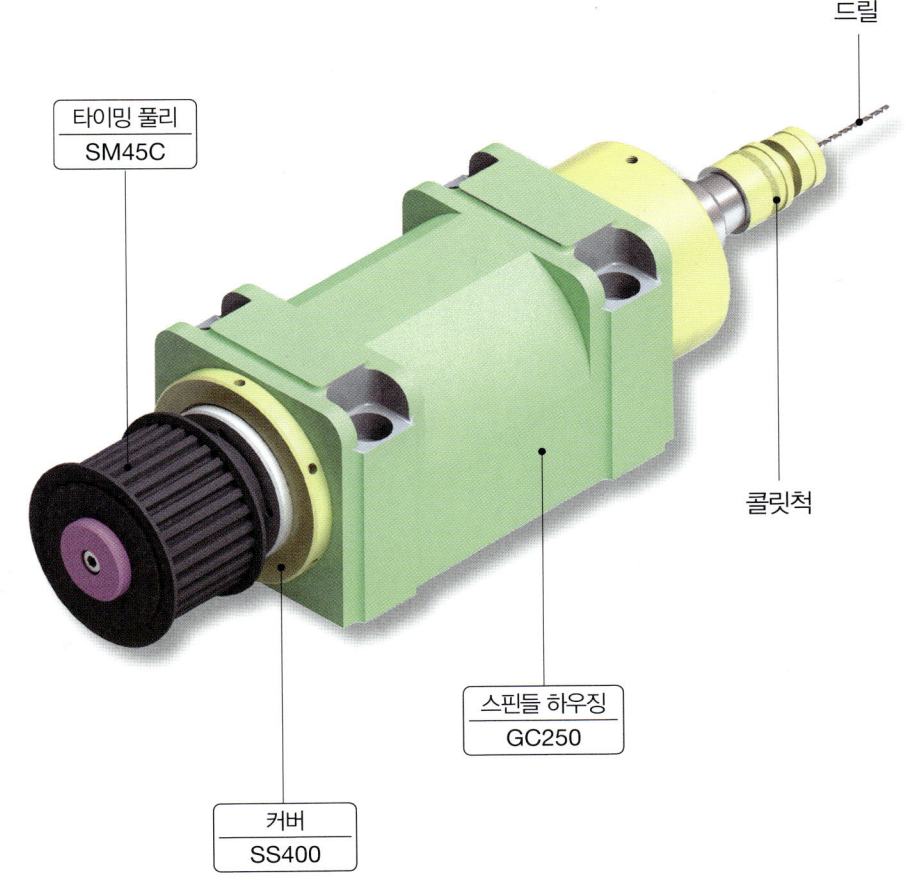

SECTION 15 · 사다리꼴 나사의 3D 형상과 적용 예

이송 장치

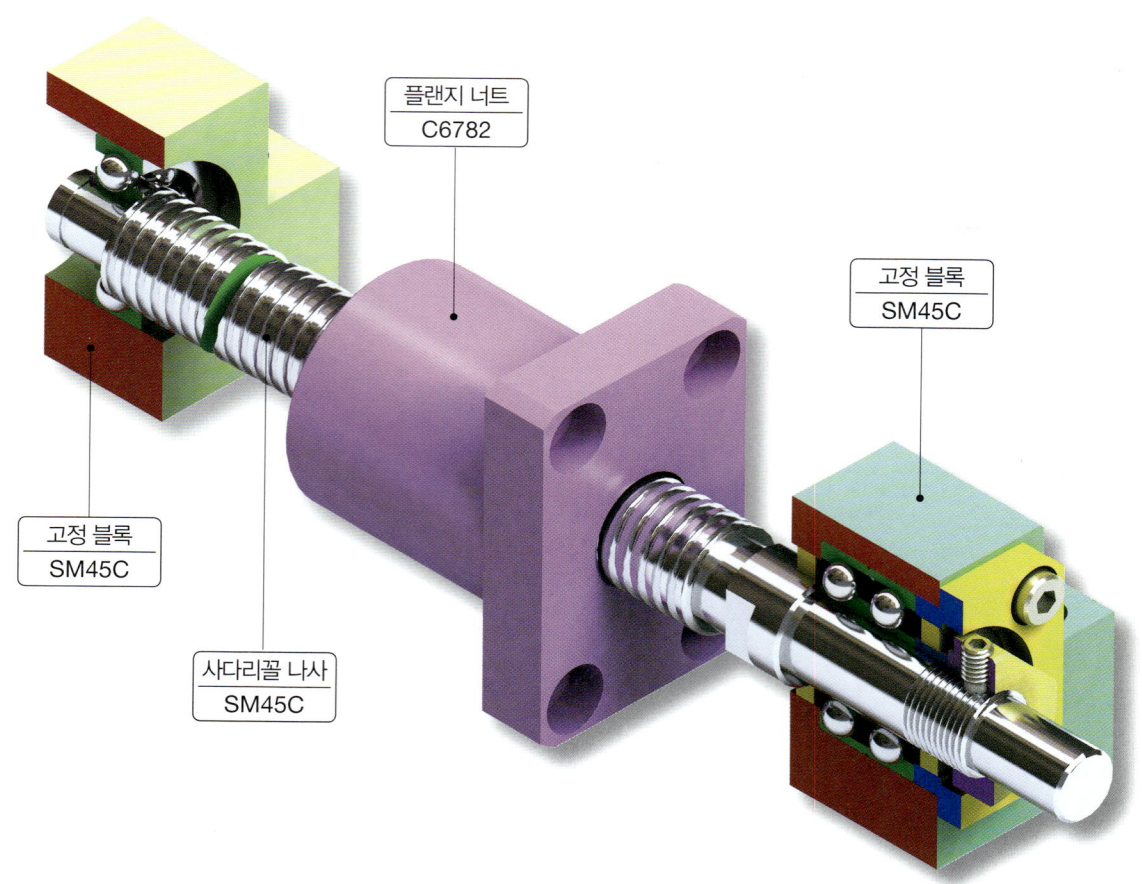

클램프 장치

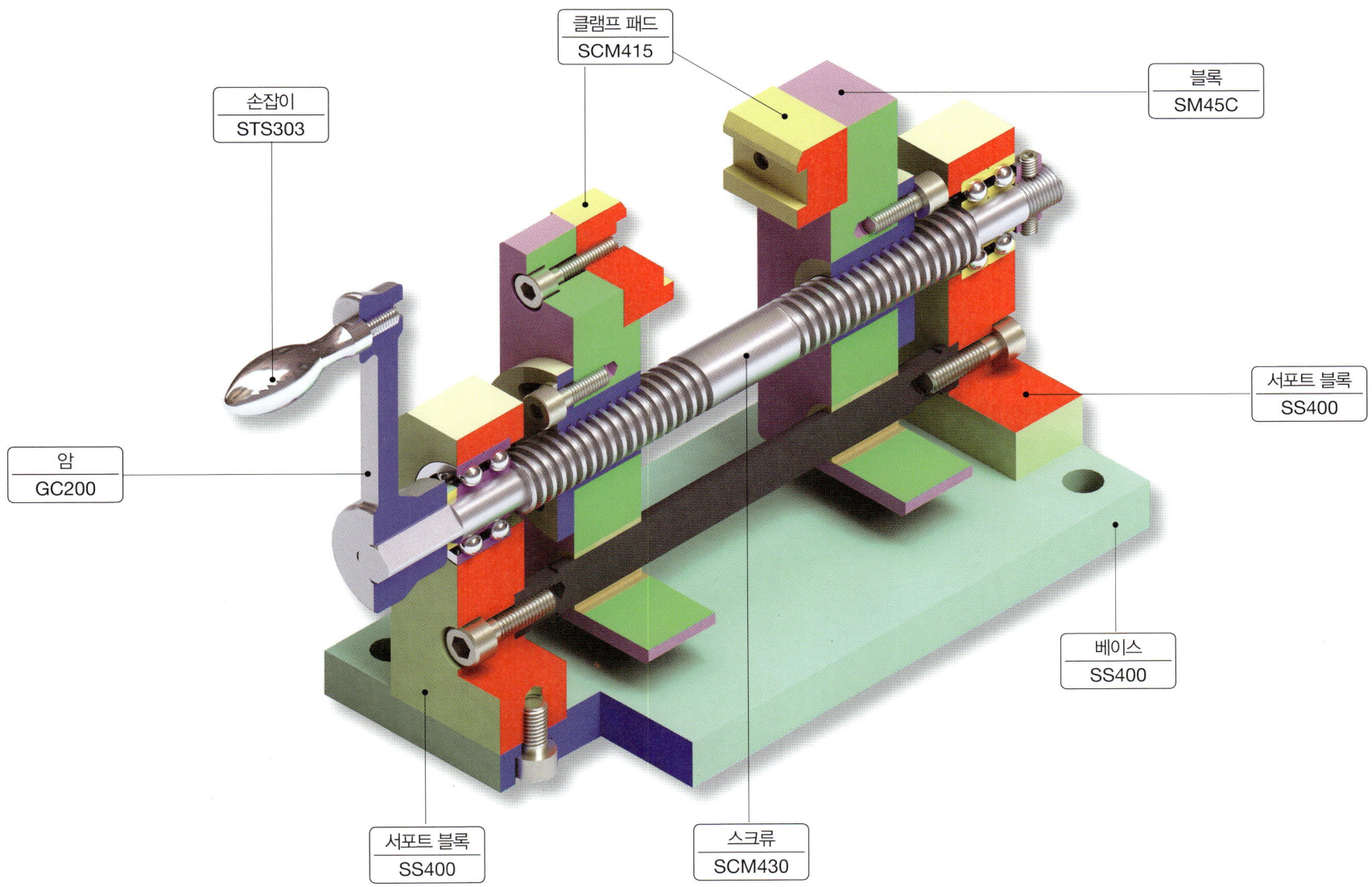

SECTION 16 재질 및 열처리 선정법

01 부품의 형상으로 알아보는 재질 및 열처리 선정법

도면 예제를 통하여 부품들의 형상을 보고 자주 사용되는 부품들의 재질 및 열처리를 선정하는 데 있어 참고가 될 수 있도록 정리하였다. 몇 가지 주요 부품에 적용하는 재질들을 이해하게 되면 조립도를 보고 재료를 선정하거나 재료에 따른 올바른 열처리를 지정할 때 고민하지 않아도 될 것이다.

1. 일반 구조용 압연 강재 [KS D 3503]

일반 구조용 압연강은 평강, 각재, 환봉, 강판, 형강 등으로 제작되어 **일반구조물**이나 **용접구조물**, **기계 프레임**, **브라켓류** 제작 등에 흔히 사용되는 강재로 현장에서는 SS41(구KS : SB41)이라는 JIS 구기호로 표기된 도면을 쉽게 접할 수 있으며, KS규격과 JIS규격에서는 현재 신기호인 **SS 400**으로 변경하여 규격화 되어 있다.

일반 구조용 압연 강재는 **가공성**과 **용접성**이 **양호**하여 일반 기계 부품 및 구조물에 폭 넓게 사용되고 있다. 용접성에 있어서 SS400은 판 두께가 50mm를 초과하지 않는 한 거의 문제되지 않으며, SS490 및 SS540은 용접하지 않는 곳에 사용한다. 판 두께가 50mm 이상인 경우 용접이 필요할 때는 SS400을 사용해서는 안 되며, 용접구조용 압연강재(SWS)를 사용한다.

■ 일반 구조용 압연 강재의 종류와 기호

종류의 기호		적용
KS 기호	종래 기호	
SS 330	SS 34	강판, 강대, 평강 및 봉강
SS 400	SS 41	강판, 강대, 평강 및 봉강 및 형강
SS 490	SS 50	
SS 540 SS 590	SS 55	두께 40mm 이하의 강판, 강대, 평강, 형강 및 지름, 변 또는 맞변거리 40 mm이하의 봉강

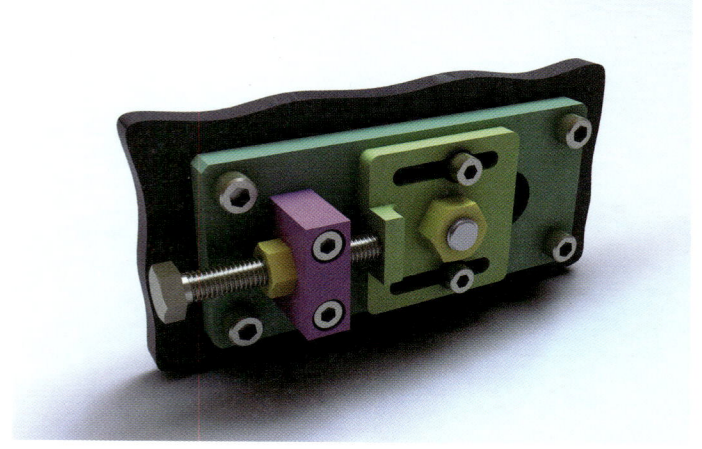

[일반구조용 압연강재 적용 부품]

2. 기계 구조용 탄소강

기계 구조용 탄소강은 열간압연, 열간단조 등 열간가공에 의해 제조한 것으로 보통 다시 단조, 절삭 등의 가공 및 열처리를 하여 사용하는데 주요 화학성분은 탄소(C) 이외에도 Si, Mn, P, S 등이 함유되어 있다. 강의 성질의 조정은 주로 **탄소량**에 의하여 행하여지는데 **탄소량**이 **증가**됨에 따라 **경도**, **강도**가 **증가**하며 **연신율**, **단면수축율**이 감소한다.

기계구조용 탄소강의 대부분은 압연 또는 단조상태 그대로 혹은 풀림(Annealing) 또는 불림(Normalizing)을 행하여 사용하는 것이 일반적인데 SM28C이상이면 담금질 효과가 있게 되므로 강인성을 필요로 하는 기계 부품에서는 담금질, 뜨임을 실시하여 사용한다. 기계구조용 탄소강재는 SM10C에서 SM58C까지와 SM9CK, SM15CK, SM20CK의 23종류가 있으며 이 중에서 **CK**가 붙는 3종류는 **침탄열처리**용이다.

■ 탄소 함유량에 따른 분류

① **저탄소강**(SM10C~SM25C)

탄소함유량 C 0.08~0.28 정도로 이 범위의 탄소강은 열처리 효과를 기대할 수 없으므로 비교적 강도를 필요로 하지 않는 것

② **중탄소강**(SM28C~SM48C)

탄소함유량 C 0.25~0.51 정도로 이 범위의 탄소강은 냉간가공성, 용접성은 약간 나쁘게 되나 담금질, 뜨임에 의하여 강인성이 증대되므로 비교적 중요한 기계구조부품에 사용된다. 그중에서도 특히 SM40C~SM58C의 것은 고주파담금질에 의해 표면경화시켜 피로 강도가 높고, 또 마모에 강한 기계부품에 사용가능하므로 용도가 광범위하여 실제로 많이 사용되고 있다.

③ **고탄소강**(SM50C~SM58C)

탄소함유량 C 0.47~0.61 정도로 이 범위의 탄소강은 열처리 효과가 크고 담금질성이 양호하나 인성이 부족하므로 표면의 경도를 필요로 하는 기계부품에 사용되며 비교적 사용 용도가 한정되어 있다.

[축]

[동력전달장치]

[스퍼기어]

3. 크롬 몰리브덴 강(SCM : Chromium Molybdenum Steels)

크롬 몰리브덴강은 기계구조용 합금강으로 SCM415 ~ SCM822 까지 10종이 있으며 SCM415와 SCM435 등이 많이 사용된다. 강인강에는 Ni-Cr강이 가장 중요하지만 Cr강에 소량의 Mo를 첨가하면 우수한 성질을 얻을 수가 있으므로 이 강종은 값이 비싼 Ni를 절약하기 위하여 Ni-Cr강의 대용강으로 사용된다. 주요 용도로는 기어, 볼트, 축, 콜렛, 죠, 공구 등이다.

4. 니켈 크롬 몰리브덴 강재(SNCM : Nickel Chromium Molybdenum Steels)

Ni-Cr강은 뜨임취성에 민감하여 큰 질량의 것은 내부까지 급냉시키는 것이 곤란하므로 Mo을 0.3% 정도 첨가하여 **뜨임취성**을 **방지**하는 동시에 **담금질성**을 **향상**시킨다. 주요 용도로는 차동장치, 캠 축, 피스톤 핀, 트랜스미션 기어, 웜 기어, 스플라인 축 등 중간 강도를 요구하는 부품이다. SNCM220 ~ SNCM815까지 11종이 있으며 SNCM815는 주로 표면 담금질용으로 사용한다.

5. 니켈 크롬강(SNC : Nickel Chromium Steels)

니켈 크롬강은 SNC236~SNC836 까지 5종이 있으며 기계구조용 특수강의 원조라고 할 만한 강으로 큰 힘을 받으면서 특히 강인성이 필요한 기계부품에 사용된다. Ni을 첨가하면 강도를 증가시키고 인성을 저하시키지 않기 때문에 Ni은 우수한 합금원소로 분류된다. Cr에 의한 담금질성은 Cr량이 1% 이상이 되면 현저하게 작용효과가 완만해지므로 Ni을 첨가함으로써 담금질성이 더욱 개선이 되며, 또한 강인성을 증가시키는 등 담금질 경화성이 개선된다. 하지만 가공에 있어서는 백점(白点)등의 미세한 균열(Crack)이 생기기 쉽고 그 밖에 열처리가 적합하지 않으면 뜨임취성을 일으키므로 주의해야 한다. 주요 용도로는 볼트, 너트, 프로펠러 축, 기어, 랙, 스플라인 축, 캠축, 너클, 코어 드릴, 대패날, 송곳, 피스톤 로드 등이다.

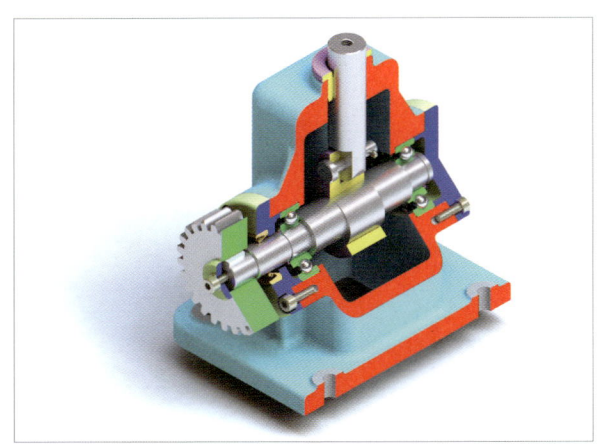

[크롬 몰리브덴 강재 적용 축과 스퍼기어]

[니켈 크롬 몰리브덴 강재 적용 웜기어]

[니켈크롬강 적용 스플라인축]

6. 탄소공구강(Carbon tool steels) 및 합금공구강(Alloy tool steels)

용도에 따라 내마모성을 비롯하여 내압·내산·내열 등 여러 가지 특성이 요구된다. 크게 구별하면 탄소만으로 특성을 낸 탄소공구강과 탄소 외에 다른 원소를 넣어서 특성을 향상시킨 합금공구강으로 분류한다.

탄소공구강은 탄소량이 0.6~1.5%인 고탄소강으로, 황, 인, 비금속 개재물이 적고 담금질 및 뜨임처리해서 사용한다. 탄소량이 적은 것은 인성(靭性)이 좋고, 많은 것은 내마모성 및 절삭 능력이 우수하다.

합금공구강은 탄소공구강에 0.5~1.0%의 크롬, 4~5%의 텅스텐을 가한 절삭용과 0.07~1.3%의 니켈에 소량의 크롬을 가한 톱용이 대표적이며, 역시 담금질 및 뜨임처리하여 사용한다. 이 밖에도 망간, 몰리브덴, 바나듐, 실리콘 등을 첨가해서 인성 및 내마모성 등을 높여주기도 한다.

■ STC : 탄소공구강 강재의 KS 신. 구기호 비교표 [KS D 3751 : 2008] [ISO 4957]

KS 신기호	KS 구기호	JIS 신기호	JIS 구기호	ISO
STC140	STC1	SK140	SK1	-
STC120	STC2	SK120	SK2	C120U
STC105	STC3	SK105	SK3	C105U
STC95	STC4	SK95	SK4	-
STC85	STC5	SK85	SK5	-
STC75	STC6	SK75	SK6	-
STC65	STC7	SK65	SK7	-

■ STS : 합금공구강 강재의 KS 기호 비교표 [KS D 3753 : 2008] [ISO 4957]

KS 기호	JIS 기호	ISO	적용	KS 기호	JIS 기호	ISO	적용
STS11	SKS11	-	주로 절삭 공구강용	STS51	SKS51	-	주로 절삭 공구강용
STS2	SKS2	-		STS7	SKS6	-	
STS21	SKS21	-		STS81	SKS81	-	
STS5	SKS5	-		STS8	SKS8	-	

KS 기호	JIS 기호	ISO	적용	KS 기호	JIS 기호	ISO	적용
STS4	SKS4	–	주로 내충격 공구강용	STD11	SKD11	–	주로 열간 금형용
STS41	SKS41	105V		STD12	SKD12	X100CrMoV5	
STS43	SKS43	–		STD4	SKD4	–	
STS44	SKS44	–		STD5	SKD5	X30WCrV9-3	
STS3	SKS3	–	주로 냉간 금형용	STD6	SKD6	–	
STS31	SKS31	–		STD61	SKD61	X40CrMoV5-1	
STS93	SKS93	–		STD62	SKD62	X35CrMoV5	
STS94	SKS94	–		STD7	SKD7	32CrMoV121-28	
STS95	SKS95	–		STD8	SKD8	38CrCoWV18-17-17	
STD1	SKD1	X210Cr12		STF3	SKT3	–	
STD2	SKD2	X210CrW12		STF4	SKT4	55NiCrMoV7	
STD10	SKD10	X153CrMoV12		STF6	SKT6	45NiCrMo16	

[삽입 부시]

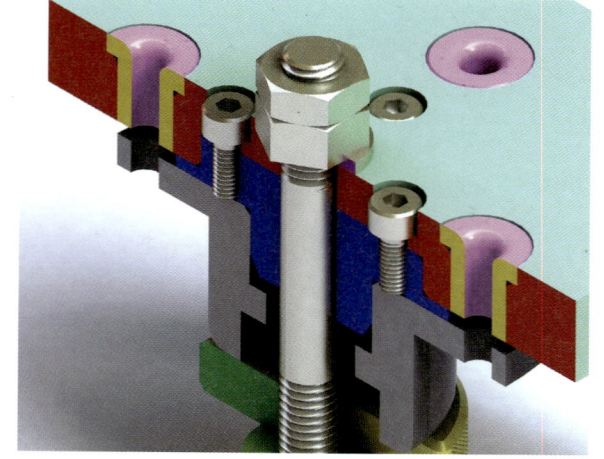

[드릴 지그]

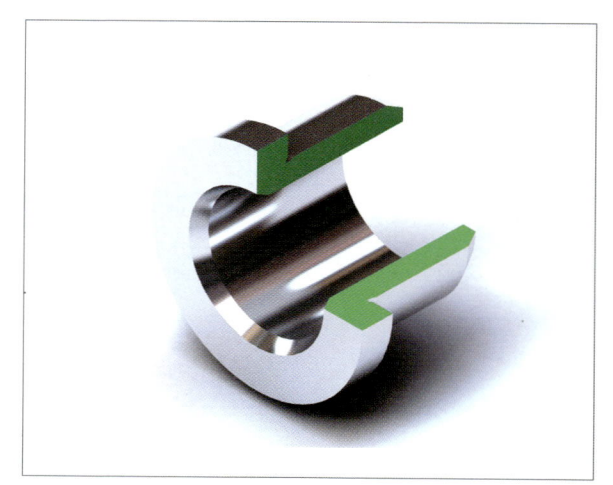

[고정 부시]

7. 베어링강(STB : Steel Tool Bearing)

베어링강은 회전하는 베어링의 궤도륜(race)과 볼(ball) 및 롤러(roller) 등의 제조에 사용하는 강으로 주로 탄소량과 크롬량이 많은 고탄소, 고크롬강이 사용되며, 13크롬 스테인리스강을 사용하는 것도 있다.

고탄소-크롬베어링강의 화학성분으로, 1종과 2종은 베어링 강구(鋼球)나 롤러 베어링용, 3종은 대형 롤러 베어링용에 사용된다. 고탄소-크롬강은 780~850℃에서 담금질(quenching), 140~160℃로 뜨임(tempering) 처리하여 H_RC 62~65의 경도로 한다.

a) STB1(JIS : SUJ1)은 소형 볼 베어링용으로 사용되지만 경화능과 뜨임저항이 나쁘므로 사용량이 가장 적은 편이다.

b) STB2(JIS : SUJ2)는 표준 베어링강으로 가장 널리 사용되는 대표적인 베어링강으로 주로 직선왕복 운동을 하는 리니어 샤프트에 경질크롬도금을 하여 널리 사용한다. 경도는 고주파 열처리하여 H_RC58이상으로 한다.

c) STB3(JIS : SUJ3)는 경화능이 좋기 때문에 대형 베어링에 사용된다.

[베어링 강구]

8. 회주철(GC : Gray Casting)

회주철품은 주물품을 말하며 가격이 저렴하고 주조성이 우수하며 내마모성이 크고 내식성이 비교적 좋으며 진동의 흡수 능력이 좋다. 형상이 복잡하거나 리브나 라운드가 많아 기계가공으로써 완성제작하기 곤란한 본체나 몸체 및 하우징, 케이스, 본체커버 등과 V-벨트풀리, 일체형 평벨트풀리 등의 기계요소들은 회주철제를 적용하는데 몸체의 두께가 비교적 얇은 경우에는 GC200을, 두께가 비교적 두꺼운 경우에는 GC250, GC300을 적용한다.

[회주철 적용 부품]

9. 주강(SC : Carbon steel castings)

강(steel)으로 주조한 주물을 주강이라 부른다. 주강은 형상이 복잡하거나 대형으로 단조가공이 곤란한 기어 등에 자주 사용된다. 탄소강 주강품은 탄소함유량이 0.2~0.4% 이하로 SC360, SC410, SC450, SC480으로 구분하며 기호의 뒤에 붙은 수치는 인장강도를 의미한다(SC480 : 인장강도 480 N/㎟). 주강은 주조를 한 상태로는 조직이 균일하지 않으므로 주조 후 완전 풀림을 실시하여 조직을 미세화시키고 주조응력을 제거해야 하는 단점이 있다. 이 같은 단점으로 인해 과거에는 주강기어가 많이 제작 되었으나 요즘에는 특수한 경우나 대형기어를 제작하는 곳 외에는 잘 사용하지 않는다. 주로 본체나 하우징, 케이스 등과 같이 기계절삭 가공만으로 제작하기 곤란한 복잡한 형상의 부품 등에 적용한다.

[기어 박스]

전산응용기계제도기능사 실기 출제도면집

PART

부록

필수 KS규격 기계요소 제도 및 요목표 작성법

SECTION 01 스퍼기어 제도 및 요목표

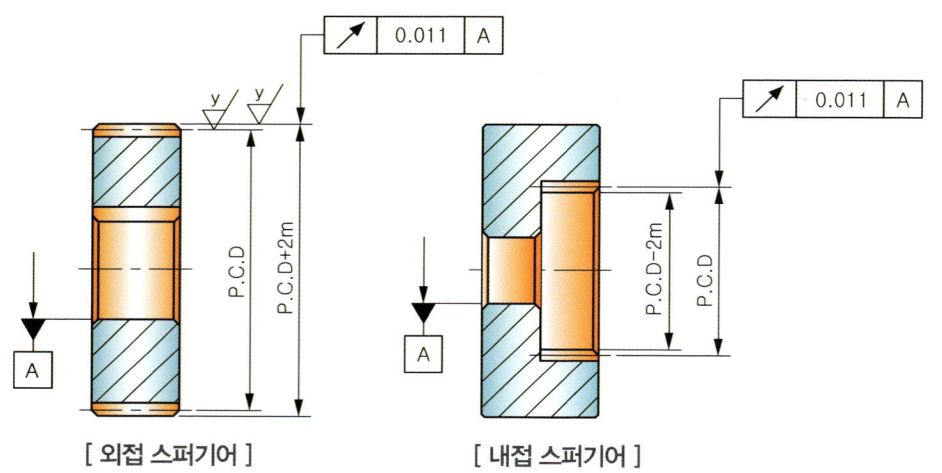

[외접 스퍼기어] [내접 스퍼기어]

스퍼기어 요목표		
기어 치형		표준
공구	모듈	□
	치형	보통이
	압력각	20°
전체 이 높이		□
피치원 지름		□
잇 수		□
다듬질 방법		호브절삭
정밀도		KS B ISO 1328-1, 4급

스퍼기어 제도법
① 기어의 이는 생략하며, 간략법에 의해 도시한다.
② **이끝원**(이끝선)은 **굵은 실선**(초록색)으로 작도한다.
③ **피치원**(피치선)은 **가는 1점쇄선**(빨간색/흰색)으로 작도한다.
④ **이뿌리원**(이뿌리선)은 **가는 실선**(빨간색/흰색)으로 작도한다.
⑤ **정면도**를 **단면도**로 도시하는 경우 **이뿌리원**(치저원)은 **굵은 실선**(초록색)으로 작도한다.

요목표 도시법
① 요목표의 외곽 테두리선은 **굵은 실선**(초록색)으로 작도한다.
② 요목표의 안쪽 구분선은 **가는 실선**(빨간색/흰색)으로 작도한다.

SECTION 02 스퍼기어의 제도 및 요목표 작성 예시

국가기술자격시험 작업형 실기에서 보통 모듈과 잇수를 지정해주므로 필요한 계산식은 아래 예제 정도면 충분하다.

• 모듈 : 1, 잇수 : 50인 경우

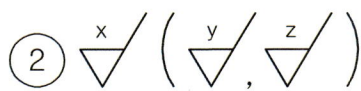

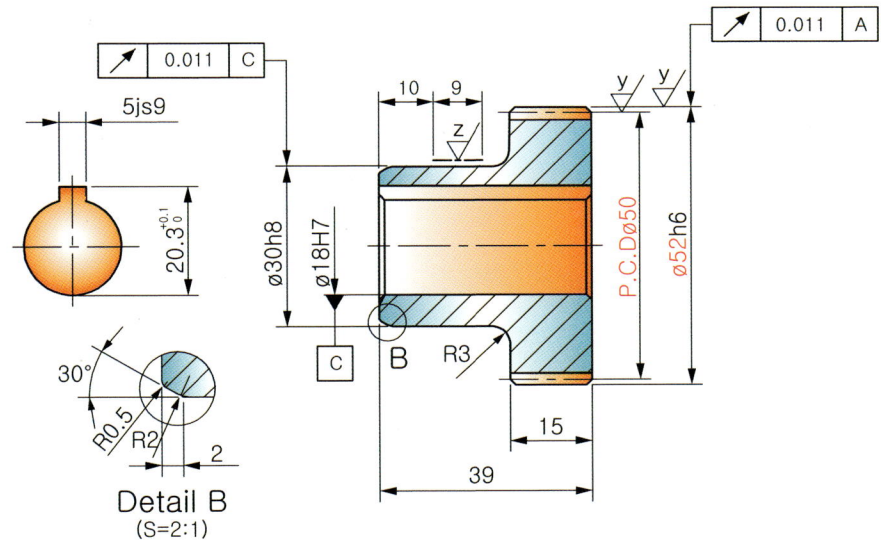

피치원지름 = m×Z = 1×50 = 50
이끝원지름 = PCD+2m = 50+(1×2) = 52

• 모듈 : 2, 잇수 : 25인 경우

단위 : mm

스퍼기어 요목표		
기어 치형		표준
공 구	모듈	2
	치형	보통이
	압력각	20°
전체 이 높이		4.5
피치원 지름		50
잇 수		25
다듬질 방법		호브절삭
정밀도		KS B ISO 1328-1, 4급

스퍼기어 기호 및 계산공식	계산 예
모듈 : m, 잇수 : Z, 피치원 지름 : PCD 1. 전체 이높이 h = 2.25×모듈 $\quad$ h = 2.25m 2. 피치원 지름 PCD = 모듈×잇수 $\quad$ PCD = m×Z 3. 이끝원 지름 $\quad$ 외접기어 : D = PCD+2m $\quad$ 내접기어 : D_2 = PCD−2m 4. 모듈 $m = \dfrac{D}{Z}$	모듈(m) 2, 잇수(Z) 25인 경우 1. 전체 이높이 h = 2.25m = 2.25×2 = 4.5 2. 피치원 지름 PCD = 2×25 = 50 3. 이끝원 지름 D = 50+(2×2) = 54 4. 모듈 $m = \dfrac{D}{Z} = \dfrac{50}{25} = 2$

SECTION 03 래크와 피니언 제도 및 요목표

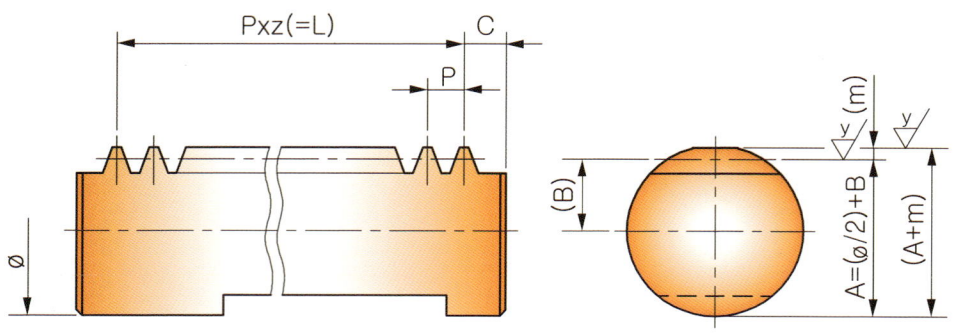

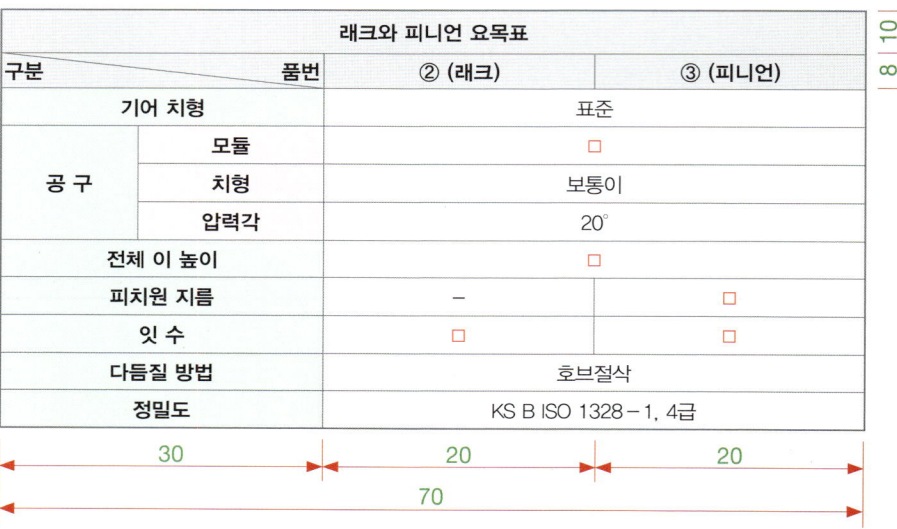

래크와 피니언 요목표				
구분		품번	② (래크)	③ (피니언)
공구		기어 치형	표준	
공구		모듈	□	
공구		치형	보통이	
공구		압력각	20°	
전체 이 높이			□	
피치원 지름			–	□
잇 수			□	□
다듬질 방법			호브절삭	
정밀도			KS B ISO 1328-1, 4급	

래크와 피니언 제도법
① **이끝원**(이끝선)은 **굵은 실선**(초록색)으로 작도한다.
② **피치원**(피치선)은 **가는 1점쇄선**(빨간색/흰색)으로 작도한다.
③ **이뿌리원**(이뿌리선)은 **가는 실선**(빨간색/흰색)으로 작도한다.
④ **정면도**를 **단면도**로 도시하는 경우 **이뿌리원**은 **굵은 실선**(초록색)으로 작도한다.

요목표 도시법
① 요목표의 외곽 테두리선은 **굵은 실선**(초록색)으로 작도한다.
② 요목표의 안쪽 구분선은 **가는 실선**(빨간색/흰색)으로 작도한다.

래크와 피니언 기어 기호 및 계산공식
1. 전체 이높이 $h = 2.25 \times m$
2. 피니언 피치원 지름 $P.C.D = m \times z$
3. 원주 피치(이와 이사이 거리) $P = m \times \pi$
4. 래크의 길이 $L = P \times z$
5. 피니언 바깥지름 $D = PCD + 2m$
6. 축의 중심선에서 피치선까지 거리 B=조립도에서 실측
7. 축의 외경에서 피치선까지 거리 $A = (\emptyset \div 2) + B$ (축지름 : $\emptyset$)
8. 축의 끝단에서 기어 치형이 시작되는 부분 사이의 거리치수 $C = P \div 2$
   일반적으로 C의 치수는 (래크축의 전체길이−래크기어길이)÷2를 하여 정수로 적용한다.

SECTION 04 래크와 피니언 제도 및 요목표 작성 예시

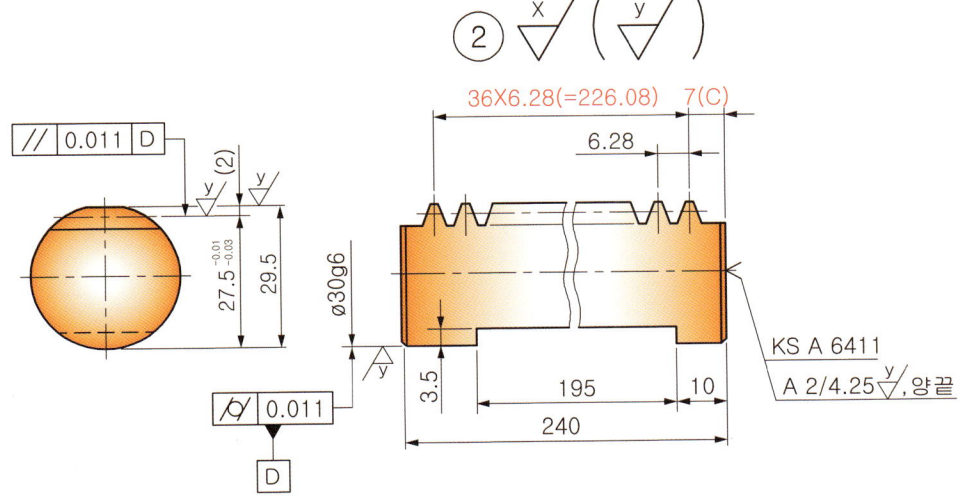

[래크 제도]

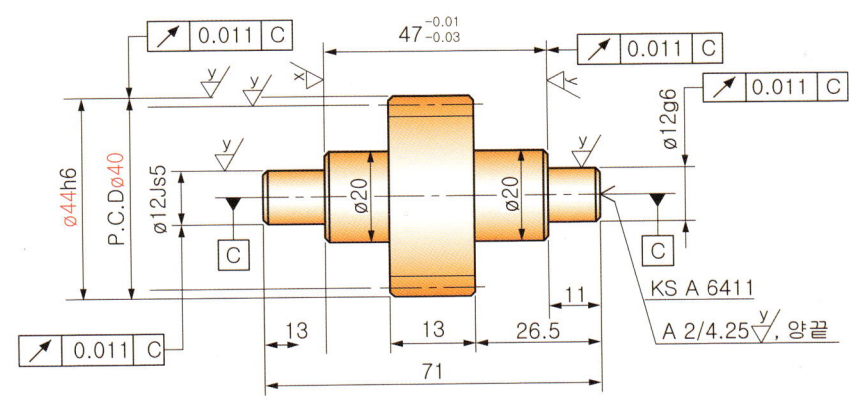

[피니언 제도]

구분	품번	② (래크)	③ (피니언)
기어 치형		표준	
공구	모듈	2	
	치형	보통이	
	압력각	20°	
전체 이 높이		4.5	
피치원 지름		−	∅40
잇 수		37	20
다듬질 방법		호브절삭	
정밀도		KS B ISO 1328−1, 4급	

래크와 피니언 기어 기호 및 계산공식

1. 전체 이높이 $h = 2.25 \times m = 2.25 \times 2 = 4.5$
2. 피니언 피치원 지름 $P.C.D = m \times z = 2 \times 20 = 40$
3. 원주 피치(이와 이사이 거리) $P = m \times \pi = 2 \times \pi = 6.28$
4. 래크의 길이 $L = P \times z = 6.28 \times 36 = 226.08$
5. 피니언 바깥지름 $D = PCD + 2m = 40 + (2 \times 2) = 44$
6. 축의 중심선에서 피치선까지 거리 B = 조립도에서 실측
7. 축의 외경에서 피치선까지 거리 $A = (\varnothing \div 2) + B$ (축지름 : $\varnothing$) $= (30 \div 2) + 12.5 = 27.5$
8. 축의 끝단에서 기어 치형이 시작되는 부분 사이의 거리치수 $C = P \div 2$
   일반적으로 C의 치수는 (래크축의 전체길이−래크기어길이)÷2를 하여 정수로 적용한다.
   위 도면의 경우 $240 - 226.08 = 13.92 \div 2 = 6.96$ 따라서 반올림하여 7로 적용한다.

SECTION 05 체인 스프로킷 제도 및 요목표

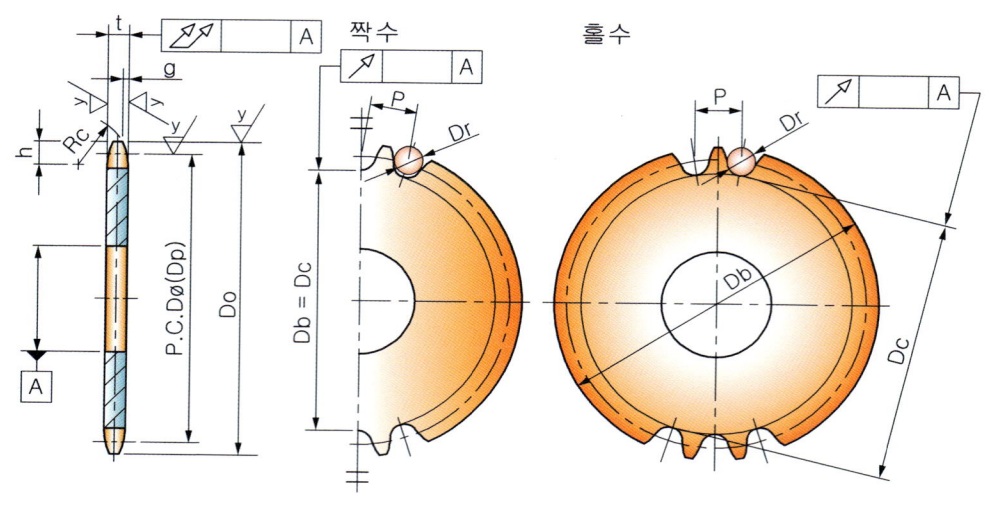

체인 스프로킷		
종류	구분 / 품번	
체인	호칭	
	원주피치	P
	롤러외경	D_r
스프로킷	잇수	Z
	치형	S
	피치원경	D_p

체인 스프로킷 제도법
① **이끝원**(이끝선)은 **굵은 실선**(초록색)으로 작도한다.
② **피치원**(피치선)은 **가는 1점쇄선**(빨간색/흰색)으로 작도한다.
③ **이뿌리원**(이뿌리선)은 **가는 실선**(빨간색/흰색)으로 작도한다.
④ **정면도**를 **단면도**로 도시하는 경우 **이뿌리원**은 **굵은 실선**(초록색)으로 작도한다.

요목표 도시법
① 요목표의 외곽 테두리선은 **굵은 실선**(초록색)으로 작도한다.
② 요목표의 안쪽 구분선은 **가는 실선**(빨간색/흰색)으로 작도한다.

[2얼형]　　[보스분리형]

[A형]　　[B형]　　[C형]

SECTION 06 스프로킷 제도 및 요목표 작성 예시

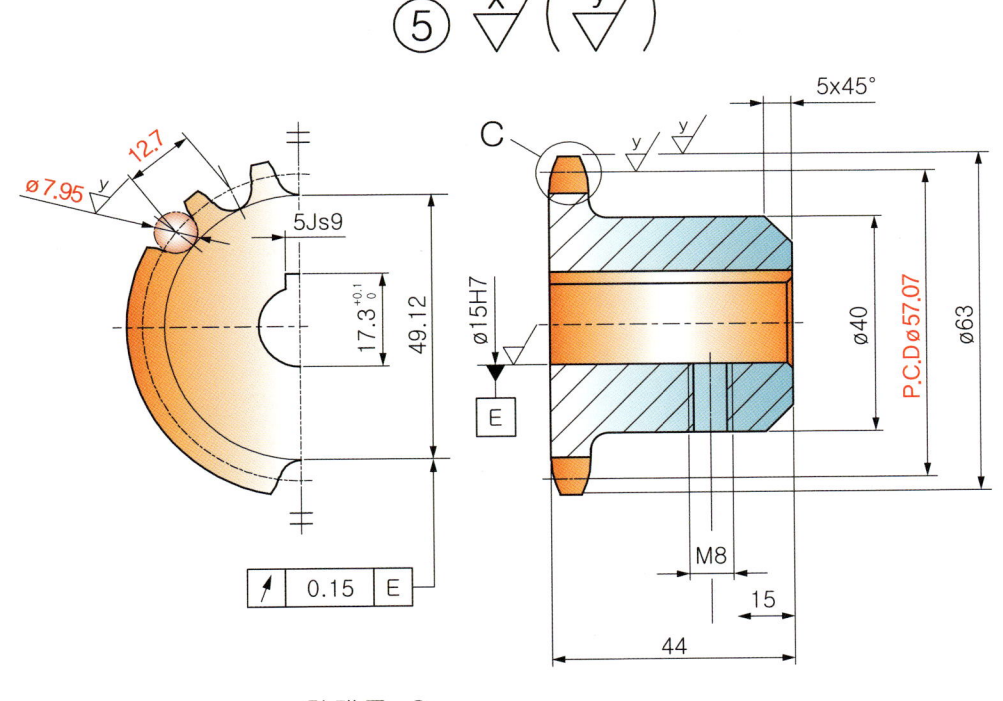

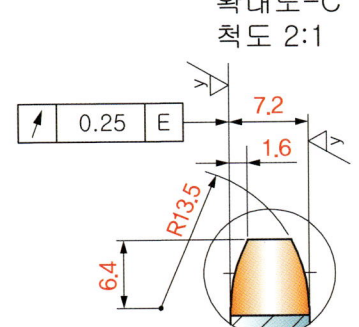

확대도-C
척도 2:1

체인 스프로킷				
종류	구분		품번	②
체인	호칭			40
	원주피치			12.70
	롤러외경			φ7.95
스프로킷	잇수			14
	치형			U형
	피치원경			φ57.07

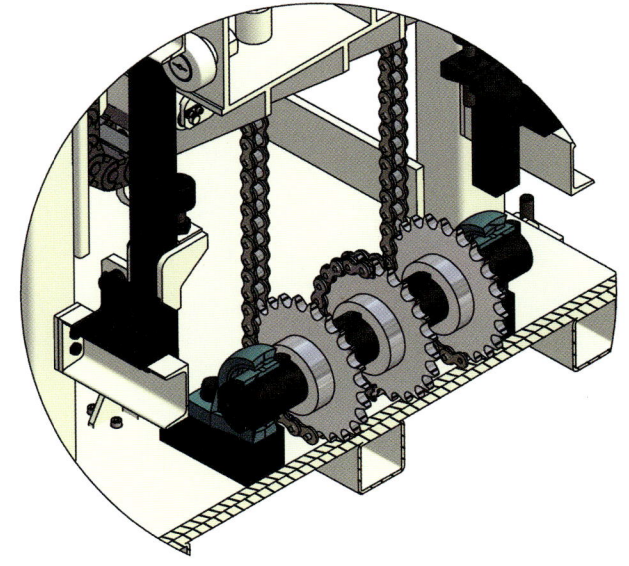

[스프로킷의 설계 예]

SECTION 07 V-벨트풀리

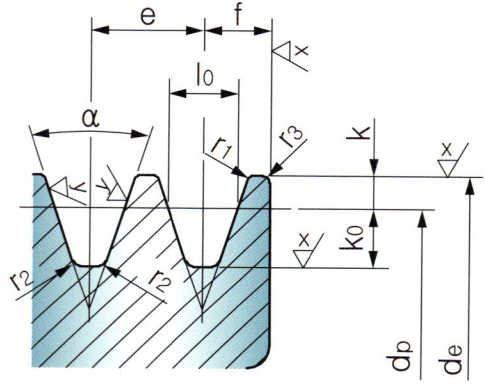

d_p = 피치원 지름
(홈의 나비가 l_0인 곳의 지름)

• V-벨트풀리 홈 부분의 모양 및 치수

단위 : mm

V벨트 형별	호칭지름 (d_p)	α° (±0.5°)	l_0	k	k_0	e	f	r_1	r_2	r_3	홈수	종류	(참고) V 벨트의 두께
M	50 이상 71 이하 71 초과 90 이하 90 초과하는 것	34 36 38	8.0	2.7	6.3	—	9.5 ±1	0.2~ 0.5	0.5~ 1.0	1~2	1	—	5.5
A	71 이상 100 이하 100 초과 125 이하 125 초과하는 것	34 36 38	9.2	4.5	8.0	15.0 ±0.4	10.0 ±1	0.2~ 0.5	0.5~ 1.0	1~2	1~3	A_1~A_3	9
B	125 이상 160 이하 160 초과 200 이하 200 초과하는 것	34 36 38	12.5	5.5	9.5	19.0 ±0.4	12.5 ±1	0.2~ 0.5	0.5~ 1.0	1~2	1~5	B_1~B_5	11

• 홈 부 각 부분의 치수 허용차

단위 : mm

V벨트의 형별	α의 허용차(°)	k의 허용차	e의 허용차	f의 허용차
M	±0.5	—	—	±1
A	±0.5	+0.2 0	±0.4	±1
B	±0.5	+0.2 0	±0.4	±1
C	±0.5	+0.3 0	±0.4	±1
D	±0.5	+0.4 0	±0.5	+2 -1
E	±0.5	+0.5 0	±0.5	+3 -1

호칭지름	바깥지름 de의 허용차	바깥둘레 흔들림 허용값	림 측면 흔들림 허용값
75 이상 118 이하	±0.6	0.3	0.3
125 이상 300 이하	±0.8	0.4	0.4

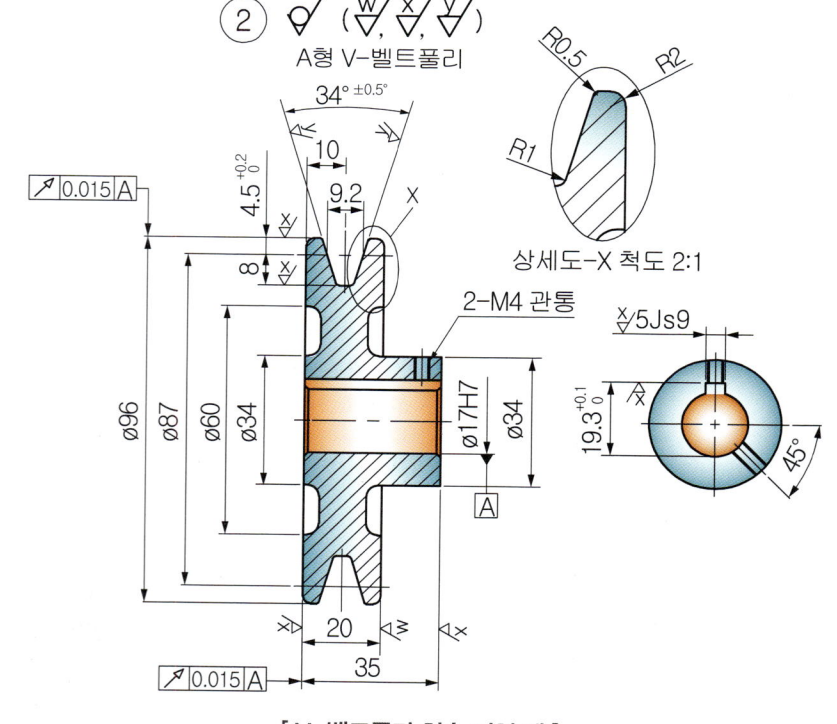

[V-벨트풀리 치수 기입 예]

SECTION 08 멈춤링

1. 축용 멈춤링

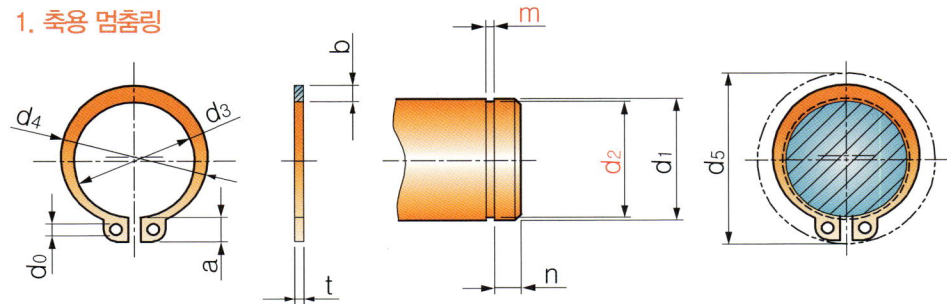

d_5는 축에 끼울 때의 바깥 둘레의 최대 지름

단위 : mm

축치수 d_1	d_2 기준 치수	허용차	m 기준 치수	허용차	n 최소	멈춤링 두께 기준 치수	허용차
10	9.6	0 −0.09					
11	10.5		1.15			1	±0.05
12	11.5						
13	12.4						
14	13.4	0 −0.11					
15	14.3						
16	15.2						
17	16.2						
18	17						
19	18						
20	19		1.35	+0.14 0	1.5		
21	20					1.2	
22	21						
24	22.9	0 −0.21					
25	23.9						±0.06
26	24.9						
28	26.6						
29	27.6						
30	28.6		1.75			1.6	
32	30.3						
34	32.3	0 −0.25					
35	33						
36	34		1.95		2	1.8	±0.07
38	36						

2. 구멍용 멈춤링

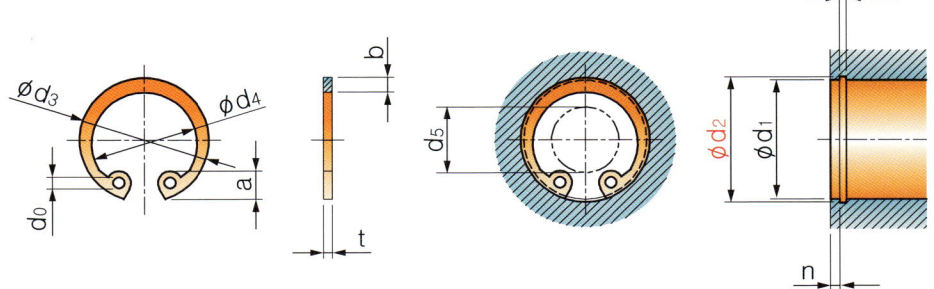

d_5는 구멍에 끼울 때의 안둘레의 최소 지름

단위 : mm

구멍치수 d_1	d_2 기준 치수	허용차	m 기준 치수	허용차	n 최소	멈춤링 두께 기준 치수	허용차
10	10.4						
11	11.4						
12	12.5						
13	13.6	+0.11 0					
14	14.6						
15	15.7		1.15			1	±0.05
16	16.8						
17	17.8						
18	19						
19	20				1.5		
20	21			+0.14 0			
21	22	+0.21 0					
22	23						
24	25.2						
25	26.2						
26	27.2		1.35			1.2	
28	29.4						
30	31.4						±0.06
32	33.7						
34	35.7	+0.25 0					
35	37		1.75		2	1.6	
36	38						
37	39						

SECTION 09 평행키

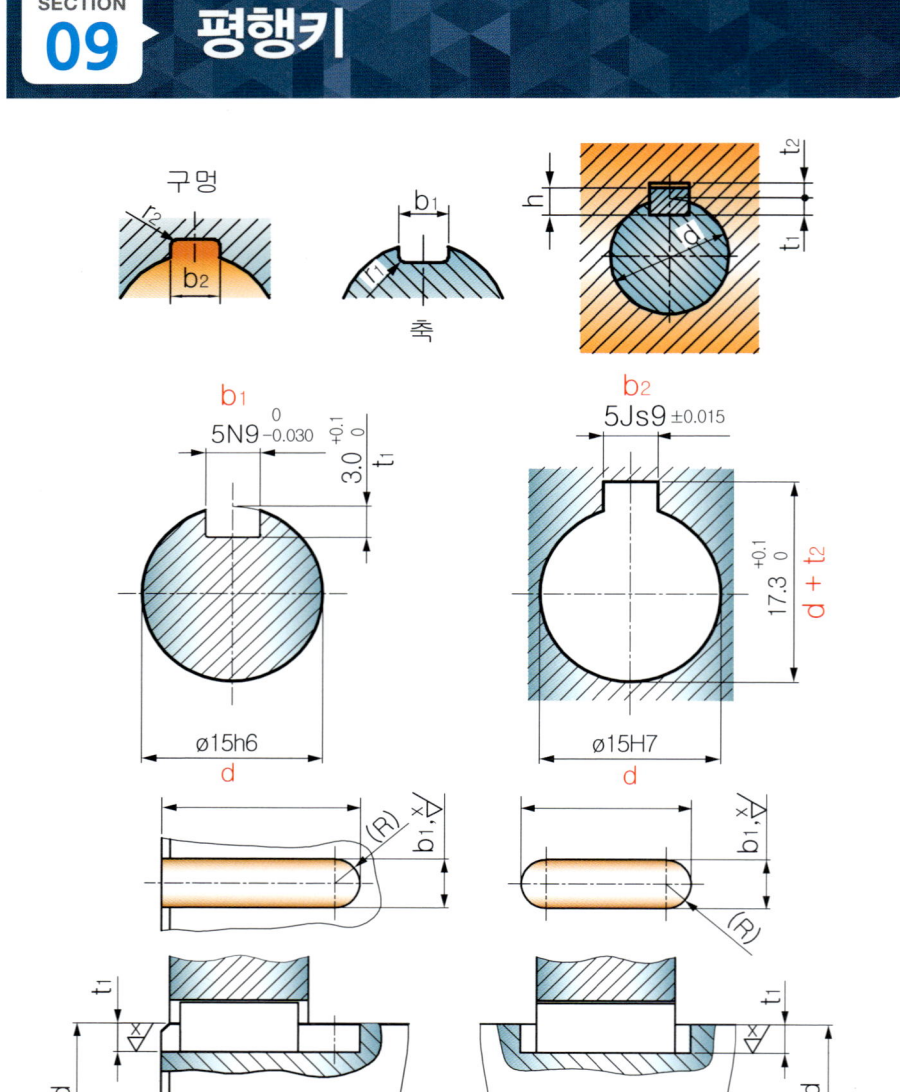

단위 : mm

참고 적용하는 축지름 d (초과~이하)	키의 호칭 치수 b×h	b₁, b₂ 기준 치수	활동형 b₁ 축 허용차 (H9)	활동형 b₂ 구멍 허용차 (D10)	보통형 b₁ 축 허용차 (N9)	보통형 b₂ 구멍 허용차 (Js9)	조립형 b₁, b₂ 허용차 (P9)	r_1, r_2	축 t_1 기준 치수	구멍 t_2 기준 치수	t_1, t_2 허용차
6~8	2×2	2	+0.025 / 0	+0.060 / +0.020	−0.004 / −0.029	± 0.0125	−0.006 / −0.031	0.08~0.16	1.2	1.0	+0.1 / 0
8~10	3×3	3							1.8	1.4	
10~12	4×4	4	+0.030 / 0	+0.078 / +0.030	0 / −0.030	± 0.0150	−0.012 / −0.042		2.5	1.8	
12~17	5×5	5							3.0	2.3	
17~22	6×6	6						0.16~0.25	3.5	2.8	
20~25	(7×7)	7	+0.036 / 0	+0.098 / +0.040	0 / −0.036	± 0.0180	−0.015 / −0.051		4.0	3.3	
22~30	8×7	8							4.0	3.3	
30~38	10×8	10							5.0	3.3	
38~44	12×8	12	+0.043 / 0	+0.120 / +0.050	0 / −0.043	± 0.0215	−0.018 / −0.061	0.25~0.40	5.0	3.3	
44~50	14×9	14							5.5	3.8	
50~55	(15×10)	15							5.0	5.3	+0.2 / 0
50~58	16×10	16							6.0	4.3	
58~65	18×11	18							7.0	4.4	
65~75	20×12	20	+0.052 / 0	+0.149 / +0.065	0 / −0.052	± 0.0260	−0.022 / −0.074	0.40~0.60	7.5	4.9	
75~85	22×14	22							9.0	5.4	
80~90	(24×16)	24							8.0	8.4	
85~95	25×14	25							9.0	5.4	
95~110	28×16	28							10.0	6.4	

SECTION 10 반달키

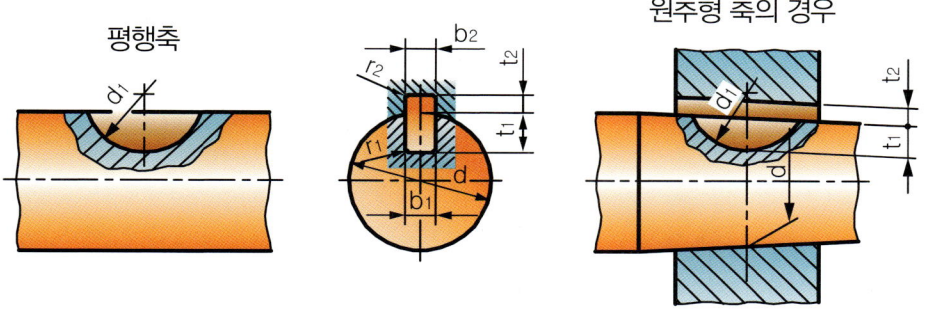
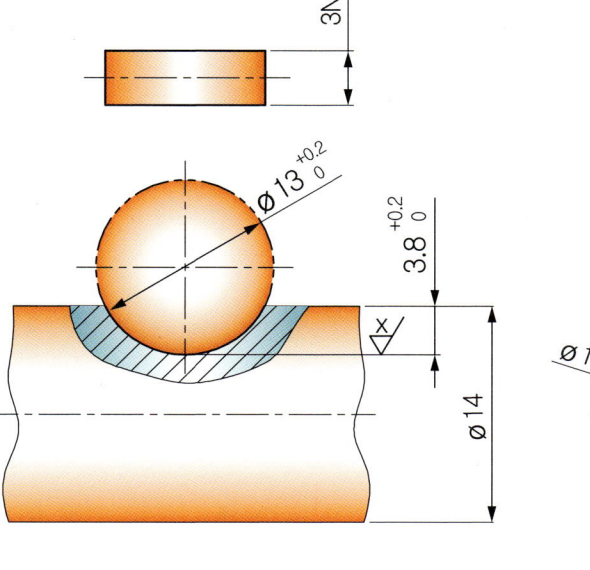
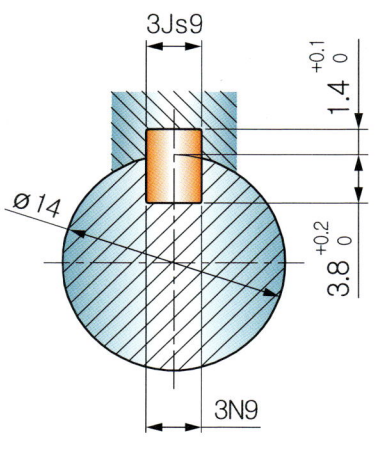

단위 : mm

키의 호칭 치수 b×d₀	b₁, b₂의 기준 치수	보통형 축 b₁ 허용차 (N9)	보통형 구멍 b₂ 허용차 (Js9)	조립(임)형 b₁, b₂의 허용차 (P9)	t₁ (축) 기준 치수	t₁ 허용차	t₂ (구멍) 기준 치수	t₂ 허용차	r₁ 및 r₂ 키 홈 모서리	d₁ 기준 치수	d₁ 허용차 (h9)	적용하는 축 지름 d (초과~이하)
1×4	1	−0.004 −0.029	±0.012	−0.006 −0.031	1.0	+0.1 0	0.6	+0.1 0	0.08~ 0.16	4	+0.1 0	−
2.5×10	1.5				2.0		0.8			7		−
2.5×10	2				1.8		1.0			7		−
2.5×10	2				2.9		1.0			10		−
2.5×10	2.5				2.7		1.2			10		7~12
(3×10)	3				2.5		1.4			10		8~14
3×13	3				3.8	+0.2 0	1.4			13	+0.2 0	9~16
3×16	3				5.3					16		11~18
(4×13)	4	0 −0.030	±0.015	−0.012 −0.042	3.5	+0.1 0	1.7	+0.1 0		13		11~18
4×16	4				5.0		1.8			16		12~20
4×19	4				6.0	+0.2 0				19	+0.3 0	14~22
5×16	5				4.5		2.3			16	+0.2 0	14~22
5×19	5				5.5					19		15~24
5×22	5				7.0					22		17~26
6×22	6				6.5	+0.3 0	2.8	+0.2 0	0.16~ 0.25	22		19~28
6×25	6				7.5		2.8			25		20~30
(6×28)	6				8.6		2.6			28		22~32
(6×32)	6				10.6		2.6			32		24~34
(7×22)	7				6.4					22		20~29
(7×25)	7				7.4	+0.1 0	2.8	+0.1 0		25		22~32
(7×28)	7				8.4					28		24~34
(7×32)	7				10.4					32		26~37
(7×38)	7				12.4					38		29~41
(7×45)	7				13.4					45	+0.3 0	31~45
(8×25)	8	0 −0.036	±0.018	−0.015 −0.051	7.2		3.0			25		24~34
8×28	8				8.0	+0.3 0	3.3	+0.2 0	0.25~ 0.40	28		26~37
(8×32)	8				10.2	+0.1 0	3.0	+0.1 0	0.16~ 0.25	32		28~40
(8×38)	8				12.2					38		30~44
10×32	10				10.0	+0.3 0	3.3	+0.2 0		32		31~46
(10×45)	10				12.8				0.25~ 0.40	45		38~54
(10×55)	10				13.8		3.4			55		42~60
(10×65)	10				15.8	+0.1 0		+0.1 0		65		46~65
(12×65)	12	0 −0.043	±0.022	−0.018 −0.061	15.2		4.0			65	+0.5 0	50~73
(12×80)	12				20.2					80		58~82

연습은 실전처럼!
실전은 연습처럼!

본문에 수록된 과제 도면 중 출제 빈도가 높고, 수험자가 반드시 작도법을 익혀야 하는 필수 기계요소와 KS규격 적용법, 3D모델링과 2D도면 작성법 등에 관련한 '인벤터(Inventor) 작업형 실기 따라하기' 무료 동영상 강의를 지원하고 있습니다.

언제 어디서나 시간과 장소에 구애받지 않고 학습할 수 있도록 유튜브와 네이버 TV 메카피아 채널에서 확인하시기 바라며, 지속적으로 교육 콘텐츠를 제작하여 업로드 하고 있으니 많은 이용바랍니다.

아래 QR코드를 스마트폰으로 스캔하시거나 유튜브, 네이버 TV에서 무료 열람 가능합니다.

메카피아 무료 동영상 강의 사이트 URL

유튜브 [메카피아]
https://www.youtube.com/user/mechapia

네이버 TV [#메카피아]
https://tv.naver.com/mechapia

 과제도면 작업형 실기 무료 지원 동영상 강의 파트

인벤터 작업환경 설정하기

Lesson 01 동력전달장치-2

부품도(2D) : 1, 2, 3, 4
등각 투상도(3D) : 1, 2, 3, 4, 5

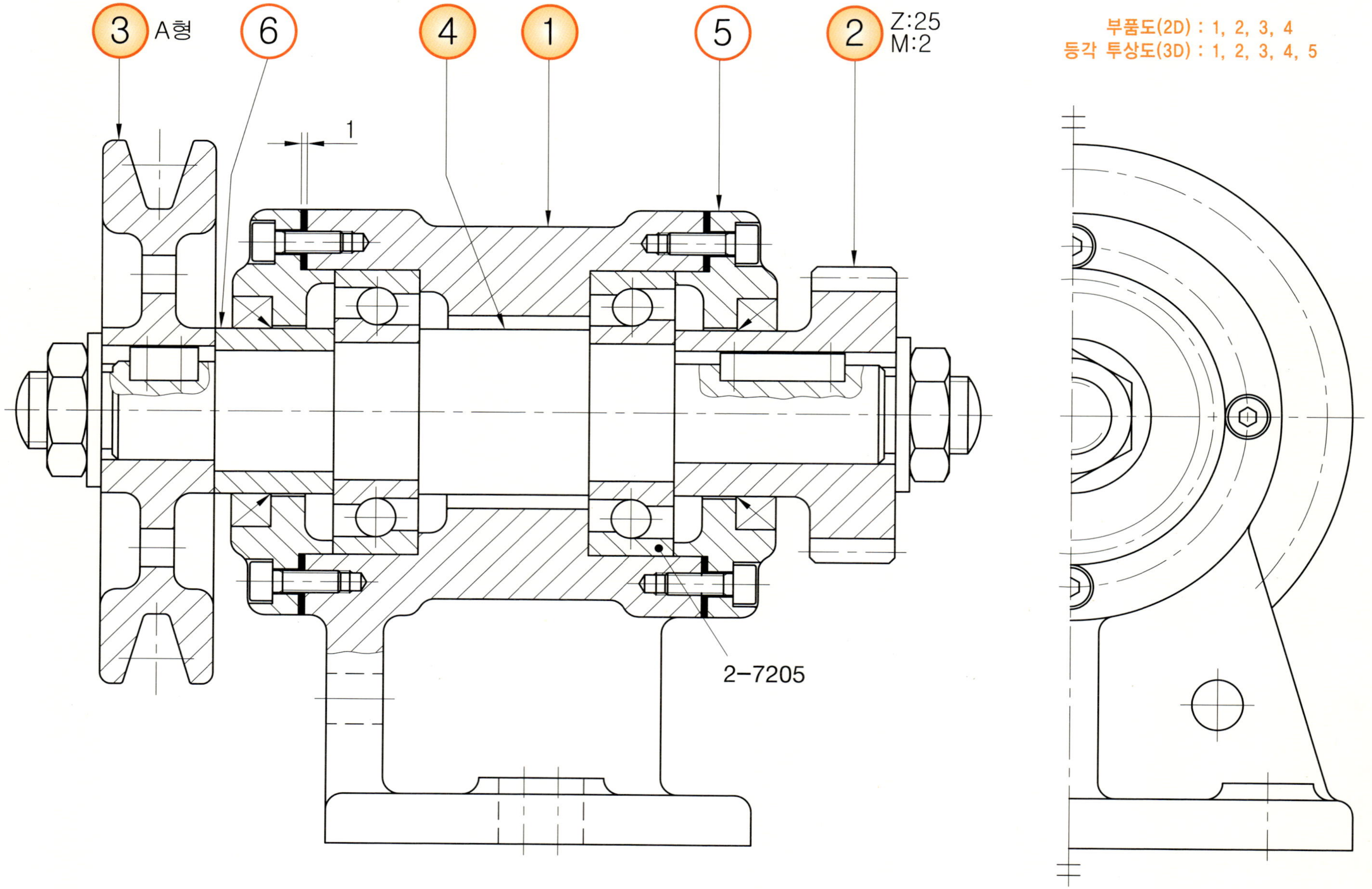

2-7205

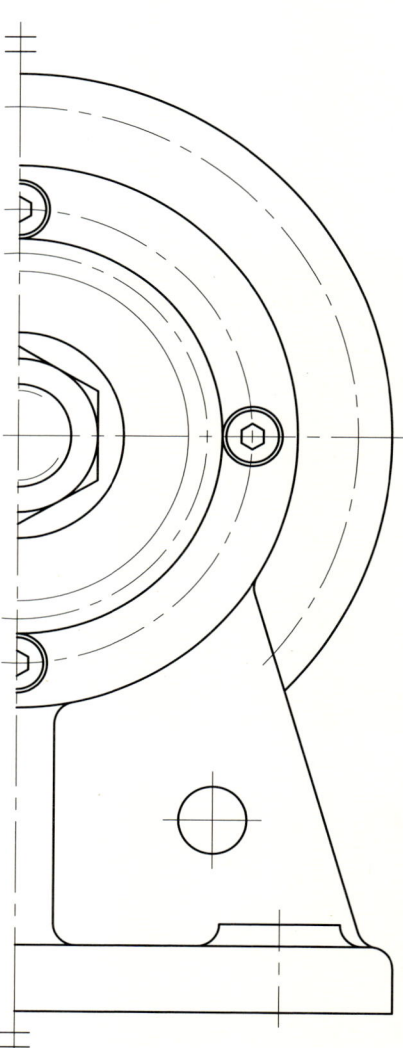

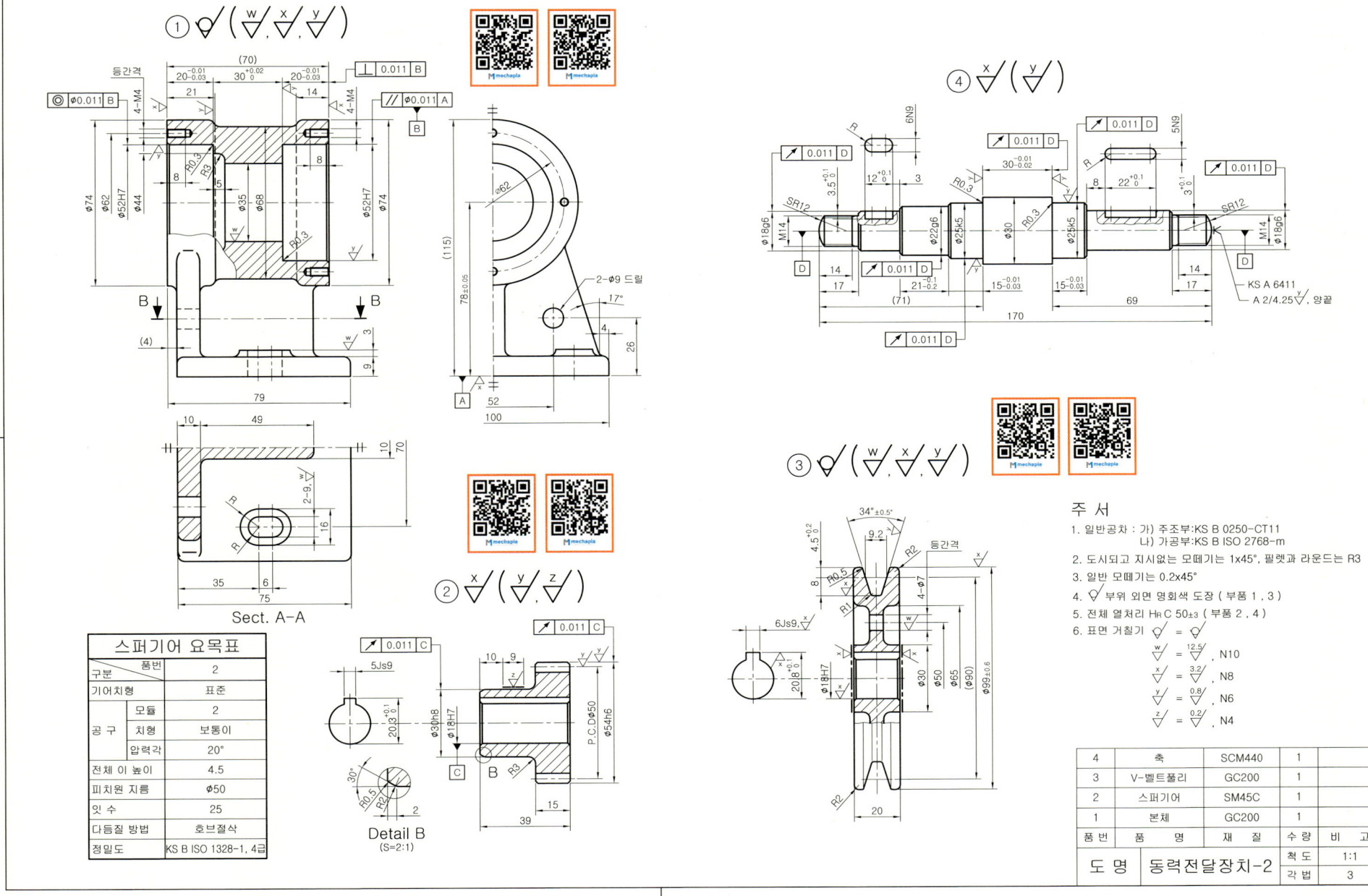

Lesson 02 기어박스-2

부품도(2D) : 1, 3, 4, 5
등각 투상도(3D) : 1, 2, 3, 4, 5

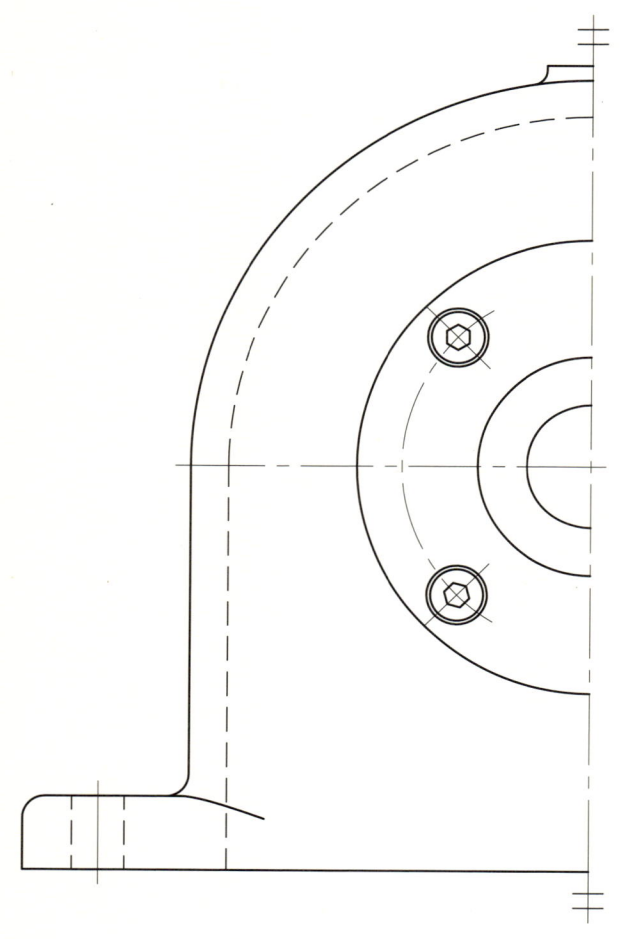

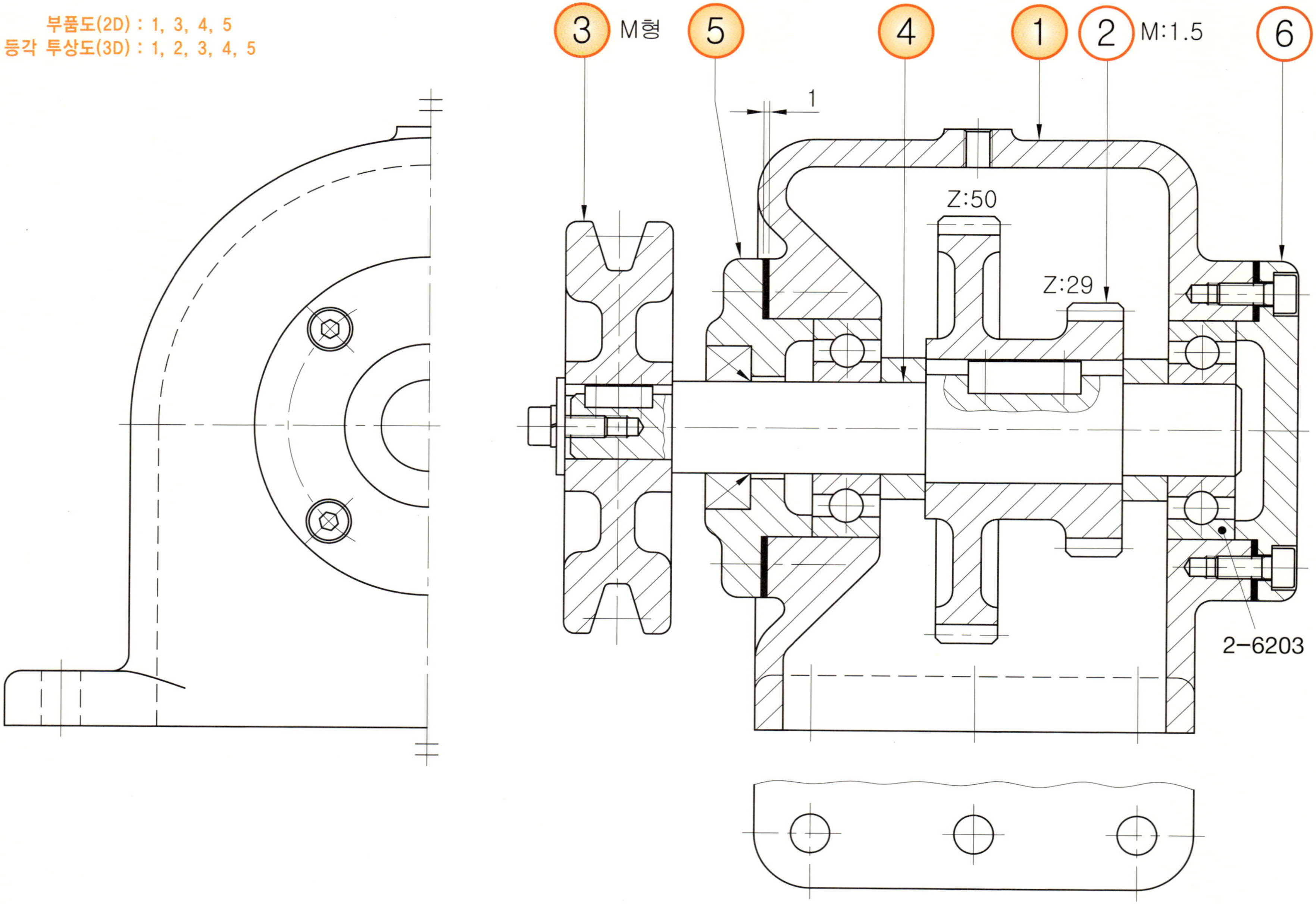

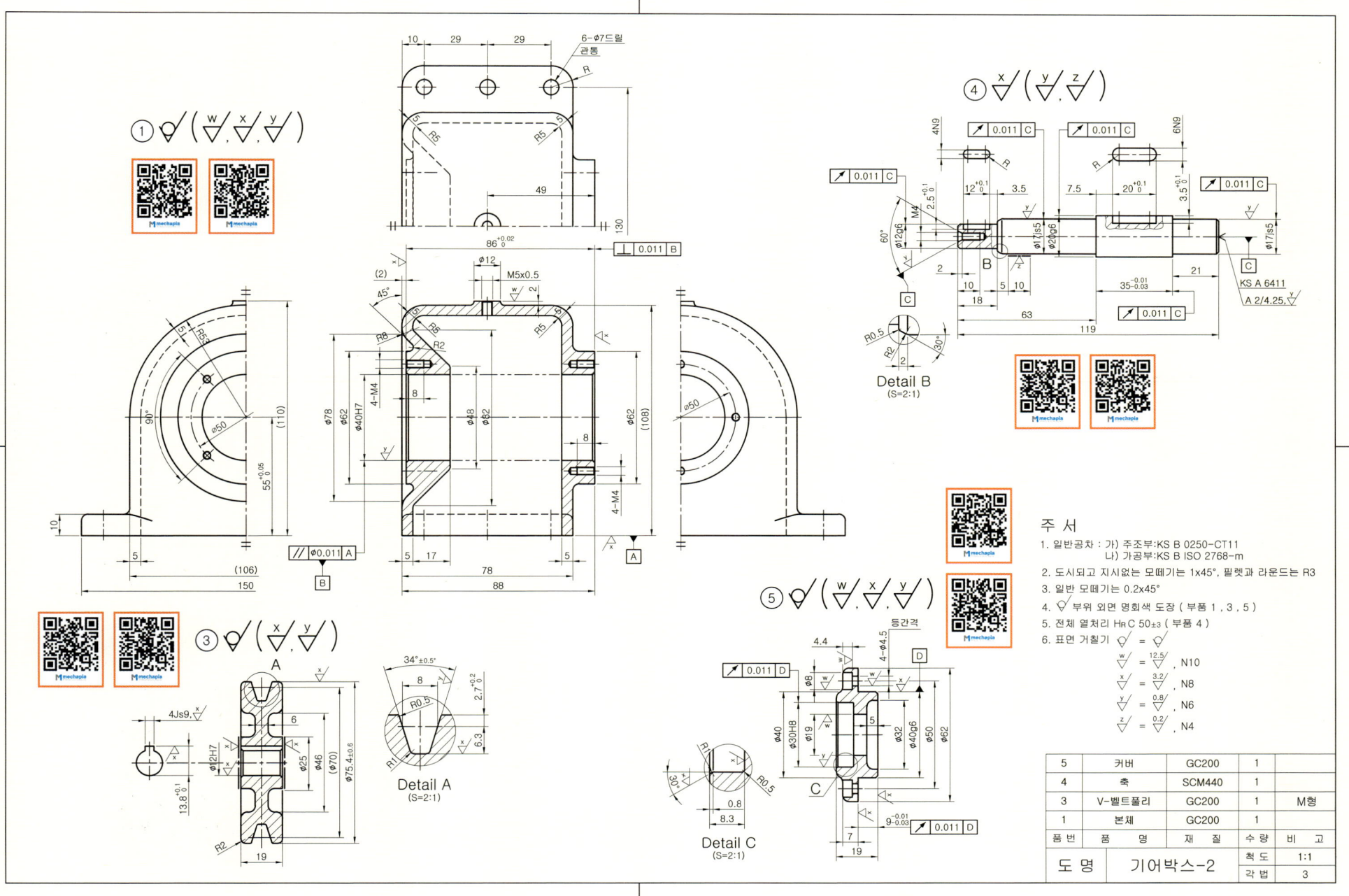

Lesson 03 편심왕복장치

부품도(2D) : 1, 2, 4, 5, 7
등각 투상도(3D) : 1, 3, 4, 5, 7

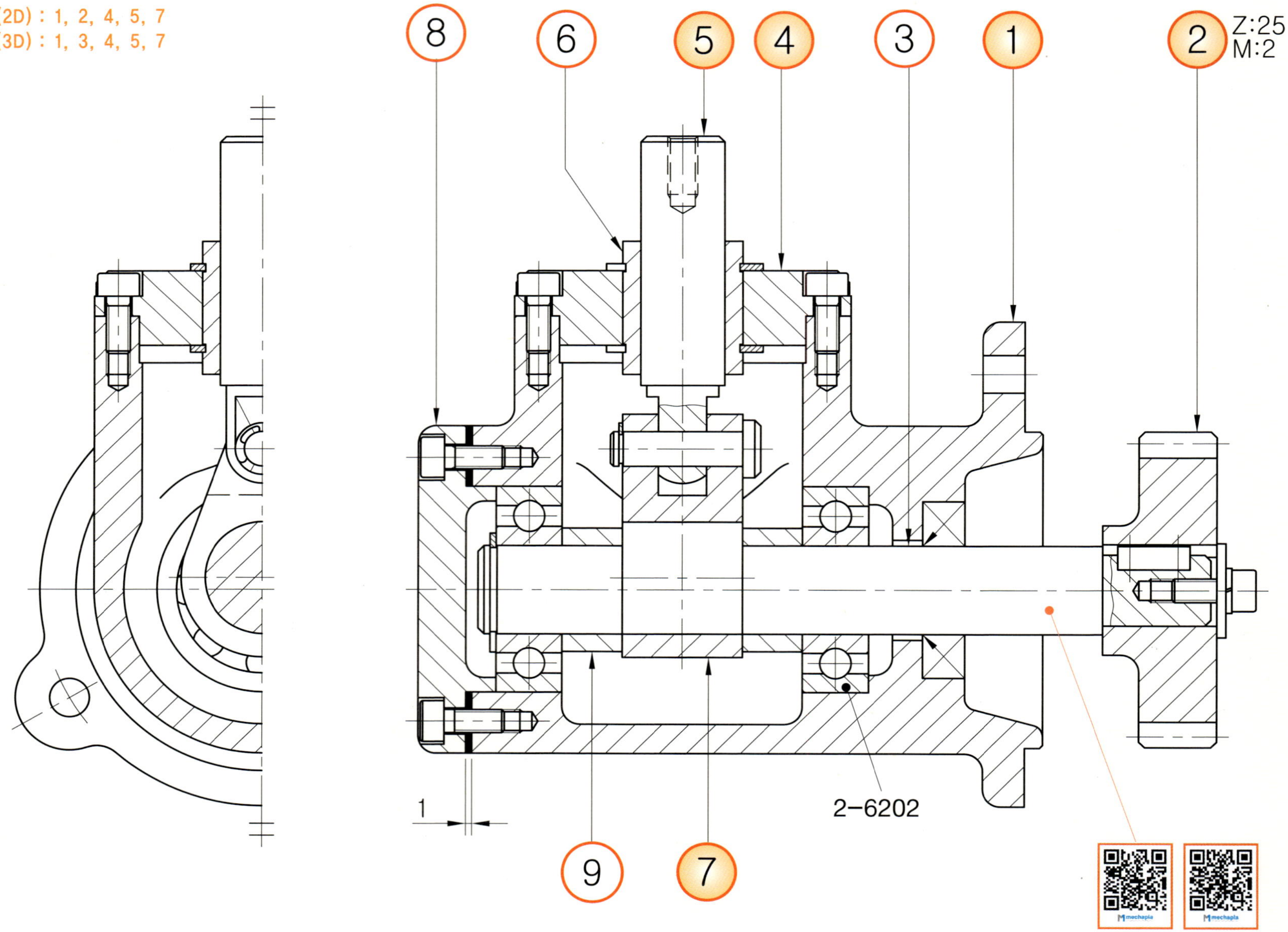

Z:25
M:2

2-6202

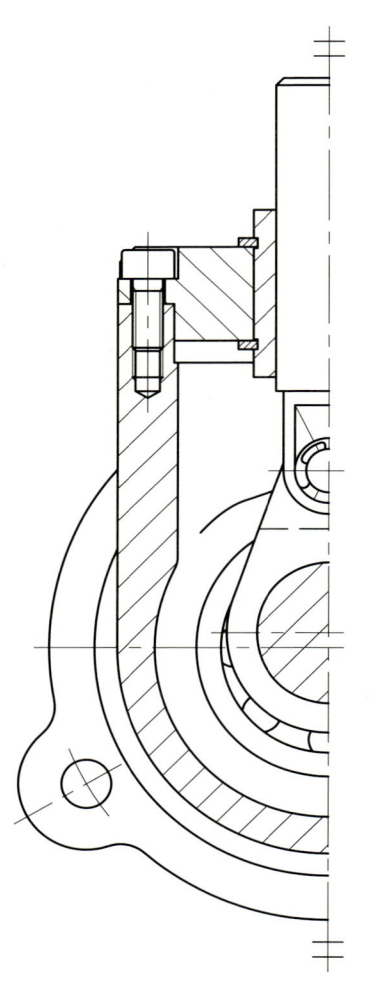

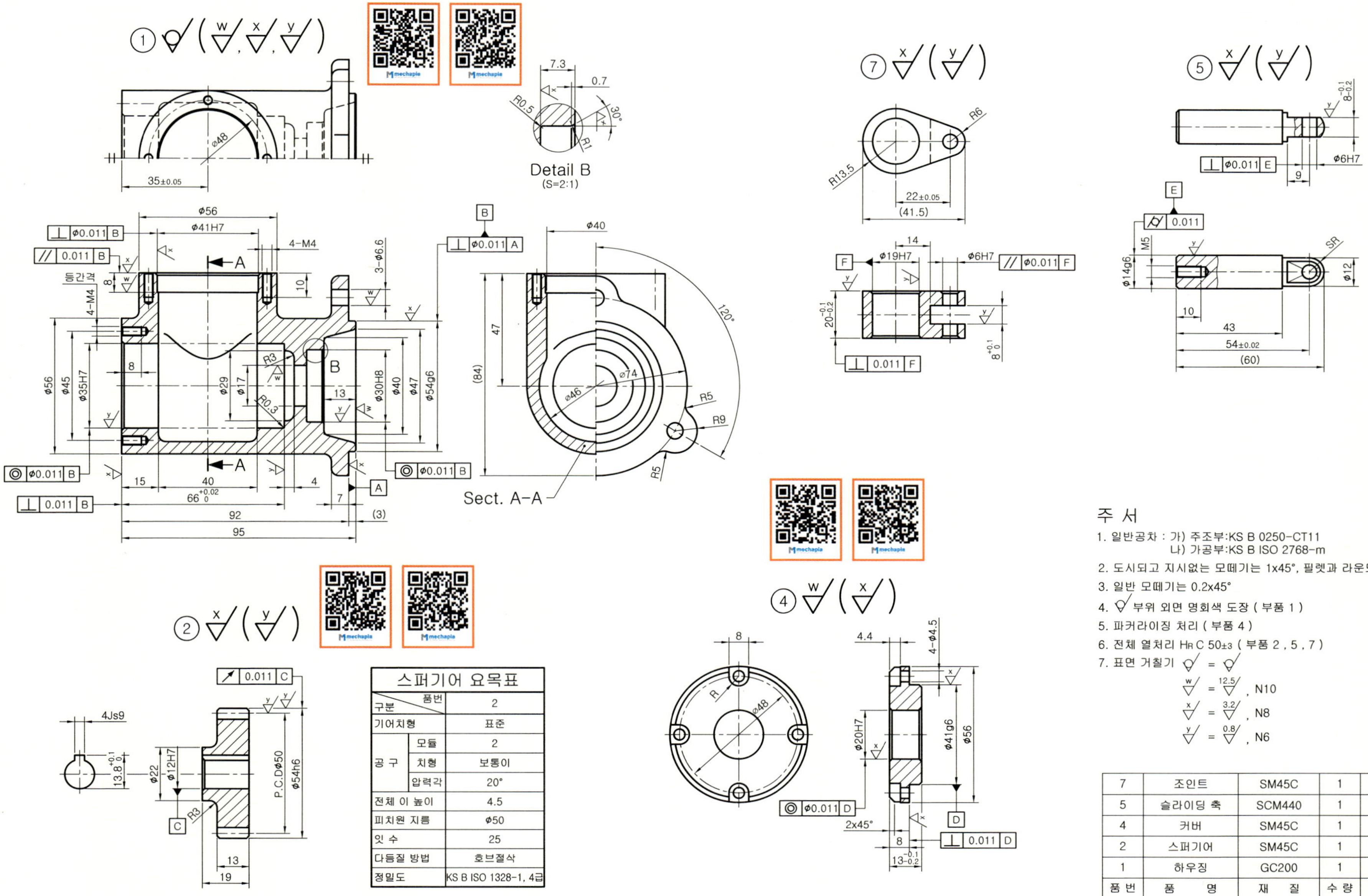

스퍼기어 요목표	
구분 \ 품번	2
기어치형	표준
공구 모듈	2
공구 치형	보통이
공구 압력각	20°
전체 이 높이	4.5
피치원 지름	⌀50
잇 수	25
다듬질 방법	호브절삭
정밀도	KS B ISO 1328-1, 4급

주 서

1. 일반공차 : 가) 주조부:KS B 0250-CT11
   나) 가공부:KS B ISO 2768-m
2. 도시되고 지시없는 모떼기는 1x45°, 필렛과 라운드는 R3
3. 일반 모떼기는 0.2x45°
4. ∀ 부위 외면 명회색 도장 (부품 1)
5. 파커라이징 처리 (부품 4)
6. 전체 열처리 HRC 50±3 (부품 2 , 5 , 7)
7. 표면 거칠기 ∀ = ∀
   w = 12.5, N10
   x = 3.2, N8
   y = 0.8, N6

품 번	품 명	재 질	수 량	비 고
7	조인트	SM45C	1	
5	슬라이딩 축	SCM440	1	
4	커버	SM45C	1	
2	스퍼기어	SM45C	1	
1	하우징	GC200	1	
도 명	편심왕복장치		척 도	1:1
			각 법	3

Lesson 04 드릴지그-1

부품도(2D) : 1, 2, 3, 4, 5, 6
등각 투상도(3D) : 1, 2, 3, 4, 5, 6

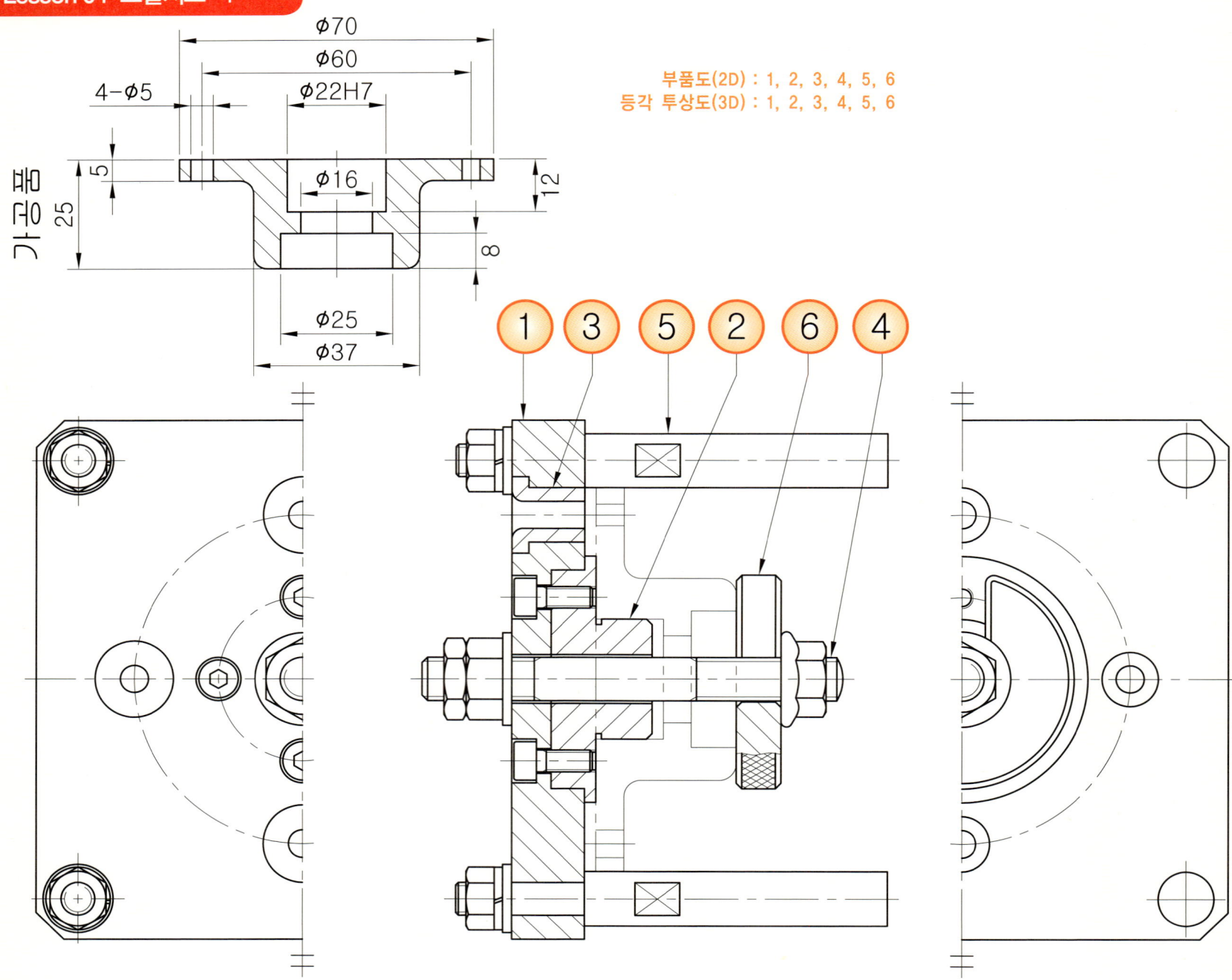

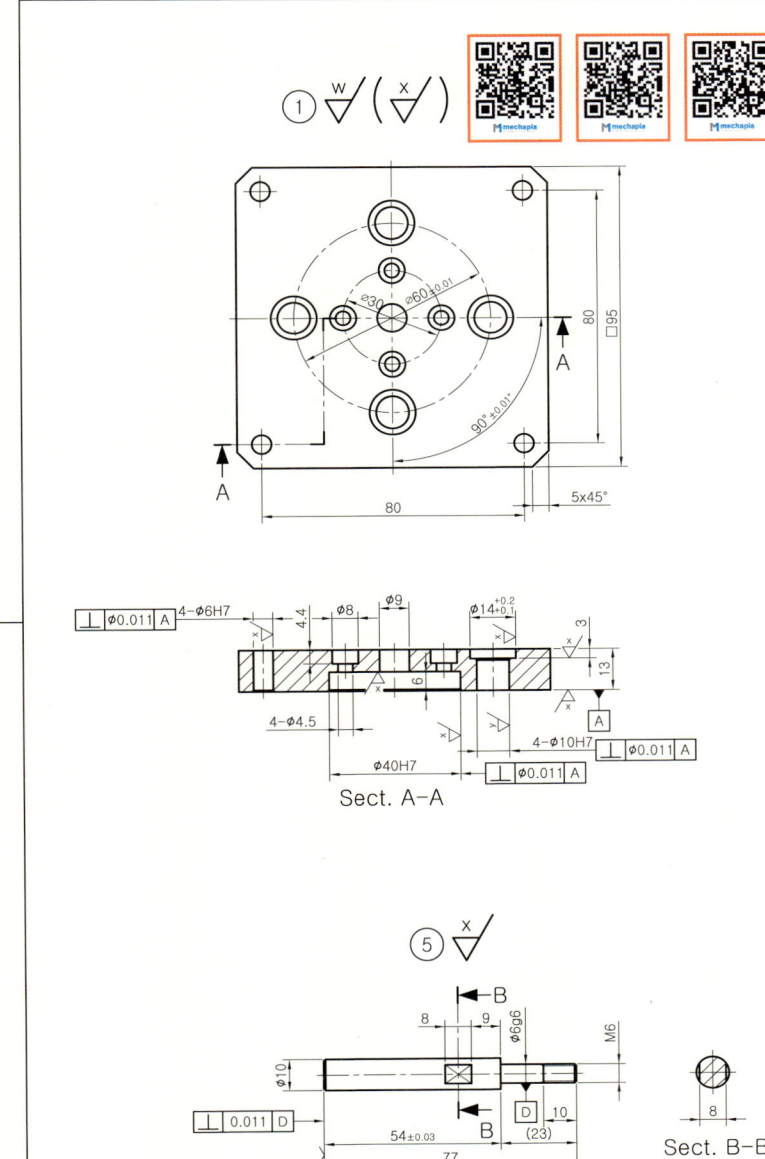

Lesson 05 드릴지그-2

부품도(2D) : 1, 2, 3, 4, 6
등각 투상도(3D) : 1, 2, 3, 4, 5, 6

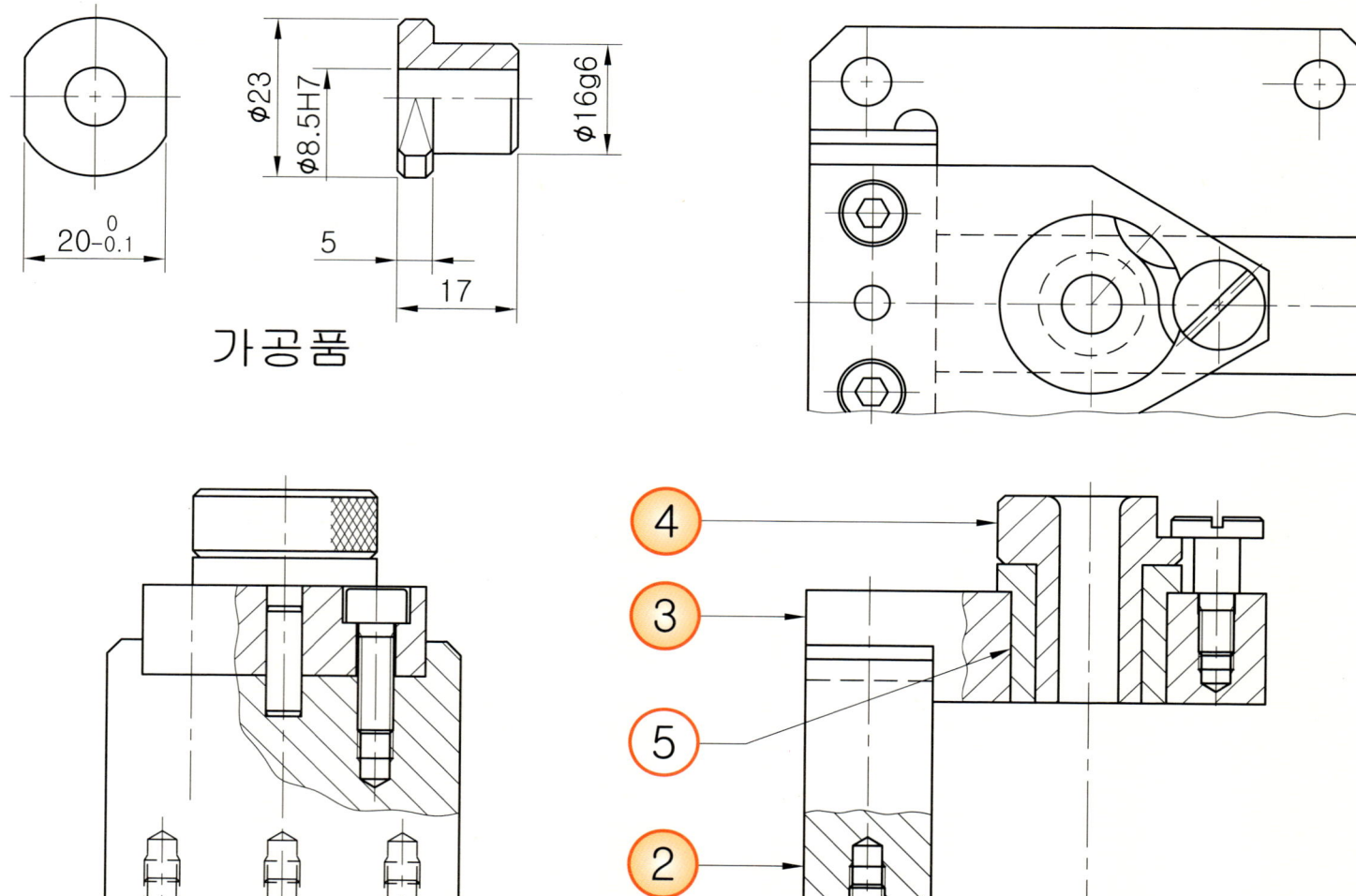

가공품

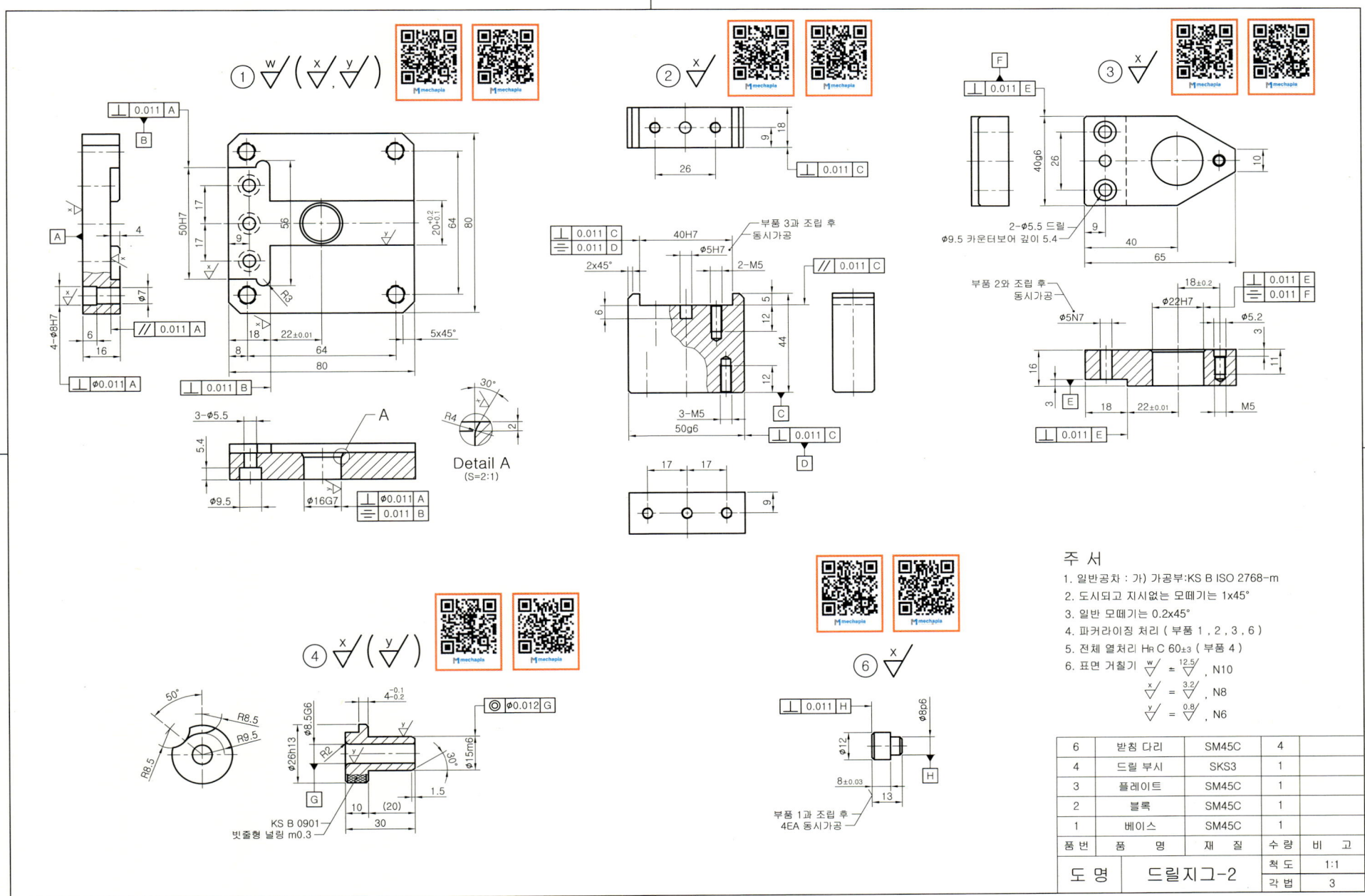

전산응용기계제도기능사
실기 출제도면집

발행 2019년 4월 15일 초판 1쇄 발행
2024년 6월 14일 2쇄 발행

저자 메카피아
감수 김현주
발행처 메카피아
발행인 김현주
대표전화 1544-1605
주소 서울시 영등포구 국회대로76길 18 3층 3호(14) (여의도동, 오성빌딩)

전자우편 mechapia@mechapia.com
등록번호 제2014-000036호
등록일자 2010년 02월 01일

정가 : 23,000원

ISBN 979-11-6248-033-5 13550

- 이 책의 어느 부분도 저작권자나 발행인의 승인 없이 무단 복제하여 이용할 수 없습니다.
- 파본 및 낙장은 구입하신 서점에서 교환하여 드립니다.

(주)메카피아는 공인아카데믹파트너(AAP: Authorized Academic Partner)로 오토데스크에서 검증된 공인 강사를 통해 전문적이고 표준화된 교육 서비스를 제공하며 기계제조 분야의 현업경험을 토대로 실무적용에 맞춘 제품교육을 진행하고 있습니다.